"十二五"国家重点图书出版规划项目

典型生态脆弱区退化生态系统恢复技术与模式丛书

中国半干旱草原的恢复治理与可持续利用

金昌杰　王安志　范志平　刘志民　关德新　等　编著

科学出版社

北京

内 容 简 介

本书介绍中国北方半干旱区草地资源与退化现状、植被过程与水热交换过程、草地恢复治理的综合效益与模型、草牧场防护林生态防护功能与构建技术、草地管理与恢复技术等方面的内容。

本书可供草地生态、沙地植物、草牧场防护林生态等领域的科技人员和大专院校师生参考。

图书在版编目（CIP）数据

中国半干旱草原的恢复治理与可持续利用／金昌杰等编著．—北京：科学出版社，2012

（典型生态脆弱区退化生态系统恢复技术与模式丛书）

"十二五"国家重点图书出版规划项目

ISBN 978-7-03-033565-4

Ⅰ．中⋯ Ⅱ．金⋯ Ⅲ．①半干旱－草原－治理－研究－中国 ②半干旱－草原利用－研究－中国 Ⅳ．S812

中国版本图书馆 CIP 数据核字（2012）第 024471 号

责任编辑：李 敏 张 菊／责任校对：鲁 素
责任印制：徐晓晨／封面设计：王 浩

科 学 出 版 社 出版
北京东黄城根北街 16 号
邮政编码：100717
http://www.sciencep.com

北京京华虎彩印刷有限公司 印刷

科学出版社发行 各地新华书店经销

*

2012 年 4 月第 一 版 开本：787×1092 1/16
2017 年 4 月第二次印刷 印张：26 3/4
字数：634 000

定价：150.00 元

如有印装质量问题，我社负责调换

《中国半干旱草原的恢复治理与可持续利用》
撰 写 成 员

主　　笔　金昌杰　王安志　范志平　刘志民　关德新

成　　员　（以姓氏笔画为序）

　　　　　王　琼　邓　徐　孙学凯　吴家兵　陈妮娜

　　　　　武　晶　袁凤辉　倪　攀　渠翠平　褚建民

总　　序

　　我国是世界上生态环境比较脆弱的国家之一，由于气候、地貌等地理条件的影响，形成了西北干旱荒漠区、青藏高原高寒区、黄土高原区、西南岩溶区、西南山地、西南干热河谷区、北方农牧交错区等不同类型的生态脆弱区。在长期高强度的人类活动影响下，这些区域的生态系统破坏和退化十分严重，导致水土流失、草地沙化、石漠化、泥石流等一系列生态问题，人与自然的矛盾非常突出，许多地区形成了生态退化与经济贫困化的恶性循环，严重制约了区域经济和社会发展，威胁国家生态安全与社会和谐发展。因此，在对我国生态脆弱区基本特征以及生态系统退化机理进行研究的基础上，系统研发生态脆弱区退化生态系统恢复与重建及生态综合治理技术和模式，不仅是我国目前正在实施的天然林保护、退耕还林还草、退牧还草、京津风沙源治理、三江源区综合整治以及石漠化地区综合整治等重大生态工程的需要，更是保障我国广大生态脆弱地区社会经济发展和全国生态安全的迫切需要。

　　面向国家重大战略需求，科学技术部自"十五"以来组织有关科研单位和高校科研人员，开展了我国典型生态脆弱区退化生态系统恢复重建及生态综合治理研究，开发了生态脆弱区退化生态系统恢复重建与生态综合治理的关键技术和模式，筛选集成了典型退化生态系统类型综合整治技术体系和生态系统可持续管理方法，建立了我国生态脆弱区退化生态系统综合整治的技术应用和推广机制，旨在为促进区域经济开发与生态环境保护的协调发展、提高退化生态系统综合整治成效、推进退化生态系统的恢复和生态脆弱区的生态综合治理提供系统的技术支撑和科学基础。

　　在过去10年中，参与项目的科研人员针对我国青藏高寒区、西南岩溶地区、黄土高原区、干旱荒漠区、干热河谷区、西南山地区、北方沙化草地区、典型海岸带区等生态脆弱区退化生态系统恢复和生态综合治理的关键技术、整治模式与产业化机制，开展试验示范，重点开展了以下三个方面的研究。

　　一是退化生态系统恢复的关键技术与示范。重点针对我国典型生态脆弱区的退化生态系统，开展退化生态系统恢复重建的关键技术研究。主要包括：耐寒/耐高温、耐旱、耐盐、耐瘠薄植物资源调查、引进、评价、培育和改良技术，极端环境条件下植被恢复关键技术，低效人工林改造技术、外来入侵物种防治技术、虫鼠害及毒杂草生物防治技术，多层次立体植被种植技术和林农果木等多形式配置经营模式、坡地农林复合经营技术，以及受损生态系统的自然修复和人工加速恢复技术。

二是典型生态脆弱区的生态综合治理集成技术与示范。在广泛收集现有生态综合治理技术、进行筛选评价的基础上，针对不同生态脆弱区退化生态系统特征和恢复重建目标以及存在的区域生态问题，研究典型脆弱区的生态综合治理技术集成与模式，并开展试验示范。主要包括：黄土高原地区水土流失防治集成技术，干旱半干旱地区沙漠化防治集成技术，石漠化综合治理集成技术，东北盐碱地综合改良技术，内陆河流域水资源调控机制和水资源高效综合利用技术等。

三是生态脆弱区生态系统管理模式与示范。生态环境脆弱、经济社会发展落后、管理方法不合理是造成我国生态脆弱区生态系统退化的根本原因，生态系统管理方法不当已经或正在导致脆弱生态系统的持续退化。根据生态系统演化规律，结合不同地区社会经济发展特点，开展了生态脆弱区典型生态系统综合管理模式研究与示范。主要包括：高寒草地和典型草原可持续管理模式，可持续农—林—牧系统调控模式，新农村建设与农村生态环境管理模式，生态重建与扶贫式开发模式，全民参与退化生态系统综合整治模式，生态移民与生态环境保护模式。

围绕上述研究目标与内容，在"十五"和"十一五"期间，典型生态脆弱区的生态综合治理和退化生态系统恢复重建研究项目分别设置了 11 个和 15 个研究课题，项目研究单位 81 个，参加研究人员 463 人。经过科研人员 10 年的努力，项目取得了一系列原创性成果：开发了一系列关键技术、技术体系和模式；揭示了我国生态脆弱区的空间格局与形成机制，完成了全国生态脆弱区区划，分析了不同生态脆弱区面临的生态环境问题，提出了生态恢复的目标与策略；评价了具有应用潜力的植物物种 500 多种，开发关键技术数百项，集成了生态恢复技术体系 100 多项，试验和示范了生态恢复模式近百个，建立了 39 个典型退化生态系统恢复与综合整治试验示范区。同时，通过本项目的实施，培养和锻炼了一大批生态环境治理的科技人员，建立了一批生态恢复研究试验示范基地。

为了系统总结项目研究成果，服务于国家与地方生态恢复技术需求，项目专家组组织编撰了《典型生态脆弱区退化生态系统恢复技术与模式丛书》。本丛书共 16 卷，包括《中国生态脆弱特征及生态恢复对策》、《中国生态区划研究》、《三江源区退化草地生态系统恢复与可持续管理》、《中国半干旱草原的恢复治理与可持续利用》、《半干旱黄土丘陵区退化生态系统恢复技术与模式》、《黄土丘陵沟壑区生态综合整治技术与模式》、《贵州喀斯特高原山区土地变化研究》、《喀斯特高原石漠化综合治理模式与技术集成》、《广西岩溶山区石漠化及其综合治理研究》、《重庆岩溶环境与石漠化综合治理研究》、《西南山地退化生态系统评估与恢复重建技术》、《干热河谷退化生态系统典型恢复模式的生态响应与评价》、《基于生态承载力的空间决策支持系统开发与应用：上海市崇明岛案例》、《黄河三角洲退化湿地生态恢复——理论、方法与实践》、《青藏高原土地退化整治技术与模式》、《世界自然遗产地——九寨与黄龙的生态环境与可持续发展》。内容涵盖了我国三江源地区、黄土高原区、青藏高寒区、西南岩溶石漠化区、内蒙古退化草原区、黄河河口退化湿地等典型生态脆弱区退化生态系统的特征、变化趋势、生态恢复目标、关键技术和模式。我们希望通过本丛书的出版全面反映我国在退化生态系统恢复与重建及生态综合治理技术和模式方面的最新成果与进展。

典型生态脆弱区的生态综合治理和典型脆弱区退化生态系统恢复重建研究得到"十五"和"十一五"国家科技支撑计划重点项目的支持。科学技术部中国 21 世纪议程管理中心负责项目的组织和管理，对本项目的顺利执行和一系列创新成果的取得发挥了重要作用。在项目组织和执行过程中，中国科学院资源环境科学与技术局、青海、新疆、宁夏、甘肃、四川、广西、贵州、云南、上海、重庆、山东、内蒙古、黑龙江、西藏等省、自治区和直辖市科技厅做了大量卓有成效的协调工作。在本丛书出版之际，一并表示衷心的感谢。

科学出版社李敏、张菊编辑在本丛书的组织、编辑等方面做了大量工作，对本丛书的顺利出版发挥了关键作用，借此表示衷心的感谢。

由于本丛书涉及范围广、专业技术领域多，难免存在问题和错误，希望读者不吝指教，以共同促进我国的生态恢复与科技创新。

丛书编委会

2011 年 5 月

前　言

中国北方半干旱草原不仅是我国重要的畜牧业基地，也是我国重要的生态屏障，对我国食品供应和区域生态安全具有十分重要的意义。随着人类活动和气候变化的影响，草原"三化"（退化、沙漠化、盐渍化）现象不断加剧。以中国东北半干旱地区（包括辽宁、吉林、黑龙江以及内蒙古东部的赤峰市、通辽市、兴安盟、呼伦贝尔市）为例，该区域共有草地 25 万 km^2，其中"三化"草地占 40% ~80%，并以每年 1% ~2% 的速度发展。半干旱风沙草原区草地"三化"降低了土壤有机质含量、产草量和畜牧业产值，威胁着区域的粮食安全，特别是 20 世纪 70 年代以来，由于土地过垦和超载放牧，草地生物多样性减少，沙尘暴肆虐，不仅严重威胁区域生态环境质量，而且抑制当地的经济发展，严重影响人们的生产和生活。

20 世纪 90 年代，我国开始实施的退耕还草等重大生态工程建设，是遏制草原"三化"的重要决策，在其具体实施中迫切需要一些先进可行的技术作为保障。多年来，围绕半干旱风沙区草地退化问题，生态学家、草原学家、林学家在草地退化生态系统的管理、恢复技术、模式、机制等方面做了很多研究和试验示范工作，为预防和遏制草地退化起到了积极的作用。但迄今为止，在遏制半干旱风沙区草地退化问题上我们还面临众多挑战。例如，遏制草地退化的关键技术还不完善，基础研究与实际应用间的衔接尚不紧密，试验示范和技术集成的力度还不够，把握关键的限制性生态因子（如水分）的科学性不够，等等。

针对半干旱草原生态区土地退化、土地沙漠化、土地盐渍化三大生态环境问题，中国科学院沈阳应用生态研究所与中国科学院植物研究所、中国科学院寒区旱区环境与工程研究所、中国农业科学院农业资源与农业区划研究所、内蒙古林业科学研究院、内蒙古草原勘察设计院共同承担了"十一五"国家科技支撑计划项目课题"半干旱风沙草原区退化草地治理技术研究"。课题以植被恢复和草地生产力提高为核心，以内蒙古东部半干旱草原和农牧交错带的科尔沁沙地、浑善达克沙地、呼伦贝尔草原为研究区域，开展了退化草地保护和恢复关键技术、"疏林－草原"生态系统构建技术和草地生态系统综合管理模式研究，并建立了试验示范区，取得了一系列重要成果。本书在回顾以往相关研究的基础上，系统总结了课题的研究成果，包括中国北方半干旱草地及其退化、中国北方半干旱草地植被过程与水热交换过程、中国半干旱草地恢复治理的综合效益与模型、半干旱区草牧场防护林生态防护功能与构建技术、中国北方半干旱草地管理与恢复等内容。

　　各章的执笔人如下。第1章，刘志民、武晶、邓徐；第2章，刘志民、王安志、关德新；第3章，金昌杰、吴家兵、陈妮娜；第4章，范志平、孙学凯、王琼、褚建民；第5章，王安志、关德新、金昌杰、刘志民。全书由金昌杰、关德新统稿。

　　需要说明的是，由于草地的恢复治理与持续利用涉及的学科繁多，作者的学识和能力有限，本书难免有疏漏或不妥之处，恳请有关专家予以指正。

作者

2011年6月

目　　录

第1章　中国北方半干旱草地及其退化

中国北方半干旱区（青藏高原除外）大致分布在东经105°以东（耿宽宏，1986），包括呼伦贝尔草原、科尔沁草原、锡林郭勒草原等大草原，是中国草地的主要分布区，也是草地退化极为严重的地区。

1.1　中国北方半干旱区概况

中国北方半干旱区（青藏高原除外）大致位于东经105°以东干燥度1.5～3.99的地区（耿宽宏，1986）。其西界大致为内蒙古自治区虎勒盖尔—东经108°附近中、蒙国界线—阴山与狼山间的低山区—内蒙古临河—内蒙古磴口—宁夏石嘴山—贺兰山—内蒙古巴彦浩特—吉林头道湖—内蒙古查干池—甘肃山丹—甘肃张掖—青海柴达木北界，其东界大致为黑龙江甘南县—黑龙江安达市—吉林白城，其南界大致为长城沿线。中国北方半干旱区行政区划上包括黑龙江、吉林、辽宁、内蒙古、河北、山西、甘肃、陕西、宁夏等省（自治区）。范围大致相当于全国农业区划的内蒙古及长城沿线区（朱震达和陈广庭，1994）。

中国北方半干旱区大部分属于蒙古高原，地势除大兴安岭、阴山、贺兰山和东南缘的一些山地以及东北三省西部以外，都是海拔1000m左右的波状地（耿宽宏，1986）。境内包括了呼伦贝尔沙地、科尔沁沙地、浑善达克沙地、毛乌素沙地、宁夏河东沙地等（朱震达和陈广庭，1994）。

中国北方半干旱区以北方季风气候为主，常受东亚季风环流的作用，高空有北支西风的影响。其温度与降水大致与海岸线平行分布，等值线走向为东北—西南，往西北呈明显递减趋势。平均温度日较差平均在14℃以下，年降水量150mm以上，雨水集中在夏季，占70%以上（耿宽宏，1986）。

中国北方半干旱区土壤由东至西呈现水平地带性分布规律。黑土区分布于黑龙江、吉林西部，栗钙土区分布于内蒙古草原、松嫩平原的西南部、河北坝上、山西雁北、陕北等。

半干旱草原区有一些河流。例如，呼伦贝尔草原区有海拉尔河，科尔沁草原有西辽河，锡林郭勒草原有锡林河等。半干旱沙区地下水较丰富。

半干旱草地的牧业和半农半牧业所占比例很大。在广大草原区，农牧民人口是主体，种地和养畜是主要收入来源。例如，呼伦贝尔市陈巴尔虎旗2003年牧民全年畜牧业收入占户均收入的96.9%。

1.2 中国北方半干旱区草地资源

中国北方半干旱区中有呼伦贝尔草原、科尔沁草原、锡林郭勒草原、鄂尔多斯草原等主要草原，草地资源丰富。主要包括温带草甸草原、温带典型草原与温带荒漠草原，总面积约 $4.1 \times 10^5 km^2$，约占全国草地总面积的 10.5%（陈佐忠和汪诗平，2000）。

1.2.1 呼伦贝尔草原

1.2.1.1 面积及分布

呼伦贝尔草原位于内蒙古自治区东北部，草地总面积 $1.13 \times 10^5 km^2$。南与兴安盟相连，东以大兴安岭为界与黑龙江毗邻，北及西北与俄罗斯接壤，西及西南与蒙古国接壤（潘学清和高耀山，1992）。

1.2.1.2 植物组成

（1）植物区系科属组成

呼伦贝尔草地有维管束植物 1352 种，隶属 108 科 468 属。其中，蕨类植物有 11 科 14 属 24 种 1 个变种，种子植物 97 科 454 属 1196 种 10 个亚种 109 个变种和 12 个变型。在种子植物中，裸子植物有 3 科 5 属 6 种，被子植物有 94 科 449 属 1190 种 10 个亚种 109 个变种和 12 个变型。双子叶植物有 76 科 351 属 909 种 8 个亚种 89 个变种和 11 个变型，单子叶植物有 18 科 98 属 281 种 2 个亚种 20 个变种和 1 个变型。呼伦贝尔草地植物种类非常丰富。植物种类多于 30 种的有 13 个科，10～30 种的有 14 个科。含属种最多的是菊科，有 51 属 168 种。第二位是禾本科，含 44 属 108 种。第三位是蔷薇科，含 23 属 66 种。第四位是豆科，含 18 属 61 种。30 种以上的 13 个科依次是：菊科、禾本科、蔷薇科、豆科、毛茛科、莎草科、百合科、石竹科、十字花科、蓼科、玄参科、杨柳科、伞形科。含 10 种以上 30 种以下的 14 个科依次是：唇形科、紫草科、堇菜科、报春花科、藜科、龙胆科、桔梗科、兰科、鸢尾科、景天科、旋花科、虎耳草科、牻牛儿苗科、桦木科。呼伦贝尔草地植物含有 5～9 种的科有 14 个科（表 1-1）。单科单属单种科有 30 个科，包括蕨类植物的石松科、凤尾蕨科、中国蕨科、岩蕨科、水龙骨科、槐叶苹科，裸子植物的麻黄科，被子植物的壳斗科、桑寄生科、马齿苋科、防己科、木兰科、岩高兰科、凤仙花科、怪柳科、千屈菜科、菱科、杉叶藻科、山茱萸科、花葱科、马鞭草科、紫葳科、五福花科、茨藻科、花蔺科、天南星科、谷精草科、鸭跖草科、雨久花科、松科（潘学清和高耀山，1992）。

表1-1 呼伦贝尔草地野生植物科、属、种统计

科名	属	种	亚种	变种	变型	科名	属	种	亚种	变种	变型	科名	属	种	亚种	变种	变型
菊科	51	168	1	15	1	牻牛儿苗科	2	10				鼠李科	1	3			
禾本科	44	108	2	2		忍冬科	4	8		1	1	锦葵科	3	3			
毛茛科	15	60	11	11	2	罂粟科	4	7		2		金鱼藻科	1	2			
蔷薇科	23	66		6		杜鹃花科	4	7		2		亚麻科	1	3			
豆科	18	61		7	3	大戟科	2	9				鹿蹄草科	1	3			
莎草科	8	57	2			眼子菜科	1	9				槭树科	1	3			
石竹科	15	39	9		2	柳叶菜科	4	6		2		狸藻科	1	3			
十字花科	22	39		6		萝藦科	3	8				鳞毛蕨科	1	3			
百合科	15	41		1		木贼科	1	7				球子蕨科	1	3			
藜科	13	15	1	4		茄科	5	6				柏科	2	2			
蓼科	5	35		2		灯心草科	2	6				桑科	2	1			1
玄参科	16	33	3	1		车前科	1	4		1		苋科	1	2			
杨柳科	3	33		2		败酱科	2	5				睡莲科	1	2			
唇形科	19	26		9		香蒲科	1	5				小檗科	1	2			
伞形科	19	31		1	1	泽泻科	2	5				水马齿科	1	2			
紫草科	11	21	1			卷柏科	1	5				卫矛科	1	2			
桔梗科	4	14	1	5		松科	3	4		1		葡萄科	2	2			
堇菜科	1	19				列当科	2	3		1	1	瑞香科	2	2			
报春花科	6	19				蹄盖蕨科	3	4				菱科	1	2			
龙胆科	8	15		1		金丝桃科	1	4				小二仙草科	1	2			
景天科	2	11		2		白花丹科	2	4				川续断科	1	2			
鸢尾科	1	12		1		榆科	1	2			2	黑三棱草科	1	2			
兰科	10	13				荨麻科	2	3				小麦冬科	2	2			
茜草科	3	9		2		檀香科	1	3				浮萍科	2	2			
桦木科	3	10		1		蒺藜科	3	3				单属、单种	30	29		1	
旋花科	4	11				芸香科	3	2	1			合计:	470	1201	21	104	12
虎耳草科	6	11				远东科	1	3				总种数	1338(包括亚种、变种、变型)				

资料来源:潘学清和高耀山,1992

(2)植物区系地理成分

1)达乌里 - 蒙古成分,属于这一植物区系的地带性草原建群种有贝加尔针茅(*Stipa baicalensis*)、大针茅(*Stipa grandis* P. Smirn.)、羊草(*Leymus chinensis*)、线叶菊(*Filifolium sibiricum*)、小叶锦鸡儿(*Caragana microphylla*)等。

2)泛北极成分,多为湿生、中生植物,所以在浅水、沼泽、草甸和森林植被中大量分布,在草原植被中相对较少,草原植物种的典型代表是落草(*Koeleria cristata*),冷蒿

（*Artemisia frigida*）是干旱草原的优势成分，还有常见的北点地梅（*Androsace septentrionalis*）、多裂委陵菜（*Potentilla multifida*）、蓬子菜（*Galium verum*）、画眉草（*Eragrostis pilosa*）等。

3）古北极成分，许多种是草甸植被的重要组成成分，水生植物、湿生植物及森林、灌丛中的中生植物和草原中的旱生植物也有一些植物种类，有拂子茅（*Calamagrostis epigejos*）、假苇拂子茅（*Calamagrostis pseudophragmites*）、老芒麦（*Elymus sibiricus*）、偃麦草（*Elytrigia repens*）、披碱草（*Clinelymus dahuricus*）、南苜蓿（*Medicago hispidagaertn*）、樟子松（*Pinus sylvestris var. mongolica*）、沙地柏（*Sabina vulgaris*）等。

4）东古北极成分，多分布于山地森林、灌丛和草甸、沼泽植被中，也有一些草原中旱生和旱生种，有稠李（*Prunus padus*）、钻天柳（*Chosenia arbutifolia*）、偃松（*Pinus pumila*）、冰草（*Agropyron cristatum*）等。

5）东亚成分，主要为森林成分，包括蒙古栎（*Quercus mongolica*）、山杨（*Populus davidiana*）、茶条槭（*Acer ginnala*）、山楂（*Crataegus pinnatifida*）、山荆子（*Malus baccata*）、油松（*Pinus tabulaeformis*）、大果榆（*Ulmus macrocarpa*）、山杏（*Armeniaca sibirica*）等。

6）东西伯利亚成分，有白桦（*Betula platyphylla*）、黑桦（*Betula dahurica*）、兴安落叶松（*Larix gmelini*）、红皮云杉（*Picea koraiensis*）、小穗柳（*Salix microstachya*）等。

7）亚洲中部成分，数量不多，主要有阿尔泰针茅（*Stipa krylovii Roshev*）、天山针茅（*Stipa tianschanica*）、碱韭（*Allium polyrhizum*）、狭叶锦鸡儿（*Caragana stenophylla*）、九顶草（*Pappophorum boreale*）等。

8）黑海－哈萨克斯坦－蒙古成分，分布不多，有糙隐子草（*Cleistogenes squarrosa*）、细枝岩黄芪（*Hedysarum scoparium*）、细叶鸢尾（*Iris tenuifolia*）等。

9）世界成分，主要是一些沼泽成分、水生成分及农田和村边的杂草，如狭叶香蒲、芦苇等。

10）哈萨克－蒙古成分，有星毛委陵菜（*Potentilla acaulis*）、二裂叶委陵菜（*Potentilla bifurca*）等。

11）古地中海成分，数量很少，主要有红砂（*Reaumuria soongorica*）、盐爪爪（*Kalidium foliatum*）、芨芨草（*Achnatherum splendens*）等。

12）东北成分，代表种主要有西伯利亚杏（*Prunus sibirica*）、山刺玫（*Rosa davurica*）等。

13）华北成分，代表种有虎榛子（*Ostryopsis davidiana*）等。

14）欧洲－西伯利亚成分，包括猪毛蒿（*Artemisia scoparia*）等。

15）蒙古种与戈壁蒙古成分，有女蒿（*Hippolytia trifida*）等（潘学清和高耀山，1992）。

（3）植物生活型

呼伦贝尔草地被子植物的生活型为乔木、灌木、半灌木、多年生草本及一、二年生草本植物5个主要生活型。半灌木植物冷蒿、木地肤（*Kochia prostrata*）在局部地区可成为优势种。在盐化草甸植被中半灌木有盐爪爪、细枝盐爪爪（*Kalidium gracile*）等。多年生草本植物807种,包括直根型草本植物、根茎型草本植物、须根型草本植物、鳞茎型草本植物、块根块茎型草本植物、匍匐型草本植物、寄生型草本植物。直根型草本植物具有明显的主根,有359种,是草原植被的主要生活型,包括豆科的苜蓿属、黄芪属、棘豆属、野豌豆属,蔷薇科的委陵菜属,菊科中的草本蒿类等。根茎型草本植物具有发达的地下茎,茎节上的更新芽可萌发新枝条,有310种,包括羊草、拂子茅、假苇拂子茅、芦苇(*Phragmitesaustralis*)、寸草(*Carex duriuscula*)、柄状薹草(*Carex pediformis*)等。须根型草本植物没有明显的主根,地上枝条从分蘖节处形成,常呈丛生状,有79种,针茅属、隐子草属、羊茅属中的若干种在草甸草原、典型草原中是建群植物,落草、碱茅及鹅观草属的一些种在局部地区有建群作用,早熟禾属、剪股颖属的许多种在草场中有一定数量的分布。莎草科、百合科及鸢尾科中的一些须根型多年生草本植物在草场中也占有较重要的地位。鳞茎型草本植物具有地下鳞茎,更新芽着生在鳞茎节上,百合科植物多属这一类,有26种,多为伴生种,多根葱可为优势种。块根块茎型草本植物具有短而肥大的地下块根或块茎,有7种,作用不大。匍匐型草本植物具有匍匐生长横卧地面的地上茎,具较强的营养繁殖能力,有12种,主要是委陵菜属植物,是草甸植被的伴生成分。寄生型草本植物依靠从寄主植物体内吸取营养而生存,有7种,如菟丝子(*Cuscuta chinensis*)、列当(*Orobanche coerulescens*)等。一、二年生草本共225种,在草甸草原中是次要伴生种,在干草原中尚能形成层片,在干旱的沙地、盐碱地、退化较严重的草场及撂荒地上有很重要的作用。在多雨年形成盖度大的一、二年生草本植物群落,主要有狗尾草(*Setaria viridis*)、虎尾草(*Chloris virgata*)、画眉草、猪毛菜、烛台虫实(*Corispermum candelabrum*)及蒿类的植物种(潘学清和高耀山,1992)。

(4)植物生态类型

按照植物对水分条件的适应性,呼伦贝尔草地被子植物可分为水生植物、湿生植物、中生植物、旱生植物四大类群。水生植物是指植物体全部或部分淹没在水中生存的一类植物,有29种,有沉水植物、浮水植物、浮叶根生植物以及挺水植物。湿生植物是生长在沼泽及沼泽草甸等潮湿生境中的一类植物,抗旱能力弱,有74种。中生植物是生长在水分条件适中生境中的植物,是湿生与旱生植物的中间类型,有829种,包括湿中生植物52种,典型中生植物665种,旱中生植物112种。旱生植物生于干旱的生境中,能忍受较长时间的干旱,有244种,包括:中旱生植物114种,代表植物如线叶菊、贝加尔针茅、沟叶羊茅(*Festuca rupicola*)、羽茅(*Achnatherum sibiricum*)、棉团铁线莲(*Clematis hexapetala*)、细叶白头翁(*Pulsatilla turczaninovii*)、展枝唐松草(*Thalictrum squarrosum*)、蓬子菜、射干鸢尾(*Iris dichotoma*)、柳叶菜枫毛菊(*Saussurea epilobioides*)、麻花头(*Serratula centauroides*)、羊草、斜茎黄芪(*Astragalus adsurgens*)、多叶棘豆(*Oxytropis myriophylla*)、草木犀状黄芪(*Astragalus melilotoides*)、长伞红柴胡(*Bupleurum scorzonerifolium*)、兴安胡枝子(*Lespedeza davurica*)、黄花苜蓿、裂叶荆芥(*Schizonepeta tenuifolia*)、野火球(*Trifolium lupinaster*)等;典型旱生植物119种,主要植物如大针茅、克氏针茅、冰草、糙隐子草、中华隐子草(*Cleistogenes chinensis*)、落草、丛生隐子草(*Cleistogenes caespitosa*)、百里香(*Thymus serpyllum*)、冷蒿、星毛委陵菜、细叶胡枝子(*Lespedeza hedysaroides*)、草麻黄(*Ephedra sinica*)、知母(*Rhizoma Anemarrhenae*)、细叶鸢尾、银灰旋花(*Convolvulus ammannii* Desr.)、早熟禾（*Poa annua*）等；强旱生植物 11 种，主要有戈壁针茅、冠芒草、红砂等（潘学清和高耀山，1992）。

（5）植物对土壤基质条件的适应类型

呼伦贝尔草地植物可分为酸土植物、盐土植物和沙生植物。酸土植物主要出现在大兴安岭林区林下的植物层片中，如岩高兰（*Empetrum nigrum*）、杜香（*Ledum palustre*）等。盐土植物是在可溶性盐分（氯化钠）含量相当高的土壤上生长的植物。在呼伦贝尔高平原中部，盐渍化、盐碱化低地分布面积较大，盐土植物也出现很多。按盐土植物对土壤盐分适应性的特点，可分为真盐土植物、兼性盐土植物与泌盐性植物。真盐土植物具有肉质化的叶或茎，其灰分中的含盐量很高，如盐爪爪、盐角草（*Salicornia europaea*）、碱蓬（*Suaeda heteroptera*）等。兼性盐土植物是在一定程度上适应较轻度盐化土的植物，如芨芨草、野大麦（*Hordeum brevisublatum*）、寸草苔等。泌盐性植物可把吸收到体内的可溶性盐分从叶面分泌腺分泌出来，然后经降水的淋洗，归还到土壤中，如红砂、补血草（*Limonium sinense*）等。沙生植物是生长在松散的不稳固的沙土基质上的一类植物，具有较发达的根系，营养繁殖能力很强。沙生植物分布广泛、种类多，包括樟子松森林植被、沙地小叶锦鸡儿灌丛植被、差巴嘎蒿（*Artemisia halodendron*）、木本猪毛菜（*Artemisia arenaria*）半灌木植被等。呼伦贝尔典型沙生植物还包括籽蒿（*Artemisia sphaerocephala*）、山竹岩黄芪（*Hedysarum fruticosum*）、沙蓬（*Agriophyllum squarrosum*）、黄柳（*Salix gordejevii*）等（潘学清和高耀山，1992）。

1.2.1.3 植被特征

（1）地带性植被

呼伦贝尔草原植被水平分布规律主要体现在岭西及呼伦贝尔高平原上，属经向地带性分布。由东向西是草甸草原和典型草原，依次是线叶菊、贝加尔针茅、羊草、大针茅、克氏针茅 5 个群系（潘学清和高耀山，1992）。

线叶菊草原是双子叶杂类草占优势的草原群系，主要分布在大兴安岭东西两麓低山丘陵地带和呼伦贝尔高原东部边缘，并且和贝加尔针茅草原、羊草草原形成稳定的生态序列组合。在海拉尔河中游及其支流伊敏河流域也有较大面积。线叶菊草原的分布边界可作为划分森林草原地带与典型草原地带的主要参考依据。线叶菊草原类型的分布与比较湿润而寒冷的山地大陆性气候保持着一定的密切联系，具有明显的寒生草原的特性。在线叶菊草原中，多年生双子叶草本植物占有重要地位，其中，菊科草类占总数的 15.5%，豆科占 13%，蔷薇科占 7.5%，石竹科占 5.0%。单子叶植物多年生丛生禾草和莎草类也是草群的主要成分，共占 6.5%，其他科多年生草类合计占 26.5%。线叶菊草原是由草原成分（占 61.7%）、草甸成分（占 20.9%）以及森林草甸成分（占 17.4%）综合形成的一种混合型草本植被。草原成分中适应半湿润－半干旱森林草原气候的中旱生植物居于首位（占 40% 以上），广旱生草原植物与草甸中生植物接近相等（21.4% 和 20.9%），森林草甸中生植物也占相当比例（占 17.4%）。线叶菊草原由 8 个区系地理成分构成，其中亚洲中部东蒙古成分（包括达乌里－东蒙古成分的中国东北－达乌里－内蒙古成分）构成群系的基本核心。线叶菊草原群系内部分化为线叶菊－贝加尔针茅草原、线叶菊－大针茅草原、线

叶菊 – 羊茅草原、线叶菊 – 日阴菅草原。线叶菊 – 贝加尔针茅草原分布范围广，类型多。在大兴安岭东西两麓森林草原地带和低山丘陵缓坡中部有较大面积，在一定程度上表现出明显的地域性特征。线叶菊 – 贝加尔针茅草原杂类草成分繁多，生态类群分化明显，既含有草原群落中旱生成分，如柴胡、防风（*Saposhnikovia divaricata*）、展枝唐松草、麻花头等，又含有草原旱中生成分，如棉团铁线莲、蓬子菜以及典型的草甸中生成分，如地榆（*Sanguisorba officinalis*）、黄花菜（*Hemerocallis fulva*）等。线叶菊 – 大针茅草原最接近地带性典型草原植被，主要分布在大兴安岭西麓山地森林草原的无林地带向典型草原转化的过渡地带。因大气降水递减，生境条件旱化，大针茅代替了贝加尔针茅，草群中旱中生杂类草作用减弱，旱生、中旱生杂类草比例上升。线叶菊 – 羊茅草原是寒温禾草型线叶菊草原的一个代表类型，主要特点是混生相当数量的耐寒、耐旱的山地草原成分，出现在山地垂直带的羊茅草原之下。除线叶菊之外，草群中常见到适应岩隙生境的高山紫菀（*Aster alpinus*）、柴胡等，分布面积不大。线叶菊 – 日阴菅草原主要分布在额尔古纳河的支流——根河中游上库力、拉布大林、三河一带。主要特点是群落中含有大量的中生、旱中生的草甸成分和草甸草原成分，具有草甸化特征（潘学清和高耀山，1992）。

贝加尔针茅草原是原生草原类型，是杂类草层片最发达的针茅草原类型。建群种贝加尔针茅属于达乌里 – 蒙古成分。分布于大兴安岭东西两侧森林草原亚带及呼伦贝尔高平原的东部半湿润低温地区。贝加尔针茅草原种类组成较为丰富，种的饱和度较高，每平方米有 15 ~ 20 种。群落中种类最多的是菊科、豆科及禾本科，均在 20 种以上。贝加尔针茅草原中杂类草相当丰富，占总数的 68.9%，禾本科占总数的 12.6%，半灌木占 6.0%，灌木占 5.3%。贝加尔针茅草原建群层片的亚建群种均属于旱生植物类群，如中旱生的根茎禾草——羊草、广旱生的丛生禾草——糙隐子草、典型旱生的丛生禾草——多叶隐子草（*Cleistogenes polyphylla*）、寒旱生的杂类草——线叶菊等。贝加尔针茅草原次要层片的优势种数量不多。贝加尔针茅草原种类组成中的建群种和亚建群种以及优势种多以典型旱生和广旱生植物为主，中旱生植物次之。贝加尔针茅草原可划分为 2 个群丛组（2 个基本类型），即贝加尔针茅 + 羊草草原，贝加尔针茅 + 线叶菊草原。贝加尔针茅 + 羊草草原是贝加尔针茅群系中具有代表性的一种类型，分布面积最广，分布在呼伦贝尔高原东半部的丘陵地区，分布范围大致与线叶菊草原分布范围相当。贝加尔针茅 + 线叶菊草原是贝加尔针茅群系中寒生化类型，也是贝加尔针茅群系向线叶菊群系过渡的类型。在大多数情况下以贝加尔针茅 + 线叶菊 + 羊草的形式出现，主要分布在大兴安岭西麓低山丘陵地区和呼伦贝尔高平原的东缘（潘学清和高耀山，1992）。

羊草草原主要分布在呼伦贝尔高平原中、东部和大兴安岭东西两麓，在森林草原中所占面积最大。在典型草原地带，面积仅次于针茅草原。生境类型多样，多是开阔平原或高平原以及丘陵坡地等。羊草与旱生性禾草类大针茅、克氏针茅等构成的群落大多分布在呼伦贝尔高平原及内蒙古高原地带性草原生境中。羊草草原的植物种类组成丰富和复杂，200多种植物分属 30 多个科 100 多个属。羊草草原群系的基本性质接近典型草原，也具有草甸化群落和盐碱化群落的种类组成。在呼伦贝尔草原区，羊草群系有以下 7 个不同的群丛纲：羊草 – 旱生性丛生禾草草原、羊草 – 薹草草原、羊草 – 旱生性杂类草草原、羊草 – 中生性禾草草原、羊草 – 中生杂类草草原、羊草 – 耐盐性禾草草原、羊草 – 耐盐性杂类草草原（潘学清和高耀山，1992）。

1）羊草－旱生性丛生禾草草原是羊草草原最基本的一类群落，亚建群种均为旱生性的丛生禾草，主要有贝加尔针茅、大针茅、克氏针茅、冰草、落草、渐狭早熟禾（*Poa attenuata*）、糙隐子草等。羊草－旱生性丛生禾草草原生态分布是占据地带性的草原生境。①羊草＋贝加尔针茅群丛组是森林草原地带广泛分布的羊草草原，以贝加尔针茅为亚建群种。常见的群丛有：羊草＋贝加尔针茅＋旱生丛生小禾草群落、羊草＋贝加尔针茅＋日阴菅群丛、羊草＋贝加尔针茅＋线叶菊草原、羊草＋贝加尔针茅＋裂叶蒿、羊草＋贝加尔针茅＋柴胡、羊草＋贝加尔针茅＋直立黄芪（*Astragalus adsurgens*）、羊草＋贝加尔针茅＋蓬子菜等、小叶锦鸡儿－羊草＋贝加尔针茅灌丛化草原。②羊草－渐狭早熟禾群丛组在森林草原带和典型草原带东部某些特定生境下才有分布，并含有较多的中旱生草类。渐狭早熟禾是构成亚建群层片的优势植物。属于这一群丛组的主要群丛有羊草＋渐狭早熟禾＋贝加尔针茅群丛、羊草＋渐狭早熟禾＋日阴菅群丛、羊草＋渐狭早熟禾＋杂类草群丛。③羊草＋大针茅群丛组分布面积较大，以大针茅为亚建群种的羊草草原也具有明显的地带性特征。这一组羊草草原植物种类成分多数为旱生和中旱生草类。属于这一群丛组的主要群丛有羊草＋大针茅＋糙隐子草群丛、羊草＋大针茅＋克氏针茅群丛、羊草＋大针茅＋柴胡草原群丛、羊草＋大针茅＋草木犀状黄芪群丛、羊草＋大针茅＋杂类草群丛。④羊草－克氏针茅群丛组在呼伦贝尔高原中、西部的典型草原地带很常见。属于这一群丛组的主要群丛有羊草＋克氏针茅＋糙隐子草群丛，羊草＋克氏针茅＋寸草苔群丛，羊草＋克氏针茅＋杂类草群丛，小叶锦鸡儿、狭叶锦鸡儿灌丛化羊草＋克氏针茅群丛。⑤羊草－落草群丛组在呼伦贝尔高原偏北部接近森林草原带有所分布。这一群丛组只有羊草＋落草＋丛生禾草和羊草＋落草＋杂类草两个群丛。这两个群丛生境条件相似，只是群落组成的优势层片有差异，前者由贝加尔针茅、渐狭早熟禾、冰草、糙隐子草构成丛生禾草优势层片，后者由中旱生和旱生杂类草构成杂类草优势层片。⑥羊草－冰草群丛组分布面积不大，并常与冰草草原和克氏针茅＋冰草草原等不同群落构成复合分布的草原植被。属于这一群丛组的主要群丛有羊草＋冰草＋杂类草群丛、羊草＋大针茅或克氏针茅群丛、羊草＋冰草＋克氏针茅群丛、羊草＋冰草＋糙隐子草群丛。⑦羊草－糙隐子草群丛组是羊草草原放牧退化演替系列中的群落类型。属于这一群丛组的主要群丛有羊草＋糙隐子草＋克氏针茅群丛、羊草＋糙隐子草＋冷蒿群丛、羊草＋糙隐子草＋杂类草群丛（潘学清和高耀山，1992）。

2）羊草－薹草草原，在大兴安岭北部东西两麓森林草原带广泛发育着羊草＋日阴菅草原，含有丰富的中旱生杂类草与中生杂类草，因而反映了这种群落类型具有一定的草甸中生化特点。经常出现的杂类草有蓬子菜、柴胡、唐松草（*Thalictrum simplex*）、直立黄芪、野火球、野豌豆（*Vicia sativa*）、地榆、裂叶蒿（*Artemisia tanacetifolia*）、狭叶青蒿（*Artemisia dracunculus*）等。羊草＋日阴菅＋贝加尔针茅草原是杂类草数量相对较少的一种群落，贝加尔针茅在群落中成为优势植物。羊草＋日阴菅＋线叶菊草原是杂类草层片较发达的群丛，其中线叶菊是杂类草层片的优势成分。羊草＋日阴菅＋中旱生杂类草草原的杂类草层片是由无明显优势种存在的多种杂类草组成。羊草＋日阴菅＋中生杂类草群丛其群落的草甸化特点比较明显。第一个群丛旱生性较强，第四个群丛中生性较明显（潘学清和高耀山，1992）。

3）羊草–旱生性杂类草草原是中旱生杂类草形成明显的优势层片，群落面积小，群落类型多样。常见的群落是羊草+直立黄芪+大针茅群丛、羊草+直立黄芪+贝加尔针茅群丛、羊草+蓬子菜群丛、羊草+裂叶蒿群丛。

4）羊草–中生性禾草草原是草甸化羊草草原的主要一类，中生禾草层片发达并成为优势成分。常见的群落是羊草+无芒雀麦群丛组，常有中生草类地榆、野豌豆、黄花苜蓿、黄花菜、披碱草伴生，羊草+拂子茅群丛组群落组成中含有喜沙的叉分蓼（*Polygonum divaricatum*）、麻花头等种类。

5）羊草–中生杂类草草原属于草甸化羊草草原的另一类群落类型，中生杂类草组成优势层片。主要群落类型有羊草+沙参（*Adenophora stricta*）、羊草+黄花苜蓿、羊草+野豌豆、羊草+地榆等群丛组。

6）羊草–耐盐性禾草草原是盐湿化羊草草原的主要类型，耐盐性禾草层片代表植物是野大麦（*Hordeum brevisubulatum*）、碱茅、芨芨草、星星草（*Puccinellia tenuiflora*）等，这些种也是盐化草甸的建群种。主要有羊草+野大麦群丛组和羊草+芨芨草群丛组。

7）羊草–耐盐性薹草草原的羊草+寸草苔群丛组在典型草原带和森林草原带均有分布，群丛分化比较多样。羊草–耐盐性杂类草草原是具有盐湿草甸化的一类群落，群落中优势杂类草层片常由马蔺（*Iris lactea*）、碱蒿（*Artemisia anethifolia*）等组成。羊草–小半灌木草原是适应特定的基质条件所发生的群落类型。羊草+冷蒿群丛组较多出现（潘学清和高耀山，1992）。

大针茅草原在海拔600~1200 m的呼伦贝尔高原中部和东部分布比较广泛，是占有较大面积的禾草草原。其生境为广阔平坦、不受地下水影响的波状高平原。当气候条件趋于湿润寒冷时，大针茅草原常常被中生的贝加尔针茅所取代，当生境条件趋于干旱时，大针茅草原又往往被更为旱生的克氏针茅代替。因此，大针茅草原可被视为我国中温型典型草原的典型代表。大针茅草原的种类组成比较丰富，140多种高等植物，仅次于羊草草原、线叶菊草原，多于克氏针茅草原。140多种植物分属30多科90多属。其中，多年生草本100余种，占总种数的70%以上。丛生禾草中具有代表意义的为大针茅，其次是克氏针茅和贝加尔针茅。丛生小禾草中最稳定的是糙隐子草，其次为落草、冰草。其代表性的根茎禾草为羊草，它在大针茅草原中可作为共建种出现。在放牧利用过重的情况下，寸草苔的作用较明显。冷蒿在放牧过重或基质砾石性增强时可形成明显的小半灌木层片。小叶锦鸡儿具有重要的景观作用，可构成灌丛化大针茅草原。一、二年生草本往往与撂荒、过牧相联系。旱生植物（包括中旱生、广旱生、典型旱生、寒旱生、强旱生）占总种数的70%以上。大针茅群系主要划分为三个群系组：旱生中生化的大针茅+羊草群丛组、典型旱生的大针茅+糙隐子草群丛组、沙生化的小叶锦鸡儿–大针茅群丛组。①大针茅+羊草群丛组是大针茅草原中分布面积最广泛的一类草原。在呼伦贝尔高原中、东部占据着广阔的高原平坦地和波状丘陵缓坡地。大针茅为建群种，羊草为亚建群种，出现的种类百余种。大针茅+羊草+贝加尔针茅群丛分布于大针茅草原分布区域的东部，有较多的贝加尔针茅，表现出向贝加尔针茅草原过渡性的特征。大针茅+羊草+糙隐子草+落草+冰草+硬质早熟禾（*Poa sphondylodes*）群丛分布于陈巴尔虎旗和新巴尔虎左旗一带的丘陵坡地及坡状起伏高平原上，群落种类组成比较单纯，杂类草成分少，旱生禾草占绝对优势，而且禾草中以旱生和广旱生小禾草为主。②大针茅＋糙隐子草群丛组分布于呼伦贝尔高原中部和西部，较大针茅＋羊草草原更干旱，地形主要是缓坡地及丘陵坡地，还分布于河流之间的平坦地。以大针茅为建群种，糙隐子草为亚建群种，小半灌木冷蒿为优势种，群落种类组成较单纯，杂类草数量显著减少。大针茅＋糙隐子草＋落草＋冰草＋硬质早熟禾群丛分布于呼伦贝尔中西部波状起伏高平原的突起部位，可看做是大针茅＋羊草＋糙隐子草＋落草＋冰草＋硬质早熟禾草原进一步旱化所形成的。群落中数量不多的羊草分布都很普遍，与放牧利用相联系的冷蒿和寸草苔的数量较多。大针茅＋糙隐子草＋冷蒿群丛在新巴尔虎左旗河间平坦地上有所出现，种类成分较单一。③小叶锦鸡儿＋大针茅＋糙隐子草＋落草＋冰草＋硬质早熟禾群丛组分布于高平原的中部。小叶锦鸡儿灌丛矮小，禾草层片中糙隐子草、落草、冰草、硬质早熟禾较多，羊草有时也具有优势（潘学清和高耀山，1992）。

克氏针茅草原是典型草原群系，主要分布在呼伦贝尔高原中部和西部中温带半干旱平缓开阔的高平原及缓起伏丘陵坡地。建群种克氏针茅旱生性比大针茅更强一些。种类组成不及大针茅草原和贝加尔针茅草原丰富。在大针茅草原中见不到的旱生成分如短花针茅（*Stipa breviflora*）、戈壁针茅等都是克氏针茅草原中常见的成分。克氏针茅草原的旱生性强于大针茅草原。克氏针茅草原杂类草不丰富，种数占总种数的50%以上。除杂类草外，丛生禾草和根茎禾草有十几种。多年生丛生禾草是建群种和优势种，代表性的有糙隐子草、落草、冰草等。根茎禾草中作用最大的是羊草，并可成为优势种之一。半灌木冷蒿常成为优势种。与贝加尔针茅草原和大针茅草原相比，克氏针茅草原杂类草所占比例最小，半灌木和多年生禾草成分所占比例较大。克氏针茅草原旱生植物比例最高，草甸中生植物比例最小，一年生植物也占了相当比例。克氏针茅草原糙隐子草和冷蒿的作用明显而稳定。克氏针茅草原在呼伦贝尔高平原中西部可划分出以下5个群丛组。①克氏针茅＋糙隐子草群丛组是其代表性的基本群落类型，广泛分布在高平原的中部和西部，群落组成成分比较简单，草原旱生种类冰草、落草、羊草、寸草苔经常出现，小半灌木除冷蒿外，还有百里香、木地肤（*Kochia prostrata*）等，杂类草层片最稳定的种类有扁蓿豆（*Melissitus ruthenicus*）、星毛委陵菜、阿尔泰狗娃花（*Heteropappus altaicus*）、大黄花（*Cymbaria dahurica*）、北芸香（*Haplophyllum dauricum*）、远志（*Polygala tenuifolia*）、细叶鸢尾等，也混生一些荒漠草原成分——多根葱等杂类草。②克氏针茅＋羊草群丛组，生境稍湿润，群落组成比上一组丰富，羊草为优势种，杂类草作用明显。③克氏针茅＋大针茅群丛组是克氏针茅草原与大针茅草原之间的混生类型，常见的是克氏针茅＋大针茅＋糙隐子草＋冷蒿群丛，群落组成丰富。④克氏针茅＋冷蒿群丛组是一种因放牧退化的克氏针茅草原类型，耐牧性差的草类受到抑制，耐牧性强的植物如冷蒿、星毛委陵菜、寸草苔等的数量增加，克氏针茅的数量有所下降。⑤小叶锦鸡儿－克氏针茅群丛组是灌丛化的克氏针茅草原，也是克氏针茅沙生化的变体。在草原沙带上，比大针茅草原更为普遍，并以克氏针茅＋糙隐子草＋冷蒿最多，并常常与未灌丛化的草原交错分布。灌木以小叶锦鸡儿为主，还有狭叶锦鸡儿。植物群落结构具有明显的镶嵌现象（潘学清和高耀山，1992）。

（2）非地带性植被

低湿地植被属于隐域性植被，生境相对低洼，土壤水分来源丰富。主要包括河漫滩、宽谷地、湖滨低地、碟形地、丘间低地等，可分为潮湿低地、泛滥低地、沼泽低地、盐湿低地等类型。低湿地草甸植被是由多年生草本植物建群的一类植物群落，植物种类丰富，禾本科植物的作用最为突出，其次是莎草科植物，主要层片是根茎禾草层片、疏丛禾草层片、根茎薹草层片、杂类草层片。可划分为典型草甸、沼泽草甸、旱中生草甸和盐化草甸等不同类型（潘学清和高耀山，1992）。

典型草甸是由典型多年生中生草本植物占优势组成的群落。大多由禾本科中生草类建群，其次是薹草类及柳灌丛。无芒雀麦（*Bromus inermis*）草甸分布于河谷凹地与河漫滩，面积较小。无芒雀麦 + 拂子茅 + 杂类草草甸是典型沙质草甸土上形成的一种群丛，种类组成较单调，以中生草类为主。无芒雀麦 + 羊草 + 杂类草草甸分布更为广泛，具有草原化特点，能适应略为干旱的草甸生境。中生草类在群落中仍占优势，羊草所组成的中旱生根茎禾草层片在草群中有较大作用。拂子茅草甸广泛分布。拂子茅 + 地榆等杂类草草甸是丘间谷地上常见的群落类型。群落中主要植物种类有羊草、无芒雀麦等。拂子茅 + 芦苇草甸分布于河漫滩上，种类贫乏。拂子茅 + 披碱草 + 杂类草草甸组成简单，伴生植物有羊草、无芒雀麦等。拂子茅 + 羊草 + 杂类草草甸是具有草原化特点的群落类型，群丛的基本层片是由中生草类和中旱生草类组成。地榆草甸分布在丘间谷地、山间河谷、河漫滩等生境。种类成分丰富。地榆 + 中生禾草草甸具有较发达的高大中生禾草层片，其中拂子茅、无芒雀麦、鹅观草（*Roegneria kamoji*）常成为优势成分。地榆 + 中旱生禾草草甸是一组略旱化的群落，中旱生禾草层片可成为次优势层片，组成地榆 + 贝加尔针茅 + 杂类草群落和地榆 + 羊草群落。地榆 + 薹草草甸是薹草层片占次优势地位的群落类型。地榆 + 中生杂类草草甸是杂类草层片显著占优势的群落，地榆为建群种和优势种。薹草草甸生境是河漫滩与阶地、丘间滩地及一些低湿地。植物种类成分稳定，由小型根茎薹草组成建群层片。

沼泽草甸中湿中生多年生草类占优势，混生湿生植物。代表群系为小叶章（*Deyeuxia angustifolia*）沼泽草甸，结构简单，禾草层片和薹草层片明显占优势，双子叶植物很少。旱中生草甸由旱中生多年生草本建群，含有中旱生植物，是旱化草甸植被。常分布在高河漫滩、丘间谷地，主要代表类型是披碱草草甸。盐化草甸由耐盐性的中生多年生草类组成，以丛生和根茎型禾草为主，也包含一些耐盐性的杂类草、小半灌木和小灌木以及一年生盐生植物。包括芨芨草盐化草甸、野大麦盐化草甸、马蔺盐化草甸、碱茅盐化草甸及红砂、盐爪爪、碱蓬等小灌木和一年生盐化草甸等群系。芨芨草盐化草甸分布在河漫滩、干河谷、湖泡洼地、丘间洼地等，层片结构、种类组成差异很大。野大麦盐化草甸分布在河漫滩、丘间谷地，面积较小，主要种类成分有披针叶黄华（*Thermopsis lanceolata*）、西伯利亚蓼（*Polygonum sibiricum*）等。马蔺盐化草甸生境是河漫滩、丘间滩地、丘间盆地及湖泡周围，出现较多的群丛是马蔺 + 羊草 + 杂类草、马蔺 + 寸草苔 + 杂类草、马蔺 + 芨芨草 + 杂类草等。

草本沼泽由湿生植物组成，广布种较多。沼泽植被植物种类以莎草科、禾本科、香蒲科为多，其次是眼子菜科、水麦冬科、天南星科等植物种类，以多年生草本占优势，属湿生和水生植物。芦苇沼泽在河流沿岸有较多分布。芦苇是高大根茎禾草，根茎发达，营养繁殖能力很强，为稳定建群种，常以单优势出现。乌拉草（*Carex meyeriana*）沼泽在河流两岸均有分布，以乌拉草为优势种。扁秆藨草（*Scirpus planiculmis*）广泛分布于河滩泛滥地及丘间滩地，常与其他草甸植被交错形成复合体。莎草科植物是群落的主要成分，禾本科种类较少出现。

沙地植被分布在呼伦贝尔高平原的三条沙带上，面积为 5000 km^2 余。沙地植被在西部主要是具灌木、半灌木的典型草原，在东部是具乔木的沙地草甸草原。在三条沙带上从东到西主要分布着沙地樟子松林、差巴嘎蒿群系和小叶锦鸡儿灌丛。

沙地樟子松林主要分布在呼伦贝尔高平原东部、海拉尔河中游及支流伊敏河、辉河流域和哈拉哈河上游一带的固定沙丘上。在东部适宜条件下，樟子松林为单层纯林。向西生态条件变差，樟子松林高度和郁闭度逐渐下降，由密林变为疏林，最后成为散生植株。

差巴嘎蒿群系主要分布在呼伦贝尔高平原海拉尔河中、上游的沙地上。建群种差巴嘎蒿根系十分发达，喜湿耐盐、耐沙埋，适于生长在水分条件较好的半固定沙地，风蚀对其生长明显不利。优势种主要有先锋种黄柳、小叶锦鸡儿、百里香等。差巴嘎蒿群系在演替系列中处于过渡位置，既含先锋植物也含演替后期灌木，包括黄柳 – 差巴嘎蒿 + 冰草 + 羊草群丛、胡枝子 – 差巴嘎蒿 + 杂类草群丛、小叶锦鸡儿 – 差巴嘎蒿 + 杂类草群丛。

小叶锦鸡儿灌丛在呼伦贝尔高平原西部沙地上广泛分布。建群种小叶锦鸡儿形态变异很大，在半固定沙地上生长最旺盛。

1.2.1.4 草地资源特征

（1）草地类型

山地草甸草地总面积 102.8 万 hm^2，可利用面积 92.4 万 hm^2，占草地可利用面积的 9.27%，在各类草地中居第四位。植被以中生和湿中生莎草科、禾本科和杂草类占优势。草群高大茂密，平均高度 54 cm，盖度 89%，有的地段可高达 95% ~ 100%，种类组成十分丰富，种的饱和度也很高，平均每公顷产干草 3039 kg，饲草总储量 281 145.8 万 kg。

低地草甸分布广泛，草地总面积 323.7 万 hm^2，可利用面积 276.1 万 hm^2，在各类草地中面积居第二位。植被主要是由中生、湿中生、旱中生及中旱生的禾本科、莎草科植物构成，不具地带性（表1-2）。

表 1-2 低地草甸类草地类型组合、面积及比例

类型号	草地类型名称	总面积		可利用面积	
		万 hm^2	占草地总面积的比例（%）	万 hm^2	占草地总面积的比例（%）
II$_A$	典型草甸亚类	200.6	62	171.8	62.2
1	河岸柳林、杂类草组	20.9	6.4	17.2	6.2
2	灌丛、杂类草组	135.4	41.8	116.6	42.2
3	中型禾草、杂类草组	19.9	6.1	17.1	6.2
4	中型莎草、杂类草组	24.5	7.6	20.9	7.6
II$_B$	盐化草甸亚类	69.9	21.6	62.2	22.5
1	灌木、杂类草组	14.4	4.5	12.3	4.4

类型号	草地类型名称	总面积		可利用面积	
		万 hm²	占草地总面积的比例（%）	万 hm²	占草地总面积的比例（%）
2	中型禾草、杂类草组	27.3	8.4	24.8	9
3	粗大禾草、杂类草组	20.9	6.5	18.8	6.8
4	一年生盐生杂类草组	2.9	0.9	2.4	0.9
5	鸢尾类、杂类草组	4.4	1.4	3.9	1.4
Ⅱc	沼泽化草甸亚类	53.1	16.4	42.1	15.3
1	灌丛、杂类草组	44.1	13.6	35.3	12.8
2	粗大禾草、杂类草组	9.0	2.8	6.8	2.5
	合计	323.7	100	276.1	100

资料来源：潘学清和高耀山，1992

　　温性草甸草原以中旱生植物为主体。草地总面积为 209.7 万 hm²，可利用面积 187.1 万 hm²，面积居各类草地的第三位，由三个亚类组合而成，可分为 12 个草地组 30 个草地型（表 1-3）。

表 1-3　温性草甸草原类各类型面积及比例

类型号	草地类型名称	总面积		可利用面积	
		万 hm²	占草地总面积的比例（%）	万 hm²	占草地总面积的比例（%）
ⅡA	山地草甸草原亚类	99.9	47.6	85.2	45.5
1	具杨桦、蒙古栎疏林的中型禾草、杂类草组	13.8	6.6	11.2	6
2	灌木、杂类草组	16.7	8	13.2	7.1
3	中型禾草、杂类草组	26.7	12.8	23.9	12.8
4	线叶菊、杂类草组	35.7	17	30.7	16.4
5	薹草、杂类草组	7.0	3.3	6.2	3.3
ⅡB	丘陵平原草甸草原亚类	89.0	42.4	83.2	44.5
1	灌木、半灌木、杂类草组	13.3	6.4	11.6	6.2
2	粗大禾草、杂类草组	1.3	0.6	1.2	0.7
3	中型禾草、杂类草组	44.4	21.2	41.8	22.3
4	线叶菊、中型禾草、杂类草组	13.3	6.3	12.4	6.6
5	薹草、杂类草组	16.7	8	16.2	8.7
Ⅱc	具沙地植被草场亚类	20.8	9.9	18.7	10

续表

类型号	草地类型名称	总面积		可利用面积	
		万 hm²	占草地总面积的比例（%）	万 hm²	占草地总面积的比例（%）
1	灌木、半灌木、杂类草组	16.1	7.7	14.6	7.8
2	中型禾草、杂类草组	4.7	2.2	4.1	2.2
合计		209.7	100	187.1	100

资料来源：潘学清和高耀山，1992

温性干草原是呼伦贝尔草地的主体，草地总面积 429.8 万 hm²，可利用面积为 392.0 万 hm²，居各类草地面积的首位。植被由旱生的灌木、小灌木、半灌木、根茎禾草、丛生禾草组成。由平原丘陵干草原和沙地植被草地两个亚类构成，沙地植被干草原仅为 23.9 万 hm²，高平原上的高草原可利用面积最大，为 218.9 万 hm²，占总面积的 55.84%，丘陵地区的干草原可利用面积为 149.2 万 hm²。可分为 8 个组 3 个型。平原丘陵干草原集中分布在新巴尔虎左旗、新巴尔虎右旗、陈巴尔虎旗、鄂温克族自治旗及满洲里和海拉尔境内，草地总面积 399.7 万 hm²，可利用面积为 368.1 万 hm²，占该类草地可利用总面积的 85.66%，是温性干草原的主体。地形坦荡辽阔，多为波状高平原，植被以大面积的根茎禾草和丛生禾草为主，伏沙地段小叶锦鸡儿等旱生小灌木大量侵入。但中型禾草、杂类草草地可利用面积最大，为 225.4 万 hm²，占平原丘陵干草原可利用面积的 61.23%，占温性干草原类草地可利用面积的 57.5%，以羊草、大针茅及克氏针茅为建群种，并以羊草为建群种和优势种组成的草地面积最大。具刺灌木、禾草草地可利用面积 69.2 万 hm²，占该亚类可利用面积的 18.78%，由小叶锦鸡儿和羊草、大针茅、克氏针茅、糙隐子草、冷蒿和多根葱等构成。沙地植被草地集中出现在沙带上，在新巴尔虎左旗、新巴尔虎右旗、陈巴尔虎旗、鄂温克族自治旗和海拉尔市均有分布。草地可利用面积 23.9 万 hm²，占温性干草原草地可利用面积的 6.1%。沙地植被草地生境条件复杂，以固定、半固定沙地为主，主要由灌木、半灌木及沙生杂类草组成。

沼泽类草地面积不大但分布范围广，总面积 63.8 万 hm²，可利用面积 50.07 万 hm²。面积居各类草地之末位。出现在河流两岸，植被种类单一，由水生或湿生植物组成。可分为两个草地组。各类型草地面积及比例见表 1-4。

表 1-4　沼泽类各类型面积及比例

草地组	类型	总面积		可利用面积	
		万 hm²	占沼泽类草地总面积的比例（%）	万 hm²	占沼泽类草地总面积的比例（%）
粗大禾草组	芦苇型	7.3	11.5	6.7	13.5
中型莎草、杂类草组	塔头薹草、大叶章型	40.1	63.7	30.9	61.6
	扁秆藨草、三棱薹草	15.7	24.7	12.4	24.8
	针蔺、芦苇、杂类草型	0.08	0.1	0.07	0.1
合计		63.8	100	50.07	100

资料来源：潘学清和高耀山，1992

（2）草地资源评价

根据天然草地等级划分原则与标准,呼伦贝尔天然草地划分为5个等、7个级（表1-5）。

表1-5 呼伦贝尔草地等级统计表

等别		级别							
		1	2	3	4	5	6	7	合计
I	草地可利用面积（万 hm²）			0.02	7.9	54.4	8.7	3.0	74.02
	比例（%）			0.02	0.79	5.45	0.87	0.3	7.43
II	草地可利用面积（万 hm²）	1.6	5.4	46.1	39.3	59.6	205.1	98.6	455.7
	比例（%）	0.16	0.54	4.62	3.93	5.97	20.55	9.88	45.65
III	草地可利用面积（万 hm²）	0.6	24.7	82.8	62.6	75.7	56.9	3.5	306.8
	比例（%）	0.07	2.47	8.29	6.27	7.59	5.7	0.35	30.74
IV	草地可利用面积（万 hm²）	2.01	2.8	97.0	29.0	14.9	0.7		146.41
	比例（%）	0.2	0.28	9.72	2.91	1.5	0.07		14.8
V	草地可利用面积（万 hm²）			3.0	3.6	0.3	8.1		15.0
	比例（%）			0.3	0.36	0.03	0.81		1.5
合计	草地可利用面积（万 hm²）	4.21	32.9	228.9	142.4	204.9	279.5	105.1	998.0
	比例（%）	0.43	3.3	22.93	14.27	20.54	28.01	10.53	100

资料来源：潘学清和高耀山，1992

草地在质量上分为5等。优等和良等牧草作用十分重要。草地产量分为7级。产量多在6级范围内，3级和5级草地基本是低地草甸类和草甸草原类的各种草地类型。天然草地主体由II等、III等的3级、4级、5级、6级草地构成，是良质、中质中产草地。

I等草地主要草地类型是具少量小叶锦鸡儿的羊草、杂类草草地型和冷蒿、大针茅草地型。前一个草地类型羊草等禾草比例为60%以上，冷蒿、大针茅草地的冷蒿在草群中与落草、隐子草等占绝对优势，每公顷产干草高达2833.5 kg。

II等草地包括多种草地类型，主要由羊草、野大麦、贝加尔针茅、大针茅、克氏针茅、冷蒿、多根葱等建群种和优势种形成的各类草地类型，即多数是两大类的中型禾草、杂类草草地组，还有以小叶锦鸡儿、狭叶锦鸡儿为建群种，以上述这些种类成分为优势种所组成的各种草地类型。

III等草地类型较多，草地组成的主要成分有日阴菅、线叶菊、裂叶蒿、小糠草（*Agrostis alba*）、芨芨草、红砂、碱蓬、碱茅、差巴嘎蒿等。草群中禾草较小，杂类草居优势，高大禾草类和蒿类在局部群落中占更大的比例。III等草地因受生境条件的限制，多季节性放牧利用或打草。

IV等草地草群主要成分有野青茅（*Deyeuxiaclarion*）、日阴菅、地榆、黄花菜、拂子茅等。IV等草地只能冬季放牧利用，改良草地才能提高牧草利用率和草地生产能力。

V等草地面积主要成分有扁秆蔗草（*Scirpus planiculmis*）、大叶章（*Cinnamomum porrectum*）等。V等草地利用时间很短，利用率很低。

1.2.2 科尔沁草原

1.2.2.1 面积及分布

科尔沁草原地处我国东北，草地总面积 $1.56 \times 10^5 km^2$。东至黑龙江省的肇东，南到内蒙古赤峰市敖汉旗和辽宁省的新民县，西与内蒙古锡林郭勒接壤，北与内蒙古呼伦贝尔和蒙古国毗邻（高耀山和魏绍成，1994）。

1.2.2.2 植物组成

(1) 植物区系科属组成

该区有维管束植物 1640 种，它们分属于 124 科 531 属（表 1-6）。其中，蕨类植物 17 科 13 属 48 种（含 4 个变种），种子植物隶属于 107 科 518 属 1594 种（含 140 个变种 16 个变型 7 个亚种）。种子植物中裸子植物 3 科 8 属 21 种（含 3 个变种），被子植物 104 科 510 属 1573 种（含 137 个变种 16 个变型 7 个亚种）。被子植物以双子叶植物数量较多，有 86 科 391 属 1188 种（含 105 个变种 15 个变型 5 个亚种），单子叶植物仅 18 科 119 属 385 种（含 32 个变种 1 个变型 2 个亚种）。在科尔沁草地植物区系组成中，植物种类多于 30 种的有 14 科，占总科数的 11.29%，它们依次为菊科、禾本科、豆科、蔷薇科、莎草科、毛茛科、藜科、杨柳科、百合科、蓼科、唇形科、十字花科、石竹科、伞形科，共有植物 1079 种，占该地区总种数的 65.71%；共有 298 属，占该地区总属数的 56.12%。含种数最多的是菊科，有 54 属 226 种，占该地区野生植物总种数的 13.76%；第二位是禾本科，包含 59 属 188 种，占 11.45%；列第三位的是豆科，含 23 属 95 种，占 5.79%；第四位是蔷薇科，含 20 属 82 种，占 4.99%。以上 4 科计有野生植物 591 种，占该地区种子植物总数的 35.99%。含 10~30 种植物的 19 科，依次是玄参科、桔梗科、龙胆科、兰科、紫草科、虎耳草科、景天科、堇菜科、旋花科、报春花科、松科、茜草科、忍冬科、眼子菜科、茄科、苋科、鸢尾科、萝藦科，共含 98 属 270 种，分别占总科数的 15.32%，占总属数的 18.11%，占总种数的 16.44%。含 10 种以上的科共 32 科，含 1350 种，占该地区野生植物的 82.22%，含 397 属，占 73.38%。

表 1-6 科尔沁草地野生植物科、属、种统计

科名	属	种	亚种	变种	变型	科名	属	种	亚种	变种	变型	科名	属	种	亚种	变种	变型
菊科	54	226	1	27	1	榆科	3	8		1		凤仙花科	1	3			
禾本科	59	188	1	25	1	荨麻科	4	8				葡萄科	2	3			
豆科	23	95		9	1	牻牛儿苗科	2	8				椴木科	1	3			
蔷薇科	20	82		7		大戟科	3	8		1		川续断科	1	3			
莎草科	12	72	1	2		鼠李科	2	8			3	葫芦科	3	3			
毛茛科	17	69		3		卷柏科	1	7		1		黑三棱科	1	3			
藜科	1	57		4	1	罂粟科	4	7				茨藻科	1	3			

续表

科名	属	种	亚种	变种	变型	科名	属	种	亚种	变种	变型	科名	属	种	亚种	变种	变型
杨柳科	3	46		8	1	木贼科	1	9				芸香科	3	3			
百合科	14	45		2		柳叶菜科	3	7		1		天南星科	3	3			
蓼科	5	44		3	1	木犀科	3	7		2		浮萍科	2	3			
唇形科	21	41		8		车前科	1	7		1		阴地蕨科	1	2			
十字花科	18	39		2		败酱科	2	7				中国蕨科	1	2			
石竹科	14	38		5	2	灯心草科	1	7		1		球子蕨科	2	2			
伞形科	28	37		4		蹄盖蕨科	4	6				水龙骨科	2	2			
玄参科	14	26	1			桑科	3	6			1	马齿苋科	1	2			
桔梗科	5	23	1	4		锦葵科	4	6				小蘖科	1	2			
龙胆科	8	20				列当科	1	6		1	2	蒺藜科	1	2			
兰科	15	20		1		香蒲科	1	6				远志科	1	2			
紫草科	10	18		1		岩蕨科	1	5				水马齿科	1				1
虎耳草科	8	17				柏科	3	5				金丝桃科	1	2			
景天科	4	15		2		杜鹃花科	4	5				瑞香科	1	2			
堇菜科	1	15				鳞毛蕨科	1	4				千屈菜科	1	2			1
旋花科	5	14				麻黄科	1	4				小二仙科	1	2			
报春花科	5	13				檀香科	1	4				兰草科	1	2			
茜草科	3	12				卫矛科	2	4				夹竹桃科	1	2			
忍冬科	4	12		1		槭树科	1	4				马鞭草科	2	2			1
眼子菜科	1	12				鹿蹄草科	2	4		1		狸藻科	1	2			
松科	4	12		3		泽泻科	2	4				水麦冬科	1	2			
茄科	5	11		2		铁角蕨科	2	3				鸭趾草科	1	2			
苋科	2	10				壳斗科	2	3		1		雨久花科	1	2			
鸢尾科	1	10		1		睡莲科	2	3		1		单属单种科	28	28			
萝藦科	3	10		1		金鱼藻科	1	3				合计：124 科 531 属 1640 种					
桦木科	3	9				亚麻科	1	3									

资料来源：高耀山和魏绍成，1994

（2）植物区系地理成分

1）达乌里－蒙古成分，属于这一植物区系的地带性草原建群种有贝加尔针茅、大针茅、羊草、线叶菊和小叶锦鸡儿等。

2）泛北极成分，多为湿生、中生植物，所以在水生、沼泽、草甸及森林、灌丛植被中大量分布，在草原植被中泛北极成分的典型代表有为优势种的冷蒿，恒有度很高的伴生种落草，以及在草原、灌丛等植被中常见的杂类草多裂委陵菜等，还有些伴生植物有画眉草、盐角草、黄花蒿（*Artemisia annua*）、水芋（*Eomecon chionantha*）、北点地梅和杜香等灌木。

3）古北极成分，该地区草甸中的古北极主要建群种和优势种植物有拂子茅、假苇拂子茅、偃麦草、老芒麦、披碱草、黄花苜蓿、天蓝苜蓿（*Medicago lupulina*）等。

4）东古北极成分，多分布于山地森林、灌丛及草甸植被中的伴生种，也有一些草原中旱生和旱生种，有稠李、钻天柳、偃松、平车前（*Plantago depressa*）等。

5）东亚成分，主要为森林成分，包括蒙古栎（*Quercus mongolica*）、辽东栎（*Quercus liaotungensis*）、色木槭（*Acer mono*）、山杨、山楂、大果榆、刺榆（*Hemiptelea davidii*）等。

6）东西伯利亚成分，有白桦、黑桦、兴安落叶松、红皮云杉（*Picea koraiensis*）、小红柳等。

7）亚洲中部成分，数量不多，主要有克氏针茅、多根葱、狭叶锦鸡儿、冠芒草、沙米（*Agriophyllum arenarium*）、沙蓬等。

8）黑海-哈萨克斯坦-蒙古成分，分布不多，包括麻花头、华北岩黄芪、细叶鸢尾等。

9）世界成分，主要分布于水生植被、沼泽植被及农田、村边的一些杂草，如狭叶香蒲（*Typha Angustifolia*）、芦苇等。

10）哈萨克-蒙古成分，有星毛委陵菜、二裂委陵菜、裂叶风毛菊（*Saussurea laciniata*）等。

11）古地中海成分，数量很少，主要有盐爪爪、芨芨草等。

12）东北成分，代表种主要有西伯利亚杏、山刺玫等。

13）华北成分，代表种有华北落叶松（*Larix principis-rupprechtii*）、虎榛子等。

14）欧洲-西伯利亚成分，包括宽叶蒿等。

15）蒙古种与戈壁蒙古成分，有籽蒿等（高耀山和魏绍成，1994）。

（3）植物生活型

科尔沁草地野生植物可分为高位芽植物、地上芽植物、地面芽植物、地下芽植物及一、二年生植物五大类群。高位芽植物228种，有黑桦、紫椴（*Tilia amurensis*）、水曲柳（*Fraxinus mandshurica*）、稠李、刺榆、绣线菊（*Spiraea salicifolia*）、二色胡枝子（*Lespedeza bicolor*）等。地上芽植物主要为分布在草原、沙地上的半灌木，如细裂叶莲蒿（*Artemisia gmelinii*）、岩蒿（*Artemisia brachyloba*）、东北木蓼（*Atraphaxis manchurica*）、红景天（*Rhodiola dumulosa*）等，盐化草甸的耐盐性植物如盐爪爪等。地面芽植物计有604种，具有代表性的是多年生丛生禾草的针茅属、羊茅属、隐子草属、冰草属和芨芨草等。在典型草原中地面芽植物具有建群作用的有大针茅、克氏针茅、本氏针茅（*Stipa bungeana*）、糙隐子草等。地下芽植物有405种，包括根茎植物、块茎植物和鳞茎植物，根茎草本植物如草原建群种羊草、草甸中的拂子茅、沼泽中的芦苇、宽叶香蒲（*Typha latifolia*）、水葱（*Scirpus validus*）及草原上常见的日阴菅、寸草苔、毛秆野古草（*Arundinella hirta*）等。鳞茎草本植物有百合属和葱属的一些种类。块茎植物种类不多。一、二年生植物368种，属于这一类生活型的植物主要有狗尾草、虎尾草、画眉草、猪毛菜、冠芒草等（高耀山和魏绍成，1994）。

（4）植物生态类型

科尔沁草地被子植物可分为水生植物、湿生植物、中生植物、旱生植物四大类群。水生植物 64 种，有沉水植物、浮水植物以及挺水植物。湿生植物有 105 种。中生植物有 1141 种，包括湿中生植物 68 种，典型中生植物 844 种，旱中生植物 229 种。旱生植物有 332 种，包括中旱生植物 91 种如线叶菊、贝加尔针茅、棉团铁线莲、柴胡、羊草、大油芒（*Spodiopogon sibiricus*）、知母、草木犀状黄芪、花红（*Malus asiatica*）、白草（*Pennisetum centrasiaticum*）、柳叶风毛菊、麻花头等，典型旱生植物 232 种如大针茅、克氏针茅、冰草、糙隐子草、中华隐子草、落草、冷蒿、百里香、羊茅（*Festuca ovina*）、叉分蓼、绣线菊等，强旱生植物 9 种如短花针茅、多根葱、红景天等（高耀山和魏绍成，1994）。

（5）植物对土壤基质条件的适应类型

科尔沁草地植物可分为盐生植物和沙生植物。盐生植物包括聚盐性植物、泌盐性植物和不透盐性植物，聚盐性植物主要有盐角草、碱蓬、滨藜（*Atriplex patens*）等，泌盐性植物有补血草及柽柳（*Tamarix chinensis*）等，不透盐性植物有盐地风毛菊（*Saussurea salsa*）、碱菀（*Tripolium vulgare*）、芨芨草等。沙生植物常见的建群植物和优势植物有差巴嘎蒿、小叶锦鸡儿、黄柳、冰草、冷蒿、大果榆等。

1.2.2.3　植被特征

（1）地带性植被

科尔沁草原植被水平分布规律主要体现在丘陵地带，由西北的大兴安岭低山丘陵向山前冲积平原至西辽河平原边缘分布着草甸草原的线叶菊、贝加尔针茅和羊草群系及典型草原的羊草、大针茅、糙隐子草群系。

线叶菊草原主要分布在西北部大兴安岭山地、山麓和低山丘陵带，构成山地草原的主要部分，与贝加尔针茅草原、羊草草原形成稳定的生态序列组合，具有比较明显的寒生草原特性。线叶菊寿命比较长，是多年生植物中少见的长寿草。线叶菊草原是由草原成分（61.7%）、草甸成分（20.9%）及森林草甸植物（17.4%）综合形成的一种混合型草原植被。草原成分中 40% 以上是适应半湿润、半干旱气候的中旱生植物，广旱生和典型旱生的草原植物与草甸中生植物比例接近。线叶菊草原是由 8 个区系地理成分构成的，其中亚洲东部草原成分（包括达乌尔－蒙古成分和中国东北达乌尔－蒙古成分）构成群系的基本核心。线叶菊草原群系分化为线叶菊＋贝加尔针茅＋丛生隐子草、线叶菊＋丛生隐子草＋尖叶胡枝子、线叶菊＋羊茅、线叶菊＋大油芒＋杂类草、线叶菊＋地榆及线叶菊＋日阴菅＋杂类草以及灌丛化的西伯利亚杏－线叶菊＋杂类草、绣线菊－线叶菊＋贝加尔针茅、虎榛子－线叶菊＋贝加尔针茅和二色胡枝子－线叶菊＋地榆多个类型。

科尔沁草地是贝加尔针茅草原分布的中心地带。贝加尔针茅草原分布在西拉木伦河以北的大兴安岭东南山麓的山势和缓的中低山丘陵地带，在山地与较旱生的蒙古栎林、大果榆、西伯利亚杏灌丛、白莲蒿（*Artemisia sacrorum*）半灌木以及线叶菊等构成不同的生态组合。贝加尔针茅草原种类组成丰富，种饱和度高，每平方米平均 15 ~ 20 种。贝加尔针茅为优势种，次优势种为中旱生根茎禾草羊草、广旱生丛生禾草糙隐子草和多叶隐子草以及寒旱生的线叶菊。贝加尔针茅草原可分为 4 个群丛组，即贝加尔针茅＋羊草、贝加尔针茅＋线叶菊、贝加尔针茅＋多叶隐子草和西伯利亚杏－贝加尔针茅群丛组。贝加尔针茅＋羊草群丛组是贝加尔针茅群系的典型代表，贝加尔针茅＋线叶菊群丛组属于寒生化类型，分布不广。贝加尔针茅 + 羊草群丛分布于通辽扎鲁特旗北部一带。贝加尔针茅 + 线叶菊，分布在赤峰克什克腾旗西部被切割的台地上，中生杂类草明显减少，干旱程度比前一群丛更明显。贝加尔针茅 + 多叶隐子草群丛组只分布在赤峰和通辽的丘陵坡地或丘间平地，在空间上与西伯利亚杏灌丛化草原和白莲蒿群落相邻。西伯利亚杏 – 贝加尔针茅群丛组是灌丛化草原类型，分布于赤峰市的巴林右旗、阿鲁科尔沁旗和通辽扎鲁特旗及兴安盟突泉县、扎赉特旗一带。

羊草草原在森林草原亚带面积最大，在典型草原亚带中面积仅次于大针茅草原。植物种类组成丰富和复杂，有 200 多种，近 50 种为优势种。在科尔沁草地可将羊草群系划分为 6 个亚群系：羊草 + 旱生性丛生禾草草原、羊草 + 薹草草原、羊草 + 旱生性杂类草草原、羊草 + 中生性禾草草原、羊草 + 耐盐性禾草草原、羊草 + 耐盐性杂类草草原。前两个亚群系群落类型分化最多，分布最广，主要由旱生的多年生草本植物组成，地带性最强。

1）羊草 + 旱生性丛生禾草草原这是羊草草原最基本的一类群落，亚建群种均为旱生性丛生禾草，主要有贝加尔针茅、大针茅、糙隐子草、冰草等，充分反映出羊草草原群落性质是地带性的典型草原。①羊草 + 贝加尔针茅群丛组是森林草原亚带广泛分布的羊草草原，出现在科尔沁草地的大兴安岭东侧的低山丘陵地带，以贝加尔针茅为亚建群种，落草是群落的恒有成分，中旱生的日阴菅是重要特征种，中旱生和旱中生杂类草层片发达。常见的群丛有：羊草 + 贝加尔针茅 + 落草群丛、羊草 + 贝加尔针茅 + 日阴菅群丛、羊草 + 贝加尔针茅 + 线叶菊群丛、西伯利亚杏 – 羊草 + 贝加尔针茅群丛。②羊草 + 大针茅群丛组主要发育在大兴安岭东南麓丘陵以下的冲积平原，分布面积较大，以大针茅为亚建群种的羊草草原具有明显的地带性特征，旱生和中旱生丛生禾草层片起主要作用。羊草 + 大针茅群丛组有：羊草 + 大针茅 + 糙隐子草群丛、羊草 + 大针茅 + 冷蒿群丛、小叶锦鸡儿 – 羊草 + 大针茅群丛、羊草 + 大针茅 + 杂类草群丛。③羊草 + 糙隐子草群丛组是羊草草原放牧退化演替系列中的群落类型，分布广泛。该群丛中旱生杂草类的数量减少，耐牧性强的冷蒿、寸草苔、星毛委陵菜等的数量增多。

2）羊草 + 薹草草原在大兴安岭北段东麓森林草原亚带广泛发育着中旱生、中生杂类草，反映了这种群落类型具有一定的草甸中生化特点。经常出现的杂类草有蓬子菜、柴胡、唐松草、野豌豆、地榆、裂叶蒿等。羊草 + 日阴菅 + 贝加尔针茅群丛是杂类草数量相对较少的一种群落，早熟禾、落草是群落的重要成分。羊草 + 日阴菅 + 线叶菊群丛是杂类草层片较发达的群落，其中线叶菊是杂类草层片的优势成分。羊草 + 日阴菅 + 中旱生杂类草群丛无明显优势种存在。羊草 + 日阴菅 + 中生杂类草群丛草甸化特点更为明显。羊草 + 日阴菅 + 贝加尔针茅群丛旱生性较强，羊草 + 日阴菅 + 中生杂类草群丛中生性较明显。

3）羊草 + 旱生性杂类草草原中旱生杂类草形成明显的优势层片，群落类型多样，面积小，片断分布。羊草 + 茵陈蒿 + 糙隐子草群丛中旱生杂类草茵陈蒿成为亚优势种，杂类草层片很发达，主要种类有达乌里胡枝子、差巴嘎蒿、扁蓿豆（*Pocockia ruthenica*）、披针叶黄华等。羊草 + 兴安胡枝子 + 隐子草群丛除兴安胡枝子外，旱生杂类草层片中差巴嘎蒿、野大麻等，禾草层片中狗尾草、虎尾草生长良好。羊草 + 冷蒿 + 大针茅群丛旱生杂类草及禾草种类均不多。羊草 + 扁蓿豆 + 差巴嘎蒿群丛旱生杂类草层片中还有猪毛蒿（*Artemisia scoparia*）、虫实、猪毛菜等一年生植物。

4）羊草+中生性禾草草原是草甸化羊草草原的一种类型，中生禾草层片发达并构成优势成分。主要有羊草+大油芒、羊草+野古草、羊草+拂子茅等群丛组。在群落组成中有中生杂类草地榆、野豌豆、黄花菜、麻花头等伴生。

5）羊草+耐盐性禾草草原是羊草草原盐碱化的主要类型，代表植物有野大麦、碱茅、星星草等，也是盐化草甸的建群种，组成不同的盐化草甸的不同群落。

6）羊草+耐盐性杂类草草原是具有盐碱化羊草草甸的一类群落。群落中由马蔺、碱蓬、碱蒿组成亚优势杂类草层片，与建群种羊草分化出不同的群丛类型，群落种类成分更为单纯。

大针茅草原在科尔沁地区主要分布在大兴安岭东麓山前丘陵平原地带及小面积的岭西高平原上，生境地形广阔平坦。该群系中出现的高等植物达162种，分属于34科95属。其中，双子叶植物30科76属123种，单子叶4科19属39种。种数最多的是菊科、禾本科、豆科以及百合科，种数均在10种以上。重要的属有禾本科的针茅属、隐子草属、赖草属和冰草属等。旱生植物占绝对优势，有108种，占总种数的66.7%，草甸中生植物54种，占总种数的33.3%。大针茅草原群落类型多样，主要有大针茅+糙隐子草+冰草、大针茅+羊草+冷蒿、大针茅+糙隐子草+杂类草、西伯利亚杏-大针茅+中华隐子草、小叶锦鸡儿-大针茅+冰草等群丛。大针茅+糙隐子草+冰草群丛分布于冲积平原，中旱生丛生禾草层片占优势，比例可达60%~70%。旱生杂类草层片也发育良好，有知母、胡枝子、唐松草、委陵菜等。大针茅+羊草+冷蒿群丛是羊草草原的较旱生类型，除大针茅所组成的密丛禾草层片与羊草组成的根茎禾草层片为群落的主要结构部分外，还有由冷蒿构成的半灌木层片也起着明显的优势作用。大针茅+糙隐子草+杂类草群丛比较集中地发育在大兴安岭中段西侧山麓至丘陵地带，建群种大针茅和优势种糙隐子草组成的旱生丛生禾草层片占绝对优势，并形成景观，旱生杂类草层片也具有重要作用，主要种类有冷蒿、达乌里胡枝子（Lespedeza dahurica）、柴胡、唐松草、麻花头等，早熟禾、寸草苔是群落的恒有成分。西伯利亚杏-大针茅+隐子草群丛是大兴安岭东南山麓及低山丘陵区最具代表性的群落类型，由建群种大针茅和亚优势种中华隐子草、糙隐子草组成的旱生性丛生禾草层片影响着群落基本特征，旱生杂类草层片在群落中作用不大，但常见种类很多，有兴安胡枝子、花苜蓿等。小叶锦鸡儿-大针茅+冰草群丛分布在科尔沁沙地的丘陵地带，小叶锦鸡儿常呈斑块状均匀地散布在群落中，与建群种大针茅构成群落景观。由大针茅、冰草、糙隐子草构成的旱生丛生禾草层片居优势地位。

在过度放牧的退化草场上，糙隐子草常常取代针茅而变成建群植物，形成糙隐子草草原。因此该群系具有次生性质，在多数情况下属放牧演替类型。植物种类复杂。有种子植物103种，分属于33科79属。每平方米10~18种。以禾本科、菊科、豆科种类最多，多年生旱生草本占绝对优势。群落中除糙隐子草占绝对优势地位外，还有大针茅、本氏针茅、贝加尔针茅、冰草、羊草、兴安胡枝子等次优势植物。糙隐子草群落在不同地带形成不同的群丛类型。在山地典型草原中有糙隐子草+羊草+杂类草、糙隐子草+达乌里胡枝子+杂类草丛，在平原丘陵典型草原中有糙隐子草+达乌里胡枝子+大针茅、糙隐子草+叉分蓼+一年生杂类草丛，在沙地典型草原中有糙隐子草+叉分蓼+冰草、糙隐子草+达乌里胡枝子+杂类草丛等。

本氏针茅草原在科尔沁地区主要分布于黄土丘陵区，具有一定的地带性。旱生半灌木层片发达，代表植物有达乌里胡枝子、冷蒿及百里香。多年生禾草中以丛生禾草组成建群层片，有建群种本氏针茅和优势种糙隐子草、大针茅及冰草等。多年生旱生杂类草种类较多，有银灰旋花（Convolvulus ammannii）、糙叶黄芪（Astragalus scaberrimus）等。群系类型仅有本氏针茅＋糙隐子草＋百里香、本氏针茅＋百里香＋杂类草两个群丛。本氏针茅＋糙隐子草＋百里香群丛除建群种和优势种本氏针茅、糙隐子草、百里香外，旱生杂类草层片发达，达乌里胡枝子占优势地位。本氏针茅＋百里香＋杂类草群丛往往与上一个群丛为邻，分布在黄土丘陵的东坡上。优势种为本氏针茅、百里香，伴生植物为达乌里胡枝子、银灰旋花、山薤（Allium japonicum）、三芒草（Aristida adscensionis）、狼毒（Stellera chamaejasme）、地锦（Euphorbia humifusa）等。

百里香草原在科尔沁草地分布于低山丘陵地区、黄土丘陵地区，具有一定的地带性。群落组成并不贫乏，高等植物114种，分属29科81属，每平方米种饱和度最高可达32种。旱生杂类草层片以菊科种类最多，旱生丛生禾草次之。小半灌木广旱生冷蒿、达乌里胡枝子常为优势种。多年生丛生禾草本氏针茅、糙隐子草等可为亚建群层片。百里香草原以典型旱生植物占优势，计有42种，占总种数的36.8%，中旱生植物37种，占34.5%，中生植物19种，占16.7%，旱中生植物11种，约占9%，广旱生植物仅5种，约占4%。依据亚建群种的差异，百里香群系可分为百里香＋本氏针茅＋杂类草、百里香＋冷蒿＋杂类草和百里香＋达乌里胡枝子＋糙隐子草群丛。在百里香＋本氏针茅＋杂类草群丛，百里香与针茅相间分布，呈明显的水平镶嵌性。百里香＋冷蒿＋杂类草群丛以建群种百里香和共建种冷蒿占优势，丛生禾草主要是糙隐子草。百里香＋达乌里胡枝子＋糙隐子草群丛植物种类单调，每平方米仅9~14种。

（2）非地带性植被

在科尔沁草地有沙生植被和低湿地植被两类隐域性植被。沙地植被主要有沙地榆树（Ulmus pumila）疏林、小叶锦鸡儿灌丛、差巴嘎蒿群系、流动沙地先锋植物群聚。

沙地榆树疏林主要分布在固定沙丘垄岗坡地，并与小叶锦鸡儿灌丛、西伯利亚杏灌丛及冰草、糙隐子草草原构成多型复合体，外貌上呈现沙地疏林草原景观。作为建群种的榆树并不是单株均匀散生，而是呈丛状分布，每丛一般3~5株，多的可达20株。主要群丛有：榆树－小叶锦鸡儿＋差巴嘎蒿、榆树－西伯利亚杏－冰草＋糙隐子草、榆树－冷蒿＋差巴嘎蒿、榆树－糙隐子草＋白草等多个具榆树疏林的沙地类型。

小叶锦鸡儿灌丛广泛分布于固定、半固定沙地，是沙地植被的重要组成部分。小叶锦鸡儿在半固定沙地上生长旺盛，高达1 m以上，丛径1~1.5 m。随沙地固定程度提高，小叶锦鸡儿高度降低和丛径减小，生长缓慢。小叶锦鸡儿灌丛分为小叶锦鸡儿－差巴嘎蒿＋白草、小叶锦鸡儿－沙生冰草（Agropyron desertotrum）＋糙隐子草、小叶锦鸡儿－冷蒿＋杂类草等几个典型群丛。

差巴嘎蒿群系分布在半固定沙地，随着沙地固定，其生长势明显下降。差巴嘎蒿耐沙埋，风蚀对其生长明显不利。主要群丛有差巴嘎蒿＋一、二年生杂类草，黄柳－差巴嘎蒿＋叉分蓼，差巴嘎蒿＋麻黄＋一年生杂类草，差巴嘎蒿＋冷蒿＋白草以及小叶锦鸡儿－差巴嘎蒿＋杂类草等群丛。

流动沙地先锋植物群聚生长在流动沙地上，由藜科的沙米、虫实、猪毛菜等组成，高度适应沙埋和风蚀，耐干旱、高温和贫瘠。

低湿地植被也属于非地带性植被，分为低湿地草甸植被和草本沼泽植被。

低湿地草甸植被植物组成丰富，建群种植物以禾本科植物占主导地位，其次是莎草科，莎草科作用也很明显，主要层片有根茎禾草层片、疏丛禾草层片，一年生草本植物层片在群落中有一定的建群作用。低湿地典型草甸植被多以中生禾本科植物为建群种，主要分布在大兴安岭山麓谷地及西辽河平原和沙丘间低地上。小糠草草甸常分布于河漫滩，群落组成简单。拂子茅草甸广泛分布于西辽河的河漫滩及丘间低地，有拂子茅 + 小糠草（Agrostis alba）+ 具芒碎米莎草（Cyperus microiria）、拂子茅 + 羊草 + 星星草、拂子茅 + 杂类草等几个类型。拂子茅 + 小糠草 + 具芒碎米莎草草甸的禾草层片特别发达，杂类草层片种类较少。拂子茅 + 羊草 + 星星草草甸混生有少量的杂类草如野火球、鹅绒委陵菜（Potenilla anserina）等。拂子茅 + 杂类草草甸多分布于山麓谷地。地榆草甸主要分布在大兴安岭山麓的山间沟谷及山地河滩地，种类丰富，包括地榆 + 日阴菅 + 杂类草、地榆 + 贝加尔针茅 + 杂类草、地榆 + 中生杂类草群丛。地榆 + 日阴菅 + 杂类草草甸上中生杂类草很丰富，禾草作用较小。地榆 + 贝加尔针茅 + 杂类草草甸以中旱生禾草为次优势层片。地榆 + 中生杂类草草甸以杂类草占绝对优势，除地榆外，可成为优势种的还有野豌豆、野火球、黄花菜等。鹅绒委陵菜草甸以零星小片方式广泛分布于河漫滩及沙丘低地，有鹅绒委陵菜 + 薹草（Carex tristachya）草甸、鹅绒委陵菜 + 杂类草草甸。小莎草草甸分布在科尔沁沙地丘间低地、各河流河漫滩及其低湿滩地上，由几种小型莎草与多种矮小杂类草共同组成，小型薹草组成群落的建群层片，禾草只有少量的早熟禾和碱茅。

沼泽草甸植被以湿中生草本植物占优势，主要代表群系为牛鞭草（Hemarthria compressa）沼泽草甸、荻（Miscanthus sacchariflorus）沼泽草甸和薹草沼泽草甸。牛鞭草沼泽草甸分布于西辽河平原和辽河平原的河滩泛滥地上，多与拂子茅典型草甸和荻沼泽草甸复合分布。牛鞭草是典型的湿中生植物，在群落中占绝对优势。荻沼泽草甸是大型禾草沼泽草甸，仅分布在西辽河和辽河平原地区，组成单调。薹草沼泽草甸分布于只有短期临时积水的河漫滩上，种类贫乏。

盐化草甸以丛生型和根茎型植物为主。芨芨草盐化草甸主要发育在河漫滩、干河谷、湖盆洼地、丘间低地及闭合洼地的生境中。主要有芨芨草 + 羊草 + 杂类草盐化草甸、芨芨草 + 杂类草盐化草甸。芨芨草 + 羊草 + 杂类草盐生草甸以中旱生根茎禾草层片为亚建群层片，薹草及杂类草层片也是基本成分。在芨芨草 + 杂类草盐化草甸，中生杂类草小花棘豆（Oxytropis glabra）、蒲公英（Taraxacum mongolicum）、车前（Plantago asiatica）等构成的亚优势层片一般居于群落下层，并常与由芨芨草建群的层片镶嵌分布。野黑麦盐化草甸主要分布在大兴安岭山麓及西辽河平原的河漫滩、丘间谷地及沙丘间滩地生境中，组成单调，常见野黑麦 + 星星草和野黑麦 – 羊草 + 寸草苔两个群丛。前一个群丛成分单纯，仅有碱蒿、车前、西伯利亚蓼等混生。后者较为复杂，具有草原化特征，羊草和寸草苔分别组成中旱生根茎禾草层片和根茎薹草层片，构成群落的次优势层片。马蔺盐化草甸可分为马蔺 + 羊草 + 杂类草、马蔺 + 薹草 + 杂类草、马蔺 + 杂类草群丛。马蔺 + 羊草 + 杂类草群丛具有草原化特征，羊草为亚优势种，中旱生杂类草如二色补血草、寸草苔等常混生在群落中。马蔺+薹草+杂类草群丛是轻度盐化草甸群落，由小型薹草组成亚优势层片，杂类草层片发达，种类成分丰富，常见的有鹅绒委陵菜、海乳草（*Glaux maritima*）、水麦冬（*Triglochin palustre*）、海韭菜（*Triglochin maritimum*）等。马蔺+杂类草群丛主要分布在多碱斑生境中，是杂类草或中型禾草群落退化后的次生植被。

草本沼泽植被以莎草科、禾本科、香蒲科为主，其次是眼子菜科、水麦冬科、蓼科及菊科等。以多年生草本植物为主，基本上是湿生和水生植物。在科尔沁草地有芦苇沼泽群系，包括芦苇+藨草（*Scirpus triqueter*）+薹草沼泽、芦苇+拂子茅+香蒲沼泽、藨草沼泽、水葱沼泽、香蒲沼泽等群丛。

1.2.2.4 草地资源特征

（1）草地类型

温性草甸草原类草地面积600.1万 hm²，占科尔沁草地总面积的38.4%。该类草地由东北向西南呈条状分布。植被由中生灌木、中旱生草本和杂类草组成，草群植物种类丰富，生长茂盛。草本层盖度50%~80%，高度40 cm，每公顷产鲜草2250~4500 kg，平均每公顷产2658.75 kg，最高者可达7605 kg。

温性干草原类草地总面积691.5万 hm²，占科尔沁草地总面积的44.25%，草地可利用面积559.3万 hm²，占科尔沁草地可利用总面积的42.5%。阔叶灌木小叶锦鸡儿、大果榆、西伯利亚杏、黄柳、二色胡枝子、东北木蓼以建群种和优势种出现，但在一般情况下以伴生植物存在于草地之中，其景观作用明显。

山地草甸类草地面积9.4万 hm²，占科尔沁草地总面积的0.6%，可利用面积8.9万 hm²，占科尔沁草地可利用总面积的0.68%。主要植物有早熟禾、地榆、日阴菅、疣囊薹草（*Carex pallida*）、凸脉薹草（*Carex lanceolata*），平均每公顷产鲜草4264.5 kg。

低地草甸类草地面积237.9万 hm²，占科尔沁草地总面积的15.3%，可利用面积206.5万 hm²，占科尔沁草地可利用总面积的15.7%。草群茂密，每平方米植物在10种以上，多年生中生或旱中生草本植物为主体。在盐化低地上形成盐生草甸植被，泛水或季节积水的低地则形成以中生、湿生草本植物组成的沼泽化草甸。

沼泽类草地面积22.6万 hm²，占科尔沁草地总面积的1.45%，可利用面积19.4万 hm²，占科尔沁草地可利用总面积的1.48%。植被种类单一，由水生或湿生植物组成。

（2）草地资源评价

科尔沁草地共划分4等8级（表1-7）。科尔沁草地主要由Ⅱ等、Ⅲ等、Ⅳ等的4级、5级、6级草地构成，属良质、中质、中产草地。

Ⅰ等草地112.5万 hm²，可利用面积94.66万 hm²，占科尔沁草地总面积的7.19%。以羊草、贝加尔针茅、大针茅、冷蒿、糙隐子草等为主，其中禾本科牧草比例占65%以上，每公顷产鲜草2700 kg，最高可达7260 kg。

Ⅱ等草地面积243.0万 hm²，可利用面积205万 hm²，占草地可利用总面积的15.57%。主要有贝加尔针茅+杂类草型、羊草+兴安胡枝子型、羊草+野古草型等。Ⅱ等草地出现在平原、丘陵或沙地上，产量较高，平均每公顷产3000 kg，最高达4500 kg，均具备打草条件。

Ⅲ等草地 854.1 万 hm²，可利用面积 718.9 万 hm²，占可利用草地总面积的 54.60%。主要植物有小叶锦鸡儿、沙蒿、差巴嘎蒿、线叶菊、贝加尔针茅、西伯利亚杏、土庄绣线菊（Spiraea pubescens）、二色胡枝子、铁杆蒿、拂子茅等。分布较广，生长地形复杂，一般用作放牧场，低地草甸常被用作打草场。

表 1-7　科尔沁草地等级可利用面积统计

级别	等别										
	Ⅰ（万 hm²）	%	Ⅱ（万 hm²）	%	Ⅲ（万 hm²）	%	Ⅳ（万 hm²）	%	级合计（万 hm²）	%
1			4.6	2.27	7.7	1.08	7.7	2.58	20.1	1.55
2	3.2	3.4	5.2	2.52	6.9	0.96	9.1	3.08	24.4	1.93
3	9.56	10.2	29.8	14.55	56.7	7.89	18.3	6.17	114.4	8.72
4	22.6	23.9	28.9	14.1	85.0	11.83	40.1	13.5	176.6	13.63
5	26.0	27.4	67.1	32.74	236.9	32.97	129.0	43.16	458.9	34.99
6	29.0	30.6	43.6	21.22	257.0	35.75	62.6	20.8	392.3	29.3
7	4.3	4.5	22.1	10.79	58.7	8.14	19.2	6.63	103.5	7.88
8			3.7	1.81	10.0	1.39	12.2	4.06	25.8	2
等合计	94.66	100	205.0	100	718.9	100	298.2	100	1316.76	100
占总面积百分率（%）	7.19		15.57		54.60		22.64		100	

资料来源：高耀山和魏绍成，1994

Ⅳ等草地 353.0 万 hm²，可利用面积 298.2 万 hm²，占可利用总面积的 22.64%。由低地草甸类的水泛地草甸亚类、灌丛草甸亚类、平原草甸亚类和沼泽类构成。平均每公顷产鲜草 5626.5 kg，最高每公顷产可达 12 705 kg。主要发育在低洼地段，一般用作放牧场。

1.2.3　锡林郭勒草原

1.2.3.1　面积及分布

锡林郭勒草原位于内蒙古自治区中部地区，其北与蒙古国接壤，南部相接于河北坝上地区，西部为阴山丘陵区和荒漠草原区，东部有大兴安岭为屏障，中部含浑善达克沙地。草地总面积 $1.92 \times 10^5 \text{km}^2$，其中可利用面积 $1.76 \times 10^5 \text{km}^2$（郭克贞等，2004；李青丰等，2003）。

1.2.3.2　植物组成

该区共有植物 629 种，分属于 74 科 291 属。植物组成以旱生草本植物为主。菊科、禾本科、豆科、蔷薇科与毛茛科构成了植物中 74 科中的五大科。裸子植物有 4 属 6 种，被子植物占绝大多数，为 287 属 623 种，其中双子叶植物和单子叶植物分别占 225 属 474 种和 62 属 149 种。在 74 科中，植物种类最多的有 10 科，这 10 科植物共有 154 属 384 种。饲用植物最为丰富，仅优质、量丰的牧草（一等、二等）就有 110 余种，如羊草、冰草、糙隐子草、羊茅、黄花苜蓿、野豌豆、木地肤等；药用植物 73 种，数量多的有蒙古黄芪（*Astragalus membranaceus*）、中麻黄（*Ephedra intermedia*）、芍药（*Paeonia Lactiflora*）、甘草（*Glycyrrhiza Uralensis*）、柴胡、远志（*Polygala tenuifolia*）、防风、茵陈蒿（*Artemisia capillaris*）、祁州漏芦（*Rhaponticum uniflorum*）、知母、猪毛菜、狼毒等；有毒植物 10 余种，有毒芹（*Cicuta virosa*）、藜芦（*Veratrum nigrum*）、短柄乌头（*Aconitum brachypodum*）、穗花翠雀（*Delphinium elatum*）、披针叶黄华、小叶棘豆（*Oxytropis microphylla*）、石龙芮（*Ranunculus sceleratus*）、狼毒、知母等；纤维植物 50 种，芨芨草、芦苇、马蔺、白桦等植物的茎叶、枝条、树皮，均为很好的纤维原料；油料植物 41 种，主要有山杏、刺玫蔷薇（*Rosa davurica*）、大籽蒿（*Artemisia sieversiana*）、黄花蒿、虎榛子、碱蓬等（李博等，1988）。

1.2.3.3　植被类型特征

森林草原以低山、丘陵为主，局部地区为中山。主要植被类型为羊草＋中生杂类草草原、线叶菊草原、贝加尔针茅草原、白桦林及山杨林。分为大兴安岭西麓桦林草原和大兴安岭西麓山前草甸草原两个亚类，桦林草原以中、低山为主。主要为白桦林、山杨林，线叶菊草原、贝加尔针茅草原及羊草＋中生杂类草草原。大兴安岭西麓山前草甸草原以丘陵为主。主要植被类型为羊草＋中生杂类草草原、线叶菊草原及贝加尔针茅草原。

典型草原以波状高平原为主。主要植被类型有克氏针茅草原、羊草＋丛生禾草草原及大针茅草原。分为东部典型草原、中部典型草原和西部典型草原三个亚地带，东部典型草原亚地带主要植被类型为羊草＋大针茅、羊草＋克氏针茅、羊草＋中生杂类草草原及沙地榆树疏林。中部典型草原主要植被类型为大针茅＋羊草、大针茅＋丛生小禾草及克氏针茅＋羊草草原。西部典型草原主要植被类型为克氏针茅＋糙隐子草、小叶锦鸡儿－克氏针茅＋冷蒿及克氏针茅＋短花针茅－冷蒿草原。

荒漠草原以波状高平原为主。主要植被类型为戈壁针茅草原、天山针茅（*Stipa tianschanica*）草原及沙生针茅（*Stipa glareosa*）草原。

草原化荒漠地貌为古湖盆和古河道。主要植被类型为红砂耐盐半灌木群落。

沙地榆树疏林、灌丛草原以沙丘为主。主要植被类型有榆树疏林、中生杂灌木丛、沙蒿－半灌木丛，小叶锦鸡儿灌丛、中间锦鸡儿（*Caragana intermedia*）灌丛、沙地丛生禾草草原及沙米＋虫实群落（孙雪峰和张撅万，1991）。

1.2.3.4　草地资源特征

锡林郭勒草原植被类型丰富，包括丘陵草原草场、波状高平原草原草场、熔岩台地草原草场、沙地疏林及灌丛草原草场、河漫滩及河谷低湿地草甸草场 5 类（赵献英等，1988）。可分成 5 等 5 级（表 1-8、表 1-9）。

表 1-8　锡林郭勒草原等的划分

等	标准	分布	植被类型
1	优等牧草占草群质量的 60% 以上	波状高平原	羊草草原、大针茅草原、贝加尔针茅草原
2	良等牧草占草群质量的 60% 以上	波状高平原	羊草草原、大针茅草原、贝加尔针茅草原

续表

等	标准	分布	植被类型
3	中等牧草占草群质量的60%以上	低山丘陵、固定沙丘	羊草草甸草原、禾草草原、大针茅草原
4	低等牧草占草群质量的60%以上	固定沙地	山荆子灌丛、虎榛子灌丛、大果榆灌丛
5	草本植物稀少，多为沙地疏林	固定沙带	沙地杨桦疏林、榆树树林、白扦云杉疏林

资料来源：赵献英等，1988

表1-9　锡林郭勒草原级的划分

级	标准	植被类型
1	每公顷产鲜草6000 kg以上	羊草草甸草原、贝加尔针茅草原
2	每公顷产鲜草4500~6000 kg	羊草草原、大针茅草原、沙地和禾草草原
3	每公顷产鲜草3000~4500 kg	大针茅草原、小叶锦鸡儿灌丛化草原
4	每公顷产鲜草1500~3000 kg	克氏针茅草原、冷蒿小半灌木草原
5	每公顷产鲜草375~750 kg	冷蒿小半灌木草原、石砾质草原

资料来源：赵献英等，1988

丘陵草原草场主要分布于锡林河中上游，属于温带草原区半湿润的草原类型，包括草甸草原草场、典型草原草场和灌丛化草原草场3个类型。草甸草原草场是锡林河流域上游地区主要的草场类型，广幅旱生的羊草为主要建群种，中生的日阴菅和中旱生的贝加尔针茅为亚建群种。草群高而密，平均高45~50 cm，盖度60%~90%。草群茂密，每公顷产鲜草6000 kg。在草场等级评价中，属3等1级，各种家畜四季皆宜。典型草原草场位于锡林河上游地区丘陵阳坡，多以旱生植物为主，羊草为稳定建群种。其面积约为草甸草原的1/3，平均草群高度40 cm左右，总盖度45%，营养价值良好。灌丛化草原草场位于锡林河中上游的河谷、阴坡上。在分布较广的以羊草、西伯利亚羽茅（*Achnatherum sibiricum*）和大针茅为主的禾草草原中，分布有绣线菊、小叶锦鸡儿、小叶鼠李（*Rhamnus parvifolia*）等灌木。草群高度57 cm，总盖度50%~75%，每公顷产鲜草4125 kg，等级评价为3等3级。

波状高平原草原草场分布在锡林河流域的中下游由大面积的塔拉和平缓起伏的夷平面构成的波状高平原上。草甸草原草场包括羊草、无芒雀麦、中生杂类草草甸草原草场和含丰富杂类草的羊草草原草场、黄囊薹草（*Carex korshinskii*）草原草场两个类型。植被盖度达70%以上，每公顷产鲜草6000 t以上，大多为1等2级草场。多杂类草草原草场分布在丘陵草原向波状高平原过渡区，从半湿润草甸草原向半干旱典型草原过渡，植物种类混杂。羊草为各个群落的稳定优势种或是建群种。植被总盖度50%~60%，平均高度40 cm。每公顷产鲜草4500~6000 kg，属1等2级。典型草原草场在锡林河流域分布面积广，以大针茅、羊草、丛生小禾草放牧场面积最大，是典型草原的代表类型。大针茅是稳定建群种，在下游地区克氏针茅逐渐替代大针茅而占优势地位。典型旱生种糙隐子草和小半灌木冷蒿的分布常与干燥和过牧相联系。其基本特点是牧草水分含量低，干物质含量高，草场质量较好。平均每公顷产鲜草2550 kg左右，大部分草场为3等4级。灌丛化草原草场一般条件较差，草本发育不良，因此，耐旱耐贫瘠的小叶锦鸡儿灌丛和狭叶锦鸡儿灌丛地位突出。该类草场每公顷产鲜草 3750 kg 左右，质量较好。

熔岩台地草原草场分布在锡林河中游南部广阔的熔岩台地上。草甸草原草场主要分布在三级熔岩台地和阴坡等处，以贝加尔针茅、线叶菊、杂类草放牧场与线叶菊、羊草、贝加尔针茅放牧场及羊草、线叶菊、杂类草放牧场为主要类型。草群总盖度 60%，每公顷产鲜草 4500 kg 以上，属 2 等 3 级草场。典型草原草场位于熔岩台地 1250 m 以下的地区，大针茅为主要建群种，分布面积最广。一般盖度 30% 左右，每公顷产鲜草 4200 kg 以上，属 2 等 3 级草场。中生灌丛禾草草场分布在熔岩台地地区的石质坡地以及由火山作用形成的斜坡和沟谷中，禾草草场中零星分布着中生灌木大果榆和西伯利亚杏。大果榆和西伯利亚杏是该类草场的建群种。平均每公顷产鲜草 3000 kg 左右。

沙地疏林及灌丛草原草场分布在锡林河岸，是优良的冬季牧场。高沙丘疏林放牧场分布在锡林河流域的中上游沙带中，块状疏林林缘草本植物繁茂，常作冬季放牧利用。但林下草本稀少，每公顷仅产鲜草 750～1500 kg。固定高沙丘中生灌丛草场以中生灌木为主。由于沙丘阴坡及丘间洼地良好的水分条件，许多中生灌木得以生存，形成多优势种的杂木灌丛。草本层盖度 55%～60%，每公顷产鲜草 2250 kg 左右，生产力中下等。固定沙丘旱中生及旱生灌木、半灌木草场主要分布于固定沙丘的阳坡。由于灌丛对草本有一定的抑制作用，所以产量不高。草本植物及可食灌丛的当年生枝条合计产量平均每公顷产 2250 kg 鲜草。平缓固定沙丘草原草场分布在沙带西段较为平缓的部位，由于水分条件较差，而且沙丘起伏不大，灌丛逐渐消失，形成以草本植物占优势的沙质草原草场。疏松的基质极易活化，生态平衡易受破坏，冬季缺少灌木枝条及高大沙丘挡风，不宜作为冬营地，夏季也只能在有水源的地方有控制地利用，以保护草场的永续更新。

河漫滩及河谷低湿地草甸草场主要分布于锡林河及其支流的谷地和沿岸滩地以及大小不等的湖泊周围，饮水条件好，是大型家畜主要放牧场。

低湿地草甸草场是一类分布于河流一级阶地河漫滩上及湖泊周围的草甸草场，以锡林河及好来吐河沿岸的低湿地及河谷草甸类型为其典型代表。

在锡林河上游及源头敖伦诺尔一带分布着含有小叶金露梅（*Potentilla parvifolia*）的薹草草甸草场，常混生土庄绣线菊（*Spiraea pubescens*）和多种柳灌丛。而在开阔平坦的哈吐塔拉是低湿地草甸发育最好的地区，草群盖度达 70%～80%，局部达 95% 以上，鲜草产量每公顷达 6000 kg，草质柔软，富含水分，适于大型家畜夏季放牧，尤其对乳牛更是佳品。

盐湿草甸草场：主要由发育在盐化草甸土上的盐生植物群落而构成，最具代表的类型是以芨芨草为建群种的芨芨草草甸和以马蔺为建群种的马蔺草甸，或由这两种草甸形成的复合类型。大多分布于丘间平坦开阔的塔拉及河滩阶地。

沼泽化草甸草场：该类草场通常为低湿草甸，具有向沼泽过渡的性质，是在地形低洼、排水不畅、土壤水分接近饱和或过分潮湿、通透性不良等环境条件下发育形成的。植株生长茂密，群落盖度 95% 以上，每公顷产鲜草 6000 kg 以上。分布最多、最具代表性的类型为小灯心草（*Juncus bufonius*）、芦苇沼泽化草甸，其种类组成以莎草科、禾本科、毛茛科为主，大多为湿中生植物和盐生植物。

1.2.4　鄂尔多斯草原

1.2.4.1　面积及分布

鄂尔多斯草原位于鄂尔多斯高原西部毛乌素、库布齐两大沙漠腹地。草地总面积 5.88 万 km²，其中可利用草地面积 5.42 万 km²（夏日，2008）。

1.2.4.2　植物组成

鄂尔多斯草原有种子植物 77 科 342 属 809 种（包括亚种、变种）。仅出现在山区的科有 13 个，属有 116 个，种有 369 个；生长在地带性平原生境类型的科有 64 个，属有 226 个，种有 440 个。该中心内最大的科是菊科，含 100 种以上；50 种以上的有禾本科、豆科、藜科；30 种以上的有蔷薇科、毛茛科、十字花科；20 种以上的有莎草科、石竹科、百合科；10 种以上的有蓼科、蒺藜科、唇形科、玄参科、伞形科、柽柳科、紫草科、龙胆科、杨柳科。在山区，一些适应中生与湿生环境的科仍然排在较前的地位。10 种以上的有菊科、禾本科、豆科、毛茛科、蔷薇科、石竹科、百合科、玄参科、莎草科、龙胆科、唇形科。只出现在山区的科有松科、桦木科、杜鹃花科、鹿蹄草科、槭树科、无患子科、葡萄科、堇菜科、木犀科、马钱科、忍冬科、败酱科、葫芦科和兰科。平原区占优势的科有菊科、藜科、豆科、禾本科、蒺藜科、蓼科、蔷薇科、莎草科、柽柳科、紫草科、百合科、唇形科和伞形科（朱宗元等，1999）。

1.2.4.3　植被特征

梁地植被在西部荒漠草原亚地带以几种荒漠草原群落为主，主要包括戈壁针茅、沙生针茅与冷蒿组成的荒漠草原群落，除旱生草原成分外，出现了一些超旱生的荒漠成分，如多根葱、木地肤、亚菊（*Ajania trilobatapoljak*）、银灰旋花等；超旱生灌木、半灌木与戈壁针茅和沙生针茅的荒漠草原群落，在禾草中混生一种或数种超旱生的荒漠灌木：毛刺锦鸡儿（*Caragana tibetica*）、蒙古矮黄花木（*Piptanthusnanus pop*）或半灌木红砂、驼绒藜（*Ceratoides latens*）、木本猪毛菜（*Salsola arbuscula*）、猫头刺（*Oxytropis aciphylla*）等；长芒草（*Stipa bungeana*）与兴安胡枝子是典型的草原群落，在薄层石质的淡栗钙土地段则出现小片的百里香群落；柳叶鼠李（*Rhamnus erythroxylon*）灌丛也是草原亚地带中硬梁地上的旱生灌丛。

沙生植被是毛乌素沙地最有代表性和分布最广的类群。主要包括：白沙蒿（*Artemisia sphaerocephala*）群落是半流动沙丘上植被发生演替的代表，群落盖度在 15% 以下。由于白沙蒿耐流沙，是用以固定流动沙丘的先锋植物；黑沙蒿（*Artemisia ordosica*）又称为油蒿，是毛乌素沙地中分布最广泛的沙生植物群落的优势种，遍布于半固定与固定的沙丘沙地，被认为是沙地天然植物群落；蒙古岩黄耆（*Hedysarum mongolicum*）灌丛常成片分布于半固定沙丘与波状起伏的固定沙地上；天然中间锦鸡儿（*Caragana intermedia*）灌丛分布于硬梁覆沙地上；沙地柏灌丛是该地区东南部固定沙丘上的天然植被，覆盖度可高达 90%；乌柳（*Salix cheilophila*）、小穗柳（*Salix microstachya*）灌丛，即在流动沙丘与半固定沙丘的丘间低地或沙丘与滩地边缘呈带状蜿蜒的柳灌丛，由乌柳与小穗柳分别构成群落或二者混生的群落。

在滩地，寸草（*Carex duriuscula*）草甸是滩地常见的群落类型，寸草占优势；马蔺草甸分布在滩地中稍高与碱化的地段；芨芨草草甸分布在较干燥的滩地上；盐生植物群落分布于碱湖湖滨或盐碱化的滩地，以碱蓬群落最为常见（张新时，1994）。

1.2.4.4 草场资源特征

鄂尔多斯草地处于草原、荒漠及其过渡地带，形成了温性草原类、荒漠草原类、草原化荒漠类、荒漠类、低地草甸类和沼泽类六大草地类型，其中荒漠草原面积最大，为23.09 万 hm^2，占草地总面积的 58.9%（高秀芳和余奕东，2008）。天然草场基本都是放牧场，适合刈割的高草如芦苇、假苇拂子茅等比较少。由于降水年变率较大，且一、二年生植物对降水的依赖性很强，天然草场的生产力很不稳定。该区 3 个主要草场产量的季节变化很大，秋季最高，春季最低，相差达 3~4 倍。

由于草场基质沙性大，表土中物理砂粒含量一般为 80%~90%，植被退化后易遭受风蚀、沙化影响。西、北部以梁地为主；中部为梁地草场、滩地草场与流沙相间分布；南部以滩地草场为主，固定、半固定沙地草场和流沙镶嵌分布，而库布齐沙漠西段以及毛乌素沙地南部大沙带内部则无草场分布。

1.3　中国北方半干旱区草地退化

1.3.1　草地退化的类型、原因、过程

1.3.1.1 草地退化概念

草地退化定义很多：草地退化是指草地承载力下降并引起畜产品生产力下降的过程；草地退化是指在放牧、开垦、搂柴等人为活动下草地生态系统远离顶极的状态；土壤硬度与沙粒含量增大、有机质含量减少是草原土壤退化的主要指标；草地退化既指草的退化，又指地的退化，其结果是生态系统的退化……破坏了草原生态系统的物质循环的相对平衡，使生态系统逆向演替；草地退化"包括可见的与非可见的两类，前者如土壤侵蚀和盐渍化，后者如不利的化学、物理和生物因素的变化导致的生产力的下降"（李博，1999d）。由于人为活动或不利自然因素引起的草地（包括植物及土壤）质量衰退，生产力、经济潜力及服务功能的降低，致使环境变异以及生物多样性或复杂程度的降低、恢复功能减弱或丧失，即为草地退化。由此看来，草地退化是指草地生态系统逆行演替过程，表现为系统的组成、结构与功能发生明显变化，原有的能流规模缩小，物质循环失调，熵值增加，打破了原有的稳态和有序性，系统向低能量级转化，即维持生态过程所必需的生态功能下降甚至丧失，或在低能级水平上形成偏途顶极，建立了新的亚稳态。草地退化与草地群落的逆行演替并不等同，前者有对利用价值评价的意思，后者单指群落演替的方向。有些草地类型（如杂类草草甸、杂类草草原、禾草草原）在顶极状态下利用价值不

高，但在适度利用时，价值提高，亦即群落虽发生了逆行演替，但并不能称为退化。另外，有些草地在长期不利用或长期封闭情况下，会向中生化方向演替，草群适口性降低，虽然从牧草利用角度也可将这种现象称为退化，但这是顺行演替，并不能称为逆行演替。一般情况下，人为活动和不利自然因素引起的草地退化均属逆行演替。

1.3.1.2 草地退化类型划分

可依据不同标准划分草地退化类型。以退化性质分，可将退化草地分为退化草地、沙化草地、盐渍化草地。以退化程度分，可将退化草地分为轻度退化草地、中度退化草地、重度退化草地和极度退化草地（刘志民等，2005a）。

长期以来，人们习惯以"三化"即草地退化、草地沙化和草地盐渍化来描述草地退化。草地退化一般是指草地植被如草地生物组成和植被盖度等的退化以及相伴随的物理条件的变化；草地沙化主要是指草地基质的粗化，既包括风蚀造成的细粒物质流失，也包括沙丘移动对原有优良草场的覆盖，草地沙化必然伴随草地植物种类组成和生物量的变化；草地盐渍化主要是指草地基质含盐量提高，进而引起草地植被变化的过程。

草地退化、草地沙化和草地盐渍化各执一端，都不能独立反映草地退化实质，因此不是科学的退化草地类型划分方法。根据能量、质量、环境、草地生态系统结构与食物链和草地自我恢复功能确定的草地评价指标划分草地退化类型比较合理（表1-10）。草地放牧系统是太阳能固定与转化系统，太阳能利用率以及在系统内的转化率是衡量系统状态的重要指标。衡量草地是否退化应与各类型的原生状态比较。一般情况下，草群生产力随退化程度的增强而递减，但有时不可食的杂草或毒草数量会随退化程度递增而增加，所以从生产力角度衡量，应以可食牧草产量为标准来评估退化程度，并与同一类型的原始状态比较。草地质量是指营养成分与适口性的高低，一般用种类组成来衡量。随着放牧强度的增加，优势种和适口性好的植物种逐渐减少，而适口性差、营养价值较低的杂类草增加，甚至代替原来的优势种。可用现有群落的种类组成与顶极群落种类组成的距离来衡量草地退化程度。在强度放牧影响下，草地地被物消失，土壤表层裸露，反射率增高，潜热交换份额降低，土表硬度与土壤容重明显增加，毛管持水量降低，风蚀与风积过程或水蚀过程增强，小环境变劣，进而土壤质地变粗，硬度加大，有机质减少，肥力下降，土壤向贫瘠化发展，草地在生物地球化学循环过程中的作用降低。一个演替顶极的草地生态系统，结构比较复杂，食物链也比较长，从生产者到草食动物、第一级肉食动物、第二级肉食动物齐全，但退化草地的食物链缩短、结构简化。自我恢复功能是草地生态系统是否健康的重要标志。受过牧影响，草地自我恢复功能逐渐降低，直至完全丧失。

表1-10 中国典型草原草地退化分级及其划分标准

退化等级	植物种类组成	地上生物量与盖度	地被物与地表状况	土壤状况	系统结构	可恢复程度
轻度退化	原生群落组成无重要变化，优势种个体数量减少，适口性好的减少或消失	下降20%~35%	地被物明显减少	无明显变化，硬度稍增加	无明显变化	围封后自然恢复较快

续表

退化等级	植物种类组成	地上生物量与盖度	地被物与地表状况	土壤状况	系统结构	可恢复程度
中度退化	建群种与优势种发生明显更替，但仍保留大部分原生物种	下降35%~60%	地被物消失	土壤硬度增大1倍左右，地表有侵蚀痕迹，低湿地段土壤含盐量增加	肉食动物减少，草食性啮齿类增加	围封后可自然恢复
重度退化	原生种类大半消失，种类组成单纯化。低矮、耐践踏的杂草占优势	下降60%~85%	地表裸露	硬度增加2倍左右，有机质含量明显降低，表土粗粒增加或明显盐碱化，出现碱斑	食物链明显缩短，系统结构简单化	自然恢复困难，需加改良措施
极度退化	植被消失或仅生长零星杂草	下降85%以上	呈现裸地或盐碱斑	失去利用价值	系统解体	需重建

资料来源：李博，1999d

对草地类型进行划分，还可参用放牧指示植物与放牧生态种组、家畜生产性能、啮齿动物、蝗虫、土壤动物、土壤微生物等指标（陈佐忠和汪诗平，2000）。放牧指示植物可进一步区分为定性指示植物和定量指示植物两类。定性指示植物是指牧压超出某一阈值时才出现或消失的植物，其出现与否可以指示牧压的强弱。在羊草草原和大针茅草原，克氏针茅和寸草苔只存在于重牧地段，是放牧的正定性指示植物，而西伯利亚羽茅只存在于无牧到中牧地段，是负定性指示植物。定量指示植物是指随牧压增强其优势度也有规律地增强或减弱的植物，其优势度的大小可以指示牧压的强弱程度。随牧压的增加，羊草生物量或优势度逐步下降，但存在于整个牧压梯度的系列上，是负定量指示植物；冷蒿的情况则相反，其生物量和密度均随牧压的增强而大幅度上升，是正的放牧定量指示植物。放牧生态种组是按植物对家畜放牧反应的异同而划分的植物组合，可将放牧生态种组分为增加者、减少者、侵入者、消失者、宜中牧植物、波动者。波动者随着牧压增强变化不明显，是恒有伴生植物。草原退化首先导致草的退化，并因此导致牲畜食不饱腹，处于半饥饿状态，家畜品种退化，质量下降。在科尔沁退化草原上，牛的平均出肉量从20世纪50年代的125 kg/牛降到70年代的75 kg/牛；羊的平均出肉量从50年代的15 kg/羊降到70年代的9 kg/羊。草地退化和荒漠化过程的加剧有利于营群居生活的布氏田鼠和长爪沙鼠等为害较大的鼠类繁衍。在布氏田鼠喜食的植物种类中，冷蒿和黄蒿占70.6%，冷蒿和黄蒿恰恰是羊草草原和大针茅草原退化的产物。长爪沙鼠喜栖于干燥疏松的沙质土壤，且嗜食猪毛菜、大籽蒿等一年生植物的茎叶和种子。草场经重牧到过牧退化阶段，出现沙化，一年生植物成为沙化草场的主要成分，布氏田鼠的优势地位又为长爪沙鼠所替代。放牧活动对蝗虫的时空异质性有明显的影响。在羊草草原，狭翅雏蝗随着放牧强度的增大，优势度逐渐增加，从非放牧地的亚优势种变为放牧地的优势种；在大针茅草原，狭翅雏蝗的优势度也随放牧强度的增大而增加。退化草原土壤动物的群落结构发生了明显变化，土壤动物总数量减少，群落结构趋于单调，优势类群趋于一致。在大针茅草原和羊草草原上，对牧压反应敏感的土壤动物为膜翅目的蚁类和姬蚯蚓类，前者随牧压增大而数量上升，后者随牧压增大而数量迅速下降。牧压增大时，需氧的好气性细菌、丝状真菌、放线菌不同程度地减少，而抗逆性的芽孢型细菌、厌氧的嫌气性细菌则不同程度地增加，且微生物总数量随牧压增大而下降。

1.3.1.3　草地退化原因

草地退化原因概括起来为自然和社会两大类。但这两类要素对不同区域、不同类型草地的作用效果不同。

在局部地区，气候变化在草原退化中起重要作用。中国草原区在 40 年的时间内降水变率达 46% ~95%，多雨年与少雨年年降水量相差 2.6~3.5 倍，每遇旱年，自然灾害发生的频率增加，草地退化加速（李博，1999d）。气候因素在高寒草地退化过程中发挥了重要作用（张国胜等，1998；吕晓英和吕晓蓉，2002）。

植被的减少、反射率的提高、潜热散失量的减少和显热散失量的增大是干旱化所引起的，而这些变化又导致湍流和云层的减少，反过来又造成气候的进一步干旱化。干旱导致草地退化，草地退化又加剧了局部地区的干旱程度。

李博（1999d）认为"气候变干是草原退化的主要因素"的论点不成立，其他研究也支持这一论断。李青丰等（2002）以降水量和气温两个主要气象因子对内蒙古草原区 1970~1999 年 30 年气候变化和草地退化的分析证明：目前尚难以作出草地气候趋于干旱引起草地生态系统劣变的结论；草地生态系统内物流（以氮为例）的出入失调和季节性的草–畜供求失衡是引起草地生态系统迅速退化的主要因素；而气候变化对系统的劣变仅起了推波助澜的作用。

由此看来，气候对草地退化的作用可以归结为两点：第一，在局部地区（如高寒草甸区），气候变干对草地退化起了关键作用；第二，在大多数地区，气候变化对草地退化起了一定的促进作用。

除了气候因素，其他自然因素对草地退化也具有促进作用。草皮层冻融剥离，草皮层风蚀、水蚀在青藏高原的草地退化过程中发挥了一定的作用（王秀红和郑度，1999；涂军等，1999）。冲洪积平原下伏深厚的冲积湖积相沙物质对科尔沁草地沙漠化的发生具有促进作用（刘新民等，1992）。

在大多数场合，人类活动对草地退化的作用是关键性的。由于人口增加，需求量加大，过牧、樵采、开垦等活动的频度和强度加大，土壤侵蚀、盐渍化等现象进而发生，草地退化也就自然发生（图 1-1）。在西欧人口相对较少的国家，识别不出植物区系中增加的成分和减少的成分间的类型差异；但在人口密度超过每平方千米 100 人的国家，明显的极端趋势是耐胁迫植物缩减而竞争性植物和杂草类植物增加（Grime，2001）。

超载过牧是草地退化的直接动因（图 1-2）。在中国北方，各牧区的家畜数量都在迅速增加，报道超载的地区非常多。即使地广人稀的青藏高原地区也存在超载现象，如西藏那曲地区高寒沼泽草甸的理论载畜量为 791.37 万羊单位，而实际载畜量已达 1242.28 万羊单位，超载率达 56.98%，草地退化正在发生（周麟，1998）。李文龙和李自珍（2000）对荒漠化针茅草原的研究表明，超载放牧在草地退化中所占权重为 0.5793，草原的鼠害与虫害因素占 0.2824，其他因素所占权重很小。

```
                ┌─────────────────────┐
                │   人口压力增大       │
                │ 市场需求及价格政策   │
                │   非持续利用形态     │
                └─────────────────────┘
```

图 1-1 下结构：

过牧——牲畜增长	土壤侵蚀——开垦、过牧
开垦——要求更多谷物	流沙再起——过牧、开垦、樵采
樵采——获得薪炭、药物	次生盐渍化——过牧、滥灌
开矿——获得商品能源	水源短缺——上游截水

能流与养分循环受阻	土壤稳定性降低
生产力与质量下降	保水能力下降、无效蒸发增大
生物多样性降低	土壤热交换份额增加
服务性能下降	系统恢复能力下降或消失

| 植被伤害 | 环境受损 |

| 草地退化 |

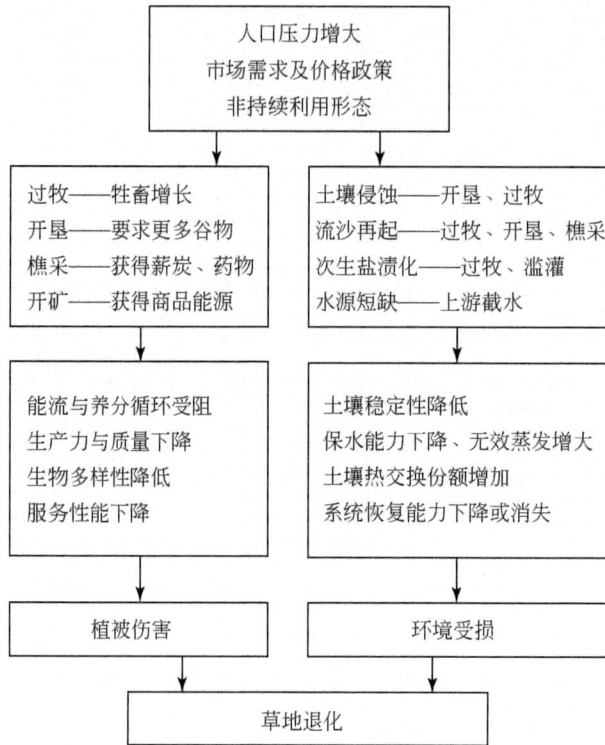

图 1-1　草地退化原因图（李博，1999d）

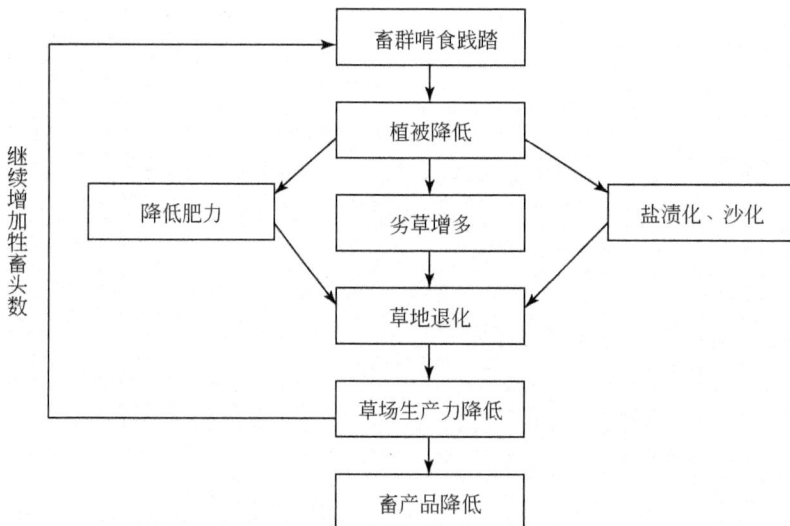

图 1-2　过牧对草原的影响（道尔吉帕拉木，1996）

　　将草地开辟为农田是草地面积减小、草畜矛盾激化进而引起草地退化的原因。垦荒后弃耕加剧土壤风蚀（图 1-3）。在中国西部的新疆塔里木河下游，近 10 年草地面积减少 1.07 万 hm²，其中的 34.5% 被转化为农田（徐海量等，2003）。在中国东北的科尔沁地区，历史上曾有过3次较大的农垦时期：新石器时期、辽金时期、19世纪中叶至新中国成立时期。据《奈曼旗志》记载，乾隆十三年（公元1748年），清廷推行"借地养民"局部放垦政策，光绪年间，清廷又推行"移民实边"政策。民国4年（1915年）奖励开垦政策出台，全旗耕地面积近1万 hm²；至民国18年（1929年），奈曼旗已开垦耕地4万 hm²；1960~1965年，奈曼旗进入开垦高潮，1960年1年就垦荒2万 hm²，使全旗耕地面积达到14万 hm²。

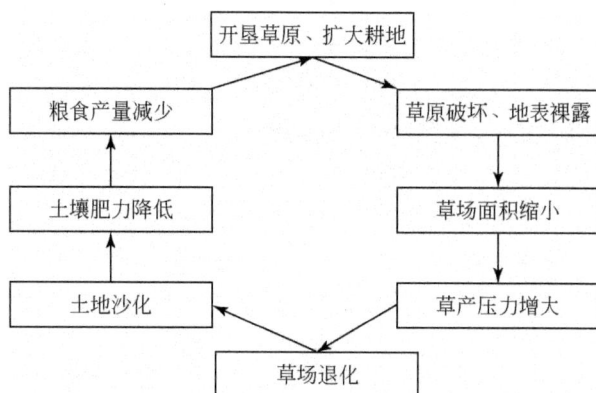

图1-3　开荒对草原的影响（道尔吉帕拉木，1996）

水资源的变化也是草地退化的原因之一。在荒漠绿洲区，断流和地下水位下降导致天然草地向裸地和沙地演变，但断流和地下水位下降与人为活动密切相关（徐海量等，2003）。

鼠虫危害给草原带来了一定的灾难（王启基等，1997；刘伟等，1999；钟文勤和樊乃昌，2002）。中国草地鼠害发生面积已经超过800万 hm²，约占全国可利用草地面积的10%（钟文勤和樊乃昌，2002）。鼠类持续不断的啃食及挖掘活动导致草地生产力降低，为杂类草滋生创造了条件；养分较高的土层被翻抛至地表，易遭受风蚀、水蚀，土壤肥力大量损失。处于不同演替阶段的退化草地，由于植物群落组成和结构特性不同，鼠兔数量有所差异，以中度退化草地的平均密度最高。在内蒙古典型草原区，布氏田鼠的栖居密度每公顷可达1384只，相应洞口密度每公顷为6920只，重灾年份牧草损失高达44%，一般年份亦有15%~20%。草地退化和鼠害有互相促进的关系（钟文勤和樊乃昌，2002）。

在干旱区，植被常常遭受风沙干扰。风会影响植物的生长和群落结构，严重时可导致裸根和折断。在沙丘地带，沙地基质的稳定性差，在一定的风力条件下，沙地近地表处形成风沙流。风沙流对植物的影响主要有风蚀、沙埋和沙割等形式。风吹走地表沙物质形成风蚀。风蚀使埋在沙中的植物种子和根系裸露，从而使植物的种子萌发、生长发育、繁殖生存，即整个定居过程受到影响。沙埋是由风沙流中的沙粒沉积造成，过度沙埋影响植物种子的萌发和生长。风沙流除了对草本和灌木造成机械损伤外，还影响它们的光合作用和水分利用。但风、沙对植被过程也有正面作用，如风是种子的传播力，适度的沙埋有促进植物生长的作用等。

刈割减少了牧草间的竞争，对草地凋落物积累的影响显著。早期刈割通过阻止种子形成降低了生育力，晚期刈割具有通过干草传播一些成熟种子的作用（刘志民等，2002）。在内蒙古锡林郭勒的典型草原，经过 4 年连续割草后，禾本科和豆科植物比例分别减少19%和38%，而菊科和藜科植物趋于增加，主要植物如羊草的密度有所下降，羊草下降42%，而一年生植物如猪毛菜、黄蒿密度相对增加，猪毛菜增加31%，黄蒿增加24%（李博等，1988）。

虽然有很多学者进行了草地退化机理探讨，但以任继周和朱兴运（1995）的论述较为深刻。任继周等将草地生产系统的退化归因于系统相悖，即植根于两个系统的结构性不完善结合和由此发生的功能的不协调运行：动物生产系统与植物生产系统的时间相悖，是指在自然状态下，动物生产的能量动态年度波动较小，而植物生产的能量动态的年度波动远较动物的大，草地的时间相悖不仅危害动物生产，还普遍损害草地本身；动物生产系统与植物生产系统的空间相悖，是指在一定的草地面积上，草食动物数量的过大或过小，既表现在地区间差别，又表现在同一地区内季节放牧地之间的差别；动物生产系统与植物生产系统之间的种间相悖，是指动物和植物的组合不合理，使用错误的组合，造成草地和畜群两败俱伤。锡林郭勒草原天然草地饲草的总体供给量并不是造成超载过牧进而导致草地生态环境劣化的根本原因，季节性的草畜矛盾和区域性的超载过牧是草地退化的主要因素（李青丰等，2003）。物质与能量流程及收支平衡失调，打破了系统自我调控的相对稳态，下降到低一级能量效率的系统状态，是草原退化的生态学实质（刘钟龄等，2002）。

1.3.1.4 草地退化过程

草地退化过程首先表现为植被和土壤环境的退化，其次为由植被和土壤退化引发的其他生态系统要素的退化，最后表现为草地生态系统各要素间的反馈调节。

(1) 植被退化

草地植被退化是草地退化的最直接表象，但不同草原类型逆行演替的进程与途径差异明显。在内蒙古东部草甸草原，以贝加尔针茅群系为地带性类型，演替变型是耐牧性很强的寸草苔群落；在内蒙古中部典型草原，以羊草＋大针茅群落为代表，在长期牧压下演替变型为冷蒿群落；在内蒙古西部的荒漠草原，小针茅群系占优势，退化演替变型是小亚菊＋隐子草群落（刘钟龄等，1998）。

草地沙漠化是草地退化的一种重要形式。在沙漠化过程中，草地植被退化尤其明显。张强和王振先（1986）以内蒙古中部地区为例，详尽研究了草原植被的退化、沙化演替。

在梁地上，在退化与沙生化初期，群落盖度减少程度低，在退化演替的后期，群落相对盖度减少 1/3 左右，但毒害草占群落相对盖度的 70% 左右。在沙生化系列的中后期，群落相对盖度减少较多，尤以多年生植物的减少最为显著。在形成流动沙丘的极度沙化阶段，一年生草本为建群种时，群落盖度比原生群落减少了 90%。无论在风蚀还是在沙埋（积沙 10 cm 厚）时，群落内原生植物尚可生存，并有一定数量的杂类草入侵，群落内种数与原生群落种数相似或略有增加。在风蚀区以黄蒿为主的时期或沙埋加厚至 30～40 cm以多年生根茎禾草、沙生半灌木为主的时期，植物群落中原生的针茅、中华隐子草、冷蒿等不复存在，种的数目逐渐减少，为原生群落种数的 40%～50%。进入到流沙、半流沙阶段，一年生沙生草本＋沙生半灌木或一年生沙生草本占绝对优势，群落的种数减少为原生群落种数的 1/10 ~ 1/4。无论是在风蚀还是在沙埋过程中，群落的结构都按照 3 层然后 2 层最后 1 层的结构演变。适中沙埋地段与原生地段相比，生物量呈低→高→低的抛物线过程。在沙生走茎草本与沙生半灌木阶段，当年生物量与原生群落相比一至三四倍地增长，但伴随数量的上升，植物质量下降。在沙埋后期，流沙形成，植被组成以一年生草本为主，生物量急剧下降为原生群落生物量的 10% ~ 15%。风蚀区的退化系列中，当年生物量也具此趋势，但不十分明显。干旱区原生群落以地面芽植物占绝对优势，只伴生少量的地上芽、地下芽植物与一、二年生植物。而在荒漠草原带则由地面芽植物与地上芽植物共同建成地带性群落。植被在退化、沙化过程中，由于风蚀与沙埋逐步加剧而失去了地面芽植物（包括地上芽植物）赖以生存的土壤（沙壤质或中壤质的栗钙土、棕钙土），取而代之的是中、细砂为主的沙层或沙砾覆盖下的风沙土，于是，生活型谱发生变化。在退化、沙生化过程中，矮高位芽、地上芽、地面芽植物占总种数的比例减小，以地面芽植物减少最为显著。在风蚀区严重退化或沙埋区的沙化后期，地面芽植物减少 40% ~ 55%。地下芽植物与一、二年生植物占总种数的比例增加，以一、二年生植物增加最为显著，比原生群落中同类生活型的植物增加 1 倍至数倍。在沙埋区植被沙生化过程中，植物水分生态型变化的趋势是真旱生、旱生植物占种数的比例下降 15% ~ 50%，相应地，中旱生、旱中生植物的比例增加。

在湖滩地上，草甸覆沙后的退化过程是：适紧实土层的浅地下芽根茎型莎草科植物→适沙生的短根茎、大根茎禾草，根茎杂类草，根蘖型毒害草等地下芽植物→沙生矮高位芽半灌木→一、二年生沙生草本。由于草甸水分条件优越，一般在积沙 1 m 以内时，植被群落仍以多种旱中生、真旱生、中旱生草甸草本与适沙质的中旱生、旱中生草本共同存在于同一群落中。而在覆沙 1 m 以上后，则向以沙生、真旱生 – 中旱生草本、真旱生半灌木为建群种、优势种方向发展。当年生物量呈低→高→低→高→低的多波动曲线形。

草地退化常常伴随退化指示植物的出现。在内蒙古典型草原放牧退化系列中，冷蒿、星毛委陵菜、阿尔泰狗娃花、狼毒等因具有特别的耐牧适应性，常在退化加剧的过程中趋于生长，成为退化过程的指示者。在荒漠草原的退化系列中常见的指示植物有小亚菊、冷蒿、无芒隐子草（*Cleistogenes songorica*）、多根葱、银灰旋花、骆驼蓬（*Peganum harmala*）等。在草甸草原的退化群落中，寸草苔是耐牧性很强的退化指示植物。草地退化还表现为牧草品质的退化（表 1-11）。

表 1-11　羊草 + 大针茅草原退化草地的饲用性变化

草群类型		轻度退化		中度退化		强度退化		严重退化	
		生物量（g/m²）	所占比例（%）	生物量（g/m²）	所占比例（%）	生物量（g/m²）	所占比例（%）	生物量（g/m²）	所占比例（%）
优质饲用植物	根茎型禾草	71.2	26.6	58.8	26.1	20.2	14.2	7.6	11.5
	高大丛生禾草	55.5	20.7	45.5	20.2	21.6	15.1	8.2	12.4
	葱类植物	14.4	5.3	7.7	3.4	3.6	2.5	1.8	2.7
	豆科植物	12.2	4.8	8.2	3.7	3.1	2.2	1.2	1.9
	合计	153.3	57.6	120.2	53.2	48.5	34.0	18.8	28.5

续表

草群类型		轻度退化		中度退化		强度退化		严重退化	
		生物量 (g/m²)	所占比例 (%)	生物量 (g/m²)	所占比例 (%)	生物量 (g/m²)	所占比例 (%)	生物量 (g/m²)	所占比例 (%)
中等饲用植物	小禾草	15.0	5.5	12.6	5.4	11.5	8.1	8.5	12.6
	薹草类	10.6	4.0	7.5	3.3	4.2	2.8	0.5	0.9
	小灌木类	12.5	4.9	11.5	5.0	10.8	7.6	4.1	6.2
	合计	38.1	14.4	31.6	13.7	26.5	18.6	13.1	19.7
劣质草	蒿类植物	30.6	11.9	34.4	15.3	32.5	22.8	28.2	42.7
	杂类草	36.5	13.5	31.4	13.9	28.5	20.0	2.2	3.3
	不可食植物	9.0	3.4	7.8	3.5	6.6	4.7	3.8	5.9
总生物量		267.5	100	225.4	100	142.6	100	66.1	100

资料来源：陈敏，1998

草地退化常以适口性植物减少和非适口植物增加为特征。在轻牧和适牧条件下，适口性好的植物种类在群落中所占比例最大，而过牧可降低适口性好的植物的活力，最终导致适口性差的植物在群落中占优势（孙海群等，1999）。草地中毒草的种类、数量亦与草地退化程度成正比（何翠屏和王慧先，1998）。

草地退化后，植被的外貌形态也发生一定程度的变化。在长期过度放牧的退化草原群落中，植物个体表现出植株变矮，节间缩短，叶片变小、变窄，植丛缩小，枝叶硬挺，根系分布浅层化等性状，形成了退化群落中植物个体的小型化现象（刘钟龄等，2002b）。

（2）土壤退化

草地退化伴随土壤退化，土壤退化主要表现在土壤养分减少、土壤结构变差、土壤颗粒粗化等。李绍良等（2002）对典型草原草地退化过程中土壤理化性状的退化进行了总结：①土壤有机质主要来源于植物地上部分的凋落物及地下的根系，随着草地的退化，归还土壤中的有机质的数量逐渐减少，土壤养分不断被消耗，随退化程度的增加而下降。随退化程度的增加，草原厚层暗栗钙土 0~30 cm 土层内有机质及全氮含量下降，极轻度退化的分别为 2.99% 及 0.15%，轻度的为 1.65% 及 0.14%，中度退化的为 1.61% 及 0.14%，而重度退化的为 1.45% 及 0.13%。②土壤中稳定性结构与有机质含量有显著关系，土壤有机质减少以后作为结构的胶结剂的土壤腐殖质含量也降低，土壤中水稳性的团聚体数量随之减少。不同退化程度的羊草草原暗栗钙土 0~5 cm 土层中，大于 0.25 mm 团聚体极轻度退化的为 92.1%，轻度退化的为 84.2%，中度退化的为 50.9%，而重度退化的为 38.2%。由于水稳性团聚体含量减少，土壤分散度增加，削弱了土壤抗蚀能力，极易引起风蚀沙化。③土壤颗粒组成表现为粗粒部分增加，细粒部分减少，沙化程度逐渐增加，甚至土壤表层出现覆沙现象。此外，随着牧压强度增加，土壤硬度增大，空隙度逐渐变小，土壤持水能力随之下降，土壤更加干燥。

虽然草地退化伴随土壤退化，但土壤退化比草地植被退化滞后，因此即使重度退化草地，也具有一定的土壤肥力（表1-12）。

表 1-12　不同退化程度草地的土壤状况

植物群落	总生物量（g/m²）	草地退化程度	土壤性状（0~10cm）			
			有机质（g/kg）	全氮（g/kg）	全磷（g/kg）	容重（g/cm³）
准裸地	13.20	重度	7.89	1.08	2.52	1.52
冷蒿群落	63.30	中度	9.67	1.08	2.16	1.44
冷蒿 + 薹草群落	55.79	轻度	11.87	1.67	2.73	1.41
大针茅群落	142.53	极轻	17.49	1.82	2.44	1.31

资料来源：李绍良等，2002

　　草地退化引起的植被退化增加了草地的风蚀强度。不同利用强度的草地侵蚀强度不一样（表 1-13）。在内蒙古，森林草原的植被盖度最大，草层高度最高，植物密度最大，风蚀程度最轻；典型荒漠的植被状况最差，风蚀最重。

表 1-13　草甸草原植被利用强度对水土流失的影响

利用强度	草层高度（cm）	草层盖度（%）	地上生物量（g/m²）	径流系数（%）	土壤损失（kg/hm²）
对照（未利用）	12.8	71.5	340.8	8.38	49.2
轻度利用	8.3	47.4	196.8	12.81	60.0
中度利用	6.0	44.2	144.8	16.38	81.2
重度利用	3.7	33.2	92.8	19.75	130.4

资料来源：许志信等，2003

1.3.2　主要草地的退化现状和趋势

1.3.2.1　呼伦贝尔草地退化

　　人口的剧烈增加和牲畜的无节制发展给草地带来了非常大的压力，导致了呼伦贝尔草原的草地退化。呼伦贝尔草原新巴尔虎左旗、新巴尔虎右旗、陈巴尔虎旗、鄂温克族自治旗 1985 年 12 月月底共有人口 22.2 万，共有牲畜 103 万头（只），到 2002 年 12 月月底，人口增加到 27.2 万，牲畜数量超过 435.7 万头（只）。1941~2001 年，新巴尔虎右旗的牲畜数量由 305 311 头（只）增加到 1 426 163 头（只），达到了原牲畜数量的 4.7 倍。牲畜数量增加的同时，草地数量并未增加，于是就造成草地超载。新巴尔虎右旗的载畜量从 1992 年开始步入全面超载，而且超载的幅度逐年加大（图 1-4）。

　　草地开荒导致草地面积减少，也导致草地退化。呼伦贝尔市自新中国成立以来共开垦天然草原 87.9 万 hm² 左右，其中，牧区开垦面积 18.6 万 hm²，半农半牧区开垦面积 69.3 万 hm²。这些开垦活动主要发生在 3 个时期：第一时期为 20 世纪五六十年代，开垦动机是发展农垦企业；第二时期为 70 年代，开垦的促动力量是国营农场扩建和人口的大量流入；第三时期为 1988~1995 年，党政机关、企事业单位兴建农场、大规模农业开发以保证粮食自给、林业多种经营引发的林缘开荒等行为导致 27.1 万 hm² 草原的开垦。

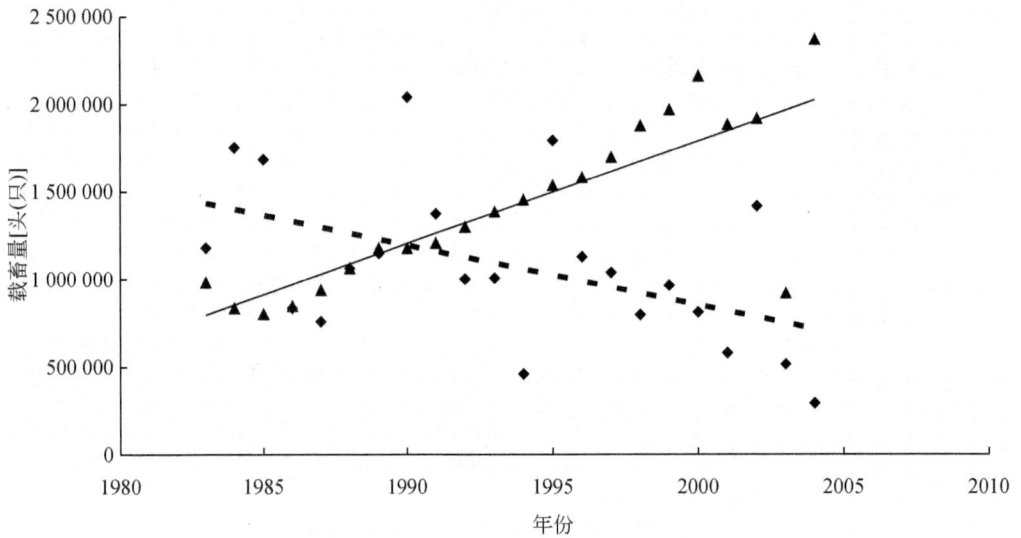

图 1-4 呼伦贝尔市新巴尔虎右旗历年理论载畜量和实际载畜量的变化趋势

虚线为理论载畜量趋势线，实线为实际载畜量趋势线，菱形图标为理论载畜量，三角形图标为实际载畜量

居民点、水井周围、河流沿岸、边界等处的草地退化明显是因为这些地方的牲畜负荷高于其他地方数倍或数十倍。水井和居民点附近的草地变化规律是：以饮水点或居民点为圆心，由里向外呈辐射状分布，距圆心越近退化越重。

未退（沙）化草地中禾本科植物占主导地位，随着沙化程度的加大，禾本科的重要值逐渐下降，菊科植物的重要性提升。中度退化阶段蔷薇科植物数量不断增加，重度退化阶段蔷薇科植物和小型禾草占优势（刘东霞和卢欣石，2008）。自 20 世纪 70 年代以来，呼伦贝尔草原草地植被盖度降低 10% ~20%，草层高度下降 7 ~14 cm，草地初级生产力下降 28.8% ~48.2%，优良禾草比例下降 10% ~40%，低劣杂草比例上升 10% ~45%。

目前，呼伦贝尔 4 个主要牧业旗县草地"三化"面积达 362.80 万 hm^2，占草地总面积的 53.6%（表 1-14）。

表 1-14 呼伦贝尔市牧业 4 旗 2002 年天然草地"三化"情况

地区	未退化草地		"三化"草地		
	面积（万 hm^2）	占草地总面积的比例（%）	面积（万 hm^2）	占草地总面积的比例（%）	占可利用草地面积的比例（%）
新巴尔虎左旗	60	32.9	122.0	67.1	71.0
新巴尔虎右旗	86.9	38.1	141.4	61.9	64.4
陈巴尔虎旗	98.8	65.6	51.7	34.4	36.5
鄂温克族自治旗	68.5	58.9	47.7	41.1	43.9
合计	314.2		362.8		

资料来源：杨殿林等，2003

呼伦贝尔 4 个主要牧业旗县草地退化比例普遍较高，退化草地占草地 1/2 以上的为新

巴尔虎左旗和新巴尔虎右旗，占 1/3 左右的为陈巴尔虎旗和鄂温克族自治旗。就全部 4 个
牧业旗而言，轻度退化草地占退化草地总面积的 41.7%，中度退化面积占 49.8%，重度
退化面积占 8.5%（表 1-15）。呼伦贝尔牧业 4 旗的盐渍化草地面积占可利用草地面积的
比例为 2%~5%。4 个主要牧业旗县共有 32.1 万 hm² 草地沙化，其中，轻度沙化面积
17.56 万 hm²，中度沙化面积 6.87 万 hm²，重度沙化面积 7.66 万 hm²。新巴尔虎左旗的草
地沙化最强，沙化面积占可利用草地面积的 12.9%，陈巴尔虎旗的沙化强度次之，沙化面
积占可利用草地面积的 5%（表 1-16）。

表 1-15　呼伦贝尔市牧业 4 旗 2002 年天然草地（狭义）退化情况

地区	轻度退化			中度退化			重度退化			合计		
	面积（万 hm²）	占草地总面积的比例（%）	占可利用草地面积的比例（%）	面积（万 hm²）	占草地总面积的比例（%）	占可利用草地面积的比例（%）	面积（万 hm²）	占草地总面积的比例（%）	占可利用草地面积的比例（%）	面积（万 hm²）	占草地总面积的比例（%）	占可利用草地面积的比例（%）
新巴尔虎左旗	24.7	13.6	14.3	65.0	35.7	37.8	1.4	0.8	0.8	91.1	50.1	53.0
新巴尔虎右旗	58.0	25.4	26.5	63.5	27.8	28.9	12.1	5.3	5.5	133.6	58.5	60.9
陈巴尔虎旗	26.8	17.8	18.9	9.9	6.6	7.0	5.3	3.5	3.8	42.1	28.0	29.7
鄂温克族自治旗	19.7	16.9	18.1	15.8	13.6	14.6	7.5	6.5	6.9	43.0	37.0	39.6
合计	129.2			154.2			26.3			309.8		

资料来源：杨殿林等，2003

表 1-16　呼伦贝尔市牧业 4 旗 2002 年天然草地沙化情况

地区	轻度退化			中度退化			重度退化			合计		
	面积（万 hm²）	占草地总面积的比例（%）	占可利用草地面积的比例（%）	面积（万 hm²）	占草地总面积的比例（%）	占可利用草地面积的比例（%）	面积（万 hm²）	占草地总面积的比例（%）	占可利用草地面积的比例（%）	面积（万 hm²）	占草地总面积的比例（%）	占可利用草地面积的比例（%）
新巴尔虎左旗	10.9	6.0	6.3	6.0	3.3	3.5	5.22	2.9	3.0	22.1	12.2	12.9
新巴尔虎右旗	0.04			0.21	0.1	0.1	0.83	0.4	0.4	1.1	0.5	0.5
陈巴尔虎旗	5.76	3.8	4.1	0.25	0.2	0.2	1.03	0.7	0.7	7.05	4.7	5.0
鄂温克族自治旗	0.86	0.7	0.8	0.41	0.4	0.4	0.58	0.5	0.5	1.85	1.6	1.7
合计	17.56			6.87			7.66			32.1		

资料来源：杨殿林等，2003

　　总体看来，呼伦贝尔草地退化在快速发展。在 20 世纪 80 年代，4 个主要牧业旗退化

草地面积为 20.9%，到 2002 年，退化草地面积超过 50%，每年退化 10.9 万 hm^2，退化速率为每年 1.6%（表 1-17）。

表 1-17　呼伦贝尔市牧业 4 旗 2002 年草地"三化"趋势

地区	草地面积对比		"三化"草地面积对比		"三化"草地年均增加面积（万 hm^2）	"三化"草地年均增加面积占 20 世纪 80 年代总草地面积的比例（%）
	1980 年（万 hm^2）	2002 年（万 hm^2）	1980 年（万 hm^2）	2002 年（万 hm^2）		
新巴尔虎左旗	185.1	161.9	47.1	122.0	3.75	2.0
新巴尔虎右旗	225.9	228.3	58.2	141.4	4.16	1.8
陈巴尔虎旗	161.9	150.5	13.3	51.7	1.92	1.2
鄂温克族自治旗	120.6	116.2	26.2	47.7	1.07	0.9
合计	693.5	656.9	144.8	362.8	10.9	1.6

资料来源：杨殿林等，2003

1.3.2.2　科尔沁草地退化

人类的几次大伐垦对科尔沁草地退化影响很大。1858 年咸丰皇帝宣布"移民实边"并推行开荒垦地政策，大面积的沙质草地被开垦。1907 年封建王公实行"放价招垦"，又将大面积的草地开垦。民国年间军阀张作霖在东北各地派遣军队屯垦牧场或垦荒置县，大片草地又遭开垦。新中国成立后片面强调"以粮为纲"导致不到十年的时间新开垦草地 2.67 万 hm^2。科尔沁地区下伏地层为疏松沙质沉积物，厚度约 130 m，地表覆盖沙质冲积、洪积、湖积物。一经开垦，若无任何保护措施，就造成"一年开草场，二年打点粮，三年便撂荒，以后变沙梁"的严重后果。翻耕土的总风蚀量相当于未翻耕的 14.8 倍。

新中国成立以来，科尔沁草地牲畜头数成倍增长，天然草地面积、产量却在下降，畜草矛盾尖锐，草地超载过牧。20 世纪 50 年代初，科尔沁草地的通辽、赤峰、兴安盟地区有大小牲畜 109.3 万头（只），1985 年同期大小牲畜达到 749.9 万头（只），增长了 5.9 倍。1982 年奈曼旗可利用草场区域理论载畜量为 58.60 万个羊单位，实际家畜总头数为 117.43 万个羊单位，是理论载畜量的 2 倍，2003 年可利用草地区域理论载畜量为 12.05 万个羊单位，实际家畜总头数为 133.3 万个羊单位，是理论载畜量的 11.06 倍。在三盟市所属的 19 个旗县中，冷季超载的有 18 个旗县，暖季 14 个，超载幅度为 30%～70%，超载最重的是翁牛特旗、敖汉旗、林西县、通辽市、开鲁县，暖季均已超载 50% 以上。畜均占有草地面积大幅度减少，1985 年畜均占有草地 1.39 hm^2，大约是 50 年代 11.32hm^2 的 1/8。

冬春季节饲草料严重不足，约有 30% 的牲畜冬季无饲草保障。在家畜的饲草料组成中，非天然草地饲草占 11.0%，冬春贮草畜均 50 kg。冬春饲草仍然依附于天然草地。而天然草地经过夏秋的采食，冬春的剥蚀，产量和营养物质含量都很低。家畜为了饱食必然对草地过度啃食，最后导致退化。

放牧制度不合理和利用不平衡主要反映在季节营地不分或划分比例不当，草地被长期连续使用。实施草畜双承包责任制后，家畜在一地全年连续放牧相当普遍。居民点、水井周围及河流沿岸、边界等草地，牲畜负荷高于其他草地数倍乃至数十倍，尤以水井、居民点最为突出。于是，以饮水点或居民点为圆心，次生裸地由里向外呈辐射状分布，距圆心越近退化越重。

科尔沁草地有 470.29 万 hm^2 发生程度不同的退化、沙化，占该地区总面积的 38.01%，其中，退化草地 173.7 万 hm^2，占草地总面积的 14.04%。沙化草地达 296.5 万 hm^2，占 23.97%。退化、沙化面积最大的通辽为 219.65 万 hm^2，占该区草地面积的 48.14%。退化、沙化程度最严重的是赤峰市，中度、重度退化及强烈发展中的沙化草地和严重沙化草地共 85.32 万 hm^2，占该市草地总面积的 17.08%。白城地区中度和重度退化草地 30.61 万 hm^2，占白城地区可利用草地面积的 22.2%（高耀山和魏绍成，1994）。

科尔沁沙地中心地区（巴林左旗、巴林右旗、扎鲁特旗、翁牛特旗、敖汉旗、阿鲁科尔沁旗、奈曼旗、科尔沁左翼中旗、科尔沁左翼右旗、开鲁县、通辽市、科尔沁右翼中旗、库伦旗）2000 年荒漠化土地面积 501.94 万 hm^2，占土地总面积的 17.7%。20 世纪 70 年代中期至 80 年代后期，沙漠化土地发展趋势是：严重沙漠化土地和轻度沙漠化土地面积急剧增加；重度沙漠化土地和中度沙漠化土地面积出现减少趋势；不同类型沙漠化土地面积变化的区域差异性较大。1987～2000 年的沙漠化土地发展趋势是：重度沙漠化土地和轻度沙漠化土地面积继续呈增加的趋势，其中，重度沙漠化土地面积增加了 3.9 万 hm^2，轻度沙漠化土地面积增加了 17.5 万 hm^2；严重和中度沙漠化土地面积继续呈减少趋势，其中，严重沙漠化土地面积减少了 4.88 万 hm^2，中度沙漠化面积减少了 124.6 万 hm^2；不同类型沙漠化土地面积变化的区域差异性较大，科尔沁中西部地区，如阿鲁科尔沁旗、科尔沁左翼中旗、奈曼旗、库伦旗重度沙漠化土地面积有明显增加，轻度沙漠化土地的面积在翁牛特旗、奈曼旗、科尔沁左翼中旗、科尔沁左翼后旗、科尔沁右翼中旗、开鲁县、通辽市和库伦旗都有不同程度的增加（表 1-18、表 1-19）。

表 1-18　2000 年科尔沁地区各种程度沙漠化土地面积　（单位：万 hm^2）

旗县市	总面积	严重沙漠化面积	重度沙漠化面积	中度沙漠化面积	轻度沙漠化面积	沙化化土地总面积
巴林左旗	62.68		0.07	1.62	10.86	12.56
巴林右旗	99.4	2.18	9.34	17.09	23.44	52.05
扎鲁特旗	135.44	1.76	0.31	7.45	27.53	39.06
翁牛特旗	11.88	19.34	10.08	8.27	12.61	50.3
敖汉旗	57.91	1.3	1.29	1.56	3.57	7.72
阿鲁科尔沁旗	129.26	1.35	10.27	13.73	44.77	70.1
奈曼旗	81.56	9.19	6.81	9.25	19.81	45.06
科尔沁左翼中旗	69.7	0.63	4.01	4.62	46.44	55.7
科尔沁左翼右旗	111.44	6.51	7.14	11.26	65.66	90.57
开鲁县	44.28	0.16	2.07	5.41	7.71	15.36
通辽市	34.83		0.52	1.12	4.6	6.25
科尔沁右翼中旗	63.37		0.2	4.86	31.26	36.31
库伦旗	47.35	4.32	4.04	3.9	8.72	20.9
合计	949.1	46.7	56.15	90.14	306.98	501.94

资料来源：吴薇，2003

表 1-19　科尔沁地区近 50 年来沙漠化土地动态变化　（单位：万 hm²）

年份	严重沙漠化面积	重度沙漠化面积	中度沙漠化面积	轻度沙漠化面积	总面积	较上期 ±%
1959					423	
1975	28.29	78.85	224.95	181.75	513.84	+21.47
1987	51.62	54.22	214.72	289.50	610.08	+18.72
2000	46.74	58.15	90.09	306.99	501.98	-17.72

资料来源：吴薇，2003

1.3.2.3　锡林郭勒草地退化

气候变化对锡林郭勒草原草地退化起到了推波助澜作用。牧草生长旺期（6~7 月），降水每增（减）1 mm，牧草产量每公顷增（减）157.5 kg。1999~2001 年，锡林郭勒中部典型草原牧草生育期（4~9 月）连续 3 年发生严重干旱，降水量平均减少 22%~45%。天然牧草高度平均降低 8~14 cm，产草量平均每公顷减少 256.5~919.5 kg，覆盖度平均降低 7%~32%。加剧了草畜矛盾，促进了草原退化。

草畜矛盾对锡林郭勒草原草地退化起到了非常关键的作用。与 1949 年相比，2002 年的牲畜头数增加 11.5 倍，畜均占有草场面积只是 1949 年的 8.7%。2002 年冷暖季分别超载 460 万个羊单位和 810 万个羊单位。

20 世纪 80 年代中期以后，锡林郭勒草原的鼠虫害对草原影响很大。鼠虫害发生面积高达 1330 万 hm²，造成 483 万 hm² 草场退化。90 年代后，特别是 2000 年、2001 年和 2002 年 3 年，蝗虫灾害严重，成灾面积 600 万 hm²。成灾地区牧草被蝗虫啃食一光，地表裸露，草场退化、沙化加剧。

未退化羊草–大针茅草原地上部分产量每平方米平均为 250 g 左右，而退化群落仅为 74 g，为未退化群落的 30%。退化群落中适口性差、嗜食性低的植物比例增加。重度退化阶段，优质禾本科牧草和豆科牧草的相对生物量急剧下降，而适口性和营养价值较差的杂类草甚至一些有毒牧草的比例上升（表 1-20）。

表 1-20　锡林郭勒草原退化对群落生产力、生物多样性、草场质量和各种植物群落学的影响

样地	群落生物量（g/m²）	种数	相对生物量（%）			重要值（%）			
			禾本科牧草	豆科牧草	杂类草	原生建群种	小禾草	退化建群种	一二年生植物
贝加尔针茅草原对照群落	140.2	36	49.95	1.5	49.55	23.64	6.88	6.63	6.27
贝加尔针茅草原轻度退化群落	94.16	26	72	1.92	26.08	26.12	15.94	7.6	2.03
贝加尔针茅草原中度退化群落	72.8	40	45.22	1.97	52.81	16.59	11.71	13.78	4.59
贝加尔针茅草原重度退化群落	64.5	28	10.5	0.18	89.32	11.08	10.12	30.73	6.06

样地	群落生物量（g/m²）	种数	相对生物量（%）			重要值（%）			
			禾本科牧草	豆科牧草	杂类草	原生建群种	小禾草	退化建群种	一、二年生植物
羊草草原对照群落	179.18	36	60.89	2.23	36.88	30.7	4.99	3.8	5.46
羊草草原轻度退化群落	195.5	18	90.77		9.23	45.14	18.92	2.62	7.49
羊草草原中度退化群落	106.78	19	73.03		26.97	32.46	18.01	10.96	7.6
羊草草原重度退化群落	55.4	19	48.88		51.12	16.91	20.95	23.73	3.1
大针茅草原对照群落	137.52	19	89.16		10.84	47.82	6.48	5.98	8.68
大针茅草原轻度退化群落	93.2	18	90.84	0.48	8.68	33.62	23.85	4.46	11.52
大针茅草原中度退化群落	95.12	21	66.99	2.13	30.88	20.93	22.45	14.39	8.83
大针茅草原重度退化群落	64.2	10	84.28		25.72	26.94	33.57		21.78

资料来源：李政海等，2008

锡林郭勒草原的退化现象十分严重，未退化的草原只占36.06%，在近64%的退化草原中，中轻度退化面积占34.77%，重度退化和严重退化面积分别占13.97%和13.54%（李政海等，2008）。不同区域草原退化程度存在差异。草甸草原地区未退化草地占56.9%，中轻度退化的草原面积占25.99%，重度和严重退化草原占17%左右。典型草原地区退化草原的总面积达到66%，其中中轻度退化面积占27%，严重退化草原比例较高。荒漠草原地区中轻度退化草原占54%以上（表1-21）。

表1-21　锡林郭勒草原不同退化程度草地面积及百分比

土地类型	面积（万hm²）	比例（%）	草地状况	面积（万hm²）	比例（%）
草甸草原	300.77	14.85	未退化	171.14	56.9
			中轻度退化	78.17	25.99
			重度退化	28.39	9.44
			严重退化	23.06	7.67
			极度退化	0.012	0
典型草原	744.36	36.74	未退化	248.15	33.33
			中轻度退化	201.17	27.02
			重度退化	142.57	19.15
			严重退化	143.26	19.25
			极度退化	9.21	1.24
荒漠草原	460.94	22.75	未退化	120.72	26.19
			中轻度退化	253.35	54.96
			重度退化	36.59	7.94
			严重退化	34.77	7.54
			极度退化	15.51	3.37
沙地	380.8	18.8	固定沙地	98.65	25.9
			半固定沙地	114.3	26.59
			半流动沙地	124.31	32.64
			流动沙地	43.56	14.87

资料来源：李政海等，2008

1.3.2.4 鄂尔多斯草地退化

鄂尔多斯地区牧场面积不断缩小，牲畜数量成倍增长，每头（只）牲畜占有的牧场面积已减少 4/5 左右，大部分地区已受到不同程度的过度放牧。鄂尔多斯地区牧场超载数为 30% 左右。牧场在不断过度放牧的影响下，沙漠化过程不断发展，最终会衍化成毫无经济意义的光裸地和流沙（图 1-5）。

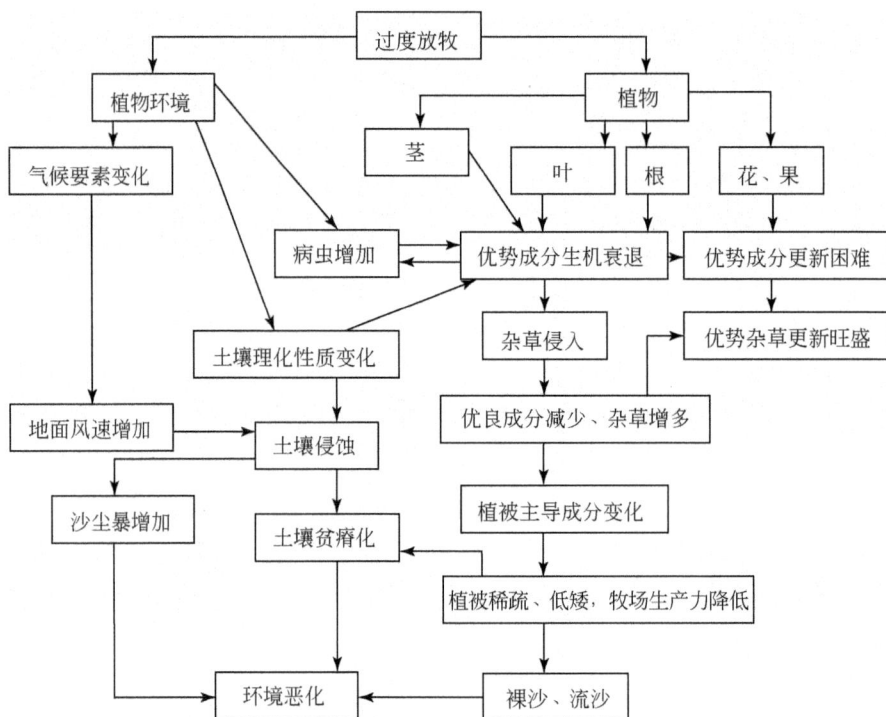

```
                              过度放牧
          ┌───────────────────┴───────────────────┐
       植物环境                                    植物
          │                      ┌──────────┬────────┼────────┐
    气候要素变化                  茎         叶       根      花、果
          │                      │          │        │        │
          │            病虫增加 → 优势成分生机衰退    优势成分更新困难
          │                      │          │
          │            土壤理化性质变化   杂草侵入 → 优势杂草更新旺盛
          │                      │          │
    地面风速增加 → 土壤侵蚀        优良成分减少、杂草增多
          │          │                      │
    沙尘暴增加   土壤贫瘠化          植被主导成分变化
          │          │                      │
          │          │            植被稀疏、低矮，牧场生产力降低
          └──────────┴──────────────────────┤
                   环境恶化 ← 裸沙、流沙
```

图 1-5 鄂尔多斯草地退化过程（刘媖心等，1982）

鄂尔多斯地区采取定居放牧方式已有 100 年以上的历史。沙地草场区畜群和牧民定居点以及人畜共用的水井均设置在一处，布局无规划。畜群点布置过密，牲畜没有足够的活动空间，放牧压力过于集中，造成连片极度沙漠化。

新中国成立以来，牧场利用基本上仍沿袭着传统的自由放牧制度。特别是羊群，因受放牧半径的限制，终年在畜群点或水井周围践踏和采食，放牧压力过于集中，畜群点（水井）附近的牧场受到严重破坏，形成"光裸圈"，且随过牧强度增加而不断扩大。一只山羊一年可造成极度沙漠化土地 $0.006 \sim 0.018\ hm^2$，平均为 $0.013\ hm^2$。

植物受到过度践踏和啃食后营养生长和繁殖减弱。原来的稳定优良植物成分冷蒿、猫头刺、狭叶锦鸡儿被沙竹（*Phyllostachys propinqua*）、黄蒿等替代。草地退化造成植被简单化、短生化和耗竭化。鄂尔多斯地区在没有过度放牧影响或影响较轻的牧场地段，一般有 15 种以上植物，多的可达 30 种，其中多年生植物占绝对优势。植被有 3 个层次，随着过牧影响的加重，多年生种类减少，一年生成分增加，至强度沙漠化地段，则仅余少数一年生种类或不适口的多年生成分。

典型草原植被主要由多年生草本和一些半灌木如本氏针茅、克氏针茅、大针茅、糙隐子草、细裂叶莲蒿（*A. gmelinii*）、冷蒿等组成，它们是建群种或优势种。随着退化过程的发展，这些优良成分逐渐减少，而一些杂草或有毒植物如老瓜头（*Cynanchum komarovii*）、雾冰藜（*Bassia dasyphylla*）、蒺藜（*Tribulus terrestris*）、地锦、小画眉草、狗尾草等取而代之。最后，这些种也逐渐消失，仅留下裸地和流沙。

荒漠草原和草原化荒漠优势植物种有短花针茅、沙生针茅、石生针茅、戈壁针茅、狭叶锦鸡儿、荒漠锦鸡儿（*Caragana roborovskyi*）、柠条锦鸡儿（*Caragana korshinskii*）、无芒隐子草、蓍状亚菊（*Ajania achilloides*）、灌木铁线莲（*Clematis fruticosa*）、四合木（*Tetraena mongolica*）、红砂等，它们是不同群落的建群种或优势种，而增加种和侵入种则包括骆驼蒿（*Peganum nigellastrum*）、三芒草、冠芒草、锋芒草（*Tragus racemosus*）、刺蓬、雾冰藜等。

在沙地上有大面积的起伏沙丘，占优势的植物种有黑沙蒿（*Artemisia ordosica*）、砂地柏（*Sabina vulgaris*）、柳叶鼠李（*Rhamnus erythroxylon*）、冰草、硬质早熟禾、沙柳、小红柳等，它们生于固定沙丘和丘间低地。固定沙丘表面的结皮则生长苔藓植物，结皮甚坚固，可保护松散沙丘免受风蚀。一旦沙丘植被逐渐遭到破坏，那些优势植物将逐渐为下列植物所取代：老瓜头、黄蒿、栉叶蒿（*Artemisia pectinata*）、砂蓝刺头（*Echinops gmelinii*）、沙蓬、烛台虫实、地锦、小画眉草、狗尾草等，直至形成裸地。

草甸植被中占优势的为羊草、野青茅、碱茅、海乳草、长叶碱毛茛（*Halerpestes ruthenica*）、鹅绒委陵菜等。它们分别作为建群种或优势种构成群落。随着荒漠化的加剧，它们逐渐为老瓜头、鹤虱（*Lappula echinata*）、虎尾草、黄蒿、碱蓬所取代。

植被成分的变化也反映在多年生植物的减少和一年生植物的增加上。在总的种数中，多年生种数所占比例由 81.3% 降至 22.4%（典型草原带）、由 78.3% 降至 38.2%（荒漠草原带）、由 81.0% 降至 39.4%（草原化荒漠带）、由 64.5% 降至 42.9%（沙地）和由 91.7% 降至 22.0%（草甸）。

鄂尔多斯地区现有沙漠化土地占总土地面积的 72.9%。其中毛乌素沙地的沙漠化程度最高，沙漠化土地面积 355.6 万 hm^2，鄂尔多斯地区次之，覆沙黄土丘陵区较轻。毛乌素沙地轻度沙漠化面积 49.49 万 hm^2，中度沙漠化面积 77.6 万 hm^2，严重沙漠化面积 183.8 万 hm^2。20 世纪 80 年代鄂尔多斯地区轻度沙漠化面积为 63.7 万 hm^2，中度沙漠化面积为 97 万 hm^2，严重沙漠化面积为 219.2 万 hm^2。土地沙漠化的发展变化以 20 世纪 70 年代末期最为严重，20 世纪 80 年代发展速度减缓（表 1-22）。

表 1-22　鄂尔多斯地区不同程度沙漠化土地面积及比例

旗县名	土地总面积（万 hm^2）	1976~1978 年						1986~1987 年					
		严重沙漠化		中度沙漠化		轻度沙漠化		严重沙漠化		中度沙漠化		轻度沙漠化	
		面积（万 hm^2）	占总面积的比例（%）	面积（万 hm^2）	占总面积的比例（%）	面积（万 hm^2）	占总面积的比例（%）	面积（万 hm^2）	占总面积的比例（%）	面积（万 hm^2）	占总面积的比例（%）	面积（万 hm^2）	占总面积的比例（%）
伊金霍洛旗	54.3000	17.3035	31.86	9.0674	16.70	16.0451	29.55	23.1070	42.55	14.8490	27.37	6.5613	12.09
乌审旗	116.4500	59.5928	51.17	28.4529	24.43	13.5886	11.67	57.2746	49.18	24.3722	20.93	13.9598	11.99

旗县名	土地总面积（万 hm²）	1976~1978 年						1986~1987 年					
		严重沙漠化		中度沙漠化		轻度沙漠化		严重沙漠化		中度沙漠化		轻度沙漠化	
		面积（万 hm²）	占总面积的比例（%）	面积（万 hm²）	占总面积的比例（%）	面积（万 hm²）	占总面积的比例（%）	面积（万 hm²）	占总面积的比例（%）	面积（万 hm²）	占总面积的比例（%）	面积（万 hm²）	占总面积的比例（%）
鄂托克前旗	77.1300	33.4896	43.42	15.3759	19.94	14.3451	18.60	36.4646	47.28	16.1857	20.99	10.4041	13.49
鄂托克旗	52.5100	26.9026	51.23	14.9519	28.47	5.3528	10.19	26.3661	50.20	7.7747	14.81	7.5104	14.30
杭锦旗	0.9000	0.5521	61.34	0.0246	2.73	0.1907	21.19	0.5985	66.51	0.2026	22.52	0.0690	7.67
盐池县	4.2125	0.2380	5.65	1.7595	41.77	1.2286	29.17	1.3053	30.99	0.7063	16.77		
府谷县	7.8625	0.4935	6.28	0.6500	8.27	0.1067	1.36	0.5622	7.15	0.3995	5.08	0.0175	0.20
神木县	44.6330	22.6584	50.76	8.8074	19.70	6.2636	14.00	18.8823	42.30	9.7940	21.90	4.7814	10.70
榆林县	57.1680	39.7140	66.47	10.1946	17.83	5.1136	8.94	30.5771	53.49	11.9088	20.83	6.8915	12.05
横山县	25.8389	7.8965	30.56	3.1588	12.22	4.9101	19.00	7.3821	28.57	2.4273	9.39	3.1141	12.05
靖边县	34.8524	9.2436	26.52	6.3538	18.23	6.5772	18.87	9.5322	27.35	3.8040	10.91	4.8188	13.83
定边县	44.9335	5.6782	12.64	3.3683	7.50	11.8887	26.46	7.1411	15.89	4.5807	10.19	5.5762	12.41
合计	520.7921	223.7628	42.97	102.1651	19.62	85.6108	16.44	219.1931	42.09	97.0048	18.63	63.7041	12.33

资料来源：朱震达和陈广庭，1994

第2章 中国北方半干旱草地植被过程
与水热交换过程

草地植被过程是草地生态形成的核心过程，而植被过程又与生态系统的水热交换密切相关，了解草地生态系统的植被过程和水热交换过程对准确认知系统的生态过程和草地的科学管理具有重要意义。

2.1 中国北方半干旱草地植被过程

草地植被过程可反映在草地植物的适应特性上。草地植物群落的形成在很大程度上依赖于组成植物的适应性和组成植物彼此间的关系。在放牧草地，植物的消长可能与其自身的适应性和繁衍能力密切相关。在气候变化和人类干扰的现实条件下，植物干扰适应已成为草地生态学家研究的焦点。而强化草地植物干扰适应研究的显著标志则包括对植物生活史繁殖对策和植物功能型研究的高度重视。

2.1.1 草地植物的生活史特性

植物生活史分为生长阶段和繁殖阶段。繁殖阶段包括种子脱落、传播、休眠、萌发和幼苗定居等。生长阶段包括资源捕获，根和茎维持、替代、扩展，在胁迫和损害条件下的生存以及种子的生产等功能（Grime，2001）。草地植物凭借繁殖、形态、物候等生活史特性传播、定居和繁衍（表2-1）。

表 2-1 植物特性和功能

特性	功能
种子重量	传播距离、种子库寿命、定居成功与否、繁殖能力
种子形状	种子库寿命
传播类型	传播距离、种子库寿命
无性繁殖力	获得空间能力
叶含水量、单位干重的叶面积	相对生长率、可塑性、忍耐胁迫能力、常绿性、叶片寿命
高度	竞争力
地上部生物量	竞争力、繁殖力
生活史	植物寿命、占有空间能力、忍耐干扰能力
始花期	逃避胁迫能力、逃避干扰能力
再萌生力	忍耐干扰能力
茎密度	植物寿命、碳储存

资料来源：Weiher et al.，1999

2.1.1.1 生殖物候

植物生殖物候是指植物生殖现象，包括花芽绽放、开花、结实、种子传播等的发生节律，属植物生殖生态学的研究范畴（苏智先等，1998）。研究植物的生殖物候利于解释植物种群以及群落的形成和发展过程。近些年，由于气候变化和人类干扰对植被过程影响强烈，植物生殖物候很受关注（刘志民和蒋德明，2007）。草甸草地、流动沙丘和固定沙丘是科尔沁地区的主要景观类型（高耀山和魏绍成，1994）。其中，草甸草地的植物生殖物候大体有如下趋势：①草地退化指示植物狼毒和马蔺的生殖物候明显偏早，它们在5月开始开花，在6~7月传播种子；②菊科植物生殖物候的种间差异很大，蒲公英、华北鸦葱（Scorzonera albicaulis）和驴耳风毛菊（Saussurea glomerata）等能在4~5月开花，而飞蓬（Erigeron acer）和泽兰（Eupatorium lindleyanum）等要到7月才开花；③大多数禾本科植物生殖物候偏晚；④豆科植物的生殖物候相对适中（表2-2）。科尔沁沙地主要沙丘灌木包括生长在流动沙丘上的灌木黄柳、生长在半固定沙丘上的半灌木差巴嘎蒿和生长在固定沙丘上的灌木小叶锦鸡儿等。黄柳、差巴嘎蒿和小叶锦鸡儿表现了3种生殖物候类型：①黄柳各生殖物候期都偏早，风季结束时已经完成种子传播；②差巴嘎蒿各生殖物候期都偏晚，翌年尚有很多种子滞留在植株上未传播；③小叶锦鸡儿各生殖物候期都相对适中，种子在夏秋之交成熟并传播。黄柳借助生殖物候能适应流动沙丘与丘间低地之间的过渡带的风蚀，繁衍种群（Yan et al.，2007）。黄柳的发生、发展和灭亡过程曾被概括为生于湿地、长于沙丘、死于草地（刘慎谔文集编委会，1985）。其实，丘间低地的黄柳种群主要是伴随丘间低地和沙丘之间的过渡带的扩展和延伸而实现的（刘志民等，2005b；Liu et al.，2007a，2007b；Yan et al.，2007）。黄柳种子小而轻，具毛，极易随风传播（刘志民等，2004）。黄柳种子成熟并传播时正值风季，此时丘间低地和流动沙丘迎风坡之间的过渡带遭受强烈风蚀，地面受风蚀后地表距地下水很近、表层土壤的水分含量很高。于是，黄柳种子在干旱风季被由风蚀所造成的湿润地表黏附、萌发并形成幼苗；在雨季前形成幼苗集群并在雨季迅速生长，至当年秋季发育成有一定规模的种群片段，再至翌年风季发挥群体抗风蚀效应，从而既维护自身种群又促进其他植物侵入裸沙，推动流动沙丘区的植被自然恢复（Yan et al.，2007）。差巴嘎蒿在一定程度上借助生殖物候保存种子，缓解风沙活动对幼苗造成的损害，提高实生苗的保存率。在生境条件恶劣时，植物通过将繁殖体播撒在母株周围占有最佳生境，从而维持种群繁衍（刘志民等，2003a）。流动和半固定沙丘表现出风沙流动性，沙丘整体移动、沙表面的风蚀和沙埋是对种子保存以及幼苗出土和生存的极大威胁（李鸣冈，1980）。生长在半固定沙丘上的差巴嘎蒿的瘦果的传播高峰出现在成熟后的翌年5月（Ma et al.，2010），正值风季结束和雨季开始期，因此瘦果很容易滞留在母株周围并在那里（相对优越生境）发芽、出苗，进行种群繁衍。小叶锦鸡儿生殖物候与沙生适应性的关系不像黄柳和差巴嘎蒿那样明显和直接。小叶锦鸡儿种子在夏秋之交成熟、传播、成苗。虽然小叶锦鸡儿是具有一定沙生适应性的植物，但是在自然状态下，它很少像黄柳和差巴嘎蒿那样生长在流动或半固定沙丘上，而是生长在固定沙丘上。因此，小叶锦鸡儿的物候格局表现得更像是对雨季和动物捕食的适应而非对风沙活动的适应。因为如果一旦动物消耗种子过多，用于成苗的种子就非常容易匮乏。在夏秋之交形成幼苗可能提高了用于成苗的种子量，降低了被动物消耗的种子量。

表 2-2　草甸草地多年生草本植物生殖物候期

种	科	始花 （月．日）	盛花 （月．日）	花谢 （月．日）	果实形成 （月．日）	果实始熟 （月．日）	种子始散播 （月．日）
野艾蒿 *Artemisia lavandulaefolia*	菊科	8.12	8.18				
刺儿菜 *Cirsium setostum*		7.30	8.6	8.25	9.5		
飞蓬 *Erigeron acer*		7.13	7.25		9.5		
泽兰 *Eupatorium lindleyanum*		7.13	8.2	9.2	9.15		
阿尔泰狗娃花 *Heteropappus altaicus*		7.6	7.15	8.25	8.15	9.2	
黄金菊 *Perennal chamomile*		6.24	6.30	7.8	8.5	8.15	7.24
欧亚旋覆花 *Inula britannica*		7.13	7.25	8.15	8.25		8.20
山苦菜 *Ixeris chinensis*			5.11	6.10	6.3	6.6	6.10
山莴苣 *Lactuca indica*		7.25	8.5				8.12
华北鸦葱 *Scorzonera albicaulis*		5.2	5.11	5.25	5.20	5.30	6.6
蒲公英 *Taraxacum mongolicum*		4.27	5.4	5.25	5.17	5.16	5.18
野古草 *Arundinella hirta*	禾本科	7.18	7.25	8.5	8.10	8.25	
糙隐子草 *Cleistogenes squarrosa*		7.13	7.23	8.5	8.10		
披碱草 *Elymus dahuricus*		7.18	7.24		8.5	8.25	
拂子茅 *Calamagrostis epigejos*		7.6	7.15	8.20	8.8	8.18	8.20
牛鞭草 *Hemarthria compressa*		7.8	7.12	8.5	7.18	8.25	9.5
羊草 *Leymus chinensis*		6.15	7.1		7.6	8.5	8.20
荻 *Miscanthus sacchariflorus*			8.18		8.15	8.25	9.5
白草 *Pennisetum centrasiaticum*		7.7	8.3	8.30			8.2
芦苇 *Phragmites communis*		7.25	8.5	8.15	8.20	9.5	
大油芒 *Spodiopogon sibiricus*		7.13	7.18	8.12	8.20		
狼尾草 *Pennisetum alopecuroides*		5.28	6.5			6.10	6.15
兴安胡枝子 *Lespedeza daurica*	豆科	7.8	7.20	8.15	8.5	8.25	
紫花苜蓿 *Medicago sativa*		6.15	6.27	8.6	8.6		
苦参 *Sophora flavescens*		6.5	6.15	6.30	6.30		
苦马豆 *Swainsonia salsula*		6.10	6.15	6.28	6.25	7.13	7.30
牧马豆 *Thermopsis lanceolata*		5.16	5.25	6.6	6.10	7.1	7.18
野豌豆 *Vicia amoena*		7.6	7.20				
甘草 *Glycyrrhizae uralensis*		6.30	7.1	7.20	7.20	8.20	
山黧豆 *Lathyrus quinquenervius*		5.30	6.5	6.28	6.15	7.1	7.20
徐长卿 *Cynanchum paniculatum*	萝摩科	6.25	6.30		7.15		
知母 *Anemarrhena asphodeloides*	百合科	7.5	7.8	7.25	7.15		
野韭菜 *Allium japonicurn*		7.8	7.20	8.15	8.10		8.25
细叶百合 *Lilium pumilum*		7.5	7.10	7.30		8.5	8.15
小黄花菜 *Allium japonicurn*		6.6	6.23		7.10	7.30	8.5

续表

种	科	始花（月.日）	盛花（月.日）	花谢（月.日）	果实形成（月.日）	果实始熟（月.日）	种子始散播（月.日）
委陵菜 Potentilla chinensis	蔷薇科	6.30	7.5		7.20	8.10	8.20
莓叶委陵菜 Potentilla fragarioides		4.27	5.4	6.15			
二裂叶委陵菜 Potentilla bifurca		6.5				8.2	
朝天委陵菜 Potentilla supina			6.20	6.25	6.25		
地榆 Sanguisorba officinalis		7.20	8.1	8.15	8.20	8.30	
石竹 Dianthus chinensis	石竹科	7.18	7.25				
准噶尔石竹 D. soongoricus		7.6	7.25			8.30	
麦瓶草 Silene jenisseensis		7.13	7.18				
石防风 Peucedanum terebinthaceum	伞形科	6.10	6.25	7.15	6.25	7.13	7.25
野鸢尾 Iris dichotoma	鸢尾科	6.6	6.28	7.20	8.10	9.2	
马蔺 Iris lactea var. chinensis		5.11	5.15	5.30	6.10	6.21	7.5
紧穗三棱草 Bolboschoenus compacts	莎草科	4.30			5.15	7.15	8.5
寸草苔 Carex duriuscula		4.27	5.1	5.4			
益母草 Leonurus japonica	唇形科	7.28			8.8		
黄芩 Scutellaria baicalensis		6.10	6.25	7.23	7.15	8.2	
狼尾花 Lysimachia barystachys	报春花科	6.25	6.30	7.8	7.20	8.28	
海乳草 Glaux maritima		5.30	6.10		7.10	8.15	
北点地梅 Androsace septentrionalis		5.5	5.20		6.5		7.2
轮叶沙参 Adenophora tetraphylla	桔梗科	7.13	7.20	8.5			8.10
太阳花 Portulacu grandiflora	牦牛苗儿科	6.26	8.10				9.5
毛茛 Ranunculus japonicus	毛茛科	5.25	6.6		6.20	7.5	8.10
碱毛茛 Halerpestes cymbalaria		5.26	6.5		6.5		8.15
箭头唐松草 Thalictrum simplex		7.11			8.5		
乳浆大戟 Euphorbia esula	大戟科	5.18	5.28	6.10	6.15		7.6
砂引草 Messerschmidia sibirica	紫草科	5.20	5.26	6.15	6.22	8.5	8.15
罗布麻 Apocynum venetum	夹竹桃科	6.15	6.22		8.5		
盐生车前 Plantago maritima	车前科	5.27	6.3	6.15	6.18	7.5	7.13
平车前 Plantago depressa		7.15	7.18	8.5	7.15	7.20	7.23
多枝千屈菜 Lythrum virgatum	千屈菜科	7.8	7.15	8.20	8.15		
狼毒 Stellera chamaejasme	瑞香科	5.11	5.30	6.15	6.5		6.16
列当 Orobanche coerulescens	列当科	6.6	6.10	6.20			
蓬子菜 Galium verum	茜草科	6.10	6.18	7.6	7.10	8.5	8.20
野亚麻 Linum stelleroides	亚麻科	7.8	7.15		7.27	8.10	8.25
远志 Polygala tenuifolia	远志科	6.25	6.30				
鳞叶龙胆 Gentiana squarrosa	龙胆科	5.5	5.20	6.8	6.15	6.20	6.26

种	科	始花 (月. 日)	盛花 (月. 日)	花谢 (月. 日)	果实形成 (月. 日)	果实始熟 (月. 日)	种子始散播 (月. 日)
北紫堇 *Corydalis sibirica*	罂粟科	5. 2	5. 6	5. 16	5. 16	6. 5	
地丁草 *Corydalis bungeana*		5. 2	5. 6				
蒙古红门兰 *Orchis salina*	兰科	5. 30	6. 10	6. 30	7. 6	8. 5	
绶草 *Spiranthes sinensis*		7. 8	7. 20	8. 5		8. 15	9. 2

资料来源：刘志民，2010

2.1.1.2　种子传播

种子传播是植物种群扩展的前提。草原植物对裸地的侵占大多从种子传播开始。种子的传播力有风、动物、流水等。一些植物也可通过果实的自身爆裂传播。在澳大利亚中心地区，22%的植物靠动物传播；风媒植物主要出现在草原等开阔生境（van Rheede van Oudtshoorn and van Rooyen，1999）。松嫩平原上的星星草、朝鲜碱茅（*Puccinellia chinampoensis*）和野大麦 3 种植物的种子散布都受风力影响，种子连续散布范围星星草为 91. 2 ~ 102. 6 cm，朝鲜碱茅为 160 ~ 180cm，野大麦为 90 ~ 160cm；按不同方向累积面积的种子散布量呈 Logistic 曲线形式增长；其中朝鲜碱茅仅将少部分种子连续地散布到距母株 180 cm 以内的范围，而相应地将大部分种子离散地散布到距母株 180 cm 以外的地方（李建东和郑慧莹，1997）。

2.1.1.3　植冠种子库

植冠种子库（canopy seed bank）由成熟的种子宿存在植冠上形成（马君玲和刘志民，2005）。植冠种子库能使植物适应不确定环境（Lamont，1991；Lamont et al. ，1991；van Rheede van Oudtshoorn and van Rooyen，1999）。在科尔沁沙地，有 20 多种植物表现出种子推迟脱落的现象（表 2-3），其中乌丹蒿（*Artemisia wudanica*）、苍耳（*Xanthium sibiricum*）、拂子茅、芦苇、白草、兴安胡枝子、刺藜（*Chenopodium aristatum*）、烛台虫实的种子推迟脱落现象尤为明显。在割草草甸、放牧草甸、固定沙丘和流动沙丘 4 种生境类型中，沙丘植物更易表现出种子推迟脱落的现象（图 2-1）。割草草甸植物的种子推迟脱落现象不如放牧草甸植物明显。流动沙丘中的植物种子推迟脱落现象最为明显（图 2-2）。沙生蒿属植物乌丹蒿和差巴嘎蒿种子明显比非沙生蒿属植物冷蒿和万年蒿种子推迟脱落的程度高。流动沙丘植物乌丹蒿和半固定沙丘植物差巴嘎蒿的传播高峰期分别出现在翌年 5 月和 4 月，相差 1 个月。种子脱落因所处部位和方向不同而存在差异，处于植冠内层、上部、下风向的种子更易推迟脱落。

表 2-3　科尔沁沙区 23 种植物在种子成熟至翌年 3 月的植冠种子库大小

植物种	所属科	生活型	植冠种子库占结种量的比例（%）
差巴嘎蒿 *Artemisia halodendron*	菊科	SS	9. 1
野艾蒿 *A. lavandulaefolia*		PH	7. 8
乌丹蒿 *A. wudanica*		SS	34. 8
飞廉 *Carduus crispus*		BH	5. 8
砂蓝刺头 *Echinops gmelinii*		PH	25. 4
苍耳 *Xanthium sibiricum*		AH	71. 5

续表

植物种	所属科	生活型	植冠种子库占结种量的比例（%）
拂子茅 *Calamagrostis epigeios*	禾本科	PH	31.8
芦苇 *Phragmites communis*		PH	48.2
画眉草 *Eragrostis pilosa*		AH	14.1
白草 *Pennisetum centrasiaticum*		PH	30
金狗尾草 *Setaria glauca*		AH	6.1
冠芒草 *Enneapogon borealis*	禾本科	AH	20.5
三芒草 *Aristida adscensionis*		AH	8.7
兴安胡枝子 *Lespedeza daurica*	豆科	SS	56.6
雾冰藜 *Bassia dasyphylla*	藜科	AH	29.7
灰绿藜 *Chenopodium glaucum*		AH	12.6
绿珠藜 *C. acuminatum*		AH	8.0
刺藜 *C. aristatum*		AH	59.9
沙蓬 *Agriophyllum squarrosum*		AH	25.1
刺沙蓬 *Salsola ruthenica*		AH	27.5
烛台虫实 *Corispermum candelabrum*		AH	41.3
野韭菜 *Allium japonicurn*	百合科	PH	20.3
益母草 *Leonurus sibiricus*	唇形科	ABH	27.7

注：AH. 一年生植物；ABH. 一、二年生植物；BH. 二年生植物；PH. 多年生草本；SS. 半灌木
资料来源：刘志民等，2005a

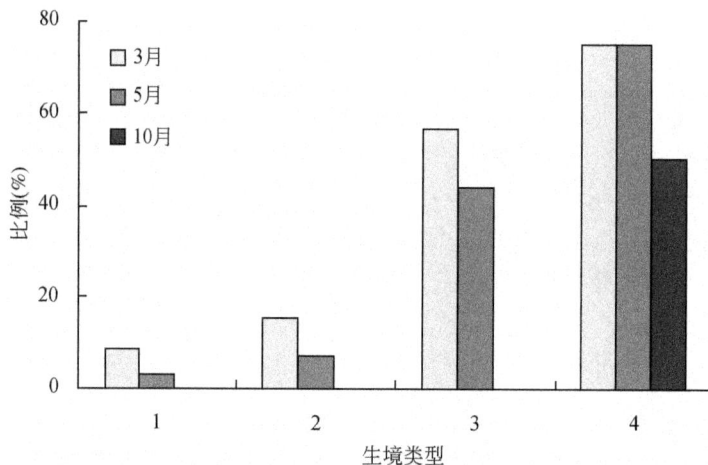

图 2-1　不同生境中具有植冠种子库的植物种占所有物种的百分比（闫巧玲，2007）
1. 割草草甸；2. 放牧草甸；3. 固定沙丘；4. 流动沙丘

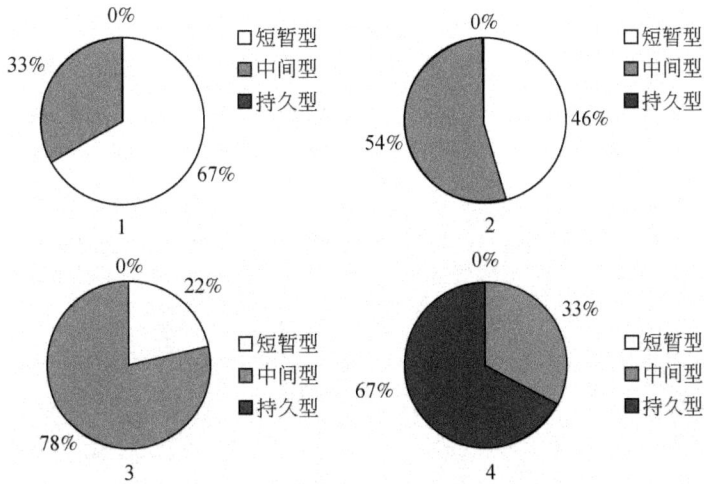

图 2-2　不同生境中植冠种子库不同存留时间的物种数占
所有具植冠种子库物种的比例（闫巧玲，2007）
1. 割草草甸；2. 放牧草甸；3. 固定沙丘；4. 流动沙丘

2.1.1.4　黏液繁殖体

黏液繁殖体（myxospermy）是指繁殖体在遇水后在表面形成黏液的繁殖体（van Rheede van Oudtshoorn and van Rooyen，1999）。种子遇水溶出黏液是植物属性之一。干旱区是具有黏液繁殖体的植物的密集分布区（马君玲和刘志民，2006）。在科尔沁沙地西部具有黏液繁殖体的植物有 11 种，约占组成植物的 10%（刘志民等，2005b），包括菊科蒿属的冷蒿、万年蒿、差巴嘎蒿、野艾蒿（*A. lavandulaefolia*）、大籽蒿、黄蒿、乌丹蒿，唇形科的百里香，车前科的平车前、盐生车前（*Plantago maritima*）和亚麻科的野亚麻（*Linum stelleroides*）。可见，蒿属植物占具有黏液繁殖体的植物的比例很大。对具有黏液繁殖体的植物并非所有繁殖体均分泌黏液，盐生车前、平车前、乌丹蒿、冷蒿、百里香具有黏液繁殖体比例相对高，万年蒿、黄蒿、野艾蒿具有黏液繁殖体比例相对低。全部 11 种植物的种子均小，单粒干重小于 1 mg。

2.1.1.5　种子形态

种子形态（seed morphology）包括种子重量、形状、附属物和表面结构等特征（Hendry and Grime，1993）。种子重量（大小）和形状是植物的两个关键和相对稳定的生活史特性，是重要的植物功能属性（Thompson et al.，1993；于顺利等，2005）。种子重量、形状、附属物等种子形态指标或其自身或通过作用于某一或某些要素表现了对干扰的适应（Thompson et al.，1993；Weiher et al.，1999；Guo et al.，2000；刘志民等，2002；张世挺等，2003；武高林等，2006；于顺利等，2007；武高林和杜国祯，2008）。科尔沁沙地草地退化、生物多样性丧失和杂草入侵都很突出。这些植被过程可能与种子形态学特征密切相关（Grime，2001）。所量测的 141 种植物的种子（或果实）重量差别很大，最小的单粒重不足 0.1 mg，最大的超过 130 mg。植物种子形状差异很大，最小的方差不足 0.030，最大的超过 0.180（表 2-4）。6 种萝摩科植物和 3 种杨柳科植物都具有绢毛，60% 的菊科植物具有冠毛；藜科植物烛台虫实、蓼科植物戟叶蓼（*Polygonum thunbergii*）、玄参科植物柳穿鱼（*Linaria vulgaris*）、远志科植物远志、石竹科植物石竹（*Dianthus chinensis*）和鸢尾科植物野鸢尾有翅，香蒲科植物小香蒲、长苞香蒲（*Typha angustata*），伞形科植物泽芹（*Sium suave*），蓼科植物酸模叶蓼（*Polygonum lapathifolium*）和毛茛科植物箭头唐松草（*Thalictrum simplex*）有宿存花柱，蓼科植物叉分蓼和瑞香科植物狼毒具宿存花萼，这些植物都可能随风传播。54% 的禾本科植物具芒，它们可能具有固结自身的作用；苍耳、雾冰藜、鹤虱、蒺藜、戟叶滨藜（*Atriplex hastata*）和鬼针草（*Bidens bipinnata*）带钩或刺，易于随动物传播（刘志民等，2005a）。在科尔沁沙地，结种量与种子重量显著负相关（$P < 0.01$），即种子越小，结种量越大（图 2-3）。与大粒种子植物相比，小粒种子植物多度大、空间广、出现年份多（Guo et al.，2000）。黄蒿、轮叶沙参（*Adenophora tetraphylla*）、狼尾花、灰绿藜（*Chenopodium glaucum*）、刺沙蓬、大籽蒿、狗尾草和野古草等小粒种子植物均有广泛的分布（中国科学院内蒙古宁夏综合考察队，1985），这可能与植物大的结种量有关。结种量与种子形状之间显著负相关（$P < 0.05$），即种子越接近圆球形，结种量越大（图 2-4）。例如，狼尾花种子的三维方差只有 0.007 228，其结种量却有（1594 ± 76）粒/株；种子三维方差高达 0.172 168 的兴安胡枝子，结种量却只有（256 ± 17）粒/株。对于流动沙丘、半固定沙丘和固定沙丘，种子重量/形状不能显著影响植物频度，但是种子重量、形状以及重量和形状的二因素交互效应对植物密度具有显著影响（表 2-4，$P = 0.000$），且种子形状与植物密度负相关。对于流动沙丘，种子重量与植物密度正相关，但是，对于半固定沙丘和固定沙丘，二者负相关。因此，种子重量/形状 - 植物密度/频度格局与沙丘流动程度相关。

表 2-4　种子重量、种子形状、植物结种量和种子持久性

植物种	所属科	生活型	生态类群	百粒重（平均值 ± 标准差）（mg）	平均方差	结种量（粒/株）	附属物	量测对象	持久性
冷蒿 *Artemisia frigida*	菊科	SS	ST	15.46 ± 0.26	0.088	—	无	瘦果	—
万年蒿 *A. gmelinii*		SS	M	19.83 ± 0.17	0.082	27 772 ± 2 626	无	瘦果	—
差巴嘎蒿 *A. halodendron*		SS	P	34.58 ± 0.37	0.112	35 617 ± 1 848	无	瘦果	有
野艾蒿 *A. lavandulaefolia*		PH	W	9.22 ± 0.42	0.104	15 888 ± 1 874	无	瘦果	—
大籽蒿 *A. sieversiana*		ABH	W	23.67 ± 0.26	0.078	18 641 ± 1 023	无	瘦果	有
黄蒿 *A. scoparia*		ABH	W	5.17 ± 0.11	0.076	14 984 ± 1 197	无	瘦果	—
乌丹蒿 *A. wudanica*		SS	P	49.16 ± 0.69	0.111	18 677 ± 1 143	无	瘦果	有
女菀 *Turczaninowia fastigiatus*		PH	M	16.44 ± 0.22	0.112	—	冠毛	瘦果	—
鬼针草 *Bidens bipinnata*		AH	W	205.18 ± 6.63	0.156	—	刺	瘦果	—
西疆短星菊 *Brachyactis roylei*		AH	M	181.42 ± 8.81	0.125	—	冠毛	瘦果	—
飞廉 *Carduus nutans*		BH	P	1 486.35 ± 39.76	0.159	1 685 ± 107	冠毛	瘦果	—
刺儿菜 *Cirsium segetum*		PH	W	254.40 ± 6.98	0.126	—	冠毛	瘦果	—
砂蓝刺头 *Echinops gmelinii*		PH	ST	626.65 ± 6.08	0.144	488 ± 33	无	瘦果	有

续表

植物种	所属科	生活型	生态类群	百粒重（平均值±标准差）（mg）	平均方差	结种量（粒/株）	附属物	量测对象	持久性
飞蓬 *Erigeron acer*		BH	W	14.10±1.23	0.102	—	冠毛	瘦果	有
泽兰 *Eupatorium lindleyanum*		PH	M	31.58±0.84	0.118	1 374±91	冠毛	瘦果	有
阿尔泰狗娃花 *Heteropappus altaicus*		PH	ST	35.56±1.36	0.097	—	冠毛	瘦果	—
黄金菊 *Perennialcha chamomile*		PH	M	368.61±9.00	0.17	169±4	冠毛	瘦果	—
欧亚旋覆花 *Inula britannica*		PH	M	11.98±1.66	0.129	1 653±217	冠毛	瘦果	—
山苦菜 *Lactuca elata*		PH	W	25.02±0.46	0.172	15±1	冠毛	瘦果	—
山莴苣 *Lactuca indica*	菊科	BH	M	111.86±0.92	0.126	—	冠毛	瘦果	无
蒙山莴苣 *L. tatarica*		PH	M	62.62±3.30	0.137	—	冠毛	瘦果	—
驴耳风毛菊 *Saussurea amara*		PH	M	64.42±3.44	0.145	—	冠毛	瘦果	无
碱地风毛菊 *S. runcinata*		PH	M	158.58±14.08	0.135	395±36	冠毛	瘦果	—
华北鸦葱 *Scorzonera albicaulis*		PH	M	319.28±15.31	0.184	—	冠毛	瘦果	无
羽叶千里光 *Senecio argunensis*		PH	M	73.08±2.91	0.144	1 255±133	冠毛	瘦果	无
苣荬菜 *Sonchus brachyotus*		PH	M	40.14±1.40	0.142	1 090±67	冠毛	瘦果	无
蒲公英 *Taraxacum mongolicum*		PH	W	87.44±6.33	0.145	157±5	冠毛	瘦果	无
苍耳 *Xanthium sibiricum*		AH	W	7 789.43±136.70	0.086	13±2	钩	瘦果	有
沙蓬 *Agriophyllum squarrosum*		AH	P	152.29±2.92	0.074	2 224±171	无	种子	有
鞑粗滨藜 *Atriplex tatarica*		AH	W	805.00±37.76	0.051	—	结块	胞果	—
戟叶滨藜 *A. hastata*		AH	W	817.30±17.49	0.03	—	刺	胞果	—
雾冰藜 *Bassia dasyphylla*		AH	P	74.32±1.73	0.152	216±22	刺	胞果	有
灰绿藜 *Chenopodium glaucum*		AH	W	37.32±0.19	0.034	475±30	无	胞果	—
绿珠藜 *C. acuminatum*	藜科	AH	P	39.90±0.34	0.045	642±52	无	胞果	有
刺藜 *C. aristatum*		AH	W	9.22±0.16	0.052	280±28	无	胞果	—
烛台虫实 *Corispermum candelabrum*		AH	P	221.62±4.36	0.112	63±8	翅	胞果	无
碱地肤 *Kochia scoparia*		AH	M	19.39±0.42	0.047	—	无	胞果	有
刺沙蓬 *Salsola ruthenica*		AH	P	59.53±1.17	0.039	359±30	无	胞果	—
碱蓬 *Suaeda corniculata*		AH	M	89.21±1.54	0.019	—	无	胞果	有
列当 *Orobanche coerulescens*	列当科	AH		0.76±0.16	0.081	—	无	种子	—
蓬子菜 *Galium verum*	茜草科	PH	ST	62.10±1.47	0.02	130±24	无	双悬果	无
醉马草 *Achnatherum inebrians*		PH	W	317.74±6.79	0.173	—	芒	颖果	—
野古草 *Arundinella hirta*		PH	M	57.71±0.76	0.101	225±14	无	颖果	—
华北剪股颖 *Agrostis clavata*		PH	M	6.52±0.09	0.137	343±34	无	颖果	—
荩草 *Arthraxon hispidus*		AH	M	77.20±1.76	0.151	6±1	芒	颖果	—
冰草 *Agropyron cristatum*	禾本科	PH	ST	203.60±4.82	0.156	—	芒	颖果	无
三芒草 *Aristida adscensionis*		AH	ST	97.92±4.93	0.207	—	芒	颖果	无
虎尾草 *Chloris virgata*		AH	W	56.54±1.08	0.133	328±47	芒	颖果	有
糙隐子草 *Cleistogenes squarrosa*		PH	ST	127.86±1.51	0.204	773±49	芒	颖果	—
披碱草 *Clinelymus dahuricus*		PH	M	393.30±19.65	0.172	137±7	芒	颖果	无

续表

植物种	所属科	生活型	生态类群	百粒重（平均值±标准差）（mg）	平均方差	结种量（粒/株）	附属物	量测对象	持久性
拂子茅 *Calamagrostis epigejos*		PH	M	19.90 ± 0.79	0.157	420 ± 27	芒	颖果	—
毛马唐 *Digitaria ciliaria*		AH	W	107.74 ± 0.88	0.127	16 ± 2	无	颖果	无
水稗 *Echinochloa phyllopogon*		AH	W	179.98 ± 17.40	0.06	—	芒	颖果	有
牛鞭草 *Hemarthria compressa*		PH	M	208.02 ± 16.57	0.155	30 ± 2	芒	颖果	—
羊草 *Leymus chinensis*		PH	M	271.18 ± 3.38	0.171	—	无	颖果	有
荻 *Miscanthus sacchariflorus*		PH	M	55.18 ± 2.66	0.161	616 ± 42	无	颖果	无
冠芒草 *Enneapogon borealis*	禾本科	AH	ST	54.51 ± 0.91	0.109	—	芒	颖果	无
白草 *Pennisetum centrasiaticum*		PH	P	92.90 ± 2.17	0.159	15 ± 2	无	颖果	无
芦苇 *Phragmites communis*		PH	P, M	31.96 ± 0.84	0.167	286 ± 32	无	颖果	有
星星草 *Puccinellia tenuiflora*		PH	M	7.24 ± 0.80	0.124	—	无	颖果	无
金狗尾草 *Setaria glauca*		AH	W	330.07 ± 10.31	0.047	77 ± 4	无	颖果	无
狗尾草 *S. viridis*		AH	W	55.87 ± 4.07	0.089	185 ± 13	无	颖果	无
大油芒 *Spodiopogon sibiricus*		PH	M	108.82 ± 4.01	0.15	171 ± 14	芒	颖果	无
阿尔泰针茅 *Stipa krylovii*		PH	ST	1 330.14 ± 63.41	0.198	—	芒	颖果	无
小叶锦鸡儿 *Caragana microphylla*		S	P	3 324.48 ± 58.91	0.047		无	种子	无
山竹子 *Hedysarum fruticosum*		SS	P	1 264.02 ± 14.86	0.062	10 612 ± 539	无	荚果	无
野大豆 *Glycine soja*		AH	M	859.19 ± 60.86	0.037	—	无	种子	—
兴安胡枝子 *Lespedeza daurica*		SS	ST	234.03 ± 7.91	0.071	256 ± 17	无	荚果	有
紫花苜蓿 *Medicago sativa*		PH	M	225.79 ± 3.19	0.06	—	无	荚果	—
黄花草木犀 *Melilotus suaveolens*	豆科	ABH	M	159.98 ± 6.76	0.061	2 741 ± 681	无	荚果	—
多枝棘豆 *Oxytropis ramosissima*		PH	P	182.54 ± 2.17	0.069	—	无	种子	—
苦参 *Sophora flavescens*		PH	P	4 678.16 ± 93.33	0.022	296 ± 18	无	种子	有
苦马豆 *Swainsonia salsula*		SS	W	177.91 ± 4.66	0.048	—	无	种子	—
花叶野决明 *Thermopsis lanceolata*		PH	M	1 590.36 ± 28.57	0.035	276 ± 21	无	种子	—
葫芦巴 *Semem foenum graecum*		AH	W	368.72 ± 5.14	0.062	324 ± 70	无	种子	—
野豌豆 *Vicia amoena*		PH	M	1 723.02 ± 193.00	0.024	—	无	种子	—
野亚麻 *Linum stelleroides*	亚麻科	ABH	M	48.02 ± 0.86	0.104	3 179 ± 427	无	种子	有
萝藦 *Metaplexis japonica*		PH	M	332.90 ± 31.52	0.128	—	绢毛	种子	—
杠柳 *Periploca sepium*		S	ST	1 144.36 ± 93.42	0.163	122 ± 13	绢毛	种子	—
戟叶鹅绒藤 *Cynanchum sibiricum*		PH	P	786.93 ± 37.26	0.14	251 ± 16	绢毛	种子	有
徐长卿 *C. paniculatum*	萝藦科	PH	M	423.7 ± 32.57	0.113	—	绢毛	种子	—
鹅绒藤 *C. chinense*		PH	W	465.96 ± 35.39	0.139	499 ± 34	绢毛	种子	—
老瓜头 *C. komarovii*		PH	P	1 261.56 ± 60.75	0.133	—	绢毛	胞果	—

续表

植物种	所属科	生活型	生态类群	百粒重（平均值±标准差）（mg）	平均方差	结种量（粒/株）	附属物	量测对象	持久性
知母 *Anemarrhena asphodeloides*		PH	M	391.39 ± 6.39	0.126	202 ± 12	无	胞果	无
海滨天冬 *Asparagus brachyphyllus*		PH	M	1 713.74 ± 32.35	0.019	140 ± 17	无	浆果	无
兴安天门冬 *Asparagua dauricus*	百合科	PH	P	1 754.3 ± 17.51	0.023	—	无	浆果	—
野韭菜 *Allium japonicurn*		PH	M	108.96 ± 2.18	0.07	66 ± 8	无	种子	有
细叶百合 *Lilium pumilum*		PH	M	127.12 ± 5.99	0.16	—	无	种子	—
小黄花菜 *Hemerocallis minor*		PH	M	969.25 ± 12.72	0.042	20 ± 2	无	种子	无
黄柳 *Salix gordejevii*		S	P	30.16 ± 1.79	0.096	—	绢毛	种子	无
蒙古柳 *S. mongolica*	杨柳科	S	P	14.96 ± 0.41	0.12	—	绢毛	种子	—
小红柳 *S. microstachya*		S	P	37.22 ± 1.99	0.115	—	绢毛	种子	—
苘麻 *Abutilon theophrasti*		AH	W	760.93 ± 33.38	0.051	—	无	种子	—
野西瓜苗 *Hibiscus trionum*	锦葵科	AH	W	366.14 ± 12.74	0.027	—	无	种子	—
冬葵 *Malva crispa*		BH	W	239.73 ± 16.53	0.033	—	无	聚合果	—
委陵菜 *Potentilla chinensis*		PH	M	42.43 ± 1.39	0.031	1 988 ± 161	无	聚合果	—
翻白委陵菜 *Potentilla discolor*	蔷薇科	PH	M	6.96 ± 0.41	0.048	—	无	聚合果	—
地榆 *Sanguisorba officinalis*		PH	M	179.48 ± 2.59	0.031	351 ± 36	无	聚合果	无
石竹 *Dianthus chinensis*		PH	M	59.21 ± 1.35	0.073	—	翅	种子	—
准噶尔石竹 *D. soongoricus*	石竹科	PH	ST	54.62 ± 1.49	0.101	—	无	种子	—
麦瓶草 *Silene jenisseensis*		PH	M	14.96 ± 0.18	0.007	—	无	种子	—
防风 *Saposhnikovia divaricata*		PH	W	196.87 ± 5.02	0.089	—	无	双悬果	—
石防风 *Peucedanum terebinthaceum*		PH	M	260.32 ± 13.80	0.105	—	油管	双悬果	有
红柴胡 *Bupleurum scorzonerifolium*	伞形科	PH	M	24.92 ± 0.36	0.103	—	无	双悬果	—
泽芹 *Sium suave*		PH	M	97.40 ± 3.70	0.046	—	花柱	双悬果	—
野鸢尾 *Iris dichotoma*	鸢尾科	PH	ST	374.44 ± 15.20	0.086	83 ± 6	翅	种子	有
益母草 *Leonurus artemisia*	唇形科	ABH	ST	207.51 ± 2.07	0.08	2 650 ± 290	无	小坚果	有
百里香 *Thymus mongolicus*		SS	ST	27.80 ± 6.38	0.088	—	无	小坚果	—
梅花草 *Parnassia palustris*	虎耳草科	PH	M	1.56 ± 0.21	0.118	—	无	种子	—
紧穗三棱草 *Bolboschoenus compacts*		PH	M	299.68 ± 2.66	0.088	225 ± 18	无	小坚果	—
扁荆三棱草 *Bolboschoenus maritimus*	莎草科	PH	M	3.00 ± 0.26	0.12	—	芒	小坚果	—
扁秆蔗草 *B. planiculmis*		PH	M	25.72 ± 0.63	0.077	—	芒	小坚果	—

续表

植物种	所属科	生活型	生态类群	百粒重（平均值±标准差）（mg）	平均方差	结种量（粒/株）	附属物	量测对象	持久性
狼尾花 Lysimachia barystachys	报春花科	PH	M	626.5±20.75	0.007	1 594±76	无	种子	—
北点地梅 Androsace septentrionalis		PH	M	6.36±0.40	0.009	—	无	种子	—
轮叶沙参 Adenophora tetraphylla	桔梗科	PH	M	19.24±0.42	0.091	1 006±103	无	种子	有
太阳花 Erodium stephanianum	牻牛儿苗科	AH	ST	277.93±5.60	0.141	—	绢毛	蒴果	有
长苞香蒲 Typha angustata	香蒲科	PH	M	6.82±0.23	0.164	—	花柱	小坚果	—
小香蒲 T. minima		PH	M	3.44±0.42	0.136	—	花柱	小坚果	—
东北木蓼 Atraphaxis manshurica	蓼科	S	P	322.84±7.40	0.077	381 128±106 014	无	坚果	—
戟叶蓼 Polygonum thunbergii		AH	M	93.58±2.80	0.007	537±55	翅	坚果	—
叉分蓼 P. divaricatum		PH	P	844.88±31.91	0.09	—	花萼	坚果	无
酸模叶蓼 P. lapathifolium		AH	M	174.42±1.89	0.083	—	花柱	坚果	—
大麻 Cannabis sativa	桑科	AH	W	1 045.51±27.55	0.031	—	无	瘦果	—
菟丝子 Cuscuta chinensis				64.30±2.91	0.023	—	无	种子	—
马齿苋 Portulaca oleracea	马齿苋科	AH	W	15.41±0.37	0.026	—	无	种子	—
苋菜 Amaranthus retroflexus	苋科	AH	W	49.26±0.45	0.024	—	无	种子	—
曼陀罗 Datura stramonium	茄科	AH	W	629.11±10.42	0.059	—	无	种子	—
龙葵 Solanum nigrum		AH	W	—	0.096	—	无	浆果	—
天仙子 Hyoscyamus niger		BH	W	57.46±1.84	0.06	—	无	种子	—
毛茛 Ranunculus japonicus	毛茛科	PH	M	98.86±1.34	0.1	69±5	无	瘦果	有
箭头唐松草 Thalictrum simplex		PH	M	73.32±1.59	0.081	354±46	花柱	瘦果	有
地锦 Euphorbia humifusa	大戟科	AH	P	97.80±1.65	0.001	284±30	无	种子	有
鹤虱 Lappula myosotis	紫草科	AH	W	193.21±10.57	0.064	—	钩	小坚果	有
罗布麻 Apocynum venetum	夹竹桃科	PH	ST	79.05±3.85	0.158	855±76	冠毛	种子	—
盐生车前 Plantago maritima	车前科	PH	M	54.48±0.51	0.099	994±98	无	种子	有
平车前 Plantago depressa		PH	W	20.60±0.39	0.075	858±60	无	种子	有
多枝千屈菜 Lythrum virgatum	千屈菜科	PH	M	14.76±0.37	0.078	—	无	种子	—
狼毒 Stellea chamaejasme	瑞香科	PH	ST	116.40±1.76	0.055	841±207	花萼	小坚果	有
蒺藜 Tribulus terrestris	蒺藜科	AH	W	13 075.82±579.91	0.044	—	刺	聚合果	有
柳穿鱼 Linaria vulgaris	玄参科	PH	P	16.94±0.65	0.128	—	翅	种子	有
远志 Polygala tenuifolia	远志科	PH	P	410.16±23.41	0.125	—	翅	种子	有

注：AH. 一年生植物；ABH. 一、二年生植物；BH. 二年生植物；PH. 多年生草本植物；S. 灌木；SS. 半灌木（小半灌木）；W. 杂草；ST. 草原植物；M. 草甸植物；P. 沙生植物；"—"表示没有调查的植物种

资料来源：闫巧玲等，2004；2005；Liu et al.，2007b

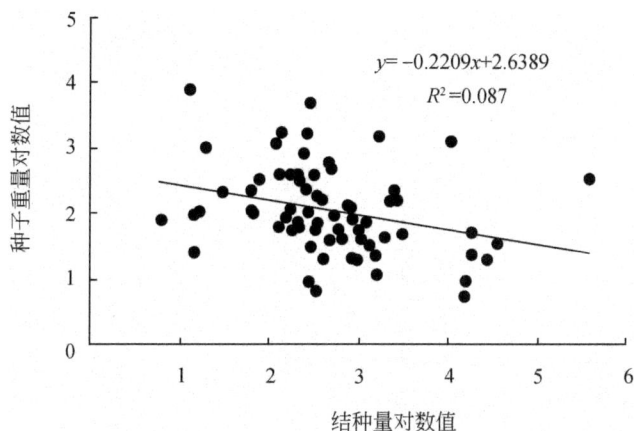

图 2-3 结种量与种子重量相关分析（闫巧玲等，2005）

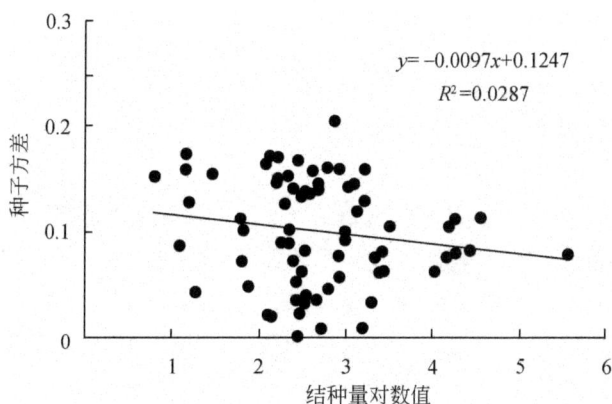

图 2-4 结种量与种子形状相关分析（闫巧玲等，2005）

2.1.1.6 土壤种子库

土壤种子库（soil seed bank）是指存在于土壤上层凋落物和土壤中全部存活种子的总和（Kemp，1989）。它比植物成株更能逃避干扰、疾病和捕食的损害（Bakker et al.，1996），因此是重要的植物繁殖对策之一（Grime，2001）。据祝廷成等（1965）的研究结果，东北大针茅草原 0 ~ 5 cm 土层每平方米平均有种子 5162 粒，羊草草原 0 ~ 5 cm 土层每平方米平均有种子 1437 粒。在松嫩平原碱化草地上，6 种植物群落土壤种子库从大到小的顺序是：虎尾草群落 > 星星草群落 > 翅碱蓬（*Suaeda heteroptera*）群落 > 角碱蓬（*Suaeda corniculata*）群落 > 獐茅（*Aeluropus littoralis* var. *sinensis*）群落 > 羊草群落（李建东和郑慧莹，1997）。因为土壤种子库能减小沙丘植物的灭绝概率（王刚和梁学功，1995），所以它正在成为沙丘生态系统研究的重要内容（Zhang and Maun，1994；Baptista and Shumway，1998；Yu et al.，2003；赵丽娅和李锋瑞，2003；吕世海等，2005）。科尔沁沙区土壤种子库平均种子密度由大到小的递减顺序是：固定沙丘 > 固定沙丘丘间低地 > 流动沙丘丘间低地 > 流动沙丘（图2-5）。流动沙丘上的种子密度明显少于其他生境类型（流动沙丘丘间低地、固定沙丘、固定沙丘丘间低地）上的种子密度（$P < 0.01$）。土壤种子库有3种类型。类型 I ——种子只出现在丘间低地和过渡带的土壤中。其分布特点是：种子只存在于丘间低地和过渡带，并朝着过渡带的方向种子数量逐渐减少。在流动沙丘系统中，寸草苔、狗尾草、毛马唐（*Digitaria ciliaria*）、野大豆和飞蓬、兴安胡枝子、画眉草、拂子茅属于这一类型。在固定沙丘系统中，类型 I 包括野大豆、虎尾草和泽兰、飞蓬、兴安胡枝子、野豌豆。类型 II ——种子只出现在沙丘中。其分布特点是：大量的种子出现在沙丘迎风坡的中部。流动沙丘系统中的乌丹蒿、冠芒草和固定沙丘系统中的雾冰藜属于这一类型。类型 III ——种子出现在整个系统中。不同物种的分布特征不尽相同。在流动沙丘系统中，在丘间低地中部出现了大量的虎尾草种子，在过渡带几乎没有虎尾草种子，沙丘中也只有少量种子；沙蓬种子的分布格局完全不同于虎尾草，即沙蓬种子数量从丘间低地到沙丘顶部是逐渐增加的，并密集分布在过渡带、沙丘迎风坡中部和沙丘顶部。在固定沙丘系统中，有5种植物属于类型 III，但它们的分布格局各不相同：绿珠藜种子的分布格局与"Λ"形格局最相近；烛台虫实和灰绿藜的种子密集分布在过渡带；从丘间低地到沙丘顶部，狗尾草和画眉草的种子数量基本没有变化。沙蓬和乌丹蒿种子的水平分布格局决定着流动沙丘系统种子库的总的水平分布格局，且与其独特的繁殖对策（植冠种子库、黏液繁殖体、种子形态特性）相关。在固定沙丘系统中，植物生活型控制着种子库的水平分布格局。土壤种子库与地上植被物种组成的 Sokal 和 Sneath 相似性系数由大到小的顺序是：固定沙丘（24%）> 流动沙丘的丘间低地（21%）> 固定沙丘的丘间低地（18%）> 流动沙丘（5%）。固定沙丘系统种子库平均密度为（5809 ± 1247）粒/m²，其季节变化幅度大［从7月中旬的（1934 ± 245）粒/m² 变化为10月底的（12 001 ± 1715）粒/m²］，年际变化较小（种子库年际差异为1.5倍）。相反，流动沙丘系统种子库平均密度为（1580 ± 295）粒/m²，其季节变化幅度相对较小［从7月中旬的（642 ± 215）粒/m² 变化为10月月底的（3131 ± 350）粒/m²］（图2-6），年际变化较大（种子库年际差异为2.2倍）。两种沙丘上植物种的土壤种子库时间变化格局是：①在流动沙丘迎风坡上，沙蓬种子库密度的季节变化幅度大，年际变化小（年际差异为1.3倍）；相反，乌丹蒿的季节变化较小，年际变化大（年际差异为7.4倍）。而且，无论在什么时候，沙蓬种子库密度总是显著多于乌丹蒿（$p < 0.01$）。这两种植物的种子库最大和最小密度分别出现在10月月底和7月中旬。另外，流动沙丘上的沙生植物（包括沙蓬和乌丹蒿）种子库密度的季节变化幅度大，年际变化较小（年际差异为1.4倍）；相反，非沙生植物种子库密度季节变化相对很小，年际变化较大（年际差异为5.3倍）。虽然流动沙丘种子库的物种组成随着时间发生变化，但是全年沙生植物种子数量都是占优势的（$p < 0.05$）。②固定沙丘上植物种的土壤种子库时间变化格局有3种类型。类型 I ——种子库最大和最小密度分别出现在10月月底和7月中旬。狗尾草和画眉草就属于这一类型。类型 II ——大多数种子出现在5月月底，如虎尾草。类型 III ——除了10月月底出现种子库密度的最大值，在7月中旬也有一个种子库密度的峰值，如绿珠藜。虽然固定沙丘种子库的物种组成随着时间变化发生变化，但是全年中一年生植物种子数量都是占优势的（$P < 0.01$）。一年生植物种子库密度的季节变化大，

年际变化较小（年际差异为 1.1 倍）；相反，多年生植物的种子数量季节变化较小，年际变化较大（年际差异为 1.3 倍）。在科尔沁沙地 65 种典型植物中，38 种植物（占总数的58%）种子的持久性达到 1 年以上，18 种植物（占总数的 28%）种子的持久性达到 2 年以上（表 2-5）。这些植物种子的休眠属性较强，在遇到以年为周期的干扰事件或出现结种歉年时，可借助持久种子库维持种群。

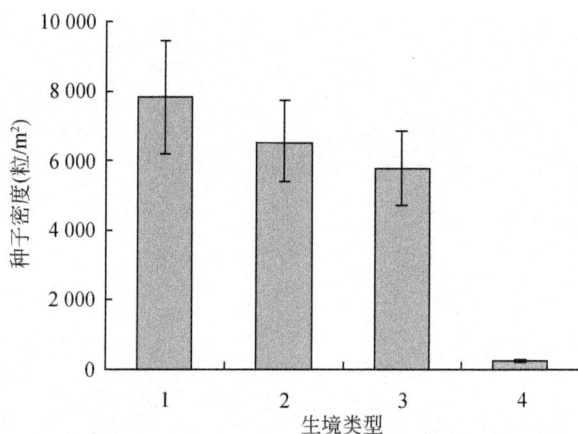

图 2-5 不同生境类型中的平均种子密度（Yan et al.，2005）
1. 固定沙丘；2. 固定沙丘的丘间低地；3. 流动沙丘的丘间低地；4. 流动沙丘

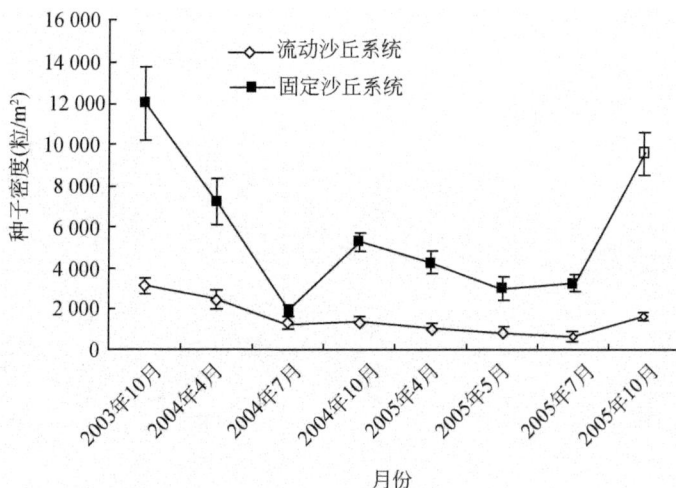

图 2-6 沙丘系统种子库平均密度随时间的变化（Yan et al.，2009）

表2-5 65种植物种子的持久性

具有持久性种子的植物种				
植物种	所属科	生活型	生态类群	种子持久性的类型
马蔺 *Iris Lactea*	鸢尾科	PH	ST	P1
野鸢尾 *I. dichotoma*		PH	ST	P1
石防风 *Peucedanum terebinthaceum*	伞形科	PH	M	P1
苦参 *Sophora flavescens*	豆科	PH	P	P1
兴安胡枝子 *Lespedeza daurica*		SS	ST	P1
野西瓜苗 *Hibiscus trionum*	锦葵科	AH	W	P1
太阳花 *Erodium stephanianum*	牻牛儿苗科	AH	ST	P1
苍耳 *Xanthium sibiricum*	菊科	AH	W	P1
砂蓝刺头 *Echinops gmelinii*		PH	ST	P1, P2
泽兰 *Eupatorium lindleyanum*		PH	M	P1, P2
乌丹蒿 *Artemisia wudanica*		SS	P	P1, P2
差巴嘎蒿 *A. halodendron*		SS	P	P1, P2
大籽蒿 *A. sieversiana*		ABH	W	P1, P2
飞蓬 *Erigeron acer*		BH	W	P1, P2
野亚麻 *Linum stelleroides*	亚麻科	ABH	M	P1, P2
沙蓬 *Agriophyllum squarrosum*	藜科	AH	P	P1, P2
雾冰藜 *Bassia dasyphylla*		AH	P	P1, P2
碱地肤 *Kochia scoparia*		AH	M	P1
绿珠藜 *Chenopodium acuminatum*		AH	P	P1
碱蓬 *Suaeda corniculata*		AH	M	P1, P2
狼毒 *Stellea chamaejasme*	瑞香科	PH	ST	P1
鹤虱 *Lappula myosotis*	紫草科	AH	W	P1, P2
野韭菜 *Allium japonicurn*	百合科	PH	M	P1
水稗 *Echinochloa phyllopogon*	禾本科	AH	W	P1
虎尾草 *Chloris virgata*		AH	W	P1
虱子草 *Tragus berteronianus*		AH	W	P1
羊草 *Leymus chinensis*		PH	M	P1, P2
芦苇 *Phragmites communis*		PH	P, M	P1
益母草 *Leonurus artemisia*	唇形科	ABH	ST	P1
箭头唐松草 *Thalictrum simplex*	毛茛科	PH	M	P1, P2
毛茛 *Ranunculus japonicus*		PH	M	P1, P2
蒺藜 *Tribulus terrestris*	蒺藜科	AH	W	P1, P2
盐生车前 *Plantago maritima*	车前科	PH	M	P1
地锦草 *Euphorbia humifusa*	大戟科	AH	P	P1

续表

具有持久性种子的植物种				
植物种	所属科	生活型	生态类群	种子持久性的类型
柳穿鱼 Linaria vulgaris	玄参科	PH	P	P1, P2
寸苔 Carex duriuscula	莎草科	PH	M	P1, P2
轮叶沙参 Adenophora tetraphylla	桔梗科	PH	M	P1, P2
戟叶鹅绒藤 Cynanchum sibiricum	萝藦科	PH	P	P1
具有短暂性种子的植物种				
小叶锦鸡儿 Caragana microphylla	豆科	S	P	
山竹子 Hedysarum fruticosum		SS	P	
驴耳风毛菊 Saussurea amara	菊科	PH	M	
华北鸦葱 Scorzonera albicaulis		PH	M	
苣荬菜 Sonchus brachyotus		PH	M	
羽叶千里光 Senecio jacobacea		PH	M	
蒲公英 Taraxacum mongolicum		PH	W	
山莴苣 Lactuca indica		ABH	M	
烛台虫实 Corispermum candelabrum	藜科	AH	P	
知母 Anemarrhena asphodeloides	百合科	PH	M	
海滨天冬 Asparagus brachyphyllus		PH	M	
小黄花菜 Hemerocallis minor		PH	M	
荻 Miscanthus sacchariflorus	禾本科	PH	M	
披碱草 Elymus dahuricus		PH	M	
白草 Pennisetum centrasiaticum		PH	P	
冰草 Agropyron cristatum		PH	ST	
大油芒 Spodiopogon sibiricus		PH	M	
阿尔泰针茅 Stipa krylovii		PH	ST	
三芒草 Aristida adscensionis		AH	ST	
狗尾草 Setaria viridis		AH	W	
金狗尾草 S. glauca		AH	W	
冠芒草 Enneapogon borealis		AH	ST	
毛马唐 Digitaria ciliaria		AH	W	
蓬子菜 Galium verum	茜草科	PH	ST	
叉分蓼 Polygonum divaricatum	蓼科	PH	P	
黄柳 Salix gordejevii	杨柳科	S	P	
地榆 Sanguisorba officinalis	蔷薇科	PH	M	

注：AH. 一年生植物；ABH. 一、二年生植物；BH. 二年生植物；PH. 多年生草本植物；S. 灌木；SS. 半灌木
（小半灌木）；W. 杂草；ST. 草原植物；M. 草甸植物；P. 沙生植物；P1. 具有持久性超过 1 年的种子的植物种；P2.
具有持久性超过 2 年的种子的植物种

资料来源：闫巧玲等，2005

2.1.1.7 种子休眠和萌发

休眠可能是植物对干扰的适应方式。休眠属性使种子不至于在脱落后很快萌发，降低了干扰所造成的风险，保证种子在有利于植物生长和发育的条件下发芽、出苗。流沙上的一年生植物沙米的萌发过程是单峰连续过程，这种萌发格局降低了同期发芽而又面临因降水量低后代在具备繁殖能力前就全部死亡的风险。种子具有内在休眠和强迫休眠。直立委陵菜（*Potentilla erecta*）的种子只有在暖湿环境储藏一段时间胚才能成熟。扁蓄（*Polygonum aviculare*）的萌发需要冷藏。草地早熟禾（*Poa pratensis*）的萌发需要光照刺激。大多数的豆科草本植物种子具有硬实性。一些植物种子需要高温处理萌发，因此如果落种时的温度偏低，种子便不能萌发。禾本科植物、菊科植物、豆科植物种子发芽容易程度的排序是：禾本科植物 > 菊科植物 > 豆科植物（Grime et al.，1981）。即使最容易萌发的禾本科植物，也有休眠现象。Grime 等（1981）的实验显示：当使用新采种子时，33% 的一年生禾草植物的发芽率≤50%，13% 的多年生禾草植物发芽率≤50%。在科尔沁沙地，不同禾本科植物种子具有不同萌发格局（表 2-6）。

表 2-6 科尔沁沙地乌兰敖都地区 15 种禾本科植物新采种子的实验室发芽率

植物种	生活型	平均发芽率（%）	开始萌发时间（d）	萌发持续时段（开始发芽到发芽终止）（d）
野古草 *Arundinella hirta*	P	100 ± 0	6	11
虎尾草 *Chloris virgata*	A	98.2 ± 0.5	2	16
糙隐子草 *Cleistogenes squarrosa*	P	88.8 ± 3.1	3	16
披碱草 *Elymus dahuricus*	P	95.1 ± 0.8	3	29
毛马唐 *Digitaria ciliaria*	A	70.6 ± 3.5	3	6
水稗 *Echinochloa phyllopogon*	A	8.48 ± 1.8	6	3
画眉草 *Eragrostis pilosa*	A	24.8 ± 4.5	2	7
牛鞭草 *Hemarthria compressa*	P	0		14 d 实验，未发芽
冠芒草 *Enneapogon borealis*	A	92.5 ± 1.4	3	30
拂子茅 *Calamagrostis epigejos*	P	100 ± 0	4	14
芦苇 *Phragmites communis*	P	100 ± 0	2	8
金狗尾草 *Setaria glauca*	A	44.0 ± 3.2	5	15
狗尾草 *Setaria viridis*	A	0	4	17 d 实验，共 1 粒发芽
大油芒 *Spodiopogon sibiricus*	P	100 ± 0	2	8
虮子草 *Tragus berteronianus*	A	0		14 d 实验，未发芽

注：A. 一年生；P. 多年生

资料来源：刘志民等，2003a

种子萌发是植物生长周期中的转折点（Fenner and Thompson，2005），关系着种群维持、扩展以及种群遭破坏后的恢复等生态过程（王宗灵等，1998；刘志民等，2003a），影响植被分布、动态和多样性等（Thompson et al.，1993）。储藏方式对种子萌发率的影响可能与植物生态类群有关。与新采种子萌发率相比，杂草、草原植物、草甸植物、沙生植物（包括典型沙生植物和固定沙丘植物）经各种储藏处理之后，萌发率显著升高的比例由大到小的顺序分别是：干藏（55%）>冷藏（50%）=埋藏 2 年（50%）>埋藏 1 年（44%）、干藏（67%）>冷藏（33%）=埋藏 1 年（33%）>埋藏 2 年（0%）、埋藏 1 年（53%）>埋藏 2 年（50%）>冷藏（31%）>干藏（15%）、冷藏（67%）>干藏（50%）>埋藏 1 年（45%）>埋藏 2 年（43%）。储藏方式对种子萌发率的影响可能与植物生活型有关。与新采种子萌发率相比，一、二年生植物（包括一年生，一、二年生和二年生植物）、多年生植物（包括灌木、半灌木）经各种储藏处理之后，萌发率显著升高的比例由大到小的顺序分别是：冷藏（59%）>埋藏 1 年（56%）>干藏（55%）>埋藏 2 年（44%）、埋藏 1 年（48%）>埋藏 2 年（43%）>冷藏（33%）>干藏（29%）（表 2-7）。

表 2-7　新采种子与各种储藏条件下的种子的累计萌发率比较（平均值 ± 标准误差）

植物种	所属科	生态类群	生活型	种子萌发率（%）					
				新采种子	干藏种子	冷藏种子	埋藏 1 年种子	埋藏 2 年种子	植冠储藏种子
苍耳 *Xanthium sibiricum*	菊科	W	AH	0a	17 ± 3b	46 ± 7c	50 ± 5c	—	—
砂蓝刺头 *Echinops gmelinii*		ST	PH	82 ± 3b	—	—	48 ± 12a	58 ± 5ab	—
泽兰 *Eupatorium lindleyanum*		M	PH	52 ± 10a	63 ± 4ab	82 ± 1bc	94 ± 3c	73 ± 11b	—
乌丹蒿 *Artemisia wudanica*		TP	SS	75 ± 3a	99 ± 1b	96 ± 2b	93 ± 3b	93 ± 3b	99 ± 1b
差巴嘎蒿 *A. halodendron*		TP	SS	73 ± 4a	98 ± 1c	99 ± 1c	88 ± 4b	86 ± 4b	99 ± 1c
冷蒿 *A. frigida*		SP	PH	94 ± 2a	92 ± 2a	94 ± 2a	—	—	100 ± 0b
万年蒿 *A. rtemisia sacrorum*		M	SS	94 ± 2c	76 ± 2a	85 ± 1b	—	—	100 ± 0d
野艾蒿 *A. lavandulaefolia*		W	PH	87 ± 3b	76 ± 5a	87 ± 3b	—	—	100 ± 0c
黄蒿 *A. scoparia*		W	ABH	55 ± 8a	71 ± 1b	60 ± 3ab	—	—	100 ± 0c
大籽蒿 *A. sieversiana*		W	ABH	96 ± 2abc	96 ± 1abc	98 ± 1ac	88 ± 5a	93 ± 5abc	100 ± 0c
飞蓬 *Erigeron acer*		W	BH	43 ± 2a	—	—	84 ± 5b	75 ± 9b	—
山莴苣 *Lactuca indica*		M	ABH	94 ± 1b	36 ± 7a	30 ± 3a	—	—	—
苦参 *Sophora flavescens*	豆科	SP	PH	5 ± 2a	6 ± 1a	16 ± 4b	68 ± 3c	—	—
小叶锦鸡儿 *Caragana microphylla*		SP	S	100 ± 0b	100 ± 0b	97 ± 1a	—	—	—
野韭菜 *Allium japonicurn*	百合科	M	PH	79 ± 3b	95 ± 1b	91 ± 2b	53 ± 12a	—	—
知母 *Anemarrhena asphodeloides*		M	PH	78 ± 3b	—	—	0a	0a	—
海滨天冬 *Asparagus brachyphyllus*		M	PH	13 ± 2b	—	—	0a	0a	—
小黄花菜 *Hemerocallis minor*		M	PH	95 ± 2b	95 ± 2b	72 ± 7a	—	—	—
马蔺 *Iris Lactea*	鸢尾科	ST	PH	30 ± 7b	0a	0a	46 ± 3b	—	—
野鸢尾 *I. dichotoma*		ST	PH	94 ± 2b	100 ± 0b	100 ± 0b	18 ± 3a	—	—

续表

植物种	所属科	生态类群	生活型	种子萌发率（%）					
				新采种子	干藏种子	冷藏种子	埋藏1年种子	埋藏2年种子	植冠储藏种子
水稗 Echinochloa phyuopogon	禾本科	W	AH	4±1a	100±0c	99±1c	67±11b	—	—
虎尾草 Chloris virgata		W	AH	91±3b	90±4b	100±0b	45±24a	—	—
虱子草 Tragus berteronianus		W	AH	0a	1±0a	1±1a	75±6b	—	—
羊草 Leymus chinensis		M	PH	50±2b	49±5b	4±1a	3±3a	10±9a	—
芦苇 Phragmites communis		TP, M	PH	96±1b	—	—	37±11a	—	—
冰草 Agropyron cristatum		ST	PH	31±2a	84±2b	23±5a	—	—	—
大油芒 Spodiopogon sibiricus		M	PH	79±2b	46±4a	54±4a	—	—	—
三芒草 Aristida adscensionis		ST	AH	54±2a	74±6b	75±2b	—	—	—
狗尾草 Setaria viridis		W	AH	0a	2±1a	68±3b	—	—	—
金狗尾草 S. glauca		W	AH	44±3a	94±2b	98±1b	—	—	—
毛马唐 Digitaria ciliaria		W	AH	71±4a	100±0c	83±3b	—	—	—
沙蓬 Agriophyllum squarrosum	藜科	TP	AH	8±2a	39±6b	42±11b	74±13c	89±1c	100±0d
雾冰藜 Bassia dasyphylla		SP	AH	33±3a	100±0b	100±0b	100±0b	33±17a	—
碱地肤 Kochia scoparia		M	AH	26±4a	93±2c	100±0c	87±3b	—	—
灰绿藜 Chenopodium glaucum		SP	AH	39±3a	42±3a	63±2b	—	—	100±0c
绿珠藜 Chenopodium acuminatum		SP	AH	71±4a	83±4ab	88±3bc	71±10a	—	100±0c
碱蓬 Suaeda corniculata		M	AH	51±6b	—	—	89±2c	20±9a	—
烛台虫实 Corispermum candelabrum		SP	AH	2±1a	5±1b	6±2b	0a	0a	—
箭头唐松草 Thalictrum simplex	毛茛科	M	PH	48±3a	94±2b	95±1b	94±4b	93±3b	—
毛茛 Ranunculus japonicus		M	PH	0a	0a	0a	89±2c	57±5b	—
石防风 Peucedanum terebinthaceum	伞形科	M	PH	0a	0a	0a	15±2b	—	—
野西瓜苗 Hibiscus trionum	锦葵科	W	AH	3±1a	—	—	3±2a	—	—
太阳花 Erodium stephanianum	牻牛儿苗科	ST	AH	0a			7±3b	—	—
野亚麻 Linum stelleroides	亚麻科	M	ABH	67±5a	73±14ab	65±15a	86±1ab	97±1b	—
狼毒 Stellea chamaejasme	瑞香科	ST	PH	0a	—	—	80±3b	0a	—
鹤虱 Lappula myosotis	紫草科	W	AH	7±2ab	74±3c	4±1a	3±2a	17±10b	—
益母草 Leonurus artemia	唇形科	ST	ABH	57±6a	94±1b	81±1ab	50±50a	—	—
蒺藜 Tribulus terrestris	蒺藜科	W	AH	1±1a	3±2ab	30±2c	21±9bc	54±11d	—

植物种	所属科	生态类群	生活型	种子萌发率（%）					
				新采种子	干藏种子	冷藏种子	埋藏1年种子	埋藏2年种子	植冠储藏种子
盐生车前 *Plantago maritima*	车前科	M	PH	54±8b	15±3a	81±2c	79±13c	—	—
地锦 *Euphorbia humifusa*	大戟科	SP	AH	78±3d	25±2b	48±5c	9±4a	—	—
柳穿鱼 *Linaria vulgaris*	玄参科	SP	PH	19±1a	—	—	19±5a	11±3a	—
寸苔草 *Carex duriuscula*	莎草科	M	PH	56±3b	—	—	48±8b	18±3a	—
轮叶沙参 *Adenophora tetraphyl-la*	桔梗科	M	PH	11±2a	—	—	90±4b	84±6b	—
细叶白前 *G. siviricum*	萝摩科	SP	PH	62±7c	—	—	2±2b	0a	—
蓬子菜 *Galium verum*	茜草科	ST	PH	42±3a	78±2b	87±3c	—	—	—
叉分蓼 *Polygonum divaricatum*	蓼科	SP	PH	46±2b	88±2c	8±2a	—	—	—

注：AH. 一年生植物；ABH. 一、二年生植物；BH. 二年生植物；PH. 多年生草本；S. 灌木；SS. 半灌木（小半灌木）；W. 杂草；ST. 草原植物；M. 草甸植物；TP. 典型沙生植物（生长在流动和半固定沙丘）；SP. 固定沙丘植物。同一行中字母相同表示两种萌发率差异不显著（$P < 0.05$）。"—"表示缺失的部分数据

资料来源：刘志民等，2003a，2004；李荣平等，2006；闫巧玲等，2007；马君玲和刘志民，2008

2.1.1.8　繁殖分配

　　植物的繁殖分配（繁殖结构占整个地上部分生物量的比例）表征了植物投入到繁殖中的能量比例，耐干扰的杂草植物常常有大的繁殖分配值以维持其机会主义的繁衍方式。禾草植物的繁殖分配趋势是：大多数的一年生禾本科植物的繁殖分配超过50%；生长在高度遮阴、干旱、营养贫乏生境的多年生禾草需要两年才开花，而且繁殖分配低；具有匍匐茎或根状茎的禾草的繁殖分配低（Wilson and Thompson，1989）。在科尔沁沙地，与生长在流动程度轻的生境中的差巴嘎蒿相比，生长在流动程度重的生境中的差巴嘎蒿有更多的生殖枝、更大的种子重量，因此半固定生境更利于差巴嘎蒿有性生殖而流动生境更利于差巴嘎蒿无性生殖（Li et al.，2005）。

2.1.1.9　营养繁殖

　　营养繁殖使植物能够快速获取生长空间和资源（张运春等，2001；Eriksson and Jer-ling，1990；Marshall and Price，1999）。很多多年生植物具备营养繁殖方式。有学者认为在中度干扰的情形下营养繁殖表现的功能最强，但也有更多学者证明在强度干扰的情况下营养繁殖的生态意义更大（Grime，2001；刘志民，1992；刘志民等，2002）。针茅属、隐子草属、落草属、营草属、狐茅属、早熟禾属、葱属的一些草原植物物种可依靠草丛分裂繁殖；草原植物种如羊草、寸草苔、拂子茅等可依靠根茎繁殖；锦鸡儿等草原

植物则可依靠根茎繁殖。不同营养繁殖方式的牧草对放牧率的响应策略不同：匍匐以不定根进行营养繁殖生长或分蘖性强的植物适应重度放牧，如冷蒿和星毛委陵菜（*Potentilla acaulis*）；以根茎和分蘖进行营养繁殖的羊草、冰草属植物适合轻度放牧；以根茎和分蘖进行营养繁殖的寸草苔属植物适应中度放牧；以分枝进行营养繁殖的扁蓿豆和木地肤等植物适宜轻度放牧（汪诗平和李永宏，1999）。松嫩平原的大针茅群落的优势地位主要靠营养繁殖维持（杨允菲和祝廷成，1991）。羊草的无性繁殖有两种形式：通过分蘖节进行近母株的无性繁殖，通过根茎进行远离母株的无性繁殖，但其种群是以不断形成大量根茎顶端芽成株的无性繁殖对策维持种群增长型与稳定型的年龄结构，实现羊草种群的持续更新，并在环境条件适宜时，长久保持单优群落的存在。獐茅能通过大量的匍匐茎进行营养繁殖，匍匐茎上每个节均可产生不定根和营养繁殖株，形成新的无性系株丛，远离母株扩大种群的生存空间（李建东和郑慧莹，1997）。在沙区，很多植物既可进行有性繁殖，又可进行营养繁殖（王洪义等，2005；Li et al.，2005）。沙生植物的营养繁殖可能具有抗风蚀和沙埋的独特优势。在科尔沁沙地，克隆植物分布广泛（刘博，2009）。克隆植物和非克隆植物所占的比例分别为59%和41%。克隆植物物种数在流动沙丘、半流动沙丘、固定沙丘和割草草场所占比例分别为80%、75%、50%和53%，重要值分别为96%、97%、36%和72%。在沙丘生境中，密集型克隆植物比游击型克隆植物多。密集型克隆植物物种数在流动沙丘、半流动沙丘和固定沙丘占所有物种数的比例分别为60%、42%和25%，重要值分别为95%、95%和20%；游击型克隆植物物种数占所有物种数的比例分别为20%、33%和25%，重要值分别为1%、2%和16%。用生长在不同生境的蒿属植物的幼苗进行研究，其结果是：生长在流动和半流动沙丘中的乌丹蒿和差巴嘎蒿植株沙埋后产生不定根（图2-7），生长在固定沙丘的冷蒿植株沙埋后既产生不定根又产生不定芽（图2-7，图2-8），生长在固定沙丘丘间低地的万年蒿植株沙埋后产生不定芽（图2-8）。这似乎表明，不定根繁殖比不定芽繁殖更适应沙埋（Liu et al.，2008）。部分植物生长类型及其生境调查情况见表2-8。

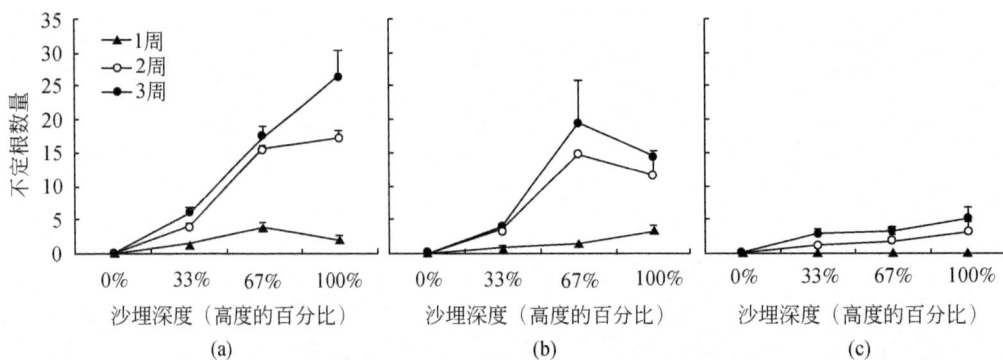

图2-7　乌丹蒿（a）、差巴嘎蒿（b）、冷蒿（c）在不同埋深下经沙埋1周、2周和3周后的不定根数量（Liu et al.，2008）

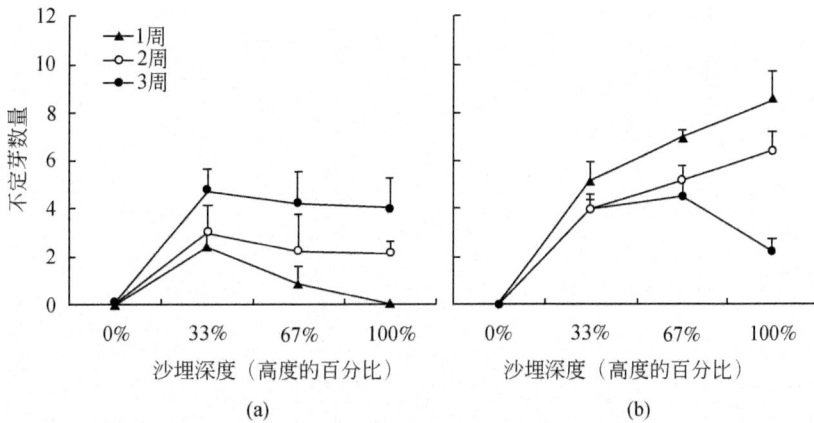

图 2-8　冷蒿（a）、万年蒿（b）在不同埋深下经沙埋 1 周、
2 周和 3 周后产生的不定芽数量（Liu et al.，2008）

表 2-8　植物生长类型及其生境

植物种	所属科	克隆生长构型	生境
猫儿菊 *Achrophorus ciliatus*		非克隆植物	草场
冷蒿 *Artemisia frigida*		密集型克隆植物	固定沙丘
万年蒿 *A. gmelinii*		密集型克隆植物	固定沙丘
差巴嘎蒿 *A. halodendron*		密集型克隆植物	半流动、固定沙丘
野艾蒿 *A. lavandulaefolia*		游击型克隆植物	固定沙丘，草场
籽蒿 *A. sphaerocephala*		密集型克隆植物	流动沙丘
猪毛蒿 *A. anaua*		非克隆植物	固定沙丘
大籽蒿 *A. sieversiana*		非克隆植物	固定沙丘
裂叶蒿 *A. tanacetifolia*		密集型克隆植物	固定沙丘
乌丹蒿 *A. wudanica*		密集型克隆植物	流动、半流动沙丘
刺儿菜 *Cirsium setosum*		游击型克隆植物	固定沙丘，草场
砂蓝刺头 *Echinops gmelinii*		非克隆植物	固定沙丘
飞蓬 *Erigeron acer*		非克隆植物	固定沙丘，草场
泽兰 *Eupatorium lindleyanum*	菊科	非克隆植物	草场
阿尔泰狗娃花 *Heteropappus altaicus*		游击型克隆植物	草场
欧亚旋覆花 *Inula britannica*		非克隆植物	草场
砂旋覆花 *Inula salsoloides*		游击型克隆植物	半流动沙丘
苦荬菜 *Sonchus brachyotus*		密集型克隆植物	草场
山苦荬 *Ixeris chinensis*		密集型克隆植物	固定沙丘，草场
麻花头 *Serratula centaurodies*		非克隆植物	固定沙丘，草场
山莴苣 *Lactuca indica*		非克隆植物	固定、半流动沙丘
蒙山莴苣 *Lactuca tatarica*		密集型克隆植物	固定、半流动沙丘
华北鸦葱 *Scorzonera albicaulis*		非克隆植物	草场
羽叶千里光 *Senecio jacobaea*		非克隆植物	草场
苣荬菜 *Sonchus brachyotus*		游击型克隆植物	半流动沙丘，草场
蒲公英 *Taraxacum mongolicum*		非克隆植物	草场
苍耳 *Xanthium sibiricum*		非克隆植物	草场

续表

植物种	所属科	克隆生长构型	生境
华北剪股颖 *Agrostis clavata*	禾本科	密集型克隆植物	草场
野古草 *Arundinella hirta*		密集型克隆植物	草场
拂子茅 *Calamagrostis epigejos*		游击型克隆植物	固定、半流动沙丘，草场
虎尾草 *Chloris virgata*		非克隆植物	固定、半流动沙丘，草场
糙隐子草 *Cleistogenes squarrosa*		密集型克隆植物	固定、半流动沙丘，草场
披碱草 *Clinelymus dahuricus*		密集型克隆植物	草场
毛马唐 *Digitaria ciliaria*		密集型克隆植物	固定沙丘，草场
画眉草 *Eragrostis pilosa*		非克隆植物	固定沙丘
牛鞭草 *Hemarthria compressa*		游击型克隆植物	草场
溚草（银穗茅）*Koeleria cristata*		密集型克隆植物	草场
羊草 *Leymus chinensis*		游击型克隆植物	草场
荻 *Miscanthus sacchariflorus*		游击型克隆植物	草场
白草 *Pennisetum centrasiaticum*		游击型克隆植物	固定沙丘
芦苇 *Phragmites communis*		游击型克隆植物	流动、半流动、固定沙丘，草场
金狗尾草 *Setaria glauca*		非克隆植物	固定、半流动沙丘，草场
狗尾草 *S. viridis*		非克隆植物	固定、半流动沙丘，草场
大油芒 *Spodiopogon sibiricus*		游击型克隆植物	草场
小叶锦鸡儿 *Caragana microphylla*	豆科	密集型克隆植物	固定沙丘
野大豆 *Glycine soja*		非克隆植物	草场
山竹子 *Hedysarum fruticosum*		游击型克隆植物	固定沙丘
五脉山黧豆 *Lathyrus quinquenervius*		游击型克隆植物	草场
兴安胡枝子 *Lespedeza daurica*		非克隆植物	草场
苦参 *Sophora flavescens*		游击型克隆植物	半流动、固定沙丘
苦马豆 *Swainsonia salsula*		游击型克隆植物	固定沙丘
牧马豆 *Thermopsis lanceolata*		游击型克隆植物	固定沙丘
花苜蓿 *Medicago sativa*		非克隆植物	固定沙丘
草木犀 *Melilotus suaveolens*		非克隆植物	固定沙丘
斜茎黄耆（沙打旺）*Astragalus adsurgens*		密集型克隆植物	固定沙丘
山野豌豆 *Vicia amoena*		游击型克隆植物	固定、半流动沙丘
沙蓬 *Agriophyllum squarrosum*	藜科	非克隆植物	流动沙丘
雾冰藜 *Bassia dasyphylla*		非克隆植物	固定沙丘
绿珠藜 *Chenopodium acuminatum*		非克隆植物	固定沙丘
刺藜 *C. aristatum*		非克隆植物	固定沙丘
灰绿藜 *C. glaucum*		非克隆植物	固定沙丘
烛台虫实 *Corispermum candelabrum*		非克隆植物	固定沙丘
刺沙蓬 *Salsola ruthenica*		非克隆植物	固定沙丘

续表

植物种	所属科	克隆生长构型	生境
野韭菜 *Allium japonicurn*	百合科	密集型克隆植物	草场
小黄花菜 *Hemerocallis minor*		密集型克隆植物	草场
海滨天冬 *Asparagus brachyphyllus*		游击型克隆植物	草场
委陵菜 *Potentilla chinensis*	蔷薇科	非克隆植物	草场
翻白委陵菜 *P. discolor*		非克隆植物	草场
地榆 *Sanguisorba officinalis*		非克隆植物	草场
狼尾花 *Lysimachia barystachys*	报春花科	密集型克隆植物	草场
海乳草 *Glaux maritima*		游击型克隆植物	草场
平车前 *Plantago depressa*	车前科	非克隆植物	草场
马蔺 *Iris lactea*	鸢尾科	密集型克隆植物	草场
旱麦瓶草 *Silene jenisseensis*	石竹科	游击型克隆植物	草场
石竹 *Dianthus chinensis*		非克隆植物	草场
牻牛儿苗 *Erodium stephanianum*	牻牛儿苗科	非克隆植物	草场
鼠掌老鹳草 *Geranium sibiricum*		非克隆植物	草场
乳浆大戟 *Euphorbia esula*	大戟科	游击型克隆植物	草场
地锦 *E. humifusa*		非克隆植物	半流动、固定沙丘
柳穿鱼 *Linaria vulgaris*	玄参科	游击型克隆植物	草场
阴行草 *Siphonostegia chinensis*		密集型克隆植物	草场
黄柳 *Salix gordejevii*	杨柳科	密集型克隆植物	流动、半流动、固定沙丘
小穗柳 *S. microstachya*		密集型克隆植物	固定、半流动沙丘
蒙古柳 *S. mongolica*		密集型克隆植物	固定沙丘
细叶白前 *G. siriricum*	萝藦科	游击型克隆植物	固定沙丘
轮叶沙参 *Adenophora tetraphylla*	桔梗科	密集型克隆植物	草场
蓬子菜 *Galium verum*	茜草科	游击型克隆植物	草场
野亚麻 *Linum stelleroides*	亚麻科	非克隆植物	草场
黄芩 *Scutellaria baicalensis*	唇形科	密集型克隆植物	半流动沙丘
紫丹草 *Messerschmidia sibirica*	紫草科	游击型克隆植物	固定沙丘
防风 *Saposhnikovia divaricata*	伞形科	非克隆植物	草场
狼毒 *Stellera chamaejasme*	瑞香科	密集型克隆植物	草场
蒺藜 *Tribulus terrestris*	蒺藜科	非克隆植物	固定沙丘
圆叶碱毛茛 *Ranunculus gmbalaria*	毛茛科	游击型克隆植物	草场
箭头唐松草 *Thalictrum simplex*		游击型克隆植物	草场
毛茛 *Ranunculus japonicus*		游击型克隆植物	草场
节节草 *Equisetum ramosissimum*	木贼科	密集型克隆植物	草场
绶草 *Spiranthes sinensis*	兰科	非克隆植物	草场

注：表中物种是以乌兰敖都地区为调查区调查到的物种

资料来源：刘博，2009

2.1.1.10 光合途径

不同的光合途径反映了植物对胁迫的不同忍耐能力。与C3植物相比，C4植物和CAM植物适应高温、高光强和干旱。C4植物也能忍耐土壤盐碱引起的生理干旱。C3植物的最大净光合速率为15~35 mg/(dm² · h)，而C4植物为40~80 mg/(dm² · h)；前者净光合作用的最适温度为15~25℃，后者为30~45℃。C3植物的蒸腾速率为每生产1 g干物质消耗450~950 g水，而C4植物每生产1 g干物质消耗250~350 g水。C3植物的生长速率为0.2~0.5 g（干物质）/(dm² · h)，而C4植物的生长速率为3~5 g（干物质）/(dm² · h)。草原植物有C3、C4和CAM等光合途径。中国东北草原区有98种常见C4植物，其中在盐碱化草地生长15种（李建东和郑慧莹等，1997）。在代表中国典型草原的锡林河流域草原，C4植物有21种，分属15科（陈佐忠和汪诗平，2000）。禾本科C4植物占C4植物总数的64.4%。画眉草属、虎尾草属、狗尾草属、狼尾草属、马唐属、稗属、地肤属、苋属、马齿苋属的一些植物具有C4光合途径。

2.1.1.11 植物生活型

生活型差异反映草原植物对放牧反应的差异。在葡萄牙的研究表明，放牧有利于一年生植物占优势草地上的有叶状茎的矮小植物繁衍（Lavorel et al.，1999）。对地中海地区放牧植被的研究表明，放牧导致了矮小植物、地下芽植物多度的增加（Hadar et al.，1999）。对澳大利亚干旱草原，"高大、直立、地上分枝的丛生禾草"和"矮小、蔓生、具基茎的丛生禾草"分别指示了轻度和重度放牧（Landsberg et al.，1999）。中国草原植被的主要生活型是能适应大气干旱和冬季低温的地面芽和地下芽植物（侯学煜，1982；中国科学院内蒙古宁夏综合考察队，1985）。在松嫩平原的盐碱化草地，地面芽植物占总种数的58.0%，一年生植物占24.7%，地下芽植物占14.7%（李建东和郑慧莹，1997）。

2.1.2 草地植物对啃食的适应

草地植物在被采食时仍能保持种群的存在，所依靠的手段为几种特性结合起来，或者通过在关键时期避免损害，或者通过高度抵抗损害保证再生长和补充新成员。既有化学物质方面的抵御途径，又有结构方面的抵御途径。植物适口性与化学物质、可消化的能量和结构相关。既有空间方面的（与多度、体幅、形状相关）逃避途径，也有时间方面的（与物候和休眠相关）逃避途径。可通过迅速的营养生长和大量的种苗繁殖实现抵抗（表2-9）。

表2-9 草本植物占优势的植被与啃食相关的特性

特性	禾草/莎草		杂草		灌木
	一年生	多年生	一年生	多年生	
次生化合物（如丹宁、生物碱、挥发油、盐、树脂）：有/无	−	+	−	+	+
毛性：数量和/或类型	−	+	+	+	+

续表

特性	禾草/莎草		杂草		灌木
	一年生	多年生	一年生	多年生	
皮刺：数量和/或类型	-	-	+	+	+
叶抗张强度：高/低	-	+	-	-	-
蜡质层：有/无	-	-	-	-	+
硬叶性：高/低	-	-	-	-	+
硅化作用：有/无	-	+	-	-	-
茎/叶值：高/低	-	+	-	-	+
叶厚/肉质性（绝对或相对度量）	-	-	+	+	+
叶宽（在最宽点）	-	+	-	-	+
花序/相对突出物（依赖于群体采用绝对或相对度量）	+	-	-	-	-
活动芽的位置（根到最远分生组织的距离）	-	+	-	+	-
相对于草食动物的最大高度					
响应于落叶的习性可塑性：高/低	+	+	+	+	-
次生根生成能力：高/低	+	-	-	-	-

注：定性特性的例证放在了特性后面的括号里。＋代表有潜在关系；－代表无关系

资料来源：McIntyre et al.，1999

在放牧条件下，草地植物具有形态可塑性。与轻度放牧相比，在重度放牧下，多年生禾草变得更加矮小，更具倒伏性（Tomás et al.，2000）。

补偿性生长是放牧生态学的研究热点，一些草地植物在放牧情形下可能表现补偿性生长。补偿性生长包括3种类型：①超补偿生长，是指刈牧牧草的生物净积累量超过不刈牧牧草的积累量；②等补偿生长，是指刈牧对牧草的生长影响较小，净积累量与不刈牧牧草的积累量相近；③欠补偿生长，是指刈牧造成刈牧牧草的生物净积累量明显低于不刈牧牧草的积累量。在适牧条件下，糙隐子草种群明显存在超补偿性生长，适牧刺激了糙隐子草个体地上净光合效率的增长，进而刺激糙隐子草形成小株丛和高密度的种群结构以适应贫瘠的生境条件（安渊等，2000；汪诗平等，2001）。

2.1.3　草地生态系统的植被动态

种间竞争是同一营养级上的各个种为了争夺光照、食物或生存空间而表现的相互排斥关系。一些草地植物具有竞争作用。有报道指出，多年生黑麦草（*Lolium perenne*）的竞争能力在放牧条件下比在割草条件下高；而鸭茅（*Dactylis glomerata*）在刈割条件下占优势，在放牧条件下被苇状羊茅（*Festuca arundinacea*）所抑制（孙海群等，1999）。3种豆科牧草红三叶（*Trifolium pratense*）、白三叶（*Trifolium repens*）和紫花苜蓿在一定的播量下，对

萝卜、青菜、番茄等受体植物生长表现出明显的抑制作用，使发芽率、苗长、根长、苗干重、根干重明显比对照降低，且抑制作用的强弱与豆科牧草种子播量有关，3 种豆科牧草均存在较强的化感作用（李志华等，2002）。

相依性是指一个生活型通过与其他种的联合而单方面取得某种好处的植物间关系。狼毒与冠芒草在重牧、过牧、极牧 3 个演替阶段均呈一定的正关联（邢福等，2002）。

草地植物有自身的生态位幅度，进而表现出对不同生境适应能力的差异。草地发生沙漠化（沙质荒漠化）后，主要种群的生态位发生了变化（表2-10）。

表2-10　中国半干旱科尔沁沙地沙漠化过程中主要种群生态位变化

种类	榆树疏林		固定沙丘		半固定沙丘		半流动沙丘	
	LB	HB	LB	HB	LB	HB	LB	HB
白草 *Pennisetum flaccidum*	2.038	0.428	2.428	0.519	1.483	0.365	1.002	0.227
冰草 *Agropyron cristatum*	2.608	0.839	2.008	0.315	0	0	0	0
兴安胡枝子 *Lespedeza daurica*	2.631	0.855	1.181	0.010	0	0	0	0
花苜蓿 *Melissitus ruthenicus*	1.516	0.229	1.066	0.068	0	0	0	0
寸苔 *Carex duriuscula*	1.379	0.210	0.675	0.102	0	0	0	0
斜茎黄芪 *Astragalus adsurgens*	2.397	0.650	0	0	0	0	0	0
东北木蓼 *Atraphaxis manshurica*	1.489	0.213	0.303	0.056	0	0	0	0
防风 *Saposhnikoria divaricata*	1.543	0.244	0.721	0.052	0	0	0	0
飞燕草 *Delphinium grandiflorum*	1.068	0.130	0	0	0	0	0	0
老鹳草 *Geranium dahuricum*	1.566	0.253	0.827	0.101	0	0	0	0
蓝刺头 *Echinops gmelinii*	1.063	0.127	0.215	0.008	0	0	0	0
烛台虫实 *Corispermum candelabrum*	1.283	0.168	2.377	0.567	1.739	0.487	0.973	0.152
猪毛菜 *Salsola collina*	1.023	0.278	2.152	0.346	0.331	0.025	0	0
绿珠藜 *Chenopodium acuminatum*	1.378	0.108	1.594	0.246	0	0	0	0
沙蓬 *Agriophyllum arenarium*	0	0	0	0	1.548	0.382	2.167	0.911

注：LB 和 HB 分别为采用 Levin 和 Hurbert 公式计算的生态位宽度
资料来源：蒋德明等，2003

植物功能类型是对普遍存在于物种或种群中并导致植物表现生态相似性的相同或类似可遗传特性进行聚类获得的分类结果（Grime，2001）。植物功能组成和功能多样性是解释植物生产力、植物氮素比、植物总氮量、光透性的主要要素。Grime（2001）根据对干扰和胁迫的不同反应将植物分成竞争植物、耐胁迫植物和杂草，竞争性植物具有物候方面的适应和生长可塑性调节，能通过根和茎在空间上的动态搜寻迅速地垄断资源捕获，耐胁迫植物生长率低、常绿、器官长寿、积压营养物质、碳、矿质营养、水分转化缓慢、不频繁开花，能通过长寿抵御草食动物侵袭并缓解矿质营养短缺胁迫，杂草性植物生活史短暂，具有将获得的资源迅速地投入到后代生产中的能力。在中国，有的草原学家将高山草地植物分成了 3 种对策类型：趋活性对策草地植物种群、趋惰性对策草地植物种群和趋中性草地植物种群（表 2-11）。

表 2-11　高山草地植物的 3 种生态适应对策

植物对策型	特点
趋活性对策草地植物种群	对生态环境中的诸因子反应敏感，易随环境干扰而出现波动，具有较大的生物量，高型峰值蛋白质合成多，核酸含量较高，是较好的牧草。一旦利用过度就会导致草地退化
趋惰性对策草地植物种群	对生态环境中的诸因子反应不甚敏感，较少随环境干扰而出现大的波动，低型峰值蛋白质合成较多，核酸含量较低。一旦出现不利环境则形成单一群落，能为其他适应对策植物创造良好的生存环境
趋中性草地植物种群	对生态环境中的各种因子的反应中度敏感，随环境干扰而出现适中的波动，具有中等偏高的生物量。具有较大的可扰动性，对维持植物群落的平衡意义较大

资料来源：王兰州等，1998

　　由于各种自然和人为因素的影响，也由于植被自身对于其环境的作用和植物适应性的差异，草地植被处于动态变化中。通常所指的植物群落演替包括了正向演替和逆向演替两个方面。

　　生境变迁和植被作用导致植被表现出时间序列上的动态变化。南寅镐和魏均（1984）研究了科尔沁沙地西部的植被类型，根据演替起点不同而区分出 4 个演替系列：① 沙生演替系列。演替的起点为裸露沙地或流动沙丘，植物群落演替过程就是流动沙丘的固定过程，不受地下水分或地形的影响，首先进入的先锋植物为沙蓬、烛台虫实等一年生植物，接着进入的有小黄柳或差巴嘎蒿，然后进入植物群落的为小叶锦鸡儿或叉分蓼。在一般的裸露沙地上，首先进入一年生沙生植物，之后一般形成白草群落，白草群落以后向两个方向发展，一是发展为小叶锦鸡儿群落或叉分蓼群落；二是发展成为隐子草群落。从逆行演替来看，小叶锦鸡儿群落或分叉蓼群落受到破坏后，分成三个退化方向，一是向着差巴嘎蒿群落或小黄柳群落的方向退化；二是向白草群落退化；三是向隐子草群落退化。② 湿生演替系列。演替起点为水泡子，是由湿变干的水分条件起主导作用的演替系列。该演替系列是由于地下水位的高低而形成的植物群落空间变化，主要发生在甸子地和丘间低地上。从进展演替来看，从积水地开始向着香蒲群落→积水地的纯芦苇群落→狼尾草（*Pennisetum alopecuroides*）群落或狼尾草、剪股颖（*Agrostis clavata*）群落发展，然后一般分成两个发展方向，一是在丘间低地中发展的演替形成小穗柳群落之后再发展为灰桦群落，二是在甸子地上发展的演替，向着牛鞭草→芦苇杂类草群落→野古草群落→羊草群落→隐子草群落发展。逆行演替主要受气候条件（多风干旱）和土壤条件（沙化、土壤盐分含量）的限制，主要有两个演替过程，一是沙化过程；二是碱化过程。隐子草群落受到破坏之后经沙化过程向着白草群落的方向退化，而羊草群落、野古草群落、芦苇杂类草群落、牛鞭草群落受到破坏之后，经碱化过程向着盐生植物群落方向退化。③ 撂荒地演替系列。羊草群落、野古草群落、芦苇杂类草群落、牛鞭草群落等被开垦为耕地后，首先形成杂草群落，其中主要有狗尾草群落、虎尾草群落和蒿类群落。经过若干年之后形成根茎型禾草蒿类群落，在根茎型禾草中主要包括：羊草、芦苇、狼尾草、牛鞭草等原生植物群落中的根茎型禾草。再经过若干年之后，逐渐形成原植被类型为白草群落的撂荒地，常常经杂草阶段之后向着白草群落方向发展，这与土壤水分条件和土壤质地有关。④ 盐生演替系列。演替起点为碱斑，是土壤含盐量起主导作用的演替系列。碱斑表土层的总盐量都超过0.5%，一般植物不能生长，只有盐生植物能生长。首先进入的盐生植物群落是由碱蓬、碱地肤、碱蒿等构成的一、二年生的盐生植物群落，这时土壤表层的含盐量为0.3%左右，随着植物的生长，土壤表层的含盐量降低时，开始进入羊草群落，这时土壤含盐量一般都低于0.2%。在碱斑周围常看到以碱斑为中心，碱蓬群落、星星草群落（或野大麦群落）和羊草群落呈同心圆分布的现象，这就是土壤盐分含量的变化而引起的植物群落空间演替系列（图2-9）。

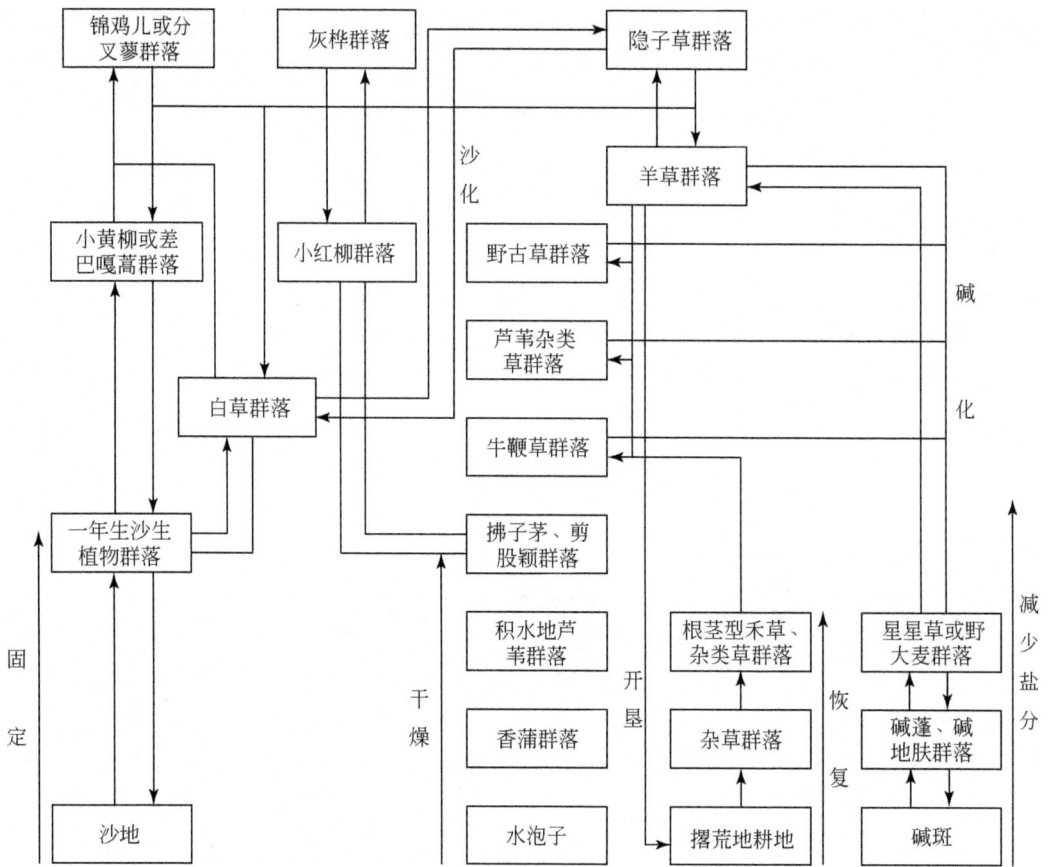

图 2-9　科尔沁沙地乌兰敖都地区植物群落演替示意图（南寅镐和魏均，1984）

植物的迁移和侵占特性是植被动态变化的驱动力。由于草地植物具有迁移性和侵占性，植被在裸露斑块上得以自然恢复。在内蒙古的科尔沁沙地，沙丘在沿主风向前移过程中，沿沙丘下部边缘形成空白带（所谓的退沙畔），上风向丘间低地中的植物越过丘间低地和沙丘边界线在退沙畔上侵入、繁衍和定居（图2-10）。

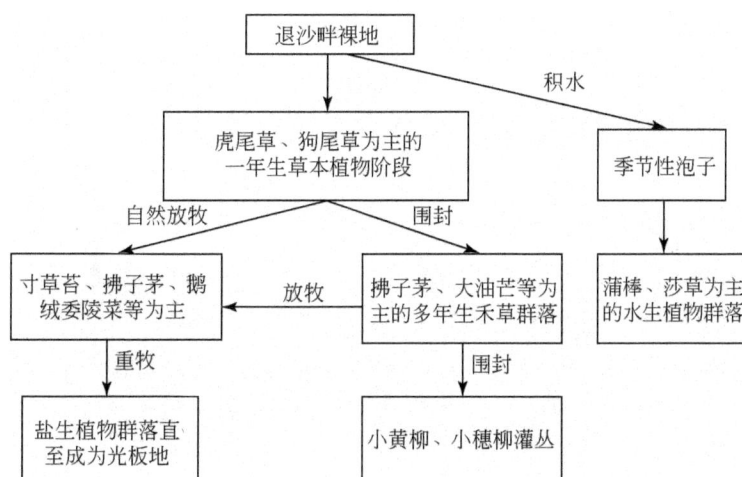

图 2-10　科尔沁沙地退沙畔上植物群落演替系列图式（曹成有等，2000）

2.2　中国北方半干旱草地水热交换

太阳辐射是草地各种过程的能量来源，太阳光照射到草地后，进行一系列的再分配，一部分被反射回大气和太空，大部分用于草地的蒸发散、湍流热交换以及土壤热交换 3 个方面的能量消耗，一小部分用于植被光合作用从而固定于植物体中。气象学上将这些过程用两个方程来表达，即辐射平衡方程和热量平衡方程，下面分别介绍这两个方程及其各个分量的观测和计算方法，并介绍国外相关的研究进展。

2.2.1　草地的辐射平衡和热量平衡原理

2.2.1.1　草地的辐射平衡

辐射平衡（R_n）是指某一作用面或作用层的辐射能收入和支出之差，也称为净辐射，即单位时间单位面积的地表吸收的辐射能与损失的辐射能之差，用如下辐射平衡方程表示

$$R_n = (S_b + S_d)(1 - r) - L_n \tag{2-1}$$

式中，S_b 为太阳直接辐射；S_d 为天空散射辐射；r 为地面反射率；L_n 为地面有效辐射（地面发射的长波辐射与地面吸收的大气逆辐射之差）。

一般来说，地面的辐射平衡白天为正值，夜间为负值，晴天的辐射平衡日变化呈钟形曲线，最大值出现在正午附近，日出后由负转正，日落前由正转负。

2.2.1.2　草地的热量平衡

地面获得的能量（辐射平衡）以不同的方式消耗，用如下热量平衡方程表示

$$R_n = LE + H + G + I \tag{2-2}$$

式中，LE 为潜热通量（蒸发散消耗的能量）；H 为显热通量（湍流热通量）；G 为下垫面

的储热量（土壤、植物体等由于自身温度变化而吸收或释放的热量）；I 为植物新陈代谢的能量通量（对于植被，主要是光合作用能量）。

2.2.2 辐射平衡和热量平衡各分量的观测与计算

2.2.2.1 辐射平衡各分量的观测与计算

太阳直接辐射（S_b）和天空散射辐射（S_d）之和称为太阳总辐射，都可用总辐射表来观测。将用总辐射表水平放置在草地上方，即可观测到总辐射，用遮光板挡住直射的阳光，即可观测到散射辐射；将总辐射表探头水平朝向地面，即可观测到反射辐射，反射辐射与总辐射之比为反射率 r。国内外许多商家生产相关的仪器设备。

在没有辐射观测站的地方，多采用经验公式估算这些辐射项，主要考虑的因子是云量、大气湿度和日照时数。

2.2.2.2 热量平衡各分量的观测与计算方法

（1）潜热通量 LE

A. 实测法

包括蒸渗仪法、风调室法、水量平衡法、能量平衡法和涡度相关法等。

1）蒸渗仪法。蒸渗仪是指装有土壤和植被的容器，通过将蒸渗仪埋设于自然的土壤中，并对其土壤水分进行调控，可以有效地模拟实际的蒸散过程，再通过对蒸渗仪的称量，就可以得到蒸散量。在时间尺度上，灵敏的蒸渗仪可以用于 1 h 的蒸散量的测定。

2）风调室法。风调室法是指将研究范围内的小部分植被置于一个透明的风调室内，通过测定进出风调室气体的水汽含量差以及室内的水汽增量来获得蒸散量。

3）水量平衡法。将蒸散量作为水量平衡方程的余项来求得。在应用过程中，一般将植被冠层到根系作用层这一研究范围视为黑箱。计算公式如下

$$E = P - R - \Delta M - S \tag{2-3}$$

式中，E 为蒸散耗水量；P 为降水量；R 为地表径流、地下径流和潜水三者的流出与流入的水量差之和；ΔM 为黑箱内的储水变化量，其中包括植被、空气和土壤中的储水量变化；S 为深层渗漏损失水量。

4）能量平衡法。在能量平衡法中蒸散量也是作为余项求得，该方法将林冠以下到地表下一定深度的范围视为黑箱，计算公式如下

$$LE = R_n - H - S - P - G \tag{2-4}$$

式中，LE 和 H 分别为潜热通量和显热通量，其中 L 为水的汽化潜热；R_n 为净辐射通量；P 为用于光合作用的热通量（一般小于 R_n 的 3%，可忽略不计）；S 为黑箱的储热变化，包括空气、植被和土壤的储热变化；G 为土壤向下的热通量。

5）涡度相关法。详见第 5 章。

B. 估算法

估算法包括波文比法、彭曼联合法、土壤 – 植物 – 大气连续系统方法、经验公式法以及应用遥感数据的方法等。

1）波文比法（EBBR 法）：波文比法也是基于能量平衡法，只是在确定潜热通量时不用实测显热通量，而是通过引入波文比 $\beta = H/LE$ 计算潜热通量。波文比 β 值的确定，是在假定显热、潜热的湍流扩散系数相等的前提下，根据实测的水汽压差和温度差，应用空气动力学的理论，通过计算得到的，推求 β 的公式为

$$\beta = \frac{H}{LE} = \gamma \frac{\Delta t}{\Delta e} \tag{2-5}$$

式中，γ 为干湿表常数；Δt 和 Δe 分别为两个不同观测层之间的温度差和水汽压差。

2）彭曼联合法（Penman-Monteith 法）：彭曼联合法是目前公认的适用性强、计算精度高和可靠的估算方法。它是建立在 Penman（1948）提出的计算陆面蒸发公式的基础上，经 Monteith（1963）改进得到的用来计算有植被覆盖陆面的蒸散量的方法。其计算公式如下

$$LE = \frac{\Delta(R_n - G) + \rho C_p (e_s - e)/r_a}{\Delta + \gamma(1 + r_c/r_a)} \tag{2-6}$$

式中，Δ 为空气饱和水汽压随温度变化的斜率；G 为土壤热通量；ρ 为空气密度；C_p 为空气定压比热；e 为空气水汽压；e_s 为空气温度下的饱和水汽压；r_a 为空气动力学阻力系数；r_c 为冠层阻力系数。

3）土壤 – 植物 – 大气连续系统方法（SPAC 法）：充分考虑水分在土壤、植物和大气相互联系的系统内转移交换的物理和生理过程，对水分以及与其相关的能量和其他物质在该系统内的传输过程进行模拟，计算得到蒸散量。该方法被认为是一种最为精确的估算方法，但它需要大量参数的输入，导致该方法的实用性降低。

4）经验公式法：它们都是建立在统计理论基础之上，是通过对特定时期内的特定森林生态系统的蒸散量与其相应的限制因子之间的回归分析建立的，其形式各异，这些公式在其应用条件得到满足的情况下是有效、方便和具有一定计算精度的估算方法。

5）应用遥感数据的方法：遥感数据的应用使得对大面积甚至是全球范围内的蒸散量的短期精确估算成为可能，在目前森林蒸散研究中所应用的遥感数据主要来源于卫星遥感、航空遥感和地面遥感。应用的目的主要是获得植被表面的反照率和长波辐射量，从而推求地面植被覆盖信息、表面温度及该温度下的饱和水汽压，再与地面常规气象观测数据结合来估算蒸散量。

C. 测算方法的评价

1）对实测法的评价。蒸渗仪法有大型和小型之分，大型蒸渗仪的盛土容器直径一般为 1 m 以上，由于盛土容器安装在土壤中，测量仪器和设备也都固定在地下，土方工程量大，防水工程要求高，所以不容易大量推广使用。小型蒸渗仪一般是研究者根据需要自行设计的，多用于低矮草被蒸散或土壤蒸发的观测，盛土容器小，可采用一般的天平称重，由于容器体积小，代表性不如大型蒸渗仪。

近年来风调室法一般很少用于单纯的蒸散测定，而多与草地或农田的碳通量测定设备

一起应用，由于箱体内的温度、光照等条件有所变化，控制这些环境因子与外界一致是其技术难点。

对于水量平衡法与能量平衡法而言，蒸散量 ΔE 和潜热通量 LE 是作为余项获得的，所以蒸散量的实测精度就取决于其他各个分量的测量精度，而且当蒸散量或蒸散潜热小于各自方法中的其余分量很多时，获得结果误差会很大，所以在蒸散研究中用水量平衡法不能在短期内获得精确、可靠的蒸散量，应用能量平衡法时在较为干旱的条件下所得到的潜热通量的精度较差。在水量平衡法中，最难准确观测的是 R、ΔM（尤其是这两项中涉及地下部分的分量）以及深层渗漏量 S。应用水量平衡法精确测量森林蒸散量只能在整个封闭流域内的长时间（1 周以上）尺度内进行。此时 S 项为零，ΔM 项中的土壤水分变化量相对较小，可忽略不计，R 项中的地下径流部分包含于流域出口的地表径流内，而且潜水的流入与流出量间的差值较小，可忽略不计。在能量平衡法中，净辐射的观测主要使用净辐射计直接观测，或根据日照时间与角度计算得到。当观测前后的温差较大时，黑箱内的储热变化的测定最为复杂、工作量也大，一般通过观测到的温度变化与黑箱内各部分的比热来确定，而在温差小时，储热变化量小，可忽略不计。H 项的观测主要依赖于仪器设备。

2）对估算法的评价。波文比法是森林蒸散研究中最实用的方法之一，其精度主要取决于净辐射量的观测精度与 β 值的确定。该法应用的主要限制因素在于当 $\beta = -1$ 时方程没有意义，且 $\beta = -1$ 附近时的蒸散量的估算值不稳定，结果误差大，不能应用。一般认为，对于显热通量和潜热通量湍流扩散系数相等的条件是在中性大气层结状态下成立，而 $\beta = -1$ 附近多发生在早、晚及夜间，可通过对观测时间的调整来避免。另外，波文比法没有考虑大气平流的影响，这就要求观测高度应在通量变化连续的范围内（在风向方向上要求下垫面在一定长度上是均匀的，且观测高度与风向方向上的均匀下垫面长度的比应小于 1/100）。

彭曼联合法是在蒸散研究中应用最多，也是变化形式最多的方法。在农田蒸散研究中，彭曼联合法及其变形得到的方法是确定潜在蒸散量和参考蒸散量的标准方法。虽然此方法的物理意义明确，但参数较多且不容易确定，包括净辐射、空气动力学阻力 r_a、冠层阻力 r_c 等。根据目前的研究成果，r_a 的大小与风速轮廓线的形状有密切的关系，是风速、风速观测高度、粗糙度和零位移高度的函数。r_c 的确定主要有两种方法，一是用气孔计来测定叶片的气孔阻力系数或用快速称重法测定蒸腾量反推叶片的气孔阻力系数，并换算为单位面积上的阻力系数，再除以叶面积指数；二是应用经验公式来推求 r_c 值。

SPAC 法需要输入的参数多，且大部分参数需要应用经验公式来确定，因此该方法的工作量大，实用性不强，且缺乏通用性。经验公式法的应用方便，它一般只需要少量的常规气象数据或地理位置参数（如平均气温、日照时间或海拔等）的输入，但该法的可移植性差。应用遥感数据的估算方法是大面积蒸散研究最经济、有效的估算方法，发展很快，但是遥感技术受天气因素影响大，在多云、有雨等天气条件下所获得的数据是无效的，而且由于卫星遥感受卫星围绕地球旋转周期的限制，航空遥感受飞机空中续航能力的限制，使得连续的、全天候的对地观测无法实现，而地面遥感技术又受地形因素限制大，很难实现大面积的观测。另外，遥感数据必须与常规气象观测数据结合，应用现有的计算蒸散量的数学模型来估算蒸散量,因此也可以说应用遥感技术的方法是对现有的数学模型的应用或变形。

(2)显热通量 H

直接观测法多用涡度相关法,估算法多用余项法,如波文比法。

(3)土壤热通量

一般用热通量板直接观测,也有研究者根据土壤温度垂直梯度进行计算。

2.2.3 中国北方半干旱草地水热交换

倪攀等(2008)利用开路涡度相关系统(OPEC)和常规气象梯度观测系统对科尔沁半干旱风沙草原 2007 年 9 月 1~26 日的蒸散量和微气象条件进行了观测,对涡度相关法测得的($LE + H$)与($R_n - G - S$)进行闭合度分析,30 min 平均值回归方程为

$$LE + H = 5.464 + 0.812(R_n - G - S) \tag{2-7}$$
$$(R^2 = 0.969,\ n = 1285,\ P < 0.01)$$

可见 30 min 平均值的闭合度为 81.2%。当 $R_n - G$ 为负时(尤其是夜间),$LE + H$ 出现了低估。这主要是夜间湍流微弱造成的,由于 OPEC 系统本身的不足,其对潜热的测量会比实际偏低,当夜间 $LE + H$ 为负时,其实际值可能比测量值更低,如果剔除 $R_n - G$ 为负的数据再进行能量闭合分析,闭合度提高到 82.9%,其回归方程为

$$LE + H = 1.515 + 0.829(R_n - G - S) \tag{2-8}$$
$$(R^2 = 0.958,\ n = 602,\ P < 0.01)$$

OPEC 系统测得有效能量和湍流通量之间的线性关系的截距通常不为零,如果强制通过原点,则其斜率为 0.835,即闭合度为 83.5%,回归方程为

$$LE + H = 0.835(R_n - G - S) \tag{2-9}$$
$$(R^2 = 0.957,\ n = 602,\ P < 0.01)$$

经过筛选(剔除的 $R_n - G$ 为负、摩擦速度小于 0.1 m/s 的数据)的数据日平均值的回归方程,闭合度为 82.7%。

$$LE + H = 2.182 + 0.827(R_n - G - S) \tag{2-10}$$
$$(R^2 = 0.988,\ n = 23,\ P < 0.01)$$

可见,未经筛选的原始有效数据,闭合度低,且截距较大,但数据相关系数高,经过筛选的数据,其日平均值间的闭合度很好,相关系数最高。强制回归线通过原点,闭合度最高。

筛选全天数据完整的观测系列(总有效日为 25 d),绘出月平均潜热通量的日变化过程(图略),同时,为了表现其与气象条件的关系,还绘出对应的 R_n、T_a、VPD 和 RH 月平均的日变化过程。结果表明,该月的 LE 日变化趋势与典型日相似,18:00 左右下降趋势结束,在零值上下平稳波动至翌日日出。日出时 6:00 左右开始升高,中午 12:00 左右达到最大值,此后逐渐下降,重复前述变化。

R_n 表现出相似的日变化趋势,但日出时升高起始时间比潜热 LE 早 1 h 左右,日落后最低值也比潜热晚近 1 h,即潜热 LE 完成由低到高,再慢慢下降到趋于稳定零值的过程是

在净辐射升高之后，达到最低值之前，可以看出潜热的变化直接受净辐射的影响。

T_a 和 VPD 也表现出与潜热相似的日变化趋势，但 T_a 和 VPD 的峰值比潜热峰值滞后 $2 \sim 3$ h。T_a 的最低值出现在 6：00，此后逐渐升高，14：00 左右达到峰值，这一峰值要稳定持续近 3 h，此后 T_a 开始持续缓慢地下降，直至翌日的最低值。VPD 日最低值也出现在 6：00 左右，此后开始升高，13：00 左右到达峰值，VPD 的高值范围持续的时间不如温度持续的时间长，约 2 h，此后直到 20：00 降幅均较大，20：00 以后开始缓慢降低，直到翌日 6：00 以后的最低值。

RH 的日变化与潜热变化呈相反趋势，最低值在潜热峰值后 2 h 出现，低值持续 3 h，此后有较大幅度的升高，至 20：00 左右升高幅度变缓，翌日 6：00 达最高值。

潜热通量与环境因子的关系如下所述。

与净辐射 (R_n) 的关系：LE 的 30 min 平均值与净辐射 R_n 之间表现为线性关系。

$$LE = 26.737 + 0.439R_n \tag{2-11}$$
$$(R^2 = 01961, \ n = 1200, \ P < 0.01)$$

潜热通量 LE 日总量与 R_n 日总量之间为指数关系：

$$LE = 1.9759\exp \ (0.1324R_n) \tag{2-12}$$
$$(R^2 = 0.911, \ n = 25, \ P < 0.01)$$

可以看出，无论两者之间是平均值的拟合，还是日总量的拟合，都具有很高的相关性，且经过 0.01 水平的显著性检验。9 月是生长季末期，这段时期的净辐射日总量变化很明显，能够在较大的变化范围内反映潜热的变化，其最高值为 10.21 MJ/m²，最低值为 -1.09 MJ/m²，相应的潜热变化范围为 1.37 ~ 7.61 MJ/m²，其平均值换算为蒸散值为 2.21 mm。

与饱和水汽压差 (VPD) 的关系：潜热通量与饱和水汽压差间表现为二次曲线关系。

$$LE = -17.982 + 103.240\text{VPD} - 7.998\text{VPD}^2 \tag{2-13}$$
$$(R^2 = 0.649, \ n = 1200, \ P < 0.01)$$

与相对湿度 (RH) 的关系：潜热与相对湿度之间也表现为二次曲线关系。

$$LE = 340.78 - 6.231\text{RH} + 0.027\text{RH}^2 \tag{2-14}$$
$$(R^2 = 0.603, \ n = 1200, \ P < 0.01)$$

王永芬等 (2008) 利用内蒙古羊草草原生态系统通量观测站的气象数据、野外实测和 MODIS 叶面积指数，应用基于生态系统过程的 VIP 模型，以半小时为步长，模拟分析了羊草草原生态系统 2003 ~ 2005 年（分别为平水年、平水年和干旱年）蒸散及其分量的变化过程。通过与通量数据对比，VIP 模型能够很好地模拟羊草草原生态系统的蒸散过程 ($R^2 = 0.80$)，峰值大小和变化趋势的模拟值与实测值一致性较好。在降水相对充沛的 2003 年和 2004 年，蒸腾量为 192 mm 和 171 mm，而降水相对较少的 2005 年，蒸腾量仅为 96 mm；年平均蒸腾和蒸发对蒸散的贡献基本持平，生长季蒸散占全年的 83%，蒸散和蒸腾的月总值均在 7 月、8 月达到最大值，两月蒸散占全年的 43%。叶面积指数是影响蒸散的主要因素，其次是降水，而净辐射对蒸散的影响较小。生长季蒸发的季节变化平缓，蒸散的差异主要体现在蒸腾的差异。

戚培同等 (2008) 利用涡度相关技术、小型蒸渗仪和波文比能量平衡法对 2005 年和

2006 年夏季 (7 ~ 8 月) 青藏高原海北高寒草甸生态系统的昼间蒸散变化进行了对比观测研究。在观测期间，存在能量不闭合现象，涡度相关系统测定的湍流通量相当于有效能量的 73% 。3 种不同方法测定的蒸散量之间具有较好的相关性，涡度相关系统与小型蒸渗仪测定的蒸散量相关系数达 0.96，与波文比法的结果相关系数为 0.95。然而，波文比法计算的蒸散量最大，比涡度相关系统的观测值高 43% ；小型蒸渗仪法的测定值次之，比涡度相关法的观测值高 19% ；涡度相关法测算的蒸散值最小。利用涡度相关技术测定该高寒草甸生态系统的潜热通量，可能会过小评价该生态系统的蒸散量。

赵双喜等 (2008) 以小型自动气象站气象观测资料为基础，采用 FAO Penman - Monteith 方法估算了祁连山北坡草地参考作物蒸散量，并结合 FAO - 56 的推荐值，分析了草地实际蒸散量的动态变化，同时模拟研究了相关环境因子对实际蒸散量的影响。结果表明，夏季 (7 月和 8 月) 草地的实际蒸散量较大，冬季 (12 月和 1 月) 较小，在 7 月中旬达到年度最高值，平均为 3.40 mm/d；按相关系数的高低，环境因子对实际蒸散量的影响表现为空气温度 > 空气相对湿度 > 土壤含水量 (0 ~ 40 cm) > 太阳辐射 > 风速；土壤水分对实际蒸散量的影响表现为土壤深度越大，土壤水分对实际蒸散量的影响越小；太阳辐射量与实际蒸散量呈线性关系。

王静 (2007) 运用微型蒸渗仪法对重度、中度和无退化羊草草原群落的日蒸散量进行了测定，并对其与土壤含水量、日均气温、大气湿度等因子的相关关系进行了分析。结果表明，各群落的日蒸散量均随着生长季推移逐渐增大，于 6 月中旬至 7 月中旬达到最大，而后逐渐降低；表层土壤含水量和日均气温是影响群落日蒸散量的主要因子，这两个因子与群落日蒸散量的回归关系极显著；群落生长季的累积蒸散量随着羊草草原群落的退化程度加深逐渐降低，且该值均低于生长季累积降水量。

吴锦奎等 (2007) 以气象观测资料为基础，采用波文比能量平衡法对低湿草地的蒸散进行了估算。结果表明，在一个完整年度内，试验地蒸散量为 611.5 mm，日均 1.67 mm。在牧草不同生长季节，蒸散量变化剧烈，非生长期、生长初期、生长中期、生长末期分别为 0.57 mm/d、2.01 mm/d、3.82 mm/d、1.49 mm/d，蒸散量分别占全年蒸散总量的 18.26% 、9.20% 、61.83% 、10.71% 。蒸散月变化显示，从 3 月开始草地蒸散量有所增大，6 月牧草进入生长中期后蒸散量迅速增大，到 7 月蒸散量达到最大，9 月牧草进入生长末期，蒸散急剧减小；随着牧草生长终结和土壤冻结，蒸散量逐步减小，在 11 月中旬到翌年 2 月蒸散基本停止。蒸散的日变化规律显示，草地蒸散开始于早晨 7：00 ~ 8：00，13：00 左右达到最大，19：00 ~ 20：00 蒸散趋于 0。晴天蒸散强度远大于阴天。

吴锦奎和丁永建 (2005) 以气象观测资料为基础，采用不同的方法估算了黑河中游湿草地的参考作物蒸散量，并对 5 种方法计算结果进行了对比。结果表明，除 Priestley-Taylor 法外，其余几种方法计算结果十分接近，相关性好。用 FAO 的 Penman-Monteith 公式计算结果对蒸散量的变化作了分析：在一个完整年度内，试验地 E 为 1193.9 mm，日均 3.26 mm。在牧草不同生长季节，蒸散量变化剧烈，非生长期、生长初期、生长中期和生长末期分别为 0.92 mm/d、2.13 mm/d、5.33 mm/d 和 2.52 mm/d，其蒸散量分别占全年蒸散总量的 7.85% 、5.02% 、70.90% 和 16.23% 。在 2 月中下旬迅速增大，4 月增大幅度最大，此后进一步增大直到 7 月达到最大，随后逐步减小，在 11 月中旬随着牧草生长期的结束降至年最低值，确定了牧草非生长期、生长初期、生长中期、生长末期的作物系数值分别为 0.30、0.40、0.90、0.88，计算的牧草地年实际蒸散量为 962.0 mm，日均 2.63 mm。

熊伟等（2003）利用盆栽试验，对宁夏南部地区 3 种主要牧草的蒸散量进行了对比研究。结果表明，在生长季中后期，人工牧草苜蓿蒸散量的日平均值为 4.15 mm，分别比芨芨草和长芒草高出 24.34% 和 29.88%。芨芨草由于植株形体高大，其植物蒸腾耗水量相应也较大，故在生长季内总的蒸散量高于长芒草，然而在生长季末由于植物几乎无蒸腾作用而使其总蒸散量略低于长芒草。3 种草本植物的蒸散量与土壤含水量呈高度相关，并在此基础上建立了回归方程。

Jiang 等（2007）应用集成生物圈模型（IBIS）对吉林通榆观测站（44°25′N，122°52′E）草地和农田生态系统 2003 年全年的 CO_2 和水、热通量变化进行模拟，并将结果与涡度相关法测定的观测值进行了对比分析，以检验 IBIS 模型在半干旱区的模拟能力。对比结果表明，除 CO_2 通量模拟结果不够理想外，IBIS 模型较好地模拟了通榆观测站的显热通量和潜热通量。总体上看，该模型对农田生态系统模拟的偏差小于对退化草地的模拟。

李英年等（2007）对青海海北定位站分布的金露梅灌丛草甸、矮嵩草草甸、藏嵩草沼泽化草甸 3 种高寒植被类型群落比较观测表明，显热和潜热通量的月际变化明显，而且随植被类型的不同月际变化差异显著。3 种不同植被类型在年内均表现出 $H + LE > 0$，表明在青海海北高寒草甸地区，太阳辐射强烈，近地层湍流输送明显，地表为一热源。3 种类型高寒草甸植被的年地上净生产量基本与波文比呈现正效应，与 $H + LE$ 呈现明显的反效应。植物种类组成基本与 $H + LE$ 呈反效应，与波文比呈明显的正效应。

杨娟等（2006）利用内蒙古典型草原生长季（2004 年 8 月 13～18 日、2005 年 5 月 21～26 日）和非生长季（2004 年 12 月 10～15 日）共 18 d 的涡度相关系统观测资料和小气候梯度系统在线输出资料，分析了变分方法对草原陆气通量估算的准确性。结果表明，变分法估算的显热与潜热通量与涡度相关法观测结果的变化趋势一致，且能量闭合程度更高。变分法计算的显热通量在白天明显地较涡度相关法得到的通量值高，12：00 前后两者通量都达到峰值，两者之差也达到峰值，而夜间则较为接近；变分法计算的潜热通量曲线的相位略微落后于涡度相关法的通量曲线，且夜间的涡度相关法测得的潜热通量负值极少，负值通量的绝对值也很小。这表明夜间大气稳定导致涡度相关法存在一定程度的通量低估现象。变分法与波文比能量平衡法对陆气通量的估算比较表明，变分法可避免能量平衡法计算不稳定导致的虚假峰值现象，计算结果较为稳定。

王修信（2006）利用涡度相关技术测量草地和裸地潜热和显热通量，结果发现草地晴天白天的潜热明显大于显热，其最大值大约是显热的 1 倍，而裸地恰好相反，显热明显大于潜热，其最大值大约是潜热的 1 倍。草地阴天白天的潜热略大于显热，而裸地的显热仍明显大于潜热，其最大值是潜热的 1 倍以上。

张晓煜等（2005）根据 2002～2003 年宁南山区不同下垫面小气候考察资料，用能量平衡法计算了不同下垫面不同季节的显热、潜热通量。分析结果表明：①宁南半干旱地区夏季农田和草地的净辐射峰值可达到 700 W/m^2 以上，土壤热通量的值比净辐射小 1 个量级。同类下垫面净辐射通量日积分值夏季＞春季＞秋季＞冬季。②宁南半干旱山区显热输送强度以典型草地最大，其次是禁牧草地，稀树草地的最小。春季各类下垫面地表热量平衡以显热输送为主。在春季、夏季、秋季的晴天，显热通量日积分值为正，冬季为负。③农田在夏季、秋季、冬季水汽输送大于各类草地，其次是稀树草地，典型草地向上的水汽输送量是最小的。夏季白天农田波文比为 0.2～0.7，稀树草地波文比为 0.2～1.0，能量输送以潜热为主。禁牧草地波文比为 0.2～9.2。典型草地波文比为 1.5～13.1，能量输送以显热为主。④宁南半干旱地区宜退耕，发展典型草原，在水分充足的山地背阴坡少量发展稀树草地。

李品芳和李保国（2000）针对毛乌素沙地水资源的高效利用问题，主要探讨了干沙层的形成及其对土壤水分蒸发特性的影响以及草地的蒸散量，结果表明，沙丘的水分蒸发量主要取决于干沙层的厚度和地温的高低，并可用干燥表层法模型简单求算。结果是蒸发速率的平均值约为 0.04 mm/h，日平均蒸发量为 1 mm（夏季），同时在毛乌素沙地进行了草地蒸散量的实地测定，其结果是远远大于沙土的蒸发量，如生长良好的沙打旺日蒸散量平均约为 5 mm。

孙铁军等（2000）在羊草草原退化群落系列上，用土柱称重法进行群落蒸散日进程观测，同时调查群落的有关特征特性，分析影响因素。发现影响群落蒸散的首要因素是大气蒸发力与植物根际土壤含水量。当植物根际土壤供水不足时，群落蒸散日进程曲线出现双峰值。就植物群落自身特征而言，不同退化程度的群落蒸腾不但与群落生物量有关，而且还与高蒸腾速率植物种在群落中所占比例大小有关。一般随着放牧强度的增加群落生物量减少，群落蒸腾减弱。

宋炳煜（1995）采用土柱称重法对典型草原群落蒸发蒸腾进行实验观测，主要研究结果如下：草原沙地、羊草草原和河漫滩草甸是该地区差异明显的 3 种群落。草甸蒸腾最大（9.2 mm/d），比另两种群落高 2～3 倍；草甸蒸发最小（0.4 mm/d），约为沙地的 1/4，草原的 1/8。羊草群落蒸散值（4.4～5.0 mm/d）明显高于大针茅群落（3.5～3.8 mm/d）。在生长季节中，羊草草原蒸散随气温升高而升高，在盛夏达最高值，然后随气温降低而降低。然而由于降雨变化的影响，羊草草原蒸散的季节变化出现较大幅度的波动。

2.3　中国北方半干旱草地水分利用效率

2.3.1　水分利用效率的定义

在许多文献中都将生态系统碳、水交换比例定义为水分利用效率（WUE），在不同尺度上 WUE 的具体定义不同，反映的碳水偶合特征也不同。在叶片水平上，植物固定的 CO_2 用光合速率表示，而相应消耗的水分用蒸腾速率表示。冠层水平水分利用效率的定义为冠层光合生产力（GPP）与冠层蒸腾的比值。随着观测技术取得的进步，越来越多的研究将实测的生态系统总蒸发散作为生态系统的水分损耗，生态系统 WUE 定义为冠层光合生产力（或称为总初级生产力 GPP）与生态系统总蒸发散之比。

2.3.2 水分利用效率的测定方法

草本植物的水分利用效率主要采用田间直接测定法和气体交换法。随着稳定碳同位素技术（stable carbon isotope technique）和以涡度相关（eddy covariance）为代表的新技术的应用和发展，植物 WUE 的测定方法得到了不断的补充和发展。

目前国际上叶片水分利用效率相关研究多集中于植物叶片的稳定碳同位素组成，以此间接指示植物叶片水平的 WUE（苏培玺等，2003；Casper et al.，2005；Donovan et al.，2007）。利用稳定碳同位素技术测定的 $\delta^{13}C$ 指示的 WUE 可代表植物叶片较长时期的水分利用特性，用该方法通过增加物种数目和测定范围，便可以将叶片水平的 WUE 扩展到更高水平，因此，该技术在植物 WUE 的研究中得到广泛应用。

整株植物 WUE 的测定通常采用田间直接测定法，即通过用直接测定树木植株在某一阶段内消耗单位质量的水分所生产出的干物质量来表示（熊伟等，2003）。该法测定结果较为准确，但通常需要进行大量细致烦琐的工作。

生态系统水平的 WUE 具有重要的生态学和水文学意义，以往人们是通过生态系统水文过程的测定和传统的生物量动态调查来估算生态系统的 WUE，但此估算在时间尺度上，存在一定的局限。近年来发展起来的遥感技术和以涡度相关为代表的新技术的应用使得生态系统 WUE 的测定在时间和空间尺度上取得了突破（卢玲等，2007；Ponton et al.，2006）。涡度相关技术是通过测定和计算物理量（如空气温度、CO_2 和 H_2O 等）的脉动与垂直风速脉动的协方差（covariance）来求算湍流通量的方法，在观测和求算通量的过程中几乎没有假设，具有坚实的理论基础，在局部尺度的生态系统与大气间的水、碳通量的研究中得到广泛的认可和应用（Baldocchi et al.，2001）。

2.3.3 中国北方半干旱草地水分利用效率

倪攀（2009）根据半干旱草甸草地上涡度相关观测结果，分析了基于生态系统总初级生产力与蒸发散的水分利用效率与环境因子的关系，在半小时尺度上的观测结果表明，水分利用效率 WUE 与净辐射 R_n 呈极显著幂指数关系

$$\text{WUE} = 157.8R_n^{-0.471}, \quad R^2 = 0.768 \tag{2-15}$$

可见生态系统水分利用效率随净辐射的加强而逐渐下降，在净辐射达到总初级生产力的光饱和点时，生产力不再上升，而蒸发散与净辐射是线性相关关系，蒸发散在净辐射驱动下持续上升，此时生产力与蒸发散的比值越来越小，结果是水分利用效率随着净辐射的增强逐渐下降，只是下降的幅度会逐渐减缓。

在半小时尺度上，WUE 与饱和水汽压差 VPD 也呈极显著幂指数关系

$$\text{WUE} = 10.61\text{VPD}^{-0.415}, \quad R^2 = 0.557 \tag{2-16}$$

WUE 随着饱和水汽压差的增加而减小，当饱和水汽压差小于 1 kPa 时，WUE 随饱和水汽压差的增加下降幅度较大，当饱和水汽压差大于 1 kPa 时，WUE 随饱和水汽压差增加而缓慢下降。

在日尺度上，WUE 与饱和水汽压差呈极显著对数关系

$$WUE = -5.368\ln(VPD) + 8.581, \quad R^2 = 0.801 \tag{2-17}$$

WUE 随饱和水汽压差的增加逐渐下降，且没有半小时尺度那样的减缓趋势，可见日尺度上饱和水汽压差对 WUE 的调控更接近于对蒸发散的作用。由饱和水汽压差分别对总初级生产力、蒸发散、水分利用效率的不同调控作用可知，饱和水汽压差对 WUE 的调控作用中对蒸发散影响更为显著一些。

郭颖等（2010）应用盆栽试验人工控制土壤水分含量，对黄土高原 4 个乡土禾草长芒草、冰草、无芒隐子草、白羊草的生长及水分利用特性进行了研究。结果表明，随干旱胁迫程度加剧，各草种耗水量明显减少；不同草种单株耗水量差异明显，表现为白羊草 > 冰草 > 无芒隐子草 > 长芒草，最高日、旬、月耗水量差异明显，中度和重度水分亏缺下的最高耗水日比适宜水分下的提前 10 d 左右。日间的最大耗水高峰随着土壤含水量的降低有提前的趋势。4 个草种株高生长和单叶叶面积明显受土壤水分含量影响，均表现为适宜水分 > 中度干旱 > 重度干旱，土壤干旱下长芒草和无芒隐子草受抑制程度显著大于冰草和白羊草；随干旱胁迫程度的加剧和干旱时间的延长，长芒草和无芒隐子草的叶片组织含水量和叶片相对含水量明显降低，冰草和白羊草则一直能维持较高含水量，且下降幅度小，稳定性好；长芒草和无芒隐子草的水分利用效率随干旱加剧而降低，两者属于低耗水、低水分利用效率草种，冰草和白羊草在中度干旱下水分利用效率最高，相比白羊草，冰草属于低耗水、高水分利用效率草种，白羊草属于高耗水、高水分利用效率草种。

黄立华等（2009）采用温室土培试验法，研究了羊草叶片光合速率、蒸腾速率和水分利用效率等对不同苏打盐碱胁迫的响应特征。结果表明，随着模拟光辐射的增强，羊草叶片光合速率、蒸腾速率、气孔导度和蒸汽压亏缺等均表现为升高，胞间 CO_2 浓度表现为降低，叶片水分利用效率则呈先升高后降低的趋势。同一光强下，随着土壤苏打盐碱胁迫程度的增大，羊草光合速率和蒸腾速率均有所下降，水分利用效率则有所升高。以光强 1500 μmol/（$m^2 \cdot s$）为例，pH = 9.78 的盐碱胁迫处理的羊草光合速率和蒸腾速率分别比对照（pH = 7.15）的处理降低了 43.8% 和 51.3%。苏打盐碱胁迫下，羊草蒸腾速率的降低幅度大于光合速率降低幅度，保持了叶片较高的水分利用效率，可能是羊草适应苏打盐碱逆境的重要生理机制。

杨利民等（2007）沿中国东北样带，从长春到阿巴嘎旗，大约每个经度设 1 个样地，共 10 个样地，研究了草原上关键种羊草的水分利用效率、叶片下表面气孔密度和气孔大小的变化，以及它们与年降水量、年均温度、土壤水分和海拔的关系。结果表明：自东向西，随年降水量、年均温度、土壤水分的降低和海拔的升高，羊草水分利用效率有明显增强的趋势，而气孔密度有明显增大的趋势，气孔大小没有明显变化规律并主要与取样时刻开张状态有关，说明羊草气孔数量的增多有利用提高水分利用效率。逐步回归分析结果表明，土壤水分是决定羊草气孔密度变化的第一显著因子，其次是年降水量，说明水分条件是羊草气孔密度变化的主要生态因子。从数据分布散点图、温度和放牧干扰作用的复杂性以及受土壤和地形条件特殊性影响样地的分析表明，羊草水分利用效率和气孔密度对环境变化的响应是非常复杂的，是包括植被利用方式与强度在内的环境因子综合作用的结果，也是羊草长期适应各样地环境的结果。

刘玉燕等（2004）用光合作用测定仪测定了大针茅、羊草、羽茅和黄囊薹草的净光合速率和蒸腾速率的日动态。分析结果表明，4 种植物光能利用效率的日动态都呈峰值明显的双峰型曲线，黄囊薹草光能利用效率的日动态明显不同于其他 3 种高大禾草；4 种植物水分利用效率的日动态都呈单峰型曲线，但日变化韵律和峰值出现时间有明显差异。4 种植物的光能利用效率日变化与水分利用效率日变化都有显著线性相关关系。黄囊薹草和大针茅的光能利用效率都与气孔阻力、温度有显著线性相关关系；黄囊薹草的水分利用效率与气孔阻力、大气温度和相对湿度有显著线性相关关系，羊草的水分利用效率与气孔阻力、叶面温度有显著线性相关关系。

杜菁昀等（2003）对典型草原地区常见的 78 种植物进行了测定，并对不同分类系统中的各类植物进行了分析比较。在所测 78 种植物中，光合速率（Ph）、蒸腾速率（Tr）和水分利用效率（WUE）的平均值，分别以反枝苋、藜和西伯利亚滨藜最高。在不同分类系统中，Ph、Tr 和 WUE 3 个指标，C4 植物大于 C3 植物；双子叶植物通常大于单子叶植物；藜科植物高于其他科植物；一二年生草本高于其他生活型植物；撂荒地植物一般高于其他植被类型的植物。方差分析表明，光合速率的差异显著性水平在各分类系统中均高于蒸腾速率和水分利用效率。

崔骁勇等（2001a）在植物生长季内测定了内蒙古半干旱草地 6 种主要植物的光合和水分利用特征，比较了植物之间在光能和水分利用方面的差异，认为水分利用效率难以反应植物对干旱的适应性，而其倒数——水分竞争系数是较好的表征指标；植物的光能利用效率和水分竞争系数之间存在补偿关系；半干旱草地主要植物适应环境的方式不同，它们在光能和水分资源生态位上存在分离。

牛海山等（2000）采用中子水分探测仪、光电叶面积仪和 LI-1600 型稳态气孔计对羊草草原的水分利用进行野外实验观测。结果表明，羊草种群蒸腾速率的季节变化主要取决于 20～40 cm 土层储水量、光合有效辐射和大气日均温的影响，其中 20～40 cm 土层储水量对羊草蒸腾速率的季节变化影响最大。羊草蒸腾耗水量的季节动态归根结底受控于大气降水的时空分布，并在时间上滞后于大气降水 1 旬左右。羊草的水分利用率主要受植物生长周期的控制。生物量在前期积累较快，相应的水分利用率高，而后期增长缓慢，水分利用率低。

苏波等（2000）测定了中国东北森林 – 草原样带草原区 15 个常见植物种叶片的 $\delta^{13}C$ 值，并以此作为植物长期水分利用效率的指示值，研究了不同植物种的水分利用效率对年均降水量、年均大气温度和海拔等环境梯度变化的响应。结果表明：有相当一部分植物种的 $\delta^{13}C$ 值和水分利用效率均随年均降水量和年均温增加而呈不同程度的降低趋势（如羊草、家榆、小叶锦鸡儿、直立黄芪、地榆和菊叶委陵菜等），随海拔增高而呈不同程度的增加趋势（如扁蓿豆、羊草、家榆、小叶锦鸡儿、直立黄芪、地榆等）：而少数几个种（如达乌里胡枝子、麻花头等）则与大多数种的情况截然相反，另外部分植物种随环境因子变化不大（达乌里黄芪、中间锦鸡儿和狭叶锦鸡儿、冷蒿、糙叶黄芪、甘草等）。这表明，不同植物种的水分利用状况对环境梯度变化的响应不同，不同植物种具有不同的适应环境变化的策略。在退化草地生态系统恢复的实践中，应该选择具有较强适应干旱环境能力的植物种作为恢复物种。

第3章　中国半干旱草地恢复治理的
综合效益与模型

3.1　半干旱草地的价值与恢复治理效益评估的科学基础

3.1.1　草地资源的经济、社会和生态价值

从草资源的战略意义上来说，其价值可概括如下。

3.1.1.1　发展草食家畜的重要饲料来源

草资源是世界绿色植物资源中面积最大、数量最多、更新最快、生产力较高的一种可再生性的自然资源。全世界拥有草地面积 6 717 000 万 hm²，占全球陆地面积的 52.17%，它所蓄积的巨大生物量是发展草地家畜和草食动物主要的饲料来源。优质饲草是饲养草食家畜最经济的饲料来源。

3.1.1.2　生物多样性及优良抗性基因的主要基因库

中国草原区是物种多样性、遗传多样性和生态系统多样性最丰富的地区之一。

3.1.1.3　促进边疆少数民族经济振兴的基础资源

中国草资源集中分布的地区，也是少数民族集中居住的地区。以草资源为物质基础的草食家畜及其产品，不仅是少数民族人民的生活资料，而且是他们经营的主要对象。

3.1.1.4　发展多种经营的原材料资源

食品、纺织、制革、制药、化工等工业的原材料，有许多是由草提供的。

3.1.1.5　改善人民膳食结构，提高人民生活质量

产于草地的肉、蛋、奶等，使中国人尤其是汉族人的膳食结构得以改善。在食物构成中，动物来源食品比例提高，谷类食品比例相应下降。

在城市美化及文明化的进程中，园林草坪草起重要作用，可说明草地旅游等项目的文化内涵。

3.1.1.6　保护生态环境的作用

（1）防风蚀和固沙作用

草地植被可以降低风速，从而降低风蚀作用的强度。不同盖度的草被植物对风蚀作用

的发生有不同程度的控制作用。当植被盖度为 30%~50% 时，近地面风速可削减 50%，其地面输沙量仅相当于流沙地段的 50%。在我国北方农林交错地区［包括内蒙古东四盟市（赤峰市、呼伦贝尔市、通辽市和兴安盟）加锡林郭勒盟的许多地区］，当平均风速 >5.5 m/s 时，在裸地上，会出现土壤风蚀现象，而当植物盖度 >17% 时，风速为 ≥8 m/s 时，才能出现风蚀现象。中国农业大学在河北坝上的研究表明，随着草地植被盖度的增加，风蚀模数下降，当盖度达 70% 时，只有 6 级以上的风才能引起风蚀。作为先锋植物，草本植物可以在流动沙丘上生长，随着盖度的增大，沙丘坡度逐渐变小，即形成相对的缓坡，沙面逐渐变紧，地表形成薄的结皮，成土特征明显，沙丘逐渐由流动向半固定，再向固定状态演替，最终可形成固定沙地，土壤表层有机质逐渐增加，物理、化学性质发生显著变化。

（2）水土保持作用

以草为主体的草地植被层在水土保持、抑制地表径流和固坡护堤中的作用十分明显，其根系可以吸收大量降水，并能大大延缓在较强降水过程中地表径流的形成。

（3）气候调节作用

草丛有遮光、降低风速和减少地面蒸发量的作用，可使空气湿度增加并使较高湿度维持一定的时间。大面积的草地与裸地比较，前者湿度一般比后者大 20%。草地最高湿度低于裸地。

（4）污染治理作用

草地植物不仅是 CO_2 的消耗者和氧气的制造者，而且可以将大气中的有害气体通过稀释、分解、呼吸、固定等一系列过程加以转化，转害为利。

3.1.2 从生态动力学观点出发对草地退化和恢复问题的认识

3.1.2.1 草地、草业、草产业研究概要

我国草地面积达 4.0×10^6 km²，占国土总面积的 41%，是仅次于澳大利亚的世界第二草原大国。作为文明古国，我国对草的研究已有几千年的历史。古代科技方面的一些学术名著，像贾思勰的《齐民要术》、李时珍的《本草纲目》，都收录了关于草本植物种类、用途等方面的论述。古代科学名著中的这些论述，事实上已成为历代有关研究者探讨草业问题的素材和认识论的基础。但由于当时人们对科学知识掌握得很有限，整个自然科学发展水平很低，所以在古代和近代，我国并未形成草地科学。在 1949 年以前，我国草地、草业研究工作尚很落后，从事草科学的研究、教学和技术工作的人员寥若晨星，系统性研究基本上是空白状态。

在新中国成立 60 多年来，尤其是近 30 多年来，我国的草科学，从无到有，从小到大，从浅到深，从点到面，取得了很大的成绩。

在起步发展阶段，李继侗、侯学煜等开创了中国植物生态学与地植物学；王栋、孙醒东、贾慎修等最早在国内开展草地学的研究。在这些老一辈专家学者的带领下，专业研究机构和大专院校为新中国造就了一批草地生态学领域的专门人才。20 世纪 60 年代初，以

李博、祝廷成等为首的研究组开始了草地生态学的研究,他们的工作推动了我国草地生态学这一新兴交叉学科的发展,并为我国赢得了在国际草地生态学方面应有的地位。

1978 年至今的 30 多年,我国草生态研究与应用领域的进步尤其迅速。关于这方面工作的资料很多,此不详述。值得注意的是,在此时段内,一些系统科学研究人员介入草科学的研究,如钱学森院士早在 20 世纪 80 年代中期就提出草产业的概念,为草业研究走向新的征程吹响了进军号。

从生态动力学观点研究草科学,见于 21 世纪初出版的《生态动力学》(裴铁璠等,2001)。从生态动力学基本原理看来,在草地生态系统中,牧草经由光合作用形成有机物质。在光合作用中,太阳为一级生态动力源。通过酶的作用,太阳辐射能转化为草的化学能,储存于有机化合物之中,这就是普通草原学中所说的牧草的初级生产过程。草地中的牧草被视为一级生态动力源——太阳——的生态动力汇。相应地,草地中的牧草是属于生物类的一种二级生态动力源。放牧于草地的牲畜和依赖于草原而生存的野生动物均是牧草的生态动力汇,当然家畜和其他动物也受到太阳辐射的直接作用,形成草原生态系统的动力机制框架。这在《生态动力学》一书中(第 405 页)已有图示。

在草原生态动力系统中,作为二级生态动力源的还有气象、土壤、地貌和其他生物生态动力源。

3.1.2.2　草地退化生态动力机制及其控制问题

草地退化研究的主要目的在于,理论上,深入理解其退化机理,揭示其退化驱动力;实践上,为了找到防止草地退化、对退化草地进行恢复重建的合理措施与科学方法。对草地退化概念的延伸,目的也在于此。

生态退化与草场退化是从不同研究角度提出的一对概念,二者有时一致,蕴含于同一过程;有时却不一致,甚至相反。由此可见,对草地退化概念的理解会受到研究者的研究方向及专业影响。因此,对草地退化概念的应用和理解应该视研究目的而定,应针对具体问题作出相应的科学解释和说明。

从生态动力学的观点而言,"草地退化"可理解为在各种有关生态动力源相互交叉的综合作用下,形成的负值生态动力效应。作为一个生态动力汇的草地,在太阳辐射、大气环流、土壤营养、地貌和森林生物等多种自然生态动力源和人类活动之人工生态动力源的作用下,时刻经历着变化的生态动力。在科学不发达的时代,人们对于这类动力的认识,只是粗浅的。有时,为了某种目的,如为了垦殖种地而人为地破坏草原,为了提高牧业的生产力,尤其是为了取得经济效益而过度放牧,破坏了草赖以生存的优良生态环境,而使生态平衡受到破坏,长此下去,终将降低经济收入。从生态动力经济方面,可以充分理解之。

20 世纪 70 年代末以来,人们对生态学的认识迅速加深。公众和政府主管部门对生态环境越来越重视。但由于对生态问题的科学认识起步较晚,对于如何合理地调控生态动力,使草地享有生态环境赋予它的充足的动力,从而减小生态动力负效应,加大生态动力正效应,即提高生态效益,进而达到提高社会经济效益之目标,工作力度尚待加强,研究有待加深,涉及范围有待拓宽。从科学本质上讲,这应当是生态控制原理应用于草生态动力领域中的课题。早期的研究,侧重定性描述,继后有专门定量研究。如何控制为好,一直有争论。从生态控制上来说，在《生态控制原理》（裴铁璠等，2003）一书中，作者们已在钱学森、戴汝为院士等的启发下，提出生态控制的四个发展阶段，即经典生态控制、现代生态控制、大系统生态控制及综合集成生态控制。而目前最切合实际并且有较完备科学基础的控制是综合集成生态控制。上述几个阶段中侧重的每个阶段的方法论在草业、草原科学中，都有着广泛的应用前景。

钱学森院士提出的知识密集型草产业理论（郝诚之，2009），实际上也是在其控制论和系统工程方法论基础上，针对草产业的应用理论，对于发展草产业，提高经济、生态和社会效益有着重要的指导作用。其中包括最有效地转化太阳能的思想，与把太阳辐射能作为一级生态动力源的科学基础思想，有着共同之点。

为了更好地学习并应用钱学森院士草产业理论，下面先对该理论加以简介，以便于结合本书内容加以研讨。

钱学森倡导的草产业是"以草原为基础，利用日光，通过生物，创造财富的产业"，是"以种草、牧草开始，用动物转化，多层次深度加工，包括食品工业、生物化工等综合利用的知识密集型产业"，"草业系统工程实际是草产业的组织、经营、管理的学问"。

早在1984年钱学森就指出："怎样利用现代科学技术发展草业，还得从利用太阳光这一能源做起，搞好光合作用，也就是要精心种草，让草原生长出大量优质、高营养的牧草。"按郝诚之的理解，"绿化—转化—产业化"可概括为"四过转化"过程。其第一阶段可以称为把阳光、叶绿素、二氧化碳和水转化成植物蛋白的"过光转化"过程。钱学森又说："太阳光是一个强大的能源，在我国的地面上，每平方厘米每年有120~200 cal[①]的能量，也就是每亩[②]每年接受太阳的能量相当于114~190 tce；限于水和肥料的供应，限于光合作用必需的二氧化碳在大气中的浓度，限于植物本身的能力，上述巨大太阳光能只有很小一部分转变为植物产品。这个比例不到百分之一，常常只有千分之一；就是变成植物产品了，光合作用生产的产品，人也不能全部直接利用。就以粮食作物来说，籽实在干产品中占不到一半，其他百分之六十是秸秆。"而通过饲料作物和牧草喂养牲畜转化，情况就好得多；家畜把草变为乳、肉、皮、毛、绒、内脏、骨杂的过程，就是通过消化器官把植物蛋白变为动物蛋白的"过腹转化"过程，这是第二阶段。把动物蛋白经过现代设备"流水线式的生产"和科学管理进行初加工、深加工、精加工的"过机（器）转化"过程，是第三阶段，从而得到食品、药品、纺织品等合格商品。商品通过市场营销网络、全程服务、品牌打造，形成核心竞争力，变为"增了值的货币"，则是"过市（场）转化"的过程，属第四阶段。上述"四过转化"是草产业"绿化—转化—产业化"流程中的关键环节，构成了"高效益"的、"草畜工贸四结合"的，以工农衔接、城乡一体、上中下游关联为特征面向市场的、现代化的完整产业体系。类似于"种养加"、"产供销"高度综合的"成型经济"。

钱学森院士的有关论述，已指出草原本身的经济效益等基础概貌，这为本章之后将要研究的生态恢复与治理效益评估，奠定了科学基础和应用准则。

---

① 1 cal = 4.19 J。

② 1 亩 ≈ 667 m²。

3.1.3 草地退化、恢复治理及效益评估的科学方法论

草地退化是指草地生态系统逆行演替的过程，在这一过程中，草地生态系统的组成、结构与功能发生明显变化。上述定义，是目前生态学界比较公认的定义。从生态动力学观点来看，草地退化实质上是由于各种生态源有关因子的变化导致正值生态动力下降，其降幅达到一定程度时，负值的生态动力效应超出正值的生态动力效应，导致生态逆境产生的后果。这里所说的生态动力源是多方面的，既包括自然生态动力源又包括人工生态动力源。生态动力源具有资源和环境两个方面即双重属性，其中任何一个属性起到负面作用，都会导致生态环境的退化。草地退化的根本原因在于所涉及的生态动力源的逆反作用。从自然生态动力来说，各类各级生态动力源的变动，如土壤干旱、大气环流异常、生物多样性受到负面影响、保护草原的天然屏障——森林的破坏、沙尘暴袭击等，都可能导致草地退化。尤其是在科学不发达的时代，人们对草原认识能力很低，只能坐以待毙——任大自然疯狂肆虐，有关人员并不在意，认为应对有关的生态动力负效应是无能为力的。在人工生态动力源方面，包括人们原本无意识的活动导致的不良后果，如为生产粮食而过度地毁草开荒，为取得牧业方面的眼前经济利益而过度放牧等。

退化草地改良是草地恢复治理的重要措施。恢复治理的本质是通过人工生态动力源，使有所退化的草地恢复其应有的生态动力源机能，增强生态正效应以抵消负效应。对草地外界生态动力因子的改善与草地本身的改良及外界因子改善两方面加以阐述。

为对草地恢复治理及其效益有正确的认识，用科学方法取得有效数据，再进行定性定量分析、综合。

3.1.3.1 定位研究

中国科学院植物研究所多年来在内蒙古锡林郭勒盟所做的草地生物多样性与生态系统功能研究是定位研究的优秀范例。下面以此为基础，从中选择一例来说明研究概况。

（1）草地生态系统生产力稳定性与补偿效应

生态系统多样性与稳定性的关系是当代生态学研究的热点之一。前人关于生态系统稳定性与多样性关系的研究大多基于人工群落，且存在明显的分歧。为应对这样的研究分歧，白永飞等（2002）利用24年的长期数据，从自然生态系统的不同组织层次入手，对生态系统稳定性和多样性的关系进行了深入剖析，在草地生态系统生产力形成和生态系统稳定性维持机制方面取得了创新性的理论突破。2004年，其成果以 *Ecosystem stability and compensatory effects in the Inner Mongolia grassland* 为题在 *Nature*（431：181~184）上发表。该研究解决了3个关键性的科技问题：①内蒙古典型草地生产力的波动与1~7月降水量密切相关；②物种的多样性导致草地生态系统生产力的稳定性，从物种到功能群再到群落水平，草地生态系统的生产力稳定性呈现增加的趋势；③不同物种和不同功能群之间的补偿效应是草地群落生产力稳定性维持的重要机制。该研究系统地分析了内蒙古典型草地群落生产力的主要气候驱动因子，从物种、功能群和群落三个水平，首次揭示了内蒙古草地生态系统生产力稳定性维持的机制，可用于指导我国北方草地的管理和退化草地生态系统

的恢复与重建。在刈割干扰下，草地植物群落通过内部结构（功能群）调整实现初级生产力的稳定。在17年的刈割演替过程中，羊草群落结构与功能均发生了明显变化。随着刈割演替的进行，根茎型禾草在群落中的优势地位逐渐减弱，最终变成根茎禾草与丛生禾草共同建群的植物群落。与天然草地不同，刈草群落地上净初级生产力（ANPP）与降水量不存在显著相关关系，刈割是ANPP波动的主要驱动因子。

（2）土地利用变化对生物多样性与生产力关系的影响

土地利用变化可改变草地生物多样性与生产力间的关系，干扰方式和干扰强度可较好地解释草地生物多样性与生产力关系的变化。基于2004年和2005年的实验数据，周志勇（2006）分析了土地利用变化对生物多样性与生产力间关系的影响。实验结果表明，与自由放牧相比，禁放提高了多年生非禾本科植物功能群的相对生物量、盖度和物种丰富度等指标，也提高了草地的ANPP。在禁牧草地，多样性与生产力的关系呈指数型增长；而在自由放牧地，多样性与生产力的关系呈指数型下降。关于施肥、氮素利用、生理生态、土壤呼吸以及 CH_4 等问题做过多项研究。

3.1.3.2 宏观监测评估

草地资源分布广泛，所涉及地域十分辽阔。如果只用微观效益评估方法，即使做很多试验，对于大草地来说，也很难得出令人信服的客观结果。在技术不发达的时代，宏观评估只能靠生产外考察。但那样做，对于全局的了解，仍显得十分有限。随着卫星的应用，遥感监测技术成了植被生物量监测首要工具。通过生物量监测，可与微观评估结合，得出大范围评估结果。

草地资源的数量、质量特征和时空分布规律是资源科学的重要研究内容之一，草地具有调节气候、净化空气、防风固沙、保持土壤水分和肥力、减少水土流失和维持生态平衡的功能。草地遥感科学不仅要探讨草地初级生产过程中的诸多问题，而且也要对草地资源的生态系统和植被动态变化等机理做出定量表征和解释，从而为科学决策、合理开发和资源的可持续利用提供依据。但是，草地生产力受自然和人为因素的影响时空波动明显。为及时了解生产力变化，需要采取快速、简便的手段对草地生产力进行正确估测。本研究以锡林郭勒盟草原为例，利用MODIS影像数据同时结合地面调查数据，进行草地植被专题信息的提取，试图通过构建草地植被的地面信息与遥感图像之间的相关关系，进行遥感估产的方法和估测结果的精度研究，以探索大范围内进行遥感估测的方法和技术手段，为草地资源调查与监测奠定基础，为进一步研究和监测大范围的草地动态变化提供依据。

张连义等（2008）用生物量遥感模型研制了锡林郭勒盟草地植被生物量的遥感监测模型。该研究利用MODIS地面站接收的数据。MODIS数据经地理坐标几何精度校正，其地理精度达1或2个像元（像元为250 m×250 m）。数据源为2005年4~9月MODIS遥感数据和同期地面实测数据。研究方法以MODIS植被指数（NDVI）的提取分析为主，以地面同步实测数据分析为辅。以2005年4~9月MODIS数据为基础，首先对MODIS 1B数据进行几何校正，图像中心星下点校正误差小于0.1个像元，边缘小于0.3个像元，图像几何精度能较好地满足分析要求。NDVI计算选取MODIS的1、2通道，即红波段（波长620~670 nm）、近红外波段（波长841~876 nm），采用以下公式计算：NDVI =（近红外 – 红）/

（近红外＋红）。与此同时，对野外样地，进行生物量实测。给出估产模型（表3-1）。

表3-1　锡林郭勒盟植被指数与草地总生物量估产模型

模型	植被总数	模型方程	R	R^2	F
一元线性回归模型 $y=ax+b$	SAVI	$Y=622.660x-19.996$	0.613	0.375	127.937
	NDVI	$Y=346.146x-13.368$	0.685	0.470	188.517
	EVI	$Y=251.665x+57.917$	0.476	0.227	62.448
对数模型方程 $y=b_0+b_1\ln x$	SAVI	$Y=326.063+132.279\ln x$	0.649	0.422	155.281
	NDVI	$Y=248.822+123.172\ln x$	0.719	0.517	227.687
	EVI	$Y=258.919+86.034\ln x$	0.624	0.390	136.058
双曲线模型方程 $y=b_0+b_1/x$	SAVI	$Y=224.508-20.657/x$	0.624	0.389	135.606
	NDVI	$Y=219.199-31.744/x$	0.689	0.475	192.552
	EVI	$Y=209.221-15.267/x$	0.660	0.435	164.236
二次曲线方程 $y=b_0+b_1x+b_2x^2$	SAVI	$Y=-157.247+1966.281x-2910.835x^2$	0.674	0.454	88.169
	NDVI	$Y=-114.000+938.171x-736.482x^2$	0.733	0.537	122.769
	EVI	$Y=-40.499+1044.142x-1066.226x^2$	0.675	0.455	88.663
三次曲线方程 $y=b_0+b_1x+b_2x^2+b_3x^3$	SAVI	$Y=-59.088+447.740x+4066.746x^2-9697.893x^3$	0.680	0.462	60.510
	NDVI	$Y=-74.186+560.808x+291.877x^2-830.276x^3$	0.734	0.539	82.214
	EVI	$Y=-85.596+1591.179x-2759.335x^2+1377.729x^3$	0.689		
幂函数曲线模型 $y=b_0x^{b_1}$	SAVI	$Y=1836.397x^{1.945}$	0.760		
	NDVI	$Y=537.532x^{1.729}$	0.804	0.646	388.284
	EVI	$Y=601.062x^{1.190}$	0.688	0.473	191.247
S曲线模型方程 $y=\mathrm{e}^{(b_0-b_1x)}$	SAVI	$Y=\mathrm{e}^{6.141-0.326/x}$	0.783	0.614	338.289
	NDVI	$Y=\mathrm{e}^{5.983-0.479/x}$	0.828	0.685	463.453
	EVI	$Y=\mathrm{e}^{5.818-0.228/x}$	0.784	0.615	340.681
生长型模型方程 $y=\mathrm{e}^{(b_0+b_1/x)}$	SAVI	$Y=\mathrm{e}^{2.519+8.717x}$	0.683	0.467	186.275
	NDVI	$Y=\mathrm{e}^{2.708+4.578x}$	0.722	0.521	231.791
	EVI	$Y=\mathrm{e}^{3.661+3.282x}$	0.495	0.245	69.000
指数函数模型方程 $y=b_0+\mathrm{e}^{b_1x}$	SAVI	$Y=12.413+\mathrm{e}^{8.717x}$	0.683	0.467	186.275
	NDVI	$Y=15.005+\mathrm{e}^{4.578x}$	0.722	0.521	231.791
	EVI	$Y=38.908+\mathrm{e}^{3.282x}$	0.495	0.245	69.000

　　以锡林郭勒盟为研究区域，分析了遥感植被指数与草地地上生物量之间的相关关系，比较和分析了3种植被指数的应用范围。着重研究了草地地上生物量遥感监测方法，如何利用遥感植被指数来建立草地牧草产量模型，为今后开展大草地地上生物量估

产和动态监测提供了有效方法。研究主要的结论如下：①锡林郭勒盟草地总生物量估产的植被指数是 NDVI，其估产模型是 S 曲线回归模型，$Y = e^{5.983 - 0.479/x}$（$R = 0.828$，$R^2 = 0.685$）是锡林郭勒盟草地研究区最适宜的估产模型。②草甸草原区的估产模型是一元线性回归模型；典型草原区的估产模型是一元线性回归模型；荒漠草原区的估产模型是 S 曲线回归模型；沙地植被区的估产模型是幂函数回归模型。③锡林郭勒盟草原区 4 种实测草地生物量与不同植被指数的相关性存在一定差别，其中 EVI 与草甸草原区的相关性最好；NDVI 与典型草原区和沙地植被区的相关性最好；SAVI 与荒漠草原区的相关性最好。

3.2 草地改良与保护措施的效益与模型

3.2.1 沙地植被恢复治理措施效益评估

沙地植被恢复技术是指依据土地荒漠化过程和治理目标，通过建立人工植被或恢复天然植被的各种措施。中国科学院沈阳应用生态研究所多年来在科尔沁沙地生态恢复和整治中做了大量工作。蒋德明等（2003）指出：同各种工程措施方式相比，利用植物治沙以其经济实用、作用持久并具有改良沙地理化性质、促进土壤形成、改善沙区环境质量等多种生态效益、社会效益和经济效益的特点，成为沙地综合整治工作中最有效的措施。植物固沙的生态功能在于形成最佳的植物群落与环境的生物地球物理和生物化学循环过程，这种生态过程既可以增加沙漠化土地植被盖度，又可防沙治沙、改善区域生态环境质量。因此可以说，植物固沙技术是以生物措施为主要手段的沙地综合治理技术，是当前科尔沁沙地荒漠化防治工作中的重要内容。

在我国，微观试验成果已有很多。试验中，效益评估是其重要任务之一。下面先举例评述之。中国科学院沈阳应用生态研究所自 1975 年以来，连续 30 多年来以乌兰敖都试验站为基点，在科尔沁沙地的翁牛特旗东部，针对科尔沁沙地退化草场（该地共有退化草地 470.35 万 hm²，占可利用草地的 45.9%）做过很多关于改良和治理的试验。研究成果表明，各种措施都有一定效果。下据蒋德明等（2003）的总结材料，分别简述之。

3.2.1.1 围栏封育效益

据蒋德明等（2003）的研究，对退化草场进行围栏封育，可在天然牧场实现自然恢复更新，实际效果良好。这是因为经过围栏，草地生产力有所提高，牧草质量得以优化，草群结构趋于合理。该生态研究所基点试验表明，封育 3 年后，植物覆盖度由封育前的 30% 增至 45% ~ 75%，平均草高较封育前增加 18 ~ 25 cm，牧草产量为封育前的 1.7 ~ 2.2 倍，且牧草种类增加，尤其是禾本科和豆科中适口性好的牧草增加，一年生杂类草则减少。赤峰市乌兰敖都地区草地遭到极度破坏之后，采用封育复壮措施达到了如下效果：封育 15 年之后，草地盖度由 25% 增加到 80%，生物量由 450 kg/hm² 增加为 1875 kg/hm²。

3.2.1.2　补播效益

补播是在植被盖度低（一般小于 30%）、种类单纯、肥力耗竭、严重退化的草地上通过直接用特制的牧草补播机播种优良牧草种子，以达到改变草群组成、增加植被盖度、提高天然草地生产力目的的手段。补播方式分三种，条播、穴播和撒播。

据白静仁和傅林谦（1994）研究，三种补播方式中，产草量效果依次是：条播＞撒播＞穴播。杂草产量依次是：撒播＞条播＞穴播。比较而言，以条播为宜。根据不同的草地退化类型，采用不同的补播方式以期实现预期效果。除了上述三种补播方式，还有一种重要的补播方法——飞播。飞播实验表明，山竹子（*Hedysarum fruticosum*）是目前流动沙地上的优良飞播固沙植物，差巴嘎蒿（*Artemisia halodendron*）、小叶锦鸡儿（*Caragana microphylla*）混合在半流动沙地上飞播效果更好，沙打旺、草木犀在间低地或经地面处理后的退化板结地上见效快、收益大。

3.2.1.3　翻耙改良效益

翻耙改良分为轻耙松土和耕翻松土两种方式。

据在科尔沁草原的研究，轻耙松土改良可在年降水量 250 ~ 350 mm 的区域以丛生禾草为主的干旱草地内进行。南寅镐和魏均（1984）采用翻耕措施做过草地实验。结果表明，不论何种草地植被类型，在 1 m^2 草地中只要有 10 株以上的根茎性禾草和羊草（*Leymus chinensis*）、狼尾草（*Pennisetum alopecuroides*）和白草（*Pennisetum flaccidum*）等，翻耙后 2 ~ 3 年可以成为优质、高产的禾草草地，翻耙后第 3 年，其生物量可达原草地的 1.5 倍，第 4 年则可达 4 倍。松土后土壤含水量增加 11.1%，羊草 + 杂类草草甸草原增产 174.8%，而典型草原和荒漠草原增产仅为 37.2%。所以在半干旱地区，以丛生禾草为主兼有根茎禾草伴生的草原、草甸等进行松土改良可起到明显效果，松土改良有效期可达 5 ~ 6 年。翻耙后，3 年草料生产超过翻耙前，这主要是由于草种的建立，如羊草草料生产在 4 ~ 5 年后达到高峰，从 2275 kg/km^2 到 5250 kg/km^2，比处理前增加 2.5 倍。翻耙后草场可持续 7 ~ 8 年的肥沃。然后，逐年降低，第十年仅超过翻耙前的 50%，到 22 年减少到翻耙前的水平。

关于耕翻松土，浅耕翻松土可改良草地的土壤空气状况。用拖拉机悬挂三铧犁或牵引五铧犁在天然草地上进行带状耕翻，沿等高线作业，深度为 15 ~ 20 cm，翻后耙平休闲，雨季来临后植被可自然恢复。14 年测产结果表明平均每年比未改良地增产 64.4%。

3.2.1.4　施肥效益

草地施肥可以改善土壤营养状况，有利于草地改良的提速。

齐凤林和王文成（1997）对低产沙地草地进行了施肥实验，发现不论是氮、磷、钾混合施用还是单施氮和磷都有增产效果，但混合施肥比单一施肥效果显著，增产幅度达 253.3% ~ 306.7%，比单施氮肥多增产 1.20 ~ 2.27 倍。混合施肥氮、磷、钾比例以 1.00∶0.64∶0.60 较为适宜，尿素施肥量以 225 ~ 375 kg/hm^2 为宜，增产效果均为 1 倍以上，尿素施入量过多会造成氮、磷、钾比例失调，增产效果反而降低。

3.2.1.5　灌溉效益

干旱、半干旱草地退化的原因之一就是缺少水分，草地灌溉是弥补天然降水不足的重要措施。在条件允许的情况下，修建水利设施，进行草地灌溉，有利于牧草的成活。科尔沁沙地草原区水系发达，河网密集，水源充沛，嫩江和西辽河是其两大水系，西拉木伦河伸入其内，天然湖泊星罗棋布，是牧业用水的重要来源，人工兴建的红山水库、察尔森水库等为农业灌溉水源。在乌兰敖都地区进行的灌水实验，结果表明灌水后干草产量增加（表3-2）。

表 3-2　灌溉对主要草地类型的地上生物量的影响 （单位：t/hm², DM）

群落类型	1980 年		1981 年		1982 年		1983 年		1984 年	
	产量	增加比例（%）	产量	增加比例（%）	产量	增加比例（%）	产量	增加比例（%）	产量	增加比例（%）
Lech	2.49	0	3.44	38	9.43	179	8.00	221	9.40	278
Lech-Phco	4.31	0	5.72	33	8.33	93	10.05	133	11.00	155
Caep-Lech	3.60	0	4.38	22	7.22	100	11.15	210	11.20	211

注：Lech = *Leymus chinensis*（羊草），Phco = *Phragmites communis*（芦苇），Caep = *Calamagrostis epigejos*（拂子茅）

3.2.2　围栏封育生态功能及经济效益投入 – 产出评估方法

草地生态系统的结构功能及其在人为活动下的动态规律，一直是生态学研究的重点。我国草地资源丰富，总面积达 3.92×10^8 hm²，其中内蒙古草原面积约 8.67×10^7 hm²，约占我国草原总面积的 1/4，是我国北方重要的绿色生态屏障和畜牧业生产基地。近年来，随着人类活动范围的扩大，放牧、开垦等资源利用强度的加大，内蒙古草原生态系统已受到严重破坏。

为了恢复已退化的草原生态系统，草原管理部门采取一系列的措施，围栏封育作为简便、有效的草原恢复措施，得到广泛应用。下面先举例说明其对生态功能有关影响的实验结果，再提出对措施效果评估的经济模型构建的建议。

3.2.2.1　关于生态功能的主要研究成果

（1）对群落和物种多样性的影响

单贵莲等（2008）针对退化草地的恢复以及草地资源的利用、管理及草地畜牧业可持续发展之间的矛盾，以内蒙古太仆寺旗干旱半干旱典型草原不同围封年限（主要是生长季围封）的天然草地为研究对象，开展了不同围封年限的典型草原群落结构及物种多样性的比较研究。该研究在野外试验和调查访问的基础上，用指标计算的方法就 5 种指标进行了计算。所用各指标如下所示。

1）物种优势度（species dominance，SDR）或功能群优势度（function group dominance），用相对产量与相对盖度进行计算。其计算式为

$$\text{SDR} = (Y' + C')/2 \tag{3-1}$$

式中，Y' 为相对产量；C' 为相对盖度。功能群优势度为各功能群内所有物种优势度之和。

2）物种丰富度（species richness），用 Margalef 指数（Ma）表示。其计算式为

$$\text{Ma} = (S - 1)/\ln N \tag{3-2}$$

式中，S 为物种数目；N 为群落中所有物种个体总数。

3）物种多样性（species diversity），用 Shannon-Wiener 指数（H）表示。其计算式为

$$H = -\sum P_i \ln P_i, \quad P_i = n_i/n \tag{3-3}$$

式中，P_i 为物种 i 的重要性数值；n_i 为物种 i 的个体总数；n 为样本空间的个体总数。

4）物种均匀度（species evenness），用 Pieiou 均匀度指数（E_{pi}）表示。其计算式为

$$E_{\text{pi}} = H/\ln S \tag{3-4}$$

式中，H 为 Shannon-Wiener 指数；S 为物种数目。

5）群落的相似系数（similarity coefficient，SC），用 Motyka 相似系数表示。其计算式为

$$\text{SC} = \frac{2C}{A + B} \times 100\% \tag{3-5}$$

式中，C 为样地 A 和 B 中共同种的较低重要值的总和；A 为样地 A 中所有物种重要性数值总和；B 为样地 B 中所有物种重要性数值总和。

研究给出一系列定量结果，包括有用的图表（图 3-1，图 3-2）。

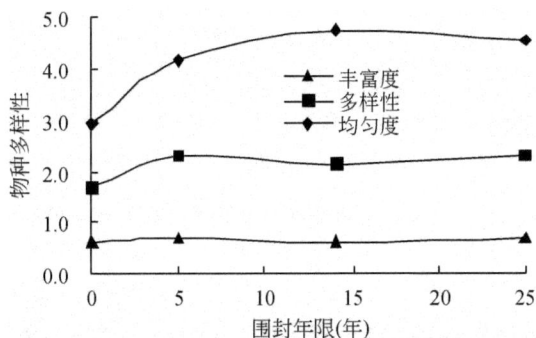

图 3-1　不同围封年限典型草原群落物种多样性

该研究给出的结论如下所述。

重要退化草地采用生长季围封的管理方式后，植物种类增多，群落结构及各物种的优势地位发生较大改变，高度与产量增加，盖度与密度先增加后降低，草地由未围封对照的星毛委陵菜 + 冷蒿 + 克氏针茅演替为羊草 + 糙隐子草 + 麻花头。

利用生长季围封调制干草，其他时间轻度放牧的管理方式可增加群落的物种多样性及功能群多样性，但围封年限不同，物种的丰富度、均匀度和多样性不同。重度退化草地在围封的前 5 年，物种的丰富度、均匀度和多样性均增加。随围封年限的延长，物种丰富度继续增加，到围封 14 年时达最大，但由于围封 14 年后形成单优势种群落，群落均匀度及多样性降低。之后，随围封年限的继续增加，群落逐步趋于稳定，丰富度略为降低，均匀度和多样性增加。另外，从群落相似性来看，采用生长季围封恢复措施后，围封样地与未

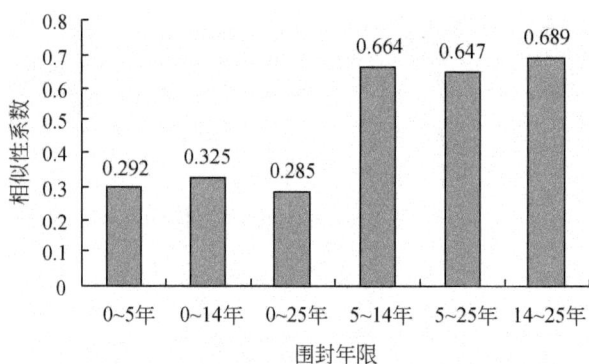

图 3-2　不同围封年限典型草原群落相似性

围封对照间的相似性降低，说明季节性围封不仅能增加群落物种多样性，而且在改变群落的环境条件上也具有较好的效果。

利用生长季围封调制干草，其他时间轻度放牧的管理方式可保证退化草地在一定程度上得到恢复，综合考虑群落结构、产量及物种多样性，认为 14 年是较适宜的围封年限，但围封 14 年后群落盖度与密度下降的现象有待进一步研究。

（2）对草原植被和土壤特征的影响

单贵莲等（2009）针对退化草地的恢复以及草地资源的利用、管理及草地畜牧业可持续发展之间的矛盾，以内蒙古干旱半干旱典型草原不同围封年限（主要是生长季围封）的天然草地为研究对象，开展生长季围封对典型草原植被与土壤特征影响的研究，探讨退化草地的恢复及恢复过程中的合理利用问题，得出如下结果。

1）围封年限对植被特征的影响。重度退化草地采用生长季围封恢复措施后，群落地上现存量、盖度、密度、根系生物量及地表凋落物现存量显著增加，围封 12 年达最大，之后降低。围封 6 年、9 年、12 年和 20 年，群落地上干物质现存量分别增加 76.8%、153.1%、243.1% 和 147.6%，盖度分别增加 41.2%、70.4%、97.5% 和 66.7%，密度分别增加 87.3%、147.8%、210.6% 和 140.1%，根系生物量分别增加 48.9%、69.6%、92.1% 和 76.0%，地表凋落物现存量分别增加 83.3%、124.1%、259.1% 和 162.4%。原因是围封后控制了牲畜对草地植被的啃食与践踏，给草地恢复提供了保障，植被发育良性化。但围封后草地的主要利用方式为割草利用，连续多年割草容易导致草地逆行演替，因此围封 20 年草地群落的地上现存量、盖度、密度、根系生物量及凋落物现存量降低。

2）围封年限对土壤特征的影响。土壤养分动态变化的研究能够直接而准确地反映植物与土壤环境作用的本质关系和动态特征，特别是半干旱脆弱地带草地自然修复对其土壤生态环境产生的效应，从而达到认识草地封育恢复与管理运营模式的目的。本研究对不同围封年限土壤养分含量及物理性状进行了分析，结果表明，重度退化草地采用生长季围封恢复措施后土壤养分含量显著增加。围封 6 年，土壤 0 ~ 10 cm、10 ~ 20 cm、20 ~ 30 cm 层有机质、全氮、全磷、速效氮含量及 0 ~ 10 cm、10 ~ 20 cm 层速效磷含量显著增加，与自由放牧地间差异显著（$P < 0.05$），20 ~ 30 cm 层速效磷含量无显著性变化；围封 9 年和 12

年，土壤各层养分含量均显著增加，与自由放牧样地间差异显著（$P < 0.05$）；围封20年，土壤$0 \sim 10$ cm、$10 \sim 20$ cm、$20 \sim 30$ cm层有机质、全氮、全磷、速效磷含量及$0 \sim 10$ cm层速效氮含量显著增加，与自由放牧样地间差异显著（$P < 0.05$），$10 \sim 20$ cm、$20 \sim 30$ cm层速效氮含量无显著性变化。就围封后土壤物理性状的变化来看，重度退化草地采用生长季围封恢复措施后土壤各层容重先显著降低，围封12年最低，之后增加，但均与自由放牧样地间差异显著（$P < 0.05$）；土壤$0 \sim 10$ cm、$10 \sim 20$ cm层坚实度显著下降，与自由放牧样地间差异显著（$P < 0.05$），$20 \sim 30$ cm层紧实度无显著变化；大于0.25 mm的粗颗粒含量显著下降，小于0.005 mm的细颗粒含量显著增加（$P < 0.05$）。原因为重度退化草地采用生长季围封措施后，植被发育良性化，地表受风沙侵蚀的程度减轻，养分流失减少，加之大量枯落物的归还及植被对风蚀物的尘降与截获，土壤养分含量增加，土壤结构与环境改善。

3）土壤与植被特征关系相关分析结果，见表3-3。

表 3-3　土壤与植被特征间的 Pearson 相关分析

项目	地上现存量	盖度	密度	根系生物量	凋落物现存量
有机质	0.999 **	0.995 **	0.997 **	0.998 **	0.982 **
全氮	0.979 **	0.989 **	0.987 **	0.973 **	0.966 **
全磷	0.984 **	0.991 **	0.992 **	0.994 **	0.946 *
速效氮	0.982 **	0.983 **	0.981 **	0.970 **	0.955 *
速效磷	0.800	0.781	0.789	0.828	0.733
容重	− 0.966 **	− 0.985 **	− 0.985 **	− 0.983 **	− 0.930 *
紧密度	− 0.904 *	− 0.948 *	− 0.945 *	− 0.931 *	− 0.857 *
大于 0.25 mm 的粗颗粒	− 0.942 *	− 0.941 *	− 0.938 *	− 0.919 *	− 0.926 *

注：双尾 t 检验概率

* 表示在 0.05 水平上显著，** 表示相关性在 0.01 水平上显著

（3）围栏封育对植物群落特征影响的研究

左万庆等（2009）采用表征植物群落特征的重要值、生态优势度指数（D）以及生物多样性指数，包括物种多样性 Shannon-Wiener 指数（H）、群落均匀度 Pielou 指数（J）、物种丰富度指数（S），针对围栏封育对退化羊草草原植物群落特征影响做了数据分析并计算了成本。所用主要指标如下。

1）植物群落重要性数值（important value，Ⅳ），根据调查样方测定的植物密度、频度及地上生物量计算。

$$\text{Ⅳ} = 33.3333 \left\{ \frac{W_k}{\sum\limits_{i=1}^{s} W_i} + \frac{D_k}{\sum\limits_{i=1}^{s} D_i} + \frac{F_k}{\sum\limits_{i=1}^{s} F_i} \right\} \tag{3-6}$$

式中，Ⅳ为群落第 k 种群的重要值；W_k、D_k、F_k 分别为第 k 种群在群落中的地上生物量、密度、频度；$\sum W$、$\sum D$、$\sum F$ 分别为该群落所有 S 个种群地上生物量、密度及频度之和。

2）物种多样性特征。主要选用 H、J 和 S。

$$H = -\sum P_i \ln P_i$$

式中，$P_i = n_i/N$，n_i 为种 i 的个体数；N 为样地总个体数，用重要值代替个体数。

$$J = -\sum P_i \ln P_i / \ln S$$

$$S = R$$

式中，R 为样地内植物种数。

$$D = \sum P_i^2$$

生态优势度低表明有更多的物种能适应生境，生态优势度高表明群落中仅有少数优势种能适应较为严酷的生境。

该研究给出一系列图表，这里引用其一，见表3-4。

表3-4　围栏封育与自由放牧下的物种重要值

年份	围栏样地		放牧样地	
	主要物种	重要值	主要物种	重要值
2003	羊草 Leymus chinensis	0.3792	羊草 Leymus chinensis	0.2227
	大针茅 Stipa grandis	0.1087	猪毛菜 Salsola collina	0.1968
	黄囊薹草 Carex korshinskyii	0.1072	糙隐子草 Cleistogenes squarrosa	0.1158
	糙隐子草 Cleistogenes squarrosa	0.0748	葱 Allium fistulosum	0.0821
	冷蒿 Artemisia frigida	0.0714	大针茅 Stipa grandis	0.0780
2004	羊草 Leymus chinensis	0.4598	糙隐子草 Cleistogenes squarrosa	0.2894
	大针茅 Stipa grandis	0.1296	大针茅 Stipa grandis	0.2123
	黄囊薹草 Carex korshinskyii	0.1065	羊草 Leymus chinensis	0.1124
	冷蒿 Artemisia frigida	0.0811	菭草 Koeleria cristata	0.1091
	糙隐子草 Cleistogenes squarrosa	0.0673	葱 Allium fistulosum	0.0965
2005	羊草 Leymus chinensis	0.3829	羊草 Leymus chinensis	0.2644
	大针茅 Stipa grandis	0.1638	大针茅 Stipa grandis	0.1945
	冷蒿 Artemisia frigida	0.124	糙隐子草 Cleistogenes squarrosa	0.1827
	黄囊薹草 Carex korshinskyii	0.1231	黄囊薹草 Carex korshinskyii	0.1299
	葱 Allium fistulosum	0.0657	冰草 Agropyron cristatum	0.0829
2006	羊草 Leymus chinensis	0.2161	糙隐子草 Cleistogenes squarrosa	0.2297
	黄囊薹草 Carexkorshin skyi	0.1562	黄囊薹草 Carex korshinskyii	0.1934
	大针茅 Stipa grandis	0.1425	大针茅 Stipa grandis	0.1479
	野韭 Allium ramosum	0.1193	羊草 Leymus chinensis	0.1248
	冷蒿 Artemisia frigida	0.1064	冷蒿 Artemisia frigida	0.0617

续表

年份	围栏样地		放牧样地	
	主要物种	重要值	主要物种	重要值
2007	冷蒿 Artemisia frigida	0.2499	大针茅 Stipa grandis	0.2515
	野韭 Allium ramosum	0.1505	糙隐子草 Cleistogenes squarrosa	0.2330
	羊草 Leymus chinensis	0.1417	羊草 Leymus chinensis	0.2057
	大针茅 Stipa grandis	0.1250	黄囊薹草 Carex korshinskyii	0.1390
	黄囊薹草 Carex korshinskyii	0.1211	野韭 Allium ramosum	0.0655

左万庆等（2009）研究指出：①围栏封育措施使退化羊草草原的物种多样性和群落均匀度较自由放牧样地略有提高，群落生态优势度略有降低，但差异均未达到显著水平（$P > 0.05$）。②围栏封育措施改变了退化草原的优势物种组成。随着封育措施的实施，总体上草原群落优势种为羊草和大针茅，反映出典型草原特征；而自由放牧样地，羊草和大针茅在群落中的地位不恒定。③围栏封育措施显著提高了群落植被的平均高度、地上生物量和凋落物量。但随着围封时间的延长，群落地上生物量逐渐降低，凋落物量增高。④围栏封育对退化草原结构和功能的恢复存在不同步性。其中，群落生物量受围封措施影响最为明显，2 年围封已使其达到峰值；其次是群落的优势种，4 年围封已使群落优势种恢复成典型草原群落代表种；反映最为缓慢的是群落多样性指标，7 年围封措施并没有使群落的多样性指标与自由放牧样地形成显著差异。由此表明，采用围栏封育措施时需充分考虑恢复目的，制定恢复时间，从而提高草原的可持续利用能力，降低恢复成本。

（4）围栏封育措施及其效益的其他研究

近年来，关于围栏封育措施及其效益的试验研究报告很多，方法更新颖，科学性和应用价值更为显著。Alice 等（2005）、Yagil 等（2002）、Renne 和 Tracy（2007）等分别研究了围栏禁牧对南美草原物种结构和生产力、半干旱牧场植物群落和初级生产力、伊利诺伊州放牧草场群落植物演替和物种多样性的影响。我国研究者曾就矮嵩草草甸、内蒙古典型草原和松嫩平原草甸草群落结构、物种多样性和生物量的影响展开了诸多研究（周兴民和张松林，1986；王炜等，1996；宝音陶格涛和陈敏，1997；周志宇等，2003；李海燕和杨允菲，2004；陈全功，2007；韩大勇等，2007；韩天虎等，2007）。上述研究结果表明，封育措施可显著提高退化草场（原）的生产力，改良土壤结构和水分状况，从而提高水分利用率，增大地上生物量，促进退化草场正向演替发展，正值生态动力效应明显。为系统研究，自 2001 年起，中国科学院植物研究所等单位对内蒙古锡林郭勒盟一长期自由放牧的退化羊草草原进行了围栏封育，并从 2003 年开始连续 5 年对围栏封育样地和其外部的自由放牧草原进行连续观测。试图通过连续的对比研究，揭示围栏封育过程中退化羊草草原植被组成和生产力特征的变化，寻找利于草原恢复的适宜围栏时间，为退化草原生态系统的恢复重建提供理论依据。单贵莲等（2009）在位于内蒙古锡林郭勒盟南部的太仆寺旗典型草原进行了试验。结果表明，与自由放牧草地相比，重度退化草地采用生长季围封恢复措施后，群落地上现存量、盖度、密度、根系生物量、地表凋落物现存量及土壤养分含量显著增加，土壤容重、紧实度及大于0.25mm的粗颗粒含量显著降低，群落结构优化，土壤环境改善，植被与土壤间形成一个相互作用的良性循环系统，退化草地正向演替。

草地在围封恢复过程中若连续多年刈割利用，容易导致生产性能降低，群落盖度与密度下降，草群矮化，土壤养分含量下降，草地发生二次逆行演替。

季节性围封的管理方式既可保证退化草地在一定程度上得到恢复，也能达到充分利用草地资源的目的。

关于其他措施的研究，迄今也开展了很多。这些试验，从实际资料出发，对于效益进行分析、综合。但对定量的统筹的效益评估，尚未见一种可比较的综合方法。今后的工作，建议从生态动力原理出发，评估每一种措施对提高总效益贡献的大小，进而得出有比较性的结论。

3.2.2.2　经济效益评估

像上述三例的研究，在内蒙古东部草原还可找到很多例子。在实践活动中，尚未总结成文字材料的事实也很多。许多类似的探索研究，从生态效益和经济产出方面的分析较多。但是，从经济效益方面考虑，任何行动，包括以经济效益为目的，以生态、社会效益为目的的行动措施，都需要经济投入。所以在评估时，不仅要讲效益，也要讲付出，不仅要论产出，也要论收入，这或许是利昂节夫等经济学家研究投入产出的基础出发点。从投入产出关系，涉及如何研究投入产出平衡，以取得最佳效益的问题。为此，建议用经济上的优化原则，考虑围栏封育活动的投入问题。优化准则表现是：采取行动取得总效益（产出减投入所得的差值）为正效益的可能性很大；实现最低成本的可能性大；期望成本尽可能低；期望效益尽可能大。这要考虑设备利用率高；满足需求的可能性大。

现举一数字例子来探讨行动（围栏封育）规模经济效益最优化问题。

首先，假定对行动的需求面积是随机变量，服从正态分布，其均值为120（相对单位，下同），标准差每单位产出效益为20。

假定行动有3种规模，具体方案是：①方案甲，固定成本400，年最大产出能力130，每单位可变成本11.5；②方案乙，固定成本200，年最大产出能力100，每单位可变成本15；③方案丙，固定成本600，年最大产出能力160，每单位可变成本10。

（1）线性盈亏分析

设 Q 为产出，TR 为总效益，TC 为总成本，F 为固定成本，C_v 为可变成本，p 为每单位产出价。

总收益：

$$TR = pQ \tag{3-7}$$

总成本：

$$TC = F + C_v Q \tag{3-8}$$

由数量经济学基本公式分别计算出各方案的盈亏平衡点产出。

$$Q_{甲}^* = \frac{400}{20 - 11.5} = 47.06$$

$$Q_{乙}^* = \frac{200}{20 - 15} = 40 \tag{3-9}$$

$$Q_丙^* = \frac{600}{20-10} = 60$$

由上述计算，得到

$$Q_乙^* < Q_甲^* < Q_丙^* \tag{3-10}$$

乙有较低的盈亏平衡点。只要产量超过 40 万件，就开始盈利。但是，它的固定成本小，没有购置先进设备，可变成本增加的陡度超过甲、丙，因而开始盈利以后，利润增加的速度比甲、丙都慢。

丙有较高的固定成本，因而盈亏平衡点比甲、乙都高。但它采用先进设备，生产一件产品只需很少的劳动，因而可变成本增长的速度慢，一旦超过了盈亏平衡点，利润将迅速增加。

甲的固定成本居于乙、丙之间，可变成本亦居其中，盈利的增长速度大于乙，小于丙。因此，上述三种方案各有利弊，仅此分析尚不能对最优方案作出判断。因此，必须结合需求分布，进行综合分析。

1）盈利可能性计算。因为需求量是随机的，故由产出所得的总收益也是随机变量。由于按需求量进行生产，因而可算出各种盈利的可能性。

①盈利可能性计算。盈利的条件是需求量超过盈亏平衡点的产量，故盈利的可能性即需求量大于平衡点产量的概率。由正态分布可计算出各种方案盈利的可能性，如下所述。

方案甲：

$$P(Q > Q_甲^*) = P(Q > 47) = \int_{47}^{\infty} p(Q)\mathrm{d}Q = 99.95\% \tag{3-11}$$

式中，$p(Q)$ 为需求量 Q 的概率密度。

$$p(Q) = \frac{1}{20\sqrt{2\pi}} \mathrm{e}^{-\frac{1}{2}(\frac{Q-120}{20})^2} \tag{3-12}$$

方案乙：

$$P(Q > Q_乙^*) = P(Q > 40) = \int_{40}^{\infty} p(Q)\mathrm{d}Q = 99.99\% \tag{3-13}$$

方案丙：

$$P(Q > Q_丙^*) = P(Q > 60) = \int_{60}^{\infty} p(Q)\mathrm{d}Q = 99.86\% \tag{3-14}$$

②盈利 300 以上的可能性计算。首先求出相应产量公式：

$$20Q - F - C_v Q > 300$$
$$Q > \frac{300+F}{20-C_v} \tag{3-15}$$

从而盈利 300 以上的可能性为

$$P\left(Q > \frac{300+F}{20-C_v}\right) = \int_{\frac{300+F}{20-C_v}}^{\infty} p(Q)\mathrm{d}Q \tag{3-16}$$

可算得

方案甲：

$$P\left(Q > \frac{300+400}{20-11.5}\right) = \int_{\frac{700}{8.5}}^{\infty} p(Q)\mathrm{d}Q = 97\% \tag{3-17}$$

方案乙：因为盈利 300 以上，其产量 Q 应满足

$$Q > \frac{300 + 200}{20 - 15} = 100 \tag{3-18}$$

而方案乙的最大生产能力仅为 100，故盈利 300 以上的可能性为零。

方案丙：
$$P\left(Q > \frac{300 + 600}{20 - 10}\right) = P(Q > 90)$$

$$= \int_{90}^{\infty} p(Q)\,\mathrm{d}Q = 93.3\% \tag{3-19}$$

③盈利 400 以上的可能性计算

方案甲：
$$P\left(Q > \frac{400 + 400}{20 - 11.5}\right) = P\left(Q > \frac{800}{8.5}\right)$$

$$= \int_{\frac{800}{8.5}}^{\infty} p(Q)\,\mathrm{d}Q = 89.5\% \tag{3-20}$$

方案乙：盈利 400 以上的可能性等于零。

方案丙：
$$P\left(Q > \frac{400 + 600}{20 - 10}\right) = P(Q > 100) = 84.1\% \tag{3-21}$$

2）期望利润计算。由于总收益和总成本均是需求量的函数，故总利润为
$$\mathrm{TR} - \mathrm{TC} = 20Q - F - C_v Q = (20 - C_v)Q - F \tag{3-22}$$

总利润是随机变量 Q 的函数。但是，由于各方案均受设备能力的限制，因此不能简单地利用式（3-22）作为期望利润的计算公式。下面介绍求期望利润的方法。

方案甲：
$$\mathrm{TR}_{甲} - \mathrm{TC}_{甲} = \begin{cases} (20 - C_{v甲})Q - F_{甲}, & \text{当需求量 } Q \leqslant 130 \text{ 时} \\ (20 - C_{v甲}) \times 130 - F_{甲}, & \text{当需求量 } Q > 130 \text{ 时} \end{cases} \tag{3-23}$$

由式（3-23）得到期望利润
$$E(\mathrm{TR}_{甲} - \mathrm{TC}_{甲}) = \int_{-\infty}^{130} (20 - 11.5)Qp(Q)\,\mathrm{d}Q$$

$$+ \int_{130}^{\infty} (20 - 11.5) \times 130 p(Q)\,\mathrm{d}Q - 400$$

$$= \frac{8.5}{20\sqrt{2\pi}} \int_{-\infty}^{130} Q \mathrm{e}^{-\frac{1}{2}\left(\frac{Q-120}{20}\right)^2}\,\mathrm{d}Q$$

$$+ \frac{1105}{20\sqrt{2\pi}} \int_{130}^{\infty} \mathrm{e}^{-\frac{1}{2}\left(\frac{Q-120}{20}\right)^2}\,\mathrm{d}Q - 400$$

$$= 644.963 + 341.445 - 400$$

$$= 586.408 \tag{3-24}$$

方案乙：设备最高能力为 100，它的利润计算公式为
$$\mathrm{TR}_{乙} - \mathrm{TC}_{乙} = \begin{cases} (20 - 15)Q - 200, & \text{当需求量 } Q \leqslant 100 \text{ 时} \\ (20 - 15) \times 100 - 200, & \text{当需求量 } Q > 100 \text{ 时} \end{cases} \tag{3-25}$$

故期望利润为
$$E(\mathrm{TR}_{乙} - \mathrm{TC}_{乙}) = \frac{1}{20\sqrt{2\pi}} \int_{-\infty}^{100} 5Q \mathrm{e}^{-\frac{1}{2}\left(\frac{Q-120}{20}\right)^2}\,\mathrm{d}Q$$

$$+ \frac{1}{20\sqrt{2\pi}} \int_{100}^{\infty} 500 \mathrm{e}^{-\frac{1}{2}\left(\frac{Q-120}{20}\right)^2}\,\mathrm{d}Q - 200$$

$$= 71.2 + 420.67 - 200$$

$$= 291.87 \tag{3-26}$$

方案丙：最大生产能力为 160 个单位，利润计算公式为

$$TR_{丙} - TC_{丙} = \begin{cases} 10Q - 600, & \text{当需求量 } Q \leqslant 160 \text{ 时} \\ 10 \times 160 - 600, & \text{当需求量 } Q > 160 \text{ 时} \end{cases} \tag{3-27}$$

故期望利润

$$E(TR_{丙} - TC_{丙}) = \frac{10}{20\sqrt{2\pi}} \int_{-\infty}^{100} Q e^{-\frac{1}{2}\left(\frac{Q-120}{20}\right)^2} dQ$$

$$+ \frac{1600}{20\sqrt{2\pi}} \int_{100}^{\infty} e^{-\frac{1}{2}\left(\frac{Q-120}{20}\right)^2} dQ - 600$$

$$= 1161.60 + 36.8 - 600$$

$$= 598.4 \tag{3-28}$$

3）期望成本计算。

成本公式：
$$TC = F + C_v Q \tag{3-29}$$

方案甲的成本计算公式为

$$TC_{甲} = \begin{cases} 400 + 11.5Q, & \text{当需求量 } Q \leqslant 130 \text{ 时} \\ 400 + 11.5 \times 130, & \text{当需求量 } Q > 130 \text{ 时} \end{cases} \tag{3-30}$$

故方案甲的期望成本为

$$ETC_{甲} = 400 + \frac{11.5}{20\sqrt{2\pi}} \int_{-\infty}^{130} Q e^{-\frac{1}{2}\left(\frac{Q-120}{20}\right)^2} dQ$$

$$+ \frac{1495}{20\sqrt{2\pi}} \int_{130}^{\infty} e^{-\frac{1}{2}\left(\frac{Q-120}{20}\right)^2} dQ$$

$$= 400 + 954.132 + 237.705$$

$$= 1591.837 \tag{3-31}$$

方案乙的成本为

$$TC_{乙} = \begin{cases} 200 + 15Q, & \text{当需求量 } Q \leqslant 100 \text{ 时} \\ 200 + 15 \times 100, & \text{当需求量 } Q > 100 \text{ 时} \end{cases} \tag{3-32}$$

期望成本为

$$ETC_{乙} = 200 + \frac{15}{20\sqrt{2\pi}} \int_{-\infty}^{100} Q e^{-\frac{1}{2}\left(\frac{Q-120}{20}\right)^2} dQ$$

$$+ \frac{1500}{20\sqrt{2\pi}} \int_{100}^{\infty} e^{-\frac{1}{2}\left(\frac{Q-120}{20}\right)^2} dQ$$

$$= 200 + 213.6 + 1261$$

$$= 1674.6 \tag{3-33}$$

方案丙的成本为

$$TC_{丙} = \begin{cases} 600 + 10Q, & \text{当需求量 } Q \leqslant 160 \text{ 时} \\ 600 + 10 \times 160, & \text{当需求量 } Q > 160 \text{ 时} \end{cases} \tag{3-34}$$

期望成本为

$$\mathrm{ETC}_{\text{丙}} = 600 + \frac{10}{20\sqrt{2\pi}}\int_{-\infty}^{160} e^{-\frac{1}{2}\left(\frac{Q-120}{20}\right)^2}\mathrm{d}Q$$

$$+ \frac{1600}{20\sqrt{2\pi}}\int_{160}^{\infty} e^{-\frac{1}{2}\left(\frac{Q-120}{20}\right)^2}\mathrm{d}Q$$

$$= 600 + 1161.9 + 36.8$$

$$= 1798.7 \tag{3-35}$$

4）实现最低成本的可能性计算。首先将三种方案的成本直线绘制在同一图形上，如图 3-3 所示。

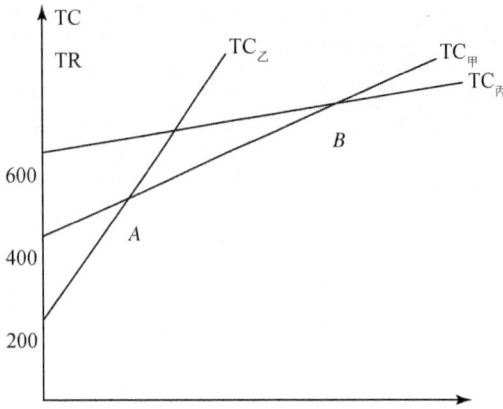

图 3-3　三种方案的成本直线示意

$\mathrm{TC}_{\text{乙}}$ 与 $\mathrm{TC}_{\text{甲}}$ 相交于 A 点，故在交点 A 处有，$\mathrm{TC}_{\text{乙}} = \mathrm{TC}_{\text{甲}}$，$F_{\text{乙}} + C_{v\text{乙}}Q = F_{\text{甲}} + C_{v\text{甲}}Q$，所以 $Q_A = \dfrac{F_{\text{甲}} - F_{\text{乙}}}{C_{v\text{乙}} - C_{v\text{甲}}} = \dfrac{400 - 200}{15 - 11.5} = \dfrac{200}{3.5} = 57.14$。

成本线 $\mathrm{TC}_{\text{甲}}$ 与 $\mathrm{TC}_{\text{丙}}$ 相交于 B 点，故在点 B 处有 $\mathrm{TC}_{\text{甲}} = \mathrm{TC}_{\text{丙}}$，即 $400 + 11.5Q = 600 + 10Q$，所以 $Q_B = \dfrac{600 - 400}{11.5 - 10} = \dfrac{200}{1.5} = 133.3$。

上述 Q_A 与 Q_B 将产量分为三部分，从图形上看，当 $Q \le Q_A$ 时，方案乙有最低成本，当 $Q_A < Q < Q_B$ 时，方案甲有最低成本，当 $Q > Q_B$ 时，方案丙有最低成本。实现最低成本的可能性为

方案甲：

$$P(Q_A < Q < Q_B) = P(57.14 < Q < 133.3)$$

$$= \int_{57.14}^{133.3} \frac{1}{20\sqrt{2\pi}} e^{-\frac{1}{2}\left(\frac{x-120}{20}\right)^2}\mathrm{d}x$$

$$= 0.742\,154 - 0.001\,35$$

$$= 0.741 \tag{3-36}$$

方案乙：

$$P(Q < Q_A) = P(Q < 57.14) = \frac{1}{20\sqrt{2\pi}}\int_{-\infty}^{57.14} e^{-\frac{1}{2}\left(\frac{x-120}{20}\right)^2}\mathrm{d}x = 0.001\,35 \tag{3-37}$$

方案丙：

$$P(Q > Q_B) = P(Q > 133.3) = \int_{133.3}^{\infty} \frac{1}{20\sqrt{2\pi}} e^{-\frac{1}{2}\left(\frac{x-120}{20}\right)^2}\mathrm{d}x = 0.2578 \tag{3-38}$$

5）设备利用率计算。首先给出设备利用率的计算公式：

$$设备利用率 = \frac{生产量}{设备的最大生产能力} = \frac{Q}{Q_{\text{最大}}}$$

由于是根据需求而生产，各种方案的最大生产能力是已知的，故设备利用率是随机变量，从而可求出它的可能性的大小。现分别计算如下。

①设备充分利用的可能性。

方案甲：设备的最大生产能力为每年 130 单位，故设备充分利用的可能性就是需求量不少于 130 单位的可能性。

即

$$P(Q \geqslant 130) = P\left(\frac{Q-120}{20} \geqslant \frac{130-120}{20}\right)$$
$$= P\left(\frac{Q-120}{20} \geqslant 0.5\right)$$
$$= 1 - \Phi(0.5) = 1 - 69.1\% = 30.9\% \tag{3-39}$$

式中，Φ 为正态分布的累积分布函数。

方案乙：设备的最大生产能力为每年 100，故设备充分利用的可能性为

$$P(Q \geqslant 100) = P\left(\frac{Q-120}{20} \geqslant \frac{100-120}{20}\right)$$
$$= P\left(\frac{Q-120}{20} \geqslant 1\right)$$
$$= \Phi(1)$$
$$= 84.1\% \tag{3-40}$$

方案丙：设备的最大生产能力为每年 160，故设备充分利用的可能性为

$$P(Q \geqslant 160) = P\left(\frac{Q-120}{20} \geqslant \frac{160-120}{20}\right)$$
$$= P\left(\frac{Q-120}{20} \geqslant 2\right)$$
$$= 1 - \Phi(2)$$
$$= 1 - 97.7\%$$
$$= 2.3\% \tag{3-41}$$

②设备利用率在 80% 以上的可能性计算。

方案甲：其可能性为

$$P(Q \geqslant 0.8 \times 130) = P(Q \geqslant 104)$$
$$= P\left(\frac{Q-120}{20} \geqslant \frac{104-120}{20}\right)$$
$$= P\left(\frac{Q-120}{20} \geqslant -0.8\right)$$
$$= \Phi(0.8)$$
$$= 78.8\% \tag{3-42}$$

方案乙：其可能性为

$$P(Q \geqslant 0.8 \times 100) = P(Q \geqslant 80)$$
$$= P\left(\frac{Q-120}{20} \geqslant \frac{80-120}{20}\right)$$
$$= P\left(\frac{Q-120}{20} \geqslant -2\right)$$

$$= \Phi(2)$$
$$= 97.7\% \tag{3-43}$$

方案丙：其可能性为

$$P(Q \geqslant 0.8 \times 160) = P(Q \geqslant 128)$$
$$= P\left(\frac{Q-120}{20} \geqslant \frac{128-120}{20}\right)$$
$$= P\left(\frac{Q-120}{20} \geqslant 0.4\right)$$
$$= 1 - \Phi(0.4)$$
$$= 1 - 65.5\%$$
$$= 34.5\% \tag{3-44}$$

6）优化分析。为便于综合分析，将上述计算结果列于表 3-5 中。

表 3-5　综合分析用表

方案	最大生产能力	固定成本	可变成本	利润分析						满足需求的可能性（%）
				期望利润	盈利的可能性（%）	利润 300 以上的可能性（%）	利润 400 以上的可能性（%）	期望成本	实现最低成本的可能性（%）	
甲	130	400	11.5	586	99.95	97	89.5	1591	74.1	69.1
乙	100	200	15	291	99.99	0	0	1675	0.135	15.9
丙	160	600	10	598	99.86	93.3	84.1	1798	25.8	97.7

方案	设备利用率分析	
	充分利用的可能性（%）	利用率在 80% 以上的可能性（%）
甲	30.9	78.8
乙	84.1	97.7
丙	2.3	34.5

以开始提出的优化准则，结合表 3-5 进行全面的分析比较，最后选出最优方案。

1）利润贡献分析。从表 3-5 中的结果看出，三种方案的盈利可能性都在 99% 以上，因而亏本的可能性很小。利润在 300 以上的可能性，方案甲为 97%，方案乙为零，方案丙为 93.3%。从期望利润来看，方案甲为每年 586，方案乙为 291，方案丙为 598，虽然方案丙的期望利润高于方案甲，但差别不大，而方案甲在盈利 300 以上的可能性比方案乙、丙都大。因此，认为方案甲最优。

2）成本分析。从期望成本上看，方案甲有最低的期望成本。实现最低成本生产的可能性 74.1%，而方案乙仅为 0.135%，方案丙为 25.8%。由此看出，方案甲最优。

3）设备利用率分析。要使设备得到充分利用，需求量必须大于或等于该设备的最大生产能力，因此规模越小设备利用率就越高，不过仅此还不足以确定企业的最优规模。例如，方案乙的规模小，利用率比甲、丙都大，但方案乙的可变成本大，因而总成本高，从经济效益上看是很不合算的。方案丙，虽有最低的可变成本，但投资大，设备利用率低，充分利用的可能性仅 2.3%。方案甲属中等规模，设备充分利用的可能性在 30% 以上，而且利用率在 80% 以上的可能性在 78% 以上，故全面分析比较，方案甲较为合适。

另外，从满足需求上看，规模越大满足需求的可能性就越大，但规模越小设备利用率低。方案甲满足需求的可能性占 69.1%，即在大多数的情况下是可以满足需求的。因此方案甲较优。

综合上述分析，方案甲有最低的期望成本，实现最低成本生产的可能性最大，期望利润与方案丙相差无几，但比方案乙好。因此，按优化准备作全面衡量，方案甲是最优方案。

（2）非线性盈亏分析

假定总收益和总成本与产量之间是二次曲线关系。由前面介绍的方法，可求出盈利区间（Q_1^*，Q_2^*）以及最大的盈利产量 Q_0^* 和最大利润。

类似前面的计算，可算出盈利的可能性

$$P(Q_1^* < Q < Q_2^*) = \int_{Q_1^*}^{Q_2^*} p(x)\,\mathrm{d}x \tag{3-45}$$

式中，$p(x)$ 为需求分布密度，

$$p(x) = \frac{1}{20\sqrt{2\pi}}\mathrm{e}^{-\frac{1}{2}\left(\frac{x-120}{20}\right)^2} \tag{3-46}$$

类似前面的方法，可求出盈利 n 元以上的产量区间（$Q_1^{(n)}$，$Q_2^{(n)}$）。$Q_1^{(n)}$，$Q_2^{(n)}$ 是下述二次方程的根，

$$(a_1 - b_1)Q + (a_2 - b_2)Q^2 - b_0 - n = 0 \tag{3-47}$$

由此得到盈利 n 元以上的可能性为

$$P(Q_1^{(n)} < Q < Q_2^{(n)}) = \int_{Q_1^{(n)}}^{Q_2^{(n)}} p(x)\,\mathrm{d}x \tag{3-48}$$

盈利 n 元以下的可能性为

$$\int_{Q_1^{(n)}}^{Q_1^{(n)}} p(x)\,\mathrm{d}x + \int_{Q_2^{(n)}}^{Q_2^{(n)}} p(x)\,\mathrm{d}x \tag{3-49}$$

从以上分析中可以看出，最优方案的决定与需求的概率分布有关，不同的需求分布，有不同的最优方案。因此，欲选出最优方案进行决策，必须重新调查研究，比较准确地掌握需求规律。只有这样，才能更好地提高经济效益。

3.2.3　沙化草地改良最宜施肥比例模型

柴凤久（2008）在分析草原生态治理的主要方法时，总结出如下几种技术：围栏封育、划地轮牧、增强土壤肥力、改良土壤结构、草地补种、生物灾害控制。利用其中每一种技术时，都涉及合理投入和优化比例问题。为使投入产出合理，使比例优化，须用系统方法作优化计算，以期得出定量模型。下面，我们以草地优化施肥为例，确定不同施肥量配合的偏微商模型。

3.2.3.1　关于草地施肥

据应用生态学的研究可知，沙化草地土壤有机质含量低、土壤瘠薄、缺氮少磷、草地

植被稀疏、覆盖度低、牧草产量低，草地施肥可以改善土壤营养状况，利于草地改良的快速进行。在科尔沁沙地，使用氮肥草地的增产效果为每公顷施硫酸铵 150～300 kg，可增产干草 1500～4200 kg，干草产量提高 40%～60%，平均 1 kg 氮肥可增产 13.1 kg 干草（曹新孙，1990；魏均和南寅镐，1990b）。不论是氮、磷、钾混合施肥还是单施氮和磷都对低产沙地草地有增产效果，但混合施肥比单一施肥效果显著，增产幅度达 253.3%～306.7%，比单施氮肥增产 1.20～2.27 倍。混合施用氮、磷、钾比例以 1.00∶0.64∶0.60 较为适宜，尿素施肥量以 225～375 kg/hm² 为宜，增产效果均为 1 倍以上，尿素施入量过多，会造成氮、磷、钾比例失调，增产效果反而降低。不同种的群落和不同数量肥料的施用，其效果有很大的变化（表3-6）（蒋德明等，2003）。

表 3-6　科尔沁沙地不同施肥量对干草产量的影响

群落	增加的氮肥（kg/hm²）	干草产量（kg/hm²）	增加比例（%）
羊草 *Leymus chinensis* + *forb*	对照	2764.5	—
	150	4301.3	55.6
	225	5325.3	92.6
	300	6758.3	144.5
野古草 *Arundinella hirta* + *forb*	对照	3862.5	—
	150	6460.5	67.3
	225	6493.5	68.1
	300	7492.5	94.0
牛鞭草 *Hemarthria japonica*	对照	4395.8	—
	150	6493.5	47.8
	225	7792.5	77.3
	300	7492.5	95.4

　　以上的研究及近年类似的许多研究，为草原合理施肥提供了有益的科学依据，但为了系统理解和运用生态控制原理，对草原施肥（尤其是配方施肥）加以生态优化处理，须在大量已有试验资料条件下，提出相应数学模型。

3.2.3.2　肥料配合最宜点数学模型原理

　　确定不同种肥料用于草原施肥的最宜点，即从已知的肥料替换的最适宜范围内，寻求能使成本最低且效果最好的点。假定肥料产品的成本，仅取决于 x_1 和 x_2 这两种可变动成本的影响，则

$$C = p_{x_1}x_1 + p_{x_2}x_2 + FC \tag{3-50}$$

式中，C 为总成本；p_{x_1} 为第Ⅰ种肥料的单价；x_1 为第Ⅰ种肥料的投放量；p_{x_2} 为第Ⅱ种肥料的单价；x_2 为第Ⅱ种肥料的投放量；FC 为固定成本。

　　根据求极值的法则，为使总成本 C 为最低，可先求总成本 C 对 x_2 的微商，即

$$\frac{dC}{dx_2} = \frac{d}{dx_2}(p_{x_1}x_1 + p_{x_2}x_2 + FC)$$

$$= p_{x_1}\frac{dx_1}{dx_2} + p_{x_2} \tag{3-51}$$

令

$$\frac{dC}{dx_2} = 0 \tag{3-52}$$

则有

$$p_{x_1}\frac{dx_1}{dx_2} + p_{x_2} = 0 \tag{3-53}$$

由此可得能使成本达到最低值的肥料配合投放量比例的最适宜条件。

为使利润 R 取得最大值，设 p_y 为产品总单价，y 为牧草产量（可用生物量等表示），于是有

$$R = p_y y - (p_{x_1}x_1 + p_{x_2}x_2 + FC) \tag{3-54}$$

为使利润 R 最大，须令 R 对 x_1 和 x_2 的一阶偏导数为 0，即

$$\frac{\partial R}{\partial x_1} = p_y \cdot \frac{\partial y}{\partial x_1} - p_{x_1} = 0$$

及

$$\frac{\partial R}{\partial x_2} = p_y \cdot \frac{\partial y}{\partial x_2} - p_{x_2} = 0$$

于是有

$$\frac{\partial y}{\partial x_1} = \frac{p_{x_1}}{p_y}$$

及

$$\frac{\partial y}{\partial x_2} = \frac{p_{x_2}}{p_y}$$

即有

$$Mp_{x_1} = \frac{p_{x_1}}{p_y}$$

及

$$Mp_{x_2} = \frac{p_{x_2}}{p_y}$$

式中，Mp_{x_1} 为第 I 种肥料单价与产品总单价的比；Mp_{x_2} 为第 II 种肥料单价与产品总单价的比。

这就是使利润取得最大的施肥量配合的最适宜条件。

3.2.3.3　简例

下面举一数字例子，仅用以说明计算方法。

设为改良沙化草地，施用 I 、II 两种肥料，施用量分别为 x_1 kg 和 x_2 kg，其生产函数的实验式为

$$Y = 286 + 25x_1 + 15x_2 + 0.5x_1x_2 - 0.5x_2 - 2x_2^2 \tag{3-55}$$

产品单价 $p_y = 0.20$ 元/kg, $p_{x_1} = 0.8$ 元/kg, $p_{x_2} = 0.6$ 元/kg, FC = 30 元/0.0667hm^2, 求 x_1 和 x_2。

求解过程如下。

第一步，求产量对 x_1 和 x_2 的一阶偏导数，得

$$Mp_{x_1} = \frac{\partial y}{\partial x_1} = 25 + 0.5x_2 - x_1$$

及

$$Mp_{x_2} = \frac{\partial y}{\partial x_2} = 15 + 0.5x_1 - 4x_2$$

第二步，求使利润最大的肥料投放量配合的最适宜条件：

$$25 + 0.5x_2 - x_1 = \frac{0.80}{0.20}$$

及

$$15 + 0.5x_1 - 4x_2 = \frac{0.60}{0.20}$$

第三步，写出联立方程：

$$
\begin{aligned}
25 + 0.5x_2 - x_1 &= 4 \\
15 + 0.5x_1 - 4x_2 &= 3
\end{aligned}
\tag{3-56}
$$

解出

$$x_1 = 24$$
$$x_2 = 6$$

此解表明，第 I 种肥料施用量为 24 kg，且第 II 种肥料施用量为 6 kg 时，效果最好。

3.2.4　Markov 过程与草场休牧维护力度模式

Markov 过程是随机过程的重要组成部分，在随机过程的许多领域中，Markov 链和 Markov 过程已被广泛应用。在生态数学建模中，有研究者已用之于农、林、水产方面的决策（裴铁璠等，2001，2003；Pei et al.，2004）。

在草原生态经济管理中，考虑到可持续发展，必须在合理利用草原的同时，对于草场给予一定的维护，休牧维护是必不可少的环节。关于草地利用问题，生态研究者依据 Nash 均衡博弈的原理和公式，给出了避免放牧者抢用草地、不合理地加大放牧力度而导致的草原退化乃至毁灭的计算分析方法。但是，从长远利益出发，只是用好草场还是不够的。在用好草场的同时，让草场在一定时期内休闲，在休闲期间的维护是一个关键环节。本节将从 Markov 过程出发，讨论这一问题的原则方法，以期将来在草场休牧维护中，被广泛应用。

草场休牧维护问题，显然是一个棘手的系统运筹问题。因为一方面，如果不休牧，草场只用不修护，就会使草场过于"劳累"，长此下去导致其退化。另一方面，如果休牧时间太长，维护力度过大，也会因为放牧力度不够，经济收益下降。这就好比人要工作，也

要休息一样。因为不会休息的人，就不会工作。但休息的时间太长，工作也会受影响。下面，借助基础数学知识（复旦大学，1981）来讨论草场维护。

3.2.4.1　可用于本研究的 Markov 链基本原理

假定限于研究齐次的可数 Markov 链。为确定起见，设所研究的齐次可数马尔可夫链为 $\{X(n)$，$n=0$，1，2，$\cdots\}$，并且以 $I=\{0$，1，2，$\cdots\}$ 为它的状态空间。今后，还将把"$X(n)=i$"说为"时刻 n 时马尔可夫链或系统处于状态 i"等。

再设此马尔可夫链的一步转移概率为 $\{p_{ij}\}$；n 步转移概率为 $\{p_{ij}^{(n)}\}$。

这一节分为四小段，第一、第二段从研究状态转移的情况出发，依次引出系统状态的分类，以及状态空间的分解等内容，第三段研究状态运动的极限性质，第四段进一步讨论一些特殊的马尔可夫链，并指出某些应用。

（1）首次进入时间和状态分类

如果对状态 i 和 j，存在某个 $n\geqslant1$，使 $p_{ij}^{(n)}>0$，即从状态 i 出发，经某个 n 步，可以正的概率到达状态 j，则称自状态 i 可达状态 j，并记为 $i\rightarrow j$。反之，若自状态 i 不可达状态 j，记为 $i\nrightarrow j$，此时对一切 $n\geqslant1$，$p_{ij}^{(n)}=0$。

若 $i\rightarrow j$，$j\rightarrow i$，则称状态 i 和状态 j 相通，记为 $i\leftrightarrow j$。我们有下列的定理

若 $i\rightarrow k$，$k\rightarrow j$，则 $i\rightarrow j$。

其中第一个不等式是由于所有的 $p_{ik}^{(l)}$ 和 $p_{kj}^{(n)}$ 都是非负的，按定义，即 $i\rightarrow j$。

系 1

如 $i\rightarrow k_1$，$k_1\rightarrow k_2$，$\cdots$，$k_{n-1}\rightarrow k_n$，$k_n\rightarrow j$，则 $i\rightarrow j$。

系 2

如 $i\leftrightarrow k_1$，$k_1\leftrightarrow k_2$，$\cdots$，$k_{n-1}\leftrightarrow k_n$，$k_n\leftrightarrow j$，则 $i\leftrightarrow j$。

对于任意两个状态 i 和 j，在事件 $\{X(0)=i\}$ 上引入随机变量

$$T_{ij}\triangleq\min\{n:X(0)=i,X(n)=j,n\geqslant1\}\tag{3-57}$$

即 T_{ij} 是从状态 i 出发，首次进入状态 j 的时刻，对 $\omega\in\{X(0)\neq i\}$ 或 $\omega\in\{X(0)=i$，$X(n)\neq j$，$n\geqslant1\}$，我们也可形式地补充规定为 $T_{ij}(\omega)=+\infty$。此外，再定义

$$f_{ij}^{(n)}\triangleq P\{T_{ij}=n\mid X(0)=i\}\geqslant0\tag{3-58}$$

即系统自状态 i 出发，经 n 步首次到达状态 j 的概率，显然有

$$f_{ij}^{(n)}=P\{X(n)=j;X(m)\neq j,m=1,2,\cdots,n-1\mid X(0)=i\}$$

$$=\sum_{i_1\neq j}\cdots\sum_{i_{n-1}\neq j}p_{ii_1}p_{i_1i_2}\cdots p_{i_{n-1}j}(n\geqslant1)\tag{3-59}$$

再定义

$$f_{ij}\triangleq\sum_{n=1}^{\infty}f_{ij}^{(n)}=\sum_{n=1}^{\infty}P\{T_{ij}=n\}=P\{T_{ij}<\infty\}\tag{3-60}$$

它是系统自状态 i 出发，迟早要到达状态 j 的概率，显然有

$$0\leqslant f_{ij}^{(n)}\leqslant f_{ij}\leqslant1\tag{3-61}$$

我们先来证明一个联系 $f_{ij}^{(n)}$ 和 $p_{ij}^{(n)}$ 常用引理。

引理对任意的 i，$j\in I$ 及 $1\leqslant n<\infty$，有

$$p_{ij}^{(n)} = \sum_{i=1}^{n} f_{ij}^{(l)} p_{jj}^{(n-l)} \tag{3-62}$$

利用上述引理，可以帮助我们建立 $p_{ij}^{(n)}$ 的许多性质。

定理

$f_{ij} > 0$ 的充要条件是 $i \to j$。

系

$i \leftrightarrow j$，即 i 与 j 相通的充要条件是：$f_{ij} > 0$，$f_{ji} > 0$。

在 $i = j$ 时，T_{ii} 便是自状态 i 出发，首次返回状态 i 的时刻，f_{ii} 便是自状态 i 出发，在有限步内迟早要返回状态 i 的概率，它当然是 0 与 1 之间的一个数，但可能有两种情况。

如果 $f_{ii} = 1$，则称状态 i 是常返的；如果 $f_{ii} < 1$，则称状态 i 是非常返的，有时也称为滑过的。

定理

若状态 j 是常返的，则以概率 1，系统无穷次返回状态 j；若状态 j 是非常返的，则以概率 1，系统只有有限次返回状态 j，亦即系统无穷次返回状态 j 的概率为零。

定理

状态 j 常返的充分必要条件是 $\displaystyle\sum_{n=1}^{\infty} p_{jj}^{(n)} = \infty$ 。

对于常返状态 i，我们进一步来研究它的平均返回时间。

$$\mu_i = \sum_{n=1}^{\infty} n \cdot f_{ii}^{(n)} \tag{3-63}$$

同样可能有两种情形，如果 $\mu_i < \infty$，则称 i 为正常返的；如果 $\mu_i = \infty \left(\text{或} \dfrac{1}{\mu_i} = 0 \right)$，则称 i 为零常返的。

称状态 i 是周期为 t $(t > 1)$ 的，如果 $p_{ii}^{(n)}$ 除 $n = t$，$2t$，$3t$，$\cdots$ 外均为零，但没有比 t 更大的 t' 使 $p_{ii}^{(n)}$ 除 $n = t'$，$2t'$，$3t'$，$\cdots$ 外均为零；当不存在上述的 t 时，状态 i 称为非周期的。

非周期的正常返状态，称为遍历状态。

不加证明可给出下列两条定理。

定理

若 i 是常返状态，则 i 是零常返的充要条件是

$$\lim_{n \to \infty} p_{ii}^{(n)} = 0 \tag{3-64}$$

系

如果 j 是零常返状态，则 $\displaystyle\lim_{n \to \infty} p_{ij}^{(n)} = 0$ 。

定理　如 i 是遍历状态，即非周期的正常返状态，则

$$\lim_{n \to \infty} p_{ii}^{(n)} = \frac{1}{\mu_i} \tag{3-65}$$

如果 i 是周期为 t 的正常返状态，则

$$\lim_{n \to \infty} p_{ii}^{(nt)} = \frac{t}{\mu_i} \tag{3-66}$$

根据上述的定理，可得知如下的依赖于 $p_{ii}^{(n)}$ 的渐近性质的关于状态性质的判别法：

状态 i 非常返 $\Leftrightarrow \sum\limits_{n=1}^{\infty} p_{ii}^{(n)} < \infty$（当然有 $\lim\limits_{n\to\infty} p_{ii}^{(n)} = 0$）；

状态 i 零常返 $\Leftrightarrow \sum\limits_{n=1}^{\infty} p_{ii}^{(n)} < \infty$，且 $\lim\limits_{n\to\infty} p_{ii}^{(n)} = 0$；

状态 i 正常返 $\Leftrightarrow \sum\limits_{n=1}^{\infty} p_{ii}^{(n)} < \infty$，且 $\overline{\lim\limits_{n\to\infty}} p_{ii}^{(n)} > 0$。

其中 $\overline{\lim\limits_{n\to\infty}}$ 表示上极限，特别在非周期的场合，必有

$$\overline{\lim_{n\to\infty}} p_{ii}^{(n)} = \lim_{n\to\infty} p_{ii}^{(n)} = \frac{1}{\mu_i} > 0 \tag{3-67}$$

定理

如 $i\leftrightarrow j$，则它们或同为非常返或同为常返；在后一场合，或同为零常返或同为正常返。

定理

如 $i\leftrightarrow j$，则它们或同为非周期的或同为周期的；在后一场合有相同的周期 t。

（2）闭集和状态空间的分解

由一些状态组成的集合 C 称为是闭的（或闭集），如果对任意 $i\in C$ 和 $j\notin C$，有 $p_{ij}=0$，由此进一步可推出，对 $i\in C$，$j\notin C$，

$$p_{ij}^{(2)} = \sum_{k=0}^{\infty} p_{ik}p_{kj} = \sum_{k\in C} p_{ik}p_{kj} + \sum_{k\notin C} p_{ik}p_{kj} = 0 + 0 = 0 \tag{3-68}$$

用归纳法，可以证明：

$$p_{ij}^{(n)} = 0, \quad i\in C, j\notin C \tag{3-69}$$

即对 $i\in C$，$j\notin C$，自状态 i 出发，不能到达状态 j。

由此显然可得，对一切 $n\geq1$ 和 $i\in C$，有

$$\sum_{j\in C} p_{ij}^{(n)} = 1 \tag{3-70}$$

显然，整个状态空间构成一个闭集，这是较大的闭集，另外，吸收状态也构成一个闭集，这是较小的闭集。

除整个状态空间外，没有别的闭集的 Markov 链称为是不可约的。

定理

所有常返状态构成一个闭集。

下面用 C 表示由所有常返状态组成的闭集。

系

不可约 Markov 链或者没有非常返状态或者没有常返状态。

定理

在 C 中，相通关系 $i\leftrightarrow j$ 是等价关系，即具有下列三个性质：

1）自返性：$i\leftrightarrow i$；

2）对称性：如 $i\leftrightarrow j$，则 $j\leftrightarrow i$；

3）传递性：如 $i\leftrightarrow j$，$j\leftrightarrow k$，则 $i\leftrightarrow k$。

定理

所有的常返状态可分为若干个互不相交的闭集 $\{C_h\}$，且有：

1）C_h 中任二状态相通；

2）C_h 中的任一状态和 C_g 中的任一状态，在 $h \neq g$ 时，互不相通。

今后将称 C_1，C_2，$\cdots$ 为基本常返闭集。

基于上述一些定理，我们知道，整个状态空间 I 可分解成

$$I = N + C_1 + C_2 + \cdots \tag{3-71}$$

式中，N 为所有非常返状态组成的集合；C_1，C_2，$\cdots$，都是由常返状态组成的闭集，这些常返闭集内部是相通的，但两个常返闭集之间是互不相通的。

如从某一非常返状态出发，系统可能一直在非常返集 N 中，也可能进入某个基本常返闭集；一旦进入某个基本常返闭集后，即一直停留在这个基本常返闭集中，如从某一常返状态出发，则系统就一直停留在这个状态所在的基本常返闭集之中。

系

在只有常返状态的不可约链中，所有状态都是相通的。

关于系统进入基本常返闭集后的运动情形，我们有：

定理

每一周期为 t 的基本常返闭集 C_h，可以进一步分解成 t 个互不相交的子集：

$$C_h = C_h(0) + C_h(1) + \cdots + C_h(t-1) \tag{3-72}$$

且这些子集可适当安排，使其有如下性质：自 $C_h(l)$ 中的任一状态，下一步必然到达 $C_h(l+1)$ 中的某一个状态，其中若 $l = t-1$，则 $l+1 = t$ 解释为 0，即 $l+1 = t \equiv 0 \pmod{t}$。

根据这一定理，系统进入基本常返闭集后的运动，当此常返闭集的周期为 t 时，应是在 t 个子集中依次做循环的运动：

$$C_h(l) \to C_h(l+1) \to \cdots \to C_h(t-1) \to C_h(0) \to C_h(1) \to \cdots \tag{3-73}$$

对于有限齐次 Markov 链，我们还有如下几个更进一步的结果。

定理

有限齐次 Markov 链的所有非常返状态组成的集合 N 不可能是闭集，亦即不管系统自什么状态出发，迟早要进入常返闭集。

系

不可约的有限齐次 Markov 链的状态都是常返的。

定理

有限齐次 Markov 链没有零常返状态。

定理

不可约的有限齐次 Markov 链的状态都是正常返的。

（3）$p_{ij}^{(n)}$ 的渐近性质与平衡分布

在本段中，我们将说明，$p_{ij}^{(n)}$ 在 $n \to \infty$ 时的极限在一定意义下都存在，而且它的值与初始状态 i 无关，同时还给出极限分布的一些性质。

定理

如 j 是非常返或零常返状态，则

$$\lim_{n\to\infty}p_{ij}^{(n)} = 0 \tag{3-74}$$

定理

如 j 是非周期的正常返状态，即 j 是遍历状态，则

$$\lim_{n\to\infty}p_{ij}^{(n)} = \frac{1}{\mu_j}\cdot f_{ii} \tag{3-75}$$

定理

如 j 是常返状态，且 $j\to i$，即 $f_{ji}>0$，则 $f_{ij}=1$。

系

在不可约的常返链中，即在所有状态都是常返状态且相互相通的 Markov 链中，一切的 $f_{ij}=1$。

对于不可约链，根据以上定理的系可知，或者它的所有状态都是非常返的，这时称为不可约的非常返链；或者它的所有状态都是常返的，这时称为不可约的常返链，下面的定理给出了上述可能的一个差别准则。

定理

不可约链是常返的充分必要条件是下列方程组没有一个非零的有界解

$$z_i = \sum_{f=1}^{\infty}p_{ij}z_j, \qquad i = 1,2,\cdots \tag{3-76}$$

对于不可约的常返链，或者它的所有状态都是零常返的，这时称为不可约的零常返链；或者它的所有状态都是正常返的，这时称为不可约的正常返链，特别如果它的状态还是非周期的，则称为不可约的遍历链。

为了给出上述两种可能的一个差别准则，还需要引入平稳分布的概念，一个概率分布 $\{v_j\}$，即 $v_j\geq0$ 和 $\sum_{j=0}^{\infty}v_j = 1$，称为 Markov 链 $\{p_{ij}\}$ 的平稳分布，如有

$$v_j = \sum_{i=0}^{\infty}v_ip_{ij} \tag{3-77}$$

对于平稳分布，有

$$v_j = \sum_i v_ip_{ij} = \sum_i\left(\sum_k v_kp_{ki}\right)p_{ij}$$
$$= \sum_k v_k\left(\sum_i p_{ki}p_{ij}\right) = \sum_k v_kp_{kj}^{(2)} \tag{3-78}$$

一般有

$$v_j = \sum_{i=0}^{\infty}v_ip_{ij}^{(n)} \tag{3-79}$$

而且，如果 Markov 链的初始分布

$$P\{X(0) = j\} = f_j \tag{3-80}$$

恰好是平稳分布，则对一切 n，$X(n)$ 的分布也是平稳分布，且正好就是 f_i，事实上我们有

$$P\{X(n) = j\} = \sum_{i=0}^{\infty}P\{X(0) = i\}P\{X(n) = j\mid X(0) = i\}$$

$$= \sum_{i=0}^{\infty} f_i p_{ij}^{(n)} = f_j \tag{3-81}$$

与平稳分布相关的是所谓极限分布的概念。在不可约链的场合，由以上定理可知，如 j 是非周期的，则

$$\lim_{n \to \infty} p_{ij}^{(n)} = \frac{1}{\mu_j} \geqslant 0 \tag{3-82}$$

下称 $\left\{\frac{1}{\mu_j}\right\}$ 为极限分布。

我们有

定理

非周期不可约链是正常返的充分必要条件是它存在平稳分布，且此时平稳分布就是极限分布。

系

非周期不可约正常返链的平稳分布是唯一的，就是极限分布。

下面我们用上述一些定理来分析带一个反射壁的随机游动。显然，这一 Markov 链是非周期不可约的。为了研究它是否是常返的，根据定理要考察方程组有否非零的有界解。现在的方程组是

$$z_1 = \sum_{j=1}^{\infty} p_{1j} z_j = p z_2 \tag{3-83}$$

$$z_i = \sum_{j=1}^{\infty} p_{ij} z_j = q z_{i-1} + p z_{i+1}, \quad i = 2, 3, \cdots \tag{3-84}$$

以上两式可改写为

$$z_2 - z_1 = \frac{q}{p} z_1 \tag{3-85}$$

$$z_{i+1} - z_i = \frac{q}{p}(z_i - z_{i-1}), \quad i = 2, 3, \cdots \tag{3-86}$$

由此易得

$$z_{i+1} - z_i = \left(\frac{q}{p}\right)^i \cdot z_1, \quad i = 2, 3, \cdots \tag{3-87}$$

进而有

$$z_i - z_1 = \left[\left(\frac{q}{p}\right)^{i-1} + \left(\frac{q}{p}\right)^{i-2} + \cdots + \frac{q}{p}\right] z_1, \quad i = 2, 3 \cdots \tag{3-88}$$

最后得

$$z_i = \frac{1 - \left(\frac{q}{p}\right)^i}{1 - \frac{q}{p}} \cdot z_1, \quad i = 1, 2, 3, \cdots \tag{3-89}$$

由此显然可见，如 $p > q$，则 z_i 是有界的，于是链是非常返的。在 $p = q = 1/2$ 时，有 $z_i = i \cdot z_1$ 是无界的，在 $p < q$ 时，z_i 也是无界的，所以，在 $p \leqslant q$ 时，链是常返的。

现在进一步分析 $p \leqslant q$ 时，链什么时应是正常返，什么时应是零常返的，根据定理要

考察方程组，看是否存在平稳分布，现在的方程组是

$$v_0 = \sum_{i=0}^{\infty} v_i p_{i0} = q v_0 + q v_1 \tag{3-90}$$

$$v_j = \sum_{i=0}^{\infty} v_i p_{ij} = v_{j-1} \cdot p + v_{j+1} \cdot q \tag{3-91}$$

它们可改写为

$$v_1 = \frac{p}{q} v_0 \tag{3-92}$$

$$v_{j+1} - v_j = \frac{p}{q}(v_j - v_{j-1}), \quad j = 1, 2, 3, \cdots \tag{3-93}$$

仿前可解得

$$v_j = \left(\frac{p}{q}\right)^j \cdot v_0, \quad j = 0, 1, 2, 3, \cdots \tag{3-94}$$

只要 $v_0 \geq 0$，则一切 $v_j \geq 0$，再由要求 $\sum_{j=0}^{\infty} v_j = 1$，即

$$\left[1 + \frac{p}{q} + \left(\frac{p}{q}\right)^2 + \cdots\right] v_0 = 1 \tag{3-95}$$

可以定出 v_0，但在 $p = q = \frac{1}{2}$，即 $\frac{p}{q} = 1$ 时，上述括号中的级数发散，于是不存在平稳分布，即此时链是零常返的，而在 $p < q$ 时，易得

$$v_0 = \left(\frac{1}{1 - \frac{p}{q}}\right)^{-1} = 1 - \frac{p}{q} > 0 \tag{3-96}$$

$$v_j = \left(1 - \frac{p}{q}\right)\left(\frac{p}{q}\right)^j, \quad j = 1, 2, 3, \cdots \tag{3-97}$$

它是平稳分布，于是此时链是正常返的，又因是非周期的，所以也是遍历的。

综上所述，有

$p > q \Leftrightarrow$ 链是非常返的；

$p = q \Leftrightarrow$ 链是零常返的；

$p < q \Leftrightarrow$ 链是正常返的。

3.2.4.2　可用于本研究的纯不连续 Markov 过程

下面将研究时间 t 连续变化的 Markov 过程 $X(t)$，$t \in T$，为确定起见，恒假定 $T = [0, \infty)$，状态空间 $X = (-\infty, \infty)$。我们主要研究两类特殊的 Markov 过程，本节中讨论纯不连续 Markov 过程，此时系统处于某一状态中不变，直至某一瞬间状态发生跳跃而到达一个新的状态，此后一直停留于这个新状态中直到发生新的跳跃为止。3.2.4.3 节中讨论扩散过程，此时系统的状态随着时间变化一直在做连续的变化，更一般的同时具有上述两种变化的 Markov 过程，本书将不作讨论。

（1）定义与例子

以 $F(s, x; t, y)$ 表示时刻 s 时系统处于状态 x，而在时刻 t 时系统处于 $(-\infty, y)$

中的概率，即

$$F(s,x;t,y) = P\{X(t) < y \mid X(s) = x\}, \quad t \geqslant s \tag{3-98}$$

它当然具有前面所说的一些性质。

1) $$F(s,x;s,y) = \eta(x,y) = \begin{cases} 1, & x < y \\ 0, & x \geqslant y \end{cases} \tag{3-99}$$

今后还假定满足连续性条件

$$\lim_{s \to t-0} F(s,x;t,y) = \lim_{t \to s+0} F(s,x,;t,y) = \eta(x,y) \tag{3-100}$$

2) $F(s, x; t, y)$ 关于 x 是可测函数，关于 y 是分布函数，即它是 y 的单调非降函数，且 $F(s, x; t, -\infty) = 0$ 和 $F(s, x; t, +\infty) = 1$。

3) 满足 Chepman-Kolmogorov 方程：

$$F(s,x;t,y) = \int_{-\infty}^{\infty} d_2 F(s,x;u,z) F(u,z;t,y) \tag{3-101}$$

所谓纯不连续过程，则还要求 $F(s, x; t, y)$ 满足：

在 $X(t) = x$ 时，系统在 $(t, t+\Delta t)$ 中将以概率 $1 - q(t, x)\Delta t + o(\Delta t)$ [$o(\Delta t)$ 一个记号，它表示关于 Δt 的一个高阶无穷小量，即 $\lim\limits_{\Delta t \to 0} \dfrac{o(\Delta t)}{\Delta t} = 0$，下面的 $o(1)$ 表示无穷小量，即 $\lim\limits_{\Delta t \to 0} o(1) = 0$]。留在此状态中，或以概率 $q(t, x)\Delta t + o(\Delta t)$ 发生跳跃；若发生跳跃，则 $X(t + \Delta t)$ 的分布由分布 $Q(t, x; y) + o(1)$ 给出。总结起来，有

$$F(t,x;t+\Delta t,y)$$
$$= (1 - q(t,x)\Delta t)\eta(x,y) + q(t,x)\Delta t Q(t,x;y) + o(\Delta t) \tag{3-102}$$

式中，$q(t, x)$ 常称为跳跃率函数或跳跃强度函数，它总是非负的。$Q(t, x; y)$ 是一条件分布函数，因此关于 y 它是单调非降的，且有 $Q(t, x; -\infty) = 0$，$Q(t, x; +\infty) = 1$。又因为 $Q(t, x; y)$ 是近似描写 $X(t) = x$ 且在 $(t, t+\Delta t)$ 发生跳跃的条件下 $X(t + \Delta t)$ 的分布，所以还必须有 $Q(t, x; y)$ 关于 y 在 $y = x$ 连续。

现在来说明，Poisson 过程是纯不连续过程，根据定义，并利用 $X(t + \Delta t) - X(t)$ 与 $X(t)$ 的独立性，我们有

$$F(t,x;t+\Delta t,y) = P\{X(t+\Delta t) < y \mid X(t) = x\}$$

$$= \sum_{z=0}^{k} P\{X(t+\Delta t) = z \mid X(t) = x\}$$

$$= \sum_{z=0}^{k} P\{X(t+\Delta t) - X(t) = z - x \mid X(t) = x\}$$

$$= \sum_{z=0}^{k} P\{X(t+\Delta t) - X(t) = z - x\} \tag{3-103}$$

式中，k 表示满足条件 "$l < y$" 的最大的整数 l；x，z 等均为整数。根据 Poisson 过程的定义，当 $z - x < 0$ 时，$P\{X(t+\Delta t) - X(t) = z - x\}$ 都是零，因而可以不计，于是当 $y \leqslant x$ 时，所有右边和式中的项都是零，从而 $F(t, x; t+\Delta t, y) = 0$，而当 $y > x$ 时，有

$$F(t,x;t+\Delta t,y) = P\{X(t+\Delta t) - X(t) = 0\}$$
$$+ P\{X(t+\Delta t) - X(t) = 1\}$$

$$+ \sum_{l=2}^{k-x} P\{X(t+\Delta t) - X(t) = l\} \qquad (3\text{-}104)$$

式中，第一项表示在 $(t, t+\Delta t)$ 中系统状态不变的概率，它按 Poisson 过程的定义是

$$P\{X(t+\Delta t) - X(t) = 0\} = e^{-\lambda \Delta t} = 1 - \lambda \Delta t + o(\Delta t) \qquad (3\text{-}105)$$

第二项表示在 $(t, t+\Delta t)$ 中系统状态发生跳跃，且恰好变到状态 $x+1$ 的概率，它是

$$P\{X(t+\Delta t) - X(t) = 1\} = e^{-\lambda \Delta t} \lambda \Delta t = \lambda \Delta t + o(\Delta t)t \qquad (3\text{-}106)$$

第三项表示在 $(t, t+\Delta t)$ 中系统状态发生跳跃，且变到 $x+1$ 之外其他状态的概率，它是

$$\sum_{l=2}^{k-x} P\{X(t+\Delta t) - X(t) = l\}$$

$$= \sum_{l=2}^{k-x} e^{-\lambda \Delta t} \frac{(\lambda \Delta t)^l}{l!}$$

$$\leqslant \sum_{l=2}^{\infty} e^{-\lambda \Delta t} \frac{(\lambda \Delta t)^l}{l!}$$

$$= e^{-\lambda \Delta t} \left(\sum_{l=0}^{\infty} \frac{(\lambda \Delta t)^l}{l!} - 1 - \lambda \Delta t \right)$$

$$= 1 - e^{-\lambda \Delta t} (1 - \lambda \Delta t)$$

$$= 1 - (1 - \lambda \Delta t + o(\Delta t))(1 + \lambda \Delta t)$$

$$= 1 - 1 + o(\Delta t) = o(\Delta t) \qquad (3\text{-}107)$$

综上所述可知，在 $X(t) = x$ 时，系统在 $(t, t+\Delta t)$ 中以概率 $1 - \lambda \Delta t + o(\Delta t)$ 留在此状态中，而以概率 $\lambda \Delta t + o(\Delta t)$ 发生跳跃；在发生跳跃的条件下，系统以概率 $1 + o(1)$ 进入状态 $x+1$，因为

$$P\{X(t+\Delta t) - X(t) = 1 \mid X(t+\Delta t) - X(t) \geqslant 1\}$$

$$= \frac{P\{X(t+\Delta t) - X(t) = 1\}}{P\{X(t+\Delta t) - X(t) \geqslant 1\}}$$

$$= \frac{\lambda \Delta t + o(\Delta t)}{\lambda \Delta t + o(\Delta t)} = 1 + o(\Delta t) \qquad (3\text{-}108)$$

于是可知，Poisson 过程是纯不连续的 Markov 过程，相应地有

$$q(t,x) = \lambda$$

$$Q(t,x;y) = \begin{cases} 1, & y > x+1 \\ 0, & \text{其他} \end{cases} \qquad (3\text{-}109)$$

顺便指出，这时的 $q(t, x)$ 和 $Q(t, x; y)$ 均与 t 无关，一般当 $q(t, x)$ 和 $Q(t, x; y)$ 与 t 无关时，相应的纯不连续的 Markov 过程称为齐次的。因此，Poisson 过程也是齐次的纯不连续的 Markov 过程。

更多的纯不连续的 Markov 过程将在本节的后面给出。

（2）Kormogorov-Feller 积微分方程

在本段中，我们将证明纯不连续 Markov 过程的转移概率 $F(s, x; t, y)$ 满足一对称为 Kormogorov-Feller 积微分方程。

定理

设 $X(t)$ 是纯不连续的 Markov 过程，$F(s, x; t, y)$ 是它的转移概率，它满足式（3-98）。假定它的 $q(t, x)$ 是有限，非负和关于 t 是连续的，$Q(t, x; y)$ 关于 t 是连续的，则有

$$\frac{\partial}{\partial s} F(s,x;t,y) = q(s,x) F(s,x;t,y)$$
$$- q(s,x) \int_{-\infty}^{\infty} \mathrm{d}_z Q(s,x;z) F(s,z;t,y) \tag{3-110}$$

若进一步假定 $q(t, x)$ 有界，则还有

$$\frac{\partial}{\partial s} F(s,x;t,y) = - \int_{-\infty}^{y} q(t,z) \mathrm{d}_z F(s,x;t,z)$$
$$+ \int_{-\infty}^{\infty} q(t,z) Q(t,z;y) \mathrm{d}_z F(s,x;t,z) \tag{3-111}$$

有了上述的定理之后，一个自然的问题是它的反问题：给定 $q(t, x)$ 和 $Q(t, x; y)$ 后，是否存在一个转移概率 $F(s, x; t, y)$ 使式（3-98）、式（3-110）、式（3-111）成立，若存在是否是唯一的。

（3）齐次可数的场合

在齐次可数的场合，进行的研究最多，结果也比较深入。在这一段中，我们将介绍其中的一部分，由于齐次可数的假定，一般的转移概率就变为 $\{p_{ij}(t), i, j = 0, 1, 2, \cdots\}$，它们显然有

$$p_{ij}(t) \geqslant 0$$
$$\sum_{j=0}^{\infty} p_{ij}(t) = 1 \tag{3-112}$$

和 Chepman-Kolmogorov 方程：

$$p_{ij}(s + t) = \sum_{k=0}^{\infty} p_{ik}(s) p_{kj}(t) \tag{3-113}$$

此外，一般还假定

$$\lim_{t \to 0} p_{ij}(t) = \delta_{ij} = \begin{cases} 1, & i = j \\ 0, & i \neq j \end{cases} \tag{3-114}$$

通常称为连续性条件。

与上一段一般的场合不同，在齐次可数的场合，只要从式（3-112）~式（3-114）这些很自然的条件出发，就可以推出 $p_{ij}(t)$ 的可微性，以及 Kolmogorov 方程等。

定理

下列极限总存在：

$$\lim_{h \to 0+} \frac{1 - p_{ii}(h)}{h} \equiv q_i \leqslant \infty \tag{3-115}$$

且对一切 $t > 0$，总有

$$\frac{1 - p_{ii}(t)}{t} \leqslant q_i \tag{3-116}$$

而且不满足下列关系：

$$p'_{ij}(t+s) = \sum_{k=0}^{\infty} p'_{ik}(t)p_{kj}(s), \quad t > 0, s \geq 0$$

$$\sum_{k=0}^{\infty} p'_{ik}(t) = 0 \tag{3-117}$$

$$\sum_{k=0}^{\infty} | p'_{ik}(t) | \leq 2q_i$$

定理

如 $q_i < \infty$，则对一切 $t>0$ 和 j，$p'_{ij}(t)$ 存在且连续。

上面对 $q_i < \infty$ 证明了 $p_{ij}(t)$ 在 $t>0$ 处的可微性，可以证明当 $q_i = \infty$ 时，定理同样是成立的。下面进一步证明它在 $t=0$ 处也是可微的。

定理

下列极限总存在

$$\lim_{t \to 0} \frac{p_{ij}(t)}{t} \equiv q_{ij} < \infty, \quad i \neq j \tag{3-118}$$

系

对有限 Markov 过程，$q_i < \infty$，且

$$\infty > q_i = \sum_{j \neq i} q_{ij} \tag{3-119}$$

但在状态无限时，式（3-119）一般不一定成立，而只有当

$$\sum_{j \neq i} q_{ij} \leq q_i \tag{3-120}$$

式（3-120）成立时，称为保守的，上述的式（3-119）正说明有限 Markov 过程总是保守的。

下面进一步来讨论 Kolmogorov 方程。我们有：

定理

对给定的 i，$p_{ij}(t)$ 满足下列后退 Kolmogorov 方程

$$p'_{ij}(t) = -q_i p_{ij}(t) + \sum_{k \neq i} q_{ik} p_{kj}(t) \tag{3-121}$$

的充要条件是

$$q_i < \infty, \quad q_i = \sum q_{ij} \tag{3-122}$$

定理

对给定的 j，如 $q_j < \infty$，且

$$\lim_{h \to 0} \frac{p_{kj}(h)}{h} = q_{kj}, \quad k \neq j \tag{3-123}$$

关于 k 一致成立，则下列前进 Kolmogorov 方程成立：

$$p'_{ij}(t) = -p_{ij}(t)q_j + \sum_{k \neq j} p_{ik}(t)q_{kj} \tag{3-124}$$

上面我们讨论了 $p_{ij}(t)$ 在 $t \to 0$ 时的性质，即 $p_{ij}(t)$ 在 $t=0$ 处的连续性、可微性等，这些可以说是 $p_{ij}(t)$ 的无穷小性质。下面再来简单地讨论一下，$p_{ij}(t)$ 在 $t \to \infty$ 时的性

质，也就是 $p_{ij}(t)$ 的遍历性质，它与上面提到的平稳分布有着直接的关系。

为简化起见，我们假定所有状态都是相通的，即对任意的 i 和 j，存在 $s>0$ 和 $t>0$，使

$$p_{ij}(s)>0 \text{ 和 } p_{ji}(t)>0 \qquad (3\text{-}125)$$

对任一 $h>0$，显然 $\{p_{ij}(t),t\geq 0\}$ 的步长为 h 的离散骨架。

定理

$\{p_{ij}(h)\}$ 是不可约，非周期的。

系

对一切 h 和 i,j，下列极限存在，且与 i 无关

$$\lim_{n\to\infty}p_{ij}^{(n)}(h)=\lim_{n\to\infty}p_{ij}(nh)=\pi_j(h) \qquad (3\text{-}126)$$

定理

对一切 i,j，下列极限存在，且与 i 无关

$$\lim_{n\to\infty}p_{ij}(t)=\pi_j \qquad (3\text{-}127)$$

定理

$\{\pi_j\}$ 有下列性质：

1) $\pi_j\geq 0$；

2) $\sum\limits_{j=0}^{\infty}\pi_j\leq 1$；

3) 对任意 $s>0$，有 $\pi_j=\sum\limits_{k=0}^{\infty}\pi_k p_{kj}(s)$。

与 Markov 链时一样，当 $\pi_j>0$ 时，称状态 j 为正常返的，由于总是非周期的，所以也是遍历的，此时，我们有

定理

如对某个 $\pi_j>0$，则对一切 i，$\pi_i>0$，且有：

1) $\sum\limits_{j=0}^{\infty}\pi_j=1$；

2) $\sum\limits_{k\neq j}^{\infty}\pi_k q_{kj}=\pi_j q_j$，即满足平稳分布应满足的方程。

作为上述原理重要应用的一个方面，即是在随机过程中常提到的生灭过程。

设 $X(t)$，$t\geq 0$ 是齐次可数 Markov 过程，如它的转移概率 $p_{ij}(t)$ 满足

$$
\begin{aligned}
&p_{ii+1}(\tau)=\lambda_i\tau+o(\tau)(\lambda_i>0)\\
&p_{ii-1}(\tau)=\mu_i\tau+o(\tau)(\mu_i>0,\mu_0=0)\\
&p_{ii}(\tau)=1-(\lambda_i+\mu_i)\tau+o(\tau)\\
&p_{ii}(\tau)=o(\tau),|i-j|\geq 2
\end{aligned}
\qquad (3\text{-}128)
$$

则称为生灭过程，不难看出生灭过程的状态都是相通的。

上述诸式合起来有如下的概率解释。在长为 τ 的一小段时间中，在忽略高级无穷小项后，只有三种可能，状态由 i 变到 $i+1$，也就是增加 1 [如将 $X(t)$ 理解为 t 时刻某群体的大小，则就是生出一个个体]，其概率为 $\lambda_i\tau$；由 i 变到 $i-1$，也就是减小 1，或死去一

个个体，其概率为 $\mu_i\tau$；或状态不变，其概率为 $1-(\lambda_i+\mu_i)\tau$，生灭过程的命名的理由也在于此。

不难看出，相应的 q_i、q_{ij} 为

$$q_i = \lambda_i + \mu_i$$
$$q_{ii-1} = \mu_i, q_{ii+1} = \lambda_i \tag{3-129}$$
$$q_{ij} = 0, |i-j| \geqslant 2$$

而相应的后退 Kolmogorov 方程为

$$p'_{ij}(t) = -(\lambda_i+\mu_i)p_{ij}(t) + \lambda_i p_{i+1j}(t) + \mu_i p_{i-1j}(t) \tag{3-130}$$

前进 Kolmogorov 方程为

$$p'_{ij}(t) = -p_{ij}(t)(\lambda_i+\mu_i) + p_{ij-1}(t)\lambda_{j-1} + p_{ij+1}(t)\mu_{j+1} \tag{3-131}$$

无条件概率满足的方程为

$$p'_j(t) = -p_j(t)(\lambda_j+\mu_j) + p_{j-1}(t)\lambda_{j-1} + p_{j+1}(t)\mu_{j+1} \tag{3-132}$$
$$j = 0,1,2,\cdots$$
$$p_{-1}(t) = 0$$

若假定平稳分布 $\{p_i, i=0,1,2,\cdots\}$ 存在，则有

$$-(\lambda_i+\mu_i)p_i + \lambda_{i-1}p_{i-1} + \mu_{i+1}p_{i+1} = 0, \quad i=1,2,\cdots$$
$$-\lambda_0 p_0 + \mu_1 p_1 = 0 \tag{3-133}$$

当一切 $\mu_k > 0$ 时，可逐步求得

$$p_1 = \frac{\lambda_0}{\mu_1}p_0$$
$$p_2 = \frac{\lambda_0\lambda_1}{\mu_1\mu_2}p_0$$
$$\vdots$$
$$p_3 = \frac{\lambda_0\lambda_1\cdots\lambda_{k-1}}{\mu_1\mu_2\cdots\mu_k}p_0 \tag{3-134}$$
$$\vdots$$

再由 $\sum_{k=0}^{\infty} p_k = 1$，可知

$$p_0 = \left(1 + \sum_{k=1}^{\infty}\frac{\lambda_0\lambda_1\cdots\lambda_{k-1}}{\mu_1\mu_2\cdots\mu_k}\right)^{-1} \tag{3-135}$$

3.2.4.3　休牧维护力度模型初探

对于草场进行休牧维护，是在我国广大牧区多年牧草管理经验教训基础上，广大干部和牧民生态意识普遍提高的前提下的产物。对于其中的主要措施——退牧还草——更有政策方面和效益评价研究（黄得林和王济民，2004；包利民，2006；曹世雄等，2006；赵成章和贾亮红，2008）。赵成章和贾亮红（2008）对退耕还草工程监测体系进行了研究，指出退牧还草工程监测是对工程规划、实施过程和执行结果的客观测量，需要在农村参与式发展理念指导下，引导社区成员协助项目管理者评价生态工程综合效益，借助项目信息反

馈机制合理指导管理者调整项目实施方案，实现项目目标。退牧还草工程监测体系需要涵盖4方面的评价内容：经济效益需要从退牧还草区牧民收入水平和结构、替代产业发展和劳动生产力以及社会贫困面等方面进行参与式评价；社会效益涵盖了退牧还草区社会福利和公共事业发展、弱势群体生存和发展、居民生活质量等指标；生态效益包括退牧还草任务落实情况、草地植被恢复效益和资源环境条件等指标；同时需要评价参与式退牧还草工程监测机制建设情况。

以上的研究，对退耕还草草场休牧的科学运筹决策有重要的意义，使人们对其效益有深入认识，以便进一步贯彻执行有关政策。但人们需求的是在实施生态工程之前，有正确的决策模型。依据调查研究和经验，这里提出用Markov过程做决策的一种模型。

设有 m 个草场，5 种维持力度。这里所说的草场，可能存在的状态只有如下两种，或者处于放牧状态，或者处于休牧待维护状态。所谓维护力度，涉及为维护投入的人力、财力及维护时间等。同一维护任务，若使其处于同一维持力度，投入人力相等及维护时间乘积相同。若假定能力相同的劳动力 100 人，对某一休牧牧场维护 200 天，则维护力度为 $100 \times 200 = 20\,000$ 个单位；而为抢工期用 100 天完成，并完成与上述等价的维护力度，则须投入能力相同的劳动力 200 人，维护力度为 $200 \times 100 = 20\,000$ 个单位。为了讨论的方便，在本模型设计中，先假定投入劳动力人数相同，于是可用时间表示维护力度（因为力度 = 时间 × 人数，人数相同，力度与时间成正比；在实际运用中，可以依人数变化，修改力度值）。

假定发现草场退化到需休牧维护的程度，立即加以维护，并且维护力度无闲置，牧场按（一定指标，下同）先退化者先休牧维护原则，从严格数学意义上，可作如下处理。

假定在时刻 t 时正在放牧的牧场，在 $(t, t+\Delta t)$ 中退化的概率为 $\lambda \Delta t + o(\Delta t)$；时刻 t 时正在维护的一个牧场，在 $(t, t+\Delta t)$ 中被维护好的概率为 $\mu \Delta t + o(\Delta t)$。并假定各牧场之间的状态是相互独立的。

在上述假定下，若用 $X(t)$ 表示时刻 t 时退化了的（包括正在维护和等待维护的，即不在工作的）牧场个数，则可以看出它是一个时齐的有限的 Markov 过程，$0 \leqslant X(t) \leqslant m$。用 $p_{ij}(t)$ 表示它的转移概率，根据上述假定，我们有

$$p_{kk+1}(\Delta t) = (m-k)\lambda \Delta t + o(\Delta t), \quad k = 0,1,2,\cdots,m-1 \qquad (3\text{-}136)$$

这是由于左边表示时刻 t 时有 k 台机床损坏，而在 $(t, t+\Delta t)$ 中又有一台损坏的概率，在忽略掉一个高级无穷小后，它应等于在 $(t, t+\Delta t)$ 中，原来正在工作着的 $m-k$ 个牧场中恰好有一个退化的概率，而后者正好就是 $(m-k)\lambda \Delta t + o(\Delta t)$。

类似地，有

$$p_{kk-1}(\Delta t) = k\mu \Delta t + o(\Delta t), \quad 1 \leqslant k \leqslant s$$
$$p_{kk-1}(\Delta t) = s\mu \Delta t + o(\Delta t), \quad s \leqslant k \leqslant m \qquad (3\text{-}137)$$
$$p_{kj}(\Delta t) = o(\Delta t), \quad |k-j| \geqslant 2$$

于是它是一个生灭过程，相应地，

$$\lambda_k = (m-k)\lambda, \quad k = 0,1,\cdots,m$$

$$\mu_k = \begin{cases} k\mu, & 1 \leqslant k \leqslant s \\ s\mu, & s \leqslant k \leqslant m \end{cases} \qquad (3\text{-}138)$$

由式（3-137）和式（3-138）可知它的平稳分布是

$$p_k = \frac{\lambda_0 \lambda_1 \cdots \lambda_{k-1}}{\mu_1 \mu_2 \cdots \mu_k} p_0$$

$$= \frac{m(m-1)\cdots(m-k+1)}{1 \cdot 2 \cdot \cdots \cdot k} \cdot \frac{\lambda^k}{\mu^k} p_0$$

$$= \left(\frac{m}{k}\right)\left(\frac{\lambda}{\mu}\right)^k p_0, \quad k \leqslant s$$

$$p_k = \frac{\lambda_0 \cdots \lambda_{s-1} \lambda_s \cdots \lambda_k}{\mu_1 \cdots \mu_s \mu_{s+1} \cdots \mu_k} p_0$$

$$= \frac{m(m-1)\cdots(m-s+1)(m-s)\cdots(m-k)}{1 \cdot 2 \cdots s \cdot s \cdots s} \cdot \frac{\lambda^k}{\mu^k} p_0$$

$$= \frac{m(m-1)\cdots(m-k)(s+1)(s+2)\cdots k}{1 \cdot 2 \cdots k \cdot s \cdot s \cdots s} \cdot \left(\frac{\lambda}{\mu}\right)^k p_0$$

$$= \left(\frac{m}{k}\right)\frac{(s+1)\cdots k}{s^{k-s}}\left(\frac{\lambda}{\mu}\right)^k p_0, \quad s < k \leqslant m$$

$$p_0 = \left[1 + \sum_{k=0}^{\infty} \left(\frac{m}{k}\right)\left(\frac{\lambda}{\mu}\right)^k + \sum_{k=s+1}^{m}\left(\frac{m}{k}\right)\frac{(s+1)(s+2)\cdots k}{s^{k-s}}\left(\frac{\lambda}{\mu}\right)^k\right]^{-1} \quad (3\text{-}139)$$

在给定了 m、λ、μ 之后，对于不同的 s，就可以用上述公式求出相应的 $\{p_k\}$，进而求出相应的均值 $\sum_{k=1}^{m} k p_k$。

依据计算出来的数据及所涉及地区的实际经济投入、劳动力工资等实际数值可以算出 s 值，作为实际应用参考。

3.2.5　中国半干旱草地的碳汇效益

3.2.5.1　草原碳汇服务功能及其意义

生态系统服务功能是指生态系统与生态过程所形成及所维持的人类赖以生存的自然环境条件与效用（Costanza，1997）。对于生态系统服务功能的研究正成为当前生态学研究的前沿课题之一（李文华等，2002）。其中，随着气候变化的加剧和联合国气候变化框架公约的逐步推行，陆地生态系统的碳汇服务功能更是得到了特别的关注。草原生态系统是地球上面积仅次于森林的第二大绿色覆被层，约占全球植被生物量的 36%，约占陆地面积的 24%（张新时，2000）。我国草地资源丰富，可利用面积达 $3.9 \times 10^8 \text{hm}^2$，位居世界第二位（廖国藩和贾幼陵，1996）。因而探讨草原生态系统服务功能，特别是其碳汇服务功能具有重要的现实意义和理论价值。

随着温室气体浓度不断增加，全球气候变暖已经成为不争的事实，生物固碳作为一种目前最安全、有效、经济的固碳减排方式，已经引起了国际社会的普遍关注，成为众多学科交叉研究的热点领域之一。2005 年 2 月正式生效的《京都议定书》明确规定：2008 ～ 2012 年，所有工业发达国家要将 CO_2 等 6 种温室气体的排放量在 1990 年的基础上降低

5.2%。并规定，以"净排放量"计算温室气体排放量，即从本国实际排放量中扣除生物固碳量。虽然中国作为发展中国家并不承担减排义务，但作为全球 CO_2 第二大排放国，中国减排问题一直以来就是各种气候变化领域国际会议讨论的焦点问题之一。作为履行《联合国气候变化框架公约》的一项重要义务，国务院于 2007 年颁布了《中国应对气候变化国家方案》，明确了到 2010 年实现碳汇数量比 2005 年增加约 0.5 亿 t。为实现这一目标，退耕还林还草、风沙源治理等生物质能源基地建设，作为增加陆地碳储存和吸收汇、实现温室气体净减排的重要措施，被写进了方案。

当前我国符合《京都议定书》的生态系统碳汇占工业 CO_2 总排放量的 4%～6%。到 2020 年，这个碳汇规模将提高 2～4 倍，达到工业 CO_2 总排放量的 7%～8%。增强陆地生态系统碳吸收与碳管理可在一定程度上减轻我国所面临的温室气体减排的压力，为加快我国的工业化进程争取更多的排放空间。相对于森林生态系统的固碳功能，草原的生物固碳效应并没有引起足够的重视，这其中有国内外草场管理体制差异的原因，也有草原区碳汇能力与潜力等基础资料匮乏的现实原因。然而，无论是满足国家外部环境外交的战略需求，还是内部实现区域可持续发展的具体途径，大力发展我国的草业碳汇经济都是当前草原区经济与环境建设的紧迫任务，这一点对于经济建设和环境保护发展严重不协调的我国半干旱区，显得尤为重要。

草地生态系统含有大量的碳，是除了森林以外，陆地生态系统中一个最重要的碳库。全球草地面积约占陆地总面积的 24%，是全球陆地生态系统的主要类型之一（周广胜，2003；Graetz et al.，1994）。草地生态系统也是当前人类活动影响最为广泛的区域，其碳汇效应对全球碳循环有着重要影响。我国拥有草地接近 4 亿 hm^2，占国土面积的 41.7%，草地碳汇效应的评价研究是我国陆地碳收支评估中重要的组成部分。

我国西北及东北部地区分布着大面积的草原区。然而我国草地生态系统的绝大部分，只拥有较低的碳密度，与各自的碳储存能力相比，还具有较大的固碳潜力。传统的粗放式管理造成了草地生产力退化，固碳能力低下，部分草地生态系统甚至退化为碳的释放源。生物固碳就是利用植物的光合作用，提高生态系统的碳吸收与储存能力，是固定大气中 CO_2 最为经济的方法，其主要措施包括生物能源利用、农田和草原土壤固碳、造林、再造林及减少伐林等。长期的、过度的、不合理的开发利用方式使我国土地严重退化，森林、草地、耕地等主要生态系统的生态功能极度衰退，碳储量远远低于各生态系统潜在碳积聚能力。特别是对于生产力低下，覆盖面积超过区域国土覆盖面积 60% 的我国东北北部地区和内蒙古东部地区的半干旱草原，其草地的生物固碳能力大有潜力可挖。例如，由于过度放牧与开垦草地并缺少科学的经营管理措施，内蒙古科尔沁地区 90% 以上的草地已发生不同程度的退化，中度以上明显退化的草原面积占总草地面积的 50%。这些区域，根据其气候与土壤特点分析，在其尚未达到生态不可修复的破坏程度之前，通过不同的经营、管理措施，可以大大提高草地的固碳能力，提高草地在生态、气候上的生物调节作用，实现区域经济社会的和谐发展。

3.2.5.2 中国半干旱草原区土壤碳储量及动态

随着全球气候变化日益显著，全球生态系统碳循环已成为人们讨论和研究的重要问题之一。生态系统通过光合作用和呼吸作用与大气进行 CO_2 和 O_2 的交换，即生态系统固定大气中的 CO_2，同时向大气释放出 O_2，这对维持地球大气中的 CO_2 和 O_2 的动态平衡、减缓温室效应以及提供人类生存的最基本条件有着巨大的不可替代的作用。因此近年来陆地生态系统的碳循环评估越来越受到重视。土壤碳是全球生态系统碳循环的一个重要环节。陆地生态系统表面的土壤圈碳储量约为 2.5×10^3 Pg（$1Pg = 10^{15}$ g），其中土壤有机碳（soil organic carbon，SOC）储量约为 1.5×10^3 Pg，土壤碳库中碳储量或含量较小的变化都会引起全球大气 CO_2 浓度较大的波动，因而土壤碳循环在陆地碳循环和全球气候变化中都扮演着重要的角色。

草原中碳素主要储存在地下土壤库中，碳循环的主要过程是在土壤中进行的。草地生态系统区别于森林等其他陆地生态系统的特点之一，就是它不具有固定而明显的地上碳库。草地生态系统有机碳主要是通过冠层光合作用积累，其中绝大部分碳素储量集中在地下土壤中，因此草地冠层光合作用和土壤呼吸是理解草地生态系统碳循环的重要环节。

然而，直到 20 世纪 70 年代初，人们对草地生态系统碳循环的研究尚缺乏应有的重视，甚至很少有研究把草地生态系统中有机物质生产过程和土壤呼吸过程联系起来，形成碳循环的概念。近年来，由于陆地生态系统碳循环概念的拓展和全球变化生态学的兴起，不同陆地生态系统的碳循环得到了越来越多的重视，这其中，土壤碳循环始终是不同生态系统类型研究关注的重点。已有的资料显示，由于土地利用格局的变化和人类生产活动的增强（过度放牧、烧荒）造成了全球草地生态系统中储存的碳大量释放，进而造成了 CO_2 浓度在大气中的增加，对全球生态系统碳平衡产生了深远的影响。因此，对于草地生态系统碳循环的研究得到了各国学者的广泛重视。通常，草地植被地上生物体中的碳储量要低于土壤中储存的碳量，因而草地生态系统碳循环的主要过程也是在土壤中进行。草地碳素由植被部分进入土壤的循环途径相对单一（凋落物分解和细根周转），通常在植物生长季结束后即完成。在这种近似的土壤–大气系统碳循环的过程中，土壤有机质（含凋落物）的分解速度和植物向土壤的输入速度是支配整个系统碳循环功能的最关键的变量（Parton et al.，1987）。

因而，为了掌握碳素循环的总体情况，需要研究和测定土壤有机质的供给、积累、分解与输送的各个过程，了解枯枝落叶量、根系更新及土壤呼吸等的具体情况。

目前，有关草地生态系统碳循环的研究多数集中在草地表层土壤呼吸方面，并认为草地土壤的呼吸作用是草地碳循环中最为重要的环节（Klein，1981）。虽然探讨草地土壤呼吸是定量研究草地生态系统碳循环过程的重要课题，然而相对于大量的草地土壤呼吸研究，过程相对复杂的草地地下碳过程，却研究得比较少。大量的研究表明，通常土壤有机质的分解与转化过程主要取决于土壤质地和周围的气候与环境条件。草原生态系统中碳素的周转速度和滞留时间也受到生境中非生物因素的控制，包括土壤温度、湿度等，以及农耕、放牧和灌溉等人为因素的影响。碳素的输入过程、生物体中的碳储量（包括地上部与地下部）、土壤中有机碳的储量、土壤呼吸作用碳的排放量等，都是草地生态系统碳循环研究中相互关联又各自独立的重要课题。例如，静态的土壤有机碳储量是土壤主要的理化性质指标之一，但动态的数据则反映了来自植被光合固碳量通过枯落物质和死亡根系输入与分解者代谢损失间的平衡状况。

全球草地的碳储量约为 761Pg，其中 89.4% 存在草地土壤中（Atjay et al.，1979）。草地土壤有机碳和生物量碳储量分别占世界碳储量的 15.5% 和 6.0%（Whittaker and Likens，

1973；Whittaker et al.，1975），我国草地生态系统的碳储量约为44.09Pg（Ni，2002）。但由于地形条件、土壤水分和地上植被等不同，同一典型草原区内不同草地类型的土壤养分含量也会有很大差别。张智才等（2008）在内蒙古自治区锡林郭勒盟的实验基地通过挖土壤剖面的研究显示（表3-7），羊草群落的SOM（土壤有机质）含量最高，0～10 cm表层土壤SOM含量可达到28.98 g/kg，10～20 cm层SOM含量约为25.6 g/kg。在0～40 cm土层中有机质占0～100 cm土层的79%，针茅群落约为87%。羊草群落的生物量比针茅群落稍大。

表3-7　生物量和土壤养分

样地	生物量（g/m^2）	土壤深度（cm）	土壤有机质（g/kg）
针茅群落	113.26	0～10	28.23
		10～20	17.90
		20～40	9.37
		40～60	5.11
		60～80	2.68
		80～100	0.69
羊草群落	144.42	0～10	28.98
		10～20	25.60
		20～40	12.39
		40～60	9.60
		60～80	6.46
		80～100	2.16

3.2.5.3　半干旱草原区草原土壤温室气体排放及草原碳汇效应

草地生态系统与大气之间的碳交换受温度、光照、水分等环境条件的综合制约，其关系错综复杂。要揭示其中主要的生态过程和机理，需要进行长期的实地观测和控制实验。特别是关于基础资料匮乏的半干旱草原区温室气体排放及草地碳汇效应研究，我国学者在这一领域做了大量的工作。

（1）半干旱草原区植被光合固碳途径

了解草原植物光合作用途径对于认识我国草原碳汇潜力具有重要的意义，也有利于牧区草业资源的开发与利用。对我国半干旱区草原植被的光合作用途径做全面调查，将有助于丰富植物生理生态学研究和了解未来气候变化对植物群落结构和功能的影响。这其中，C3和C4植物地理分布的研究也为探索气候变化对草场物资源分布的影响提供本底资料。过去的研究多表明，C4植物的光合和水分利用效率高于C3植物，草本植物的光合和蒸腾速率高于木本植物（杜菁昀等，2003）。杜菁昀等（2003）的研究显示双子叶植物的蒸腾速率和水分利用效率平均值虽然高于单子叶植物，但差异显著性水平不高，其原因是植物纲内不同种之间的变异较大。在草原植被型中，内蒙古典型草原区仅有糙隐子草和木地肤两种C4植物（宋炳煜，1993），其光合、蒸腾速率和水分利用效率平均值虽然均比

C3 植物高,但方差分析表明,其光合或蒸腾速率之间的差异均不显著。杜菁昀等(2003)的研究同时指出,在各植被型中撂荒地植物的光合速率平均值最高(表3-8)。经分析表明,其主要原因是研究地区的撂荒地植物多为 C4 植物和一、二年生植物;如果去掉这两类植物进行统计,则草甸植物的光合速率平均值高于撂荒地植物。在各生态型中,旱中生植物的光合速率平均值最高。这与研究所测定的旱中生植物以 C4 植物和一、二年生植物较多有关,当剔除这两类植物进行统计时,则中生植物光合速率平均值大于旱中生植物。

表 3-8　不同植物科和生活型植物的光合、蒸腾速率和水分利用效率平均值

类型	光合速率 [μmol / (kg·s)]	蒸腾速率 [μmol / (kg·s)]	水分利用效率 (μmol CO_2 / μmol H_2O)	类型	光合速率 [μmol / (kg·s)]	蒸腾速率 [μmol / (kg·s)]	水分利用效率 [μmol CO_2 / μmol H_2O]
植物科				生活型			
禾本科	95.5	49.9×10^3	1.92×10^{-3}	多年生草本	110.2	55.8×10^3	1.98×10^{-3}
百合科	85.6	40.0×10^3	2.14×10^{-3}	一、二年生草本	239.1	70.2×10^3	3.41×10^{-3}
豆科	113.6	57.8×10^3	1.97×10^{-3}	半灌	83.8	34.6×10^3	2.42×10^{-3}
菊科	109.5	42.7×10^3	2.56×10^{-3}	灌木	94.7	46.1×10^3	2.06×10^{-3}
蔷薇科	87.2	47.5×10^3	1.83×10^{-3}				
藜科	287.7	74.7×10^3	3.85×10^{-3}				
毛茛科	103.4	57.4×10^3	1.80×10^{-3}				

资料来源:杜菁昀等,2003

(2) 半干旱草原区土壤主要温室气体吸收与排放特征

A. 土壤温室气体排放研究的主要方法

对草地温室气体排放研究的主要方法有箱法(静态和动态)、碱液吸收法(静态和动态)和微气象法(涡度相关法、通量梯度法、波文比法、质量平衡法)。目前国内采用的较多的是静态箱法和涡度相关法。关于各种方法的优缺点,崔骁勇等(2001a)进行了较为详细的阐述。由于草地覆盖着地球上许多不能生长森林或不宜垦殖为农田的边远地区,缺电少水以及恶劣的自然环境使得需要精密仪器的通量观测方法,如涡度相关法、通量梯度法等微气象学法难以在草原生态系统中长期开展。箱式法尤其是静态箱法因其精度高、造价低、易操作、机动性强、适宜于进行机理过程研究等优点被广泛地应用于草地温室气体通量传输的观测研究中。但箱式法本身也存在其所固有的局限性,如破坏了被测表面上方空气的自然湍流状态,箱盖关闭后箱内的温度和湿度都可能发生变化,这在一定程度上会影响微量气体的自然排放状态,从而导致测量值的偏差,尤其是对于 CO_2 通量的测定。另外,多数的箱式法通常是利用暗箱法,只测得土壤排放的 CO_2 通量,不能准确地反映整个草地系统的真实通量信息,因此需要针对箱内情况与自然环境情况的可能差异作出必要的订正。

杜睿等(2002)自 1998 年起在内蒙古典型草原开展了一系列静态箱法观测草地温室气体通量的比对实验,指出采用静态箱法观测草地土壤-植被系统 CO_2 通量,由于存在多个环境条件扰动,所观测到的结果存在偏差,需要进行必要的物理订正。通过不同时间段数十次的野外试验研究发现,运用透明密闭箱测量草地土壤-植物系统 CO_2 通量,由于箱罩盖上基座后箱内小环境的变化会导致地上植物正常的光合作用与呼吸作用发生显著变

化，由此两种生物过程所产生的 CO_2 通量发生了不同程度的偏离。在植物的生长期，尤其是晴朗的观测时段，透明的密闭箱体罩箱后抑制了植物对 CO_2 的光合吸收，从而导致箱式法所测土壤 - 植被系统 CO_2 通量的偏差。研究同时表明，不同光照条件下罩箱均低估了植物光合作用吸收 CO_2 的能力。罩箱后植物对 CO_2 的吸收通量与同等条件下非罩箱植物对 CO_2 的吸收通量相比，后者是前者的 2～16 倍，其中早晨日照强度低、气温低，植物光合作用强度较为微弱，因而罩箱后对于植物光合作用的影响最小；数据统计分析表明，在上午、午间和下午密闭箱法对于 CO_2 的通量的准确性的影响最显著，随着罩箱时间的增长，罩箱对于植物光合吸收 CO_2 作用的抑制作用增大。

利用静态箱法观测 CO_2 通量，由于罩箱后箱内小环境的变化，对于植物的光合作用影响较大，短时间内对于植物的呼吸作用同样会产生影响。杜睿等（2002）在内蒙古典型草原的研究表明，在日落后至日出前，静态箱法所观测的草原植物呼吸作用（暗呼吸）所释放 CO_2 通量值平均扩大了 1.28 倍。白天光照条件较好的情况下，罩箱对于植物的光呼吸作用同样产生影响。植物的光合作用与光呼吸作用同步进行，通常光合作用已固定的 20% ～40% 的碳通过呼吸作用释放出去。但不同的植物其光呼吸强度各不相同。在生理上 C4 植物一般比 C3 植物的光合作用强，光呼吸弱。根据两者的光合特征比较发现 C3 植物的光呼吸作用强，而 C4 植物光呼吸强度小，且不易测出。由于草原植物光合午休现象的普遍存在，光呼吸作用在光合作用下存在并且在光合作用进行条件下，光呼吸速率与温度呈直线正相关。透明箱体罩箱后，箱内气温变化显著，导致罩箱后光合作用被抑制，而呼吸作用却相应提高。但迄今为止，尚未有关于草原植物光呼吸日进程特征的研究报道。杜睿等（2002）采用间接比较的方法进行了估算，根据光呼吸速率与温度的线性关系推算出白天透明箱体罩箱后，由于温度升高引起光呼吸速率的提高而导致增加植物释放的 CO_2 通量的变化。结果显示，白天日照条件下罩箱后 30 min 以内，箱内气温平均上升 3.47℃（标准偏差 3.40，$n=61$，$P<0.05$），其植物光呼吸释放的 CO_2 通量是无罩箱的 1.99 倍。

B. 土壤温室气体的排放与吸收

土壤呼吸从严格意义上讲是指未受扰动的土壤中产生 CO_2 的所有代谢作用，包括 3 个生物学过程（土壤微生物呼吸、活根系呼吸和土壤动物呼吸）和一个通常可忽略不计的非生物学过程（含碳物质的化学氧化作用）。影响草原群落土壤呼吸作用的主要气象因素是温度、水分及二者间的配置，而 CO_2 从土壤向大气扩散的物理过程主要受土壤的理化性状，如土壤 - 植被 - 大气系统 CO_2 浓度梯度以及土壤孔隙度等诸多因素的影响。此外，也受到植物群落结构和覆盖情况的影响。

a. CH_4 的吸收与排放

大气 CH_4 主要源于天然湿地、稻田、化石燃料开采和反刍动物肠胃发酵等，而汇则主要是大气光化学氧化和土表微生物氧化。由于观测手段的限制，当前国内外对草地土壤 - 大气间 CH_4 的通量测量，很少有对其日变化的测量研究，而是以一天中某一时刻的测量作为日均值（杜睿等，1997；王艳芬等，1997）。吕达仁等（2002）在内蒙古半干旱草原土壤 - 植被 - 大气相互作用（IMGRAS）研究计划中开展了 CH_4 通量日变化的测量。针对羊草草原 4 个不同生长阶段分别进行了日变化测量，结果显示，CH_4 通量的日变化规律不明显，吸收最强值出现在羊草抽穗前期。草原总体而言是 CH_4 的汇，其通量春季最强，强度依次向夏、秋、冬降低。这一过程和土壤中甲烷氧化菌的生物量和代谢活性与土壤水分和温度变化密切相关。

王跃思和纪宝明（2000）利用改进的静态箱-气相色谱法测定了内蒙古锡林郭勒盟白音锡勒牧场的温室气体交换速率，指出 CH_4 交换速率为负值，即呈吸收趋势，日变化过程也呈单峰形式，其吸收强度为白天弱，夜间强，正午前后为其吸收低值期。

王跃思等（2002，2003）采用静态箱-气相色谱法对内蒙古半干旱草原连续多年的实验观测研究，结果表明，内蒙古半干旱草原对大气 CH_4 的主要作用是吸收汇。在植物生长不同季节，草原生态系统排放/吸收 CH_4 的日变化形式各有不同，其中在植物生长旺季日变化进程最为明显。CH_4 的季节排放/吸收高峰主要出现在土壤湿度较大的春融和降雨较为集中的时期。影响半干旱草原吸收 CH_4 日变化形式的关键是土壤含水量，日温变化则主要影响日变化强度。吸收 CH_4 的季节变化与土壤湿度季节变化呈线性负相关，相关系数均为 0.4~0.6。另外不同类型天然草原吸收 CH_4 的季节变化形式基本相似，但吸收强度会有所差别（表3-9）。每年分别在6月、9月和11月出现3个吸收峰值。羊草和大针茅草原最强吸收峰出现在6月，而冷蒿、小禾草草原和草甸草原最强吸收峰则出现在9月。4种类型草原 CH_4 平均吸收峰值随季节的推移依次降低，6月、9月和11月分别为66.6 $\mu g/(m^2 \cdot h)$、62.3 $\mu g/(m^2 \cdot h)$ 和56.5 $\mu g/(m^2 \cdot h)$，年平均吸收强度顺序为大针茅草原>冷蒿、小禾草草原>羊草草原>草甸草原。与杜睿等（1997）同期生长旺季观测值相比，羊草草原和大针茅草原对 CH_4 的吸收除有明显的季节变化外，同时存在着较大的年际差异，而且不同类型草原对 CH_4 吸收的年际差异各不相同，但这种差异一般仅体现在对吸收值大小的影响，而对吸收值的季节变化形式影响不显著。

表3-9　4种草原温室气体排放均值与变幅　　［单位：$\mu g/(m^2 \cdot h)$］

草原类型	吸收 CH_4				排放 N_2O				排放 CO_2			
	最大值	最小值	平均	变幅	最大值	最小值	平均	变幅	最大值	最小值	平均	变幅
C	165	1.1	34.5	29.04	14.4	0.38	2.8	2.82	256	0.9	37.5	21.96
B	173	0.75	36.3	28.09	10.4	-0.87	1.5	1.61	80	-11	1.2	4.05
A	87	-1.4	33.1	29.00	24.2	-4.4	1.0	3.57	372	1.9	73.8	68.92
D	57	5.7	27.4	17.56	5.2	-2.9	0.9	1.26	20	-51	-4.2	7.25

注：A. 羊草草原 Leymus chinensis grassland；B. 大针茅草原 Stipa grandis grassland；C. 冷蒿、小禾草草原 Artemisia、short bunehgrass steppe；D. 草甸草原 Meadow steppe

资料来源：王跃思等，2003

b. CO_2 的呼吸排放

大气 CO_2 的增加对全球温室效应增强的贡献率约占70%。它的释放源主要是化石燃料燃烧和土地利用与变化，而吸收汇则主要是海洋和中纬度森林的吸收（IPCC，1995）。一般而言，温度是影响土壤呼吸作用的最主要环境因素，短期的即时实验和长期的观测记录都显示二者间的关系具有较明显的规律性。许多实地测定和室内实验的结果表明，土壤呼吸速度与土壤温度间存在显著的指数函数相关关系，呼吸量随温度升高呈指数上升（Reiners，1968；Kucem and Kirkham，1971；Bridge et al.，1983）。土壤含水量对呼吸速率的影响较为复杂，往往同时取决于温度的配置状况（Gupta and Sing，1981）。例如，Holt 等

（1990）对北昆士兰季节性干旱热带草原土壤呼吸速率与土壤含水量之间的相关性分析均表明，在土壤持水量范围内二者间呈显著正相关。Kucera 和 Kirkham（1971）发现高草草原土壤含水量在饱和状况或永久萎蔫含水量时，均导致土壤呼吸作用的停滞。在北美矮草草原，雨后的呼吸速率可增加 7 倍，表土含水量达到 25% ~ 30%（体积比）以上时，呼吸作用开始加强，在 20% 以下时呼吸作用基本停止。另外，影响草地土壤 CO_2 通量的土壤物理因素主要有以下 4 个方面：①土壤阻力，假如土壤均匀，那么土壤阻力将是从原点出发的一条直线，土壤－大气界面阻力为零；②土壤资源水平，包括土壤有机质（Casals，2000）、植物根系（杨金艳和王传宽，2006）和土壤生物（蔡艳等，2006），从土壤表层往下锐减（如有机质），可视为 CO_2 释放量的本底资源；③土壤的 CO_2 生产量，影响土壤的 CO_2 生产量主要有土壤资源水平和土壤的温度（陈全胜，2004；常建国等，2007）、土壤含水量（杨玉盛等，2004）等，与土壤资源水平一样，土壤剖面中 CO_2 的生产是随土壤深度增加而减少；④土壤中空气的 CO_2 浓度，从大气－土壤界面有一个 CO_2 扩散过程，越往土壤深处 CO_2 浓度越大（李艳花和赵景波，2006）。

大量的研究表明，不光是不同草地类型的 CO_2 通量存在较大差异，在同一研究站点，不同草地或草地土壤的 CO_2 通量也存在着明显的时间和空间差异。例如，张智才等（2008）的研究表明，不同的土壤层对 CO_2 通量的贡献量有很大的差异。张智才等（2008）通过挖坑法结合红外气体分析法研究了内蒙古草原典型针茅（*Stipa krylovii*）群落和羊草（*Leymus chinensis*）群落不同剖面深度土壤 CO_2 通量格局以及影响 CO_2 通量的驱动因素，研究表明，不同的土壤层对 CO_2 通量的贡献量有很大的差异，表层土壤移走后，土壤 CO_2 通量的变化可分为瞬时、短期、长期 3 种格局。新剖面上最初的 0 ~ 21 min 释放的 CO_2 通量均大于初始土壤表层 CO_2 通量，而且两者比值随土壤深度增加而增大，也随土壤 CO_2 生产能力增强而增大。2 ~ 4 d 后，新剖面 CO_2 通量持续下降至低于初始土壤表层 CO_2 通量的水平，形成短期稳定状态。更长时间后，新剖面则逐渐表现出与初始土壤剖面表层相近的 CO_2 通量特征。究其原因，就是土壤剖面的挖掘破坏了土壤的结构，使得低层土壤直接暴露在大气中，低层土壤与大气间的土壤阻力瞬间下降，大气、土壤之间 CO_2 浓度差增大，大量土壤孔隙中聚集的 CO_2 直接释放，因此土壤被破坏的瞬时，CO_2 通量增加明显；但是此后的 4d 内 CO_2 通量快速下降，大部分的 CO_2 排放都是来源于由土壤孔隙物理性封存的 CO_2，此时低层土壤 CO_2 的生产量变化不大，因为资源水平几乎不变，只是温度和水分条件有些变化。在此后的 1 个月或者 3 个月，土壤 CO_2 通量逐渐回归由上述四大因素共同作用驱动。据张智才等（2008）认为，在新剖面形成时的 CO_2 通量瞬时和短期格局主要受土壤中存留的原始 CO_2 浓度及其扩散过程控制，而长期格局则由资源水平和环境条件共同决定的土壤 CO_2 生产能力主导。

所有草原植物生长季节 CO_2 净排放日变化形式均为白天出现排放低值，夜间出现排放高值，较高的温度有利于 CO_2 排放，地上生物量决定着光合吸收 CO_2 量值的高低。李凌浩等（2000）采用碱液吸收法对内蒙古锡林河流域羊草草原群落土壤呼吸速率进行了连续两年的野外测定，并通过多元回归手段对其影响因子进行了分析，并指出，羊草群落土壤呼吸速率的季节动态均为单峰型曲线，最大值出现在 7 月下旬，约有 70% 的土壤呼吸量变化是由气温和土壤含水量共同决定的，其中温度为主，Q_{10} 为 2.0 ~ 3.0。随后，在该区域多个研究也获得了相似的结论。

（3）半干旱草原区草地的碳汇效应及服务价值

相对于草地土壤温室气体吸收与排放研究，包含了植被作用的草地生态系统碳通量过程较为复杂。由于受植物呼吸、光合和光呼吸作用及土壤呼吸和吸附的多重影响，通常草地生态系统 CO_2 通量的日变化形式呈现多峰动态，夜间呈较高的排放趋势，白天有明显的吸收趋势，但个别退化草原或受环境因子胁迫草原也可能会出现明显的排放现象。近年来，随着草原生态系统碳循环过程研究的升温，出现了一系列相关研究报道。根据文献资料，总体来说，不同类型的草原和大气 CO_2 交换的日变化动态基本相似，白天为净吸收，晚间为净排放过程，但年尺度上的碳汇效应却多不相同，有的表现为 CO_2 的吸收汇，有的则表现为 CO_2 的排放源，部分过度放牧或受环境胁迫的退化草原，即使在生长季，也呈现明显的碳效应。

王跃思等（2003）在内蒙古锡林郭勒盟白音锡勒牧场的研究发现，羊草草原和冷蒿－小禾草草原始终为大气 CO_2 的源，而大针茅和草甸草原则有时排放 CO_2，有时又吸收 CO_2。4 种类型天然草原总体表现为大气 CO_2 的释放源，向大气中排放 CO_2 强度顺序为冷蒿－小禾草＞羊草＞大针茅，草甸草原为大气 CO_2 的吸收汇。

相对于上述基于野外观测的生态学研究，更有学者利用经济学手段，对草原碳汇的服务功能进行了定量评价。例如，闵庆文等（2004）以内蒙古半干旱区典型草原生态系统有机物质生产为基础，采用市场价值法、替代市场法等推算出草原生态系统每年储存 CO_2 的总量为 3.29×10^7 t（表3-10），固定 CO_2 的总量为 5.63×10^7 t（表3-11）。再使用造林成本法和碳税法估算其储存和固定 CO_2 的价值。这其中采用了中国造林成本 260.90 元/t C 和瑞典税率 150.0 \$/t C 两种标准进行估算。使用造林成本法估算该生态系统每年储存 CO_2 的总价值为 2.32×10^9 元，固定 CO_2 的总价值为 3.96×10^9 元。碳税法估计的结果为，每年储存 CO_2 的总价值为 1.11×10^{10} 元，固定 CO_2 的总价值为 1.89×10^{10} 元。取二者平均，则内蒙古典型草原生态系统每年储存 CO_2 的总价值为 6.69×10^9 元，固定 CO_2 的总价值为 1.114×10^{10} 元。

表3-10 草原生态系统储存 CO_2 价值

生态系统类型	地区	面积（万 hm²）	CO_2 储存量（万 t）	储存 CO_2 价值		
				造林成本（亿元）	碳税法（亿元）	平均（亿元）
温性典型草原	锡林郭勒盟	1028.3	1502.0	10.6	50.5	30.5
	呼伦贝尔市	395.5	687.8	4.8	23.1	14.0
	兴安盟	30.5	69.1	0.5	2.3	1.4
	通辽市	213.6	551.5	3.9	18.5	11.2
	赤峰市	307.1	480.8	3.4	16.2	9.8
	合计	1975.0	3291.2	23.2	110.6	66.9

表3-11　草原生态系统固定 CO_2 价值

生态系统类型	地区	面积 （万 hm^2）	CO_2 储存量 （万 t）	储存 CO_2 价值		
				造林成本 （亿元）	碳税法 （亿元）	平均 （亿元）
温性典型草原	锡林郭勒盟	1028.3	2568.0	18.1	86.3	52.2
	呼伦贝尔市	395.5	1176.0	8.3	39.5	23.9
	兴安盟	30.5	118.2	0.8	4.0	2.4
	通辽市	213.6	943.1	6.6	31.7	19.2
	赤峰市	307.1	822.2	5.8	27.6	16.7
	合计	1975.0	5627.5	39.6	189.1	114.4

（4）气候变化对半干旱草原区生物碳汇效应的影响

A. 温度与降水变化影响

陆地生态系统碳循环对气候变化的响应关系一直是全球变化研究的热点。虽然草原生态系统生物量与碳汇效应不如森林生态系统显著，但由于其在全球陆地面积中所占的比例大，其总贡献量仍不可忽视。因此，草地生物碳汇效应对主要气候因子变化的响应同样是关注热点之一。但当前针对该领域的实验观测或模型模拟研究开展得仍相对较少。有限的定量观测研究站点相对于环境条件时空变化丰富的草地碳汇效应，导致最终区域或全球尺度上估算结果的不确定性仍很大。IPCC（2001）报告中明确指出"至今未能确切地肯定 N_2O 和 CH_4 等各排放源的排放率"。为此，气候变化和草原生态系统碳循环，及其相互影响与反馈一直是当前全球变化研究领域的前沿课题。例如，我们已经知道草原生态系统对于 CH_4 和 CO_2 来说，总体而言是一个小的汇，但其规模及在未来气候变化背景下的响应动态认识，仍存有较大的不确定性。在全球变化背景下，主要气候因子的不稳定性加强，使我国半干旱草原区的自然灾害增多，草原环境趋于恶化，旱灾、雪灾、风沙灾害、虫鼠害等自然灾害频发。这其中，仅干旱造成的经济损失就无法估量。例如，1998～2001年，内蒙古草原连续3年大旱，赤地千里，不见绿色，牲畜无草可吃，这种情况下草原的碳汇效应的变化及其长期的影响我们却知之甚少。因而，有必要进一步开展主要气候要素变化前景下或极端气候事件影响下，中国半干旱草原区的碳循环过程响应及评估研究。

IPCC预测，在各种陆地生态系统中气候变化将首先对草地生态系统产生影响，其中降水和温度季节配置方式的潜在变化对半干旱区草地生物学过程（如植物生产力、养分的生物地球化学循环）产生的影响比其他各气候要素总量变化的影响更加重大（Ojima et al.，1993）。气候变化对草地碳循环的影响是多方面的。例如，作为碳素输入主要途径的初级生产力对气候要素变化的响应主要取决于温度和降水量的大小及其季节配置。大量的研究表明，温度和降水，尤其是其两者的季节配置方式的改变会直接影响到草地初级生产力的规模和碳素输入量的水平。另外，温度和降水量是造成土壤有机质分解速率的主要因素，气候变化又会对草地土壤中碳素的储量产生重大影响，这对于整个碳循环而言更加重要。全球气候变化也可能导致草地植被分布格局、植被种类构成等发生改变，这些都会在一定程度上影响到草地的碳循环动态。

a. 温度影响

全球气温升高为重要标志的全球变化及由此引起的一系列生态安全问题已成为不争的事实。20世纪全球平均温度增加了0.6℃左右（IPCC，1996），中国上升了0.4～0.5℃（秦大河等，2002），预计2100年将比1990年全球平均温度还要增加1.4～5.8℃。温度作为控制植被生长和生态系统碳过程的最关键环境因素之一，它的变化必将对草原生态系统的碳汇功能产生深刻影响。目前国际上众多学者采用原状土植被移栽于不同海拔、人工温室、土壤加热等模拟实验以及模型模拟等不同的方法，对全球增温对陆地生态系统可能产生的影响开展了大量的研究（Carter，1996；Oleksyn et al.，1998；Herik et al.，2001）。结果多表明全球增温可导致植被生产力和土壤呼吸增加（Kirschbaum，1995），C4植物丰富度增加（White et al.，2000），并会改变陆地生态系统的养分循环速率（Peng and Apps，1998）及碳汇关系（Smith and Shugart，1993；Oechel et al.，2000）。

我国学者就全球变暖对草原植被生长、光合作用、生产力、养分和水分利用效率、凋落物分解和土壤碳储量的影响也开展了大量的研究。例如，周华坤等（2000）采用国际冻原计划模拟增温的方法研究了温度升高对矮嵩草（Kobresia humilis）草甸的物候、群落结构和地上生物量的影响；同时我国学者也利用模型研究预测了全球气候变暖对我国植被主要生态过程的影响（周广胜等，1997）。

近年来，中国半干旱草原区的碳循环也一直是全球变化的关注热点之一。例如，王玉辉和周广胜（2004b）对1981～1994年连续14年内蒙古羊草草原温度随时间变化结果和草原植被响应的研究结果显示，该区域温度变化具有不对称性，冬季最低均温升高明显，而最高温及平均温度无明显增加趋势。羊草草原气候的变化主要表现在冬季最低温的增加，而不是平均温度的增加。羊草群落的结构和功能对冬季最低均温变化的响应研究表明，随着冬季最低均温的升高，阿尔泰狗娃花（Heteropappus altaicus）和冰草（Agropyron michnoi）的重要值及地上初级生产力明显增加，而寸草苔（Carex duriuscula）则呈下降趋势，作为群落主要优势种的羊草（Leymus chinensis）和大针茅（Stipa grandis）及其他优势植物对冬季最低均温变化反应均不明显。同时，群落的生物多样性指数（Simpson指数、Shannon-Wiener指数）及地上初级生产力对冬季最低均温也均无显著相关性，14年间冬季最低均温的变化并没有对群落的结构和功能产生明显影响。然而，该研究没有指出，由于土壤呼吸对温度的敏感性，冬季升温势必造成草地土壤碳排放的最佳，在初级生产力变化不大的情景下，整个草地生态系统的碳汇效应可能会明显降低。由于该研究没有涉及地下生物量变化，因此该结论仍有待于进一步野外调查验证。

b. 水分影响

相对于温度变化的影响，在半干旱区草原植被生长发育的主要限制因子——水分，对草原碳汇效应的影响可能更为显著。例如，黄祥忠等（2006）采用涡度相关法对2005年生长季内蒙古锡林河流域羊草草原净生态系统交换进行了观测，并指出，作为生长季降水量仅有126 mm的干旱年，锡林河流域羊草草原生态系统受到强烈的干旱胁迫，其净生态系统碳交换的日动态表现为具有两个吸收高峰，净吸收峰值出现在8：00和18：00左右。最大的CO_2吸收率为-0.38 mg/$(m^2 \cdot s)$，出现在6月月底，与丰水年相比生态系统最大CO_2吸收率下降了50%。就整个生长季而言，不管是白天还是晚上2005年都表现为净

CO_2 排放，整个生长季 CO_2 净排放量为 372. 56 g/m^2，表现为一个明显的 CO_2 源。土壤含水量和土壤温度控制着生态系统 CO_2 通量的大小，尤其是在白天，CO_2 通量和土壤含水量的变化呈现出显著的负相关关系，与土壤温度表现为正相关关系。

值得注意的是，目前有关草地对全球变暖响应的研究，无论是控制实验还是模型模拟，主要关注的还是平均温度或白天温度升高对陆地生态系统的影响。但是已有观测表明全球增温具有不对称性，其中冬季增温比夏季增温明显；日最低温比最高温增加更高，全球许多地区日温差减小（IPCC，2001）。最低温升高一方面会导致植物及微生物夜间呼吸强度增加，而另一方面又可能通过延长植物生长季而提高植被生产力及固碳能力（Alward et al.，1999）。因此，要想了解和探讨植被结构和功能对全球变暖的响应，仅着眼于植被对平均温度或白天温度增加的响应还是远远不够的，自然生态系统对最低温变化或最高温度变化的响应研究显得尤为重要。

我国半干旱区草原碳汇效应对降水变化响应也是同样道理，既有土壤呼吸对降水瞬时的脉冲响应（王义东等，2010），也有土壤碳库对水分条件变化的长期动态调整。因此，准确理解并评价气候变化对我国半干旱区草原碳汇效应的影响，既需要短期的密集实验调查，也需要长期的野外定位观测。

B. 气候变化对草原碳汇效应的间接影响

有学者认为，干旱是自 2000 年以来内蒙古草原蝗虫连续爆发的主要气候因素（陈素华等，2006）。例如，2004 年内蒙古草原蝗虫大面积爆发成灾，主要分布于锡林郭勒盟西部、乌兰察布市北部、包头以北地区和巴彦淖尔盟北部地区。专家分析草原蝗虫大爆发的主要气象原因是冬春高温和夏初的干旱少雨。内蒙古位于我国北方半干旱地区，一般来说早春蝗卵孵化温度条件容易满足，但湿度条件相对欠缺。具体而言，2004 年 4 月中旬气候干燥，降水量偏少，气温变化大。锡林郭勒盟等大部分地区，总体上气温较多年平均偏高 1 ~ 3℃，4 月中旬气温距平为 6 ~ 8℃，出现了近 20 年少有的高温天气。5 月上旬锡林郭勒盟西南部地区普降中雨，出现了入春以来的大范围降水过程。冬春高温和 5 月上旬的降水对上述地区蝗虫虫卵的孵化出土比较有利，蝗虫虫卵的始见期提前 11d 左右，多气候因素的叠加，导致了蝗灾的大范围爆发，虽无相关调查研究资料，根据国外相关研究报道，这种灾害性的生态破坏势必造成草原生态系统碳汇能力的下降，甚至沦为显著的排放源。

（5）人类活动对半干旱草原区生物碳汇效应的影响

人类活动如草地开垦、过度放牧、火烧等对草地碳循环过程有明显的影响。开垦和放牧是人类活动影响草原的主要方式，也是对草原土壤碳储量产生影响的主要方式。碳素的含量变化就是这种影响的最直接结果（耿元波，2004）。就影响强度而言，草地开垦是影响草原土壤碳储量最主要的人类活动因素。草地开垦为农田通常会导致土壤中有机碳的大量释放。开垦使土壤中的有机质暴露于空气中，改善了土壤温度和湿度条件，从而极大地促进了土壤呼吸作用，加速了土壤有机质的分解。许多研究表明，草地开垦为农田后会损失掉土壤中碳素总量的 30% ~ 50%（Tiessen et al.，1982；Aguilar et al.，1988），大量损失发生在开垦后的最初几年，20 年后趋于稳定。

多数的研究都表明，过度放牧可促进草地土壤的呼吸作用，从而加速碳素从土壤向大气中的释放。就全世界草地而言，在过度放牧下地上净初级生产力中仅有 20% ~ 50% 能够以凋落物和粪便的形式归还土壤。就影响规模而言，过度放牧是人类施于草原生态系统最主要的影响因素。在全世界草地退化总面积中，约有35%是过度放牧造成的，要远远超过草地开垦。过度放牧可使草地植被通过光合作用固定碳素的能力降低，同时家畜采食也减少了碳素由植物凋落物向土壤中输入的量。

我国草地受人类活动（如农垦及放牧等）影响日益严重，草地退化和沙化面积逐渐增大，草地土壤碳素周转受人类活动的影响十分显著。特别是在我国半干旱区农垦和放牧对草原生物固碳能力的影响更为剧烈。资料显示，由于过度放牧、开垦及气候变化，造成90%以上的北方草原处于不同程度的退化之中，生态与环境状况极其恶劣。例如，目前内蒙古草原是北方沙尘暴主要的沙源地之一，过度放牧导致草层稀疏，土表细土被风吹起，成为沙尘暴重要的沙尘源。同时，草地生产力与承载力降低，草地的植物群落结构发生退化，优势植物大量减少，毒草、杂草等有害植物增多，草地的生物多样性丧失。另外，草地的生态与环境状况恶化，如土壤表层硬度增加、粗粒化、沙化，土壤的腐殖质含量下降，肥力降低，这些都导致了草地固碳功能的降低，部分退化或沙化草地甚至沦为 CO_2 的释放源。

放牧是草原土地利用方式中最为常见的一种，它通过减小草原地上生物量和叶面积指数改变植被覆盖状况，影响着地表温度、地表反射率和地表粗糙度等下垫面微气象特征（Li et al.，2000），继而作用于地气间的能量和物质交换过程（Xue，1996；Rogiers et al.，2005）。因此，放牧对生态系统尺度上的草原碳循环有着重要的影响。在生态条件脆弱的半干旱区，过度放牧更是气候变化以外导致草原土壤荒漠化的最重要影响因子（Li et al.，2006）。Rogiers 等（2005）在人工管理草地的试验中发现，人工割草和放牧都会大幅减少光合作用对 CO_2 的吸收（分别为50%和37%），但总生态系统呼吸作用并没有明显的变化，这是因为在土壤温度和湿度变化不大的条件下，呼吸作用只依赖于土壤中可利用的有机碳质。Polley 等（2008）利用美国混合草牧场放牧与禁牧两块样地的观测结果进行模拟实验后得出，放牧引起的植被功能改变对 CO_2 净交换的影响是环境因子直接作用的2倍。由此可见，放牧强度的影响对于全面准确地评估草原生态系统碳汇效应意义重大。

我国温带半干旱气候下的典型草原生态系统（typical steppe ecosystem）面积约为 $4.1 \times 10^7 hm^2$，占我国领土总面积约 10.5%（郝彦宾等，2006），是我国温带草原里最有代表性的类型。近几十年来，在全球变暖和干旱化的大背景下（符淙斌和马柱国，2008），过度放牧加剧了内蒙古草原土壤荒漠化的趋势。研究表明（Xue，1996），过度放牧引起地表能量分配改变和蒸散的减少，会减弱潜热在植被退化区域向上的对流性输送和向南的平流输送，使季风环流减弱，降水量减少，干旱加剧。所以，关于放牧强度如何影响我国半干旱草原区草原地气间能量和水汽传输，进而影响生态系统碳汇效应研究就显得尤为重要。然而，可检索到的文献资料显示，涉及内蒙古半干旱草原放牧强度影响草地碳汇效应的专门研究还相对很少（吕达仁等，2002，2005；郝彦宾等，2006；Hao et al.，2007；王雷等，2009）。

一些研究表明，自由放牧使 CH_4 交换速率日较差降低，同时使 CH_4 年度排放/吸收量减少。例如，王跃思等（2003）通过野外对比试验，发现自由放牧降低了羊草草原对 CH_4

的吸收，但没有改变作为大气 CH_4 汇的功能和吸收 CH_4 的季节变化形式。导致这种变化的原因可能是牲畜践踏导致土壤的某些物理性质发生了变化，特别是表层土壤密度加大，孔隙度减小，持水能力下降，容易形成可产生 CH_4 的厌氧微区（Martin and Rall，1995）。由于放牧导致土壤持水能力的变化影响了土壤湿度变化过程，从而影响了土壤对 CH_4 吸收的变化过程，所以出现了放牧草原一年之中对 CH_4 的吸收峰值比天然草原提前或推迟的现象。草原土壤水分的增加除春季春融外，主要由降雨引起，当降雨使土壤湿度达到吸收 CH_4 最佳湿度时，就会出现吸收 CH_4 峰值。一般认为，含水量为 15% ~ 20% 时为土壤吸收碳最佳湿度，此时土壤中的 CH_4 氧化菌活性最强，而土壤含水量为 28% ~ 35% 会减弱 CH_4 的氧化。降雨首先使持水能力低的干燥放牧草原土壤达到吸收 CH_4 的最佳湿度范围。这有可能是放牧草原对大气 CH_4 吸收峰值比天然草原提前的原因。而 CH_4 吸收峰值比放牧草原天然草原推迟的原因，是湿度过大土壤（实测超过了 20%）向低湿度变化时，孔隙度较大的天然草原首先达到土壤吸收 CH_4 最佳湿度，因而吸收峰值出现在先。王跃思等（2003）的观测还发现土壤对 CH_4 的吸收峰值并不一定是出现在土壤湿度恒定时期，而往往出现在土壤湿度交替变化期。土壤湿度不断的交替变化，有利于草原土壤大气 CH_4 的吸收。

马秀枝等（2005）选择内蒙古锡林河流域三种草原，较系统地研究了放牧对微生物量碳和易分解碳两种碳素组分的影响。结果表明，自由放牧 22 年后，羊草草原土壤 0 ~ 10 cm 和 10 ~ 20 cm 土层土壤微生物量碳分别下降了 27.9% 和 12.8%；土壤易分解碳分别下降了 22.0% 和 12.6%，自由放牧没有改变羊草草原土壤活性炭的季节变化形式。大针茅草原 0 ~ 5 cm 表层和 5 ~ 15 cm 下层土壤微生物量碳分别下降了 38.2% 和 12.2%。大针茅草原季节波动出现高峰的时间较羊草草原推后，基本在 8 月下旬，并且与地上生物量存在明显的正相关关系（$p < 0.001$）。土壤活性炭在表征羊草草原和大针茅草原土壤的动态变化时，要敏感于土壤总有机碳。冷蒿 - 禾草连续放牧 11 年恢复 2 年后，土壤各碳素组分都没有发生明显变化，但随着放牧强度的增加，微生物量碳和易分解碳比值逐渐降低，表现为轻牧 > 中牧 > 重牧。

王雷等（2009）利用涡度相关技术，于 2006 年 7 月 27 日至 8 月 10 日在内蒙古半干旱草原三种放牧强度的下垫面进行 CO_2 通量观测，发现放牧地表反射率增大，羊草和冬季放牧观测点日平均 CO_2 通量分别为 -1.92 g/(m² · d)（负值表示 CO_2 净吸收）和 0.73 g/(m² · d)，表明放牧可以使草地由 CO_2 的汇转变为源。这主要是由于放牧降低植被覆盖率，减小叶面积指数，减弱植被的光合作用能力。锡林河河道为 CO_2 的汇，日平均 CO_2 通量为 -3.35 g/(m² · d)，与羊草比较，锡林河河道吸收 CO_2 更多，表明土壤湿度是影响半干旱草原 CO_2 通量交换的重要因素。

李明峰等（2005）对内蒙古锡林河流域典型温带草原中贝加尔针茅草原、羊草草原、大针茅草原及其相应的放牧地 0 ~ 100 cm 土体不同层次的土壤全氮和有机碳含量分别进行了测定。结果显示，11 年围栏轮牧使羊草草原 0 ~ 100 cm 土体的土壤全氮和有机碳分别增加了 50.0% 和 47.4%，平均每年分别增加 4.55% 和 4.31%，30 cm 以下土层增加异常显著。自由放牧使大针茅草原土壤 0 ~ 100 cm 土体中土壤全氮和有机碳含量减少了 4.88% 和 2.22%，平均每年分别减少 0.24% 和 0.11%；0 ~ 10 cm 土壤全氮和有机碳分别为 0 ~

100 cm土体平均减少速率的3倍和1.7倍，10 cm以下各土层的土壤全氮和有机碳含量变化较小，说明自由放牧地对土壤表层全氮和有机碳含量的影响尤为明显。另外，选择适当的放牧强度可以维持草原生态系统的碳氮平衡，促进系统内的碳氮良性循环。

王雷等（2009）的研究给出了CO_2日平均通量、日间吸收量平均和夜间释放量平均（表3-12）。整个观测期间，锡林河河道和羊草表现为CO_2的汇，冬季放牧则是CO_2的源，表明放牧可以使草地由CO_2的汇转变为源。3种下垫面日平均CO_2通量的绝对值都不大，符合郝彦宾等（2006）观测到的CO_2通量范围$-7.4 \sim 5.4$ g/（$m^2 \cdot$ d）。日间，吸收CO_2的平均量由多到少分别是锡林河河道、羊草和冬季放牧，夜间CO_2释放量平均也是同样的顺序，即CO_2通量变化剧烈程度依次减弱。羊草和冬季放牧CO_2通量较小的波动与天气干旱造成的土壤水分胁迫有关，而在锡林河河道则受制于其叶面积指数以及光合作用能力。另外研究发现，由于观测期间降雨很少，随着土壤湿度的减小，羊草和冬季放牧CO_2交换的趋势是由CO_2的吸收向释放转变，而由于锡林河河道土壤水分充足，其主要表现为CO_2的汇，CO_2源汇的状态没有明显的变化趋势。可见，土壤水分状况是影响半干旱草原CO_2交换的重要环境因子。

表3-12　2006年7月27日至8月10日3种下垫面的CO_2交换　　　［单位：g/（$m^2 \cdot$ d）］

下垫面	日平均通量	日间吸收量平均	夜间释放量平均
羊草	-1.92	-7.82	5.90
冬季放牧	0.73	-3.67	4.40
锡林河河道	-3.35	-9.75	6.40

然而，也有研究人员得出了不同甚至相反的结论，如李凌浩等（2000）采用碱吸收法在内蒙古锡林河流域对羊草草原群落土壤呼吸速率进行了连续两年的研究发现，羊草无放牧群落生长季的土壤呼吸总量为$249.4 \sim 320.7$ g C/（$m^2 \cdot$ a）。放牧群落为$237.0 \sim 305.6$ g C/（$m^2 \cdot$ a），放牧对土壤呼吸影响不大。白天，羊草和冬季放牧的草地在高温和土壤水分胁迫的偶合作用下，午间（10：00至14：00）出现了CO_2交换衰减的现象（Fu et al.，2006）。羊草、冬季放牧和锡林河河道由于光合作用吸收CO_2的通量最大值分别为0.41 mg/（$m^2 \cdot$ s）、0.29 mg/（$m^2 \cdot$ s）和0.37 mg/（$m^2 \cdot$ s），羊草CO_2吸收的通量最大，这也体现出羊草最强的光合作用能力，与其最大的叶面积指数一致。夜间，CO_2通量通常小于0.2 mg/（$m^2 \cdot$ s），三种下垫面释放CO_2变化规律不明显，与土壤温度无明显的正指数关系，这是因为半干旱草原的呼吸作用在土壤有机质的可利用性、土壤水分和土壤温度的综合作用下，显示出复杂的变化特征，其定量关系尚无进一步的阐述。

相对于放牧对草原碳汇效应的影响研究，由于实验周期长、定量化困难，开垦的影响研究相对较少。有限的研究资料表明，长期开垦完全破坏了草地原生的植被土壤系统，造成严重的土壤风蚀，土层中根系生物量减少。闫玉春等（2008）的研究表明，长期开垦导致草地土壤和根系碳截存分别降低了37.9%和70.8%。因此，在草原地区，若将长期开垦的耕地恢复为天然草地，土壤和植物根系将会有较大的固碳潜力。李明峰等（2005）对内蒙古锡林河流域典型温带草原中贝加尔针茅草原、羊草草原、大针茅草原及其相应的农垦地 0~100 cm 土体不同层次的土壤全氮和有机碳含量分别进行了测定。结果显示，温带草原土地利用方式的改变对草原土壤全氮和有机碳含量变化影响明显，其中贝加尔针茅草原经 28 年农垦，使 0~100 cm 土体中土壤全氮和有机碳含量相对于未开垦的草原分别减少 8.8% 和 14.8%，平均每年分别减少 0.31% 和 0.53%；0~10 cm 的表层土壤平均减少速率分别为 0~100 cm 土体的 2.9 倍和 1.9 倍。

3.2.5.4 我国半干旱草原区发展碳汇草业的几点思考

国际草牧业已走向固碳草牧业，联合国粮食与农业组织、美国、欧盟等国际组织和国家纷纷发起研究草地土壤固碳途径，加强评估国家农业固碳能力与固碳效益，开发固碳草牧业的技术体系，以争取在经济发展中的碳配额利益。将碳保留在土壤中，能够在减少 CO_2 等温室气体的同时增加地力，保持土壤的可持续性。为此，有专家呼吁（董恒宇，2010）要像重视森林一样重视草原，要像重视基本农田一样重视基本草牧场，要像重视农业一样重视草业，充分发挥我国草地生态系统的碳汇效应，使之成为陆地生态系统植被固碳减排的重要途径之一。为实现这一目标，不光是从事草原生态研究的科学家，地方政府以及草原区的牧民都需要加强草原碳汇产业的认识。

（1）加强草地在减排和固碳中重要作用的认识

减少碳的排放，以此来降低大气中的二氧化碳浓度具有以下多种途径：用地质方法把 CO_2 储存起来（王烽等，2009）；用化学方法增加海洋吸收 CO_2 的能力（野崎健和杨迭，1992），如添加一些铁元素。但上述两种途径目前都还存在着较高的执行成本，并会埋下潜在的生态风险。而合理利用陆地生态系统植被的碳汇功能则是减少碳排放量的最好方法。草原是地球上最重要的陆地生态系统类型之一，草原植物通过光合作用吸收空气中的 CO_2 并固定在土壤和植被中，这使得草原在缓解气候变暖、防风固沙、涵养水源、保持水土、净化空气以及维护生物多样性等方面具有重要作用。因而草原是不亚于森林碳汇的珍贵资源，具有重要的生态价值和经济价值。尽管对于草地土壤的固碳作用，不同研究人员得出的结论不一致，但不可否认草地土壤是存碳量最大的仓库。草原植物从大气中吸收并固定的碳，输入土壤中并转化为有机物质后，不但可降低全球温室气体总量，而且可改变土壤的性质，促进作物生长（张治，2010）。

然而，草原作为一种具有多功能性、可持续性的自然资源，长期以来，人们往往只注重草原承载牲畜和提供饲草料的功能，而忽视其调节气候、固碳减排的生态及经济价值。草原植被通过光合作用，将大气中的 CO_2 吸收并固定在植被中并输送到土壤当中，从而减少空气中 CO_2 的浓度。反之，对草原不合理的开发会导致土壤中积累的碳向大气中加速排放，造成全球气温升高。全球草地面积约为 44.5 亿 hm^2，碳储量达 7610 亿 t，占世界陆地生态系统碳储量的 34% 左右，仅次于森林碳汇。因此草原和草产业在生态系统碳汇功能方面的能力不容小视。

我国草原面积约 4 亿 hm^2，占世界草地面积的 13%，我国国土面积的 40%，是我国耕地面积的 3.2 倍，森林面积的 2.5 倍。其中超过 80% 的草场分布在西北部的干旱、半干旱草原区。充分开发我国半干旱草原区碳汇资源将为我国发展低碳经济、循环经济和绿色经济提供强有力的支持，并协调我国北方地区经济建设与生态保护和谐发展具有重要作用。

　　大量的文献报道显示，草原的固碳能力并不亚于森林，个别草原区草地的固碳能力甚至高于森林，因此在内蒙古草原区发展碳汇草业大有潜力。目前森林固碳量各国温室气体排放量已经得到了国际社会的广泛认同。然而，草原碳汇并未像森林碳汇一样得到应有的关注。这是因为，一方面缺乏系统的科学研究，尚难以掌握可靠的草地生态系统固碳能力的准确值。因此重视草原碳汇价值，发展草业碳汇经济，建立保护、建设草原的长效机制，必须充分认识草业碳汇的价值，高度重视和加强草原生态系统碳循环研究；通过长期定位观测，揭示草原生态系统对全球气候变化的响应与适应，获取草原生态系统的碳平衡与碳汇数据，摸清草业碳汇家底，提出草原生态系统固碳、减排及适应全球气候变化的方案，制订增加碳汇的举措，为应对气候变化、保护草原生态作出积极贡献。另一方面缺少全面的规划及具体举措，从而导致对草原生态的忽视以及对碳汇评估的缺失。作为我国北方地区最重要的绿色生态屏障和绿地植被碳库，我们的学者与政府都有义务大力宣扬草原在减少和固定二氧化碳中的重要功能，并依托大量研究数据为国家相关政策的制定提供对应的意见和建议。

（2）加强草地土壤经营管理重要意义的认识

　　我国拥有约 4 亿 hm^2 的天然草地，粗略地估算，其年固碳量可达到每公顷 $1 \sim 2$ t，年总固碳量约 6 亿 t 规模，约占全国年工业碳排放量的一半。然而，人类活动和气候要素变化等影响都导致草地植被生产力的降低，进而造成草地固碳能力的下降。我国北方地区大面积的草原并没有发挥其应用的生态与经济价值。由于全球气候变化带来的降水分布和温度变化，对植被的生长发育总体来说是弊大于利。加之人类活动扰动的增加，我国北方地区，特别是我国东北的东北部和内蒙古东部的半干旱草原区，由于对降水和温度变化的高敏感性，及人类活动扰动的增强，相当一部分草原土地都已退化，草原的生产能力和土壤中的有机物质含量也随之下降。目前，全球大约有 6.6 亿 hm^2 的草地已被开垦为农田，占土地利用变化的 40% 左右。全球平均而言，草地开发为农田后，会导致 1 m 深度土层内的土壤碳损失 20% $\sim$ 30%，每公顷碳储量会由草地的 116 t 左右减少到农田的 87 t 左右，造成每公顷碳储量的损失为 29 t。

　　土壤碳库在碳循环中占据中心地位，土壤碳库大约是植被碳库的 5 倍，大气碳库的 4 倍，并且土壤有机碳库是最稳定的碳库，有机碳可以在土壤中保持几百年。土壤固碳过程及其机理，涉及生态学、土壤化学、土壤微生物学等多学科交叉研究，是固碳科学的难点和重点。国外草场管理经验告诉我们，提高土壤有机质含量是实现草原碳汇功能的重要途径。前文的分析也指出，造成土壤退化的最大原因是过度放牧。最近几年的研究也表明，若能减少一定数量的牲畜放牧，不但可以恢复植被、保护草原土壤，牧民的经济收入也不会受到太大影响。因此，如果能遏制过度放牧的现状并以此来进行草地的可持续维护，既能使草长得好，又能使土壤中的根系更加牢固，从而使草原储藏更多的有机物质。通过合理的经营管理，减少土壤有机物质的流失，促进有机物质留存在土壤中，形成可长期储存的草原碳汇。

（3）加强草原优质草业资源筛选的研究与推广

　　一般来说，植物利用太阳能的百分率是 1% $\sim$ 3%，在同样气候条件下，不同的植物有不同的生产力和固碳潜力。通过选种育种和种植技术，可以提高植物的生产力，增加固碳效率。多年生草本植物中，C4 植物的固碳速率比一般的 C3 植物要高，C4 植物和豆科植物的功能群组可以提高生态系统的固碳效率 5～6 倍。种植高固碳效率的人工草地，其生产力可达到天然草地的 10～20 倍。另外，各国都在积极开发和培育有发展前景的能源植物。

在物种筛选培育高固碳速率品种的同时，需要加强对自然生态系统的关键种或功能群固碳过程和碳分配机理的认识，这是选育高固碳能力植物种/品种的基础，也是通过管理措施提高自然生态系统固碳能力的前提。优化的固碳模式的提出，首先要基于对生态系统固碳机理的科学认识，不同生态系统及其管理方式对生物固碳能力的影响尤其重要。多年的研究结果表明，不同的土地管理方式和降雨量的变化对草原生态系统的固碳能力有明显影响，主要表现在土壤有机碳库的变化上。草地生态系统中不同功能群植物组成对生态系统的固碳效率也具有显著影响。目前急需开展管理措施和环境影响因子相互作用下生态系统的生物地球化学循环过程和固碳机理的研究。

（4）只有摒弃眼前利益，大力发展碳汇草业，才能实现经济与社会效益的双赢

中国半干旱草原区具有丰富的草业资源，可供开发的草业碳汇潜力巨大。例如，位于内蒙古东部半干旱草原区的本土草种就可以称得上是一种快速实现碳汇的手段，由于特殊的历史气候和地质条件，该区域草本植物根系发达，抗旱、储碳能力强，储碳速率快，碳汇价值很高。因此，我国半干旱区草原发展碳汇草业具有广阔的市场前景，在我国推广草原低碳经济中的重要地位，为全国草原畜牧业的科研、生产和推广起到典范作用。然而使草原真正成为有利于地球环境的碳汇，必须依托国家和地方政策，大力建设和保护草原，不使草原变成排放源。当今世界许多国家的草原是改良过的，而非原生态的。我国半干旱区，如内蒙古的草原尽管是原生态的，却也同样面临着同其他国家一样的退化、沙化、荒漠化的危机（云锦凤，2010）。碳汇草业提出的前提是健康、放牧合理和生物多样性丰富的草原，土壤退化、家畜过量的草原不仅不会是碳的吸收汇，而可能是碳的排放源。只有正确处理好草原生态、生产、生活功能的关系，建立草业碳汇研究机构，开展草业碳汇的科研、检测和政策研究，才能引导碳汇草业健康发展，保护好人类这一独特的自然生态系统。

3.2.6 草原文化、文艺控制与社会经济效益

3.2.6.1 引言

草原文化，对于我国广大公众是十分熟悉的话题。草原文化创生于广阔的草原，但它的辐射能力和影响范围远超出其源区——草原，跨越崇山峻岭，冲击急流险滩，席卷中原大地，波及东海沿岸。许多文学作品，像《草原烽火》这样的长篇小说，像乌兰巴干、玛拉沁夫等著名蒙古族小说家、诗人，像海默导演的《草原上的人们》这样的影视作品，像美丽其格创作词曲《草原上升起不落的太阳》这样的歌曲，都是人们耳闻明详的来自草原的优秀作品。作为文学艺术，草原文化一直是社会科学领域的研究人员所关注的。

然而，关于草原文化在经济发展和草原生态建设方面的作用，文学艺术界关注得并不

很多，似乎经济发展主要靠的是生产力提高，靠的是科学技术，而与文化等上层建筑的关联不甚密切，起码被认为不那么直接，从分工上来说，应当属于技术经济工作者研讨的范围。

事实果真如此吗？否，文学艺术与科学技术本身并非风马牛不相及，而是有着内在的联系。钱学森院士早就强调过这一点。而作为大文化两个重要方面的文艺与科技，都要为经济建设服务，都有其经济、生态和社会效益。当然，文艺的社会效益首先表现在它对经济的贡献上，也是作为意识形态领域的上层建筑对经济基础的反作用。

本节先讨论草原文化对草原生态系统可持续发展的作用，再用信息论、耗散结构等有关原理初探草原文艺的控制，最后对于提高草原文化社会效益的某些系统工程手段加以探索。

3.2.6.2　草原文化对草原经济和生态的影响

自亚当·斯密以来，经济学家们就把人类行为之目的界定为追求财富最大化，即人们通常所说的经济人。但在许多情况下，人类行为远比传统经济理论中的财富最大化这一行为假定更为复杂，非财富最大化动机也常常约束着人们的行为。然而事实上，人绝不是传统经济学所说的以追求财富最大化为唯一目标的经济人（杨志勇和盖志毅，2008）。在追求草原财富的同时，发展草原文化、提高对草原社会认识能力，是发展草原产业、保护草原生态环境的关键环节之一。草原文化的普及、宣传，使草原人在从生产和经济角度认识草原的同时，也从社会科学角度认识草原文化，保护草原，这种人文方面的认识，可以说与自然方面认识的意义是同等重要的。事实上，在草原发展的历史上，草原经济、生态的损失，不完全出于人们自然科学知识的缺乏，也同时出于文化知识的不足。

我国草原生态系统的退化，一定程度上是因为人们在研究草原生态经济系统退化的原因和措施方面缺少从建设草原文化的高度对这一问题深入研究。由于对草原生态环境缺少文化的认识，从而产生错误的决策。例如，建立在农耕文化上的农本主义思想基础，极易作出企图将草原改造为农田的错误决策，"文化大革命"时期，在草原地区开垦了很多草原，使其变成农田，其后几年之后被开垦的农田又被撂荒，撂荒的土地渐渐沙化。憎恨草、仇视草，视草为敌，是单一种植业的特征之一，这种文化意识扩展到草原地带后就成为破坏草原的一种巨大的制度力量。正如，费孝通先生指出的"靠天种地的粗放农业对牧场草地来说是一种破坏力量。而且凡是丢荒之地，在天旱地区植被破坏后，很快就会沙化，农耕所及草场荒废。加上农业社区人口增殖，一定要扩大耕地面积，即使在较高的轮作和施肥的农业水平上，也会和牧民争夺土地"。

著名社会学家费孝通先生又指出，人文资源和自然资源一样，只是自然资源是天然的，而人文资源却是人工制造的，是人类从最早的文明一点一点地积累、延续和建造起来的，它是人类的文化、人类的历史、人类的艺术，是我们老祖宗留给我们的财富。它和自然资源一样，有很多是属于不可再生的，一旦被破坏掉就永远无可挽回（费孝通，2002）。

3.2.6.3 从系统有序性原理出发对草原文化的认知

本节所说的草原文化是指草原文学艺术，按照钱学森将科学技术、文学艺术都分为六大类的分类原则，这里也将草原文化分成六大部门：第一个部门是小说、杂文类，如玛拉沁夫 1952 年在《人民文学》杂志上发表的《科尔沁草原上的人们》，乌兰巴干的长篇小说《草原烽火》；第二个部门是诗词歌赋；第三个部门是建筑艺术；第四个部门是书画造型艺术；第五个部门是音乐，如玛拉沁夫作词、通福作曲的《草原晨曲》；第六个部门是综合艺术，包括电影、戏剧、戏曲、舞蹈等，如海默导演的电影《草原上的人们》。

对于历史悠久、门类繁多的草原文化，在这里无须一一阐述，因为本节目的不在于分类研究草原文化史实与现状，但其发展的有序性和关联性，关系到草原建设的正、负效益，关系到草原管理的决策。试想，如果在 20 世纪五六十年代，草原文化中有很多关于保护草原生态平衡的文艺作品，其内涵蕴的主题思想深入人心，也许管理者就不会作出毁草开垦的错误决策，大片的草场不至于蒙受那么大的损失，经济效益和生态效益也就从负面走向正面。作出错误决策的本质是，草原文化的无序状态酿成的不良后果。所以，将草原文化作为一个系统，充分认识其从有序到无序再到有序的认识上的螺旋式上升规律，是使草原文化沿着有序化的方向朝前发展的关键之一。

正如钱学森院士指出的那样："系统有序性，系统关联性，在空间上所表现出来的结构层次，以及动态性，在时间上所表现出来的演化方向，使得系统具有在空间、时间和功能上的有序性质，越有序的系统，其组织化的程度越高。一个实际系统，从产生、发展到消亡，就是从无序到有序再到无序的过程。"钱学森院士所述的关于有序无序辩证关系的系统思想，完全适用于草原文化。下面，我们从信息量入手，讨论草原文化层次结构问题。

Shannon 和 Wiener 分别是信息论（information theory）和控制论（cybernetics）的创始人，他们的理论在草原学中的应用，已为草原研究者所熟知。为定量表述有序与无序，信息熵概念应被引入。

为了说明信息熵，我们先从信息量谈起。众所周知，在 18 ~ 19 世纪，在科学中占统治地位的是牛顿力学。其后，随着大工业的发展，热力学和电学理论的研究，取得丰硕成果。到 20 世纪初，形成了"世界上除物质和能量之外，再没有其他东西"这一观念。直到 20 世纪 40 年代，控制论和信息论的诞生，给人类引进一个新的观念，即除物质和能量外，世界上还有信息（information）。有人甚至认为未来世界将是信息的世界。关于信息的数学理论体系，Shannon 和 Wiener 给出了一致的数学描述，信息反映了物质的运动状态和变化过程，它是物质的基本属性之一。Wiener 指出，一个系统中的信息量是其组织化程度的量数；一个系统的熵则是该系统无组织化程度的量数。一个独立的二进制码所负载的信息量被定义为一个信息单位，称为比特，用以 2 为底的对数度量之。设可能的状态数为 N，则这个信息中的最大信息量：

$$H_{max} = \log_2 N \tag{3-140}$$

式（3-140）给出在 N 个状态下，信息量 H 的上限。

另外，信息量还与这些状态各自出现的概率有关。

综合以上的两个因素可知，信息量 $H(X)$ 的计算公式为

$$H(X) = -\sum_{i=1}^{N} P_i \log_2 P_i \tag{3-141}$$

式中，P_i 表示状态 i 的概率。

因为 $$0 \leqslant P_i \leqslant 1$$

所以 $$\log_2 P_i \leqslant 0$$

为了使信息量非负，在各自相乘后的求和号 $\sum$ 之前，加上负号。

尤其是，当

$$P_1 = P_2 = \cdots = P_N = 1/N$$

的时候，有

$$\begin{aligned}
H(X) &= -P_1 \log_2 P_1 - P_2 \log_2 P_2 - \cdots - P_N \log_2 P_N \\
&= -\frac{1}{N} \log_2 \frac{1}{N} - \frac{1}{N} \log_2 \frac{1}{N} + \cdots - \frac{1}{N} \log_2 \frac{1}{N} \\
&= \frac{1}{N} \log_2 N + \frac{1}{N} \log_2 N + \cdots + \frac{1}{N} \log_2 N \\
&= \log_2 N
\end{aligned}$$

于是，有

$$H(X) = H_{\max} = \log_2 N \tag{3-142}$$

这就是当每种状态出现概率相等时，信息量取极大值。下面，举一简例加以说明。

例 在草原原生态歌曲表演赛中，有来自呼伦贝尔草原和科尔沁草原的两队参赛者。

问 决赛赢得团体金牌的是哪一个队？

一位在内蒙古文化厅工作多年的管理者，曾多次莅临该两地，在那达慕盛会期间，观看著名原生态歌手的演唱，据该管理者讲，呼伦贝尔草原队和科尔沁草原队取得冠军的可能性是相等的，即认为概率近似相等，故 $N=2$，代入式（3-142），则有

$$H(X) = H_{\max} = \log_2^2 = 1 \text{ bit} \tag{3-143}$$

值得注意的是，上例是基本上已知可能性大小，所以是处于不可预测的情形之下的。但如果事件是以明显不一样的概率出现，信息量就不是 1 bit 了。

在信息论中，熵实质上是不确定性的量数。不确定性越大，熵就越大，反之亦然。与认识自然界和社会上许多其他事物一样，人们对草原文化信息的认识，也经常遇到从不稳定状态过渡到稳定状态的事例，正是这种"过渡"，使得一些客观规律先被少数人认识，经过对无序的耗散逐渐被多数人认识。例如，在农牧交叉地带，"为了保护草原，反对毁草种粮"这一主题，一开始只有 10% 的人认同，不同意的占 90%。出现这一结果的原因主要是，当时人们生态意识薄弱。后经学习有关知识，从自然和社会科学两个方面分析综合，大多数人逐渐认识到草原文化在生态经济中的作用，经过十几年的过程，同意的占 90%，不同意的占 10%。这个过程就是熵的变化过程。

现在人们对草原文化社会效益的认识，一般说来，仍处于初级阶段。要使这方面的认识进一步深化，需要有一个从量变到质变的过程，耗散旧的质并同时输入新的质。

Prigogin 提出了"耗散结构"学说，这是由于系统科学的发展而形成的一种新的系统

理论。Prigogin 从热力学第二定律出发，提出了开放系统的非平衡态热力学。他指出："非平衡态可成为有序之源，不可逆过程可导致称为耗散结构的一种新型的物态。"他把这种远离平衡的、稳定的、有序的物质结构称为耗散结构，回答了开放系统如何从无序走向有序的问题。Prigogin 于 1969 年在一次国际性的"理论物理与生物学"会议上公布了这一理论。由于他在自然科学领域取得了相当的成就，于 1977 年获得诺贝尔化学奖。

耗散结构理论认为，一个远离平衡态的开放系统（无论是研究机械运动的力学系统，研究物理运动的物理学系统，研究化学运动、生物运动及社会运动的相应科学系统），在该系统中的某个参量变化达到一个事实上的临界值时，通过涨落发生非平衡突变，由原来的混沌无序状态变为一个在时间、空间和功能方面均呈有序的状态。也就是从原来的较大的熵值变为后来的较小的熵值。

为促进有序状态早日形成，建议先做以下几个方面的努力。

1）从社会学角度出发，端正文艺与科技两大领域的思维逻辑，使文艺广场与科技联合，依此打破文科、理科之间似乎不可逾越的鸿沟，草业科学、生态科学方面的科技工作者应主动接近草原文化的内涵，而不仅是以业余活动者的身份去观看文艺节目，通读小说等。另外，草原文化人也要接触自然科学，如学习信息论、控制论等方面的基础知识，这必然有利于文艺服务于草原建设。

2）草原文化、历史研究，充分利用某些定量的数学方法，像国外有人研究肖洛霍夫《静静的顿河》文本的法律问题（肖洛霍夫作品与叶留科夫的关系），我国数学家安鸿志用数学方法借助计算机研究《红楼梦》等做法，可被借鉴到草原。

3）草原经济与文化关系的研究，应进一步加强，尤其注意如何管理文化，那是有利于对草原认识从无序到有序过程的必要步骤。

3.2.6.4　草原文化建设的经济运筹

草原文化建设的直接效益当然是社会效益，通过发挥社会效益而"潜移默化"地作用于经济和生态。所以，从全局来说，草原文化建设投入的人力和资金，必然是有限的。与放牧、种草等投入资金相比，是少得多的。但又不是完全不投入，因为如果完全不投入，草原文化就不能向前发展，最终仍会导致其社会效益下降。既要投入，又不能投入太多，这个矛盾问题的解决，用运筹学的方法则是最为合理的。运筹学中的许多数学方法，都可用于这类决策，下面仅举二例以资说明。

（1）排队论与文化窗口设置

A. 引言

在广阔的草原区，须设立若干文化中心，比如在一个旗范围内，设几个中心合适呢？对此问题，可依排队论加以讨论。数学中所说的"排队论"，也称为"等待线理论"或称为"随机服务系统"。用排队论方法研究草原文化中心设置即布局方案，实际上是实施从"无序"向"有序"迈进的步骤之一。

在本研究中，服务系统中的接受服务的对象即运筹学中所说的"顾客"（customer）可以理解为劳动并生活在草原上的牧民以及与他们相关的管理人员、技术人员等，或者说是"草原上的人们"！文化中心可视为运筹学中所说的"服务设施"（service facility）。在文化中心（含其所属单位）中工作的人员，可视为运筹学中所说的"服务员"（servicer），具体地说，服务员可以包括作家、编剧、作曲、演员、画师、演奏人员等。如果不从数学原理上而是就人们一般的感性认识来讨论这个中心设置问题，人们会推想到：草原文化单位不宜设得太多，也不可设得太少。从数学上看来，如果顾客较少，而服务设施较多，服务员较多，则会使文化投入过多，服务员人浮于事，造成浪费；反之，如果顾客太多而服务员太少，就会使本应开展的服务无法开展，满足不了社会需要，使社会效益下降。为进一步提高总体社会及经济效益，我们可以用排队论方法，给出"窗口"设置的预测决策建议。下面用一个数字例子，说明该方法。

B. 排队系统的基本特征

a. "顾客"到达分布规律的分析

对于草原文化服务系统，单位时间内（以 d 为单位）"顾客"的到达数量是随机型的，即每天内"顾客"到达的数量有多有少。现在我们根据调查的结果，求找到排队系统中，"顾客"在单位时间内随机进入系统的数量规律。先将实际数字绘成图 3-4。

对于图 3-4 给出的概率分布图形，排队系统多服从 Poisson 分布，但并非完全如此。在这里，我们先按 Poisson 分布作拟合优度检验，其步骤和过程如下。

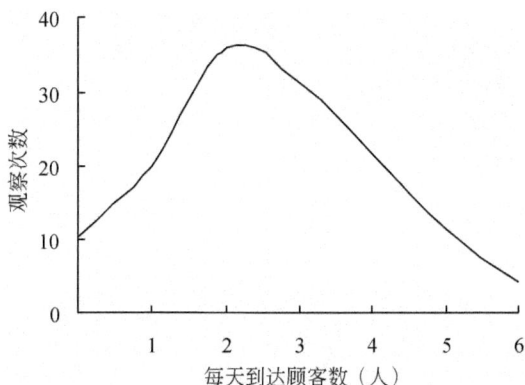

图 3-4　排队系统中顾客到达的概率分布

假设：

H_0：所给数据符合分布；

H_1：所给数据不符合 Poisson 分布。

检验统计量的计算：

1) Poisson 分布参数 λ 和估计 $\bar{\lambda}$ 的计算公式是

$$\bar{\lambda} = \frac{\sum_{I=0}^{7} iO_i}{\sum_{I=0}^{7} O_i} = 2.67 \tag{3-144}$$

2) 用 Poisson 分布的密度函数公式：

$$f(x) = \frac{e^{-\bar{\lambda}} \bar{\lambda}^x}{X!} \tag{3-145}$$

计算出的期望相对频数和期望频数见表 3-13。

表 3-13　期望相对频数和期望频数

X	0	1	2	3	4	5	6	7
期望相对频数	0.069	0.0185	0.247	0.220	0.147	0.078	0.035	0.013
期望频数	10.35	27.75	37.05	33.00	22.05	11.70	5.25	1.95

3）用公式：

$$\chi^2 = \sum_{I=0}^{7} \frac{(O_i - E_i)^2}{E_i} \qquad (3-146)$$

计算得

$$\chi^2 = 0.276$$

式中，O_i 表示观测频数；E_i 表示期望频数。

由于计算出的 χ^2 值，比 $8-1-1=6$ 个自由度、$\alpha = 0.05$ 时的 χ_α^2 值小得多，所以实测数据与以 $\bar{\lambda}$ 为参数的 Poisson 分布拟合得极好。

b. 服务所需时间的分析

在草原文化排队系统中，"服务设施"接待一位"顾客"并完成一次服务，所需的时间是随机型的。为了本研究工作的方便，我们将 18 种服务方式各自完成一次服务所需时间看做近似相同。依该地区 400 次服务综合统计，我们得出服务次数 f 与为每一顾客服务所需时间 t 的关系式为

$$f = 133.5365 \times 0.402t \qquad (3-147)$$

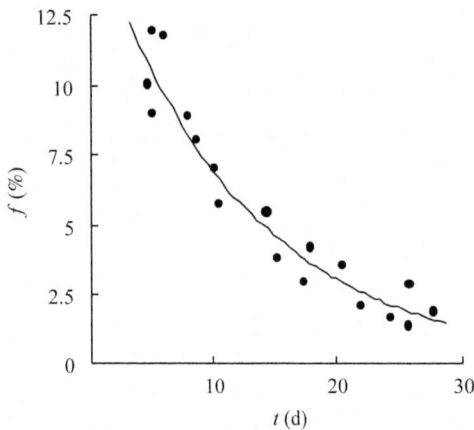

图 3-5　服务时间的频数分布

其分布如图 3-5 所示。说明对一位顾客服务时间越长，其频数越小。

c. "打开窗口"后经济效益的预测方法问题

根据排队论的基本原理，在"顾客"到达服从 Poisson 分布、服务所需时间服从指数分布的前提下，单线单站结构且按先到先服务规则的排队系统模型中，平均队长 L 的计算公式为

$$L = \frac{\lambda^2}{\mu(\mu - \lambda)} \qquad (3-148)$$

式中，λ 为"顾客"的平均到达速率，对于朝阳地区多种经营气象服务取 $\lambda = \bar{\lambda} = 2.67$ 人/d；μ 为服务一个顾客的平均速率，本例中 $\mu = 3.78$ 人/d。

将结果代入式（3-148）中，则有

$$L = 1.70(人)$$

假定："顾客"全年等待时间为

$$t = 1.70 \times 153 \times 8 = 2080.8(h)$$

服务员的利用率

$$\rho = \frac{\lambda}{\mu} = \frac{2.67}{3.78} = 0.7063$$

空闲率 $1 - \rho = 0.2937$。

假定服务员有效工作时间为 7 h/d，则全年空闲时间为

$$T = (1 - \rho) \times 153 \times 7 = 314.5527(h)$$

先给出在服务窗口打开之前，周围地区的有关值（字母右上方有撇，表示周围区）：

$$L' = \frac{\lambda'^2}{\mu'(\mu' - \lambda')}$$

$$= \frac{3.50^2}{3.78 \times (3.78 - 3.00)}$$

$$= 4.1548$$

$$t' = 4.1548 \times 153 \times 8 = 5085(\text{h})$$

$$\rho' = \frac{\lambda'}{\mu'} = 0.79365$$

$$T' = (1 - \rho') \times 153 \times 7 = 221.1615(\text{h})$$

"打开窗口"之后，我们用有下标 0 的文字表示相应的量

$$\lambda_0 = \lambda + \lambda' = 2.67 + 3.00 = 5.67(\text{人}/\text{h})$$

$$\mu_0 = \mu + \mu' = 3.78 + 3.78 = 7.56(\text{人}/\text{h})$$

$$L_0 = \frac{\lambda_0^2}{\mu_0(\mu_0 - \lambda_0)} = \frac{5.67^2}{7.56(7.56 - 5.67)} = \frac{32.1489}{14.2884} = 2.25(\text{人})$$

$$t_0 = 2.25 \times 153 \times 8 = 2754.0(\text{h})$$

$$\rho_0 = \frac{\lambda_0}{\mu_0} = \frac{5.67}{7.56} = 0.75$$

$$1 - \rho_0 = 0.25$$

$$T_0 = 267.75(\text{h})$$

在"窗口打开"前，人年排队消耗时间：

$$t + t' = 2080.8 + 3733.2 = 5814.0(\text{h})$$

"窗口打开"后，相应时间：

$$t_0 = 2754.0(\text{h})$$

调整后节约的排队等待时间为

$$t + t' - t_0 = 3060(\text{h})$$

如果"顾客"把排队时间用于生产，每小时创造产值 0.5 元，则能多创造 $3060 \times 0.5 = 1530$ 元。

服务员空闲时间节省为

$$T + T' - T_0 = 267.96(\text{h})$$

如果服务员每小时工资为 0.3 元，则全年节省 80.37 元。故全年时间，打开窗口后能多得效益 1610.37 元。这部分可视为用排队论科学管理的效益。

（2）文艺读物发行量存储模型

假定每次发行投入值 $a = 0.25$ 元，每次经济效益（后简称效益）$b = 19.8$ 元／（次·亩）。假定每次图书进货量 n 册，每次服务对象（customer）的到达是随机且相互独立的，平均每次到达人数 $m = 10$ 人，服从泊松分布律，即每次到达 k 人的概率

$$P_{(k)} = \frac{m^k \mathrm{e}^{-m}}{k!} \tag{3-149}$$

我们现在要求解的问题是：每次图书进货量备齐多少册，可取得最大经济效益呢？

令 $a(n,k)$ 为"服务对象"k 人时每亩草地每次的经济效益，假定每个"服务对象"每次购买小报 1 册，那么

当服务对象人数（购货量）k 少于进货量 n，即 $k < n$ 时

$$a(n,k) = kb - na \tag{3-150}$$

而当服务对象人数 k 多于或等于进货量 n 时，即 $k \geqslant n$ 时，图书将全部发完，但有一部分服务对象欲利用图书却未能如愿，使总的经济效益受到损失，此时

$$a(n,k) = nb - na \tag{3-151}$$

每次每亩草地平均经济效益 $A(n)$ 为

$$
\begin{aligned}
A(n) &= \sum_{k=0}^{\infty} a(n,k)p(k) \\
&= \sum_{k=0}^{n-1}(kb - na)p(k) + \sum_{k=n}^{\infty}(nb - na)p(k) \\
&= \sum_{k=0}^{n-1}kbp(k) - \sum_{k=0}^{n-1}nap(k) + \sum_{k=n}^{\infty}nbp(k) \sum_{k=n}^{\infty}nap(k) \\
&= bn\sum_{k=n}^{\infty}p(k) - an\sum_{k=0}^{n-1}p(k) + b\sum_{k=0}^{n-1}kp(k) - an\sum_{k=n}^{\infty}p(k)
\end{aligned} \tag{3-152}
$$

因为

$$\sum_{k=0}^{\infty}p(k) = 1$$

及

$$\sum_{k=0}^{n-1}P(k) + \sum_{k=n}^{\infty}p(k) = 1$$

故

$$\sum_{k=0}^{\infty}p(k) = 1 - \sum_{k=0}^{n-1}p(k)$$

于是

$$
\begin{aligned}
A(n) &= bn\sum_{k=n}^{\infty}p(k) - an\Big[\sum_{k=0}^{n-1}p(k) + \sum_{k=n}^{\infty}p(k)\Big] + b\sum_{k=0}^{n-1}kp(k) \\
&= bn\Big[1 - \sum_{k=0}^{n-1}p(k)\Big] + b\sum_{k=0}^{n-1}kp(k) - an \\
&= bn - an + b\sum_{k=0}^{n-1}kp(k) - bn\sum_{k=0}^{n-1}p(k) \\
&= n(b-a) + \sum_{k=0}^{n-1}(k-n)bp(k)
\end{aligned} \tag{3-153}
$$

该式即为计算平均每次每亩利润的解析式。为求出取得最大经济效益的图书进货量，我们现就 $a=0.25$、$b=1.32$ 以及 $m=10$ 的情形，用蒙特卡罗方法作出以下计算。

第一步，查表列出 Poisson 分布的累积分布函数 $F(X) = \sum_{k=0}^{X}\dfrac{m^k}{k!}\mathrm{e}^{-m}$，结果如表 3-14

所示。

表 3-14　$m = 10$ 时 Poisson 分布的累积分布函数

X	$F(X) = \sum_{k=0}^{X} \frac{m^k}{k!} \mathrm{e}^{-m}$	X	$F(X) = \sum_{k=0}^{X} \frac{m^k}{k!} \mathrm{e}^{-m}$	X	$F(X) = \sum_{k=0}^{X} \frac{m^k}{k!} \mathrm{e}^{-m}$
0	0.0000	8	0.2328	16	0.9730
1	0.0005	9	0.4579	17	0.9857
2	0.0028	10	0.5830	18	0.9928
3	0.0103	11	0.6968	19	0.9966
4	0.0282	12	0.7916	20	0.9984
5	0.0671	13	0.8645	21	0.9993
6	0.1301	14	0.9165	22	1.0000
7	0.2202	15	0.9513		

第二步，产生 $m = 10$ 的泊松分布随机变量。首先，从均匀分布随机数表选出 25 个四位随机数，记入表 3-15 的第 1 列。

令随机数 γ_i 满足不等式

$$F(k-1) < \gamma_i \leqslant F(k) \tag{3-154}$$

则由式 (3-154) 得出的对应随机变量 γ_i，服从 $m = 10$ 的泊松分布。我们将随机数 γ_i 除以 10 000，用所得的商 x_i 同表 3-14 中 $F(X)$ 相对照，此时 γ_i 值必然介于两个 $F(X)$ 之间，取其中后一个 $F(X)$ 对应的 X 为 X_i，并记入表 3-15。

$$X_1 = 2952$$
$$X_1' = 2952/10\,000 = 0.2952$$

对照表 3-14 得知 X' 介于 0.2328 与 0.4579 之间，其中 $F(X) = 0.4579$ 对应的 $X = 9$ 即为 $X_1 = 9$，记入表 3-15 的第 1 行的第 2 列。

第三步，由进货量为 n 开始，用式 (3-150) 和式 (3-151) 计算一次经济效益 $a(n, k)$，列入表 3-15 的第 3～第 10 列。

例　当 $n = 8$，$X_i = 9$ 时，由式 (3-151) 得

$$a(n,k) = nb - na = 8.56 \text{ 元} / (\text{次} \cdot \text{亩})$$

计算结果，$n = 8$，$X_i \geqslant 8$ 时，$a(n,k)$ 恒等于 8.56 元/（次·亩），填入表 3-15 第 1 行第 3 列。

又当 $X_i < n$ 时，如果当 $n = 8$，$X_i = 6$ 时，由式 (3-150) 得

$$a(n,k) = kb - na = 5.92 \text{ 元} / (\text{次} \cdot \text{亩})$$

用同样方法，算出表 3-15 的一切表值，该表的最后一行

表 3-15　n 为不同整数时 a(n,Xi) 的计算

随机 γi	服务对象 人数 Xi	a(n,Xi)									
		n=8	n=9	n=10	n=11	n=12	n=13	n=14	n=15	n=16	n=17
2952	9	8.56	9.63	9.38	9.13	8.88	8.63	8.38	8.13	7.88	7.63
6641	11	8.56	9.63	10.70	11.77	11.52	11.27	11.02	10.77	10.52	10.27
3992	9	8.56	9.63	9.38	9.13	8.88	8.63	8.38	8.13	7.88	7.63
9792	17	8.56	9.63	10.70	11.77	12.84	13.91	14.98	16.05	17.12	18.19
7979	13	8.56	9.63	10.70	11.77	12.84	13.91	13.66	13.41	13.16	12.91
5911	11	8.56	9.63	10.70	11.77	11.52	11.27	11.02	10.77	10.52	10.27
3170	8	8.56	8.31	8.06	7.81	7.56	7.31	7.06	6.81	6.56	6.31
5624	10	8.56	9.63	10.70	10.45	10.20	9.95	9.70	9.45	9.20	8.95
4167	9	8.56	9.63	9.38	9.13	8.88	8.63	8.38	8.13	7.88	7.63
9524	16	8.56	9.63	10.70	11.77	12.84	13.91	14.98	16.05	17.12	16.87
1545	7	7.24	6.99	6.74	6.49	6.24	5.99	5.74	5.49	5.24	4.99
1396	7	7.24	6.99	6.74	6.49	6.24	5.99	5.74	5.49	5.24	4.99
7203	12	8.56	9.63	10.70	11.77	12.84	12.59	12.34	12.09	11.84	11.59
5356	10	8.56	9.63	10.70	10.45	10.20	9.95	9.70	9.45	9.20	8.95
1300	6	5.92	5.67	5.42	5.17	4.92	4.67	4.42	4.17	3.92	3.67
2693	8	8.56	8.31	8.06	7.81	7.56	7.31	7.06	6.81	6.56	6.31
2730	8	8.56	8.31	8.06	7.81	7.56	7.31	7.06	6.81	6.56	6.31
7483	12	8.56	9.63	10.70	11.77	12.84	12.59	12.34	12.09	11.84	11.59
3408	9	8.56	9.63	9.38	9.13	8.88	8.63	8.38	8.13	7.88	7.63
2762	8	8.56	8.31	8.06	7.81	7.56	7.31	7.06	6.81	6.56	6.31
3563	9	8.56	9.63	9.38	9.13	8.88	8.63	8.38	8.13	7.88	7.63
1089	6	5.92	5.67	5.42	5.17	4.92	4.67	4.42	4.17	3.92	3.67
6913	11	8.56	9.63	10.70	11.77	11.52	11.27	11.02	10.77	10.52	10.27
7691	12	8.56	9.63	10.70	11.77	12.84	12.59	12.34	12.09	11.84	11.59
0560	5	4.60	4.35	4.10	3.85	3.60	3.35	3.10	2.85	2.60	2.35
$\sum_{i=1}^{25} a(n,X_i)$		202.12	216.99	225.26	230.89	232.56	230.27	226.66	223.05	219.44	214.51

$$\sum_{i=1}^{25} a(n,k) \tag{3-155}$$

为 n 取不同数值时，备齐图书份数的经济效益，结果指出每次发行备齐小报 $n = 12$ 份时的经济效益最大。

3.2.7　草地生物多样性分析

3.2.7.1　引言

从生态动力学观点来看，植物的营养生态动力源一般属于通过土地作用于植物的根部并输送到植物体全身的土壤化学生态动力源的一个重要组成部分，属于土壤这一种二级生态动力源的构件。从生态控制的基础来说，这种生态动力源构成生态控制的一种化学基础。

具体到草地生态系统，可以看出上述生态动力源的研讨，在草原生态效益的评估与草原生态管理中有着举足轻重的作用。这是因为近几十年来气候变化等自然因素以及草地利用不够合理（如过度放牧）等人为生态动力源作用，已导致草地生态系统的严重退化，草地的结构和功能明显受损（刘钟龄等，2002；单贵莲等，2008；赵哈林等，2008）。

近年来，国内外关于草地施肥的研究很多（Tilman et al. ，1996；程积民等，1997；Rajaniemi，2002；Gough et al. ，2000；Fridley，2002），但对于施肥与物种组成和物种多样性影响的研究较少。李禄军等（2010）以科尔沁沙质草地为研究对象作了有益的研究，下面对其结果予以介绍。

3.2.7.2　科尔沁沙质草地群落物种组成和多样性的影响

该研究通过在大清沟的实地试验、野外调查、物种多样性测度和统计分析，给出有科学依据的结果。这些可用表 3-16 ~ 表 3-18 和图 3-6 表示。

表 3-16　不同施肥处理对群落物种组成及其重要值的影响

物　种	重要值			
	对照 CK	氮肥 N	磷肥 P	氮 + 磷 N + P
白草 *Pennisetum flaccidum*	20.3	1.4	17.1	0.7
绿珠藜 *Chenopodium acuminatum*	9.9	16.8	14.1	19.0
隐子草 *Cleistogenes chinensis*	9.3	0.9	10.7	2.2
芦苇 *Phragmites communis*	8.0	17.5	6.2	15.0
猪毛蒿 *Artemisia scoparia*	8.0	4.3	8.1	1.8
兴安胡枝子 *Lespedeza daurica*	7.4	1.1	8.7	3.9
烛台虫实 *Corispermum ftexuosum*	6.4	0.7	3.8	2.9
大麻 *Cannabis sativa*	6.4	32.3	5.6	37.7
牻牛儿苗 *Erodium stephanianum*	5.9	3.7	6.8	1.1
尖叶胡枝子 *Lespedeza hedysaroides*	5.1	0.0	4.3	0.3

物　种	重要值			
	对照 CK	氮肥 N	磷肥 P	氮 + 磷 N + P
狗尾草 *Setaria viridis*	3.9	8.6	2.6	7.0
鸡眼草 *Kummerowia striata*	2.4	0.5	5.5	0.0
草木犀状黄芪 *Astragalus melilotoides*	2.2	0.0	1.2	0.0
节节草 *Equisetum ramosissimum*	1.3	0.5	0.8	1.0
沙打旺 *Astragalus adsurgens*	0.8	0.0	0.8	0.0
防风 *Saposhnikovia divaricata*	0.6	0.0	0.0	0.0
白前 *Cynanchum glaucescens*	0.5	2.3	1.4	3.0
柳穿鱼 *Linaria vulgaris*	0.5	0.0	0.0	0.0
山葱 *Allium senescens*	0.3	0.0	0.0	0.0
麦瓶草 *Silene conoidea*	0.2	0.0	0.0	0.0
紫花苜蓿 *Medicago sativa*	0.2	0.0	0.5	0.0
大丁草 *Gerbera anandria*	0.2	0.0	0.0	0.0
野大豆 *Glycine soja*	0.2	0.5	1.3	0.0
中国旋花 *Convolvulus chinensis*	0.0	3.2	0.0	0.7
委陵菜 *Potentilla chinensis*	0.0	0.0	0.0	0.3
苦菜 *Chenopodium album*	0.0	0.0	0.3	0.0
猪毛菜 *Salsola collina*	0.0	1.5	0.0	3.2
苍耳 *Xanthium sibiricum*	0.0	0.0	0.2	0.0
大籽蒿 *Artemisia sieversiana*	0.0	1.7	0.0	0.0
白茅 *Imperata cylindrica*	0.0	0.8	0.0	0.0
大油芒 *Spodiopogon sibiricus*	0.0	0.8	0.0	0.0
马唐 *Digitaria sanguinalis*	0.0	0.4	0.0	0.0
细叶益母草 *Leonurus sibiricus*	0.0	0.3	0.0	0.0
列当 *Orobanche coerulescens*	0.0	0.3	0.0	0.0

资料来源：李禄军等，2010

表 3-17　不同施肥处理对沙地群落植物科属优势度的影响

处理	禾本科	豆科	藜科	桑科	菊科	其他科
对照 CK	41.6 (2.9) a	18.3 (3.0) a	16.3 (1.7) a	6.4 (0.7) b	8.2 (1.8) a	9.2 (1.7) a
氮 N	30.4 (3.1) bc	2.1 (1.0) b	19.0 (4.8) a	32.3 (5.8) a	6.0 (1.9) ab	10.3 (2.7) a
磷 P	36.6 (2.7) ab	22.3 (3.0) a	17.9 (1.1) a	5.6 (1.9) b	8.6 (0.7) a	9.0 (1.1) a
氮 + 磷 N + P	25.0 (1.3) c	4.2 (1.7) b	25.2 (6.9) a	37.7 (7.0) a	1.8 (0.9) b	6.1 (2.1) a

注：括号中数据为标准误（$n = 6$），同一列不同字母表示差异显著（$P < 0.05$），下同

资料来源：李禄军等，2010

表 3-18　不同施肥处理对群落物种 Shannon-Wiener 指数（*H*）、Simpson 指数（*D*）、
Pielou 均匀度指数（*J*）和物种丰富度（*S*）的影响

处理	Shannon-Wiener 指数（*H*）	Simpson 指数（*D*）	Pielou 均匀度指数（*J*）	物种丰富度（*S*）
对照 CK	2.22（0.04）a	0.88（0.01）a	0.95（0.00）a	10.3（0.4）a
氮肥 N	1.47（0.17）b	0.73（0.04）b	0.93（0.01）b	5.2（0.8）b
磷肥 P	2.22（0.03）a	0.88（0.00）a	0.96（0.00）a	10.3（0.3）a
氮＋磷 N＋P	1.39（0.15）b	0.70（0.04）b	0.91（0.01）c	5.0（0.7）b

资料来源：李禄军等，2010

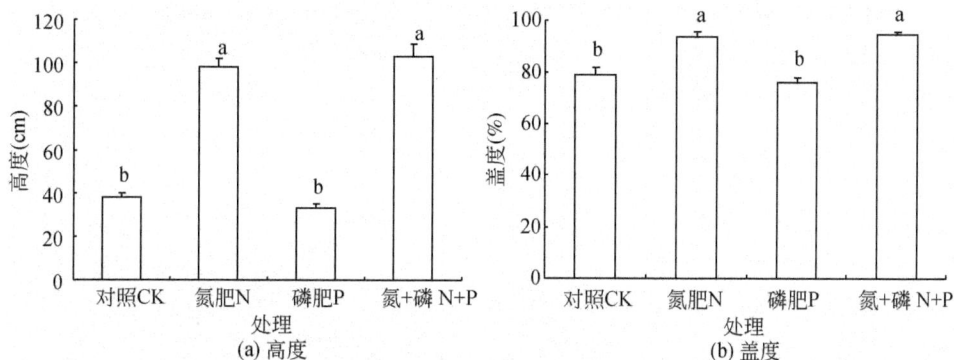

图 3-6　不同施肥处理对群落植被的高度和盖度的影响（李禄军等，2010）
注：不同字母表示差异显著（*P* < 0.05）

3.2.7.3　讨论与建议

生态效益分析涉及许多方面。本节所举实例是其中关于营养生态动力方面有创新性的实验与考察研究，有科学和应用价值。

为使类似研究中能够将野外调查、实验结果与科学分析有机结合，从综合集成与生态控制角度，特提出以下建议，供实验研究参考。

首先，在试验设计方面，建议采用由我国数学家王元和方开泰提出的均匀设计方法。王元院士指出，均匀设计属于"伪蒙特卡罗方法"（pseudo monte carlo method）的范畴。20 世纪 40 年代，Ulam 与 von Neumann 提出 Monte Carlo 方法。50 年代末，一些数学家试图用确定性方法寻找空间中均匀散步的点集来代替 Monte Carlo 方法中的随机数。已经找到的点集都是依靠数论方法得出的。按照 Weyl 定义的测试来度量，它们均匀性好，但独立性差，用这些点集来代替 Monte Carlo 方法中的随机数，往往会得到更精确的结果。上述方法称为伪 Monte Carlo 方法或称为数论方法（number theory method）。数学家首先将这一方法成功的用于多重积分近似计算。从概率统计的观点来看，伪随机数就是一个均匀分布的样本。数值积分需要大样本，均匀设计则要找一些小样本。由于均匀设计对应的样本比正交设计所用相应样本要均匀，所以用均匀设计安排实验的效果应当优于正交设计。例如，可用 28 次实验代表次实验。关于这种方法在草业科学中应用，也曾有人论述。

其次，由于各生态因子之间有密切联系，所以即使只为研究施肥这一营养生态动力问题，也必须与气象、地貌、土壤以及其他生物方面的生态动力源相联系，如施肥与降水及土壤水量显然有密切关系。用联系数学等方法加以综合可取得更客观的成果。

然后，关于效益分析问题。宜对生态效益作前后对比分析，采用视察措施后，所获取的生态优化比之前有何变化。并且，将生态效益与经济、社会效益综合起来，也可用经济单位对由不同单位说明的效益加以对比。

最后，所用统计方法，可依样本容量之大小，有针对性地加以选择，使方法更合理，结论更可靠。

3.2.8　草地改良措施三大效益的时空动态模式识别系统

随着草原经济的迅速发展，草原、草产业和草原文化，都面临着可持续发展的诸多问题。人们为了应对这些发展可能遇到的多方面挑战，尤其是应对气候变化乃至全球变化所导致的生态形势变化，这是草原发展面临的大问题。尽管从微观上，应对相应变化挑战的研究很多，但是草地、草产业、草原经济生态的宏观管理方案，尚待进一步努力探索，才能得出有效的可供决策者参考的建议。要最终能提出中肯的、有针对性的建议，须从基本方法入手，加以探索。

在全球生态、农业决策和城市生态控制等方面的研究与应用，已取得的许多成果表明，运用基础学科的某些新方法，运用钱学森等的综合集成技术，是被公认的有效方法。

在草原管理评估的研究中，如果能根据涉及草原的众多要素指标值，寻求一种综合的、有代表性的数值，在评估千条万绪微观成果的基础上，经由综合集成而得出在一定时空范围内经济、生态与社会协调发展的优化模型，是尤其必要的。

姜启源等（2004）将现有的数学模型分为十多个类别，同时指出：近几十年来，数学的应用不仅在它的传统领域——工程技术、经济建设——发挥着越来越重要的作用，而且不断地向一些新的领域渗透，形成了许多交叉学科——计量经济学、人口控制论、生物数学、地质数学等，数学与计算机技术相结合，形成了一种普遍的、可以实现的关键技术——数学技术，成为当代高新技术的重要组成部分，"高技术本质上是数学技术"的观点已被越来越多的人所接受。

针对本节所论主题，草原发展所涉及的方面，千头万绪，是个典型的复杂系统。如何用数学工具对其中诸因素加以科学评估并进而作综合评价呢？依据作者调查和一些地方草原现场观察评估，走访有关专家认为，可在筛选因子的基础上再作逻辑评估。

3.2.8.1　引言

草原（地）动态，无论是微观动态或者是宏观动态，都是研究草原退化及草原改良的必不可少的基本依据。关于草原（地）状况静态的资料，近30年来在我国已有很多，静态可以被认为是动态的一种特例，静态的研究对于草原（草地）动态的研究，当然也是十分有用的。关于静态问题数据及其分析综合手段，是包括草原生态研究者在内的多学科的科技人员经多年努力积累下来的。例如，早在1984年，南寅镐和魏均就给出了科尔沁沙地乌兰敖都地区植物群落演替图（图 2-9），其中多为草群落。曹成有等（2000）给出科尔沁沙地退沙畔上植物群落演替系列图式（图 2-10）。

由于各种自然和人为因素影响，也由于植物自身对于其环境的作用和植物适应性的草地植被处于动态变化中。

以往草地静态研究，首先始于一个基点的研究，如在乌兰敖都设有定位站，连续多年观察该站草地有关动态，积累数十年数据后，分析综合其代表性，针对某一个项目推广到一个地区。在多点观察研究的基础上，将各相关点状况加以分析，给出由几个点组成的一个区域内的状况，这可以说是空间方面的研究。另外一方面是作时间动态研究，如对草原发展史的研究，对草原发生的历史和地质背景进行探讨。例如，李博（1999a）指出，中国草原发生的大致过程为，在距今 7000 万年的第三纪初，中国的高山和高原尚未隆起，西部中亚平原尚淹没在海水中，全国年平均温度比现在高 9 ~ 10℃，现在的草原带多数为森林所覆盖，只有最干旱地段为稀树草原；渐新世以后，海水从中亚退却，全球变冷、变干，且从中新世到第四纪中期，地壳发生巨大变动，喜马拉雅山、昆仑山、天山、阿尔泰山、青藏高原相继隆起，北大西洋和印度洋的暖湿气流受到阻止，于是干旱区形成；中国西北开始日趋干旱，山地开始出现草原片段；到第三纪末，旱生植物已占优势，草原和荒漠取代了稀树草原。概括地说，草原植被开始形成于古近纪、新近纪，在第四纪初面积达到扩大。

关于草地改良措施的效益，有很多研究。杨丽娜和宝音陶格涛（2010）对 1983 年通过不同改良措施（播种羊草、浅层耕翻、围栏封育）处理过的退化羊草草原群落生长季节动态进行比较研究，旨在寻求退化草地恢复的最佳途径。23 年的恢复结果表明，地上生物量的季节动态呈单峰曲线，曲线形状基本一致；3 种措施增产效果都很明显，自然恢复、浅层耕翻、播种羊草群落地上生物量分别比围栏外提高了 102.69%、130.5%、107.1%，不同改良措施之间生物量并无显著差别；干物质含量的季节变化很明显，生长初期和生长末期的干物质含量较高，土壤含水量与干物质含量呈负相关关系，只有围栏外达到显著水平。

关于效益研究的类似结果，还有很多。从措施的施行到数十年后的总结，对于效益的动态研究是很有必要的。但要真正跟踪了解效益的动态，只是几十年以后才作出有关资料的总结，还是显得不足的。因为对某项改良措施取得的效益，在几十年之后去理解，起不到跟踪其动态的目的。只有跟踪动态，才能及时发现问题，随时挖掘问题出现的原因所在，并及时解决问题。

跟踪动态，在短时间内去理解多年演变的一个区域范围内的全局动态，即时空动态，只用一般分析综合，只靠人的智慧去认识之，似乎是有困难的，定量分析更是困难。能否用一种自动化方法解决上述问题？回答是肯定的，利用模式识别（pattern recognition）这样一种脑力劳动自动化的人工智能技术，是可以完成的。为此，我们开始初探这种技术用于草原及其改良效益评估的几个问题。

3.2.8.2　模式识别基本原理及应用要点

模式识别是一种自动化的高新技术，从产生、发展到今天已有几十年历史，应用领域是广泛的。但为什么直到今天，在某些学科的研究领域中，涉及很少呢？其主要原因在于，一些研究者认为模式识别多为工程技术领域应用，与草原生物关系不很密切；一些人认为，所涉及的是技术学科，而草原生物工作者对其基础原理很不熟悉，只待该项技术拥有者给出有关结果，草原研究者用其作参考即可。

其实，识别的事情，不但专门的智能科研人员在做，一般公众包括社科、文艺乃至工人、农民，事实上都做过或继续做着模式识别。例如，2009 年在沈阳市郊区，一些农民发现在湿润草地里留有比较大的动物脚印，于是向野生动物专家请教，请他们指出该脚印是什么动物的脚印？有动物学家认为是猫科动物虎的足迹，另有动物学家则认为是大型犬科动物的脚印，两组专家们给出的结论，大相径庭！他们的实际依据是以该脚印同他们已掌握的足迹模式相对照，进而才给出各自的结论。从现代科学的术语出发，他们实际上都是作了模式识别的，只不过是用人的视觉直接进行识别，而未用机器智能代替人的智能而已。

说到模式识别，人们常提到"模式"这一术语，运用这一术语时，应注意什么呢？首先，宜把中文所说的"模式"二字，与相应的英文的原意加以对照说明。一提起模式，多数人首先想到的是 model 这个英文词，但在这里所说的模式并非指 model，而是外文科学文献中所说的 pattern，pattern 一词在这里可被认为是供模仿用的完美无缺的标本。在我国，多数研究者将其译为"模式"，如 20 世纪 70 年代末至 80 年代初，戴汝为、胡启恒译述傅京孙（K. S. Fu）著作时，就是这样处理的；而在北京大学的一些数学家，如程民德、石青云则将 pattern recognition 译为"图像识别"，即将 pattern 视为图像，文字、线画图形等均被理解为"图像"。于是"模式"一词又有些像中文所说的"图画"之意，也可认为是"图形的榜样"。

在几十年前，由于没有必要的设备条件（如智能机器），真正意义上的当代模式识别实际上是根本不可能实现的，于是许多草原生物学方面的研究者，也很少去想由此入手的研究工作。但是，他们用对比方法来研究某些问题的思路，甚至可以追溯到千年之前。在现代作预报决策时，依赖对比研究与实际应用的正确途径，是人们普遍认可的。例如，人们在制作草原"白灾"预报时，总要观察产生它的暴风雪天气形势背景，预报员首先注意的是最新气象信息为其展现的蒙古高压强度、冷锋所在位置、移动速率和方向等，与此同时，与预报员心中历史上同季节同类形势的状况。如果现实形势与预报员心中掌握的形势相似，就可以在认定天气形势相似的前提下，预报暴风雪乃至"白灾"是否会在未来几天出现。这样的过程，事实上是一种经验式的图像识别过程，在某些学科的实际业务中，已运用多年，并仍在继续运用。

上述的具有朴素性质的凭经验的识别过程，必然有其弊端。在当代，随着计算机、因特网、RS（remote sensing）、GIS（geography information system）等技术条件的发展，只凭经验和人的头脑思维的模式识别雏形来操作，就显得比较过时了。于是，一些研究者倡导模式识别的应用，建议用机器的智慧部分地代替人的智慧，这是很有见的而且在目前是切实可行的建议。这是因为，一个人即使有几十年的经验存在于头脑之中，但是无论其储备的经验如何丰富，随时可供调用的经验必定是有限的，而当这个有经验的人离开工作岗位时，其心中不成文的经验往往不能再显示其功能了。另外，调用以往经验，在短时期构成对比选择，客观上也不太容易实现。还是以上述草原白灾预报为例，"高压前缘冷锋"这样的天气形势，在以往 50 多年的历史天气图中，至少出现数百次，而这样的形势，凭一个人的智慧怎能看得清晰，又怎能有系统地存储于头脑之中呢？若用现代方法，在依据历史资料，制作出相应图像并事先存储于机器之中的前提下，到应用时在几分钟内找出客观相似是完全可行的。这个过程，并不需要应用者，事必躬亲。

3.2.8.3 用模板匹配法的直接识别

经典的模式识别是模板匹配即直接找相似的方法。下面叙述该方法的主要步骤。

（1）资料的准备和分类

待识别的对象是连续多年的每年一张的地图，如在某个大草原区域实施退耕还草，某一年（设为 $i=0$ 年）完成"还草"任务，即在第 0 年采取了合理的措施，对这一措施的效益应当如何评价呢？当然要跟踪监测牧草成活状况，以得到 $i=1,2,\cdots,m$ 时的草地状况。所用地图可来自以人工调查为基础绘出的地图，也可用来自航测或卫星的遥感图片。为了便于直接识别，将地图转化为简易的线画图形。如果仅为了对于区域内全局形势的估计，只要识别牧草所占比例即可。若图中牧草所占比例较小，用 7 表示；所占比例中等，用 8 表示；所占比例较大，用 9 表示。这样一来，识别对象就变成了三个数字，只要识别出字码，就可以认定图的特征，把历年的地图加以比较，可对时间 – 空间联合演变的基本趋势，有个初步认识。如果对于 $j(j=1,2,\cdots,n)$ 个区域同时识别，很容易得出特征 T_{ij}。

（2）识别原理与步骤

该识别工作，所采用的特征有两个，分别是图 3-7 中所示的上半部分和下半部分的黑色面积（或者笔画的线长），用 X_1 和 X_2 表示。对图形的观察结果，不难得出如下结论：按正常的黑体字的写法，笔画粗细一致，首先可以看出，7 字的上半部分与 8、9 两个字的各自的上半部分的黑色面积的大小是不一样的，7 的上半部分面积较小，而 8 和 9 的任何一个字的上半部分面积都比较大。为了定量地说明这个大、小的问题，可以给它们定个数字标准：7 的上半部分面积一定小于 5，而 8（或 9）上半部分面积一定大于或等于 5，于是有 $X_1 \geqslant 5$ 这个条件，即提出问题：X_1 大于或等于 5 吗？对于"7"这个字类，回答是"否"（NO）；而对于"8"字类或者"9"字类，回答都是"是"（YES）。

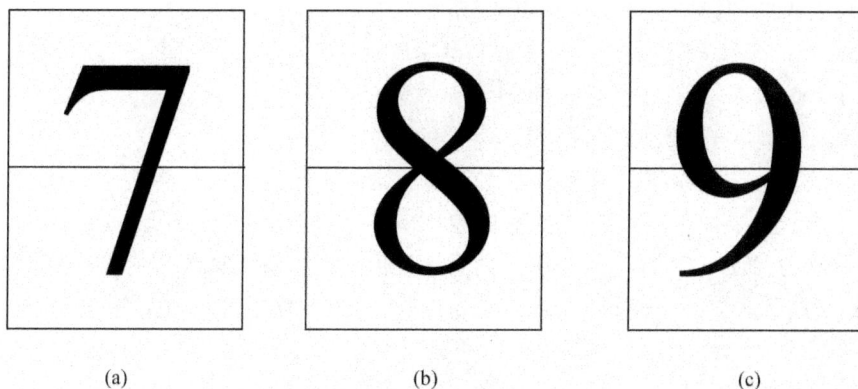

(a)   (b)   (c)

图 3-7 待识别字码上下部分示意

这样，我们就可以在 7、8、9 字类的判决表的第一行填写上所回答的语言。从该表可以清楚地看出，只使用一个判别条件，想把待识别的三个样本分到三个类别中去，那是办不到的。因为对上半部分的面积 $X_1 \geqslant 5$ 这个条件，"8"字类和"9"字类的回答都是 YES，即对于这两个字，答案是没有区别的。因此，至少还要列出一个能把"8"和"9"两个字类很好区别开来的条件。从图 3-7 的（a）、（b）、（c）3 个小图可以看出，"7"和"9"这两个字下半部分的面积的差异是很小的；但是，"8"和"9"两个字的下半部分的面积，却有显著的差异。所以，可以利用这样的差异来进行"8"和"9"的区分工作。对于"8"字类，X_2 必然大于或等于 5；而对于"9"字类，X_2 必然小于 5。这样，就把 $X_2 \geqslant 5$ 作为区分类别的第二个条件关系式。在表 3-19 中，填上判决的结果。

表 3-19　用于识别成活牧草面积的字码判决表

字类		7	8	9
条件（面积）	物理意义	D_R 面积小	D_R 面积中等	D_R 面积大
	（1）上半部分 $X_1 \geqslant 5$	NO	YES	YES
	（2）下半部分 $X_2 \geqslant 5$	NO	YES	NO

用判决表作识别的过程是：把"NO"表示为 N，把"YES"表示为 Y。于是，在计算机中可以事先存储 7、8、9 字类各自的信息，这 3 个信息分别代表字类。具体地说，NN 表示 7 字类，YY 表示 8 字类，YN 表示 9 字类。NN，YY，YN 就是表示条件是否能满足的代码。当待识别样本输入后，经过两次特征提取（先是用计算机算出 D_R 区域的面积，再把它转换成字码 X_1 和 X_2；然后观察字码上、下部分的面积，看是否满足条件；若 $X_1 \geqslant 5$，出 Y；否则出 N。比如，待识别的样本 $X_1 = 6$，$X_2 = 2$。那么，在运算后，在计算机的存储器里存储代码 YN（因为 $X_1 > 5$，$X_2 < 5$）。接着，根据比较的程序，以待识别的代码 YN 与事先已经存储于计算机中的各个字类的代码 NN、YY 和 YN 依次进行比较，必然能找到一个相符的类别。本例中，待识别的 YN 与"9"字类的代码相符。于是，计算机输出属于"9"字类的信息。如果比较的结果，确实找不到相似，那就会输出"拒绝判决"的信息。

在条件式的数目和类别的数目都比较小的情形下，也可以直接地按照每类一条的做法，来编写出程序加以识别。本例的几个语句的意义便是以下 3 种。

如果 $X_1 < 5$ 且 $X_2 < 5$，输出属"7"字类的信息；

如果 $X_1 \geqslant 5$ 且 $X_2 \geqslant 5$，输出属"8"字类的信息；

如果 $X_1 \geqslant 5$ 且 $X_2 < 5$，输出属"9"字类的信息。

以上的识别是把草原改良措施分为几个基本类别，并以字码代替，这是一种直接的方法。这种方法适宜于识别要素或特征变化较小的图像，并从中抓主要矛盾，转化成数字，识别起来就更为简便。例如，实行围栏封育 10 年后的效益，如果"较差"，用数字 7 表示，"一般"用 8 表示，"较好"用 9 表示，就可以对一个大区域范围各县（旗）效益标注在一张地图上，并依图判断哪些单位效益是什么；再过一年，绘出另一地图，从连续若干张图中可观察出效益时空演变规律（图 3-8）。

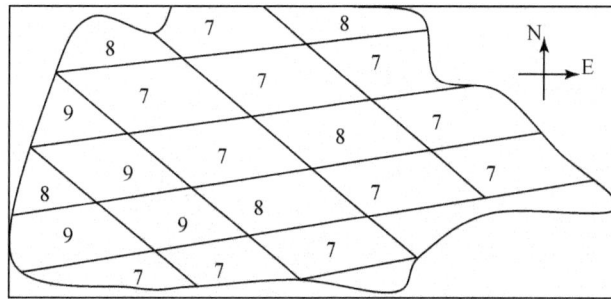

(a)

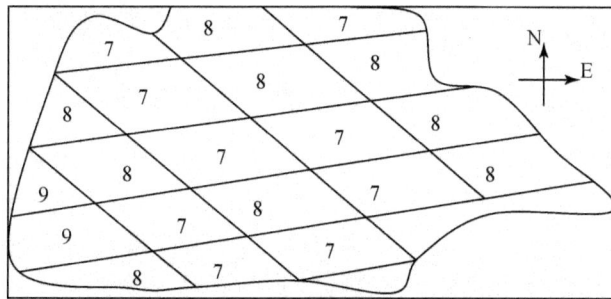

(b)

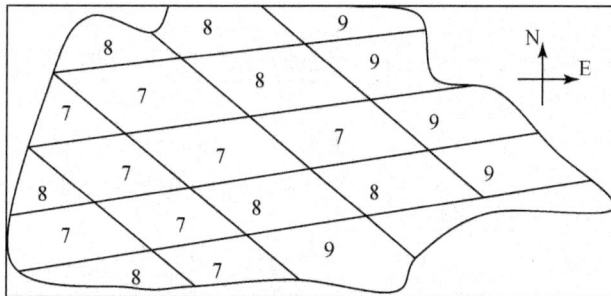

(c)

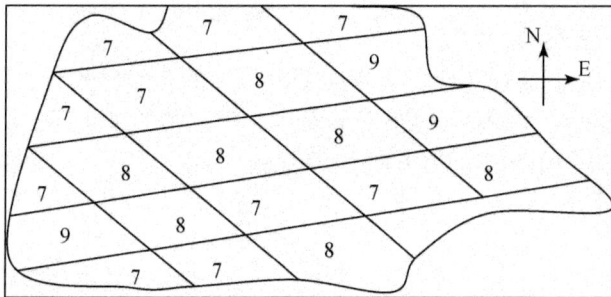

(d)

图 3-8　某草原区域历年效益的时空演变动态示意

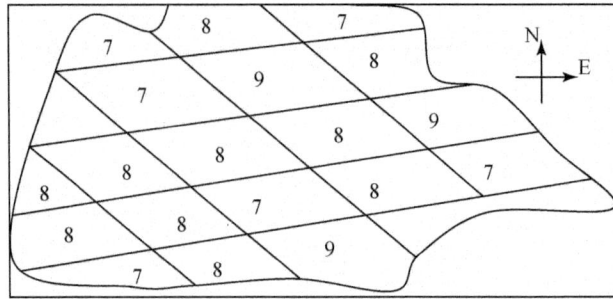

(e)

图 3-8　某草原区域历年效益的时空演变动态示意（续）

(a) 1980 年；(b) 1984 年；(c) 1996 年；(d) 2002 年；(e) 2008 年

3.2.8.4　影响草地效益因子的联合概率密度识别

在实行改良措施后，草地上植物进入正常的生长发育进程之中，为正确理解将会产生效益的牧草的生育状况，以便科学地控制草地动态，了解影响效益的诸多自然及人工的生态动力因子的综合状态，考虑气象、土壤、生物、人工措施等交互作用下联合概率密度，是一种统计模式识别技术。尤其是掌握这些因子综合所致的风险率（一般用密度函数和分布函数表示），则是原有的主观决策为客观决策所代替的前提。

（1）基本原理

如下的方法用于解此问题。根据各个样本的直方图，构造出多元样条函数，以这种函数作为一个近似的概率密度函数。

为评价该样条函数的许多联合项，利用了 Monte Carlo 抽样法。这就是说，把这些项的组装看成一个母体，由此母体中抽取一些样本以估计参数即样条函数之值。这种想法已被成功地用于多元函数的非线性内插。

然而，样本的误差随着 K 值的增加而按指数规律增加。因此，当 $K>20$ 的时候，计算工作就特别麻烦。为了克服上述困难，设计出一种联合抽样方法，必要时抽取几个样本。这种方法，对于 $K>20$ 的情形，是可行的。

多元样条函数的表达过程如下。

首先考虑一维情形。通过变换，使概率密度未知的各组样本存在于区间 $[0,n]$，这里 n 是一个常数。这样一来，整个区间就被分为 n 个相等的子区间，节段取整数值，并有 $S=S_j,j=1,2,\cdots,n$ 指示相应的直方图，即落入闭区间 $[j-1,j]$ 范围内的观测值的个数。假定频数 S_j 是正态化的，那么

$$\sum_{j=1}^{n} S_j = 1 \tag{3-156}$$

这样，下列样条函数

$$\varphi(x) = m_{i-1}(i-x)(3i-2-3x) - m_i(x-i+1)(3i-1-3x)$$
$$+ 6S_i(i-x)(x-i+1) \tag{3-157}$$

可通过面积匹配的性质

$$\int_{j-1}^{j} \varphi(x)\,dx = S_j, \quad j = 1,2,\cdots,n \tag{3-158}$$

由相应的直方图得出。

为确定 m_i，所需的必要条件是：$\varphi(x)$ 导数的连续性。由条件 $\varphi'(i^-) = \varphi'(i^+)$，可得出

$$\frac{1}{2}m_{i-1} + 2m_i + \frac{1}{2}m_{i+1} = \frac{3}{2}(S_i + S_{i+1}), \quad i = 1,2,\cdots,n-1 \tag{3-159}$$

为确定两端点的条件，应注意到如下的事实：当 $S_j = \dfrac{1}{n}$ 时，对于所有的 j，$\varphi(x)$ 必须是常数，且等于 $1/n$。于是有

$$m_0 + \frac{1}{2}m_1 = \frac{3}{2}S_1$$
$$\frac{1}{2}m_{n-1} + m_n = \frac{3}{2}S_n \tag{3-160}$$

经过简单的计算，m_i 可表达为

$$m_i = \sum_{j=1}^{n} t_{ij} S_j \tag{3-161}$$

对于 $i-1 \leq x \leq i$ 来说，式（3-157）可写为

$$\varphi(x) = \sum_{j=1}^{n} t(x,j) S_j \tag{3-162}$$

由端点条件，当 $S_j = 1/n, j = 1,2,\cdots,n$ 的时候，$\varphi(x) = 1/n$。因而有如下的单位元

$$\sum_{j=1}^{n} t(x,j) = 1 \tag{3-163}$$

就多元情形而言，可将 $\varphi(x_1, x_2, \cdots, x_k)$ 表达为式（3-162）的张量乘积形式。这里假定：这些样本以 k 维超立方体 D 的形式出现，而对于 $i_1 - 1 \leq x_1 \leq i_1, i_2 - 1 \leq x_2 \leq i_2, \cdots, i_k - 1 \leq x_k \leq i_k$ 的情形而言，则有

$$\varphi(x_1, \cdots, x_k) = \sum_{j_1=1}^{n} \cdots \sum_{j_1=1}^{n} t(x,j) S_{j_1, \cdots, j_k} \tag{3-164}$$

这里 $x = (x_1, \cdots, x_k)$ 和 $j = (j_1, \cdots, j_k)$ 都是 k 维向量，且有

$$t(x,j) = \prod_{r=1}^{k} t(x_r, j_r) \tag{3-165}$$

这里 $t(x_r, j_r)$ 在式（3-162）中给出。进一步来说，$S_{j_1, \cdots, j_k}$ 是用超立方体 $[j_1 - 1, j_1] \times [j_2 - 1, j_2] \times \cdots \times [j_k - 1, j_k]$ 表示的直方图。

（2）随机抽样的引进

用式（3-164），可以估计在 D 中的任何一点的概率密度。

但是，当 k 比较大（比如说 $k > 10$）的时候，用式（3-164）的计算过程就非常麻烦。有时甚至是几乎不能进行的。

为了避免上述的困难，可以利用某种方式从式（3-164）的右部取出一些项，并由此估计 $\varphi(x_1, \cdots, x_k)$。

Hammersley 曾经指出，根据这些项的简单抽样，是不容易收敛的，因为 $t(x,j)$ 没有常

定的符号。在多元函数之非线性内插的过程中所用的抽样方法，在 $k \leqslant 20$ 的情形下，是可用的。利用这种方法，可以对于式（3-164）右边的项进行分类。在这样的过程中，所用的方式，经过变换，可以写成下式：

$$\varphi(x_1, \cdots, x_k) = \sum_{t>0} |t(x,j)| S_{j_1, \cdots, j_k} - \sum_{t<0} |t(x,j)| S_{j_1, \cdots, j_k} \quad (3\text{-}166)$$

利用与 $|t(x,j)|$ 呈正比例的概率，我们得出 $S_{j_1, \cdots, j_k}$ 项。对于适当的抽样，下面的方程必须是

$$T' = \sum_{t>0} |t(x,j)|$$
$$T'' = \sum_{t<0} |t(x,j)| \quad (3\text{-}167)$$

由式（3-163）和式（3-164），我们有

$$\sum_{j_1=1}^{n} \cdots \sum_{j_1=1}^{n} t(x,j) = \prod_{r=1}^{k} \sum_{j_r=1}^{n} t(x_r, j_r) = T' - T'' = 1 \quad (3\text{-}168)$$

通过计算如下的量：

$$\prod_{r=1}^{k} \sum_{j_r=1}^{n} |t(x_r, j_r)| = T' - T'' \equiv 1 \quad (3\text{-}169)$$

我们得到

$$T' = (T+1)/2$$
$$T'' = (T-1)/2 \quad (3\text{-}170)$$

依据式（3-170），我们能够对式（3-166）作出无偏估计：

$$\theta = \frac{T'}{N'} \sum_{t>0} S_{j_1, \cdots, j_k} - \frac{T''}{N''} \sum_{t<0} S_{j_1, \cdots, j_k} \quad (3\text{-}171)$$

这里 N'、N'' 分别是带有正、负系数的抽样项的项数。利用如下的方案，可以估计 θ。对于变数 $x_r(r=1,2,\cdots,k)$，我们用概率

$$\frac{|t(x_r, j_r)|}{\sum_{j=1}^{n} |t(x_r, j)|}$$

选择 j_r。用均匀分布的随机数，很容易完成上述工作。然后，按照

$$\prod_{r=1}^{k} t(x_r, j_r)$$

为正或为负值，我们加或减 $S_{j_1, \cdots, j_k}$。用这种方法，可以估计概率密度。

3.2.8.5 句法文法的时间序列动态识别与向高效益榜样学习的方略

草地生物量及有关生态因子的动态，均可以用时间序列图示出来，这是对不同区域不同草类进行动态识别的基础图像（图3-9、图3-10）。

对于宏观的连续多年的时间序列演变图像（图3-11），同样可以作为待识别图像。

关于这类图像，一般可以用句法模式识别方法，加以识别。其中最简易且有效的步骤，是以一种标准线条，如图3-9、图3-10、图3-11给出的线条作为模式基准，即榜样，来观察其他待识别图像和基准的差异。例如，由图3-9，在7月30日，自然恢复生物量为

170 g/m²，即该日基准值为 170 g/m²，在同日另一待识别草场（设为甲）的相应值为 150 g/m²，则可得出后者比前者低 20 g/m²，结论为排除干扰，可只取负号。对于其他日期，作类似比较，可得出一个链码，如为"正负负负正正负负负"，这样由 9 个码组成的链码。对于草场乙，给出链码"正负负负正负负负负"，可知，甲、乙相似度为 819。依此类推，得出比较结果。关于该识别方法的更多进一步分析，已有许多文献可供参考（Pei et al.，2004）。

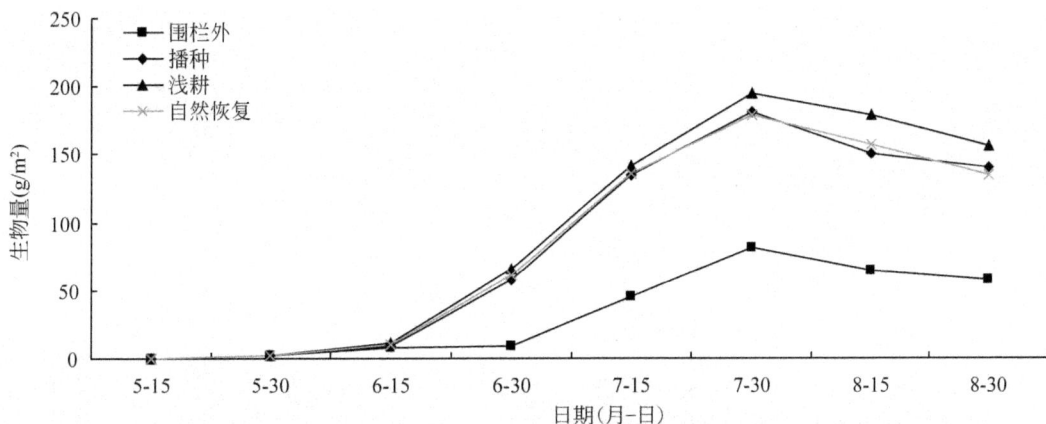

图 3-9　牧草地上生物量季节动态（杨丽娜和宝音陶格涛，2010）

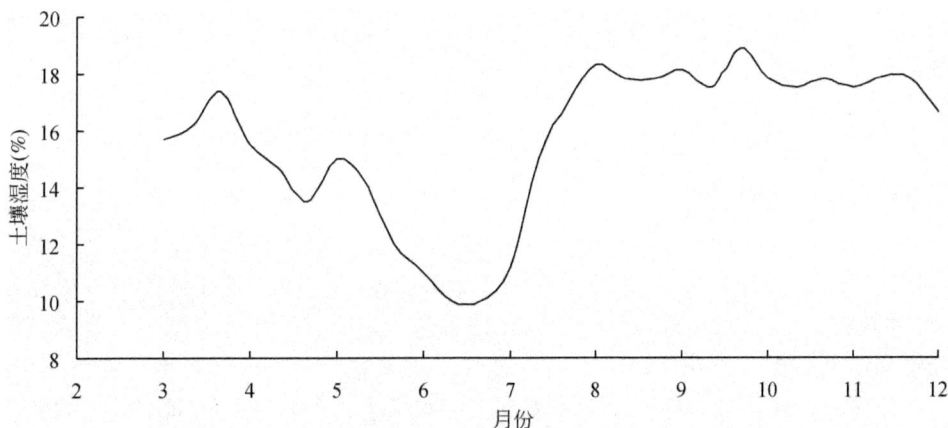

图 3-10　0～100 cm 土层平均播后一年草下土壤水分周年变化

人们日常生活中，常提到"榜样的力量是无穷的"这样一句话。在未结合模式识别的意义加以理解时，为了向"榜样"（example）学习，往往是通过参观而模仿学习的定性认识，当然这样的定性认识是必要的。但从综合集成乃至整个系统科学的原则上讲，只是定性地非自动化地寻找与榜样的差距，还是不足的。而如果提到脑力劳动和人工智能这样的自动化高度认识问题，就可用 pattern 作为榜样，通过句法模式识别的对比，可以很快地找出与 pattern 的差距，并能同时对数以百计的待识别对象进行科学比较，这对于找出差距，采取措施，进而作科学管理以提高效益是非常有价值的。

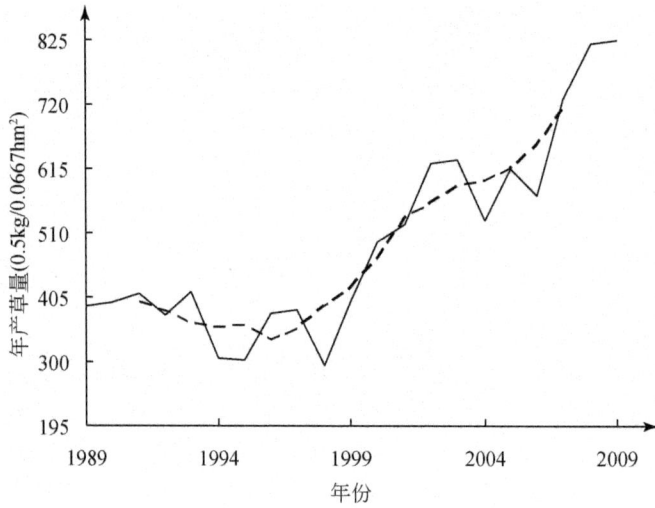

图 3-11   滑动平均动态趋势与历史产草量演变曲线
注：实线为实际产草量，虚线为趋势产草量

正确运用上述原则的关键也是首要之点，即使树立 pattern，pattern 之"完美无缺"的意义也是相对的，从哲学上真理的相对性意义上，从"金无足赤"的意义上，容易理解之。我们的任务是寻求有代表意义的 pattern，如上面举出的生物量动态图像是最新研究出来的、有实验基础的，所以可作为一种 pattern。对于某些成功管理的草场，也可选最优者为 pattern。我们用在锡林郭勒盟的 pattern，则可对内蒙古东部乃至更大范围草场动态作自动化分析。若不采用该技术，及时、广泛地同榜样学习，是很难有如此高效的。

3.2.8.6   草场特征量地域分布的模式识别——属性文法的运用

一条线条随时间变化的识别属于时间序列单点动态性质的识别。它的特点是找出一个点来代表一整个区域（如一个旗，一个盟），再对点随时间（如日期，年）的动态变化的变化作识别，其意义已如上述。然而，以点代面的思路，尽管是抓主要矛盾的思路，也有其缺点。那就是，为了找出效益随时间变化的规律，只能对一个代表点生物量或其他有关量值作时间序列分析；另外，为了找出一个区域的效益分布，只用多年平均值作出地图，再分析在该区域内不同地点生物量值的差异。但事实上，各种效益时间空间上的变化总是同步进行的。为此，就有必要对时空效益变化同时进行识别，这就需要作特征量的自动评估。事实上，也就是对时间连续的地图作识别。根据在其他方面所用的识别技术，利用属性文法做这方面工作是比较合适的，起码在当前认识水平上是这样的。

为了对采用恢复措施（如飞播种草）后的植被生物量进行宏观跟踪调查，植被生物量遥感监测模型被应用，这样的模型往往用野外样地实测与遥感资料结合，再建立生物量与植被关系的模型。用所建立起来的关系，可得出各点生物量，将结果绘于地图上，可形成一系列随时间（如逐年）变化的地图，它们可供识别用。

除了可用生物量动态变化直接估计恢复措施的经济效益外，对于生态效益的评估，也可形成一系列地图。地图的形成，同样可用实测数据与遥感资料的结合。实测可在研究基地进行。例如，姜凤岐等（2002）研究了科尔沁沙地乌兰敖都地区不同生境下辐射平衡中各分量的变化指出，建立人工植被后，下垫面的反射率显著降低，辐射差额显著增加。并从物理意义上作如下解释，辐射差额是直接影响下垫面的热状况和小气候特征的能源，其主要取决于反射率和有效辐射。流动沙丘由于无植被覆盖，粗糙度小，颜色较浅，反射率最大，平均为 38.7%。而在人工植被区，由于有较厚的植被覆盖，太阳可以穿透植被层被逐渐吸收，且植被层下土壤颜色较深，反射率减小。有效辐射量的变化规律是，白天流动沙丘上有效辐射量明显大于人工植被区，而在夜间则小于人工植被区。可见建立人工植被对辐射平衡有显著的影响。人工植被区辐射差额的增加意味着对太阳能的利用率提高，同时，由于辐射平衡的变化，直接引发了小环境热量平衡发生改变。

由于专门研究性的非常规观测数据总是有限的，为了得到更丰富的数据，可将气象等部门常规数据与非常规数据加以结合，也可作必要估计推算，这样以多点各种数据为基础可以形成一系列的地图。

对于植被恢复中其他方面的生态要素变化，也有人作过测定和分析，包括空气温度、湿度、沙面蒸发量、输沙率、粗糙度、风速、风沙流、土壤颗粒组成成分、土壤容重和孔隙度、土壤持（透）水量、土壤肥力等。这些要素的研究，在乌兰敖都基点，中国科学院沈阳应用生态研究所 30 多年来做过大量的工作。把这些第一手资料与遥感（RS）、GIS、水文、气象、土壤方面资料相结合，可以形成一系列地图，比绘出有关的数千张图。利用它们，对于生态效益时空动态作客观评估。

对于社会效益的评估，可以用数量化方法。例如，关于草原文化，从描述性角度来说，人们可以推测，在沙地未施行恢复之前，一片荒凉，人烟稀少，文化活动当然很少，而当沙地被人工草地逐渐代替时，居民增多，在草原上放牧的人群增加，牧民使草原文化日益繁荣，正像《草原之夜》那首歌所唱的那样，"可克达拉改变了模样"草原文化生活很丰富。这样的社会效益用数量化方法，也是可以表达出来的。例如，甲地恢复得"快"，某年文化生活水平，可认为是优秀，用 0 表示，乙地恢复得"一般"，用 1 表示。于是可绘出相应的面上图形。

待识别地图，可以是实况图，可以是导致灾害的背景形势图。

识别步骤包括以下几步。

首先，依数据或者计算出来的结果，绘成准值线图。如图 3-12 所示。

其次，对图进行分割，形成若干子模块，即待识别基元，这些基元可以是内基元，也可以是外基元，并命其次序 $i = 1, 2, \cdots, k$。

最后，根据基元特征，将每个基元用文字符表示出来。

根据地图的特点，可将每一个子模块中的图形特征放入如下特征之一。

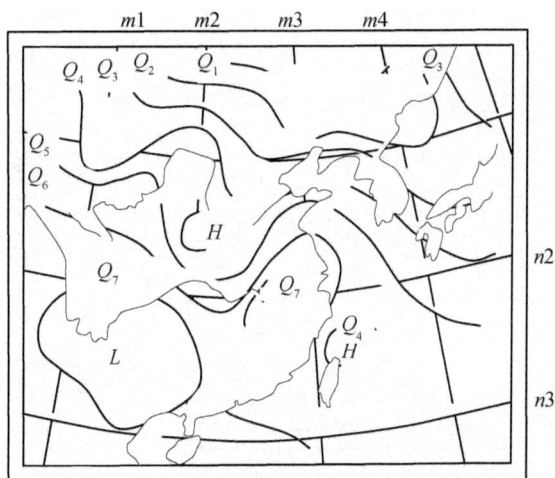

图 3-12　待识别图示意（$Q_1 > Q_2 > \cdots > Q_7$）

1）α，准平直线型，如图 3-13 所示。

2）β，准垂直线型，如图 3-14 所示。

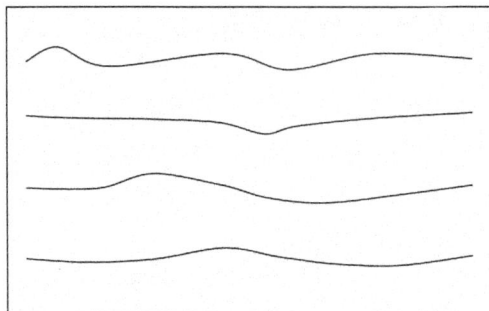

图 3-13　准平直线型

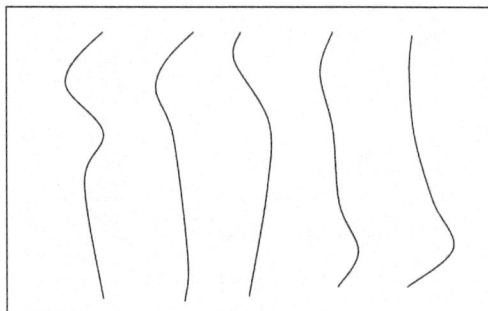

图 3-14　准垂直线型

3）γ，高值区型，如图 3-15 所示。

4）δ，低值区型，如图 3-16 所示。

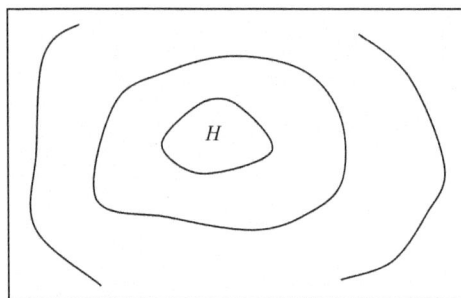

图 3-15　高值区型

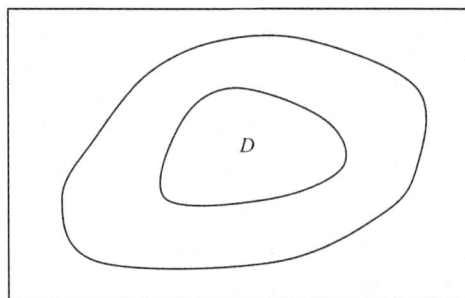

图 3-16　低值区型

5）ε，高脊型，如图 3-17 所示。

6）η，低脊型，如图 3-18 所示。

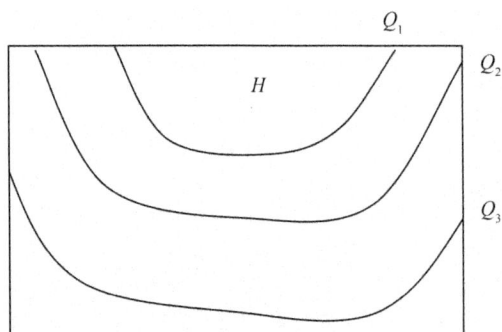

图 3-17　高脊型

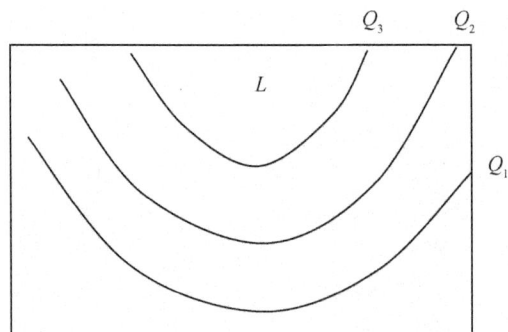

图 3-18　低脊型

7）λ_1，上高下低型，如图 3-19 所示。

8）λ_2，上低下高型，如图 3-20 所示。

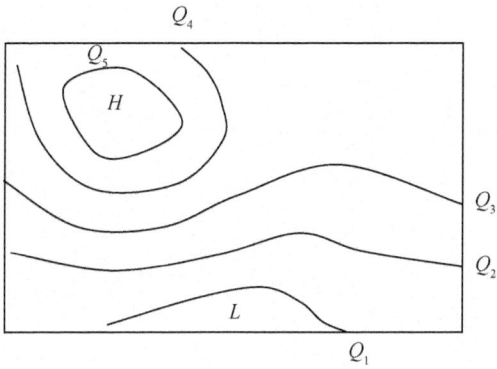

图 3-19　上高下低型（λ_1）

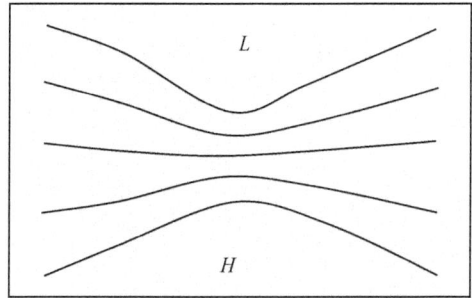

图 3-20　上低下高型（λ_2）

9）λ_3，左低右高型，如图 3-21 所示。

10）λ_4，左高右低型，如图 3-22 所示。

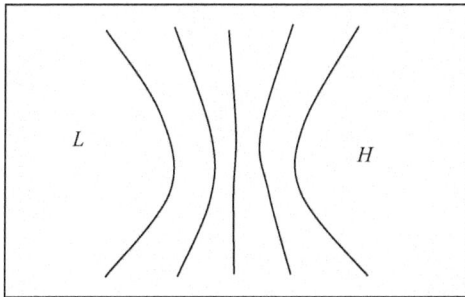

图 3-21　左低右高型（λ_3）

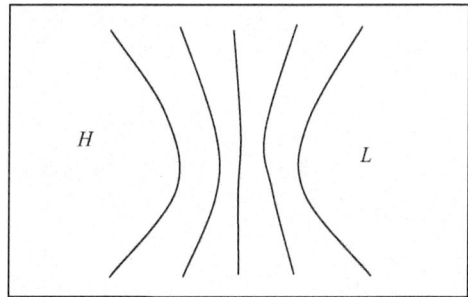

图 3-22　左高右低型（λ_4）

11）μ_1，鞍形场 I 型，如图 3-23 所示。

12）μ_2，鞍形场 II 型，如图 3-24 所示。

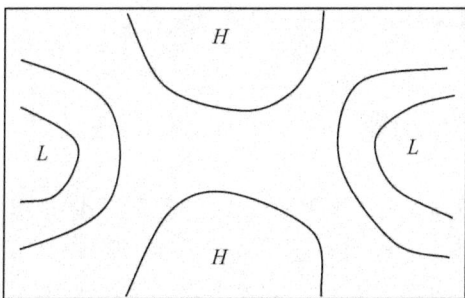

图 3-23　鞍形场 I 型

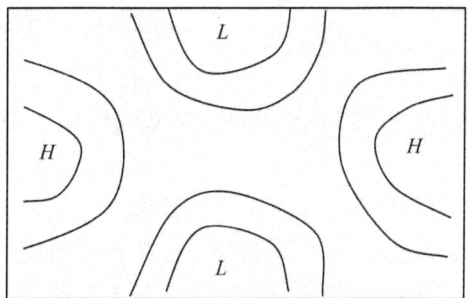

图 3-24　鞍形场 II 型

13）属性的引进。

对于图形相似的地图来说，为了说明子图形（像）相似的图之间差异，可引进属性，一般可依据生物意义与物理意义加以引进。例如，两子图之间关键部位边结与底部平行线的夹角。若连续两子图，甲图在左，乙图在右，甲是高值区，乙是低值区，但中心位置不同，如图 3-25 所示，设 H_0、L_0 分别为甲图和乙图的中心位置，则连线 H_0L_0 与底边的夹角即为引进的属性。H_0L_0 与底边呈 150°角，此可作为一个属性，令其为 $a_i = a_1$。

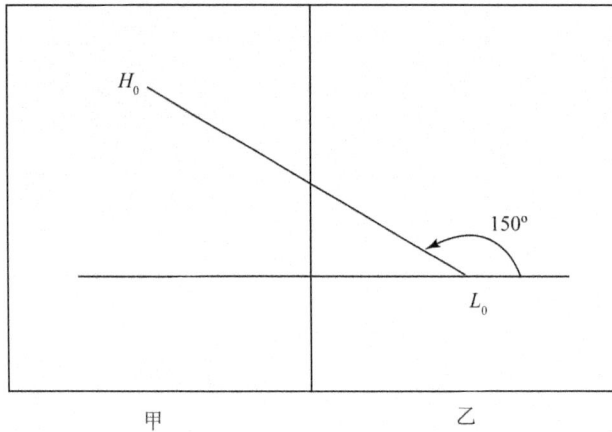

图 3-25　中心位置与属性引进

14）编码识别。

将属性结合到表示希腊文字母编码之中，可得一个含 a_i 在内的字码链，用这个链可作识别。

3.2.8.7　小结与讨论

前述动态识别方案，在现有条件下可以试行。当然在初建阶段，受人力资金等多方限制，不可能很完善。然而可以预计，这样的关于草场动态改良的评估自动化方法是一种有前途的方法。

3.3　人工种草作业的中期预测决策技术

3.3.1　问题的提出与主要考察因子的确定

草地退化是草原面临的重大问题。著名草原学家任继周院士指出：我国"北方草地的绝大部分正在经历着草原退化的苦难历程。先是由于利用不当，植被的生物量减少；接着是放牧动物体重下降，甚至因冬春营养不足而导致春乏死亡；如草地资源继续恶化，动植物成分改变，生物多样性受到损害，生产水平低的劣质植物和动物取代优质植物和动物；与此同时，水土流失逐步加重，土壤肥力减低，土层变薄"（李建东和郑慧莹，1997）。面临草原退化这样的"苦难历程"，必须研讨应对措施。措施须从长远着眼，又要从现实着手，面临濒危的草地这样的生态系统，人们多年来用各种方式对其加以防治，在微观或宏观治理活动的实践基础上，研究者以不同方法加以总结，旨在总结以往经验，以便使治理更加科学化。

在治理濒临退化草原（草地）的多项措施中，人工种草是迄今人们认为很有效的措施之一。关于人工草地问题，已引起国家和政府的重视。《中华人民共和国草原法》第一章第二条指出："本法所称草原，是指天然草原和人工草地。"许多草原研究者，认为草原与草地是同义词，故在论述时一般不予区分。

人工草地在草原建设中有着量和质两方面的意义。我国是人工种草渊源资深的国家，种草历史悠久。考古成果有佐证支持，著名学者郭沫若对《殷墟卜辞》中有关条文考证的结论是"最古的田是种刍秣的田"，也就是种牧草和草籽的田。只有积渐成习，并在种草生产活动中逐步掌握了谷类作物的种植规律后，才导致了种植业的发生与发展。

夏商周时代，政府养牛有"牛田"，用以生产养牛所需饲草。在近现代，有甘肃牧草引种选育等。新中国成立后，牧草选育受到各级党政领导重视，把种草列入农业发展战略之中，发展很快。

但与牧业发达国家比较，我国人工草地的规模还不够理想。在牧业发达国家，人工草地的比例都较大，如西欧在50%以上，美国为13%，新西兰为69.1%，而我国人工草地比例普遍偏小。甘肃全省至2006年年底，人工种草保留面积共110万 hm^2，仅为全省可用天然草地面积（1607.2万 hm^2）的6.8%。为大幅度提高草地生产力，保持草地畜牧业稳定性，实现优化的可持续发展战略，还应尽可能地加快人工草地建设，特别是提高豆科或豆科－禾本科混播的牧草面积，提高蛋白质饲料生产水平。

为提高人工草地占有率，种草的意义是十分重要的，而且在大农业中有重要意义，也有一定社会效益。丁连生（2008）总结指出：种草是调整农业结构、搞好农牧业结合的主要手段；种草是强化农业基础、增强农业后劲的基本措施；种草是发展商品畜牧业，搞活农村经济的基本途径之一；种草是发挥资源优势、保护和优化环境的一种重要途径；种草是改变传统观念，加强民族团结的有效手段之一。

从质上来说，在目前不论天然草地还是农作物秸秆，草畜供求中的营养不平衡都十分突出，特别是蛋白质缺乏，已成为优质高效和商品畜牧业发展的重要限制因子。建立适量的人工草地，对增加饲草料总量，缓解家畜对天然草地的压力，构建草畜平衡和良性循环的草地农业系统，具有十分重要的意义。

为增加人工草地面积，提高草地植物营养水平，当务之急是用人工或飞播方式开展一定规模的人工种草工程。在人工种草或飞播种草作业中，须使种草行动（后简称行动）适时适地，科学预测与决策，对于巧用天时地利提高成活率是重要环节之一。

在过去几十年，由于有关学科的科学发展水平及有关技术条件的限制，预测决策的模式化研究并未提到日程上来。

据研究，自我设计与人为设计理论（self-design versus design theory）是唯一从恢复生态学中产生的理论。有学者给出了退化生态系统恢复与重建的技术方法体系（李文华和赵景柱，2004）。其中，可推出像种草行动这样的生态恢复行动涉及的非生物环境因子和生物环境因子，前者主要涉及土壤、大气、水分3个方面，后者主要涉及豆科植物。找到这几个方面，即是为我们构建预测、决策模型找到了主要的考察方向。

这3个方向的基础，涉及水分、温度和生物。其中，温度因子的中期预报和决策主要取决于气象生态动力源；水分因子中的大气降水主要取决于气象生态动力源，水分因子中的土壤水主要取决于土壤、水文生态动力源与大气降水的相互作用，所以说水分因子是大气－土壤－地表水文状况共同作用的结果；生物因子主要是指示植物与温度的作用及待播豆科牧草的生物学特性。

3.3.2　考虑到气象生态动力源预报的科学基础

为了能使气象预报，尤其是3~5天的中期预报能够渗入本研究中，从宏观和微观上理解天气预报主要技术是很有必要的。因为宏观预报是具体预报的原始背景，大范围天气形势影响着各有关中小尺度区域形势的基础背景的框架。而微观精细化预报，则可使天气形势影响到的具体生物区的信息显示出来。

当代大范围天气预报科学的先进技术是公认的以大气动力学为基础、以数值计算为手段、以快速计算机为依托的数值天气预报技术。该技术产生的思路设想源于1904年挪威气象学家毕叶克尼斯的工作。1922年英国气象学家里查逊（L. F. Richardson）论述了数值预报方程及求解问题。到1950年，Charney等实现了天气数值预报。在那以后经过50~60年的探索，至今，充分利用现代信息技术成果和高新计算设备，定量地有一定物理意义的天气数值预报方法已成为当代中短期业务预报的主要手段和方法。世界上技术发达或比较发达的国家，如美国、日本、德国、英国、法国、加拿大、澳大利亚，都建立了具有自主知识产权的数值天气预报系统和数值模拟实验室，应用于本国及全球天气预报业务与服务之中。1979年8月1日欧洲中期天气预报中心（Europe Centre for Medium-range Weather Forecast，ECMWF）成功发布10年以内的中期天气数值预报，这是中期预报业务的重大突破，也为其应用开拓了新的途径。

20世纪80年代中期，我国国家气象中心重点引进了ECMWF模式，结合我国实际加以应用。T42L9谱模式就是我国研制的一种修正的ECMWF模式。

中期天气预报的突破成果，对包括牧草方面的生物环境预测有极大益处，因为像草原管理方面的许多作业，都需要有中期预报作为行动决策基础，但在1979年以前，世界各国中期天气预报均未过关，由于此基础不牢，在涉及生物活动的决策方面常常会出现失误。而当这个基础比较可靠以后，涉及生物预报的一些学科，如果反应很慢也会失去许多有利的时机，致使涉及生物的预报不能及时发展。

一些生态研究者及时接收了有关学科和业务实践的最新成果，在涉及生物的预报中及时引进ECMWF应用成果，在播种期预报方面提出新模式，后经进一步的研究与试验（裴铁璠和金昌杰，2005）。

在大尺度预报方面，有两项与T42L9谱模式结合的技术发挥了作用，那就是模式识别技术（pattern recognition technique）和物候研究成果。实际上模式识别技术，早在20世纪70年代末到80年代初就在霜期农业气象的研究与业务中应用了。一些研究者在1986年4月中国气象局（当时叫国家气象局）主持的全国气候评价大会上，就应邀作了句法模式识别在"气候对农业影响的评价方法"中应用的技术报告。尽管当时讲的主要是无霜期的农业气候问题，但是其基本方法对于霜期农业气候研究也是可用的。例如，1986 年 11 月有人在美国亚特兰大市举行的"科学计算与自动化（scientific computing and automation）国际学术会议上"上发表了模式识别在农业气候中应用的论文。1988 年，于系民、那守谦在《科学通报》上发表这方面论文。1991 年，张玉书等发表了句法模式识别应用的论文。1999 年，有关书籍中讲述了这方面内容。2005 年，裴铁璠和金昌杰在《应用生态学报》发表了物候模式识别在生态动力预报中应用的论文，该文内容将大范围模式 T42L9 与物候、数理逻辑及智能技术结合，构成了一个比较完整的方法链条。这对于本研究所涉及的牧草播种问题是可借鉴的。

以物候动力模式为基础的联合图库（combined map storehouse，CMS）的提出（裴铁璠等，2010），也是生态预报技术的一个新进展，对本研究有参考价值。

以往的有关气象生态因子的模型，对于现今用于种草有参考价值也有其局限性，其一，一些新的模拟技术未被引进。例如，中国气象科学研究院（陈德辉等，2004）经 20 多年努力完成的中国气象科学研究院数值预报模式系统（Chinese Academy of Meteorological Science's Numerical Predication System，CANPS）虽在暴雨预报等方面作过试验，但在生物领域并未被应用。其二，原有模式预报对象都是有关温度因子的，其实在牧草种植研究中，水分因子中的大气降水与数值模式关系也是很密切的。其三，预报精细化有待加强。

2009 年 6 月 21 日，李泽椿院士在为一本专著（段旭等，2009）所写的序中指出："实现天气预报的精细化，并非一日之功，需要在大气模式及资料同化、数值预报产品解释应用，新一代大气探测资料的定理应用等方面下工夫。同时，也依赖于预报员对局地天气系统演变认识的经验积累和高速计算条件的支撑。"天气预报精细化对于涉及生物预报的许多种预报，都是有意义的。所以在本研究中，将充实到 CMS 中去。

3.3.3　考虑土壤生态动力源的科学基础

土壤作为牧草生育的关键因子，涉及的内容是多方面的。例如，种子落区地面及近地面土壤物理性质中的温度、湿度等物理性质，pH、肥力等化学性质，土壤中微生物等生物性质。但在播种预测中主要应考虑动态的性质，而比较固定的物理、化学、生物性质是在以往有了充分认识，待预报的中期时段内并无大的变化，水分动态则是可变的，甚至会突变。这一段就考虑选一种新的模型作为本研究的土壤、水文生态动力基础。

20 世纪 90 年代，土壤湿度预报可分为两种方法。一种主要是以气象要素与土壤水相关关系为基础的统计预报方法；另一种则主要是从土壤水分平衡方程出发来估算未来的土壤水分状况。并且这两种预报方法已在国内外的实际业务预报中得到了应用。在各种土壤水分动态模拟和预报方法的研究中，较为困难的是确定对土壤湿度有重要影响的未来预报时刻的降水量多少，因此一些研究或者是假定为已知或者直接引用中期降水天气预报的结果提供理论依据。当前天气预报亟待解决的重要课题就是提高中期降水预报的准确性。因而，当未来降水量被假定为已知时，其实际上对未来土壤湿度模拟没有真正的预报意义。而如果直接根据中期降水预报结果作土壤湿度预报，则降水预报的准确性会直接影响土壤湿度的预报精度。另外，由于土壤湿度的自身变化受大气－土壤－作物甚至地下水的多种因素综合影响，这也给土壤湿度的模拟和预报工作带来了更多的困难。从另外一个角度出发来探讨能适用于干旱季节的新的土壤湿度预报模式（Baier and Robertson Geo, 1966; Bhaskar, 1983; 金龙等, 1998）。

金龙等（1998）在利用人工神经网络（ANN）研究土壤水分预报时，从众多的人工神经网络模型中选用误差反传（back propagation, B-P）网络模型，主要是因为 B-P 算法不仅理论依据坚实，物理概念清晰，通用性好，并且网络在学习训练时，除了学习因子和动量因子事先选定外，网络的大量参数是网络对输入的原始数据进行不断学习后获得的，即 B-P 网络是通过学习，从原始数据中"提取"信息逼近规律，而不是人为赋予某种规律的。

在实际应用中，计算出各个旬 0～50 cm 土壤层的相对土壤湿度平均值（$\bar{x}$），为了进一步满足 B-P 网络 Sigmoid 函数的条件，对一维土壤湿度观测序列（$\bar{x}$）作如下变换：

$$E_i = \frac{\bar{x}_i - (s_{\min} - \delta)}{(s_{\max} - \delta) - s_{\min}} \tag{3-172}$$

式中，$s_{\min}$ 和 $s_{\max}$ 为样本序列中最小值和最大值；δ 取一小量，以保证变换后的 E_i 序列最大值略小于 1 和最小值略大于 0。再根据 Yan 等（1991）的方法，按后延时间 τ 将变换后的土壤湿度一维时间序列（E_i）作飘移，拓展成多维序列。其具体计算公式为，对于一维时间序列：

$$E(t_1), E(t_2), \cdots, E(t_n) \tag{3-173}$$

按以下公式将其拓展成多维序列：

$$\begin{cases} E(t_1), & E(t_2) & \cdots & E(t_m) \\ E(t_1+\tau), & E(t_2+\tau) & \cdots & E(t_m+\tau) \\ \vdots & \vdots & & \vdots \\ E(t_1+k\tau), & E(t_2+k\tau) & \cdots & E(t_m+k\tau) \end{cases} \tag{3-174}$$

式中，$m < n$。

在土壤水分预报的试验中，该方法收到较好效果，故被用于本研究，将被纳入 CMS 之中。

3.3.4　生物物候基础

本研究的生物物候基础，主要是选好适宜牧草品种和播期种子生长发育的生物指标问题。由于飞播种草大都在沙地进行，所以主要针对沙地讨论上述两个问题。

3.3.4.1　适宜飞播的草种

（1）发芽率高，发芽势强

准备用于飞播的种子，一定要发芽率高、发芽势强（表3-20）。也就是说，当它们落在沙土表面之后，能够迅速吸收水分膨胀萌发，在 3～5d 内能整齐出苗。

表 3-20　内蒙古东部飞播区适宜草种、播种期与播种量

飞播区	适宜草种	播期	播量（kg/hm²）
科尔沁右翼中旗	羊草、披碱草、草木犀	5 月中旬	8 ~ 10
科尔沁左翼后旗	沙蒿、草木犀、沙打旺、锦鸡儿	5 月中下旬	8 ~ 10
巴林右旗	沙打旺、胡枝子、草木犀、锦鸡儿	5 月下旬	8 ~ 10

（2）根系发达，生长速度快

锦鸡儿属植物（*Caragana korshinskii*，*C. intermedia*，*C. stenophylla*，*C. microphylla*）；沙竹（*Psammochloa mongolica*）是具长根茎的多年生大型禾草，为优良固沙植物。

（3）凋萎系数低，渗透势也低

据南寅镐和魏均（1984）研究，羊草（*Aneurolepidium chinense*）与其他植物比，渗透压较高，具有能从有效水分较少的土壤中吸收水分的能力，在 6 月月末达 28 个大气压（28 × 1013.25hPa）。其他植物可作飞播用的还有小叶锦鸡儿（*Caragana microphylla*）等。

3.3.4.2　适宜飞播期的生物指标

飞播牧草种子落在沙地表面后，如果沙地温度不够、近期无雨、无薄沙覆盖，是很难发芽的。因为沙粒吸热，夏季晴天时沙地 0 ~ 10 cm 温度可达 46.8 ~ 51.6℃，最高可达 80℃（巴丹吉林），夜间降至 10℃ 以下。

上述问题的解决，需要草地管理专家具有气象与生物知识。据调查，当 SE 风速为 6 m/s 时，覆沙后必须有一次大于 10 mm 降水，方可确保飞播种子苗齐。

3.3.5　预报决策的综合集成

从以上的论述我们不难看出，为飞播草预报决策技术涉及地学生物学的多方面基础问题，要让决策者下决心，须准确而快速地作出决策。面对如此错综复杂的问题，靠几个决策者即时的思考是难于奏效的，或者说即使在几小时的研讨后拿出预报决策结果，可想而知其主观成分必然是较大的。

为了进行客观决策，建立一整套的模型系列是必要的。在现有科学基础和技术水平下，也是可能的。下面，从方法论和具体系统建立两个方面加以简述。

3.3.5.1　思维方法论

让我们从混沌原理作初步说明。众所周知，混沌理论最初是 Lorenz 在研究气象预报问题时提出的。Lorenz（1963）的混沌理论的建立揭示了大气系统确定性与非确定性的对立与统一特征，从理论上证实了大气初始场微小波动可能是导致其未来运动状态预报场发生较大变化的原因，也为集成预报奠定了理论基础。

Lorenz 的理论起初被用于天气预报的集成。例如，在 1957 年 MCF 集合预报和 Lorenz 理论基础上，在 20 世纪 70 年代 Leith 提出 Monte Carlo Forecast 即 MCF 方法，1983 年 Hoffmann 等提出 LAF（lagged average forecasting）方法，1993 年 Toth 等提出增长繁殖法，即

BGM（breeding of growing model）或 BGV（breeding of growing vectors）。杞明辉等（2006）对各种有关天气预报集成技术作了对比分析和研究。从混沌理论的提出到现在，40~50年的时间已经过去，作为气象学家的 Lorenz 在大气科学学术刊物上发表的看法，被多方面学者研究引用，其作用远远超出气象学的领域乃至地球科学领域，被自然科学、社会科学和哲学多学科所引用，该研究的成果至今似乎成为社会公众普遍关注的热点。

本研究在面对混沌问题的疏理过程中，在用该理论及钱学森等倡导的综合集成方法论作指导，作进一步探讨。

对现有天气数值预报模式，应首先加以疏理。在一些论著（裴铁璠和金昌杰，2005；Pei et al.，2004）引用的模式是 T42L9 模式。作为对裴铁璠和金昌杰提出的方法的改进，本研究有两点，第一，作模式选择，而并非认定总是单一模式的预报产品；第二，模式选择中，有要素针对性，即不限于选择适宜于温度的预报模式，也要选择中期降水的预报模式，因为降水对于播下草种的发芽出苗的作用比温度更为重要。

最常用的降水预报或温度预报检验统计量为

预报准确率

$$T_{S} = N_{A}/(N_{A} + N_{B} + N_{C}) \tag{3-175}$$

预报漏报率

$$P_{O} = N_{C}/(N_{A} + N_{B} + N_{C}) \tag{3-176}$$

预报空报率

$$N_{H} = N_{B}(N_{A} + N_{B} + N_{C}) \tag{3-177}$$

式中，对某一等级的要素而言，N_{A} 表示正确次数；N_{B} 为空报次数；N_{C} 为漏报次数。

数值预报和解释应用产品一般为网格点值，为了与站点观测值作比较，首先利用 Cressman 插值方法（Gressman，1959）将格点预报值插到站点上，然后用式（3-175）、式（3-176）和式（3-177）进行预报评定检验。

关于本研究用的最优权重集成法，简述如下。

依最优原则构造目标函数 Q，然后在约束条件下极小化 Q，从而求得集成法的权重系数。目标函数 Q 的形式一般根据误差量来构造，其原理如下。

设共有 n 种方法作了 m 次预报，第 i 种预报方法的第 t 次预报值为 $\hat{Y}_{t}(i)$，另记 $Y_{t}(t = 1, 2, \cdots, m)$ 为相应实况值，α_{i} 为第 i 种预报方法的权重系数，则拟合误差 $e_{t}(t = 1, 2, \cdots, m)$ 为

$$e_{t} = Y_{t} - \sum_{i=1}^{n} \alpha_{i}\hat{Y}_{t}(i) = \sum_{i=1}^{n} \alpha_{i}[Y_{t} - \hat{Y}_{t}(i)] \tag{3-178}$$

假设将拟合误差的平方构造为目标函数，则可用最小二乘法确定其权重系数，即

$$\min Q, Q = \sum_{t=1}^{m} e_{t}^{2} \tag{3-179}$$

$$\sum_{i=1}^{n} \alpha_{i} = 1, \quad \alpha_{i} \geq 0, i = 1, 2, \cdots, n \tag{3-180}$$

要求拟合误差的平方达最小，并且权重系数满足 $\sum_{i=1}^{n} \alpha_{i} = 1$ 这一约束条件，据式（3-

180）可得到权重系数。

3.3.5.2　CMS 的构建和应用

前述原则、方法和大量数据，通过多种方法对定量数据、模式和处理得出的数量化资料，全都输入 CMS 库中。CMS 库的基本设计思想是《生态模型案例》中所含的想法，但与以往物候动力预报不同的是，该库比以往有所扩充，既它不但含有 WNP 子图库、指示植物物候子图库和逻辑推理子图库，也含有有关因子判断选择子图库，如对 NWP 产品来源的选择（旨在针对温度、降水预报，分别选 NWP 模式）和指示植物（如不限于用枣树物候而是从多种树木，对桃树、梨树等物候记录树种的选择）。在应用时，只要把有关资料输出，通过机器运行，即可打印出结果。

3.3.6　小结与讨论

飞播是使沙地植被快速恢复最便捷的措施之一。然而要使经由飞播而散落于沙地表面的种子发芽、定居和形成一定的植物覆盖却不是一件很容易的事。要想使飞播获得成功，需要对立地条件的适宜性、飞播种子的适应性、飞播区气候条件以及飞播技术有深入的了解。关于草业与生态环境建设的一些著作（王明玖和张英俊，2001；孙启忠等，2006）都强调了生态恢复的价值。为实现优化生态恢复，实现科学的飞播种草，须多学科配合。本研究的设计思路可作为提高预报效益的途径之一。

在目前条件下，普及推广尚有一定困难，但为将来的广泛应用做好物质和思路上的准备是完全应该的。从物质上，应进一步积累有关数据和图件，尤其是像飞播区的一些基础资料，土壤水分状况、土壤肥力等资料系统性不强，宜有针对性地加以整编。对于某些有长记录的资料，如土壤水分，许多地区在气象系统有至少 40 年资料，但草原工作者手中却没有，也宜整编，打破学科界限；又如指示植物物候也有一定资料，但过去，系统报表常常少人问津，保管在中国气象局及下属单位的资料室档案馆中，若能避免其被继续束之高阁，有关研究者宜及时地充分注意之、利用之，这也可以说是一种有意义措施。思想上的准备和更新，主要是破除学科领域不犯这样的学术界的"森严壁垒"，多学科的合作应加强渗透，为此当事专业人员须在知识专门的前提下，扩大自身知识面，这样才能逐渐摆脱"接力式"预报。所谓"接力式"可粗浅解释如下，如数值预报人员只作数值预报，把结果交给天气学方法预报员得出一般天气预报，一般天气预报员把结果再交给草原预报员，草原预报员再交给决策者。后者对前者的学科知识和技术不甚了解，或完全不了解，用起来便不能得心应手，这样的"接力"常导致最终的失误。

3.4　草原火灾的风险评价

3.4.1　引言

草原火灾的评估与管理是草原管理的重要组成部分。从生态动力效应的观点分析，人们在关心正效应的同时，也应关心其负效应，而草原火灾是对草原生产和生存来说最重要的负效应之一。因为这种突发性灾害，一旦发生会给草原牧业及其他有关产业以致命的打击。草原火灾是植被火灾中的一种，其突发特征尤其显著，关于植被火灾人们研究得较多，用现代数学方法设计植被火灾的模型。20 世纪 70 年代，主要是利用法国数学家 Rene Thom 的突变论研究森林火灾，这方面的内容在裴铁璠等的专著中已有讨论（Pei et al.，2004），那样的一些思路和方法完全可以用于草原，此处不赘述。关于草原火灾风险，国内外有许多研究（郭平等，2001；傅泽强，2001；Castro et al.，2003；张继双和李宁，2007）。

为了对草原火灾进行系统管理，在目前技术条件下对其有关要素进行定量分析是很有必要的。下面，将说明可用于这方面的若干数学模型，再在以往研究基础上，提出综合集成模式。

与草原火灾管理有关的几类数学模型，这里所说的模型包括数量化模型、固子风险分析模型、Markov 决策模型、数理逻辑模型等。下面分别概述之。

3.4.2　数量化模型

3.4.2.1　信息的模糊矩阵模型

该模型（张继双和李宁，2007）构建步骤如下。

（1）构造信息矩阵

设 X 是一个给定的观测样本，内含有 n 个样本点，每个样本点有两个分量，分别是输入 x 和输出 y：

$$X = \{(x_1, y_1), (x_2, y_2), \cdots, (x_n, y_n)\} \tag{3-181}$$

该样本的输入和输出域分别是 U 和 V，设 $u_j(j = 1, 2, 3, \cdots, m)$ 和 $u_k(k = 1, 2, 3, \cdots, n)$ 分别是 U 和 V 中的离散点。当 $u_j, u_k \in \mathrm{R}$ 时，按等步长取样本论域中的离散点，其步长分别记为 Δx 和 Δy。用

$$q_{ijk} = \begin{cases} \left(1 - \dfrac{|u_j - x_i|}{\Delta x}\right)\left(1 - \dfrac{|u_k - y_i|}{\Delta y}\right), & |u_j - x_i| < \Delta x \text{ 且 } |u_k - y_i| < \Delta y \\ 0, & \text{（在上述条件以外的情形下）} \end{cases}$$
$$\tag{3-182}$$

及

$$Q_{kj} = \sum_{i}^{n} q_{ijk} \tag{3-183}$$

构建出样本 X 在 $U \times V$ 上的信息矩阵

$$Q = \{Q_{jk}\}_{m \times n}$$

即

$$Q = \begin{array}{c} \\ u_1 \\ u_2 \\ \vdots \\ u_m \end{array} \begin{array}{cccc} v_1 & v_2 & \cdots & v_n \\ \left[\begin{array}{cccc} Q_{11} & Q_{12} & \cdots & Q_{1n} \\ Q_{21} & Q_{12} & \cdots & Q_{2n} \\ \vdots & \vdots & & \vdots \\ Q_{m1} & Q_{m2} & \cdots & Q_{mn} \end{array}\right] \end{array} \qquad (3\text{-}184)$$

（2）生成模糊关系矩阵

当 $U \times V$ 是一个因素空间时，V 中的元素可视为模糊的概念，U 是概念论域。基于模糊概念，可以得出因果关系矩阵

$$R = \{\gamma_{jk}\}_{m \times n}$$

并有

$$\begin{cases} S_k = \max_{1 \leqslant j \leqslant m} \{Q_{jk}\} \\ \gamma_{jk} = \dfrac{Q_{jk}}{S_k} \\ R = \{r_{jk}\}_{m \times n} \end{cases} \qquad (3\text{-}185)$$

依据模糊推理和信息集中，可得出关于火灾次数和经济损失的结果。张继权和李宁以吉林省为例，根据 1995～2005 年的资料研究给出，在 11 年中，当每年草原火灾大于 35 次时，经济损失为 15 万元左右；在 30 次左右时造成的经济损失最大，可高达 45 万元。

3.4.2.2　基于模糊综合评判的模型

该类模型构建过程如下。

（1）建立模糊集合 V

$$V = \{U_1, U_2, U_3, U_4, U_5\}$$
$$= \{草原损失, 人口损失, 基础设施损失, 牲畜损失, 经济损失\}$$

（2）确定权重集 W

$$W = \{W_1, W_2, W_3, W_4, W_5\}$$

（3）草原火灾等级划分，评判模糊集为 V

$$V = \{V_1, V_2, V_3, V_4\}$$
$$= \{特大灾, 重灾, 一般灾, 火警\}$$

（4）建立评价指标隶属度矩阵

灾情因子值对于 V 的隶属度函数为

$$\gamma_{i1}(x) = \begin{cases} 1, & a_{i0} \geqslant x_i > a_{i1}, \\ \dfrac{x_i - a_{i2}}{a_{i1} - a_{i2}}, & a_{i1} \geqslant x_i > a_{i2}, \quad i = 1,2,3,4,5 \\ 0, & a_{i2} \geqslant x_i > a_{i4}, \end{cases} \qquad (3\text{-}186)$$

$$\gamma_{ij}(x) = \begin{cases} 0, & a_{i0} \geqslant x_i > a_{i1}, \\ \dfrac{a_{i(j-2)} - x_i}{a_{i(j-2)} - a_{i(j-1)}}, & a_{i1} \geqslant x_i > a_{i2}, \quad i = 1,2,3,4,5 \\ \dfrac{x_i - a_{i(j+1)}}{a_{ij} - a_{i(j+1)}}, & a_{ij} \geqslant x_i > a_{i(j+1)}, \quad j = 2,3 \\ 0, & a_{i(j+1)} \geqslant x_i > a_{i4}, \end{cases} \tag{3-187}$$

$$\gamma_{i4}(x) = \begin{cases} 0, & a_{i0} \geqslant x_i > a_{i2} \\ \dfrac{a_{i2} - x_i}{a_{i2} - a_{i3}}, & a_{i2} \geqslant x_i > a_{i3}, \quad i = 1,2,3,4,5 \\ 1, & a_{i3} \geqslant x_i > a_{i4} \end{cases} \tag{3-188}$$

草原火灾灾情评价隶属度矩阵为

$$R_m = (\gamma_{mij}) = \begin{bmatrix} \gamma_{m11} & \gamma_{m12} & \gamma_{m13} & \gamma_{m14} \\ \gamma_{m21} & \gamma_{m22} & \gamma_{m23} & \gamma_{m24} \\ \gamma_{m31} & \cdots & \cdots & \cdots \\ \gamma_{m41} & \cdots & \cdots & \cdots \\ \gamma_{m51} & \cdots & \cdots & \gamma_{m54} \end{bmatrix}, \quad m = 1,2,\cdots,13 \tag{3-189}$$

（5）建立火灾评价模型

U、V 和 R 可构成一个评判模型，输入是权数分配 $W = (W_1, W_2, W_3, W_4, W_5) \in F(V)$，输出是综合评价 $B_m = W \cdot R = (b_{m1}, b_{m2}, b_{m3}, b_{m4}, b_{m5}) \in F(V)$。即有

$$B_m = (b_{m1}, b_{m2}, b_{m3})$$

$$= (w_1, w_2, w_3) \begin{bmatrix} \gamma_{m11} & \gamma_{m12} & \gamma_{m13} & \gamma_{m14} \\ \gamma_{m21} & \gamma_{m22} & \gamma_{m23} & \gamma_{m24} \\ \gamma_{m31} & \gamma_{m32} & \gamma_{m33} & \gamma_{m34} \end{bmatrix}, \quad m = 1,2,\cdots,10 \tag{3-190}$$

3.4.3　多元分析脸谱图模型

草原火险是涉及多个变量的。为了掌握草原火险的总体状况，须对已知状况涉及的多个变量同时进行分析。当所考虑的变量只取 2 个时，可用二度空间即平面坐标来描绘；当变量取 3 个时，可用三度空间即立体坐标描绘，这是可以想象并画得出来的；变量增加到4 个、5 个，不是很多时，尽管难以想象，但可使用星座图和雷达图来显示。那么在变量很多，即十多个甚至更多，上述方法就难办了，此时把众多变量的数据变成脸谱则是解决这一问题的巧妙方法之一。

脸谱图的特点是具有很好的直观性，像人的脸谱一样各有各的表现，易于判断和分析。

一张脸谱图的内容，最基本的包括脸的轮廓、鼻、嘴、眼及眉几部分，由 18 个因子构成。若因子个数不足，不足部分可取常量，因子个数超过 18 个，可根据情况增加脸谱内容，如耳、胡须、头发等。这里使用 18 个因子。

3.4.3.1　因子的选择

涉及草原火险的因子是多方面的，包括作为环境本源的因子、可燃性因子和诱发因子等。根据以往有关学科研究成果和资料，可粗列如下 18 项。

气象中大气环流因子有以下几种。

1）春季冷锋位置偏东，X'_1。

2）春季冷锋位置偏西，X'_2。

3）东部沿海有 7 级以上偏南大风，X'_3。

4）副热带高压 5880gpm①线偏西北，X'_4。

5）副热带高压 5880gpm 线偏东，X'_5。

6）暖高压控制时间较长，X'_6。

7）暖高压控制时间较短，X'_7。

气象中气象要素因子有以下几种。

8）地面温度较高，X'_8。

9）地面温度较低，X'_9。

10）降水持续时间，X'_{10}。

土壤湿度因子有以下几种。

11）土壤湿度较大，X'_{11}。

12）土壤湿度较小，X'_{12}。

草原牧草易燃性因子有以下几种。

13）牧草湿度较小，易燃，X'_{13}。

14）牧草湿度较大，不易燃，X'_{14}。

外界生物因子有以下几种。

15）草原附近易生林火，X'_{15}。

16）草原附近不易生林火，X'_{16}。

人类活动因子有以下几种。

17）草原周围存在人类活动导致易燃物，X'_{17}。

18）草原周围不存在人类活动导致易燃物，X'_{18}。

3.4.3.2　资料处理

对入选因子，作标准化处理：

$$X_{ij} = a_j + (b_j - a_j) \frac{X'_{ij} - X'_{minj}}{R_j}$$

式中，a_j、b_j 为根据脸谱各部位的情况给予变量限制的下限和上限，在限定的范围内可以人为取值；X'_{ij} 为原始数据；X'_{minj} 为第 j 列的极小值；R_j 为该列数据的极差，即

$$R_j = X'_{maxj} - X'_{minj}$$

---

① 位势米（gpm），为动力气象学中用于规定位势高度的单位。

经上述处理后，新数 X_{ij} 就只能在 $[a_j, b_j]$ 范围内变化。

3.4.3.3 脸谱的绘制

原始数据经标准化处理后，再人为地赋予它准值 H，即可分部位进行绘图。

1）脸轮廓由上下两个椭圆构成。包括 5 个因子，其计算公式如下：

$$h^{\#} = \frac{1}{2}(1 + X_1)H \tag{3-191}$$

$$\theta^{\#} = (2X_2 - 1) \cdot 180°/4 \tag{3-192}$$

$$h = \frac{1}{2}(1 + X_3)H \tag{3-193}$$

式中，$h^{\#}$ 为脸中点到两椭圆交点之距离 $\overline{OP}$；$\theta^{\#}$ 为 OP 与水平方向夹角；h 为中点至椭圆纵轴顶点的距离。上下两椭圆离心率 $e_1 = X_4$，$e_2 = X_5$。

2）鼻的位置由中点向上、向下各画 $h^{\#}X_6$。

3）嘴由 3 个变量来绘制，规定办法：

嘴的位置

$$\overline{OP}_m = h[X_7 + (1 - X_7)X_6] \tag{3-194}$$

嘴的半径

$$R = \frac{h}{|X_8|} \tag{3-195}$$

嘴的大小

$$a_m = hX_9/|X_8| \tag{3-196}$$

或

$$a_m = X_9 W_m \tag{3-197}$$

4）眼用两个椭圆来描绘，由 6 个变量完成。其位置用下式确定：

$$\begin{cases} X_e = W_e(1 \times X_{11})/4 \\ Y_e = h[X_{10} + (1 - X_{10})X_6] \end{cases} \tag{3-198}$$

$$\theta = (2X_{12} - 1) \cdot 180°/5 \tag{3-199}$$

$$L_e = X_{14\min} n(X_e, W_e - X_e) \tag{3-200}$$

式中，W_e 为 $(0, Y_e)$ 点至脸轮之距离；θ 为眼长轴与水平方向的夹角；e 为眼椭圆长半轴，眼的离心率取 X_{13}。

5）眼珠的位置用 $r_e(2X_{15} - 1)$ 来决定。其中长轴上的投影：

$$r_e = \left(\cos^2\theta + \frac{\sin^2\theta}{X_{13}^2}\right)^{-1/2} \cdot L_e \tag{3-201}$$

6）眉用 3 个变量绘制。其决定位置及长短的参数如下：

$$Y_b = 2(X_{16} + 0.3)L_e X_{13} \tag{3-202}$$

$$L_b = r_e(2X_{18} + 1)/2 \tag{3-203}$$

$$\theta^{\#\#} = \theta + 2(X_{17} - 1) \cdot 180°/5 \tag{3-204}$$

式中，Y_b 为眉中至眼中的距离；L_b 为半眉长；$\theta^{\#\#}$ 为眉的水平交角。

3.4.3.4　根据绘制出的脸谱作分析识别

绘出图后，可对不同火灾风险脸谱加以归并分析。例如，在火险中等及火险较大时，脸谱显示出头形端正、口上弯、鼻偏居上位、两眼处于鼻的下位、眼较大、眼珠居中位、眉稍斜而长短适当。其中，草原火险极大时段，眼更显偏长。从眉的特征来说，草原火险中等时，头形比较端正、眼稍小且居于头部中位偏上、有对眼特征。风险一般偏小时，口下弯、鼻较短。几乎无风险时，出现畸形脸谱。

3.4.4　关于草原火灾风险负效应：问题与讨论

草原火灾风险的负效应，是科学界和社会公众很容易理解的。但是，由于草原火灾涉及方面很多，之间关系错综复杂，以致用一个确定性数学模型，将其全面而科学地客观地描述出来是不太可能的，至少在现有资料和认识水平下很不现实。而用前述的数量化，脸谱图等统计方法，可实行评估。

许多情形下，定量研究离不开人们从实践中（如从考察中）获取的感性的定性认识。对于草原火灾负面作用的认识，可概括为以下几点。

1）经济上的直接损失，在火灾过后不久即可评估，这首先应考虑牧草本身被烧的损失，其次应考虑影响放牧的损失。

2）关于生态负效应问题，像许多其他类别的突发事件一样，受火灾影响一般为几天，多者可达十几天，至多不过十几天，生态后果数十年。因为草地在水土保持、优化气候环境、防止沙尘（暴）天气等方面的作用是人所共识的。一旦发生过火灾，即使很快重建，待草场建成，草地充分发挥其生态效益，尚待若干年时间。

3）关于社会效益问题，草原火灾影响原计划举行的一些政治、文化、旅游、教育、体育等项目的进行，有些项目甚至不得不取消。例如，蒙古族常有的那达慕盛会，尤其是草原跑马、马术竞技等，易受影响。

在目前，对于草原火灾多方面影响，既要注重模型设计，又要注意调查分析，待资料丰富到一定程度，评估方法可进一步改进。

3.5　草原完损状况预测性评估的集对分析

3.5.1　引言

草原，作为一种重要的生物资源，有着发展草产业的经济意义、保护优良生态环境的生态意义和弘扬草原文化促进民族团结的社会意义。上述有内在联系效益的综合作用之大小，密切地依赖于草原完损状况。但什么是草原完损状况，能否客观评估之，则是一个尚待探索的难题，对于预测性评估而言尤其如此。在目前科学发展水平下，完全定量的评估难度很大，无论从基础数据来说，还是从计算方法来说，都是几乎没有可能的。而只凭一般的现场考察和卫星遥感图像资料，又没有定量的成分。

于是我们考虑到运用联系数学方法，做系统评估。集对分析乃是其中可用的一种。

3.5.2 集对分析原理

集对分析（set pair analysis，SPT），是赵克勤（2000）提出的一种处理不确定性问题的系统分析方法，在许多方面有所应用（裴铁璠等，2003；苏炜，2010）。集对分析的基本概念是集对和联系度，所谓集对是指具有联系的两个集合所构成的对子。集对分析的基本思想是在一定的问题背景下，将两个集合组成对子，作同异反分析，建立联系表达式。设两个集合共有 N 个特性，把具有相同特性的个数记为 S，具有相反特性的个数记为 P，其余既不相同也不相反的特性个数记为 $F(F = N - S - P)$，则称 S/N 为两个集合在某一问题背景下的同一度（记为 a），P/N 为两个集合在某一问题背景下的对立度（记为 c），F/N 为两个集合在某一问题背景下的差异度（记为 b）。两个集合在某一问题背景下的同异反反联系度可表示为

$$\mu = \frac{S}{N} + \frac{F}{N}i + \frac{P}{N}j = a + bi + cj \tag{3-205}$$

式中，i 为差异度标记；j 为对立度标记。一般情况 $j = -1$，而 i 在 $[-1, 1]$ 区间内取值。当 $i = 1$ 时，不确定度转化为同一度；当 $i = -1$ 时，不确定度转化为对立度。显然 $a + b + c = 1$。为更深入地描述两个集合的联系度，可将联系度 μ 在同一层次上展开，如将差异度 b 细分为 b_1、b_2，则式（3-205）可写为

$$\mu = a + b_1 i_1 + b_2 i_2 + cj \tag{3-206}$$

式中，$i_1 \in [0, 1]$；$i_2 \in [-1, 0]$；b_1 称为正差异度；b_2 称为负差异度；$a + b_1 + b_2 + c = 1$。当然，同一度 a、对立度 c 也可根据需要进一步分解。

3.5.3 草原完损状况评价的生态控制指标体系

根据草原学和生态动力学等与草原完损有关的学科知识，导致草原完损状况变化的各种因素可归类为如下 3 种：①经济类因素；②生态类因素；③社会类因素。确定指标集 X 的表达式为

$$X = (x_1, x_2, \cdots, x_k, \cdots, x_m)$$

式中，$k = 1, 2, \cdots, m$。

依据评价指标的危险程度百分数，分为以下 4 个评价等级：Ⅰ 级为完好；Ⅱ 级为基本完好但稍有损毁；Ⅲ 级为一般损毁；Ⅳ 级为严重损毁。以上 4 个评价等级危险度百分数 P_k 分别为 0、5%、30% 和 100%。

3.5.4 草原完好状况评价计算过程

将待评价草原的评价指标与等级标准构成集对，Ⅰ 级标准作为同一度、Ⅳ 级标准作为

对立度的取值依据；符合Ⅱ级、Ⅲ级标准作为差异度的取值依据。其中，又将差异度细分为正差异度（Ⅱ级）、负差异度（Ⅲ级）。

根据集对分析理论确定待评价建筑评价指标与等级标准的同一度、差异度及对立度的定量关系，建立各评价指标相对于等级标准的联系度为

$$\mu_k = \begin{cases} 1 + 0i_1 + 0i_2 + 0j, & p_k = 0 \\ \dfrac{5\% - p_k}{5\%} + \dfrac{p_k}{5\%}i_1 + 0i_2 + 0j, & p_k \in (0,5\%] \\ 0 + \dfrac{30\% - p_k}{25\%}i_1 + \dfrac{p_k - 5\%}{25\%} + 0j, & p_k \in (5\%,30\%] \\ 0 + 0i_1 + \dfrac{100\% - p_k}{70\%}i_2 + \dfrac{p_k - 30\%}{70\%}j, & p_k \in (30\%,100\%] \end{cases} \quad (3\text{-}207)$$

式中，p_k 为各评价指标的危险度百分数。

根据上式的计算结果，应用集对分析联系度运算法则，可得综合联系度为

$$\mu_k = \sum_{k=1}^{m} \omega_k \mu_k = a' + b_1'i_1 + b_2'i_2 + c'j \quad (3\text{-}208)$$

式中，ω_k 为评价指标的权重。

依据 μ 中各联系度分量数值大小确定综合评价结果，分量数值大者所对应的等级为评价等级。

据 Delphi 调查，给出评价指标 x_k［经济（x_1）、生态（x_2）和社会（x_3）］的危险度百分率 p_k，依次为 0、8% 和 9%。

得出评价指标联系度：

$$\mu_1 = 1$$

$$\mu_2 = 0 + \frac{30\% - 8\%}{25\%}i_1 + \frac{8\% - 5\%}{25\%}i_2 + 0j = 0 + 0.88i_1 + 0.12i_2 + 0j$$

$$\mu_3 = 0 + \frac{30\% - 9\%}{25\%}i_1 + \frac{9\% - 5\%}{25\%}i_2 + 0j = 0 + 0.84i_1 + 0.16i_2 + 0j$$

依 Delphi 及综合集成得出权重 ω_k：对应 x_1 为 0.2，对应 x_2 为 0.7，对应 x_3 为 0.1。
得出草原损毁综合联系度 μ 为

$$\mu = 0.2 + 0.7(0.88i_1 + 0.12i_2 + 0j) + 0.1(0.84i_1 + 0.16i_2 + 0j)$$
$$= 0.2 + 0.700i_1 + 0.100i_2 + 0j$$

可见，与Ⅱ级相对应的联系度分量值最大，所以评价结果是基本完好，但稍有损毁。

3.6 牧业单位满意心理对草地生态工程效益贡献率的随机前沿面模型

本节以生态控制系统原理、思维感知和心理学与草地生态工程为线索，用数学中的随机前沿面知识，提出一种在草地生态工程管理中考察牧业单位对Ⅱ型生态工程满意心理作用的草地模型方法。

3.6.1　黑箱理论——感知思维与满意心理问题

草地生态工程是一般生态工程中的一种子生态工程。一方面，草地生态工程必然原则上遵从一般生态控制工程具有的原则和方法；另一方面，草地生态工程有其自身的特殊性质。

一般生态工程中的控制系统原理对于草地工程有全局性指导意义。在论述生态系统工程中，关君蔚（2000）结合生态工程研究给出黑箱模式图（图 3-26），并论述如下几个问题。

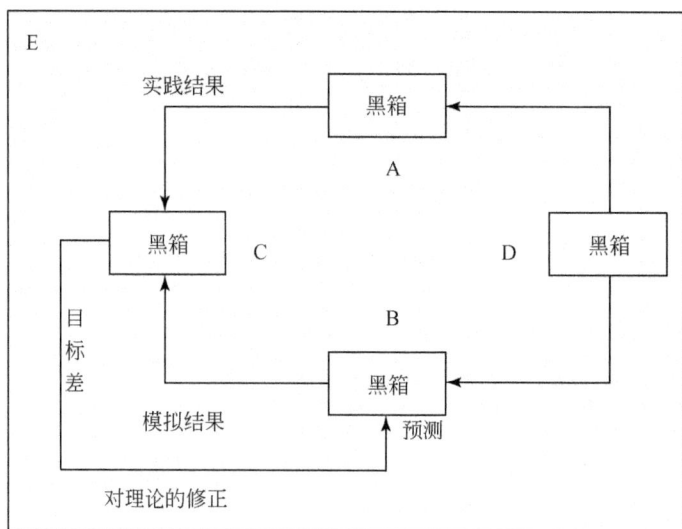

图 3-26　黑箱理论（blackbox theory）模式图（关君蔚，2000）

A. 客观存在，即"黑箱"；B. 主观认识，即模型——知识系统；C. 将实践结果与模拟（预测）结果相比较——鉴别系统；D. 人类认识的能动精神——根据反馈调节目标差，接近客观实体（在控制论中能动精神是具体的）；E. 如上，包括人类在内的黑箱系统整体，实质上是处于更大的"黑箱"之中

与控制论方法相对应的认识论是黑箱理论。控制论将人类认识和改造的对象看做箱子，这只是对象的表面现象，箱子里面装些什么？最方便的办法是把箱子打开看看，但对有生命的生物就不能打开！不打开这个箱子去认识和改造这个对象，称为"黑箱"，进而研究这个对象就成为"黑箱理论"。

认识"黑箱"有两种方法，一种是"直接打开"黑箱的方法，另一种是"不打开"黑箱的方法，后者是研究有生命问题最常用的方法。因为应用它，人们可从更为宏观的角度来考察，人类虽与其他生物有本质的不同，但毕竟仍属生物范畴，从而人类是和其他生物在一起，处于更大的"黑箱"之中。其内部不仅变量繁多，而且其间的相互关系更极为错综复杂。采用"不打开"黑箱的方法，反而更有利于从总体和综合方面考察、分析和研究问题。

只有在能被感知的条件下，才有可能对生物加以控制。

对许多生态工程项目，人的感知和认识心理是不完全相同的，生态工程项目的规划和实施，必然依赖于具体的生产单位，如退牧还草这样一类生态工程，当然涉及规模大小不同的牧场和物业单位。而从实施角度来说，牧业单位领导人对其感知和认识水平是很重要的，一般当其满意度较高时，容易配合工程实施，这就好比在"兵法"研究中所讲的作战部队一样，基层官兵对战役满意度高，则士气高昂，对战役的胜利乃至对战争的胜利有积极意义。

所论述的生态工程，就感知和心理而言，可将其分为两种类型，第一种类型是所实施的工程具有宏观社会性，具体生产单位（如牧场）只能从中受益而没有任何损失，对这样的工程项目，生产单位是绝对受益者而不必支出，以致生产单位的满意度当然是100%，所以对其领导人的心理状态是不必研究的。像由交通部门修路通向牧场、人工降水使牧草受益等，我们把这种类型的生态工程称为 I 型工程。第二种类型的生态工程是生产单位受益，而且为了长远利益生产单位必须先付出，牺牲眼前（近期）利益。也可以说，牺牲局部的暂时利益而为全局长远利益贡献力量。例如，退耕还林、退牧还草等，实施中必须停耕、停牧一段时间甚至数年才能保障可持续发展的实现，这种类型的生态工程，我们称之为 II 型工程。对于这样工程，测量涉及单位领导人（集体）满意心理水平是很有意义的，下面用单位满意心理阐述之。

3.6.2　牧业单位满意心理对 II 型生态工程效益的影响模型

随着社会生产力的发展，人类面临生存环境的压力越来越大。自然界运动的特有规律以及人类活动给予自然的负面影响，导致可持续发展面临的问题与日俱增。如何提高牧业单位（牧场）对工程满意度水平是牧业单位和管理部门（一般是指政府）共同关注的首要问题。牧业单位作为草地生态工程成果的享用者，对工程优劣、效益水平实际上起到"裁判员"的作用，这样的"裁判员"的裁判结论直接关系到生态工程及其后继有关工程的发展。

但是，以往在草地牧场生态工程的运筹管理中，研究者多关注的"硬科学"问题，对牧业单位满意度之类的"软科学"在其中的应用问题却不是那么重视，以至于未能使数量心理学这样的软科学取得其应有的"硬效益"。之所以如此，其主要原因是人们对牧业单位的满意度水平，研究得不够深入、不够透彻，定性研究较多，用定量的数学方法研究得不够充分。推广到数量经济学原理，牧业单位即可认为相当于工商业系统中的"顾客"，而管理部门相当于"企业"。已往的研究仅仅局限于对顾客忠诚的影响上，正常情况下，如果顾客对某品牌产品或服务感到满意，就会产生一定程度的忠诚，在行动上表现为对该公司产品或服务的重复购买；反之，顾客就会转向购买其他品牌的产品或服务。顾客忠诚度越高，重复购买的可能性就越大。顾客忠诚这个结构变量体现了顾客满意指数测评模型的目的之一，即揭示了满意指数与顾客重复购买意向的关系，进而指导公司通过提高顾客满意度，造就忠诚顾客提高利润（陆娟和芦艳，2007）。王传美等（2009）指出："贡献率"是一个重要测度指标，而牧业单位满意心理对草地生态工程的贡献率测算可参照王传美等的研究进行评估。

Cobb 和 Douglas 给出 C-D 型生产函数：

$$Y = AL^{\alpha}K^{\beta}, \quad \alpha > 0, \beta > 0 \tag{3-209}$$

式中，Y 为产出；K 为资本；L 为劳动力；α 和 β 分别为产出对劳动力和资本的弹性；A 为技术进步参数。

通常将严格符合上述定义的生产函数称为生产前沿或前沿生产函数，同时也与传统的回归统计方法确定的"平均生产函数"相区别。

王传美等（2009）将顾客满意作为产出的一个重要投入要素，建立加入顾客满意指标的前沿生产函数如下：

$$Y = AL^{\alpha}K^{\beta}C^{\gamma}e^{\upsilon-u}, \quad \alpha > 0, \beta > 0, \gamma > 0, \tag{3-210}$$

式中，Y 为企业经营产出；L 为劳动力投入；K 为投入资本；C 为顾客满意指数；α、β 和 γ 分别为产出对劳动力、资本和顾客满意指数的弹性；A 为技术进步参数；υ 为一个双边差项，表示在任何统计关系中均可以发现的统计误差，称之为随机误差项；u 为一个单边误差项，用来表示技术无效，通常称为管理偏差，其分布未知，$0 \leqslant e^{-u} \leqslant 1$ 反映了生产的无效性。这是带有随机误差的前沿面模型，又称为随机前沿面模型（stochastic frontier models）。

下面将说明随机前沿模型在"牧业单位心理对草地生态工程效益贡献率"问题，也可以说是这一数量经济学方法在草地管理中应用的初探。

3.6.3 牧业单位满意度对草地生态工程效益影响的估计方法

为作上述计算，首要前提就是对随机前沿面模型进行参数估计，这里已经假定了模型的具体形式，只需要对参数进行估计，随机前沿面模型有两种重要的估计方法：极大似然估计和 MCMC（markov monte carlo）估计。很显然这两种方法都需要假定管理偏差 u 服从一定的分布，一般而言作为单边分布的随机变量管理偏差 u 的常见分布有半正态分布、截断正态分布、指数分布、σ 分布等。

假定管理偏差 u 服从最常见的半正态分布来讨论随机前沿面模型有极大似然估计方法，对模型（3-210）两边取对数，得如下线性模型形式：

$$y_i = a + \alpha l_i + \beta k_i + \gamma c_i + \upsilon_i - u_i \tag{3-211}$$

其中

$$y_i = \ln Y_i, \quad a = \ln A, \quad l_i = \ln L_i, \quad k_i = \ln K_i, \quad c_i = \ln C_i, \quad i = 1, 2, \cdots$$

现有的研究一般均假设 υ_i 服从均值为零、方差有限的正态分布，记为 $\upsilon_i \sim N(0, \sigma_v^2)$，$N$ 表示 N 次观测，假定管理偏差 $u, i = 1, 2, \cdots, N(i, u, v)$ 服从半正态分布 $N^+(0, \sigma_v^2)$，即正态分布 $N(0, \sigma_v^2)$ 截取随机变量大于零的部分，其密度函数为

$$f(u_i) = \frac{2}{\sqrt{2\pi}\sigma_u}\exp\left(-\frac{u_i^2}{2\sigma_u^2}\right)1, \quad u_i \geqslant 0 \tag{3-212}$$

其中 $1(u_i \geqslant 0)$ 为示性函数，记联合误差为

$$\varepsilon_i = \upsilon_i - u_i = y_i - (a + \alpha l_i + \beta k_i + \gamma c_i) \tag{3-213}$$

$$\sigma^2 = \sigma_v^2 + \sigma_u^2, x_i = (1, l_i, k_i, c_i)', \beta = (a, \alpha, \beta, \gamma) \tag{3-214}$$

由以上假设，知 υ_i 与 u_i 相互独立，得 υ_i 与 u_i 的联合密度函数和 u_i, ε_i 的联合密度函数分别

为

$$f(u_i, v_i) = \frac{1}{\pi \sigma_u \sigma_v} \exp\left(-\frac{u_i^2}{2\sigma_u^2} - \frac{v_i^2}{2\sigma_v^2} \right) \tag{3-215}$$

$$f(u_i, \varepsilon_i) = \frac{1}{\pi \sigma_u \sigma_v} \exp\left(-\frac{u_i^2}{2\sigma_u^2} - \frac{(u_i + \varepsilon_i)^2}{2\sigma_v^2} \right) \tag{3-216}$$

由此可得 ε_i 的密度函数为

$$f(\varepsilon_i) = \int_0^{+\infty} f(u_i, \varepsilon_i)\, \mathrm{d}u_i = \frac{2}{\sqrt{2\pi}\sigma} \Phi\left(-\frac{\varepsilon_i \lambda}{\sigma} \right) \exp\left(-\frac{\varepsilon_i^2}{2\sigma^2} \right), \quad -\infty < \varepsilon_i < +\infty$$
$$\tag{3-217}$$

式中，$\lambda = \sigma_u / \sigma_v$；$\phi(\cdot)$ 和 $\Phi(\cdot)$ 分别是标准正态分布的密度和分布函数（下同）。

假设可得到 N 个观测点（X'_i, y_i），$i = 1, 2, \cdots, N$，由此得到相关对数极大似然函数为

$$\ln\phi(y \mid \beta, \sigma_u^2, \sigma_v^2) = N\ln\frac{\sqrt{2}}{\sqrt{\pi}} - N\ln\sigma + \sum_{i=1}^{N} \ln[1 - \Phi(\varepsilon_i \lambda \sigma^{-1})] - \frac{1}{2\sigma^2} \sum_{i=1}^{N} \varepsilon_i^2$$
$$\tag{3-218}$$

通过极大化对数似然函数式（3-218）得 β、λ、σ 的极大似然估计，从而得到 σ_u、σ_v 以及技术效率的估计，对各参数求导并令其等于零，有

$$\frac{\partial \ln\psi}{\partial \sigma^2} = -\frac{N}{2\sigma^2} + \frac{1}{2\sigma^4} \sum_{i=1}^{N} (y_i - X'_i\beta)^2 + \frac{\lambda}{2\sigma^3} \sum_{i=1}^{N} \left[\frac{\phi(\varepsilon_i \lambda \sigma^{-1})}{[1 - \Phi(\varepsilon_i \lambda \sigma^{-1})]} (y_i - X'_i\beta) \right] = 0$$
$$\tag{3-219}$$

$$\frac{\partial \ln\psi}{\partial \lambda} = -\frac{1}{\sigma} \sum_{i=1}^{N} \left[\frac{\phi(\varepsilon_i \lambda \sigma^{-1})}{[1 - \Phi(\varepsilon_i \lambda \sigma^{-1})]} (y_i - X'_i\beta) \right] = 0 \tag{3-220}$$

$$\frac{\partial \ln\psi}{\partial \beta} = \frac{1}{\sigma^2} \sum_{i=1}^{N} (y_i - X'_i\beta) X_i + \frac{\lambda}{\sigma} \sum_{i=1}^{N} \left[\frac{\phi(\varepsilon_i \lambda \sigma^{-1})}{[1 - \Phi(\varepsilon_i \lambda \sigma^{-1})]} X_i \right] = 0 \tag{3-221}$$

这里的解方程组的计算是相当复杂的，仅仅式（3-218）对于观测值 X_i（$i = 1, 2, \cdots, N$）是 k 维的，就对应 k 个方程，方程式（3-219）~式（3-221）共 $k+2$ 个方程组成一个方程组，尽管此方程组比较复杂，但是我们可以用 Matlab 中的 Gauss-Newton 数值优化方法求解，即由函数 fsolve 实现 [注：Matlab 中有函数 $\mathrm{erf} = 2/\sqrt{\pi}\int_0^x \exp(-t^2)\mathrm{d}t$]，则标准正态分布函数为 $\Phi(x) = 0.5[1 + \mathrm{erf}(x/\sqrt{2})]$，而且由管理偏差的条件均值可估计各个单位的生产技术效率 η。

随机前沿面模型还有另外一种重要的估计方法——Gibbs 抽样方法（Geman and Geman, 1984），这是一种基于 MCMC 的模拟方法。

3.6.4　牧业单位满意心理对草地生态工程效益贡献率模型的构建

下面利用随机前沿面模型的性质，结合设定的牧业单位满意心理对草地生态工程效益影响的随机前沿面模型，来说明牧业单位心理满意度对草业生态工程效益贡献率的计算方

法。由前面介绍的方法，我们可以估计出模型参数及增值的技术效率，这样模型就确定了，接下来的计算步骤如下。

1）分别建立被研究对象在 $t=0$ 和 $t=\tau$ 时的前沿面函数，记为 $f_0(x)$、$f_\tau(x)$，并以此计算其在 $t=0$ 和 $t=\tau$ 时的大产出值 Y_{m0}、$Y_{m\tau}$，这里 $f_i(x)=AL_i^\alpha K_i^\beta C_i^\gamma$；

2）计算被研究对象在 $t=0$ 和 $t=\tau$ 时的技术效率值，其计算公式为 $\eta_0=Y_0/Y_{m0}$，$\eta_\tau=Y_\tau/Y_{m\tau}$，其中 y_0、y_τ 分别代表被研究对象在 $t=0$ 和 $t=\tau$ 时的实际效益；

3）利用 $t=0$ 和 $t=\tau$ 时的前沿增值函数，分别求出投入量为 x_τ、技术效率为 η_0 时的产出量及中间产量分别为 y_D、y_c，即 $y_D=\eta_0\times f_0(x_\tau)$，$y_c=\eta_0\times f_\tau(x_\tau)$；

4）确定产出增长量 $\Delta y=y_t-y_0$；

5）要素投入的增加对产出增长的贡献率 $E_x=(y_D-y_0)/\Delta y$。

利用这种方法，我们在保持资金和人力投入不变的情况下，就可以计算牧业单位心理满意度的变化对草地生态工程效益的贡献率。

3.6.5　小结与讨论

与管理科学中的许多现代方法一样，心理学中的机制和方法对于草原牧业有着值得借鉴的意义。从本节上述分析可知，将一些有益的数学模型引进生态工程系统之中，涉及的基础知识和现代方法，尤其是多学科交叉，是广泛而深入的。

在生态动力学和生态控制的多项研究中，包括对于生态措施的效益评价中，有关于生态产量、生态增重量概念的提出。前一概念主要是针对植物，包括草的生态产量；后一概念主要是针对动物，包括放牧牛羊的生态增重量。生态增产量和生态增重量都属于生态效益的数量评估单位，而用经济上的货币单位作为一个天平，则可将二者结合起来加以衡量。作为随机前沿模型具体应用，今后宜积累相当数量的典型数据，再按计算程序的需求，输入后便可取得预期结果。这就是该模型付诸实用的关键环节。

3.7　科技建议在草地治理中贡献（效益）的定量评估方法

在草原生态改善和经济发展的研究和实践中，许多研究单位和用户（包括政府决策部门和牧场等企业单位）都很重视效益的评估。到目前为止，除原始评估的基本方法之外，也有一些定量的评估模型。据赵哈林等（2009）总结，主要有以下两类模型。

3.7.1　区域综合治理效益分析模型

杜国举和杜骁平（2001）介绍一种区域综合治理效益模型，分为如下两个子模型。

3.7.1.1　静态效益分析

静态效益分析——投资回收年限 T_D 模型，其表达式为

$$T_{\mathrm{D}} = \frac{K}{B - C} \tag{3-222}$$

式中，K 为治理投资；B 为年平均水保收益；C 为年平均运行费。

3.7.1.2　动态经济分析

（1）投资折算总值 K 模型

$$K = \sum_{i=1}^{m} k_i (1 + r)^{T_i}$$

式中，k_i 为基准年之前 T_i 年的工程总投资额；r 为经济利率；m 为工程投资年限。

（2）运行费折算总值 C 模型

$$C = \sum_{i=1}^{n} k_i (1 + r)^{-T_i}$$

式中，k_i 为基准年之后第 T_i 年的年运行费用；n 为基准年之后工程投资年限。

（3）效益的折算总值 B 模型

$$B = \sum_{i=1}^{m} B_i (1 + r)^{-T_i}$$

式中，B_i 为基准年之后第 T_i 年的年效益。

3.7.2　农业科技进步贡献率模型

介绍一种科技贡献率 δ 模型（冯浩和吴普特，1998）：

$$\delta = \frac{Y_t - Y_0}{Y_0} - \frac{\alpha(K_t - K_0)}{K_0} - \frac{\beta(L_t - L_0)}{L_0} - \frac{\gamma(A_t - A_0)}{A_0} \tag{3-223}$$

式中，Y_0、K_0、L_0 和 A_0 分别是基年的农业总产值、物质费用、农业劳动力数和耕地面积；T_t、K_t、L_t、A_t 分别是计算年的农业总产值（按基年价格计算）、物质费用（按基年价格计算）、农业劳动力数和耕地面积；α、β、γ 为物质费用产出弹性、物质费用增长率和劳动力产出弹性。

上述一系列模型的优点是能够初步判断治理措施效益的货币值；并可依此推断科技进步在其中的贡献。所谓科技进步的贡献（效益）是多方面的，但基本意义是由科技部门根据其多年研究成果提出建议，这样的建议被用户采纳，用于治理措施，然后付诸实施。一般情形下，是在措施实施并有成效后，用户对建议予以肯定，作出科技效益评估，用户给提建议的科技部门出具"效益证明"，作为日后申评科技进步奖的依据。这种习惯做法，近二三十年是常用的。其优点是用户对科技成果及其对社会经济的贡献给予肯定，有利于鼓舞科技部门提高对生产部门的服务质量；但存在的问题是，对于科技部门提得不对并给生产带来损失的事例，则不予评估，因为无须报奖，对于这样的负效应也就无人问津。但事实上，许多科技建议，尤其是预测性建议，不可能总是十全十美的，作预报的人不可能是"百战百胜"的常胜将军，这也符合"金无足赤，人无完人"的道理。那么，是否可找到一种客观方法，用之为科技建议加以一分为二的评价呢？我们的看法是有的，那就是用"两分类"方法加以评估。下面举一例子，仅对方法予以说明。

假如某一草原地区，实施草地补播种草作业，以期提高植物覆盖度。抓住补播的具体时机是提高作业质量的重要环节之一。由于待作业区属于杂草危害严重地区，所以须在播前实施除草。如果按照草地补播条件，在 5 月 2 日作出预报，宜在 5 月 10 日补播，则须在 5 月 3～9 日实施"播前除草"作业。依据补播开始日期的预报，用户（作业单位）采取措施，如果预报为 5 月 10 日补播，用户提前实施了"播前除草"作业，要投入一定的资金和劳力。在此种情形下，正确预报可取得正效应；而若预报错误，"播前除草"作业，就会造成资金和劳力的浪费。下面用模型术语说明之。

3.7.2.1　播期预报

播期预报（predictand）指的是在某一日期（如上述 5 月 10 日）是否适宜播种，如适宜，用"宜"；如不适宜，则用"否"。关于预报，现用 α_1 代表"宜"；用 α_2 代表"否"。而关于实况，用 β_1 代表"宜"，用 β_2 代表"否"。则由集合论的基本原理可知，"预报"与"实况"的关系，必然有如下 4 种"交集"中的一种出现，这里列出所谓的 4 种交集。

交集 I 为

$$\beta_1 \cap \alpha_1$$

交集 II 为

$$\beta_1 \cap \alpha_2$$

交集 III 为

$$\beta_2 \cap \alpha_1$$

交集 IV 为

$$\beta_2 \cap \alpha_2$$

从逻辑学的基本原理可知，它们相应于四种"逻辑和"。

从概率论的基本原理可知，它们相应于四种积事件。

显然，β_1 与 β_2 是互斥事件，α_1 和 α_2 也是互斥事件。

在上述 4 种情形下，各积事件概率是

$$p_{11} = P(\beta_1 \cap \alpha_1) = P(\alpha_1)P(\beta_1/\alpha_1)$$
$$p_{12} = P(\beta_1 \cap \alpha_2) = P(\alpha_2)P(\beta_1/\alpha_2)$$
$$p_{21} = P(\beta_2 \cap \alpha_1) = P(\alpha_1)P(\beta_2/\alpha_1)$$
$$p_{22} = P(\beta_2 \cap \alpha_2) = P(\alpha_2)P(\beta_2/\alpha_2)$$

特殊地说，在理想预报情形下，$p_{12} = p_{21} = 0$，且 $p_{11} = p_{22} = 100\%$。然而，从长远来说，理想预报是根本不存在的。一般有

$$p_{11} + p_{12} + p_{21} + p_{22} = 100\%$$

又令 4 个积事件 $(\beta_1 \cap \alpha_1)$，$(\beta_1 \cap \alpha_2)$，$(\beta_2 \cap \alpha_1)$，$(\beta_2 \cap \alpha_2)$ 相应的损失函数分别为 L_{11}，L_{12}，L_{21} 和 L_{22}。用 i 代表"实况"下标，j 代表"预报"下标。由于概率 $P_{ij} = (\beta_i \cap \alpha_j)$ 只能依有限样本容量的一组数据算出，故用其相应实验值——频率——代替之。

预报与实况积事件概率可写成表 3-21 的矩阵。事件 $(\beta_i \cap \alpha_j)$ 对应的每单位面积损失 L_{ij} 如下所列。

表 3-21　实际预报——实况积事件（$\beta_i \cap \alpha_j$）之概率 p_{ij}

项目	α_1	α_2
β_1	$p_{11} = (0.59)$	$p_{12} = (0.05)$
β_2	$p_{21} = (0.36)$	$p_{22} = (0.00)$

1）"预报有，实际有"情形下损失 L_{11} 包括以下几个方面。

L_{111}——有准备情形下，按批发价和批量采购的物资费加运费；

L_{112}——准备费；

L_{113}——除草人工费；

L_{114}——除草及时的增效作用。

于是，

$$L_{11} = L_{111} + L_{112} + L_{113} + L_{114}$$

2）"预报无，实际有"（漏报）情形下的损失 L_{12} 包括以下几个方面。

L_{121}——无准备情形下的实际购物费；

L_{122}——除草人工费；

L_{123}——除草不够及时的增效作用；

L_{124}——临时组织的费用。

于是，

$$L_{12} = L_{121} + L_{122} + L_{123} + L_{124}$$

3）"预报有，实际无"（空报）情形下的损失 L_{21} 只包括准备费。

4）"预报无，实际无"情形下的损失 L_{22} 只包括长期准备及管理费 L_{22}。

3.7.2.2　计算过程与结果

用户在使用实际播期气象预报时，每次预报的总损失金额为

$$L = p_{11}L_{11} + p_{12}L_{12} + p_{21}L_{21} + p_{22}L_{22}$$

而按惯性预报，相应概率如表 3-22 所示。

表 3-22　惯性预报——实况积事件年（$\beta'_i \cap \alpha'_j$）之概率 p'_{ij}

项目	α'_1	α'_2
β'_1	$p'_{11} = (0.59)$	$p'_{12} = (0.05)$
β'_2	$p'_{21} = (0.36)$	$p'_{22} = (0.00)$

用户在使用惯性预报时，每次预报的总损失金额为

$$L' = p'_{11}L'_{11} + p'_{12}L'_{12} + p'_{21}L'_{21} + p'_{22}L'_{22}$$

相对于惯性预报而言，对于单位面积，实际预报的经济效益是

$$E = L' - L$$

所涉及草原区域预报用户总体所占有的土地面积为 A，故所涉及草原区域每次预报总经济效益为

$$E_A = E \cdot A$$

由以上运算步骤可见，从预报和实况记录，依据实际作业过程中的资金流通，可以很好地算出草原区域利用预报建议的得与失，以客观评定预报的效益。

事实上，对预报科学比较熟悉的研究者，使用预报有经验的用户，都会切身体会到预报建议是不可能绝对准确的；一次预报只是一个个例，只依一个个例对预报作评估给以肯定或否定的结论，那是主观武断的。只有一分为二地依多次预报，加以评估，才能给出较为正确的结论。对于其他方面的建议，可用类似方法推论。从所给的矩阵形式不难看出，预报正确的次数多于错误的次数，才会有正效益，反之亦然。

3.7.3　科学管理草地的微分方程模型

当我们描述草原动态的某些特性随时间（或空间）演变的过程、分析它的变化规律、预测它的未来性态、研究它的控制手段时，通常要建立对象的动态模型，建模时首先要根据建模目的和对问题的具体分析作出简化假设，然后按照对象内在的或可以类比的其他对象的规律列出微分方程，求出方程的解并将结果翻译回实际对象，就可以进行描述、分析、预测或控制了。

事实上，在微分方程课程中解所谓应用问题时，我们已经遇到简单的建立动态模型问题，如"一质量为 m 的物体自高 h 处自由下落，初速是零，设阻力与下落速度的平方成正比，比例系数为 k，求下落速度随时间变化的变化规律"。本节即将讨论的动态模型与物理问题（像大气动力问题等）的主要区别在于：在物理运动中，所谓微分方程应用题大多是物理或几何方面的典型问题，假设条件已经给出，只需用数学符号将已知规律表示出来，即可列出方程，求解的结果就是问题的答案，答案是唯一的、已经确定的；而本节的模型主要是非物理领域的实际问题，需要分析具体情况或进行类比才能给出假设条件，作出不同的假设，从而得到不同的方程，也就是说这类问题事先没有答案的，得出的结果还要能够解释实际现象并接受实践检验。

3.7.3.1　草产业生产力增长模型

发展草业经济、提高生产力主要有以下手段：增加投资、增加劳动力、技术革新。这里暂不考虑技术革新的作用，一是因为在经济发展的初期或者在不太长的时期内技术相对稳定，二是由于技术革新量化比较困难。

本节的模型将首先建立产值与资金、劳动力之间的关系，然后研究资金与劳动力的最佳分配，使投资效益最大，最后讨论如何调节资金与劳动力的增长率，使劳动生产率得到有效的增长。

（1）Douglas 生产函数

用 $Q(t)$、$K(t)$、$L(t)$ 分别表示某一地区或部门在时刻 t 的产值、资金和劳动力，它们的关系一般可以记作

$$Q(t) = F(K(t), L(t)) \tag{3-224}$$

式中，F 为待定函数，对于固定的时刻 t，上述关系可写作

$$Q = F(K, L) \tag{3-225}$$

为寻求 F 的函数形式，引入记号

$$z = Q/L, \quad y = K/L \tag{3-226}$$

式中，z 为每个劳动力的产值；y 为每个劳动力的投资。如下的假设是合理的，z 随着 y 的增加而增长，但增长速度递减，进而简化地把这个假设表示为

$$z = cg(y), \quad g(y) = y^{\alpha}, \quad 0 < \alpha < 1 \tag{3-227}$$

显然，函数 $g(y)$ 满足上面的假设，常数 $c > 0$ 可看成技术的作用，由式 （3-226）、式 （3-227） 即可得到式 （3-225） 中 F 的具体形式为

$$Q = cK^{\alpha}L^{1-\alpha}, \quad 0 < \alpha < 1 \tag{3-228}$$

由式 （3-228） 容易知道，Q 有如下性质

$$\frac{\partial Q}{\partial K}, \frac{\partial Q}{\partial L} > 0, \quad \frac{\partial^2 Q}{\partial K^2}, \frac{\partial^2 Q}{\partial L^2} < 0 \tag{3-229}$$

记 $Q_K = \frac{\partial Q}{\partial K}$，$Q_K$ 表示单位资金创造的产值；$Q_L = \frac{\partial Q}{\partial L}$，$Q_L$ 表示单位劳动力创造的产值，则从式 （3-228） 可得

$$\frac{KQ_K}{Q} = \alpha, \quad \frac{LQ_L}{Q} = 1 - \alpha, \quad KQ_K + LQ_L = Q \tag{3-230}$$

式 （3-230） 可解释为，α 是资金在产值中占有的份额，$1 - \alpha$ 是劳动力在产值中占有的份额，于是 α 的大小直接反映了资金、劳动力二者对于创造产值的轻重关系。

式 （3-228） 是经济学中著名的 Cobb-Douglass 生产函数，它经受了社会上一些实际数据的检验，更一般形式的生产函数则可表示为

$$Q = cK^{\alpha}L^{\beta}, \quad 0 < \alpha, \beta < 1 \tag{3-231}$$

（2）资金与劳动力的最佳分配

这里将根据生产函数式 （3-228） 讨论，怎样分配资金和劳动力，使生产创造的效益最大。

假定资金来自贷款，利率为 r，每个劳动力需付工资 w，于是当资金 K、劳动力 L 产生产值 Q 时，得到的效益为

$$S = Q - rK - wL \tag{3-232}$$

问题化为求资金与劳动力的分配比例 K/L （每个劳动力占有的资金），使效益 S 最大。

这个模型用微分法即可解得

$$\frac{Q_K}{Q_L} = \frac{r}{w} \tag{3-233}$$

再利用式 （3-230），我们有

$$\frac{K}{L} = \frac{\alpha}{1 - \alpha} \cdot \frac{w}{r} \tag{3-234}$$

这就是资金与劳动力的最佳分配，从式 （3-234） 可以看出，当 α、w 变大，r 变小时，分配比例 K/L 变大，这是符合常识的。

（3）劳动生产率增长的条件

常用的衡量经济增长的指标，一是总产值 $Q(t)$，二是每个劳动力的产值 $z(t) = Q(t)/L(t)$，这个模型讨论 $K(t)$、$L(t)$ 满足什么条件才能使 $Q(t)$、$z(t)$ 保持增长态势。

首先需要对资金和劳动力的增加作出合理的以下简化假设。

1）投资增长率与产值成正比，比例系数 $\lambda > 0$，即用一定比例扩大再生产；

2）劳动力的相对增长率为常数 μ，μ 可以是负数，表示劳动力减少。

这两个条件的数学表达式分别为

$$\frac{\mathrm{d}K}{\mathrm{d}t} = \lambda Q, \quad \lambda > 0 \tag{3-235}$$

和

$$\frac{\mathrm{d}L}{\mathrm{d}t} = \mu L \tag{3-236}$$

方程（3-236）的解（以下凡字母下标为 0 者均表示该变量的初值）是

$$L(t) = L_0 \mathrm{e}^{\mu t} \tag{3-237}$$

将式（3-237）、式（3-236）代入式（3-235）得

$$\frac{\mathrm{d}K}{\mathrm{d}t} = c\lambda L y^{\alpha} \tag{3-238}$$

注意到式（3-236），有 $K = Ly$，再用式（3-236）可得

$$\frac{\mathrm{d}K}{\mathrm{d}t} = L\frac{\mathrm{d}y}{\mathrm{d}t} + \mu L y \tag{3-239}$$

比较式（3-238）、式（3-239）得到关于 $y(t)$ 的方程

$$\frac{\mathrm{d}y}{\mathrm{d}t} + \mu y = c\lambda y^{\alpha} \tag{3-240}$$

这是著名的 Bernoulli 方程，它的解是

$$y(t) = \left\{\frac{c\lambda}{\mu}\left[1 - \left(1 - \mu\frac{K_0}{\dot{K}_0}\right)\mathrm{e}^{-(1-\alpha)\mu t}\right]\right\}^{\frac{1}{1-\alpha}} \tag{3-241}$$

以下根据式（3-241）研究 $Q(t)$、$z(t)$ 保持增长的条件。

1）$Q(t)$ 增长，即 $\dfrac{\mathrm{d}Q}{\mathrm{d}t} > 0$，由 $Q = cly^{\alpha}$ 及式（3-236）、式（3-240）可算得

$$\frac{\mathrm{d}Q}{\mathrm{d}t} = cl\alpha y^{\alpha-1}\frac{\mathrm{d}y}{\mathrm{d}t} + c\mu L y^{\alpha} = cLy^{2\alpha-1}\left[c\lambda\alpha + \mu(1-\alpha)y^{1-\alpha}\right] \tag{3-242}$$

将其中的 y 以式（3-241）代入，可知条件 $\dfrac{\mathrm{d}Q}{\mathrm{d}t} > 0$ 等价于

$$\left(1 - \mu\frac{K_0}{\dot{K}_0}\right)\mathrm{e}^{-(1-\alpha)\mu t} < \frac{1}{1-\alpha} \tag{3-243}$$

因为上式右端大于 1，所以当 $\mu \geq 0$（劳动力不减少）时式（3-243）恒成立；而当 $\mu < 0$ 时，式（3-243）成立的条件是

$$t < \frac{1}{(1-\alpha)\mu}\ln\left[(1-\alpha)\left(1 - \mu\frac{K_0}{\dot{K}_0}\right)\right] \tag{3-244}$$

说明如果劳动力减少，$Q(t)$ 只能在有限时间内保持增长。但应注意，若式（3-244）中的

$(1 - \alpha)\left(1 - \mu \dfrac{K_0}{\dot{K_0}}\right) \geq 1$，则不存在这样的增长时段。

2）$z(t)$ 增长，即 $\dfrac{dz}{dt} > 0$，由 $z = cy^\alpha$ 知相当于 $\dfrac{dy}{dt} > 0$，由式（3-241）知，当 $\mu \leq 0$ 时该条件恒成立；而当 $\mu > 0$ 时由式（3-242）可得 $\dfrac{dy}{dt} > 0$ 等价于

$$\left(1 - \mu \dfrac{K_0}{\dot{K_0}}\right) e^{-(1-\alpha)\mu t} > 0 \tag{3-245}$$

显然，此式成立的条件为 $\mu \dfrac{K_0}{\dot{K_0}} < 1$，即

$$\mu < \dot{K_0}/K_0 \tag{3-246}$$

这个条件的含义是，劳动力增长率小于初始投资增长率。

Douglas 生产函数是计量经济学中重要的数学模型，以上给出它的一种简洁的建模过程，在此基础上讨论的资金与劳动力的最佳分配是一个静态模型，而利用微分方程研究的草原劳动生产率增长的条件是一个动态模型，虽然它的推导过程稍烦琐，但其结果却相当简明，并且可以给出合理的解释。

3.7.3.2　草地水量的微分方程模型

即使在半湿润半干旱的农牧交错地带，夏季的大雨甚至暴雨往往也是不可避免的，如在科尔沁草原的南缘，7 月、8 月仍有日降水量超过 100 mm 的年份，即一日降水量可以是当地全年降水量的 1/4。之所以出现上述状况，可用当地的天气气候形势加以解释。从大尺度的形势来说，我国东部温带季风气候的特征，在内蒙古东部草原有所体现。夏季 7~8 月，即人们常说的伏天，西北太平洋副热带高压发展明显，常有西伸北挺的情形出现，副热带高压（一般以 5500 m 高空等压面图上的 5880 gpm 线为界）的西界可接近草原上空，草原处于高压以西；与此同时，该季节西风带天气系统活跃，自西向东移过程中，易被副高阻挡，于是在水汽条件允许时，形成副高后部的暴雨。从局地中小尺度形势来说，在盛夏季节，晴天时属于对流直展云的积云发展强烈从 Cu hum（或 Fc）发展至 Cu cong，再发展至 Cb cap[①]，这是常有的，一旦水汽条件允许，便有利于局地雷阵雨等强对流天气生成。大雨直至暴雨会给湿润草地放牧带来一定危害。为了充分利用草原进行适时放牧，事先了解大雨过后草地恢复到正常（适宜放牧）历经的时间，这对于草地管理是必要的。有了计算结果，则可以在雨后及时合理地安排放牧。草地水量自然调节过程的数学模型，是描述上述过程的有效手段。

假定牧场草地起初属于正常状态，土壤含水量适宜放牧，突然下了一场大雨，大雨持续 c 小时，由于突然降雨，草地上积水高度达到 h cm；当大雨停下之后，由于蒸发、渗透，草地地面以上的积水逐渐减少，最终会自然变成为适宜于放牧的状态，即恢复正常。

---

① Cu hum 为淡积云，Fc 为碎积云，Cu cong 为浓积云，Cb cap 为鬃积雨云。

对于以上过程，我们将研讨对象视为草地单位面积的积水量 Q，它是时间 t 的函数，研究的目标是建立一个数学模型，以便求出 $Q(t)$，并依所建模型来预测大雨停止后多长时间能放牧，即求出从雨停到 $Q(t) = 0$ 历经的时段长度。

模型假设如下所述。

1）开始时刻草地是适牧的，大雨进行时只考虑渗入排水；大雨停后，既有向土壤中的渗透，又有自水面向大气的蒸发，即"双管齐下"地自然排水，其余排水过程在本研究中不予考虑。

2）渗入率、蒸发率均与草地水量成正比，假定空气温度、湿度对排水无影响。

3）降水速率为常数，即认为在大雨持续时间内，降水强度不变。

建模过程如下所述。

若初始状态是草地适牧，即 $Q(0) = 0$，降水速率为常数 r（单位：m/s），降水持续 c 小时，草地积水高度为 h cm。在降水进行过程中，草地水量的改变只是缘于流入量与流出量；降水停止后，草地水量改变缘于渗入和蒸发。

由前述假定，所求模型应遵循下述模式。

$$\text{草地积水改变量} = \text{流入量} - \text{流出量} \tag{3-247}$$

设所论草地面积为 A m^2，a、b 分别表示单位时间内单位水量的渗入量、蒸发量。在 $[t, t + \Delta t]$ 时间内，式（3-247）中各量可表示如下：

$$\text{单位积水量的改变量} = \Delta Q(t)A,$$

$$\text{流入量} - \text{流出量} = \begin{cases} rA\Delta t - aQ(t)A\Delta t, & 0 < t \leq c \\ -aQ(t)A\Delta t - bQ(t)A\Delta t, & t > c \end{cases} \tag{3-248}$$

整理上述关系，并令 $\Delta t \to 0$，则可写出如下微分方程：

$$\frac{dQ}{dt} = \begin{cases} r - aQ(t), & 0 < t \leq c \\ -aQ(t) - 6Q(t), & t > c \end{cases}$$

$$Q(0) = 0 \tag{3-249}$$

若给出关于草地进水的足够信息，就可以通过式（3-249）求出 $Q(t)$。

例 假设大雨持续 3 h，即 $c = 1800$ min，草地积水深 $h = 0.018$ m，于是降水速率近似为 $r = h/c = 10^{-5}$ m/min，对参数 a、b 可以通过参数辨识方法得到，在此假定 $a = 0.001$ min^{-1}，$b = 0.0005$ min^{-1}。将有关数值代入式（3-249），整理得

$$\frac{dQ}{dt} = \begin{cases} 10^{-5} - 10^{-3}Q(t), & 0 < t \leq 1800 \\ -10^{-3}Q(t) - 5 \times 10^{-4}Q(t), & t > 1800 \end{cases}$$

当 $0 < t \leq 1800$ 时，有

$$\frac{dQ}{dt} = 10^{-5} - 10^{-3}Q(t), \quad Q(0) = 0$$

解得

$$Q(t) = 0.01(1 - e^{-0.001t}), \quad 0 < t \leq 1800$$

且

$$Q(1800) \approx 0.008\ 35$$

当 $t > 1800$ 时，有

$$\frac{\mathrm{d}Q}{\mathrm{d}t} = -10^{-3} + 5 \times 10^{-4} Q(t), \quad Q(1800) \approx 0.008\ 35$$

解得

$$Q(t) = 0.124 \mathrm{e}^{-0.0015t}, \quad t > 1800 \tag{3-250}$$

从式（3-250）预测，大雨过后草地中的水是如何随时间变化的。本问题是要确定放牧何时才能恢复，即求 t_1，使得 $Q(t_1) = 0$。实际问题中，一般认为当水量降至最高水量的10%时，就可以恢复放牧，因此问题变为求 t_1，使其满足

$$Q(t_1) = 10\% Q(1800) \tag{3-251}$$

即可，即在大雨过后 $t_1 - 1800$ 时间可以恢复放牧，将式（3-250）代入式（3-251），得

$$0.008\ 35 \times 10\% = 0.124 \mathrm{e}^{0.0015t_1}$$

求出 $t_1 = 3334\ \mathrm{min}$，即大雨过后 1534 min 可恢复放牧。

3.7.3.3　草原救火的微分方程模型

草原失火时，消防站接到报警后派多少消防队员前去救火呢？派的队员越多，草原的损失越小，但是救援的开支会越大，所以需要综合考虑草原损失费和救援费与消防队员人数之间的关系，以总费用最少来决定派出队员的数目。

（1）问题分析

损失费通常正比于草原烧毁的面积，而烧毁面积与失火、灭火（火被扑灭）的时间有关，灭火时间又取决于消防队员数目，队员越多灭火越快，救援费既与消防队员人数有关，又与灭火时间长短有关。记失火时刻为 $t = 0$，开始救火时刻为 $t = t_1$，灭火时刻为 $t = t_2$。设在时刻 t 草原烧毁面积为 $B(t)$，则造成损失的草原烧毁面积为 $B(t_2)$，建模要对函数 $B(t)$ 的形式作出合理的简单假设。

研究 $\mathrm{d}B/\mathrm{d}t$ 比 $B(t)$ 更为直接和方便。$\mathrm{d}B/\mathrm{d}t$ 是单位时间烧毁面积，表示火势蔓延的程度，在消防队员到达之前，即 $0 \leqslant t \leqslant t_1$，火势越来越大，即 $\mathrm{d}B/\mathrm{d}t$ 随 t 的增加而增加；开始救火以后，即 $t_1 \leqslant t \leqslant t_2$，如果消防队员救火能力足够强，火势会越来越小，即 $\mathrm{d}B/\mathrm{d}t$ 应减小，并且当 $t = t_2$ 时 $\mathrm{d}B/\mathrm{d}t = 0$。

救援费可分为两部分，一部分是灭火器材的消耗及消防队员的薪金等，与队员人数及灭火所用的时间均有关；另一部分是运送队员和器材等的一次性支出，只与队员人数有关。

（2）模型假设

需要对烧毁草原的损失费、救援费及火势蔓延程度 $\mathrm{d}B/\mathrm{d}t$ 的形式作出假设。

1）损失费与草原烧毁面积 $B(t_2)$ 成正比，比例系数 c_1 为烧毁单位面积的损失费。

2）从失火到开始救火这段时间（$0 \leqslant t \leqslant t_1$）内，火势蔓延程度 $\mathrm{d}B/\mathrm{d}t$ 与时间 t 成正比，比例系数 β 称为火势蔓延速度。

3）派出消防队员 x 员，开始救火以后（$t \geqslant t_1$）火势蔓延速度降为 $\beta - \lambda x$，其中 λ 可视为每个队员的平均灭火速度，显然应有 $\beta < \lambda x$。

4）每个消防队员单位时间的费用为 c_2，于是每个队员的救火费用是 $c_2(t_2 - t_1)$；每个队员的一次性支出是 c_3。

假设条件2）可作如下解释，火势以失火点为中心，以均匀速度向四周呈圆形蔓延，

所以蔓延的增径 r 与时间 t 成正比，又因为烧毁面积 B 与 r^2 成正比，故 B 与 t^2 成正比，从而 $\dfrac{\mathrm{d}B}{\mathrm{d}t}$ 与 t 成正比。这个假设在风力不大的条件下是大致合理的。

（3）模型构成

根据假设条件 2）、3），火势蔓延程度 $\dfrac{\mathrm{d}B}{\mathrm{d}t}$ 在 $0 \leqslant t \leqslant t_1$ 线性地增加，在 $t_1 \leqslant t \leqslant t_2$ 线性地减小。$\dfrac{\mathrm{d}B}{\mathrm{d}t} \sim t$ 的图形如图 3-27 所示，记 $t = t_1$ 时 $\dfrac{\mathrm{d}B}{\mathrm{d}t} = b$。烧毁面积 $B(t_2) = \displaystyle\int_0^{t_2} \dfrac{\mathrm{d}Q}{\mathrm{d}t}\mathrm{d}t$ 恰是图中三角形的面积，显然有 $B(t_2) = \dfrac{1}{2}bt_2$，而 t_2 满足

$$t_2 - t_1 = \frac{b}{\lambda x - \beta} = \frac{\beta t_1}{\lambda x - \beta} \tag{3-252}$$

于是

$$B(t_2) = \frac{\beta t_1^2}{2} + \frac{\beta^2 t_1^2}{2(\lambda x - \beta)} \tag{3-253}$$

根据假设条件 1）、4），草原损失费为 $c_1 B(t_2)$，救援费为 $c_2 x(t_2 - t_1) + c_3 x$。将式（3-252）、式（3-253）代入，得到救火总费用为

$$C(x) = \frac{c_1 \beta t_1^2}{2} + \frac{c_1 \beta^2 t_1^2}{2(\lambda x - \beta)} + \frac{c_2 \beta t_1 x}{\lambda x - \beta} + c_3 x \tag{3-254}$$

$C(x)$ 即为这个优化模型的目标函数。

（4）模型求解

为求 x 使 $C(x)$ 达到最小，令 $\dfrac{\mathrm{d}C}{\mathrm{d}x} = 0$，可以得到应派出的队员人数为

$$x = \frac{\beta}{\lambda} + \beta \sqrt{\frac{c_1 \lambda t_1^2 + 2c_2 t_1}{2c_3 \lambda^2}} \tag{3-255}$$

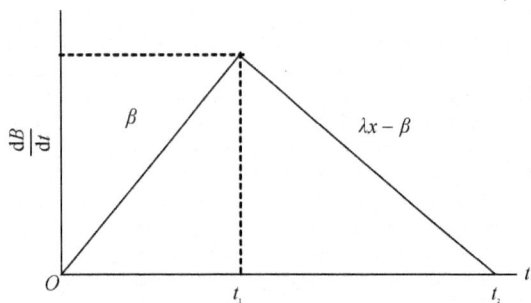

图 3-27 $\dfrac{\mathrm{d}B}{\mathrm{d}t} \sim t$ 关系示意

结果解释：首先应派出队员数目由两部分组成，其中一部分 β/λ 是为了把火扑灭所必需的最少队员数。因为 β 是火势蔓延速度，而 λ 是每个队员的平均灭火速度，所以这个结果是明显的，从图 3-27 也可以看出，只有当 $x > \beta/\lambda$ 时，斜率为 $\lambda x - \beta$ 的直线才会与 t 轴有交点 t_2。

其次，派出队员数的另一部分，即在最低限度之上的队员数，与问题的各个参数有关，当队员灭火速度 λ 和救援费用系数 c_3 增大时，队员数减少；当火势蔓延速度 β、开始救火时间 t_1 有损失费用系数 c_1 增加时，队员数增加，这些结果与常识是一致的。式（3-255）还表明，当救援费用系数 c_2 变大时队员数也增加，请读者考虑为什么会有这样的结果。

实际应用这个模型时，c_1、c_2、c_3 是已知常数，β、λ 由草原类型、消防队员素质等因

素决定，可以预先制成表格以备查用，由失火到救火的时间 t_1 则要根据现场情况估计。

建立这个模型的关键是对 dB/dt 的假设，比较合理而又简化的假设条件 2)、3) 只能符合风力不大的情况。在风势的影响下应考虑另外的假设，再者有人对队员灭火的平均速度 λ 是常数的假设提出异议，认为 λ 应与开始救火的时刻 t_1 有关，t_1 越大 λ 越小，这时要对函数 $\lambda(t_1)$ 作出合理的假设，再得到进一步的结果（Bender，1978）。

3.8　草产企业级联供应链的可靠度模型

3.8.1　引言

我国著名科学家钱学森院士生前提倡发展草产业。关于草产业以及钱学森的有关论述，本章第 1 节已有专门论述。按照系统管理的思维方法考虑问题，不难看出，草产业本身即是一个复杂巨系统，在该系统中，事实上存在着一条各因素密切相关但又具备各自独立性的供应链，供应链中多项元素从经济、生态和社会功能方面有链状关系。

草产业最重要的基础是草本身，即必须有草场、草地、草原，这些是形成草（主要是牧草）这一产品的土地等基础物质最基本的条件。草原本身的存在，依赖的是生态动力，即先有动力，才能生产草。从生态动力学基本原理可知，为草的生产提供生态动力的涵盖生态动力源的各个级别，关系到每一级别中所涉及的各个因素。作为一级生态动力源的太阳辐射是草的生长发育级联供应链的物质基础，这种基础具有资源和环境的双重功能。二级生态动力源——气象、地貌、土壤、其他生物——平行地作用于草这一生物。草本身的生长发育和进而形成的产量是草产业的基础。草是牲畜的饲料，是发展草原牧业的基础，而来自牲畜的奶和肉，是发展奶制品、食用牛羊肉产品的基础。如此形成的草产业中，显然有一个多级供应链。太阳辐射能、大气运动、地貌、土壤等生态动力源是草形成的资源和环境动力，草的生长、发育和产量形成是受生态动力支配的结果。以草为主导的生物基础的牧场是家畜赖以生存，尤其是家畜食用物质的源地，草育出的家畜生长、发育并为草产业提供奶、肉制品的原料。通过轻工（主要是食品）厂家生产出的奶产品、肉食等作为商品进入市场。可见，草产业这一多级供应链是复杂的。多级供应链分析和综合的复杂性在于，草产业原材料供应和商品销售的状态，在时间上具有一定的随机性，如由于天气气候条件的变化，牧草产量可能有明显的年际变化；由于市场竞争、牛羊品种变化，可能引起奶、肉原料价格的变化；公众饮用奶习惯及食用肉食产品量变动，可导致草产企业所生产的商品在市场中份额的振动等。而这样一些复杂的随机性有纵横交错的关系，并非单纯的串联结构或并联结构；此外，各级供应链之间发生的事件之间具有相互关联。例如，泥石流、洪涝等自然灾害的频发常使草场被毁，使草产量和库存下降，进而使供应乳品厂的鲜奶等库存下降；牧场黑灾、白灾的发生导致牲畜存栏数减少；偶尔发生的冰雹（属于稀有事件，一般按 Poisson 分布规律）等随机因素的变化。由于以上因素的制约，草产业供应链网络可以看做一个离散时间动态系统。如果假定草产业供应链中企业的修复时间和故障前工作时间服从指数分布且其参数不变，那么我们可以认为草产业供应链为一个 Markov 过程（王梓坤和杨向群，2005）。这里，将自然材料供应源地（如草场）也看做一个企业，于是草产业和草产企业在本节为同义语。由于具有 Markov 性质，故可用概率状态方程求解。

3.8.2　草产业级联供应链的可靠性问题：建模与分析

图 3-28 所示为草产业 n 级串联供应链。

令 E_i 为供应链中的第 i 个企业，B_i 为第 i 个草产企业的缓冲库存，其库存容量为 k_i，$i = 1,2,\cdots,n$。

3.8.2.1　基本假设条件

1）前一级企业的销售商品作为后一级企业的原料。

2）草产企业的正常工作时间、无故障工作时间和故障修复时间分别遵循生产率为 ω_i，失效率为 λ_i 和修复率为 μ_i 的负指数分布律。

3）处于供应链首端的企业 E_1 不发生缺货现象（有足够的原材料），处于供应链尾部的企业 E_n 不存在积压现象（有足够的销售市场）。

4）草产企业的故障是状态型的，即企业仅在生产期间有可能发生故障，在缺货和产品积压状态下（不能正常生产时）不会发生故障。

5）草产企业的缓冲库存是有序的，即先占用第 k_i 个存储单元，接着占第 k_{i-1} 个存储单元，……，直至占用第 1 个存储单元为止。

3.8.2.2　供应链中草产企业 E_i 的流平衡

设 n 级串联供应链系统中企业的状态为 j_i，即企业 E_i 处于状态 j，状态 j 分为以下几种情形。$j=0$，企业正常生产；$j=1$，企业发生故障；$j=2$，企业出现产品积压现象；$j=3$，企业原材料供应不足。

设 P_{ji} 为企业 i 处于状态 j 的概率。显然，$\sum_{j=0}^{3} P_{ji} = 1(i = 1,2,\cdots,n)$。$E_1$ 不出现缺货现象，故 $P_{31} = 0$；又 E_n 无产品积压现象，故 $P_{2n} = 0$。

设 α_{ki} 为缓冲库存 B_i 内第 k 个单元有存货的概率，β_{ki} 为无存货的概率，则有 $\alpha_{ki} + \beta_{ki} = 1$（$i = 1,2,\cdots,n; k = 1,2,\cdots,k_i$）。考察图 3-28 所示级联供应链中企业 E_i 的状态概率转移状况，我们有图 3-29 所示的状态概率流平衡图。

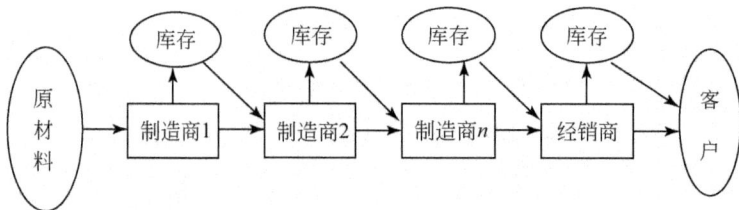

图 3-28　草产企业级联供应链示意图

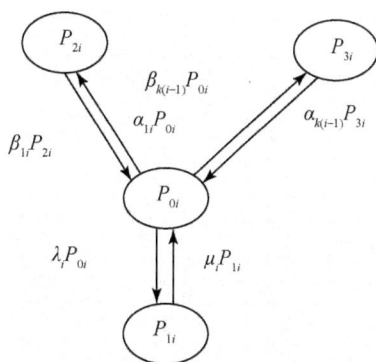

图 3-29 草产企业的状态概率流平衡图

3.8.2.3 草产企业级联供应链的状态方程

利用上述结论，草产企业 n 级串联供应链可以用概率流平衡原理加以讨论，列出草产企业级联供应链的状态概率的如下方程：

$$
\left.
\begin{aligned}
P'_{0i} &= \mu_i P_{1i} + \beta_{1i} P_{2i} + \alpha_{k(i-1)} P_{3i} - (\lambda_i + \alpha_{1i} + \beta_{k(i-1)}) P_{0i} \\
P'_{1i} &= \lambda_i P_{0i} - \mu_i P_{1i} \\
P'_{2i} &= \alpha_{1i} P_{0i} - \beta_{1i} P_{2i} \\
P'_{3i} &= \beta_{k(i-1)} P_{0i} - \alpha_{k(i-1)} P_{3i} \\
P_{0i} &+ P_{1i} + P_{2i} + P_{3i} = 1
\end{aligned}
\right\}
\tag{3-256}
$$

草产企业 E_i 的转移概率为

$$
A = \begin{bmatrix}
-(\lambda_i + \alpha_{1i} + \beta_{k(i-1)}) & \lambda_i & \alpha_{1i} & \beta_{k(i-1)} \\
\mu_i & -\mu_i & 0 & 0 \\
\beta_{1i} & 0 & -\beta_{1i} & 0 \\
\alpha_{k(i-1)} & 0 & 0 & \alpha_{k(i-1)}
\end{bmatrix}
\tag{3-257}
$$

$$
P' = PA
\tag{3-258}
$$

$$
\begin{bmatrix}
P'_{0i} \\
P'_{1i} \\
P'_{2i} \\
P'_{3i}
\end{bmatrix}
= \begin{bmatrix} P_{0i} & P_{1i} & P_{2i} & P_{3i} \end{bmatrix}
\begin{bmatrix}
-(\lambda_i + \alpha_{1i} + \beta_{k(i-1)}) & \lambda_i & \alpha_{1i} & \beta_{k(i-1)} \\
\mu_i & -\mu_i & 0 & 0 \\
\beta_{1i} & 0 & -\beta_{1i} & 0 \\
\alpha_{k(i-1)} & 0 & 0 & \alpha_{k(i-1)}
\end{bmatrix}
\tag{3-259}
$$

3.8.2.4 可靠性分析

（1）稳态时的状态概率

令方程组（3-256）左边的 $P'_{ji} = 0$，我们即可得到关于草产企业级联供应链的稳态平衡方程，求解之，得出如下状态概率：

$$P_{1i} = \frac{\lambda_i}{\mu_i} P_{0i} \tag{3-260}$$

$$P_{2i} = \frac{\alpha_{1i}}{\beta_{1i}} P_{0i} \tag{3-261}$$

$$P_{3i} = \frac{\beta_{k(i-1)}}{\alpha_{K(i-1)}} P_{0i} \tag{3-262}$$

$$P_{0i} = \frac{1}{1 + \dfrac{\lambda_i}{\mu_i} + \dfrac{\alpha_{1i}}{\beta_{1i}} + \dfrac{\beta_{k(i-1)}}{\alpha_{k(i-1)}}} \tag{3-263}$$

（2）缓冲库存有关概率

对于 P_{j1} 和 P_{jn} 按照其特定的假设只是形式上有所不同，为求出状态概率 P_{ji}，需首先求出如下几个概率。

α_{1i}：库存 B_i 内第 1 个单元有存货（缓冲库存全满）的概率；

β_{1i}：库存 B_i 内第 1 个单元无存货（缓冲库存不满）的概率；

α_{ki}：库存 B_i 内第 k_i 个单元有存货（缓冲库存不空）的概率；

β_{ki}：库存 B_i 内第 k_i 个单元无存货（缓冲库存全空）的概率。

考察缓冲库存 B_i 内存货量的变化过程，是一个遵循参数为 ω_i 和 ω_{i+1} 的生灭过程，应用生灭过程（王梓坤和杨向群，2005）的相关结果，并令 $\rho_i = \omega_i / \omega_{i+1}$ 且 $\omega_i \neq \omega_{i+1}$，则有

$$\alpha_{1i} = \frac{\rho_i^{k_i}(1-\rho_i)}{1-\rho_i^{k_i+1}} \tag{3-264}$$

$$\beta_{1i} = 1 - \alpha_{1i} = \frac{1-\rho_i^{k_i}}{1-\rho_i^{k_i+1}} \tag{3-265}$$

$$\alpha_{ki} = 1 - \beta_{ki} = \frac{\rho_i(1-\rho_i^{k_i})}{1-\rho_i^{k_i+1}} \tag{3-266}$$

$$\beta_{ki} = \frac{1-\rho_i}{1-\rho_i^{k_i+1}} \tag{3-267}$$

（3）供应链中草产企业可靠度与缓冲库存成本、停产损失的关系

草产企业 $E_i(i=1,2,\cdots,n)$ 处于正常生产状态的概率可作为草产企业 E_i 可靠度 R_i 的估计值，即有如下表达式：

$$\hat{R}_i = P_{0i}$$
$$= \frac{1}{1 + \dfrac{\lambda_i}{\mu_i} + \dfrac{\alpha_{1i}}{\beta_{1i}} + \dfrac{\beta_{k(i-1)}}{\alpha_{k(i-1)}}} \tag{3-268}$$

设缓冲库存 B_i 的库存成本为 c_i，则

$$c_i = a_i + b_i k_i (i=1,2,\cdots,n) \tag{3-269}$$

草产企业的故障是必须考虑的关键因素。这里所涉及的故障主要关系到自然、社会和经济因素。草产企业的主要原材料来自广阔草原，草原在天然状况下，时刻经历着"风吹雨打"。众所周知，草原所在地域，往往天气变幻无常，源于气象生态动力源的灾害，程

度不同地袭击草产品，进而威胁危害牛羊等动物的生产。春季的大风，夏季的炎热、冰雹，秋季的霜冻，冬季的大风雪导致的白灾等，事实上在内蒙古东部草原年年会不同程度地发生。从地质、水文与气象条件相交叉的灾害来说，泥石流、滑坡以及地震等生态动力变化导致草原的损失也往往是很严重的，这些灾害可导致食品加工等涉草企业原料的不足。从经济上来说，草业企业的产供销之间的连锁平衡，也受到各方面因素的制约。例如，社会需求量的下滑可能引起涉草产业单位奶产品积压，甚至引发草产企业停产。设 c 为一旦草产企业停产所造成的固定损失，则

$$(1 - \hat{R}_i)c$$

为草产企业停止生产的总损失。企业可靠度增加，则停止生产的可能性减小，于是被迫停产所致损失越小。

设

$$\omega_i = \omega_{i+1}$$

即

$$\rho_i = \frac{\omega_i}{\omega_{i+1}} = 1$$

则有

$$\alpha_{1i} = \beta_{ki} = \frac{1}{k_i + 1}$$

及

$$\beta_{1i} = \alpha_{ki} = 1 - \frac{1}{k_i + 1} = \frac{k_i}{k_i + 1}$$

将 α_{1i}、β_{1i}、$\alpha_{k(i-1)}$ 和 $\beta_{k(i-1)}$ 的表达式右边的值代入式（3-269），可得

$$\hat{R}_i = \left(1 + \frac{\lambda_i}{\mu_i} + \frac{1}{k_i} + \frac{1}{k_{i-1}}\right)^{-1} \tag{3-270}$$

当缓冲库存 B_i 容量 K_i 增大时，库存成本 c_i 增加，草产企业 E_i 可靠度 R_i 随之增大，于是草产企业因被迫停产所致损失减小。

在不断提高草产企业可靠性程度的同时，必须考虑库存成本增加这一问题。当草产企业的库存成本 c_i 增至一定值时，草产企业就不会再提高其可靠性程度。因此，可考虑用供应链草产企业的优化模型，其目标函数应同时体现供应链中草产企业的缓冲成本和停产损失最小化，用公式表达，即有

$$\min\left[(1 - R_i)c + a_i + b_i k_i\right]$$

（4）稳态可用度

对于供应链来说，其可靠性程度可由各草产企业处于常态且其缓冲库中有库存但不满条件下的概率之积求得，此时级联供应链稳态可用性程度 A_s 的表达式可写为

$$A_s = P_{0i} \prod_{i=2}^{n-1} P_{0i} P_{0n} \tag{3-271}$$

并有

$$A_s = \left(1 + \frac{\lambda_1}{\mu_1} + \frac{\alpha_{11}}{\beta_{11}}\right) \prod_{i=2}^{n-1} \left(1 + \frac{\lambda_i}{\mu_i} + \frac{\alpha_{1i}}{\beta_{1i}} + \frac{\beta_{k(i-1)}}{\alpha_{k(i-1)}}\right) \left(1 + \frac{\lambda_n}{\mu_n} + \frac{\beta_{k(n-1)}}{\alpha_{k(n-1)}}\right)^{-1} \tag{3-272}$$

（5）供应链的连续性

对于串联供应链，为保障其连续性，如下关系须成立：

$$\omega_i P_{0i} = \omega_{i+1} P_{0,i+1}, \quad i = 1, 2, \cdots, n-1 \tag{3-273}$$

若式（3-273）不能成立，则草产企业生产连续性就不能保障，此时供应链生产率则为 $\min(\omega_i P_{0i})$。由此可见，对于供应链的关键环节，高生产率、高可靠性都是重要的。

3.8.3　小结与讨论

草产企业可看成某一草原区域内涉及自然资源、自然环境和生产销售链条的一个综合集成体系，于是数学上以 Markov 链为其理论基础的级联供应链模型可用于钱学森院士倡导的草产业的宏观与微观的生态经济管理之中。在这里，我们将天然草地资源、人工草地资源等给予牧草进而给予牛、羊等食草动物的食物链连锁供应也视为产业，于是组成一个生物—环境—经济的草产业的级联供应链，从而以链条关系试初步解读草产企业系统运筹的内涵。在宏观上，可对大区域内所有各大牧场的供应链可靠程度分别计算，再加以比较，确定发展优先级和宜扶持力度的大小。在微观上，可考虑草产企业一个具体单位产供销平衡供应链网络中的动态流平衡机制，以便进行局部生态经济的优化控制。总之，在生态经济可持续发展过程中，既考虑现实经济效益又考虑长远生态优化，以求在可持续发展的理论研究中对此模型进一步研讨和应用，这样则可预期取得良好的效果。

第4章 半干旱区草牧场防护林生态防护功能与构建技术

草原生态系统是陆地生态系统的重要类型之一，由于人口的快速增长、社会经济的迅猛发展以及过度的开发利用，对草原生态系统产生了重大的影响，草原生产力急剧下降，区域生态环境非常脆弱，草地退化以及由此引起的荒漠化现象十分严重（段文标和陈立新，2002）。因此退化草原及沙化草地的综合治理成为目前草原区生态建设的核心任务，其中半干旱区草牧场防护林的构建是退化草地植被恢复的重要措施之一（李永华等，2008）。特别是在半干旱地区，草牧场防护林在改善草牧场微域气候、减轻自然灾害、提高牧草和牲畜的产量及质量、增加草牧场生态经济系统的生产力和稳定性、增强对有害自然因子的抵抗力等方面发挥着重要作用（段文标和陈立新，2002）。

4.1 树-草相互作用力学模式——人工林与草原荒漠化治理的系统科学原则

树和草在全球生态系统中的作用，已为生态学界所公认。树和草的相互作用，包括人为干扰，使全球生态系统保持平衡或失调，历史上的事实和 19 世纪以来的观测数据，证实其重要性，并揭示出影响陆地生态系统多方面的特征。这一节，我们从介绍现有研究的最新模式入手，先讲述作为生态动力汇的这两种生物，然后，对它们共有的二次生态动力源——大气——及一级生态动力源——太阳——之关系加以分析；说明模拟的成果和对未来预测的复杂性、非线性及今后探索思路的初步设想。这对于全球生态动力学的进一步研究，是有益处的。

草原、林地、灌丛和干旱地面积占世界上有植被土地表面面积的45%～52%。无论是森林植被与草原植被之间的竞争或者是放牧与火灾的干扰作用，都被认为是在这些复杂景观中，控制植被结构的主导因素。在确定这些复杂生态系统结构的过程中，根的垂直分布的作用，早就引起人们的重视，并在这方面的研究付出许多努力。一般说来，森林和草本植物都生长在土壤的表土层之中。然而，为了解释干旱区草原上的草树共存的事实，Walter 假设：草根占有土壤的浅层，相当量的降雨渗入土壤表层；而树根在土壤中扎得较深，因此它所利用的是较深层的土壤水分。上述的概念被广泛地用于与草原有关的许多文献中，并且部分已被根的生物量和水分利用的数据所证实。人们通过观测，指出树根有相当深的深度这一事实。有人发现，与邻近树木竞争水分的杂草的作用，随着树木的长大而杂草作用减小，即随着树龄的加大，杂草的作用减小。这样，人们就可以推测出：树木的根总是在向着水分可以供其利用的土壤深层伸展，于是在深处的根对上层土壤中水分的可用性的依赖程度变小。这样，就可避免树根与草根在利用土壤水分过程中的过度竞争，而允许它们在较长时期内共存。

有人指出：草本和木本的多年生植物利用它们共同拥有的水资源，并且在不同深度的土壤中可以交替利用。据报告：在森林植物园中，下层植被的蒸腾量在总蒸腾量中所占的比例较大。土壤水分的不足使树木生长减缓，而树木生长的减缓又使土壤表层水分竞争加剧。

生态学家必须承认：水分竞争和由此导致的根系分布，最终控制了草原中的草本和木本生活型的相对密度。一些生态学家甚至主张：在某些草原特征显著化的过程中，火灾和草本植物的作用超过气候的作用。火灾树木种子的定位和幼树生长具有控制作用，草的生产量（燃料负荷）对火灾发生具有促进作用，而火灾发生频率与降水有关。火灾使人们能够迅速获得来自死地被物和生物量的养分，并促进富有营养的嫩草火后再生，这对食草动物是很有吸引力的。虽然放牧会影响树木的生长，甚至会使幼树死亡，但是放牧减少了草本植物的生物量，于是，可燃物减少，火险的频率降低，促进了灌丛对草地的替代作用。

某些草原的植物生态动力学问题，可以用两种假设加以解释：①"深度所致小生境分割"的假设。该种假设认为，草因利用上层土壤而自肥，而树木的根既利用上层土壤的肥力，也因扎根于下层土壤之中而从中汲取营养，如果浅层和深层水资源之间有足够大的差异，树木和草对水分利用效率之间也就会有足够大的差异，两种生活型是能够共存的。②连续着火、人为破坏以及放牧食草动物，这样一些干扰属于季节性干扰，可以使树与草共存。在没有干扰的前提下，树以消耗草为代价而扩展自身覆盖面积，其作用是树慢慢地遮蔽草，使草的生产量降低。在干旱环境中，深层土壤供水的持续不足，将加速树木顶梢枯死的进程，这就必然有利于草的生育。草的长势茂盛，会使火险次数增多、强度加大，使森林向草地的扩充作用减缓。草地扩充吸引食草动物，这将使火险燃料减少、火险次数减少，使树木能够更好地生长。

大气中二氧化碳浓度的增加、气候型的变化，都会影响草与树之间的相互竞争作用。二氧化碳浓度、气候变化对水分利用率的影响，对于热带草原的发展、减退也起关键的作用。进一步而言，碳源有限制的释放，导致植物生长加快，这能够强化养分的限制，会影响输送和根苗比率；也会影响水分利用效率且改变树与草之间、燃料负荷与火险频率之间以及叶的保护程序与放牧强度之间的竞争平衡。

建模（modelling）是可用于检验如下假设的少有的几种方法之一，这里所谓假设是指在历史和未来气候条件下，关于根系分布和火险干扰对树、草作用的假设。模型 MCI 包括树和草各自根的垂直分布，这就使人们能够用它模拟不同深度土壤中水的分布。它也包括用以估计燃料负荷与水分并模拟天然火险事件的一种火险动态模式。建造该模式的目的是描述与全球植被分布的历史、未来变化（气候振动与火险干扰所致）相联系的地球生物化学库（biogeochemical pool）和通量。该模式是在 20 世纪 80 年代至 90 年代中期对一些模式加以改进的基础上建造的。关于它的前提和限制条件，须引起注意。

对于本研究而言，模式应用范围限于如下假定：碳不是有限的，不涉及放牧，在历史和未来的模拟中，二氧化碳浓度是保持不变的。研究的焦点问题是：深层水资源可用程度的重要性；火险在树 – 草共存管理中的重要性。

　　对于树和草，在整个生态系统即全球系统中的作用进行动力学模拟，这项生态研究方向，无疑是正确的。而国外在 20 多年的时间内，确实做了大量有益的工作，模拟方法在不断改进，模拟技艺在不断提高。这方面的成果，比起以前定性观测、考察要先进得多。一些成果有较好的实用价值。对于这方面成绩，我们不拟多讲，只是表示肯定。

　　本节主要从生态动力源和汇的角度加以初步分析。在此类模拟中，实际上是以降水、碳素来研究初级生产力，即得出有关树、草各自的量值，也有关于它们比例的研究结果。对于历史资料的模拟，无须多讨论，因为模拟总要反映过去存在的实况，并与过去资料和实测结果对照，若有不符，模拟者当可调整，以便求得适应。对于以降水、温度、营养为主导生态动力源，也似无异议。因为它们是变化较大的植物生态动力中的主导者，从原理上也的确可说明。例如，干旱可影响生长，易导致林火，等等。但是，从预测方面考虑，关于生态动力源的异议就出现了。生态动力汇——树、草——生物量的预报是建立在降水、温度基础上的。对于 21 世纪初直到 2094 年的降水和温度，目前尚不可能有什么可靠的方法进行预报。以源的预报为基础，再作汇的预报，即预报的预报，其生物意义可靠性必然依赖于具有地学意义的气候预报的可靠性。

　　从生态动力学的观点来看，气候属于气象类的二级生态动力学源。气候系统本身就是一个开放系统，该系统形成的原因是多方面的，作为一级生态动力源的太阳辐射是其中的主要原因，太阳辐射能量本身的变化以及太阳到达地球的能量变化，对气候有着第一位的影响。此外，地球旋转轴的变动（像陀螺）、地球旋转轴与太阳方向之间的倾角在 23.5°附近的变化（可以由 21.8°变化到 24.4°）以及地球轨道偏心率的变化，也都影响着气候。从表面上看，地球偏心率的变化也有 105 年的周期，与气候变化周期相同，但由此产生的太阳常数（也就是在大气上界，垂直于太阳光线方向上单位时间内，单位面积上所接受的太阳能）的变化只有 0.001。这就出现了矛盾：一方面，两者周期之间的关系给人以深刻的印象，另一方面，气候系统的外强迫力太小，以致不能触发气候变化。然而，气候系统又是一个远离平衡的系统，赤道吸收了大部分太阳热能，而两极所吸收的太阳热能则极少，且所吸收的热能又大部分返回太空。这样，就存在产生复杂气候的一级生态动力源方面的条件，而微小的涨落可以通过内部的机制（如海洋与大气圈相互作用即大气圈与水圈的主体作用，以及大气圈与生物圈作用等）加以放大，这正如 Lorenz 效应所揭示的那样，从而形成对全球生态有重要影响的气候变化。由于气候变化的重要性，人们多年来，尤其是近三四十年来，对气候变化进行了大量的研究，但这些研究对于未来气候变化的预测，并没有一致的结论。即使对于长期天气预报（如提前 1 个月或提前 1 年左右作出的预报）仍处于探索阶段。气候变化的预报，是比一般的长期天气预报难得多的预报，从原理上还没有令人信服的成果。例如，关于气候变化与太阳黑子周期关系的问题，是抓住了二级生态动力源依赖于一级生态动力源关系的课题，但经过半个世纪的努力，并没有得出令人信服的依赖关系，以致还不能用这个一级动力源来预报二级动力源。

　　包括树、草在内的植物对未来 1 个世纪降水、气温的依赖关系的协作研究，任重而道远。这个复杂问题的存在，与其他一切复杂现象的存在一样，有许多共性，如开放性、自组织核心、过程不可逆等，但最应引起注意的是非线性的相互作用问题。最初，对于一些问题的认识，存在着用线性关系处理非线性问题的错误倾向。只是在后来，才提到数学概念上认识的。例如，在关于天文－地球－生物关系的研究中，从现在来看，这是关于一级生态动力源（太阳）对二级生态动力源（大气），再对生态动力汇（生物）作用的生态动力系统问题。在初级研究阶段，曾经被认为既然太阳黑子有 11 年的周期，太阳辐射到地球的热量也有 11 年的周期，而太阳是气候形成的第一个因子，从生物意义来说，它有一级生态动力源的作用，于是推测为大气运动及它所左右的旱涝，也有 11 年的周期，而旱涝这个二级生态动力源对于生态动力汇，即对生物（蝗虫）的影响，也应是有这样的周期性。这个推论过程实质上就是一个线性对线性的外推过程。其结果如何？当然不可能客观，至今人们从实践中也知道其不客观性。但在 40～50 年前，人们对非线性问题并无明确的理性认识。所以，那时不少人把我国中原地区的蝗虫迁飞预报寄托于这种旱涝周期预报之上，以致离正确的蝗虫迁飞规律越来越远。而马世骏院士经过研究否定了旱涝周期性导致蝗虫爆发周期性的观点，发现蝗虫爆发并无此周期性。这就开辟了这种生物依赖环境关系的新的研究途径，从现在的认识水平看，是从本质上认识了大气对生物影响的非线性，所以才取得我们在前面已述及的成果。

关于大气对生物圈中树、草作用的规律，正是这类非线性规律中的一种，这种生物与大气相互依存的非线性，表现在相互约束、相互反馈上。因为有了这种非线性，所以才有了形态的多重性：定常状态、周期状态、拟周期状态、非周期状态以及局部的复杂结构等。对于这些复杂的非线性问题的研究，如针对树、草的研究，是有很重要意义的。在此研究中，有参考价值的思路是钱学森院士前些年多次推荐的诺贝尔奖得主、著名耗散结构理论的创始人 Prigogine 和 Nicolis 的力作《探索复杂性》，该书所论述的"动力系统与复杂性"实质上包括我们所说的生态动力系统的问题，也可以作为讨论生态动力系统复杂性的理论依据之一。该书所讲述的"复杂现象的随机特征"对于我们认识林草等植物变化反映出来的现象与天气变化随机现象的关系，是有帮助的，尤其是对非线性关系的认识，不要把它与线性关系等同对待。当然在生态问题中，能用线性关系确定地说明某些客观规律条件下，那是另外一回事，如植物发育对于温度的线性依赖关系，这无论从原理上，还是从许多观察事实上，都是得到证实的。在一般情况下可用，对此没有必要硬性地用非线性关系来求证它。前述 Prigogine 等的著作是打破学科界限的，所以在生态动力学这门交叉学科中，更能发挥其应用的指导作用。用于树、草作用规律的研究，将更有价值。

4.2 草牧场防护林及其主要模式类型

4.2.1 草牧场防护林概述

草牧场防护林是以保护天然牧场和人工草场为主的防护林的总称（吕文，1991），其结构是由乔灌等木本植物、牧草以及区域内全部动物和微生物组成的生物系统，通过系统内不同组分的有序生物活动过程与环境因子（大气、太阳辐射、水分、土壤等）进行有效的能量交换和物质循环，直接对区域内的牧草生长环境起到保护与调节作用（周凤艳等，

1998）。由于草牧场独特的地理位置，其环境条件较为严酷（世界资源研究所，1989），绝大部分分布在干旱、半干旱地区，蒸发量大，降水量少，气候干燥，土壤干旱，各种自然灾害频繁（朱震达，1991）。据此，肖龙山（1994）提出草牧场防护林是为改善牧场小气候，抵御灾害性天气（暴雨、大风、沙尘、雪灾等）对牲畜的侵袭而建立的防护林，保护草场免受自然灾害的侵袭，促进能量和物质转化效率，提高草原生产力。草牧场防护林建设主要依据生物工程原理，将农林牧系统组装配套，形成高效复合生态系统，促进区域资源的持续利用和社会经济的持续发展。段文标和陈立新（2002）认为草牧场防护林是草场防护林和牧场防护林的总称，是以改善草牧场微域气候，增加牧草产量，改善牧草质量，提高草牧场生产力和稳定性，并提供一定数量的木材、燃料、饲料为目的的防护林，是草原生态经济系统的重要组成部分。

随着防护林科学的发展、研究工作的深入以及人们对防护林认识的不断提高，草牧场防护林逐步被重视，相关领域的研究也逐渐开展，草牧场防护林理论与技术不断完善，包括草牧场防护林区域尺度上的空间分布与景观格局、系统尺度上的林种配置与模式优化、林分尺度上的结构优化与树种选择以及不同类型草牧场防护林效益评价等方面（Sherman，1990；王礼先，1988；肖龙山等，1994；向开馥和石家琛，1980；张启昌等，1994；于建权等，2000）。

4.2.2　草牧场防护林发展历程

20 世纪以来，美国、原苏联、澳大利亚、加拿大、新西兰、英国以及北非等国家和地区陆续开展了大规模的防护林营造和研究工作（曹新孙和陶玉英，1981；Norman，1989）。之后，防护林建设在全世界范围内广泛开展起来，其类型由最初的海岸防护林、农田防护林逐渐扩展到草牧场防护林、防风固沙林、水土保持林等不同林种，形成多树种搭配、多林种配置、统一规划、合理布局的防护林体系（段文标和陈立新，2002）。原苏联是营造防护林最早的国家之一。1843 年，在俄罗斯和乌克兰干草原区营造了较大规模的草牧场防护林，其主要形式有：带状牧场防护林、乔木绿伞状避风林、乔灌散生状饲料林和群团状场圈防护林等（曹新孙和陶玉英，1981）。大量的实践工作为草牧场防护林营造技术积累了丰富的经验，并为其理论研究奠定了基础。美国防护林营造的历史，最早可追溯到 19 世纪中叶，最有影响力的防护林工程为美国联邦政府的大平原防护林计划（PS-FP）（曹新孙和陶玉英，1981；Norman，1989）。在北非，较有影响的是一项跨国工程——绿色坝防护林工程，通过造林种草，建设一条横贯北非国家的绿色植物带，以阻止撒哈拉沙漠的入侵或土地沙漠化。我国是世界上营造防护林较早的国家之一，开展了大规模有计划的防护林建设工作。自"三北"防护林工程实施以来，"三北"地区防护林建设规模超过美国"罗斯福大草原林业工程"、原苏联"斯大林改造大自然计划"和北非五国的"绿色坝工程"，被誉为"绿色长城"、"生态工程之最"。几十年来，已营造多种结构、形式各异的草牧场防护林 17 万 hm^2，我国草牧场防护林已初具规模。

防护林的基础理论是在防护林工程建设实践基础上产生和发展起来的，而防护林理论的产生和发展反过来又应用到防护林建设的实践中，接受检验并指导生产，不断丰富并趋于完善。草牧场防护林作为防护林的一个林种，随着草原生态环境恶化、产草量减少、载畜量降低、草原生产力剧降等一系列问题的出现而诞生。在草原自然灾害严重地区，营造草牧场防护林，主要目的是改善日趋恶劣的草原生态环境，提高草牧场的生产力。由于最初营造草牧场防护林时缺乏成熟理论的指导，营建技术缺乏系统性和针对性，在林地选择、树种筛选与搭配、密度配置、林分结构与类型等方面，存在一定的问题，影响了草牧场防护林综合效益的发挥。因此，研究草牧场防护构建理论与技术方面存在的薄弱环节，建立完善的草牧场防护林相关理论与技术体系，成为目前草牧场防护林工程建设急需解决的关键问题。

4.2.3 草牧场防护林的主要模式与类型

草牧场主要分布于气候恶劣、环境严酷、灾害频繁的干旱、半干旱地区（王涛，2000），在适宜的造林地上营造草牧场防护林需以优化土地利用结构为基础，以发挥当地水土资源、气候资源和生物资源的生产潜力为目标，以改善和提高草牧场防护林生态效益为主体，实现树种的合理配置和草牧场防护林结构的优化，充分发挥草牧场防护林生物群体的多种功能效益（段文标和陈立新，2002）。

在国际上，草牧场防护林营建模式与类型多种多样。Tustin 1976 年在国际林业研究组织联合会第十次代表大会上介绍了新西兰的一种土地综合利用系统，即在牧场上稀疏地栽植树木，把畜牧业和林业合并为复合经营体系（陶大立，1984）。帕·尔·尼基金 1979 年曾提出，在草牧场营造一种群团状绿伞型乔灌木林，配置在饮水地或牲畜休息的地段，以防牲畜遭受强烈日光暴晒和暴风雨袭击。A. H. 巴甫洛夫 1983 年根据草牧场自然条件，提出在牧场上建立林带状草牧场防护、绿伞状饲料防护林和场圈避风林等，是一种有效的草牧场防护林配置模式，并在中亚、西亚地区得到大规模推广应用。原苏联学者总结了多年来在罗期托夫州营造草牧场防护林带的经验，指出在水土流失严重的坡地上，将片林与牧草块状配置，可防止土壤侵蚀。Douglas 依据生态学原理，将草牧场防护林的生态功能与经济效益结合起来，提出了三度林业的概念，从草牧场防护林收获木材、发挥防护效益、获取木本粮油和畜产品。实际上三度林业就是"农林牧结合"，是一种典型的草牧场防护林经营模式（陶大立，1984）。在 1986 年召开的国际防护林学术研讨会上，Dronen 提出了草牧场防护林的规划设计标准和基本原则。在此标准和原则指导下，世界各国开展了不同模式的草牧场防护林建设。印度在干旱、半干旱地区设计提出了一种新的草牧场防护林配置模式，被称为"森林 - 牧场 - 灌溉牧草种植场"综合配置方式，包括森林牧场、牲畜围栏、灌溉牧草种植场等几个组成部分（王礼先，1988）。

在我国，根据不同立地条件，草牧场防护林构建模式较为丰富。向开馥和石家琛（1980）指出，应当根据草牧场上土地利用状况，分别配置不同类型的草牧场防护林，如草牧场防护林带、饲料基地防护林、定居点防护林以及多功能经济林等，并提出了依据牲畜头数确定林地面积的计算公式，是国内较早提出草牧场防护林模式与类型的学者之一。刁鸣军（1985）认为草牧场疏林草地、乔木绿伞型防护林、灌木绿岛型饲料林模式是干旱半干旱地区草牧场防护林的主要类型。宫伟光（1989）提出草牧场防护林的模式应为针阔混交型窄带式防护林网、疏林式防护林、针阔团丛式防护林和乔灌草饲料防护林等。周景荣等（1989）通过对白音花沙地草牧场防护林的研究指出，草牧场防护林的配置应依地形变化而有所不同，应根据不同情况营造带状防护林、群团状防护林、片状用材林和片状固沙饲料林等模式的草牧场防护林。综合草牧场防护林模式与类型，可将其汇总归纳见表 4-1。

表 4-1　草牧场防护林主要模式与类型

模式与类型名称		特点与功能
带状草牧场防护林模式	网格型	①可分为紧密结构、稀疏结构和通风结构 ②林带宽度一般为 15～20 m，林带由 6～8 行纯乔木或乔灌搭配组成，其中乔木 4～6 行，株行距为 3 m×2 m ③林带两侧各有 1 行灌木，株距为 0.7 m，乔木和灌木间距为 1.5～2 m
	主带状	①一种采用单一走向的带状造林形式 ②带与带之间的距离为 100～200 m，树宽为 12～14 m，由 4 行或 5 行乔木组成，林带间种豆科和禾本科牧草 ③便于抚育管理和机械化作业
疏林式草牧场防护林模式	绿伞型	①面积不大，呈正方形 ②分为定距规则式或不定距随机式 ③定距式每块面积为 0.4～0.6 hm²，每块大伞由 3～5 个单树种的小伞组成，小伞间有通风廊约 20 m 宽，大伞间距约 50 m ④不定距随机式每块面积为 0.05～0.3 hm²，伞间距为 200～300 m ⑤常配置在水池或牲畜休憩的地方，防止牲畜受太阳直接暴晒
	稀疏型	①主要在退化较严重的草场上营造疏林 ②实行林草、林牧、林粮、林药结合 ③树种以樟子松、榆树等为主 ④株行距为 3 m×60 m、3 m×80 m、3 m×100 m 不等 ⑤保护草地区域生态环境、维持生物多样性、为草原动物提供避难所和栖息地
	片林型	①风蚀沙丘岗地及村屯附近，营造固沙片林 ②树种选用樟子松、锦鸡儿、杨柴、银中杨等 ③株行距 4 m×4 m、3 m×4 m、1.5 m×4 m、1 m×3 m ④主要起到防风固沙作用 ⑤以灌木植物建植的草牧场防护林可提供饲料
	群团状	①地形起伏的沙地草场营建群团状草牧场防护林 ②按稀疏团状结构配置在放牧草地上 ③防护效益高、见效快 ④提高土壤肥力，使牧草产量达到高产、稳产

资料来源：李合昌等，2007；段文标和陈立新，2002

4.2.4　风沙草原区草牧场防护林建设的意义

随着草地资源的过度利用，草原生态系统变得越来越脆弱。在半干旱风沙草原区建设草牧场防护林是改善生态环境，寻求经济、社会和环境协调发展的主要途径。在林草复合型草牧场防护林系统中，牧草一方面提供主要饲料，另一方面改良土壤、培肥地力，特别是豆科牧草还具有固氮的重要功能，满足贫瘠土壤肥力的需求。另外，林草处于不同的生态位，利用不同的资源分配，二者协调发展，林草结合能满足多功能生态工程建设的需要，有利于农林牧业协调发展。

4.2.4.1　促进林木生长，提高林草复合系统生产力

在幼林地种植牧草，特别是豆科牧草，能显著地促进林木生长，缩短郁闭年限，提高林地生产力。例如，落叶松林地带状混交沙打旺，树高增加 9.1%，地径增加 11.2%，冠幅增加 7.9%，根幅增加 15.9%，总根量增加 12%，根系总长度增加 75.3%（王斌瑞和孙立达，1987）。在柽柏混交林树穴内播种草木犀，柽木树高生长提高 8.3%，胸径生长提高 30%（毛凯和任伯文，1995）。林地内种植豆科牧草，对改造低效林也有重要作用。例如，8 年生小叶杨树高仅 1.5 m，胸径 0.61 cm，冠幅 40 cm×40 cm，间种红豆草 1 年后，平均树高达 2.08 m，胸径 1.27 cm，冠幅 90 cm×80 cm，显著促进了林木的生长发育（黄旭，1992）。林草复合经营除促进林木生长外，还可获取大量牧草。生产实践经验证明，营造草牧场防护林可显著改变当地植物区系组成，使天然牧场产草量提高 1.6～2.4 倍，人工草牧场在防护林的作用下产量可提高 5～6 倍。由 2～4 行林带组成的林网，保护牧场效果最好（赵粉侠和李根前，1996；张久海等，1999；王晓江，1996）。例如，小叶杨林地间作沙打旺，5 年后胸径较纯林提高 17.7%、树高提高 13.9%，年均产干草达 6417 kg/hm²（关秀琦等，1994）。在山桃、山杏和刺槐林内混交沙打旺，3 年内干草年均产量为 4973.5 kg/hm²。在相同密度的杨树林地间种紫花苜蓿，树高生长增加了 17.6%，胸径增加 39.6%，冠幅增加 45.2%，而且可收割干草 1.8 t/(hm²·a)（孙祥，1985），设计合理的林草复合型草牧场防护林系统，可达到林牧业综合发展的双重目的。

4.2.4.2　增加土壤有机质，提高土壤氮素水平

草本植物有机体腐解后可为土壤提供大量有机质，豆科牧草还可固定游离的氮素，起到富集作用，并最终归还给土壤。例如，落叶松林地种植沙打旺后，0～40 cm 土层中全氮含量提高 5.1%，0～20 cm 土层中全氮含量提高 8.6%，水解氮含量增加 11.0%，速效磷增加 7.1%（王斌瑞和孙立达，1987）。杨树林地间作紫花苜蓿，0～70 cm 土层中，有机质含量比纯林高 0.0052%～0.0953%，0～25 cm 土层中含氮量提高 33%（孙祥，1985）。日本柳杉林混交红车轴草，0～20 cm 土层中有机质含量提高 30.16%，氮素含量提高 21.23%（韩启定等，1989）。在弃耕地上种植紫花苜蓿 4 年后，0～30 cm 耕作层有机质含量由 0.725% 增加到 0.98%，全氮含量由 0.056% 增加到 0.063%；种植红豆草 4 年后，有机质含量由 0.90% 增长到 1.78%，全氮含量由 0.036% 增长到 0.12%，相当于每年可增加

有机质 9 t/hm² 和纯氮 900 kg/hm²（王素香，1991）。可见，林草复合系统中有机质和氮素含量的提高，对林木及牧草生长和土壤结构的改善均具有重要意义。

4.2.4.3 蓄水保土，提高表土抗风蚀能力

林草混交构建草牧场防护林生态系统，能逐层截留降雨，而且草本植物生长迅速，可以尽快覆盖地面，减轻风蚀危害。牧草根系密集，能够固持土壤，并通过植林腐解提供大量有机质和氮素，改善土壤结构，从而增强土壤渗透性和蓄水能力。据测定，桤柏混交林地 5~8 月土壤流失量达 51.1 t/hm²，在树下间种草木犀的桤柏林地土壤流失量仅为 18.2 t/hm²，比前者降低 64.4%（毛凯和任伯文，1995）。小叶杨林地混交红豆草后，土壤侵蚀量由间作前的 5000 t/hm² 减至 1200 t/hm²。在杜仲幼林地水平阶种植三叶草，土壤侵蚀量比天然草丛、灌草丛地分别减少 12.2%、11.0%（李根前等，1996）。

4.2.4.4 改善小气候，为畜牧业健康发展提供保护

草牧场防护林可改善草地土壤水分、光合有效辐射、土壤温度的极端分布等微气候效应，为牧草生长创造一个良好的小气候，不但有益于林草的生长，而且能够促进牲畜的发育。在林间放牧，炎热夏季，由于有树木屏障，林内温度降低 1~3℃，湿度提高 5% 左右（李阜惓等，1995）；寒冷季节，林木可以阻挡风寒，减少畜体热量散失。例如，在林带保护下的放牧地，林下太阳辐射减少 8.7%，气温降低 0.5~1.5℃，风速降低 20%~35%，羊体重可增加 2.7~5.6 kg（宋兆民和孟平，1993），提高了畜牧业的生产力水平。

4.3 半干旱区典型网带式林草复合草牧场防护林

4.3.1 典型网带式草牧场防护林——林草复合系统

林草复合系统是由森林和草地结合形成的多层次人工植被，是一种将多年生木本植物和牧草、牲畜有机结合而成的复合经营方式（赵粉侠和李根前，1996；樊巍和高喜荣，2004），成为我国干旱半干旱地区农林复合的主要模式之一（宋兆民和孟平，1993）。近年来，随着林牧业的综合发展以及对区域生态环境综合治理的需要，林草复合经营模式日益受到国内外的重视（曾艳琼和卢欣石，2008）。1977 年国际农林经营研究委员会（ICRAF）在加拿大国际发展中心（IDRC）资助下成立，ICRAF 于 1982~1987 年在发展中国家对农林复合系统类型和模式进行了全面的调查（李文华和赵景柱，1994；吴发启和刘秉正，2003；朱清科和朱金兆，2003），并将乔灌木饲料树组成的林草复合系统划归为复合农林业系统的一大类（樊巍等，2000）；Nair（1985）将农林复合系统分为农林系统、林牧系统、农林牧系统和其他特殊系统；李文华和赵景柱（1994）结合我国的具体情况，对农林复合经营系统分类原则、分类体系和指标进行系统阐述，提出了中国农林复合经营系统分类体系，并将林草复合系统列为农林复合的第二级。随后，张久海等（1999）将林

草复合系统细分为两类：①林－草型。由饲料树组成，包括树篱系统，其幼嫩枝叶可被牲畜直接采食或采割后做饲料，在这种类型中林下很少或没有草本植被，其最大的特征是乔木或灌木由饲料树种组成，林木是饲料的主要提供者。②林－草－牧型。乔木或灌木下长有牧草（天然或栽培），牧草采收后可喂养牲畜或直接放牧，这种类型的林草复合生态系统还包括在原有的草原或草地系统上种植乔木或灌木等木本植物所构成的复合系统。林草复合系统在林业上常被称为林草复合草牧场防护林；在草原学上，则把林草复合系统划归为林草型人工草地（胡自治，1995；赵粉侠和李根前，1996）。林草复合型草牧场防护林生态系统是在原有的食物链中加入了新的生产环，该系统可以在多层次上利用自然资源，提高初级产品的转化率和利用率，生产多种产品，促进林牧业的协调发展。另外，林草复合草牧场防护林还有益于提高土壤有机质，改良土壤结构，给林木提供氮素营养，改善生态环境，为林牧业健康稳定发展、退化生态系统恢复重建创造条件（曾艳琼和卢欣石，2008；王海明等，2003）。

4.3.2 典型网带式林草复合型草牧场防护林的生态学基础

4.3.2.1 草本植物在生态系统演替中的先锋作用

生态系统的演替规律是进行退化生态系统恢复和重建必须遵循的基本原则，生态系统中的生物在长期适应和改造环境过程中，形成了各自特有的相互作用机制。草本植物作为生态演替过程中的 r-对策型生物，具有适应恶劣生态环境、生活周期长、繁殖系数高等特点，是恢复植被、改善生态环境条件的先锋物种（黎华寿和骆世明，2001；赵岷阳和贝珠潮，1997）。按植被演替规律，对于条件恶劣的裸地，往往是一年生草本植物首先占据，然后是多年生草类，待水分和养分条件改善后，以乔灌木为主体的木本植物逐渐发展（蒋成花，2000；曹全意，1997）。因此，遵循生态系统演替规律，根据不同区域不同环境的自然条件，采用不同的生态建设模式，用最小的投入恢复和重建生态系统，是生态环境建设的关键。

4.3.2.2 生态位结构理论

林草复合人工生态系统的生态功能和综合效益的发挥主要取决于其结构的设计，在充分利用生物间的互利、互补关系的基础上，尽量减少生物间的相克、相斥关系及在营养上的竞争，并尽可能减轻生物种群的引入对原来有序结构的破坏或扰动。在林草复合人工生态系统的结构设计与调控过程中，合理应用生态位原理可以配置一个具有多样化的种群，进而构建一个高效的生态系统（焦菊英等，2000）。在特定的风沙草原区，自然资源相对缺乏，如何通过林草生物种群的合理匹配并利用其生物对环境的影响，使现有资源合理利用，提高转化效率，是提高林草复合生态系统效益的关键。一般地，理想的林草复合生态系统的生态位结构应具有以下特征：①林草物种组成能充分发挥物种间的互补效应，最大限度地利用自然资源，在同等物质和能量输入情况下生产出最多的物质和多样性的产品，提高土壤肥力，促进植被恢复；②系统各组分在空间上合理搭配，并且各组合的层次和密度能够使空间资源得到充分利用；③根据生物生长发育和生态因子的周期性，对系统内的物种进行设计，使其充分利用自然资源，保证林草复合系统的效益持续、稳定、高效地发挥。

4.3.2.3　物种互作原理

同一物种和不同物种间的影响表现为互补性和竞争性。互补性包括时间上的互补、空间上的互补、资源利用方面的互补等方面。时间的互补反映在不同林木和草木在生长周期上的差异，从而在光照、水分和养分的利用上出现时间上的互补。这种时间上的互补性是决定林草复合生态系统互利的重要因素，由于林木的存在，这种时间上的互补得以发挥最大的效益。空间互补表现在不同高度植物的空间搭配和立体布局，这种空间搭配包括地上部分和地下部分两个方面。由于不同的植物对于光照、水分和养分有不同的要求，所以出现了资源的互补性。正是由于这种原因，在同一土地上林草间作能够发挥其更大的效益。竞争是指在两个种所需的环境资源或能量不足的情况下，或因某些必需的环境条件受限制或因空间的不够而发生的相互关系。在竞争和互补的综合作用下，林草复合系统不同物种之间，出现不同的效应，即正效应或负效应，导致物种个体适应性的增加（+）、减少（-）或不变（0）。因此，在林草复合生态系统规划设计中，应考虑生物之间的这种互作关系，使林草种群互惠互利。

4.3.2.4　食物链"加环"原理

林草复合系统的食物链结构直接影响该生态系统的净生产力。依据生物营养的供求关系，适当增加食物链的环节，可以增进物质和能量的多层次多途径利用，减少营养物质外流。这样不仅能提高资源的利用率、改善环境质量，促进整个系统的良性循环，而且能获得良好的生态经济效益（李文华和赖世登，1994；王海明，2003）。在科尔沁沙地和浑善达克沙地，在构建乔灌草疏林草地型草牧场防护林的基础上，建立了疏林草地型草牧场防护林生态系统"以禽代畜"的养殖模式，在原有的生态系统组分的基础上人工加入了次级消费者，即将杂食性的柴鸡引入草场，利用疏林草地中绿色植物为鸡群提供良好生长微环境，林下食草昆虫为鸡群提供绿色有机饲料，而鸡群粪便排放物提高了土壤肥力，这种新型模式改变了原来的能量和物质流动方式，是食物链"加环"原理的科学应用。

4.3.2.5　生态工程原理

将系统工程与生物及环境科学结合起来，根据风沙草原区的自然条件、林草复合系统的构建目标、系统组分的结构与功能关系和能流物流特点，考虑到系统整体的经济、生态和社会效益，采用定性和定量相结合的方法，采取调查、分析、决策、规划、设计、组建、管理、调整、更新等实践措施，拟定出组合合理、结构稳定、功能效益显著的优化生态系统方案，即生态系统工程（熊文愈，1991）。利用这一原理、方法和技术，对林草复合生态系统的时空顺序、数量比例进行优化组合和合理管理，可以提高林草复合生态系统的整体功能和效益。

4.3.3　网带式草牧场防护林"林－草"耦合过程

4.3.3.1　林木和牧草之间的关系

（1）种间关系的表现形式

同一生境条件下林木和牧草之间的关系，可表现为单方利害关系和双方利害关系。单方利害关系是指林草复合系统中一方对另一方的生长发育有促进作用或表现为抑制作用，而自身不受影响；双方利害关系是指林草复合系统中混交物种之间对双方均有促进作用或表现为抑制作用。这些种间关系的复杂表现形式是林草复合系统选择混交物种的基本依据。例如，在杜仲－三叶草人工群落中，杜仲树高生长指数与树穴内（半径 25 cm）三叶草的盖度、生物量呈显著正相关；而在杜仲－黑麦草人工群落及杜仲－蒿类天然杂草群落中，杜仲树高生长指数与树穴内草本盖度、生物量呈显著负相关。

（2）生物化学关系

生物化学关系又称为他感作用，是指供体植物通过分泌生化活性物质对受体植物产生毒害作用或促进作用。植物之间生物化学关系的作用物质以挥发性萜类化合物和酚类化合物为主，这些生化活性物质可以在植株的任何部位产生，以叶片、根系和果实中的浓度最高，以渗透、挥发和淋溶的方式释放出来，对邻体植物产生影响。王九龄（1986）进行了刺槐根系水浸溶液对茅草根茎生根、发芽的影响研究，结果表明，刺槐林能够消除杂草（包括茅草）的有效作用，这与其强大根系所分泌的物质有关。植物间的毒害作用也是植物他感作用的一种。一般情况下，植物间的毒害作用表现为降低植物生命活力水平和生长水平，甚至杀死受体植物，阻止受体植物进入群落当中。例如，芒萁在天然群落中具有较强的竞争能力，对其他植物具有较强的排斥作用，常形成单优势种的群落。他感作用对于不同受体植物种类和生长发育阶段也有所不同，如芒萁植株浸出液对马尾松种子发芽略有促进作用，而对紫花苜蓿发芽、生长均有抑制作用；狗脊植株浸出液对石栎、青桐种子发芽无显著影响，而对茅栗种子发芽和幼苗生长具有明显的抑制作用，并随幼苗的生长而减弱至消失（叶居新等，1987）。

4.3.3.2　林－草复合系统的结构

林草复合经营系统的物种结构、空间结构、时间结构和食物链结构的合理性和协调性，是林草复合系统优化模式效益可持续发挥的关键。

（1）物种结构

物种结构是指林草复合系统中的物种组成、数量及物种之间的关系，理想的物种结构可充分发挥种间"共生互补"和"生态位"特点，最大限度地利用自然资源，生产更多的物质和多样化产品，提高土壤肥力，促进植被恢复。例如，沙棘灌木飞播造林时，混交草本植物沙打旺，经过 8 ~ 9 年的生长发育，随着沙打旺的衰退，沙棘根系向沙打旺草地延伸萌生，最后形成稳定的沙棘群落（李代琼等，1986）。根据物种结构特征，可将林草复合模式分为以林为主型、以草为主型和林草均衡型（王晗生，1995）。以林为主型林草复合系统的主要目的是培育林木，如许多经济林或用材林幼林地种草属于此类型；以草为主型如疏林草地生态系统，一般草地占整个系统面积的 40%～70%，发挥林木对草地的保护作用，改善生态环境，促进草本植物的生长；林草均衡型多为薪炭林或农林复合经营模式。在实际生产实践中，可根据生态环境条件和经营目的，选择不同的混交类型，适应不同的经营方向和措施。目前，牧草种类多以豆科草本植物为主，有利于建成林地生物固氮体系，促进整个林草复合系统氮素循环和生产力的提高。

（2）空间结构

空间结构是指系统内各物种之间搭配的层次和密度，它决定了物种在空间的位置。合理的空间结构要求物种的消长具有空间互补、时间交替等特点。空间结构的类型有：乔草型、乔灌型、灌草型和乔灌草型。一般情况下，层次越多，资源利用率越高，生产力和生态功能越强。空间结构的调控必须注意层次和密度两个方面，层次越多，各层的密度应该越小。一般而言，乔木层的郁闭度保持在 0.3～0.6，过大会影响草本种群组成及牧草质量。例如，在林下播种黑麦草，当乔木层郁闭度增大时，黑麦草比例由 41.32% 降低到 19.2%，牧草生长不良，体内干物质和蛋白质含量相应减少，食口性下降，采食利用率与林外比较有所降低（牟新特，1986）。典型的乔灌草带状混交三层结构的林草复合系统，林下层一般为豆科牧草和禾本科牧草，主要在雨季供应饲草；中层为灌丛，在旱季为牲畜提供饲料；上层为乔木饲料树，为灌草层提供保护并为牲畜在旱季后期供给饲料。这种乔灌草立体结构复合系统经济效益显著，土壤肥力明显改善，土壤侵蚀显著降低。

（3）时间结构

时间结构是根据生物生长发育和生态因子的周期性，合理进行排序设计，充分利用自然资源，使林草复合系统的效益持续、稳定、高效地发挥。林下间作牧草时，采用多年生牧草带状混播，由于种间的合理组合，这种草地成为生产力较高的林草结构。根据林草复合系统中生物种间共处时间的长短，可以分为短期复合型和长期复合型。前者如在幼林地种草，3～5 年树冠郁闭后不再间作，发挥牧草的早期生态效益和经济效益，达到长短效益结合的目的；后者采用疏林结构，长期发挥各物种的正效应，达到物种间"共生互补"（杨睦忠等，1986）。

（4）食物链结构

食物链是生态系统内物质生产和物质转化的链环，一般由绿色植物生产者、动物消费者及微生物还原和分解者组成。在林草复合系统中，一般通过增加生产环（或称为加环），把初级产品的有机质充分转化为经济价值更高的产品，如疏林下放牧、林下种草放牧，将初级产品树叶或牧草转化为肉食等，从而达到物质循环多级利用，提高系统内物质的经济价值。在浑善达克沙地灌丛和科尔沁沙地疏林草地复合系统中，生态养鸡生态经济复合范式，就成功地改变了原来草地生态系统食物链结构，显著地提高了综合生产力水平。

4.3.3.3　林草系统的物质循环与能量流动

近年来，物质循环与能量流动研究一直是国内外复合农林业系统研究的热点。目前许多研究主要针对饲料树种叶片营养动态、林草复合经营对土壤氮矿化速度与氮吸收的影响、土壤碳氮动态变化等方面。例如，Kaur 等（2002a，2002b）研究了盐碱地 3 种豆科固氮树种和 2 种牧草间作对碳固定和氮循环的影响，结果表明林草复合系统土壤有机质、生物量和碳储量远高于单作系统，这种间作系统土壤氮循环效率也高于单作系统，同时林草间作系统氮矿化速率也较高。由于林草间作系统土壤有机质含量的增加，促进了土壤微生物量的增加，从而提高了土壤氮的有效性。Sierra 等（2002）研究结果也证明了这一点，由于林草系统的土壤有机质含量和土壤生物活性较高，林草间作系统土壤氮矿化率较单作系统提高了 20%。

4.3.3.4 林草复合系统水分关系

林、草之间的水分竞争一直是林草复合系统研究热点，有些研究认为林草复合系统中，由于不同组分的合理搭配，能更加有效地利用土壤不同层次的水分。张启昌等（1994）对科尔沁沙地草牧场防护林的研究表明，杨树林草复合经营可增加半干旱沙地土壤水分，在林网内 5～15 倍树高范围内的土壤含水率比旷野增加了 1.22%，这主要是由于草牧场防护林网内风速和乱流减弱，蒸发量减少。并且林内植物蒸腾与土壤蒸发的水汽在林内近地层大气中逗留的时间较长，使林内空气中的水汽含量增高，相对湿度高于无林对照区（刘广菊等，2000）。另外一些研究结果认为，林木和草本间作对林地水分的影响不大。例如，罗天琼等（2001）对梨树果园种草试验表明，梨草复合种植与清耕梨园的土壤含水量差异不显著，李光晨等（1996）对苹果与白三叶草复合种植的试验也证明了这一点。有些研究则认为林草复合经营加剧了水分竞争，恶化了土壤水分条件，成为干旱地区限制林草复合系统推广应用的一个主要原因（周志翔等，1997）。因此，选择适当的乔灌木树种和牧草品种是调整林草复合系统水分关系的核心和关键（樊巍和高喜荣，2004）。

4.3.4 网带式林草复合型草牧场防护林生态特征

4.3.4.1 林草复合系统的能量环境

林草复合系统能量固定和转化效率是研究林草复合系统各组分之间内在生态过程的重要组成部分，可为林草复合系统的构建技术和效益评价提供理论支持。太阳辐射、光照强度是林草复合系统中的主要能量来源，对其生态效益起着重要影响。林草复合系统中林冠改变了草本植物的光照条件，影响系统中植被的生长。因此，研究太阳辐射在林冠内的传输变化，定量描述林草复合系统内太阳辐射的分布状况，确定林下植被的光照要求，对减少防护林遮阴胁地效应、提高植被生物量及合理营造林草复合体系具有重要的现实意义。高喜荣（2005）以苹果、紫花苜蓿组成的林草复合系统为研究对象，研究发现低山丘陵区林草复合系统的能量环境特征。研究结果表明（图 4-1），当全年太阳辐射量为 49 868.65 GJ/（$hm^2 \cdot a$）时，林草复合系统太阳辐射月总量最高值在 6 月，为 6183.54 GJ/（$hm^2 \cdot$月），最低值出现在 12 月，为 2620.86 GJ/（$hm^2 \cdot$月），最低与最高月差值为 3562.68 GJ/（$hm^2 \cdot$月），从林草复合系紫花苜蓿返青到最后一次刈割的整个紫花苜蓿生产季节太阳总辐射能为 35 280.45 GJ/hm^2，光合有效辐射能为 17 131.23 GJ/hm^2，林草复合系统中紫花苜蓿不同刈割茬次积累的太阳总辐射能和光合有效辐射不同（表 4-2）。

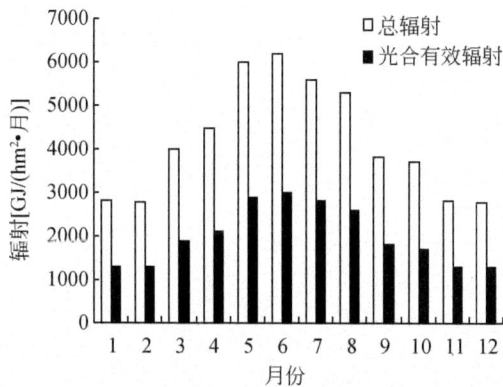

图 4-1　各月太阳总辐射及光合有效辐射（高喜荣，2005）

表 4-2　林草复合系统紫花苜蓿不同刈割茬次太阳辐射状况（单位：GJ/hm²）

时间	第一次刈割	第二次刈割	第三次刈割	第四次刈割	第五次刈割	全年合计
总辐射	8 576. 34	8 056. 09	6 662. 51	6 735. 37	5 250. 14	49 868. 65
有效辐射	4 159. 23	3 947. 48	3 191. 34	3 286. 86	2 546. 32	24 244. 67

资料来源：高喜荣，2005

太阳辐射到达植被上表面时，将发生反射、吸收和透射 3 个物理过程，太阳辐射能在林草复合系统中的传输过程也就是其不断被反射、吸收、透射的复杂过程。反射率是由下垫面的反射能力所决定的。高喜荣（2005）研究认为，在林草复合系统中，林带间由紫花苜蓿所覆盖，一方面减少了土壤裸露，另一方面紫花苜蓿叶片也可以增加反射，林草复合系统在生长季反射率的日变化一般呈"U"形。早上 6 时最大，中午 12 时最小，变动为 16.3% ~ 28.5%，平均 22.5%。另外，由于林下紫花苜蓿增加了林草复合系统的反射辐射，林草复合系统的反射率高于单作林木近 2%（图 4-2）。在晴天时林草复合系统内透射率日变化曲线呈"U"形（图 4-3），阴天透射率几乎没有变化（图 4-4）。林草复合系统和单作林木相比，透射率低于单作林木，这主要是由于林草复合系统是林木和紫花苜蓿双层截获。

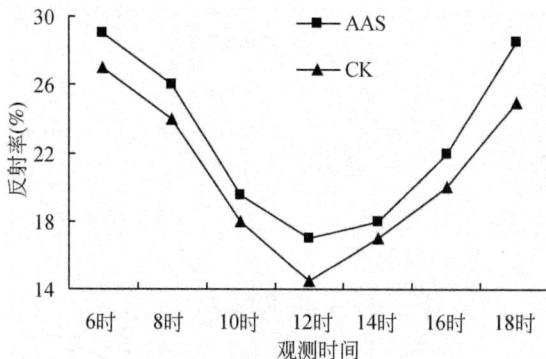

图 4-2　反射率的日变化（高喜荣，2005）

AAS，苹果、紫花苜蓿组成的林草复合系统；CK，对照。后同

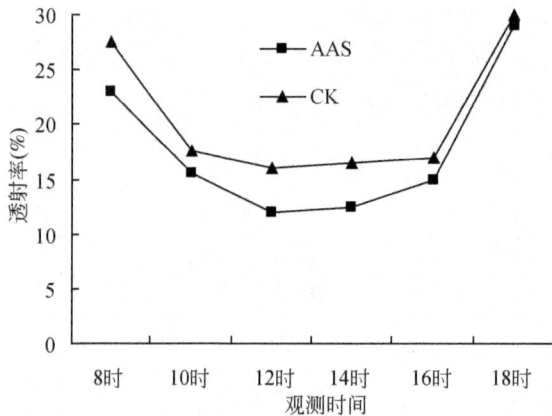

图 4-3　晴天透射率的变化（高喜荣，2005）

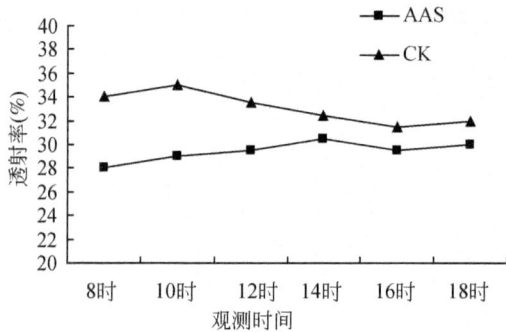

图 4-4　阴天透射率的变化（高喜荣，2005）

　　林草复合系统日平均透射率有着明显的季节性变化，从紫花苜蓿返青到林木开始萌芽，这时平均透射率最高，以后随着林木的展叶、开花、新梢的快速生长以及紫花苜蓿的快速生长，透射率逐渐下降。到 5 月下旬，平均透射率基本维持在一个相对稳定的水平。通过林草复合系统平均透射率观测可见（图 4-5），日平均透射率从春季的 61%，一直下降到夏季的 18%，并一直保持这一水平，而单作林木对照（CK）为 20%，说明林草复合系统可以截获更多的光能（高喜荣，2005）。

4.3.4.2　林草复合系统根系质量空间分布

　　根系分布是根系在土壤空间梯度上的存在方式，主要表达方式为根生物量、长度或表面积随土层深度的变化或距植物茎部距离的变化（Lynch and Nielsen，1996）。吸收水分和养分是植物根的重要功能（Fitter，1996），根系深度和根系水平分布等根系格局影响植物潜在吸收水分和养分的能力（Schulze et al.，1996）。叶冬梅等（2009）和德永军等（2009）以内蒙古四子王旗地区不同带间距（5 m、10 m 和 16 m）林草复合系统为研究对象，采用分层分段挖掘法对植物根系分布状况进行调查，分析灌草根系质量空间分布格局特征。研究结

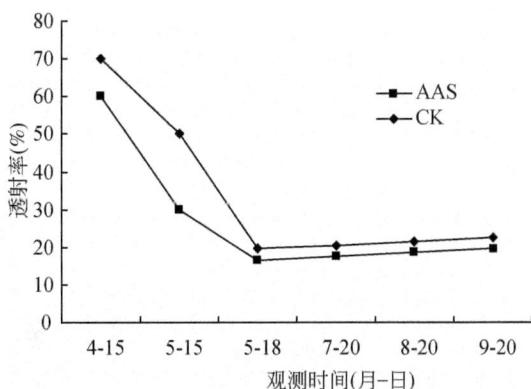

图 4-5　日平均透射率（高喜荣，2005）

果表明，全部根系质量分布格局与直径 >0.5 mm 根系分布格局相似，灌草根系质量分布随土层加深而逐渐减少，但带间距的宽窄影响不同（图 4-6）。5 m 间距林草复合系统在 0 ~ 20 cm 土层根系分布数量较 20 ~ 30 cm 土层明显减少，与带间草本植物盖度低有直接关系，垂直分布最高峰值出现在 20 ~ 30 cm 土层；直径 0.2 ~ 0.5 mm 根系垂直分布变化不大，直径 < 0.2 mm 根系在 0 ~ 20 cm 土层分布逐渐减少。10 m 间距林草复合系统根系分布最高峰在 0 ~ 10 cm 土层，至 30 cm 土层根系质量迅速减少，40 ~ 50 cm 土层出现次高峰，直径 0.2 ~ 0.5 mm 根系在 0 ~ 40 cm 土层和直径 <0.2 mm 根系在 0 ~ 30 cm 土层均逐渐减少。16 m 间距林草复合系统根系分布最高峰在 0 ~ 10 cm 土层，至 20 cm 土层根系分布数量迅速减少，之后逐渐减少；直径 0.2 ~ 0.5 mm 根系在 0 ~ 20 cm 土层和直径 <0.2 mm 根系在 0 ~ 30 cm 土层均逐渐减少。10 m 带间距林草复合系统和 16 m 带间距林草复合系统的灌草根系在 0 ~ 10 cm 土层分布出现高峰与带间草本植物盖度较高有直接关系，且与盖度大小呈正相关。

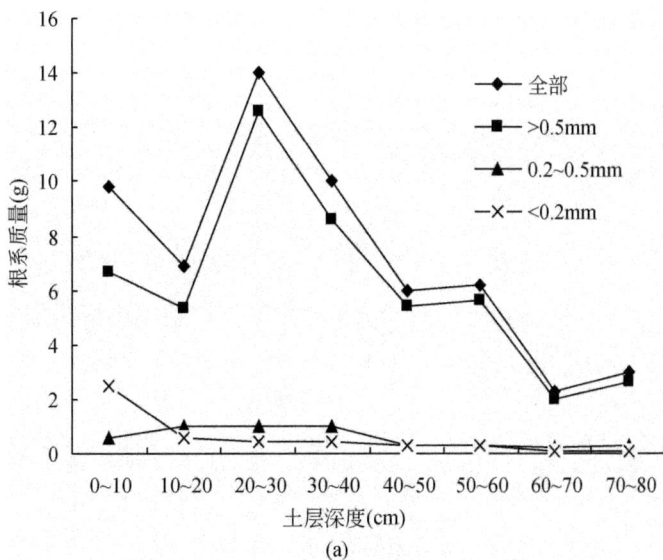

(a)

图 4-6　不同带间灌草根系垂直分布

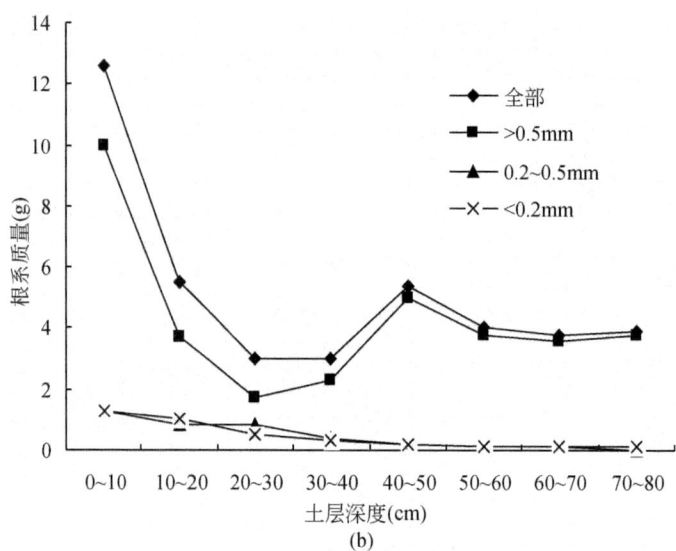

(b)

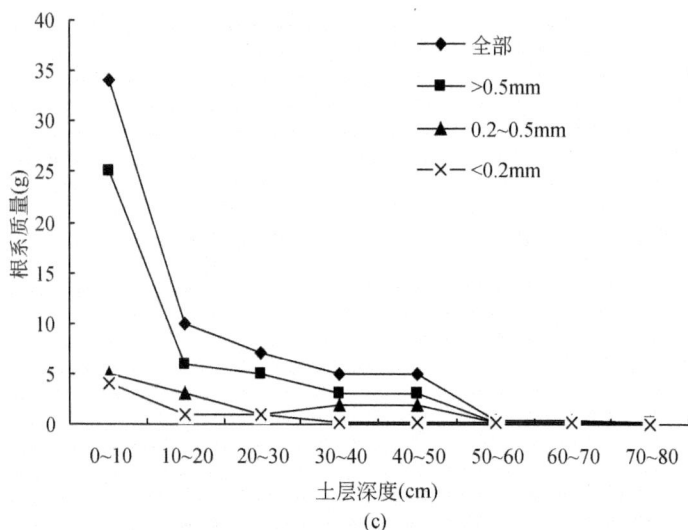

(c)

图 4-6　不同带间灌草根系垂直分布（续）（叶冬梅等，2009）

（a）为带间距 5 m；（b）为带间距 10 m；（c）为带间距 16 m

　　通过灌草根系质量与土层深度的回归分析，发现灌草根系质量与土层深度在 5 m 带间距时遵从 $y = ae^{-bx}$ 指数函数变化规律，在 10 m、16 m 带间距时遵从 $y = 2\ln(x) + b$ 对数函数变化规律 ［式中，y 为根系质量（g）；a、b 为常数；x 为土层深度（cm）］，灌草根系质量垂直变化呈对数或指数函数递减，且随带间距增加 R^2 值增大（表 4-3）（叶冬梅等，2009）。

表 4-3　根系质量垂直分布函数

带间距	根直径	函数	R^2
5 m	<0.2 mm	$y = 8.8597\mathrm{e}^{-0.0288x}$	0.8740
	0.2~0.5 mm	$y = 0.5235\mathrm{e}^{-0.0053x}$	0.2923
	>0.5 mm	$y = 23.989\mathrm{e}^{-0.0158x}$	0.6391
	全部	$y = 36.725\mathrm{e}^{-0.0166x}$	0.7930
10 m	<0.2 mm	$y = -1.7319\ln(x)+7.7653$	0.8726
	0.2~0.5 mm	$y = -1.5602\ln(x)+7.4297$	0.9724
	>0.5 mm	$y = -8.4299\ln(x)+38.728$	0.7217
	全部	$y = -11.722\ln(x)+53.923$	0.8172
16 m	<0.2 mm	$y = -8.0827\ln(x)+33.711$	0.9211
	0.2~0.5 mm	$y = -2.6882\ln(x)+11.502$	0.9116
	>0.5 mm	$y = -20.373\ln(x)+83.515$	0.8626
	全部	$y = -31.144\ln(x)+128.73$	0.8944

资料来源：叶冬梅等，2009；德永军等，2009

　　在林草复合模式中，5 m、10 m 带间距林草复合系统的根系灌草质量随远离林带而逐渐减少（图4-7）。5 m 带间距时灌草全部根系质量在距离林带 0~2 m 内明显递减，2~2.5 m 微有升高；直径 <0.2 mm 和 0.2~0.5 mm 根系质量分布无明显差异，直径 >0.5 mm 与全部根系的质量下降趋势较为接近。10 m 带间距时灌草全部根系质量在近林带 0~1.5 m 内显著递减，之后趋于平缓降低；直径 <0.2 mm 和 0.2~0.5 mm 根系质量总体呈平缓下降趋势，但在 0~1.5 m 下降幅度较大，直径 >0.5 mm 与全部根系质量的下降趋势较为接近。16 m 带间距时灌草根系质量呈波状变化，在 0~0.5 m、4.5~5.0 m、7.5~8.0 m 出现 3 个高峰值，在 1.0~1.5 m、2.0~2.5 m、6.5~7.0 m 出现次峰值。直径 <0.2 mm 和 0.2~0.5 mm 根系质量总体呈增加趋势，直径 <0.2 mm 根系质量的增加幅度大于直径 0.2~0.5 mm 根系质量，直径 >0.5 mm 根系质量变化趋势与全部根系质量变化趋势较为接近，但受直径 ≤0.5 mm 的根系的影响较大。通过灌草根系质量与柠条锦鸡儿带距离的回归分析，发现灌草根系质量与柠条锦鸡儿带距离遵从 $y = ax^3 + bx^2 + cx + d$ 函数变化规律 [式中，y 为根系质量（g）；x 为土层深度（cm）；a、b、c、d 为常数]，灌草根系质量水平分布呈多项式函数增减，但 16 m 带间距 R^2 值较小，无明显规律（表4-4）（叶冬梅等，2009）。

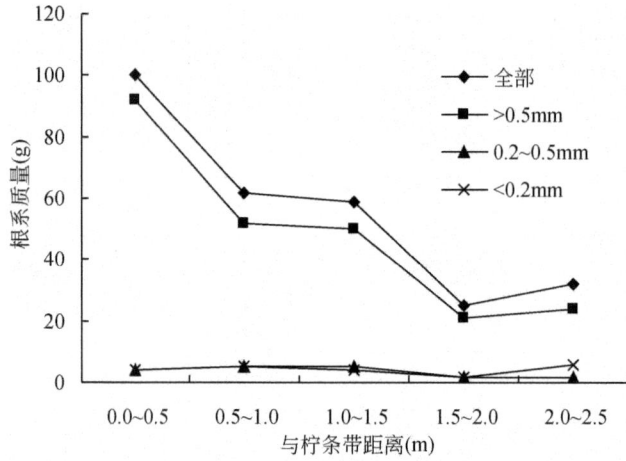

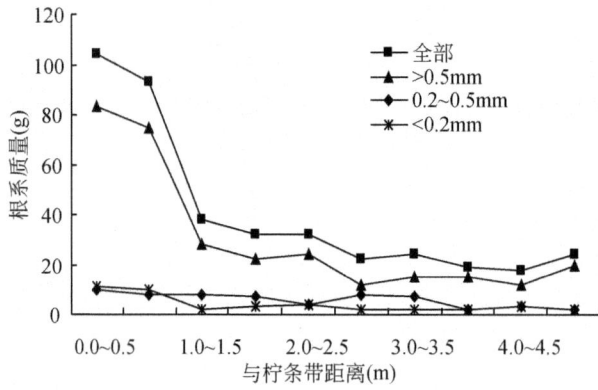

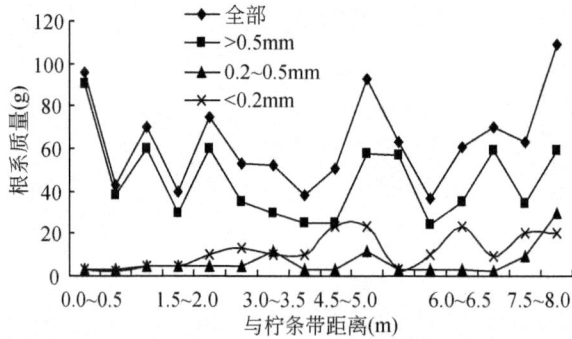

图 4-7 不同带间灌草根系水平分布（叶冬梅等，2009）

（a）为带间距 5m；（b）为带间距 10m；（c）为带间距 16m

表 4-4　根系质量水平分布函数

带间距	根直径	函数	R^2
5 m	<0.2 mm	$y = 32.567x^3 - 130.2x^2 + 140.74x - 3.3081$	0.9422
	0.2~0.5 mm	$y = -1.0667x^3 - 10.986x^2 + 31.381x + 10.845$	0.9182
	>0.5 mm	$y = 40.067x^3 - 120.94x^2 - 14.31x + 202.02$	0.9668
	全部	$y = 71.567x^3 - 262.12x^2 + 186.43x + 209.56$	0.9727
10 m	<0.2 mm	$y = -1.8412x^3 + 17.632x^2 - 53.48x - 59.053$	0.8975
	0.2~0.5 mm	$y = -0.4702x^3 + 4.5054x^2 - 19.572x + 42.791$	0.9366
	>0.5 mm	$y = -4.6566x^3 + 50.282x^2 - 178.52x + 255.18$	0.9658
	全部	$y = -6.968x^3 + 72.42x^2 - 251.57x + 357.03$	0.9770
16 m	<0.2 mm	$y = 0.1295x^3 - 2.7837x^2 + 21.782x + 3.7777$	0.2856
	0.2~0.5 mm	$y = 0.3832x^3 - 4.2813x^2 + 13.692x + 5.8936$	0.4906
	>0.5 mm	$y = -0.2291x^3 + 5.846x^2 - 36.315x + 159.9$	0.2705
	全部	$y = 0.2835x^3 - 1.2188x^2 - 0.8402x + 169.57$	0.1419

资料来源：叶冬梅等，2009

4.3.4.3　林草复合系统土壤水分变化规律

在半干旱地区，水分是制约植被恢复的关键因素，合理配置植物群落，有效利用有限水资源，提高水分利用率，是林草复合亟待解决的关键性问题。林草复合系统水分变化规律一直是林草复合系统研究的重要组成部分，是建立合理的林草复合系统的科学依据。不同带间距柠条锦鸡儿灌木林草复合模式土壤水分变化特征研究结果表明（许德生等，2008），土壤水分受到根系分布、草本植物数量等各种因子的影响，在空间上不同位点存在着很大的差异。距柠条锦鸡儿带越近，土层内柠条锦鸡儿根系分布越多，对土壤水分的影响越敏感，同时带间草本植物种类、数量以及分布、小气候变化等都可能引起带间土壤含水量的变化。在水平方向上，在 0~2.0 m，当不同带间距 5 m、10 m 和 16 m 时，这三种模式的林草复合系统土壤含水量均表现为逐渐增加，但 5 m 带间距小于 10 m、16 m 带间距时的土壤含水量；在 2.0 m 至 1/2 带间距范围内，不同模式表现出不同的变化趋势，5 m 带间距逐渐降低；10 m 带间距土壤含水量先增后降，变化幅度最大，在 3.0~3.5 m 处达到最大值；16 m 带间距的土壤含水量变化幅度最小，变化比较平缓（图 4-8）。

土壤水分在垂直方向上表现为增加型和降低型两种变化趋势（何其华等，2003；杨新民，2001；傅伯杰和邱扬，2000；Singh et al.，1998）。在柠条锦鸡儿灌木林草复合系统中，当带间距分别为 5 m 和 10 m 时，土壤水分平均值均随深度的增加而降低，但 10 m 带间距的土壤水分平均值要远大于 5 m 带间距；当带间距为 16 m 时，土壤水分垂直变化趋势不同于前两种模式，呈现先增加后降低的趋势，在 20~30 cm 出现最大值，在 60~80 cm 土壤含水量要大于 5 m、10 m 带间距的土壤含水量，这可能与 16 m 带间距带间牧草分布有关，大多数草本植物的根系分布在 0~30 cm，由于根系对大气降水的截留作用，土壤含水量在 0~30 cm 呈现增加趋势（图 4-9）。

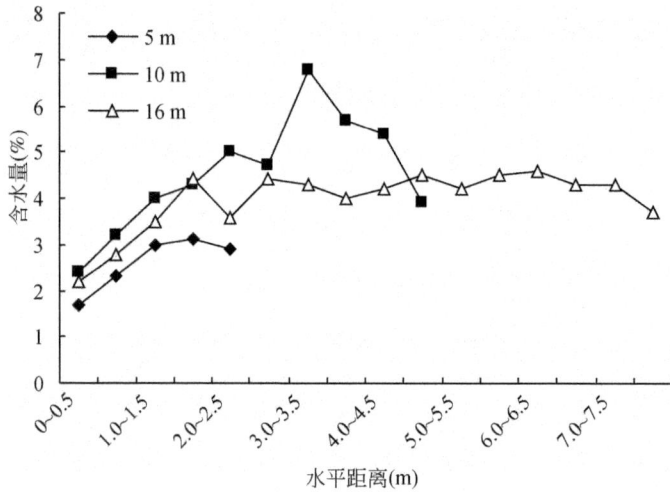

图 4-8　不同带间距土壤水分水平变化（许德生等，2008）

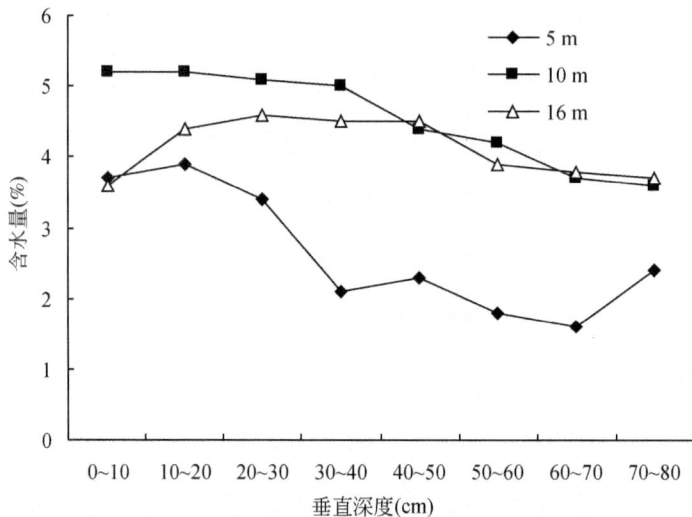

图 4-9　土壤水分垂直变化（许德生等，2008）

　　受大气降水的影响，5 m、10 m 和 16 m 带间距的林草复合系统土壤含水量月平均值变化较大，其中 16 m 带间距的变化幅度最大，10 m 带间距的变化幅度最小（图 4-10），这表明大气降水的作用使土壤水分得到补给，土壤含水量都不同程度地增加。6 月林草复合系统土壤含水量均较低，变化幅度较小，这是因为植物生长初期，草本植物对水分的需求较少，柠条锦鸡儿根系对水分的吸收利用对土壤水分产生了主要的影响。不同带间距的林草复合系统土壤水分动态变化特征表明，5 m 带间距的不稳定变化趋势，主要是柠条锦鸡儿根系对水分的竞争引起；10 m、16 m 带间距增加型变化趋势表明，6 月上层土壤水分能够满足植物的吸收利用，灌草对深层土壤水分的利用较少。7 月为灌草生长最旺盛的时期，对水分的需求加剧，虽然大气降水的补给使得土壤含水量增加，但 5 m、10 m 带间距的土壤含水量在 50 cm 以下均低于 6 月，表明植物生长还需要深层土壤水的补充，而 16 m 带间距大气降水补给能够满足植物的生长需要，不需要深层水分补充。9 月植物对水分的需求相对较少，大气降水使得土壤含水量大幅度增加，但 5 m、10 m 带间距的土壤含水量在 70 cm 以下均小于 7 月含水量，表明植物生长依然需要深层水的补给，而 16 m 带间距的土壤含水量远大于 6 月、7 月的，表明 16 m 带间距的土壤水分在各月内均能满足植物生长的需求，不需要深层次的土壤水来补充（图 4-11 ~ 图 4-13）。

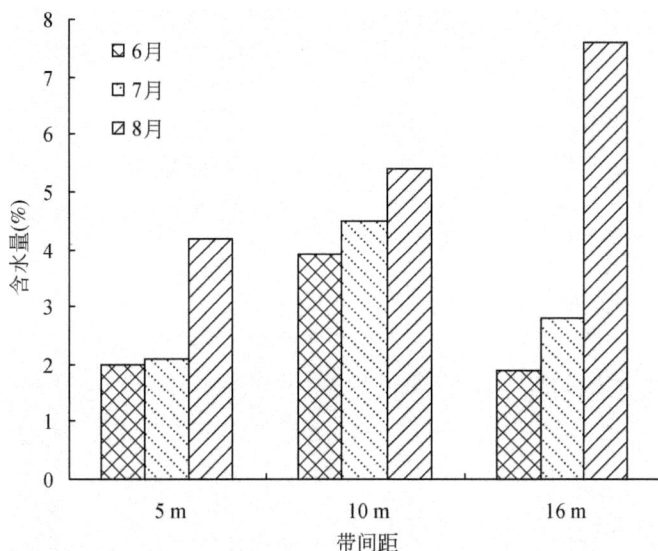

图 4-10　不同带间距土壤水分平均值（许德生等，2008）

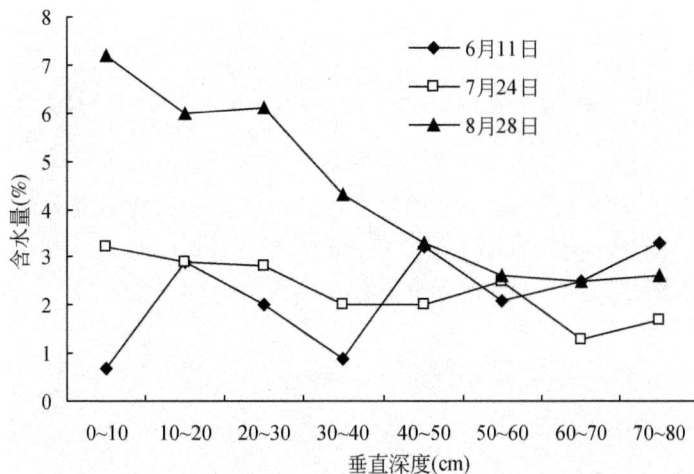

图 4-11　5 m 带间距土壤水分垂直变化（许德生等，2008）

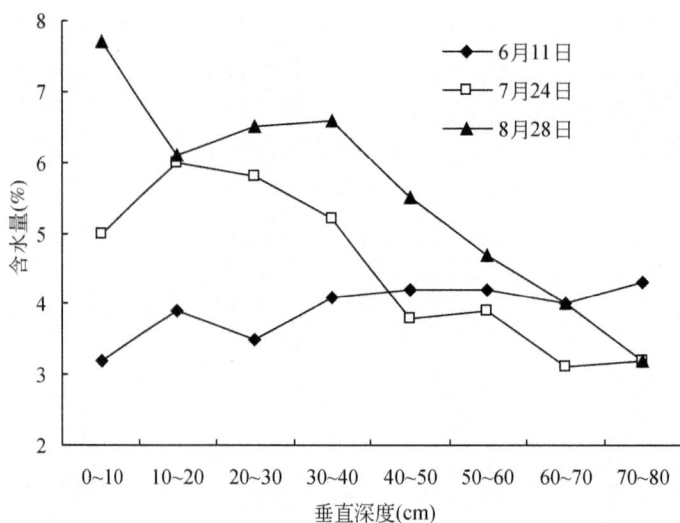

图 4-12　10 m 带间距土壤水分垂直变化（许德生等，2008）

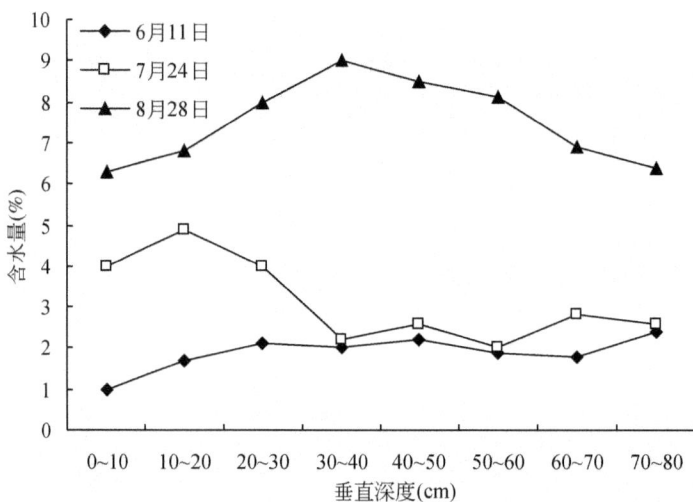

图 4-13　16 m 带间距土壤水分垂直变化（许德生等，2008）

综上所述，不同带间距林草复合模式林地土壤水分变化存在着很大的差异。在水平方向上，不同模式的土壤水分变化趋势不同；在垂直方向上，降水补给不能满足植物生长对水分的需求时，需要深层次的土壤水分补给。因此，选择适合模式的林草复合系统，设计合理的层次结构，满足不同条件下水分承载力是林草复合系统效益稳定发挥的关键。

4.4　半干旱区典型疏林草地型草牧场防护林

4.4.1　疏林草地生态系统

疏林草地是草牧场防护林一种重要的模式类型，是多年生草本植物占优势的草地上稀疏分布有乔灌木树种的一种生态系统类型，鲜明的生活型差异与强烈的干湿季交替，使得疏林草地与森林、草原和沙漠景观区分开来（Huntley and Walker，1982；Scholes and Walker，1993）。疏林草地自然景观分布于热带（Tothill and Mott，1985；Young and Solbrig，1993）和温带地区（Burgess，1995；McPherson，1997；Anderson et al.，1986）。在热带地区，疏林草地大约覆盖了 1600 M hm^2 的区域（Schimel and Hall，1996），占全球陆地面积的 1/8。非洲和大洋洲 50% 以上的区域，南美洲 45% 的区域，印度和东南亚 10% 的区域都被这种景观所覆盖（Werner，1991）。在温带地区，疏林草地占据了南美超过 50 Mhm^2 以上的区域（McPherson，1997），是这些地区畜牧业的基础（Scholes and Archer，1997）。

榆树疏林草地是温带典型草原地带、适应半干旱半湿润气候的隐域性沙地顶极植物群落，在我国主要分布于科尔沁沙地、内蒙古高原的浑善达克沙地等四大沙地，最北可到内蒙古呼伦贝尔海拉尔河流域的南部（李钢铁等，2004）。榆树疏林草地生态系统是在特殊的气候和土壤条件下经过长期的自然演化而形成的，是适应沙质土壤环境的顶极群落类型，是介于落叶阔叶林和草原之间的一种植被类型或生态系统，这种疏林草地生态系统是对当地降水量、土壤和地形的适应结果，是森林向草原过渡的中间类型（于顺利和陈宏伟，2007）。榆树疏林草地是一种重要的植物群落类型，也是耐旱沙生植物的重要物种基因库和草原野生动物的重要栖息地（杨利民等，1996）。

4.4.1.1　疏林草地生态系统的干扰因子

疏林草地生态系统的结构受到人类活动、食草动物、火、气候以及土壤类型的影响，这些自然因素与人为因素之间相互作用，成为疏林草地生态系统结构变化的主要驱动因子，引起疏林草地生态系统结构和功能的差异（Tothill and Mott，1985；Young and Solbrig，1993；Kauffman et al.，1994；Hochberg et al.，1994；Noble，1997）。在南美的疏林草地，火的频度以及人类活动对疏林草地生态系统造成了重大影响（Brain and Sillent，1988）。森林和草原向疏林草地转变造成了木本植物和草本植物生物量的巨大变化（Scholes and Archer，1997），从而引起生态系统结构和功能的转变。一方面，对木材和耕地需求的增加，大量树木被砍伐，形成了退化的疏林草地生态系统（Gadgill and Meher-Homji，1985；Sinclair and Fryxell，1985；Tothill and Mott，1985；Young and Solbrig，1993）。另一方面，火的抑制和外来树种的入侵导致了草地上草本植物的减少和木本植物的增加，草原转变为疏林草地（Miller and Wigand，1994；Noble，1997）。目前遥感技术、同位素技术以及树木年轮分析技术的应用，使得疏林草地演变的过程研究逐渐完善（Archer，1996），为深刻认识人类活动对于疏林草地生态系统的影响提供了依据。

除了人为干扰之外，食草动物也对疏林草地生态系统造成了较大影响。在疏林草地生态系统中，食草动物数量的变化会影响到草本植物的生长，而草本植物的生长状况会影响到火的频度和强度，进而影响木本植物的生长发育（Baisan and Swetnam，1990；Kauffman et al.，1994），食草动物与火相互作用影响了该林草复合系统的结构和稳定性。例如，塞伦盖蒂平原上羚羊种群的激增限制了草本植物的生长，从而为小树的生长发育提供了条件（Sinclair，1979），而小树生产力的增长促进了长颈鹿数量激增，长颈鹿种群数量的增加又反过来限制了树的生长。因此，疏林草地的形成和演变不能仅仅归因于某个单一因子的影响，而是多因子共同作用下，改变了木本植物和草本植物生长所需的环境条件的结果（Dublin et al.，1990）。探讨不同干扰因子及其相互作用对于疏林草地的影响，对于了解疏林草地的成因以及结构和功能有着重要意义。

在我国干旱半干旱地区，榆树疏林草地同样受到了综合干扰因子的影响，其中人类干扰（毁林开荒）和食草动物（过度放牧）的共同作用对该生态系统造成了严重破坏（杨利民等，1996；于顺利和陈宏伟，2007）。在毁林开荒和过度放牧的双重压力下，表层土壤结构受到破坏，流沙母质外露，加之植被盖度下降，表层蒸发强烈使得土壤更加干燥而易于流动，从而威胁到草地区域的生态安全，形成恶性循环，沙区面积不断扩大。

4.4.1.2　疏林草地生态系统中树草共生模式的稳定性

在不同的尺度上，疏林草地生态系统表现出不同的稳定状态（Skarpe，1992）。疏林草地的广泛分布表明该生态系统的稳定性，同时木本植物的入侵现象也表明该系统的亚稳定性，而木本植物与草本植物之间竞争的不对称性又表明该生态系统的不稳定性（Scholes and Archer，1997）。在景观尺度上，从草本植物占优势的草地景观转变到木本植物与草本植物共生的疏林草地景观，大约需要上千年的时间（Scholes and Archer，1997）。在生态系统尺度上，树木与草本植物的竞争中，树龄较大的乔木种群是占优势的，更新而成的幼树则处于劣势地位。树草共生有 3 种方式：生态位分离模型认为竞争者通过利用不同的资源或者不同区域的资源来避免竞争；平衡竞争模型认为种间竞争是存在的，但与种内竞争相比较弱；以上两个模型都可以产生一个稳定的共生模型，因此被认为是均衡模型，而不均衡模型认为不存在稳定的平衡，树草关系随着时间变化不断发生变化（Scholes and Archer，1997）。

"树草共生模型"理论认为水分是树草共生的限制性因素，与木本植物相比，草本植物的根系仅占据了土壤剖面中相对较小的部分，表层土壤对草本植物生长影响较大，深层土壤对于草本植物几乎没有太大影响，木本植物更趋向于利用深层土壤水分（Walter，1971）。该理论的前提假设是：木本植物在表层和深层土壤中都有根系分布，草本植物根系只分布在表层，如果草本植物有着更高的水分利用效率的话，木本植物和草本植物根系分布区的差异会引起树草之间稳定的平衡，即使二者的根系在深度上并未完全地分离，只要水分的分布及相对利用效率有足够的分离水平，稳定的树草共生模型在理论上也是完全可能的（Walker et al.，1981）。根据此双层假说，在许多特定的土壤环境下，都存在一个特定的树草比例。木本植物在持水能力较低的沙地土壤中是占优势的，因为木本植物的根系更容易到达深层土壤中获得水分。相反，在干旱环境中水分条件较好的土壤不利于木本植物的生长（Knoop and Walker，1985；Sala et al.，1989）。疏林草地中不同生活型根系的不同分布深度从一个方面支持了双层假说，在深层土壤中木本植物根系确实占有优势，木本植物分布在深层土壤中的根系能够获得深层土壤中的水分和养分资源，而草本植物根系在土壤表层占有优势（Scholes and Walker，1993）。但是，双层假说不能完全解释特定的土壤环境下树草比例存在较大差异的原因（Belsky，1990）。

"平衡竞争模型"理论认为，在平衡竞争条件下占优势的竞争者内部会自我限制，也就是说木本植物之间的竞争或者草本植物之间的竞争要比木本植物与草本植物之间的竞争更强。由于木本植物相对于草本植物竞争优势明显，那么所有的疏林草地的动态变化趋向于冠幅下草本植物较为稀疏的林地（Archer，1989）。由于火和放牧的干扰，这种竞争关系是不稳定的，树草共生是两个极端状态之间的变换过程，一个状态是密度较大的乔木和稀疏的草地构成生态系统，另一个状态是仅有草本植物而没有乔木树种的草地，由草地向林地的转变仅发生在重度放牧和排除火干扰的立地（Skarpe，1990；Scanlan and Archer，1991），而由林地自发恢复到草地很少见到，增加火的频度建立疏林草地是可能的。该模型由于其自身的特征，又被描述为"平衡和过渡"模型（Dublin ct al.，1990）。

4.4.2　天然疏林草地典型特征及其植被空间格局

4.4.2.1　榆树疏林草地典型特征

（1）气候特征

榆树疏林生境的气候特点是半湿润半干旱大陆性季风气候，年降水量 300～450 mm；年均温度 0～5℃；≥10℃ 积温 2000～2500℃，湿润度 0.3～0.6；春季旱期明显。土壤大多为弱发育的沙地原始黑钙土或沙地原始栗钙土，俗称疏林沙土，深度 0～7 cm，呈暗灰色；7～35 cm 为灰褐色；35 cm 以下为白色风积沙母质。大多分布在海拔 200～800 m，在内蒙古高原小腾格里沙地可达 1100～1300 m，沙丘相对高度 10～20 m，最高可达 30 m，呈现波状起伏形态（杨利民等，1996）。

（2）群落类型

在沙地生境上的榆树疏林草地主要分布于固定沙丘并与沙生蒿类半灌木植被、沙地灌丛和沙生草原形成沙地植被复合体，在外貌上呈现沙地疏林草原景观。与榆树疏林形成沙地植被复合体的群落类型主要有：小叶锦鸡儿（*Caragana microphylla*）灌丛，东北木蓼（*Atraphaxis manchurica*）灌丛，差巴嘎蒿（*Artemisia halodendron*）半灌木群落，西伯利亚杏（*Armeniaca sibirica*）灌丛，冰草（*Agropyron cristatum*）、糙隐子草（*Cleistogenes squarrosa*）草原和大针茅（*Stipa grandis*）草原等。另外，由于沙丘上有的地段已被开垦为农田或弃耕为撂荒地群落，常与榆树疏林和其他沙地植被构成多型复合体格局。榆树疏林的沙地生境多呈不规则条块状分布于草原背景上，与地带性典型草原或草甸草原形成地域性复合景观。

榆树疏林草地的建群种——榆树主要有 3 种，即白榆（*Ulmus pumila*）、大果榆（*Ulmus macrocarpa*）和拉塌榆（*Ulmus macrocarpa* var. *suberosa*），均为落叶性小乔木，有时呈灌木状（杨利民等，1996）。榆属的区系成分属于北温带的广布类型，榆树广泛分布于北半球的温带地区（吴征镒，1979），是欧亚大陆板块中古近纪、新近纪残遗树种，为旱中生植物，具有喜光、耐旱、耐寒等特性，在北温带分布非常普遍（马毓泉，1990）。榆树根水平分布很广，胸径为 80 cm 的榆树其根系的水平分布直径约 50 m，即使胸径 8 cm 的榆树其根的水平分布直径大约为 20 m。榆树的果实是翅果，种子易于散布，只要满足其生存条件（适当的土壤水分、温度等），就会生根发芽（于顺利和陈宏伟，2007）。榆树疏林结构比较特殊，通常作为建群种的榆树并不是单株均匀散生，而多呈丛状分布，每丛一般 3～5 株，最多 20 余株，郁闭度变幅较大，常波动于 0.2～0.6。其建群种榆树一般高 5～6 m，有时可达 9 m，胸径 20～30 cm，冠幅 4～5 m，最大可达 10 m（杨利民等，1996）。与建群种伴生的灌木、小灌木和半灌木植物有小叶锦鸡儿、西伯利亚杏、欧李（*Cerasus* humilis)、叶底珠（*Securinega suffruticosa*）、东北木蓼、驼绒藜（*Ceratoides latens*）、华北驼绒藜（*Ceratoides arborescens*）、木岩黄蓍（*Hedysarum fruticosum*）、木地肤（*Kochia prostrata*）、冷蒿（*Artemisia frigida*）、兴安胡枝子（*Lespedeza daurica*）、细叶胡枝子（*Lespedeza hedysaroides*）和百里香（*Thymus serpyllum*）等；草本植物有冰草、糙隐子草、羊草（*Leymus chinensis*）、大针茅、委陵菜（*Potentilla prefectural*）、光沙蒿（*Artemisia oxycephala*）、细叶黄芪（*Astragalus tenuis*）和薹草等。这些植物均为草原带沙地常见成分，适应沙地干旱生境（杨利民等，1996）。

（3）榆树疏林草地的价值

榆树疏林草地生态系统是比较独特的一种生态系统类型，类似于非洲的"萨瓦纳"，具有特殊的价值。首先，榆树疏林草地具有旅游价值；其次，该生态系统有丰富而独特的生物多样性资源，具有科学研究价值，该生态系统分布的科尔沁沙地、浑善达克沙地等四大沙地为我国沙尘暴的重要起源地，是我国重要的生态安全保护屏障；再次，榆树疏林草地具有重要的文化价值，其分布区有着源远流长的元代文化和蒙古游牧文化；最后，还有直接价值，可生产畜牧产品、农产品、药材以及工业原料等（于顺利和陈宏伟，2007）。

（4）榆树疏林草地的生产力特性

榆树疏林草原结构复杂，物种多样性丰富，生产力较高。李钢铁等（2004）的研究发现，榆树疏林草地每公顷生物量达4500 kg，比草甸草原的生产力高出近1倍，榆树疏林草地的生产力是科尔沁沙地中最高的（李钢铁等，2004；高耀山和魏绍成，1994）（表4-5）。李海平等（2002）也认为榆树疏林草地是当地资源价值最高的类型，对于提高草场利用率和增加牧民收入也是非常重要的。

表4-5 科尔沁沙地草地生产力统计

草地类型	面积（亩）	面积比例（%）	地上单产（kg/hm²）	可食单产（kg/hm²）
疏林草原	8 819 669	14.2	4 628	2 777
灌木禾草	22 943 536	36.95	2 891	1 734
半灌木禾草	16 729 860	26.94	3 929	2 357
杂草类	13 607 305	21.91	3 599	2 160

资料来源：李钢铁等，2004

4.4.2.2 典型天然榆树疏林草地木本植物空间格局

木本植物在疏林草地生态系统中发挥着超过其生物量所占比例的作用，它们的缺失将会导致生态系统重要功能的退化（Manning et al.，2006）。乔木树种可以通过提供遮阴、栖木、巢穴和栖息地来吸引更多的哺乳动物和鸟类动物，此外还大大增加了生态系统的异质性。在疏林草地生态系统中，木本植物的分布可以是集群分布、随机分布或者均匀分布。如果竞争激烈，种群之间就会趋于均匀分布（Phillips and MacMahon，1981）。在某些区域是比较适合植物生长的，植物个体在这些区域往往有着较高的存活率，最终会趋于集群分布（Beatty，1984）。

木本植物的空间格局分析对于更好地了解木本植物在半干旱区生态系统中的扩散是非

常重要的（Strand et al.，2007）。目前，我国的榆树疏林草地遭到了严重的破坏，分布面积大大减少，其种类和结构也发生了较大变化。该地区的生态恢复对于我国北方的生态安全和榆树种质资源的保护都有着重要意义，而木本植物的重建是生态系统重建的决定性部分（Landis and Bailey，2005），可以通过调查天然生态系统中木本植物的年龄结构和空间格局来指导该地区的生态恢复。

近年来，国外对疏林草地生态系统的研究较多，内容涉及广泛，如木本植物的空间格局（Landis and Bailey，2005）、土壤养分（Belsky et al.，1989；Belsky，1992；Liao et al.，2006）及生态系统结构（Tiedemann and Klemmedson，1977；Bernhard-Reversat，1982）等方面。然而，我国对于疏林草地的研究还处于起步阶段，研究主要集中在疏林草地生态系统结构的描述、生物多样性及生产力调查（杨利民等，1996）等方面，对于疏林草地生态系统中两个最基本组成部分（木本植物和草本植物）相互关系的研究较少。由于木本植物在该系统中的作用尤为重要，其空间格局支配着木本植物的扩散（Strand et al.，2007），还可以通过改变周围环境，影响到草本植被的生长发育（Tiedemann and Klemmedson，1977；Bernhard-Reversat，1982）。因此，树草关系研究是揭示疏林草地结构和功能关系的关键。

历史上榆树疏林草地在科尔沁沙地曾有过大面积的分布，日本学者竹内亮先生认为："蒙古植物区系西辽河小区植物生物相是以家榆为主的疏林草原。"高耀山在《中国科尔沁草地》一书中指出："科尔沁沙地疏林草原是最稳定的顶极群落。"但近几十年来，由于人类不合理的经营活动，榆树疏林草地遭到了严重的破坏，分布面积大大减少，目前仅有 41.4 hm^2，其种类和结构也发生了较大变化。榆树疏林草地是一种典型的植被类型，有必要针对其结构组成与功能特性进行全面调查和研究，尤其是木本植物的空间格局及对于土壤环境和草本植物的影响，这对于该生态脆弱区的生态恢复以及经济发展都有重要的指导意义。张新厚（2009）在科尔沁沙地以疏林草地样地为对象，采用 Ripley's $K(d)$ 函数（Ripley，1977；张金屯，1998；Ripley，2004）分析法对白榆种群不同龄级空间分布格局进行研究。考虑边缘效应的 Ripley's $K(d)$ 函数形式为

$$\hat{K}(d) = A\sum_{i=1}^{n}\sum_{j=1}^{n}\frac{w_{ij}(d_{ij})}{n^2}, \quad i \neq j \tag{4-1}$$

式中，n 为样地白榆的株树；d 为距离尺度；w_{ij} 为以白榆 i 为圆心、d_{ij} 为半径的圆在样地中的周长部分与圆周长之比的倒数；d_{ij} 表示白榆 i 与白榆 j 之间的距离，且 $d_{ij} \leqslant d$；A 为样地面积。根据 Besag 和 Diggle（1977），用 $\hat{L}(d)$ 代替 $\hat{K}(d)$，并对 $\hat{K}(d)$ 作开平方的线性转换，以保持方差的稳定性。在随机分布假设下，$\hat{L}(d)$ 公式为

$$\hat{L}(d) = \sqrt{\frac{\hat{K}(d)}{\pi}} - d \tag{4-2}$$

$\hat{L}(d)$ 与 d 的关系图可用于检验依赖于尺度的分布格局。如果 $\hat{L}(d) = 0$，表示随机分布；如果 $\hat{L}(d) > 0$，表示聚集分布；如果 $\hat{L}(d) < 0$，表示均匀分布。实际观测的 $\hat{L}(d)$ 偏离 0 的 95% 置信区间采用 Mente Carlo 方法求得（Moeur，1993），假定种群是随机分布，则用随机模型拟合一组点的坐标值，对每一 d 值，计算相应的 $\hat{L}(d)$；同样用随机模型再拟合新一组点坐标，分别计算不同尺度 d 的 $\hat{L}(d)$。本研究采用 95% 的置信水平，空间尺度由 0 一直增加到 30 m，步长设为 0.1 m。若实际分布的 $\hat{L}(d)$ 值落在包迹线以内，则符

合随机分布；若在包迹线以上，则呈显著聚集分布；若在包迹线以下，则呈显著均匀分布。为研究树木不同龄级在空间上的关联性，采用了双变量 Ripley's $K(d)$ 函数对两类格局个体内距离的联合分布进行计算（Moeur，1993）：

$$\hat{K}_{12}(d) = A \sum_{i=1}^{n_1} \sum_{j=1}^{n_2} \frac{w_{ij}(d_{ij})}{n_1 n_2}, \quad i \neq j \tag{4-3}$$

式中，n_1 和 n_2 分别为类型 1 和类型 2 的树木株数，其他参数含义同式（4-1），同样计算：

$$\hat{L}_{12}(d) = \sqrt{\frac{\hat{K}_{12}(d)}{\pi}} - d \tag{4-4}$$

当 $\hat{L}_{12}(d) = 0$ 表明无关联性，当 $\hat{L}_{12}(d) > 0$ 表明二者正关联，当 $\hat{L}_{12}(d) < 0$ 表明二者为负相关。仍用 Mente Carlo 检验拟合包迹线，以检验二者是否显著关联。

通过上述数据分析方法，研究发现在该地区疏林草地生态系统中的最主要木本植物为白榆，伴生大果榆、山杏、卫矛、山里红和色木槭。将所有白榆个体根据树高分为 4 个等级，龄级 1：高度≤0.2 m（树苗）；龄级 2：高度 <2 m（小树）；龄级 3：高度 <3 m（中树）；龄级 4：高度≥3 m（大树）。白榆种群的树高结构呈现明显的"L"字形，种群分布极不均匀，白榆在由树苗生长为小树的阶段死亡率很高，达到 97%。白榆种群各龄级均是明显的集群分布。

种群的空间分布格局是指在特定时间范围内，群落中某一种群的个体在空间的分布状况，它是种群相对静止的一种表现形式，取决于种群自身特性以及与其他种群及环境之间的关系（余世孝，1995）。分析种群空间格局，对于认识格局形成（如种子扩散、种内和种间竞争、干扰、环境异质性等）、种群生物学特征及其与环境因子之间的相互关系有重要意义（He et al.，1997；Druckenbrod et al.，2005）。而传统的统计分析方法受样方大小的限制，进行空间格局测定时，很大程度上受样方面积的影响，不能全面反映种群的空间分布特点和种间关系。因此，点格局分析法应运而生（Ripley，1981），该方法在拟合分析的过程中最大限度地利用了坐标图的信息，有着更强的检验能力（张金屯，1998）。

空间结构的最初建立主要取决于植物的重建机制（如适宜的萌芽条件），最后的空间分布则是植物个体生存能力竞争的结果（Oliver and Larson，1990；Greig-Smith，1983），白榆在其不同发育阶段表现出不同的空间格局，与种群的自然稀疏过程及环境的变化有密切关系。白榆种群各龄级的空间格局均随空间尺度的改变而变化，在较小的尺度（<8 m）上，白榆种群的各个龄级都趋向于集群分布，但各龄级会在尺度大于 8 m 时分别向随机分布转变。各龄级的转变点是：龄级 1（27 m）>龄级 2（21 m）>龄级 3（18 m）>龄级 4（9 m），也就是说，随着龄级的增大，白榆种群会在越来越小的尺度上开始转变为随机分布，呈现出较好的规律性。这是由于随着龄级的增大，种内与种间竞争加剧，种群个体死亡率提高，密度下降，引起种群由集群分布向随机分布转变，这在许多天然群落格局动态研究中都得到了证明（郑元润，1998；张家城等，1999）。当白榆生长到龄级 4 阶段时，种内竞争激烈，使得其空间格局在一定尺度上（20.5~27.5 m）表现出均匀分布。对于一个成熟种群，植物往往由集群分布转变为随机或均匀分布（Franklin et al.，1985）。科尔沁沙地榆树疏林草地的研究结果表明，白榆 4 个龄级的空间格局存在较大差异（图 4-14）。对于龄级 1，在尺度小于 27 m 内为显著集群分布，在尺度大于 27 m 时，则为随机分布；

对于龄级 2，尺度在小于 21 m 时，为显著集群分布，当尺度大于 21 m 时，则为随机分布；对于龄级 3，在尺度小于 18 m 时，为显著集群分布，在尺度大于 18 m 时为随机分布；对于龄级 4，在 0～9 m 的尺度上为显著集群分布，在 9～20 m 和大于 27.5 m 的尺度上为随机分布，而在 20.5～27.5 m 尺度上为均匀分布。

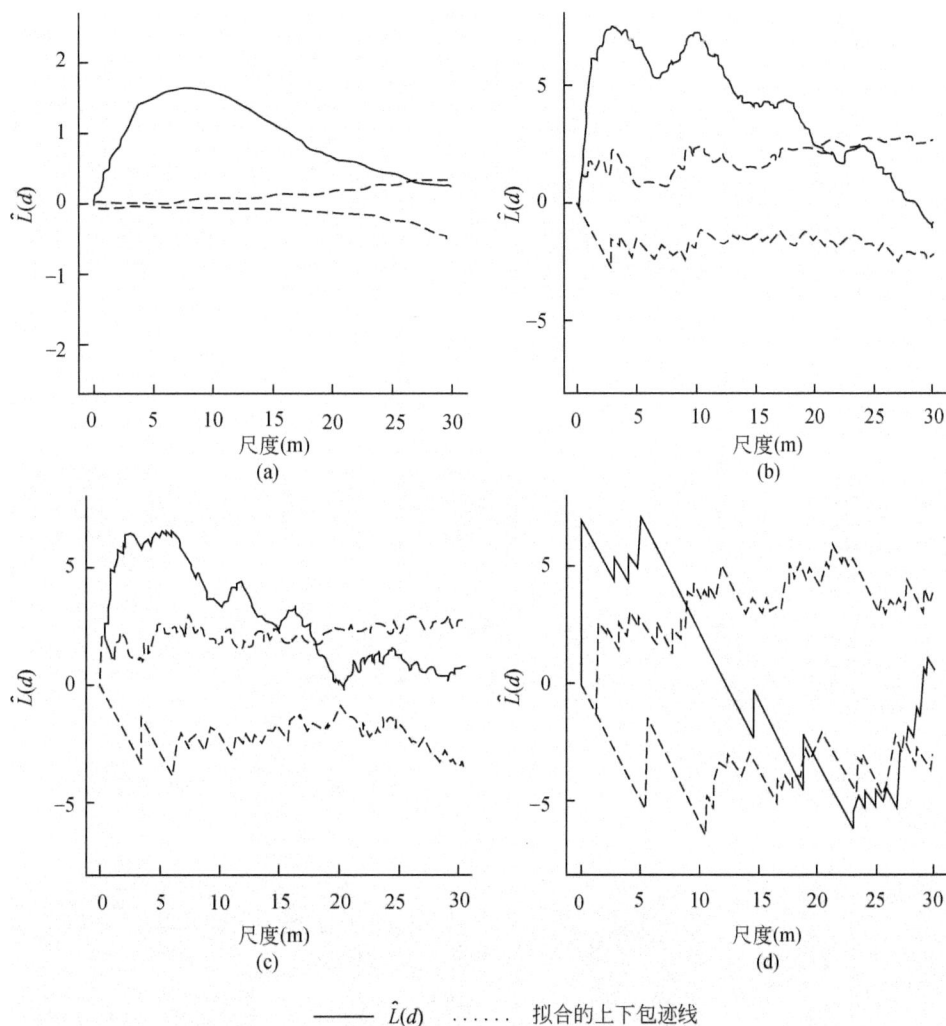

图 4-14　白榆种群各年龄级空间分布点格局分析

（a）、（b）、（c）和（d）分别代表白榆龄级 1、龄级 2、龄级 3 和龄级 4 的点格局分析

研究发现，白榆种群各龄级间的相关性在不同尺度上存在较大差异（图 4-15）。龄级 1 与龄级 2 在 0～30 m 尺度上无显著的关联性（$P > 0.05$）；龄级 1 与龄级 3 和龄级 4 之间分别在 0～7 m 和 0～6 m 的尺度上表现为显著正关联（$P < 0.05$），而在其他尺度上未表现出显著的关联性（$P > 0.05$）；龄级 2 与龄级 3 在 0～4 m 尺度上表现为空间正关联（$P < 0.05$），而在大于 4 m 尺度上空间关联性很小（$P > 0.05$）；龄级 2 与龄级 4 在整个分析尺度上（0～30 m）无显著空间关联性（$P > 0.05$）；龄级 3 与龄级 4 在 17.5～24 m 的尺度上

表现出显著的负关联（$P < 0.05$），而在其他尺度上空间关联性很小（$P > 0.05$）。

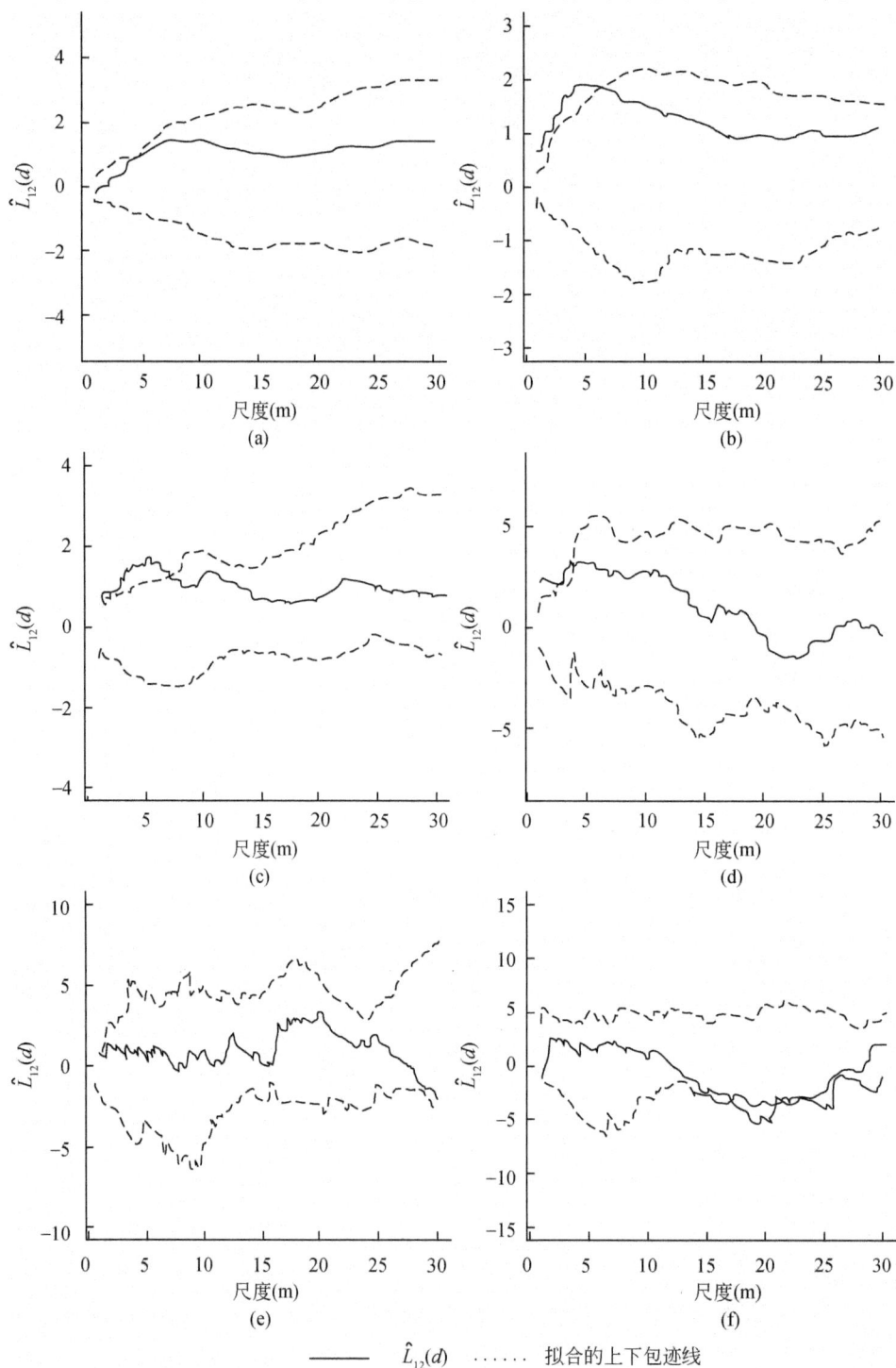

图 4-15　白榆种群各年龄级间空间关系

（a）、（b）、（c）、（d）、（e）、（f）分别表示龄级 1 与龄级 2、龄级 1 与龄级 3、龄级 1 与龄级 4、
龄级 2 与龄级 3、龄级 2 与龄级 4、龄级 3 与龄级 4 间的空间关系

该研究认为白榆种群各龄级间的空间关联基本上均为正关联或者无显著关联，仅龄级 3 和龄级 4 在一定尺度上（17.5～24 m）表现为显著负关联。这说明，虽然处于科尔沁沙地的半干旱环境下，但是白榆各龄级对于水分和养分的竞争并不强烈，原因在于随着植株的生长发育，白榆的不同龄级间发生了生态位的分离，分别利用土壤中不同空间位置（水平和垂直）的资源。龄级 1 与龄级 3 和龄级 4 之间在小尺度上（分别为 0～7 m 和 0～6 m）的显著正相关，说明在成年树周围分布了较多的小树苗，一方面是由于木本植物冠幅下会聚集更多的种子，另一方面木本植物为种子的发育提供了较好的水分、养分和遮阴条件。随着尺度的增加，这种相关性不再显著，这是由于白榆的果实为翅果，而科尔沁地区多风沙，翅果会随风沙吹到距离木本植物较远的地方生根发芽。与龄级 1 不同，龄级 2 与龄级 4 之间在小尺度上无显著相关性，这是因为随着树苗逐渐长大，其对于水分、养分以及光照的需求也会增加，龄级内部竞争加剧，同时与龄级 4 的竞争也增大，而且龄级 4 的遮阴也减弱了龄级 2 所能获得的辐射能，引起死亡率增加。随着白榆生长发育到龄级 3 阶段之后，与龄级 4 之间对于资源的竞争加剧，龄级间的共生关系逐渐被竞争关系取代，因此在本研究中龄级 3 与龄级 4 在 17.5～24 m 的尺度上表现出显著的负关联。总体来看，白榆在龄级 1 阶段会因成年树为其提供的较好的水分和营养条件，与龄级 3 和龄级 4 在较小尺度上表现出正相关；发育到龄级 2 阶段后，对于光照的需求增加，对于资源的竞争加剧，与龄级 4 表现出无显著相关；发育到龄级 3 阶段之后，共生关系被竞争关系所取代，与龄级 4 在 17.5～24 m 尺度上表现出显著的负关联性。综上所述，应用 Ripley's K 函数全面地分析了北方半干旱区科尔沁沙地典型榆树疏林草地生态系统中白榆种群在不同尺度上的空间格局，研究结果表明白榆在龄级 1 阶段，因成年树在其周围提供较好的水分和营养条件，故与龄级 3 和龄级 4 之间存在显著的正相关性，该龄级种内竞争较弱，集群分布明显；发育到龄级 2 阶段之后，对于资源的需求增加，龄级内的竞争开始增强，同时与成年树的竞争也开始增强，在 0～30 m 的尺度上与龄级 4 之间无显著的关联性；发育到龄级 3 阶段之后，对于资源的竞争进一步增强，与龄级 4 之间在某些尺度上（17.5～24 m）显著负关联，呈现出竞争关系。通过借鉴空间格局分析结果，对指导科尔沁沙地生态系统恢复、避免因种内竞争造成的资源浪费有着重要意义。

4.4.3　仿拟自然的人工疏林草地草牧场防护林

4.4.3.1　仿拟自然的植被恢复模式

天然疏林草地是我国半干旱区的地带性植被，也是风沙草原区较为稳定的生态系统。根据对半干旱区榆树疏林草地典型特征的剖析，以及对天然榆树疏林草地木本植物空间格局的分析，把天然疏林草地生态系统的结构作为模型来参照，可建立仿拟自然的人工疏林草地生态系统。人工疏林草地生态系统以植物群落的进展演替为主要特征，并具有自然和人为干扰下进行自我修复的能力。疏林草地型草牧场防护林的植被建设应该参照天然疏林草原的植被空间格局，选用当地适应能力强的乡土树种，根据立地条件建设疏林草牧场防护林的植被，并加强管理，定向培育，追求最大的生态和经济效益。张卫东等（2002）以内蒙古奈曼旗的流动沙丘为对象，开展了流动沙丘人工重建草牧场防护林的试验，借助自然力恢复与人工辅助恢复相结合的方式，实现由流动沙丘恢复为疏林草地的植被治理技术，认为草牧场防护林植被，是适应自然条件、投入少见效快的治理方式。在科尔沁沙地，根据降水条件，建立了仿拟自然的疏林草地型樟子松人工草牧场防护林，成为稳定的人工生态系统模式。

目前，我国北方半干旱区疏林草牧场防护林生态系统的研究仍处于基本理论的积累阶段，在加强对现存天然和人工疏林草地保护的同时，对其生态系统的主要生态过程进行深入研究成为半干旱区植被恢复的当务之急。同时，亟须深入剖析天然疏林草地生态系统结构和功能，如种间关系、养分循环、水分利用等，并以生态和经济效益兼顾为原则，提炼总结疏林草地型草牧场防护林构建技术与模式，为我国半干旱区的生态恢复提供技术支撑。

4.4.3.2 樟子松草牧场防护林植被对水分环境变化的响应

水分是陆地生态系统中最重要的环境因子之一，对植物生长、存活、净生产力等具有极其重要的影响（赵广东等，2003）。樟子松疏林式草牧场防护林是半干旱风沙草原区防护林类型之一，也是科尔沁沙地植被恢复的主要类型，在科尔沁沙地分布范围很广，由于处于土壤贫瘠的半干旱区，水分是樟子松人工林生态系统最主要的限制性因子，水分环境变化会对樟子松人工林产生重要影响。

（1）水分环境变化对樟子松的影响

自然界诸多环境因子如低温、干旱和盐渍等都会影响或限制植物的正常生长发育，而干旱是影响植物生长最为普遍的胁迫因子之一（王娟和李德全，2002）。叶片是植物光合、蒸腾等重要生理活动的主要场所，是植物体生理代谢最为活跃的部位，植物对水分环境变化的最初反应就是通过调节叶片上气孔口来调整气孔开度，尽可能地减少因蒸腾造成的水分散失。植物在遭受水分胁迫时，若导致叶片失水严重，则会影响叶绿素的生物合成，加快已合成的叶绿素的分解，进而导致植物叶片叶绿素含量降低（杨晓青等，2004；刘伟玲等，2003），光合作用因此也受到一定的抑制（余叔文等，1958；赵会杰等，2000）。植物对水分胁迫的一种重要适应机制是提高水分利用效率（Ares and Fowness，1999；Garten and Taylor，1992；Jaindll et al.，2000），植物在遭受轻度水分胁迫时，主要通过渗透调节的适应性途径加以适应和调节（郭卫东等，1999），此时植物体内的可溶性糖、脯氨酸等渗透调节物质的含量增加（Ain-Lhout et al.，2001；刘伟玲等，2003；赵黎芳等，2003），以维持植物体内的膨压势；植物在严重干旱状态下，可以产生脱水保护剂如可溶性糖对细胞起保护作用，使细胞处于一种稳定的静止状态（郭卫东等，1999），质膜相对透性上升、硝酸还原酶活性下降（刘伟玲等，2003）。在干旱达到一定强度，随干旱胁迫持续时间的延长，植物的适应表现有叶片中的相对含水量逐步下降、保护酶活性上升、脯氨酸和可溶性糖含量急剧上升，并且抗旱性强的品系保护酶活性和渗透调节物质含量较高（赵黎芳等，2003）。

A. 水分环境变化对樟子松针叶丙二醛（MDA）含量、保护酶活性和渗透调节物质含量的影响

水分环境变化导致的干旱胁迫能引起植物体内活性氧的积累，导致膜脂过氧化和蛋白

质、核酸等分子的破坏，生物膜受损。因此，植物抗旱性与植物抗氧化能力密切相关，特别是与维持膜完整的脱毒酶和抗氧化物相关。

干旱诱导的膜脂过氧化是造成植物细胞膜损伤的主要因素（阎秀峰和李晶，1999；徐莲珍，2008）。脂膜过氧化的最终产物丙二醛（MDA）可与细胞膜上的蛋白质、酶等结合、交联而使之失活，使细胞膜流动性下降，从而破坏了生物膜的结构与功能，又可与细胞内各种成分发生反应，使膜系统中的多种酶受到严重损伤（侯嫣英等，2003）。因此研究中经常把 MDA 含量的变化作为判断植物膜质过氧化作用的重要标志之一（陈少裕，1991）。MDA 积累越多，表明植物质膜损伤的程度越大，组织的保护能力越弱。在科尔沁沙地樟子松草牧场防护林研究中，降水量变化处理结果表明，与天然降水量相比，降水量增加时樟子松针叶的 MDA 含量没有显著变化，降水量减少时樟子松针叶的 MDA 含量显著升高，这说明降水量增加对樟子松的生长没有影响，而降水量减少时由于受到干旱胁迫，樟子松针叶的质膜受到损伤。邓东周（2009）在科尔沁沙地东南缘开展水分环境变化对樟子松草牧场防护林樟子松针叶 MDA 含量的影响进行了研究。研究结果表明，与天然降水量处理相比，降水量增加时樟子松针叶的丙二醛（MDA）含量没有显著变化（$P > 0.05$），降水量减少时针叶的丙二醛（MDA）含量显著升高（$P < 0.05$）。另外，第一年水分模拟实验时，3 个不同水平的降水量处理的可溶性蛋白和 MDA 含量的波动范围分别为 2143 ~ 3468 $\mu g/g$ 和 33.41 ~ 43.08 $\mu g/g$，都显著高于第二年（1231 ~ 2913$\mu g/g$ 和 16.3 ~ 25.81$\mu g/g$）。

植物体内活性氧造成质膜损伤和膜透性增加是植物干旱伤害的本质之一，而细胞中清除活性氧的保护酶系统的存在和活性的增强，使植物体内活性氧产生与清除维持在动态的平衡状态中。当植物受到干旱胁迫时，这种平衡可能被打破。随着干旱时间的延长和干旱程度的加重，活性氧清除系统的功能逐渐降低，而活性氧积累得越来越多，最终使细胞膜膜脂过氧化，并发生自由基链式反应，形成丙二醛（MDA），使细胞膜流动性下降，膜功能受到伤害。活性氧对蛋白质、酶活性甚至 DNA 都会产生伤害作用。保护酶系统主要有超氧化物歧化酶（SOD）、过氧化氢酶（CAT）、过氧化物酶（POD）和抗坏血酸过氧化物酶（APX）等。水分胁迫下植物体内的 SOD 活性与植物抗氧化能力呈正相关（蒋明义和杨文英，1994），轻度或短期水分胁迫下植物 SOD 活性呈上升趋势，而在严重或长期胁迫条件下出现下降趋势（周瑞莲和王刚，1997），抗旱性强的植物较抗旱性弱的植物能维持较高的 SOD 活性，很多研究结果表明植物 SOD 活性的变化是复杂的（周瑞莲和王刚，1997；杨暹，1998）。科尔沁沙地林草复合系统降水模拟实验研究结果表明（邓东周，2009），降水量处理的第一年，降水量的增加和减少对樟子松针叶的 SOD 活性都没有显著影响，第二年降水量增加时樟子松针叶的 SOD 活性依然没有显著变化，降水量减少时樟子松针叶的 SOD 活性显著升高（表4-6），结合樟子松针叶 MDA 含量的变化，可以得出在第一年降水量减少时，尽管樟子松的生长受到水分胁迫，但樟子松针叶的 SOD 活性没有显著变化，随着胁迫时间的延长，第二年降水量减少时樟子松针叶的 SOD 活性显著升高，而 SOD 活性的升高能催化超氧化物阴离子自由基（O_2^-）的歧化作用，消除 O_2^-，维持活性氧代谢的平衡，保护膜结构，从而使樟子松在一定程度上忍耐、减缓或抵抗水分胁迫，表明了樟子松对水分胁迫的适应性。

表 4-6　不同水分条件下樟子松针叶的 SOD 活性，MDA、脯氨酸和可溶性蛋白含量

时间	处理	MDA（μmol/g）	SOD（U/g·FW）	脯氨酸（μg/g）	可溶性蛋白（μg/g）
第一年处理	降水量减少30%	40.1±2.98b	55.73±16.70ns	597.03±51.00b	3240±228b
	对照	35.0±1.59a	66.15±8.68ns	404.73±35.70a	2382±139a
	降水量增加30%	36.9±1.88a	64.58±13.89ns	423.64±33.10a	2440±259a
第二年处理	降水量减少30%	25.13±0.68b	119.02±17.42b	516.87±12.15b	2551±362b
	对照	18.60±1.73a	75.52±3.26a	431.38±32.48a	1478±247a
	降水量增加30%	17.62±1.32a	72.86±7.25a	441.02±50.61a	1597±136a

注：同列不同字母表示差异显著（$P < 0.05$）；ns 表示处理间没有显著差异

　　渗透调节是植物适应干旱胁迫的一种重要生理机制。植物通过代谢活动增加细胞内的溶质浓度，降低渗透势，维持膨压，从而使体内各种与膨压有关的生理过程正常进行（魏良明和贾了然，1997）。由于植物生长依赖膨压驱动的细胞壁伸展，所以选择吸收和积累低分子质量的渗透调节物质被认为是植物防止脱水用以抵抗胁迫的一种重要策略。参与渗透调节的主要物质有无机离子和有机溶质。植物在干旱胁迫时能够吸收或合成小分子渗透调节物，并在细胞内积累以提高体内渗透压，从而维持一定的膨压和水势，保持生理过程的正常进行（Morgan，1984）。邓东周（2009）的研究结果表明，与天然降水量相比，降水量增加时樟子松针叶的脯氨酸含量没有显著变化，降水量减少时樟子松针叶的脯氨酸含量显著升高，结合樟子松针叶 MDA 含量的变化，可以得出降水量减少导致樟子松生长处于水分胁迫状态，而樟子松针叶通过脯氨酸的积累起到调节细胞质渗透物质、稳定生物大分子结构、降低细胞酸度以及调节细胞氧化还原势的作用，缓解水分胁迫对其生长的影响。

　　干旱引起植物体内活性氧的积累，导致膜脂过氧化和蛋白质（酶）、核酸等分子的破坏，植物为了避免胁迫造成伤害，体内可能产生更多的蛋白质，或者细胞内一些不溶性蛋白转变为可溶性蛋白，以抵抗缺水的威胁，使细胞内正常的新陈代谢得以维持，使植物体内的生理生化反应正常进行（李德全和邹琦，1992）。在严重缺水时，抗旱性强的植物甚至可以受干旱胁迫诱导植物基因表达，即一些与适应水分胁迫有关的基因启动表达，诱导产生新的水分胁迫蛋白（康俊梅等，2005）。轻度干旱胁迫导致可溶性蛋白含量上升，而重度或中度干旱胁迫会抑制蛋白质的合成，导致蛋白质降解，引起总蛋白质含量的降低，且胁迫程度越强，下降幅度越大（魏良民，1991；韩蕊莲和梁宗锁，2003）。邓东周（2009）研究结果表明，与天然降水量相比，降水量增加时樟子松针叶的可溶性蛋白含量没有显著变化，降水量减少时樟子松针叶的可溶性蛋白含量显著升高（表4-6），结合樟子松针叶 MDA 含量的变化，可以得出降水量减少导致樟子松生长处于水分胁迫状态，而樟子松针叶为了避免胁迫造成伤害，体内可能产生更多的蛋白质，或者细胞内一些不溶性蛋白转变为可溶性蛋白，以增强耐脱水能力、参加渗透调节和水分运输，使细胞内正常的新陈代谢得以维持，使植物体内的生理生化反应正常进行，也表现了樟子松对水分胁迫的适应性。

　　B. 水分环境变化对樟子松光合蒸腾特性的影响

　　植物蒸腾强度从一个侧面反映了植物适应干旱环境能力的大小，当植物受到干旱胁迫

时，其蒸腾作用随着植物水势的下降逐渐降低，以减少水分的损失，下降的幅度因树种和胁迫强度不同而有差异。田有亮和郭连生（2005）对樟子松不同水分状况下蒸腾速率变化特征进行的研究表明，随樟子松水势下降，其相对蒸腾速率呈下降趋势，变化呈"S"形曲线，处于水饱和状况下蒸腾速率最大，当水势降低到一定程度时，随水势下降蒸腾速率迅速下降。提高水分利用效率是植物在遭受水分胁迫时的一种重要适应机制（Ares and Fowness，1999；Garten and Taylor，1992；Jaindll et al.，2000）。植物水分利用效率与植物的抗旱性有关。山仑和徐萌（1991）的研究表明，当水分下降为植株有效水分的40%~50%时，叶片相对扩张率明显降低；而水分下降到植株有效水分的25%~30%时，相对蒸腾率降低；在中度水分亏缺条件下，气孔开度减小，蒸腾速率大幅度下降。杨建伟等（2004）的研究表明，杨树和刺槐的单叶水分利用效率在适宜水分下最高，各树种在严重干旱下单叶水分利用效率均降至最低。干旱限制了植物叶片的生长，植物为了减少水分丧失，缩小或关闭气孔，这样限制了 CO_2 进入叶内，从而对光合作用产生影响，导致光合速率、蒸腾速率和 WUE 减少（杨敏生和朱之悌，1999；Xu and Gauthier，1999；Liu et al.，2000）。科尔沁沙地开展的水分环境变化对樟子松草牧场防护林樟子松光合蒸腾特性的影响研究结果表明（邓东周，2009），与天然降水量处理相比，降水量减少时樟子松针叶的光合速率、蒸腾速率和WUE 都显著降低，降水量增加时樟子松针叶的光合速率、蒸腾速率和 WUE 都显著升高（$P<0.05$）。而且第二年降水量减少和天然降水量处理的光合速率和蒸腾速率略低于第一年，降水量增加处理的光合速率略高，蒸腾速率变化不大（表4-7）。

表4-7　不同水分环境条件下樟子松光合速率、蒸腾速率和水分利用效率

时间	处理	光合速率[μmol/(m²·s)]	蒸腾速率[mmol/(m²·s)]	水分利用效率（μmol/mmol）
第一年处理	降水量减少30%	3.71±0.19a	4.64±0.04a	0.80±0.05a
	对照	5.78±0.19b	5.18±0.05b	1.12±0.03b
	降水量增加30%	6.65±0.18c	5.28±0.08c	1.26±0.03c
第二年处理	降水量减少30%	3.10±0.28a	3.94±0.02a	0.79±0.07a
	对照	4.46±0.40b	4.40±0.10b	1.01±0.10b
	降水量增加30%	7.26±0.65c	5.24±0.12c	1.39±0.13c

注：同列不同字母表示差异显著（$P<0.05$）

C. 水分环境变化对樟子松针叶叶绿素含量及其组分的影响

叶绿素是植物在光合作用过程中进行光能吸收和传递的重要功能物质，其含量的高低直接影响植物光合作用的强弱（武维华，2003；赵瑾等，2007）。因此，水分胁迫下叶绿素含量的变化，不仅可以指示植物对水分胁迫的敏感性，而且在一定程度上可以反映植物的生产性能和抵抗逆境胁迫的能力。干旱胁迫条件下植物体叶绿素含量的变化，指示植物对水分胁迫的敏感性，并直接影响光合产量（陈坤荣和王永义，1997；张明生和谈锋，2003；王新建等，2008）。邓东周（2009）在开展的水分环境变化对樟子松针叶叶绿素含量及其组分的影响的研究中，结果表明降水量减少时叶绿素含量显著降低，降水量增加时叶绿素含量显著升高（图4-16、图4-17），结合降水量变化对樟子松针叶 MDA 含量和

SOD 活性、光合蒸腾速率的影响结果，得出降水量减少时干旱胁迫不仅影响叶绿素的生物合成，而且促进已形成的叶绿素加速分解，水分胁迫使植物体内活性氧大量积累，还会直接破坏叶绿素结构，这些都导致针叶中叶绿素含量的降低（杨晓青等，2004；刘伟玲等，2003），降水增加时樟子松生长环境适宜，有利于叶绿素的合成，导致叶绿素含量的升高。

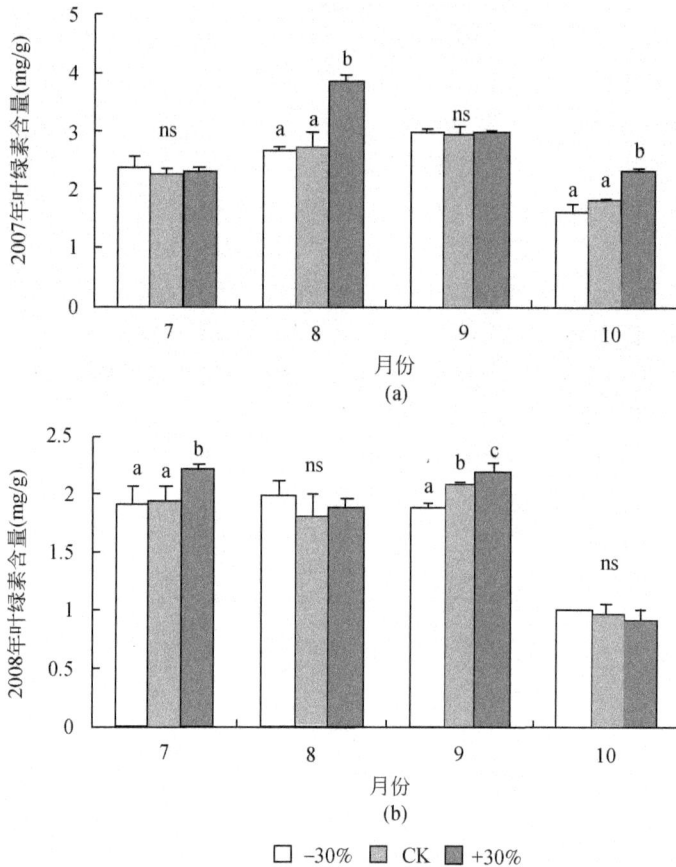

图 4-16　不同降水量处理樟子松针叶叶绿素含量的季节动态
－30%、CK 和＋30% 分别代表降水量减少 30%、自然降水量和降水量增加 30%。柱状图表示均值加上标准差（$n=3$），不同的字母表示不同降水量处理的均值间差异显著（$P<0.05$），ns 表示处理间没有显著差异

D. 水分环境变化对樟子松针叶全氮、全磷含量和 N/P 值的影响

氮（N）和磷（P）是植物生长发育过程中最重要的营养元素，且为陆地生态系统两个关键性的限制性因子（Vitousek et al.，1982），土壤氮磷对植物生长的限制性作用大小，可通过植被的 N/P 值大小来反映。通过植被 N/P 值反映植物群落受氮磷元素限制的格局是基于这样的推理，即植物体内的 N/P 值是对植物生长环境土壤氮磷养分可供给性的一种相对指示，也能够表征植物对氮磷养分的吸收状况，当两者都能够得到满足时，按照生理需要和物质合成需要大小，植物对氮素和磷素的吸收则按一定比例进行，而当某种元素处于稀缺状态，另一种元素相对丰富时，植物体内的 N/P 值就会发生变化，按照最小限制因子定律，该元素就成了限制植物生长的主要限制因素（Güsewell，2004；阎恩荣等，

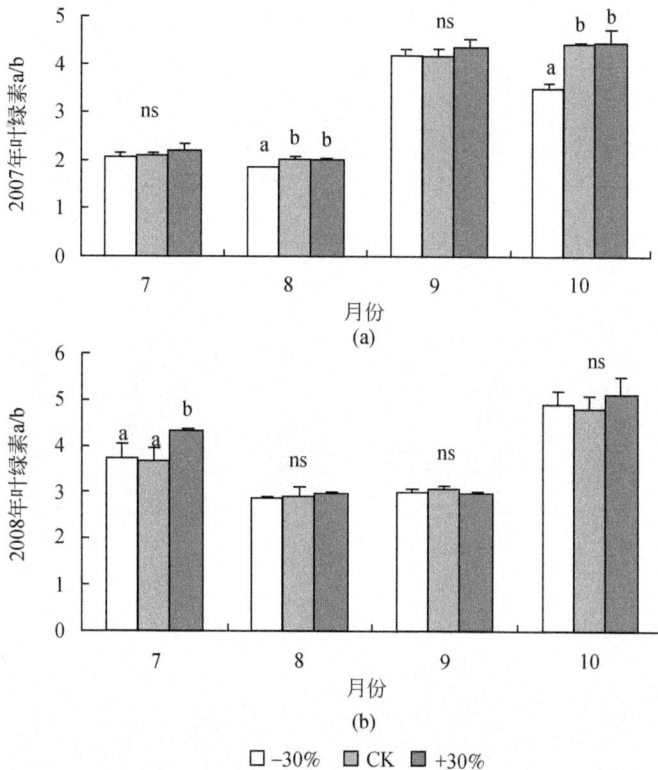

图 4-17　不同水分条件下樟子松针叶叶绿素 a/b 的季节动态

−30%、CK 和 +30% 分别代表降水量减少 30%、自然降水量和降水量增加 30%。柱状图表示均值加上标准差
(n =3)，不同的字母表示不同降水量处理的均值间差异显著（$P < 0.05$），ns 表示处理间没有显著差异

2008）。目前，植物体营养物质的浓度被用来估计植物对营养物质的利用价值且通过其元素的化学计量比来判断哪种营养物质对植物生长有限制作用的研究越来越受到重视（Chen et al.，2004；曾德慧和陈广生，2005）。

在自然系统中，N/P 值并非一成不变，它在物种种间以及种内也存在着变异（Güsewell，2004）。许多研究表明 N/P 临界比值可以作为判断土壤对植物生长的养分供应状况的指标之一（Aerts and Chapin，2000；Willby et al.，2001）。在不同地区的研究结果表明，判断限制性养分元素的临界叶片氮和磷含量以及 N/P 值有所不同。Braakhekke 和 Hooftman（1999）通过施肥实验，确定土壤养分贫瘠的草地植物叶片氮或磷不足的 N/P 值临界值分别为 10 和 14。辅以叶片中氮或磷含量，他们认为 N/P 值 >14 且叶片磷含量 < 1.0 mg/g 时，认为该系统受磷限制；N/P 值 <10 且叶片氮含量 <20.0 mg/g 时，认为该系统受氮限制。当 10 < N/P 值 < 14，该区域被认为同时受到氮、磷限制（同时满足叶片 [P] < 1.0 mg/g 和 [N] < 20.0 mg/g）或两种元素都不缺乏（同时满足叶片 [P] > 1.0 mg/g 和 [N] > 20.0 mg/g）。国内目前也有学者开始关注 N/P 值在判断限制植物生长元素中的应用（Chen et al.，2004；Zhang et al.，2004）。Zhang 等（2004）根据施肥实验结果验证了 N/P 值的相对稳定性，并认为 N/P 值可以作为判断生境中氮或磷不足的指示指标，根据施肥实验获得了内蒙古草原区草本植物的 N/P 值临界值。他们初步认为 N/P 值

<21 为受氮限制，N/P 值 >23 时，受磷限制（邓斌，2006）。

科尔沁沙地开展的水分环境变化对樟子松草牧场防护林樟子松针叶氮磷养分的研究结果表明（邓东周，2009），不同水分条件对樟子松针叶的 N/P 值没有产生显著影响，3 种处理的樟子松针叶全氮含量为 10.70 ~ 14.78 mg/g，全磷含量为 1.74 ~ 2.41 mg/g，N/P 值为 4.97 ~ 6.94（图 4-18、图 4-19），结合国内外的研究可以初步判断氮是科尔沁地区樟子松生长的限制性影响因子。

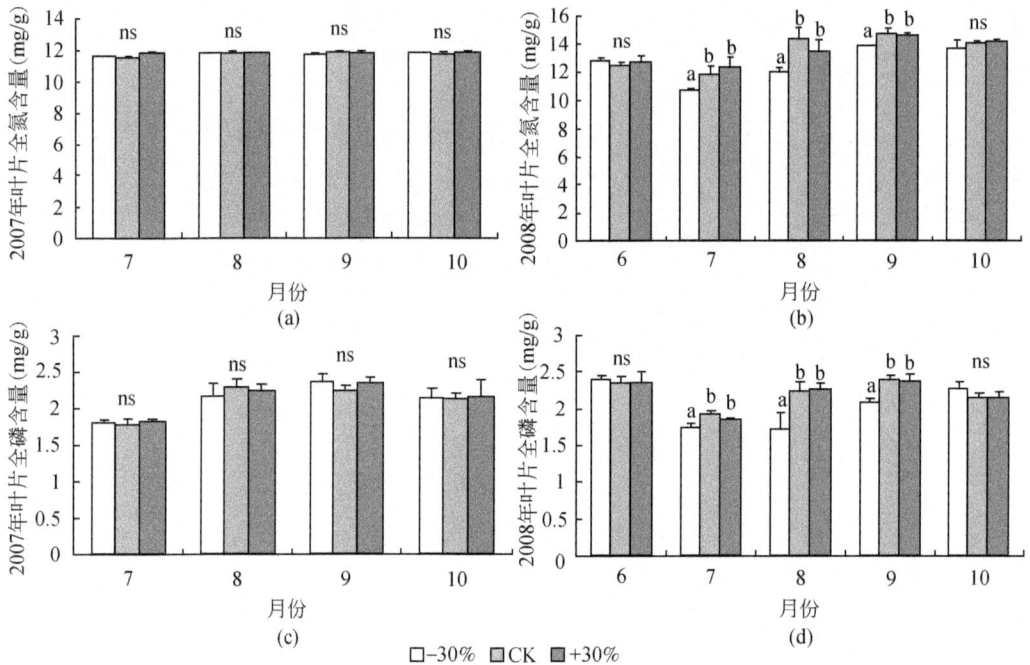

图 4-18　不同水分条件下樟子松针叶全氮、全磷含量的季节动态

−30%、CK 和 +30% 分别代表降水量减少 30%、自然降水量和降水量增加 30%。柱状图表示均值加上标准差（$n=3$），不同的字母表示不同降水量处理的均值间差异显著（$P < 0.05$），ns 表示处理间没有显著差异

（2）水分对草本植物的影响

陆地生态系统中，水分有效性影响着植物的生长、发育、繁殖和分布（Grime，1993），尤其在半干旱陆地生态系统中，水分条件是影响植物养分吸收和损失的重要因素，植物对养分的吸收、运转和利用都依赖于土壤水分（Kessler，1994；Akinremi，1996）。在干旱半干旱地区，水分变化可导致植被在空间和时间上变化（Noy-Meir，1973；Fisher et al.，1988；Zhang and Zal，1998）。

A. 水分环境变化对樟子松草牧场防护林林下植物养分吸收的影响

植物吸收养分因外界环境条件不同而不同，任何影响植物新陈代谢的因素都会影响植物养分的吸收。影响植物养分吸收的因素很多，包括水分、养分、土壤性质以及植物特性等（孙曦，1988），但其中最重要的为土壤水分（Kuchenbuch et al.，1986）。养分从土壤转入植物体内包括两个过程，即养分离子向根际迁移和根对养分离子的吸收（孙曦，1988）。水分通过植物的生理活动以及土壤的养分迁移等直接和间接地影响植物对养分的

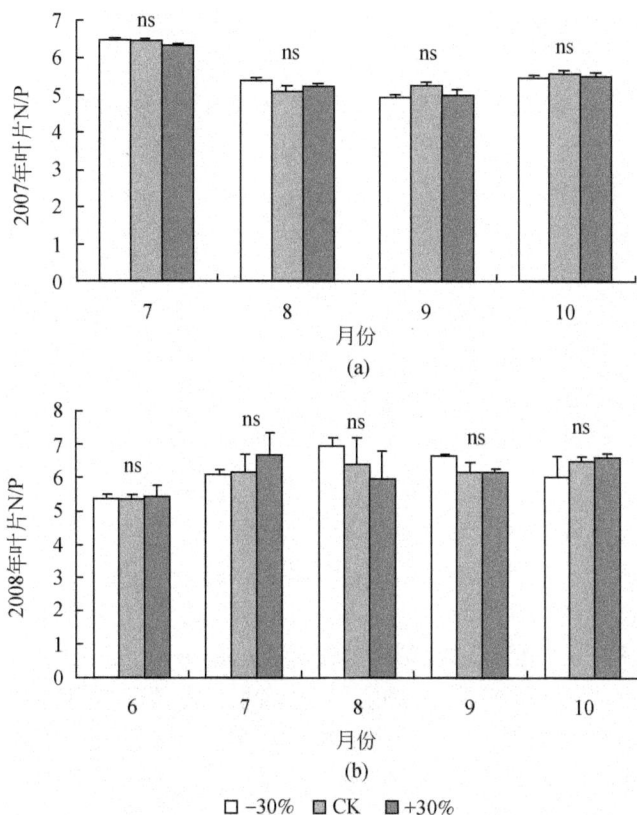

图 4-19 不同水分条件下樟子松针叶 N/P 的季节动态

−30%、CK 和 +30% 分别代表降水量减少 30%、自然降水量和降水量增加 30%。柱状图表示均值加上标准差
（$n=3$），不同的字母表示不同降水量处理的均值间差异显著（$p<0.05$），ns 表示处理间没有显著差异

吸收（孙曦，1988）。水分对植物养分吸收有两个方面作用：一方面可加速养分的溶解和有机质的矿化，促进养分的释放；另一方面稀释土壤中养分的浓度，并加速养分的流失。土壤水分是矿质养分溶解的介质和矿质养分迁移的载体，对促进土壤中有机物的矿化、养分的质流和扩散过程，增加根系和土壤颗粒之间的接触有着重要作用。除了养分运输限制，不溶化合物的沉淀、静电吸收反应和微生物活动，可进一步减少根周围的养分积累，根周围适宜的水分含量可以减少积累的养分的变化，从而增加养分的可利用性，减少养分向根区以下淋溶（Silber et al.，2003）。在水分胁迫严重的情况下施氮，会增加土壤中养分浓度，降低土壤水势，进一步加剧水分胁迫。最终使作物根系吸收水分更加困难。在干旱陆地生态系统中，土壤水分是影响养分吸收和损失的重要因素之一，植物对养分的吸收、运转和利用都依赖于土壤水分，土壤水分的状况很大程度上决定土壤养分或者肥料的有效性（Kessler，1994；Akinremi，1996）。刘大勇（2006）通过对科尔沁草牧场防护林草地进行水肥添加试验，探求水分与草本植物养分吸收间的相互关系。结果表明，水分增加对白草氮浓度的影响在 6 月和 8 月达到极显著水平，对磷浓度的影响在 6 月、8 月和 10 月都达到极显著的水平；水分增加下植株氮浓度有所下降，而磷浓度有所上升。然而，水

分增加对黄蒿氮地上浓度的影响在6月、8月和10月都不显著,但对植株磷浓度的影响在6月、8月和10月都达到极显著的水平,而且对黄蒿中磷的浓度的影响在6月和8月都达到显著水平。

B. 水分环境变化对樟子松草牧场防护林林下植被结构的影响

由于不同种类植物对水分变化响应策略不同,以及物种间水分竞争能力的差异,势必造成群落种间关系和种的组成发生变化,进而引起群落组成结构发生变化。常学礼和杨持(2000)的试验表明,多年生草对年降水量敏感,而一年生草和灌木则分别对生长期降水和关键期降雨量敏感。由于不同种类植物在长期与自然环境协同进化过程中与降雨量形成了不同的响应类型,在不同环境下植物形成了适合自己生存的机制,主要包括生活史、生长型、根冠比、光合途径等方面的变化(Burke et al.,1998)。白永飞等(2002)的研究表明,随着降雨量的减少,多年生杂类草的相对多度逐渐减少,而多年生丛生禾草的相对多度逐渐增加,多年生丛生禾草对多年生杂类草具有很强的生态替代作用。Kutiel等(2000)在地中海到极端干旱地的降水梯度上,对物种丰富度、多样性和优势种进行了研究,结果表明一年生物种数从极端干旱地区到地中海地区呈对数递减,多年生禾草和木本植物则平行增加。因此,水分环境变化势必影响利用水分策略不同的植物群落结构的变化,进而对生态系统的结构和功能产生深远的影响。邓东周(2009)在科尔沁沙地开展了水分环境变化对樟子松林下植被结构影响的研究。结果表明,降水量减少和增加对樟子松林下植被的组成和结构都产生了显著影响。天然降水量样地中林下植被的优势种为黄蒿和狗尾草,它们在样地中的重要值分别为121.6和72.8,其中黄蒿盖度占绝对优势,而狗尾草尽管盖度不大,但数量占很大比例;降水量减少时,黄蒿的数量和盖度都显著减少,重要值降至85.8,同时,原来重要值仅为12.6的偶见种绿珠藜大面积出现,重要值剧升至119.0,与黄蒿一起成为林下植被的优势种;降水量增加时,黄蒿的数量和盖度减少的程度更大,重要值降为33.9,原来样地中的偶见种艾蒿生长茂盛,盖度和数量都占绝对优势,重要值高达137.7,成为样地中林下植被的唯一优势种(表4-8)。

表4-8 不同水分环境条件下樟子松林下植被的物种组成及其重要值

种名	科名	降水量减少30%	对照	降水量增加30%
牻牛儿苗	牻牛儿苗科	12.8	2.9	—
芦苇	禾本科	—	2.7	
狗尾草	禾本科	30.4	72.8	28.9
鸡眼草	豆科	—	16.2	9.3
野大麻	桑科	30.4	11.0	12.1
兴安胡枝子	豆科		4.6	11.0
细叶胡枝子	豆科	—	9.8	—
胡枝子	豆科		5.5	9.3
曼陀罗	茄科		11.2	9.3
绿珠藜	藜科	119.0	12.6	9.3
节节草	木贼科	—	6.7	—

种名	科名	降水量减少30%	对照	降水量增加30%
苦苣菜	菊科	—	8.7	—
艾蒿	菊科	—	3.4	137.7
大籽蒿	菊科	—	—	27.9
白莲蒿	菊科	11.0	10.2	11.0
黄蒿	菊科	85.5	121.6	33.9
苍耳	菊科	11.0	—	—

水分环境变化对林下植被的物种多样性也产生了很大影响，降水量减少和增加都使林下植被的物种多样性显著降低（$P < 0.05$），具体地说，与天然降水量样地相比，降水量减少时，样地中林下植被的总盖度由90%降到了65%（$P < 0.05$），物种丰富度由15降至7（$P < 0.05$），Shannon-Wiener 指数和 Simpson 指数分别从2.48和0.88降至1.25和0.68（$P < 0.05$）；降水量增加时，样地中林下植被的总盖度由90%上升到了100%（$P < 0.05$），物种丰富度降至11（$P < 0.05$），Shannon-Wiener 指数和 Simpson 指数分别从2.48和0.88降至2.11（$P < 0.05$）和0.82（表4-9）。

表4-9　不同水分环境条件下樟子松林下植被的物种多样性指数、物种丰富度和样地总盖度

不同水分环境	Shannon-Wiener 指数	Simpson 指数	物种丰富度	总盖度（%）
降水量减少30%	1.25 ± 0.16a	0.68 ± 0.09a	7 ± 1a	65a
对照	2.48 ± 0.15c	0.88 ± 0.08b	15 ± 1c	90b
降水量增加30%	2.11 ± 0.10b	0.82 ± 0.10b	11 ± 1b	100c

注：同列不同字母表示差异显著（$P < 0.05$）

降水量减少和增加对林下植被的优势种类型和物种多样性都产生了显著影响。降水量减少时，由于受到水分胁迫作用，林下植被总盖度显著降低，同时由于耐旱性弱的物种消失，物种多样性降低，优势种也由黄蒿和狗尾草演变为绿珠藜和黄蒿；降水量增加时优势种由黄蒿和狗尾草演变为艾蒿，艾蒿生长茂盛，样地总盖度大幅度提高，达到了100%，但由于高大的艾蒿的大面积茂盛生长，其下光照严重缺乏导致其他物种无法生存，也造成了物种多样性的降低，因此降水量的减少和增加都会导致物种多样性的降低，其中降水量减少时降低程度更大。

综上所述，水分是影响全球植被分布的重要因素，在长期的植物进化过程中，植物与其周边环境因子是一种协同进化的关系，在进化的过程中个体、种群、群落和生态系统形成了各自的水分利用类型，对水分环境变化的反应存在显著差异，进而影响草牧场防护林群落的结构和功能。

4.5　半干旱区草牧场防护林生态防护功能

半干旱区草牧场防护林是草原生态系统中重要的组成部分，具有重要的生态防护功能，在改善草牧场微域气候、减免自然灾害、增加草牧场生态经济系统的生产力和稳定性以及增强对有害因子的抵抗力等方面发挥着重要作用。因此，加强草牧场防护林建设，对于草原生态环境的恢复与重建、增加草地生态系统的物种多样性和景观多样性、改善区域生态环境、促进区域社会经济发展方面具有重要意义。

4.5.1　改善微域气候

在风沙草地营造草牧场防护林对干旱半干旱地区土壤水分保护、改善区域小气候具有重大作用。营造草牧场防护林后，由于气流受到林冠层和树干的阻挡以及枝叶的碰撞，导致气流结构的扰动和能量的削减，可有效降低防护区域内草地的风速，减少草地的水面蒸发（段文标和陈立新，2002），增加冬季林网内的积雪厚度和土壤含水量，提高林网内空气绝对湿度和相对湿度，同时使林网内高层温度降低，而低层温度升高，有利于牧草生长。

4.5.1.1　草牧场防护林的防风效应

草牧场防护林的防风作用主要是指降低风沙草原区风速的水平运动和垂直的涡动强度（张启昌等，1994）。防风作用是林带的主要作用，草牧场防护林能改变气流的动能和涡动状况，从力学观点看，林带的防风作用在于通过林带后的气流动能的消耗。气流穿绕枝叶时的摩擦和引起枝叶摇摆消耗了一部分动能；更重要的是大规模气流经过林带后变成了许多小的涡流，这些小的涡流彼此摩擦，消耗动能而引起风速的减弱。

不同结构类型的草牧场防护林能不同程度地减弱风速（张启昌等，1994），且其减弱风速的作用随风速等级的不同而变化。一般来说，防护林的防风作用与风速等级呈正相关，对照点的风速越大，林网内的平均风速与对照点风速的差值越大。但防护效能随着草牧场防护林结构与树种的不同而呈现不同的变化，如杨树片林的防风效能与风速等级呈正相关，而其对林网内的防风效能随风速等级的变化有较大的波动性；杨树团丛的防风效能随风力等级的变化也呈现波动性；锦鸡儿灌丛在风力等级为3时，防风效能最大（达到28.6），风力等级再增大，其防护效能则开始下降（表4-10）。

表4-10　不同防护类型在不同风力等级下的防风效能和风速

观测地点类型		风速等级（m/s）						
		0 (0.0~0.2)	1 (0.3~1.5)	2 (1.6~3.3)	3 (3.4~5.4)	4 (5.5~7.9)	5 (8.0~10.7)	6 (10.8~13.8)
旷野对照风速		0.0	1.4	2.3	3.5	5.5	8.0	11.8
杨树林网内	风速	0.0	0.5	1.3	1.8	3.3	5.6	8.0
	差值	0.0	0.9	1.0	1.7	2.2	2.4	3.8
	防风效能	0.0	64.2	43.5	48.6	40.0	30.0	32.2

观测地点类型		风速等级（m/s）						
		0 (0.0~0.2)	1 (0.3~1.5)	2 (1.6~3.3)	3 (3.4~5.4)	4 (5.5~7.9)	5 (8.0~10.7)	6 (10.8~13.8)
杨树林带内	风速	0.0	1.3	1.7	1.7	2.4	3.7	3.9
	差值	0.0	0.1	0.6	1.8	3.1	4.3	7.9
	防风效能	0.0	7.1	26.1	51.4	56.4	53.8	66.9
杨树团丛内	风速	0.0	1.4	1.6	1.9	3.1	4.3	5.6
	差值	0.0	0.0	0.7	1.6	2.4	3.7	6.2
	防风效能	0.0	0.0	30.4	45.7	43.6	46.3	32.5
锦鸡儿灌丛	风速	0.0	1.4	2.2	2.5	4.1	6.0	9.3
	差值	0.0	0.0	0.1	1.0	1.4	2.0	2.5
	防风效能	0.0	0.0	4.3	28.6	25.5	25.0	21.2

资料来源：张启昌等，1994

李合昌等（2007）通过对嫩江沙地典型草原区林带透风性研究发现，在透风系数为0.657（上层0.514、中层0.624、下层0.834）、观测高度1.0 m、主风方向与林带交角45°~60°的各类型模式草牧场防护林观测中，不同类型草牧场防护林能显著降低风速。刘广菊等（2000）对半干旱地区疏林式草牧场防护林的空气动力效应进行了研究，结果表明疏林式草牧场防护林具有明显的降低风速的空气动力效应，其防风效能随高度的增加而减弱（表4-11）。当低层气流遇到疏林时，只有部分气流通过疏林，林内风速大大降低；疏林对低层气流的阻碍摩擦作用也消耗部分运动能量，使之转化为无规则的乱流能量和摇动枝干的机械能，也相应减弱了林内低层气流的流速。同时，另外一部分气流被抬升从林冠层上面越过，使上层气流速度增大，从而改变了林内气流动能的空间分布，即低层气流的动能减小，上层气流的动能增大，在林内形成了极大的风速梯度。

表 4-11　疏林式草牧场防护林林内与对照点的风速

时间	1.5 m 风速（m/s）		相对差值（%）	5.0 m 风速（m/s）		相对差值（%）
	林内	对照		林内	对照	
08：00	3.52	4.55	−22.64	4.75	4.76	−0.21
14：00	4.95	6.20	−20.16	6.61	6.90	−4.23
20：00	2.28	3.00	−24.00	3.76	3.85	−2.34
均值	3.58	4.58	−21.83	5.04	5.17	−2.51

注：相对差值 =（林内 − 对照）/对照×100%
资料来源：刘广菊等，2000

向开馥等（1989a）通过对低地草甸草场上四年生通风结构林带的测定结果证实，草牧场防护林在牧草生长期内具有显著降低网内风速的空气动力效应，林内和林带背风面的1H、5H、10H 处风速显著降低，林带对其逆风面 5H 范围以内也有较好的降低风速的效应，相对风速小于 0.77。在林带附近风速值总的分布规律是各点风速值与距林带距离呈正相关。随着旷野风速的增大，越靠近林带，林带降低风速的值越大。旷野风速越大，林带降低风速的绝对值越大。在林内 1H、5H 处这种效能最为明显，可使 6 级风速降低 3 m/s。林带全叶期疏透度为 0.53 的通风结构林带背风面风速降低的效能最佳。

4.5.1.2 草牧场防护林的热力效应

草牧场防护林对空气温度的影响比较复杂，它涉及诸多因子，如林带结构、天气类型、风速、空气乱流交换强弱等。刘广菊等（2000）对疏林式草牧场防护林林内不同高度层的空气温度进行了同步观测。研究表明，在 1.5 m 高层处，疏林内的气温均高于对照点，气温增加了 3.95%。气温增高的峰值出现在 14：00 时，比对照增高 4.32%（表 4-12）。此外，林内晚间增温幅度大于清晨。林内低层气温增高有利于牧草春季的返青与生长发育。在 5.0 m 高层处，疏林内的气温均低于对照点，气温降低 1.13%，气温降低的峰值出现在 20：00 时，比对照降低 3.08%。林内夜间降温幅度大于中午。林内低层温度高于对照而高层温度低于对照，这种现象的产生与林内风速梯度有密切关系。

表 4-12 疏林式草牧场防护林林内与对照点的气温

时间	1.5 m 气温（℃）		相对差值（%）	5.0 m 气温（℃）		相对差值（%）
	林内	对照		林内	对照	
08：00	13.01	12.57	3.50	12.24	12.29	-0.41
14：00	16.91	16.21	4.32	15.86	15.91	-0.31
20：00	11.12	10.69	4.02	11.32	11.68	-3.08
均值	13.68	13.16	3.95	13.14	13.29	-1.13

注：相对差值 =（林内 - 对照）/对照×100%
资料来源：刘广菊等，2000

由于草牧场防护林能减弱低层气流的运动速度和乱流交换作用，低层气温增高，因此对地表温度必将产生一定的影响。刘广菊等（2000）对疏林式草牧场防护林对地表温度的影响研究表明，5 月林内的地表温度皆高于对照点；6~8 月，只有在 14：00 时林内的地表温度高于对照，其余皆低于对照（表 4-13）。这是因为在春季，林内低层空气的风速较小，乱流交换作用较弱，气温较高，并且低层暖气流与上层冷气流的能量交流因林内的风速梯度的存在而受阻，所以春季林内的地表温度高于对照。在夏季，白天地表温度高于空气温度、夜晚与清晨则相反。林内近地层气流的运动速度较小，乱流交换作用较弱，使林内的地表土壤与近地层气流以及近地层气流与上层气流之间的能量交换不如无林庇护对照点充分，因此林内地表温度在中午时高于对照，而夜晚与清晨低于对照，此外林内牧草的群体数量及呼吸强度等对地表温度也有一定的影响。

表4-13 疏林式草牧场防护林林内与对照点的地表温度

月份	时间	林内温度（℃）	对照温度（℃）	相对差值（%）
5	08：00	17.44	14.02	24.39
	14：00	27.68	22.50	23.02
	20：00	9.50	9.25	2.70
	均值	18.21	15.26	16.20
6	08：00	25.83	26.46	-2.38
	14：00	37.56	35.93	4.54
	20：00	24.54	24.68	-0.57
	均值	29.31	29.02	0.99
7	08：00	27.84	29.38	-5.24
	14：00	41.81	41.46	0.84
	20：00	26.37	27.80	-5.14
	均值	32.01	32.88	-2.65
8	08：00	25.34	27.08	-6.43
	14：00	36.85	36.62	0.63
	20：00	27.28	27.38	-0.37
	均值	29.82	30.36	-1.78

注：相对差值 = （林内 - 对照）/对照×100%

资料来源：刘广菊等，2000

4.5.1.3 草牧场防护林的水文效应

在半干旱地区水分是一个极为重要的环境因子，因此对草牧场防护林的水文效应的研究显得尤为重要。营建草牧场防护林后，由于林内风速减小、乱流交换作用减弱，降低了地表蒸发，提高了林内空气绝对湿度和相对湿度。草牧场防护林的水文效应体现在对水分蒸发、空气绝对湿度、空气相对湿度、露点、冬季地面积雪和土壤水分等几个方面的影响。

（1）水分蒸发

草牧场防护林可以降低风速，使林内近地层空气乱流交换作用减弱，空气中的水汽饱和差减小，所以林内的蒸发量小于对照（刘广菊等，2000），5月林内的蒸发量比对照降低8.87%，草牧场防护林具有较明显的降低蒸发量的效应。向开馥等（1989b）在牧草生长期进行了自由水面蒸发的研究，发现林带防护范围内的自由水面物理蒸发平均降低1.005 mm/d，相当于降低无效蒸发10.95 kg/（hm² · d），共节水1236.15 kg/hm²。由此可见，林带具有降低水分蒸腾蒸发的重要功能。

（2）空气湿度

空气湿度分为空气绝对湿度和空气相对湿度。空气绝对湿度又称为水汽压，是一定温度下所含有的水汽的分压力。刘广菊等（2000）的研究结果表明，在1.5 m高层处，林内的空气绝对湿度比对照点提高了31.83%，其增高幅度的峰值出现在14：00时，比对照增高了46.31%；在5.0 m高层处，林内的空气绝对湿度也高于对照点，提高13.39%，增高幅度的峰值比对照提高31.12%（表4-14）。由此可见，草牧场防护林具有明显的增加空气绝对湿度的效应，随高度的增加其效应有所减弱，这是由于林冠下层的风速小、乱流交换作用弱，空气中的水汽含量比对照点高，因此林内的空气绝对湿度高于对照点。

表4-14　疏林式草牧场防护林林内与对照点的绝对湿度

时间	1.5 m绝对湿度（mb）		相对差值（%）	5.0 m绝对湿度（mb）		相对差值（%）
	林内	对照		林内	对照	
08：00	12.53	9.57	30.93	8.61	8.01	7.49
14：00	14.06	9.61	46.31	11.08	8.45	31.12
20：00	11.07	9.39	17.89	7.98	7.96	0.25
均值	12.55	9.52	31.83	9.23	8.14	13.39

注：相对差值＝（林内－对照）/对照×100%
资料来源：刘广菊等，2000

空气相对湿度是判别半干旱地区植物适宜生长条件的重要指标，空气相对湿度为水汽压与饱和水汽压两者之比。刘广菊等（2000）的研究结果表明，同一高度处，林内的相对湿度高于无林庇护的对照点。在1.5 m高层处，林内的空气相对湿度比对照点提高了24.40%，峰值出现在14：00时，比对照增高37.03%。在5.0 m高层处，林内的空气绝对湿度也高于对照点，平均提高7.83%，比对照提高22.15%（表4-15）。这是由于林内的风速较对照低，减弱了乱流交换作用，使林内植物蒸腾与土壤蒸发的水汽在林内近地层大气中保持的时间较旷野长，因此林内空气中的水汽含量增高，水汽压和相对湿度高于无林庇护的对照点。

表4-15　疏林式草牧场防护林林内与对照点的相对湿度

时间	1.5 m相对湿度（%）		相对差值（%）	5.0 m相对湿度（%）		相对差值（%）
	林内	对照		林内	对照	
08：00	81.85	66.05	23.90	58.82	56.67	3.79
14：00	71.16	51.93	37.03	58.28	47.71	22.15
20：00	84.36	72.81	15.86	57.18	57.32	-0.24
均值	79.12	63.60	24.40	58.09	53.87	7.83

注：相对差值＝（林内－对照）/对照×100%
资料来源：刘广菊等，2000

（3）空气露点

露点是指空气中所含的水汽压变为饱和时的温度，温度越高，饱和水汽压就越大，露点也就越高。刘广菊等（2000）的研究结果表明，在同一高度处，林内的露点高于无林庇护的对照点。在1.5 m高层处，林内的露点比对照点提高了56.07%，增高幅度的峰值平均比对照增高了79.27%。在5.0 m高层处，林内的露点也高于对照点，平均增高46.61%，其增高幅度的峰值出现在 14：00 时，比对照增高 87.15%（表 4-16）。这是由于林内的风速较小，而气温、地温和空气湿度又较大，因此林内的露点高于无林庇护的对照点。

表 4-16　疏林式草牧场防护林林内与对照点的露点

时间	1.5 m 露点（℃）		相对差值（%）	5.0 m 露点（℃）		相对差值（%）
	林内	对照		林内	对照	
08：00	9.58	6.48	47.84	4.37	3.80	15.00
14：00	10.80	6.03	79.27	8.01	4.28	87.15
20：00	8.71	5.78	50.69	4.51	3.44	31.10
均值	9.70	6.10	56.07	5.63	3.84	46.61

注：相对差值 =（林内 – 对照）/对照×100%

资料来源：刘广菊等，2000

（4）冬季地面积雪

北方地区草牧场防护林对地面积雪厚度的影响在半干旱地区具有十分重要的意义，因不同类型防护林阻截降雪不同，对于提高草牧场土壤水分作用也显著不同。吴德东等（2000）通过对沙质草地营造的带状、群团状、片状 3 种类型防护林的积雪进行研究，认为林带对积雪的影响主要取决于林带的结构，其次是地形、风向及降雪强度等，这 3 种结构林带减弱风速和乱流交换特征不同，对积雪厚度及分布的影响也不同（表 4-17）。

表 4-17　3 种草牧场防护林对积雪厚度的影响

草牧场防护林类型	林带前后		积雪厚度（cm）							
			林缘	1H	2H	5H	10H	15H	20H	25H
带状草牧场防护林	1	迎	4.8	5.7	9.0	6.7	7.0	6.8	6.8	6.9
		背	4.8	6.2	10.5	7.3	7.2	7.0	7.0	7.1
	2	迎	4.9	5.7	8.8	6.5	7.1	6.7	6.9	7.0
		背	4.9	5.3	9.6	7.5	7.0	7.1	7.0	6.9
	3	迎	5.0	5.8	8.7	6.9	6.9	6.9	6.9	7.0
		背	5.0	5.6	9.7	7.5	7.2	7.1	6.9	6.9
	平均	迎	4.9	5.7	8.8	6.7	7.0	6.8	6.9	7.0
		背	4.9	5.7	10.5	7.4	7.1	7.1	7.0	7.0
群团状草牧场防护林	1	迎	29.8	25.0	10.8	9.3	7.3	7.0	7.0	7.0
		背	29.8	27.6	20.2	15.3	10.9	9.8	7.5	7.3
	2	迎	30.5	26.3	17.2	10.9	10.0	9.5	7.3	7.2
		背	30.5	26.7	21.2	13.7	11.2	8.8	9.0	7.5
	3	迎	28.0	24.7	14.3	10.5	7.5	7.3	7.0	6.0
		背	28.0	26.6	18.2	13.2	10.7	9.8	7.3	7.2
	平均	迎	29.4	25.3	14.1	10.2	8.3	7.9	7.1	6.7
		背	29.4	27.0	20.1	14.1	10.9	9.5	7.9	7.3

续表

草牧场防护林类型	林带前后		积雪厚度（cm）							
			林缘	1H	2H	5H	10H	15H	20H	25H
片状饲料防护林	1	迎	8.8	8.8	8.3	8.0	7.5	7.1	7.0	7.0
		背	8.8	10.2	15.0	13.0	7.7	7.3	7.0	7.0
	2	迎	9.0	8.3	7.8	7.8	7.4	7.0	7.1	7.0
		背	9.0	11.3	14.5	13.3	8.0	7.8	7.3	7.1
	3	迎	9.3	8.9	8.3	7.9	7.4	7.4	7.3	7.2
		背	9.3	12.0	15.8	13.7	8.1	7.6	7.1	7.1
	平均	迎	9.0	8.7	8.1	7.9	7.4	7.2	7.1	7.1
		背	9.0	11.2	15.1	13.3	7.9	7.6	7.1	7.1

资料来源：吴德东等，2000

带状草牧场防护林迎风面，林缘至1H积雪较薄（最低为4.8 cm），低于旷野平均积雪厚度。2H处明显加厚，形成的雪堆长度约为24 m。林带对5～25H的积雪厚度无明显影响；背风面与迎风面基本相同，由于林带背风面形成弱风区，5H处的积雪明显比旷野平均积雪厚，即背风面有效积雪距离增大，形成的雪堆长度约为84 m。

与带状防护林相比，群团状草牧场防护林迎风面的林缘、1H处积雪厚度明显增加（最厚可达30.5 cm），约为旷野平均积雪厚度的4倍，形成的大雪堆长度约为3 m。2～15H的积雪厚度的增加幅度比林缘及1H处的小，随着距林带距离的加大，积雪厚度逐渐减小，形成的雪堆长度达42 m；20～25H的积雪厚度与旷野的几乎没有差异。而背风面林缘至2H处积雪厚度有明显的增加，形成的大雪堆长度约为6 m，比迎风面增加了3 m。5～25H的积雪均超过旷野的积雪厚度，且随着距林带距离的增大，积雪厚度逐渐减少，背风面有效积雪距离长达75 m以上。因此，群团状林迎风林缘的积雪最厚（30.5 cm），但分布不均匀。

在片状饲料防护林迎风面，林缘到10H处的积雪最厚达9.3 cm，有效积雪距离10.1 m左右。15～25H的积雪厚度逐渐降至平均积雪厚度。背风面的林缘到15H处的积雪最厚达15.8 cm，有效积雪距离达15.2 m左右，20～25H的积雪厚度也有少量增加。由此可见，片状饲料防护林背风林缘的积雪最厚，带缘（内）积雪比旷野平均积雪厚。

综上所述，草牧场防护林能增加林网内的积雪，3种类型草牧场防护林对积雪由厚到薄的影响顺序是：群团状防护林、片状饲料防护林、带状防护林。林网内的积雪有利于增加土壤中的水分，可减轻草地冬季的风蚀沙化，促进春季牧草的生长。

（5）土壤水分

土壤水分状况的好坏是土壤肥力高低的重要标志之一。张宏思（1988）通过研究风沙干旱地区草牧场防护林的水文效益，指出在风沙干旱地区营造防护林后，由于在林网内削弱了风速，增加了空气湿度，降低了土壤温度，减少地表水分大量的蒸腾流失，使土壤含水率有所提高。张启昌等（1994）通过对林带内、林网内及旷野对照含水率的测定，分析了草牧场防护林对草牧场土壤含水率的影响，结果表明林网内5～15H的土壤含水率比旷野增加1.22%，杨树带内与旷野土壤平均含水率比旷野对照降低0.69%。林网内的土壤水分显著高于旷野对照，特别是在距林带15H处与旷野对照相对比差异显著。由于草牧场防护林网内风速和乱流交换减弱，冬季积雪增厚，且比较均匀，增加了水分增量，融雪后水分能补充到土壤中去，同时林网内风速减弱，蒸发量减少，空气湿度增大，水平降水增加，使林网内的水分增加。

沙地草场土壤含水率也与草场植被的密度和林木的生长关系密切。周景荣等（1989）对生长季不同类型草牧场防护林对土壤水分状况的影响研究结果表明，草牧场防护林树木的呼吸蒸腾作用消耗了土壤中部分水分，另外树冠及枯落物腐殖质层覆蔽地面，又减少了土壤水分蒸发，起到保护土壤水分的作用，经观测有林草场土壤含水率高于裸露草场，固沙饲料林土壤水分增加更为明显，相当于对照草场的25%（表4-18）。

表4-18 不同草牧场防护林土壤含水率比较

类型	旷野对照(%)	有林观测点						差值(%)	增减(%)
		1	2	3	4	5	平均		
带状草牧场防护林	6.97	0.38	7.61	7.30	7.47	7.37	6.03	0.26	3.7
群团状草牧场防护林	6.48	6.55	6.30	7.78	7.15	7.04	6.96	0.18	2.8
固沙饲料草牧场防护林	3.20	3.81	4.46	3.88	3.84	4.04	4.01	0.81	25.3

资料来源：周景荣等，1989

4.5.2 改良土壤效能

干旱半干旱风沙草原区土壤侵蚀、荒漠化、盐碱化、贫瘠化等土壤退化现象严重，草场退化，优质牧草种类显著减少，适口性差的杂草类增加，导致草地生产力降低。草牧场防护林通过扩大林草植被，减少风沙危害，减轻草地退化，对降低土壤容重、增加土壤孔隙度、促使土壤团粒结构的形成、改善土壤理化性质以及提高土壤肥力等方面具有较显著的作用（贾洪久，1988）。

土壤孔隙度是反映土壤孔隙状况的重要指标，主要包括毛管孔隙度和非毛管孔隙度。土壤孔隙度关系到土壤的通气状况和土壤中水分的运动。土壤密度则是反映土壤的结构和水汽状况的主要参数。于建权等（2001）对半干旱区疏林式草牧场防护林土壤改良效应进行了研究，结果表明疏林草场土壤的毛管孔隙度及非毛管孔隙度皆高于对照点，而土壤密度却低于对照点（表4-19），这主要是由于草牧场防护林提高了林内草场土壤湿度和空气湿度。

表4-19 疏林式草牧场防护林林内与对照点的土壤孔隙度

土层（cm）	地点	密度（g/cm³）	毛管孔隙度（%）	非毛管孔隙度（%）	通气度（%）
0~10	林内	1.144	48.60	4.67	53.03
	对照	1.248	37.61	4.60	42.02
10~20	林内	1.259	47.82	5.53	53.14
	对照	1.348	39.02	4.20	43.03

资料来源：于建权等，2001

土壤酸碱度是影响土壤肥力的重要因素之一，土壤有机质的分解、营养元素的释放与转化以及土壤发生过程中的元素的迁移等都与酸碱度有密切的关系。于建权等（2001）在半干旱风沙区疏林式草牧场防护林的土壤改良效应研究中得出，在土壤同一深度层，pH 随时间的推移而降低，并且林内土壤 pH 的递减趋势明显比对照平稳（表4-20）。在 5～7 月，林内土壤的 pH 多数高于对照；而在 8 月，林内土壤的 pH 略低于或等于对照土壤的 pH。

表 4-20　草牧场防护林对土壤 pH 的影响

月份	0～10 cm		10～30 cm		30～50 cm	
	林内	对照	林内	对照	林内	对照
5	8.09	7.98	8.05	7.98	8.05	8.08
6	8.03	8.03	8.06	8.05	8.07	8.07
7	8.02	8.97	8.01	8.05	8.04	7.98
8	7.83	7.93	7.91	7.97	7.93	7.93
平均	7.99	8.23	8.01	8.01	8.02	8.01

资料来源：于建权等，2001

土壤机械组成是表征土壤肥力的重要指标之一。土壤肥力与沙粒级之间呈极显著负相关，即沙粒含量越高，土壤肥力越低，反之则高；土壤有机质与粉粒、黏粒含量之间均呈极显著正相关，土壤中的粉粒和黏粒含量越高，土壤肥力越高。胡嘉良（1992）对 12 条平行林带对东北西部风沙草原开垦后的防风蚀连续效应进行了研究，结果表明平行林带具有明显防止草原土壤风蚀的效应。李会科和王忠林（2000）对风沙区牧场防护林生态效益进行了调查，认为营造牧场防护林后，由于林带削弱风速、控制风蚀，减少了草地土壤养分的无效输出，使有机质等营养物质稳定存在于草地系统中，同时防护林还可使随风挟带飘移的土壤细粒中的养分截留沉降在其防护区域内，能有效改善草地土壤结构，增加营养物质。林网保护的草地比无林网保护的草地中沙粒比例下降了 21.89%，而粉沙比例比无林网保护的草地增加了 3.7 倍，土壤有机质提高了 45.15%，土壤机械组成发生了变化，有机质含量提高，土壤肥力改善，抑制了草场退化，为植被生长发育创造了条件（李会科和王忠林，2000）。

4.5.3　增强放牧功能

草牧场防护林通过调节草场微域气候条件，改善土壤结构及其理化性质，增强草牧场的抗灾能力，提高牧草产量进而增加了草场载畜能力，增强草场放牧功能，是保护牧区畜牧业稳定发展的有效途径之一。

4.5.3.1　草牧场防护林对牧草生物量与生产力的影响

营造草牧场防护林不仅可以改善区域的小气候，恢复受损的草地生态系统，而且可以提高草牧场生态系统的稳定性及生产力。防护林对牧草产量及生产力的影响是评价草牧场防护林作用的关键。由于草牧场防护林可以降低林内的风速、减少蒸发、增加林内的空气湿度与土壤湿度、调节林内的气候，为牧草生长提供了良好的环境条件，对牧草的地上与地下部分生物量，以及其生长规律与养分的季节动态都产生一定影响。于建权等（2000）对半干旱风沙区疏林式草牧场防护林的生物效益进行了研究，采用收获法对林内与对照草场的牧草地上部分生物量进行了调查，结果表明林内牧草的地上部分生物量明显高于对照（表4-21），1992 年和1993 年林内单位面积地上部分生物量（干质量）分别比对照提高了34.67% 和41.28% 。此外，由于林内气候及土壤条件的变化，草场主要草种的地上部分生物量也发生了相应的变化，林内牧草的种类组成及群落结构发生改变（表4-22）。

表 4-21　牧草地上部分生物量　　　　（单位：g/m²）

地点	1992 年		1993 年	
	鲜质量	干质量	鲜质量	干质量
林内	347.13	147.37	585.79	237.30
对照	274.34	109.43	401.52	167.96

资料来源：于建权等，2000

表 4-22　主要草种地上部分生物量　　　　（单位：g/m²）

年份	地点	野枯草		羊茅		线叶菊	
		鲜质量	干质量	鲜质量	干质量	鲜质量	干质量
1992	林内	125.93	52.81	23.63	12.29	34.49	12.43
	对照	54.37	24.27	32.83	16.33	49.46	16.39
1993	林内	183.83	67.31	50.82	22.48	25.77	8.68
	对照	58.49	22.36	41.07	18.45	24.19	8.08

资料来源：于建权等，2000

对牧草地下生物量的分层调查结果表明，林内的地下部分生物量主要分布在 0～30 cm，而对照点的地下生物量主要分布在 0～20 cm。在同一土壤深度层，林内牧草的地下部分生物量（干质量或鲜质量）皆明显高于对照点（表4-23）。由此可知，在牧草根系的数量、密度及分布深度等方面，林内明显高于对照。由于草牧场防护林改善了林内的土壤及气候条件，从而促进林内牧草地下部分的生长，而林内土壤地下根系的数量增多、密度增大和分布加深，又可以改良林内土壤的结构，进而形成了牧草与土壤两者之间的良性循环。

表 4-23　牧草地下部分生物量

土壤深度（cm）	鲜质量（g/m²）		相对差值（%）	干质量（g/m²）		相对差值（%）
	林内	对照		林内	对照	
0～10	63.24	39.78	58.97	41.96	25.56	64.16
10～20	18.48	17.74	4.17	7.06	5.24	34.73
20～30	12.48	11.08	12.64	2.30	0.88	161.36
30～40	11.28	10.88	3.68	0.88	0.59	49.15
40～50	10.82	10.40	4.04	0.50	0.38	31.58

资料来源：于建权等，2000

李永华等（2008）对人工白榆草牧场防护林及其林下和周边草地生产力进行了调查，结果表明地上生产力在迎风面一侧变化不大并基本稳定在 1500~1600 kg/hm²，在背风面一侧随着距防护林距离的增加地上生产力增加，在距防护林 30 m 处地上生产力为 2000~2300 kg/hm²[图 4-20（a）]。在迎风面一侧，地上生产力与离开防护林的距离不存在明显相关关系，而在背风面一侧地上生产力与距防护林的距离明显相关（$P<0.05$），在背风面一侧 200 m 以内，与距防护林的距离可以解释牧草地上生产力变化的 97%[$P<0.001$，图 4-20（b）]。

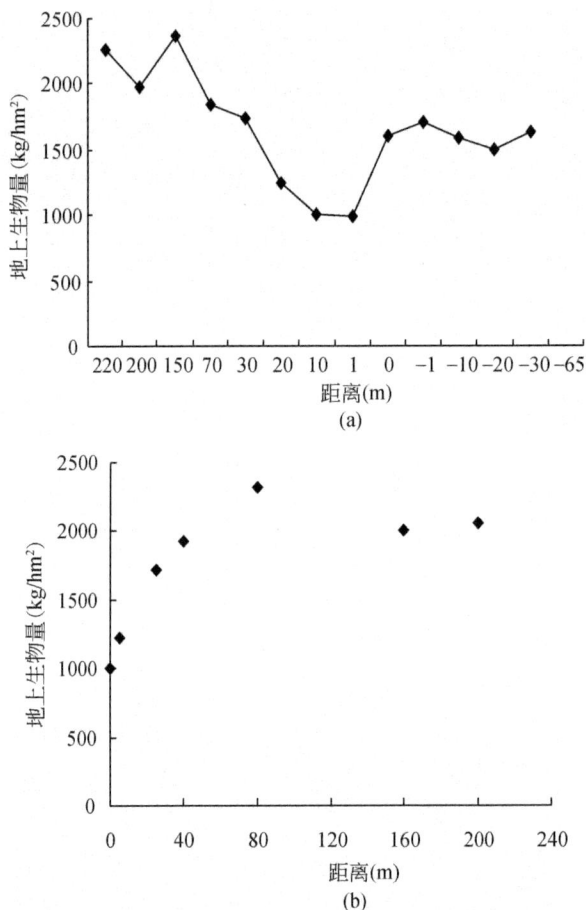

(a)

(b)

图 4-20　草牧场防护林影响下草地地上生物量分布规律（李永华等，2008）

背风面和迎风面一侧分别为"＋"和"－"

在草牧场防护林带迎风面或背风面，随着距防护林距离的增加，草地地下生物量均未表现出明显的变化规律[图 4-21（a）]。分析土壤 30 cm 内各层根系重量显示，草地地下生物量主要分布在地下 0~10 cm，其重量占全部根系重量的 86%，10~20 cm 的根系占总根系重量的 10%，而地下 20~30 cm 的根系仅占总根系重量的 4%。比较不同位置草地地下 0~10 cm 生物量占总地下生物量的比例发现，林内草地地下 0~10 cm 生物量比例最低，随着距草牧场防护林距离的增加，地下 0~10 cm 生物量比例在背风面和迎风面均有增加，同时在离开防护林相对距离相似的情况下，迎风面一侧草地地下 0~10 cm 生物量占总地下生物量的比例一般低于背风面一侧［图4-21（b）］。

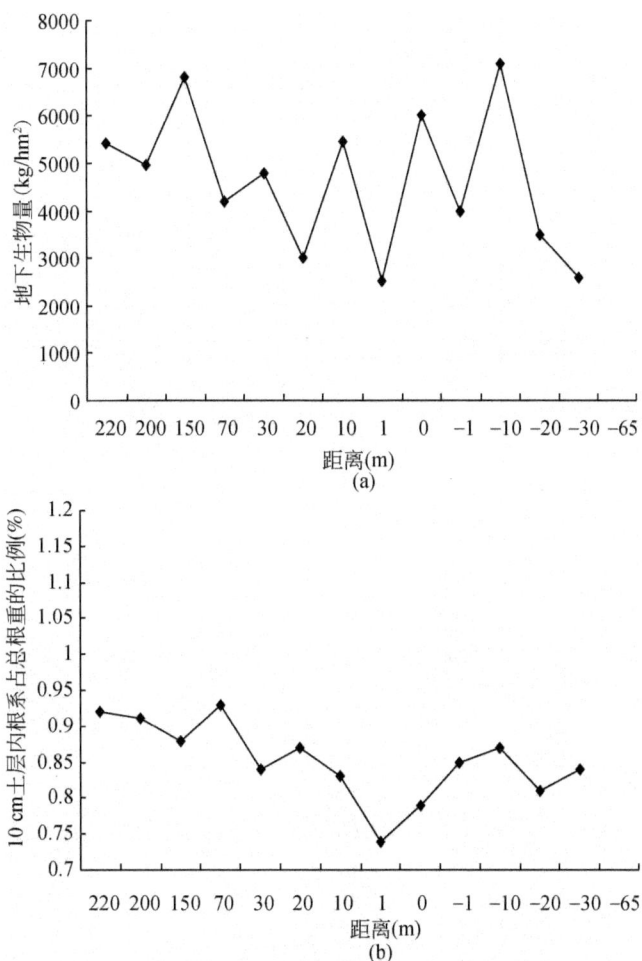

图 4-21　草牧场防护林影响下的地下生物量分布特征

背风面和迎风面一侧分别为"＋"和"－"

4.5.3.2　草牧场防护林对放牧动物的影响

由于草牧场防护林为牧草生存与生长提供了良好的环境条件，对牧草的地上与地下部分生物量，以及牧草的品质产生了积极的作用，这使草牧场内可食性牧草种类和数量增多，单位面积的载畜量增大，并且提高了动物采食量与采食率，更有效地利用了草地资源。同时防护林为牲畜提供了很好的庇护与遮阴场地，使放牧动物在生理活动上保持正常的状态，避免受不良气候条件的影响，有利于维持其正常的新陈代谢，减少能量消耗，提高生产力水平。刘淑玲等（1997）对有林草场（试验组）和无林草场（对照组）绵羊的活动动态进行了试验，在有林草场和无林草场分组放牧，分别测定有林草场和无林草场绵羊的生长指标（表4-24），结果显示有林草场与无林草场对试验羊生理活动有显著的影响，表明有林草场能增加单位面积的生产能力，绵羊采食状况与表现行为无显著差异，而在抗病力方面试验组与对照组差异显著，说明草场防护林具有降低绵羊发病率的作用。

表 4-24　有林、无林草场试验羊增量状况

群别	羊号	x_1	x_2	x_3	x_4 1/2	x_5 3/4	x_6 5/6	进食状况	表现行为	抗病力
试验组	2	1.9	4.0	1.3	3.7/4.7	—	9.0/9.5	—	好	强
	4	1.0	4.8	0.6	4.8/4.6	1/1	12.0/13.3	中	中	中
	6	2.0	6.2	1.0	3.5/4.9	1/1	12.0/11.6	好	好	强
	8	0.4	2.3	1.5	3.1/7.2	—	14.0/16.7	好	好	强
	10	0.5	7.5	1.3	6.9/7.0	1/2	11.6/10.9	好	好	强
	12	1.3	9.8	4.9	2.7/6.0	1/1	11.0/11.5	好	好	强
	14	4.4	7.9	9.7	4.5/7.4	2/2	12.8/14.4	好	好	强
	16	1.2	7.0	3.0	7.0/8.7	1/1	9.2/9.9	好	好	强
	18	2.8	6.7	3.8	5.7/5.0	2/2	7.2/8.4	中	中	中
	20	2.3	4.8	5.5	3.3/8.1	1/1	11.0/11.6	好	好	强
	22	7.1	2.6	2.3	5.5/5.5	2/1	6.4/12.5	好	好	强
	24	4.5	6.5	5.0	6.1/4.5	1	10.4/12.2	好	好	强
	26	3.0	2.7	3.6	2.7/5.3	1/1	7.6/9.2	好	好	强
	28	2.6	6.0	1.7	9.5/5.9	1/1	8.8/9.5	好	好	强
	30	1.4	2.4	6.9	5.9/4.4	1/1	15.5/16.8	好	好	强
对照组	1	1.3	1.3	1.8	6.4/4.9	—	10.0/10.9	好	好	病后死
	3	0.6	3.2	3.3	3.6/7.9	1/1	8.8/9.4	好	好	强
	5	1.9	5.1	3.5	6.5/7.2	2/1	6.6/7.0	好	好	强
	7	3.2	4.6	1.7	5.7/8.8	1/1	10.7/11.0	好	中	中
	9	4.5	4.5	3.6	2.7/6.6	—	12.0/10.6	中	好	强
	11	4.8	1.3	3.9	6.5/5.1	1/1	7.5/8.3	好	中	中
	13	1.1	1.9	3.0	2.8/3.4	2/2	14.0/12.3	中	中	中
	15	1.0	2.7	2.7	3.1/5.4	1/1	7.2/8.5	好	好	强
	17	0.6	3.4	2.7	5.2/1.5	1/1	9.6/8.0	好	好	强
	19	2.7	2.9	1.6	5.0/6.0	1/1	8.0/7.2	好	好	强
	21	1.7	2.0	2.0	2.1/5.3	1/1	13.4/10.9	好	好	强
	23	1.3	3.0	1.8	4.0/4.3	1/2	10.0/11.2	中	好	强
	25	1.9	1.8	1.7	4.3/7.2	1/1	8.2/8.5	好	好	强
	27	1.8	2.7	3.3	2.8/5.4	1/1	6.0/7.1	好	好	强
	29	3.5	4.2	1.4	4.4/2.5	1/1	15.0/14.8	好	中	中

注：$x_1 \sim x_6$ 分别表示体长增量（cm）、胸围增量（cm）、体高增量（cm）、体重增量（kg）、产仔只数、产毛量（kg）；x_1、x_2、x_3 中各项指标为 5~9 月增量，x_4 中 1 为 5~7 月增量，2 为 7~9 月增量；x_5 中 3 为第一年产羔数，4 为第二年年产羔数；x_6 中 5 为第一年产毛量，6 为第二年产毛量；抗病力，中为染病，强为不染病；进食状况、表现行为分为好、中、不好

资料来源：刘淑玲等，1997

　　采食率是采食量所占放牧地草群点产量的比例（%），可用来确定放牧地的利用程度。

刘淑玲等（1997）的研究结果表明，有林草场可食性牧草种类相对较多，数量也相对较大（表 4-25），放牧动物对牧草采食相对比较多，所以有林草场放牧地平均采食率（45.46%）高于无林草场（35.94%）。根据采食率的测定试验，试验组和对照组羊采食率分别为 45.46% 和 35.94%，属于中、轻度放牧。比较两种不同类型的放牧场牧草采食率的差异，反映出有林、无林草场上放牧绵羊对牧草利用程度。

表 4-25　草牧场防护林对采食率的影响

群别	植物名称	放牧前		放牧后		采食量（%）	采食状况
		高度（cm）	重量（g/m²）	高度（cm）	重量（g/m²）		
试验组	兴安胡枝子	9.5	25.0	3.0	10.3	58.8	喜食
	细叶胡枝子	21.0	25.0	10.5	9.5	62.0	喜食
	中华隐子草	9.0	50.0	4.3	38.7	22.6	中等
	羊草	31.0	35.0	20.2	8.0	77.1	喜食
	荻草	37.0	57.0	30.5	54.0	5.3	极少
	狗尾草	7.0	20.0	7.0	9.3	53.5	喜食
	圆叶藜	14.0	16.0	11.2	10.0	37.5	少
	沙打旺	13.0	15.0	9.0	8.0	46.7	中等
	冰草	10.0	5.0	9.4	3.9	22.0	少
	马唐	12.5	10.0	10.1	5.0	50.0	喜食
	猪毛菜	16.0	20.0	13.6	10.0	50.0	中等
	鸡眼草	6.0	5.0	3.3	2.0	60.0	喜食
对照组	中华隐子草	13.0	50.0	10.6	24.4	51.2	中等
	羊草	30.0	44.5	18.8	23.7	46.7	喜食
	冰草	24.0	20.0	22.4	18.6	0.7	喜食
	马唐	7.0	30.0	6.4	16.8	44.0	喜食
	猪毛菜	4.0	25.0	4.0	20.0	20.0	中等
	紫花地丁	8.0	8.0	6.5	3.0	62.5	中等
	鸡眼草	7.0	5.0	6.5	4.0	20.0	喜食
	叉分蓼	2.0	1.5	2.0	0.5	66.7	少
	山韭	20.0	35.0	18.7	30.0	14.3	少
	细叶鸢尾	30.5	30.0	28.4	23.0	23.3	极少

资料来源：刘淑玲等，1997

日食量是确定适宜载畜量、合理利用草场的重要依据。刘淑玲等（1997）利用群牧差额法和舍饲法（表4-26）估算日食量，认为草牧场防护林改变了草场放牧地的植被组成，防护林草场有利于家畜采食，可显著地提高采食量，这与有林草场放牧地绵羊采食率高相吻合。对草场载畜量的影响方面，有林草场产鲜草为 13 179.0 kg/hm²，有林草场载畜量为 1.27 只/hm²，相当于 0.79 hm² 草场养 1 只羊（饱和载畜量 2.85 只/hm²，相当于 0.35 hm² 草场养 1 只羊）。天然草场产鲜草 8094.0 kg/hm²，载畜量为 0.6 只/hm²，相当于 1.67 hm² 草场养 1 只羊（饱和载畜量 1.8 只/hm²，相当于 0.55 hm² 草场养 1 只羊）。可见，有林草场比无林草场载畜量提高 0.67 只/hm²，即养 1 只羊节省草场 0.88 hm²。由于有林草场牧草产量高、质量好，绵羊采食利用率增加。

表 4-26　草牧场防护林对日食量的影响　　　　　　（单位：kg）

群别	群牧差额法（1993~2008 年）				舍饲法（1994~2008 年/1995~2007 年）			
	样方	牧前	牧后	日食量	试验羊	投入	剩余	日食量
试验组	1	750	645	10.50	2	20.5	8.0	12.50
	2	325	50	27.50	4	17.9	6.2	11.70
	3	375	250	12.50	6	18.8	5.8	13.00
	4	425	300	12.50	8	26.8	11.8	15.00
	5	575	350	22.50	10	19.8	8.9	10.90
	6	335	245	9.00	20	19.2	6.5	12.70
	平均			15.75	平均			12.63
对照组	1	575	341	23.40	1	27.3	15.0	12.30
	2	475	340	13.50	3	24.9	12.1	12.80
	3	250	195	5.50	9	30.6	19.1	12.50
	4	380	305	7.50	11	31.7	19.3	12.40
	5	230	160	7.00	21	29.3	17.4	11.90
	6	305	215	9.00	25	28.6	14.9	13.70
	平均			10.98	平均			12.6

注：群牧差额法和牧前、牧后数值为 1 m² 样方牧草鲜草重量（g）
资料来源：刘淑玲等，1997

在炎热的夏季，草牧场防护林对牲畜具有庇护作用，有利于正常生长发育。刘淑玲等（1997）的研究结果表明，试验组绵羊在生理活动上表现与对照组有明显差异（表4-27），这种差异主要来自草场小气候条件的改善，有利于维持其正常的新陈代谢，减少了无效的能量消耗，对体重增加有利。

表 4-27　草牧场防护林对放牧动物生理活动的影响

群别	试验羊	观测项目		
		心率（次/min）	呼吸频率（次/min）	体温（℃）
试验组	2	90.0	30.0	39.00
	6	82.0	47.0	39.30
	8	98.0	46.0	38.50
	12	80.0	49.0	38.60
	14	78.0	36.0	38.50
	16	93.0	42.0	38.80
	18	90.0	51.0	38.40
	20	76.0	38.0	38.50
	平均	85.9	42.4	38.70
对照组	1	80.0	73.0	39.40
	3	86.0	72.0	39.40
	5	91.0	64.0	39.50
	7	88.0	66.0	39.50
	9	96.0	60.0	39.90
	11	88.0	56.0	40.00
	13	98.0	76.0	38.80
	15	96.0	73.0	39.40
	平均	90.4	67.5	39.49

资料来源：刘淑玲等，1997

综上所述，草牧场防护林不仅改善草原的小气候，促进植物的生长发育，抑制草地退化和沙化，增加载畜量，而且提高了草牧场的抗灾能力，促进了畜牧业的稳产高产，改善了牧民的生活和生产条件，具有良好的生态效益、经济效益和社会效益。

4.6　半干旱区草牧场防护林构建技术

半干旱区草牧场防护林建设是植被恢复与可持续发展的重要途径，也是半干旱区林业生态工程建设的一个重要方向。草牧场防护林构建应该参照天然植被的结构配置与空间布局，在对某地带性天然植被的结构功能进行深入分析的基础上，以近自然或拟自然的植被恢复方式，把地带性生态系统的结构和功能作为原始模型来效仿，以植物群落的进展演替为主要特征，重新创造一个自我维持的生态系统，具有自然和人为干扰下进行自我修复的能力，通过人工辅助管理达到定向培育的目标，有效发挥草牧场防护林的生态服务功能。

4.6.1　半干旱区草牧场防护林适生树种筛选

半干旱草牧场防护林构建的首要研究内容是根据光照、热量、水分、土壤、地形等造林立地条件筛选适生树种，这对发挥防护林效益具有决定性的作用。美国在制定和实施大平原防护林工程时，特别重视树种选择，进行了大量的适生树种试验研究并提出了草牧场防护林的适生树种。Dawson 和 Read 在进行草原防护林带树种选择时，通过分析 17 种针阔叶树的生物习性，认为针叶树如美国黄松、铅笔柏、落基山桧以及落叶阔叶树如洋白蜡、榆、大叶美洲朴、皂荚等比较耐旱，可种在地下水位较深的立地上，而杨柳则应植于水分充足的土壤上（张河辉和赵宗哲，1990）。在我国，草牧场防护林树种选择研究进行了大量的工作（向开馥等，1980；曹新孙，1984；段文标和陈立新，2002），并提出了半干旱区草牧场防护林树种选择的原则（表 4-28）和可供选择的树种（表 4-29）。

表 4-28 半干旱区草牧场防护林树种选择原则

原则	内容
气候相近性原则	所选择的树种必须来自具有相同气候的地区或至少某些气候因子相近似的地区，这主要取决于树种对局部气候和土壤的适应性
立地适应性原则	在适宜的树种中，应优先选用速生性树种，同时考虑其与立地条件的适应性
多功能性原则	防护性与饲用性有机结合，重点考虑树种枝叶的饲料价值和防护作用
乡土树种原则	乡土树种的优良品系培育有着其适应性强的优点，在半干旱区草牧场防护林树种培育中要以乡土树种为主；适当选用适应性强的外来树种

表 4-29 半干旱区草牧场防护林构建可供选用树种

树种类型		可选树种名称
乔木	针叶树种	樟子松、油松、圆柏、云杉、赤松、落叶松、卷柏等
	阔叶树种	白榆、春榆、五角枫、刺槐、小叶杨、山杨、北京杨、小青杨、山里红、稠李、蒙古栎、辽东栎、大果榆、色木槭、白蜡、皂荚、旱柳、桑树、臭椿、火炬树、黄檗、黄栌、紫椴、黄金树等
灌木		山杏、胡枝子、锦鸡儿、紫穗槐、沙棘、沙木蓼、鼠李、山竹子、细叶胡枝子、兴安胡枝子、灰桦、柽柳、杠柳、蒙古柳、小红柳、小黄柳、鼠李、差巴嘎蒿、绣线菊、毛榛、欧李、毛樱桃、榆叶梅、山毛桃、文冠果、酸枣、柽柳、丁香、枸杞、忍冬等

通过多年生产实践和试验研究表明（李成烈等，1991；李成烈等，1992），樟子松是半干旱沙地草原营造草牧场防护林的理想主栽树种（表 4-30），由于樟子松抗逆性强、耐干旱瘠薄的土壤，生长季和非生长季防护性能好，防护周期长，成为草牧场防护林的主要选择针叶树种之一。据调查，樟子松根系处在的土层中（30～50 cm），最低含水率 3.6% 的条件下可确保成活，林草协调共生良好，可提高草质草量。林内和无林草场在相同立地条件下，林内平均牧草产量 1267.7 kg/hm²，无林草场平均牧草产量 981.725 kg/hm²，林内比无林草场增产 336.2 kg/hm²，增益 36.1%（表 4-31），林内和无林间牧草产量差异显著，林内可食性牧草比无林草场增长 38.2%（表 4-32）。在半干旱沙地草原上，樟子松也是重要的用材树种，用樟子松营造草牧场防护林具有多种效益，是半干旱沙地草原上造林的理想树种，可在生产中广泛应用。

表 4-30　不同树种生长状况比较

树种	林龄（年）	株数	保存率（%）	平均树高(m)	年生长量(cm)	整地方式	抚育措施
樟子松	2	200	92.0	0.625	15.9	穴状	无
榆树	4	90	95.7	0.916		开沟	无
银中杨	8	108	93.7	1.03	93.3	全面	间种一年 机械抚育一年
旱快柳	8	109	82.4	1.103	84.3	全面	间种一年 机械抚育一年

资料来源：李成烈等，1992

表 4-31　林内与无林草场牧草产量比较　　　（产量单位：kg/hm²）

类别	1988 年	1989 年	1990 年	1991 年	平均
林内	1415.3	1350.7	1152.0	1152.8	1267.7
无林	1245.0	1000.5	874.5	806.9	981.725
林内比无林增产(%)	13.7	35.0	31.7	42.9	29.1

资料来源：李成烈等，1992

表 4-32　林内、外牧草结构比较

项目	林内					林外					林内比林外增加（%）				
	可食性				不可食性	可食性				不可食性	可食性				不可食性
植物种类	禾本科	豆科	其他	合计	毒草	禾本科	豆科	其他	合计	毒草	禾本科	豆科	其他	合计	毒草
密度（株/m²）	130	29	39	198	8	96	15	20	131	10	35.4	93.3	95.0	51.1	20.0
鲜重（kg/hm²）	1465	281	1125	2871		1352	237	489	2078		8.4	18.8	130.1	38.2	

资料来源：李成烈等，1992

　　由于各地区的自然条件不同，立地特性各异，选择适宜草牧场防护林的树种也有所不同。管继有（2003）以樟子松和杨树作为对象，调查了不同立地条件下樟子松和杨树的生长状况（表 4-33、表 4-34）。通过比较分析得出，樟子松在不同立地条件下表现出明显的生长差异，生长量从大到小的次序为暗栗沙土、淡黑钙土、黄沙土、暗栗钙土和沙质暗栗钙土。除了在黑钙土上，樟子松的生长小于白城杨以外，在暗栗沙土、黄沙土和沙质暗栗钙土上，其生长量均超过杨树，表现出明显的生长适宜性。在暗栗沙土上，小黑杨的适宜性也较好。但与风沙土和栗钙土相比，冲积土是它更适宜的立地条件。在碳酸盐黑钙土上，白城杨是较适宜的树种之一。但从防护功能、生产力和稳定性等方面综合考虑，樟子松和杨树均应有适当比例的发展。

表 4-33　樟子松在不同立地条件下的生长状况

调查地点	立地条件		林龄（年）	密度（株/hm²）	平均胸径（cm）	平均高（m）	单株材积（m³）	蓄积量（m³/hm²）
	土壤	地形						
杜蒙县新店林场	沙质暗栗钙土	平坦	14	1750	5.7	3.2	0.0070	12.250
	暗栗钙土	平坦	16	1833	7.0	4.7	0.0169	31.823
	暗栗钙土	平坦	16	1267	10.0	5.5	0.0245	30.042
龙县错海林场	淡黑钙土	平坦	16	1080	9.0	5.3	0.0221	23.868
泰来县东方红林场	黄沙土	平坦	16	1780	7.2	5.0	0.0156	27.768

资料来源：管继有，2003

表 4-34　不同品种杨树与立地条件的关系

调查地点	立地条件		树种	林龄（年）	密度（株/hm²）	平均胸径（cm）	比值（%）	平均高（m）	比值（%）	单株材积（m³）	比值（%）
	土壤	地形									
杜蒙县新店林场	暗栗沙土	平坦	樟子松	16	1276	10.0	100.0	5.5	100.0	0.0245	100.0
			小叶杨	15	1100	7.5	75.0	5.2	94.5	0.0142	58.1
			小黑杨	14	1889	7.9	79.0	9.6	174.5	0.0237	96.7
泰来县东方红林场	黄沙土	平坦	樟子松	16	1780	7.2	100.0	5.0	100.0	—	—
			小青杨	16	4380	3.4	47.0	3.4	68.0	—	—
泰来县塔子城	沙质暗栗钙土	平坦	樟子松	16	—	6.1	100.0	4.2	100.0	—	—
			小叶杨	16	—	2.2	36.1	2.3	54.8	—	—
吉林省洮南林场	碳酸钙盐淡黑钙土	微起伏	白城杨	15	1875	12.1	108.8	11.3	176.6	0.0592	144.0
			小叶杨	29	733	11.3	99.1	5.5	85.9	0.0286	69.9
			樟子松	15	1200	11.4	100.0	6.4	100.0	0.0409	100.0

资料来源：管继有，2003

段文标等（1995）以内蒙古赤峰草牧场防护林的主要组成树种杨树作为研究对象，综合运用直观分析和数理统计相结合的方法，分析了杨树不同品种间的生长差异及其与立地条件之间的相互关系（表4-35），结果表明：在相同树龄（15年）、立地条件相近、造林技术措施基本相同的情况下，不同品种杨树人工林的生长不同，从平均树高判断，少先队杨和昭林1号生长最好，小青杨和德杂杨的生长适宜性较差；新疆杨居中。

表 4-35　不同品种杨树与立地条件的关系

标准地编号	树种名称	立地条件		林龄（年）	密度（株/hm²）	平均胸径（cm）	平均树高（m）	单株材积（m³）	蓄积量（m³/hm²）
		土壤	地形						
No.12	小青杨	碳酸盐暗栗沙土	平坦	15	1611	13.4	16.0	0.1002	161.426
No.13	新疆杨	碳酸盐暗栗沙土	平坦	15	1875	16.2	18.0	0.1666	312.375

标准地编号	树种名称	立地条件		林龄（年）	密度（株/hm²）	平均胸径（cm）	平均树高（m）	单株材积（m³）	蓄积量（m³/hm²）
		土壤	地形						
No. 14	德杂杨	碳酸盐草甸暗栗沙土	平坦	15	2041	12.1	14.3	0.0713	145.523
No. 15	少先队杨	碳酸盐草甸暗栗沙土	平坦	15	1660	17.9	20.6	0.1990	330.340
No. 17	昭林1号	碳酸盐草甸暗栗沙土	平坦	15	1500	18.1	18.9	0.1978	296.700

资料来源：段文标等，1995

在半干旱地区的草牧场防护林树种选择时，重点考虑地下水位的高低（韩天宝，1994）。当地下水位小于 3 m，土壤 pH 小于 8.5 的草甸或平缓沙地，可选用乔木树种，如通辽杨、白城 41、哲林 4 号杨等为主的速生、抗旱品种杨树，以及选用白榆、旱柳、新疆柳等树种；当地下水位大于 3 m 的固定沙丘，应该以灌木为主，如小叶锦鸡儿、沙棘、山杏等；地下水位 2 m 左右的盐碱地，适宜的乔木主要是白榆、旱柳等，灌木选择柽柳、紫穗槐等。

总体而言，通过树种栽培、引种试验、比较分析等方法可筛选出适于草牧场防护林的适生树种。由于不同地区自然条件有所不同，立地特性差异性较大，选择适宜的草牧场防护林树种，应严格遵循适地适树的原则，将生态服务功能和经济功能结合起来，构建多功能的草牧场防护林成为将来发展的主要方向。

4.6.2 半干旱区草牧场防护林的规划设计与布局

草牧场防护林主要用来保护草场和牲畜、预防灾害发生，同时可以为牲畜提供较为理想的放牧环境。进行草牧场防护林的规划设计前，需将草牧场基地的立地条件划分类型，根据各地自然条件及社会经济条件，因地制宜，因害设防，不同立地条件选用不同的树种，确定造林密度，作出草牧场防护林体系的规划设计，这对于提高造林的保存率和促进草牧场防护林稳定生长至关重要。在生长季节内，半干旱地区的土壤中的水分收入和支出是不平衡的，蒸发量大大超过降水量，为了提高造林保存率和防护林生长的稳定性，必须确定合理的造林密度和林带配置，确定草牧场防护林的布局，必须考虑本地气候、林地土壤水分平衡和土壤耕作等方面的需求，栽植密度越大，会导致林木生长下降，甚至枯干死亡。因此，在缺水地区无灌溉条件时，应采用带状、单行状、小团丛状造林，切忌大片造林。选择适地树种、确定合理的栽植密度，综合考虑气候条件、土壤条件、树种的生物学和生态学特性以及防护目的等多种因素。

4.6.2.1 网带式草牧场防护林的设计

网带式草牧场防护林规划设计可分为网格型和主带型（表 4-36）。网格型林带宽度与结构可分为紧密结构、稀疏结构和通风结构，林带宽度一般为 15～20 m，林带由 6～8 行纯乔木或乔灌搭配组成，其中乔木 4~6 行，株行距为 3 m×2 m。林带两侧各一行灌木，株距为 0.7 m，乔木和灌木间距为 1.5~2 m（韩天宝，1994）。而主带型与网格型不同，在营建主带型草牧场防护林时只设主带，而不设副带，主要由 4 或 5 行乔木组成，林带间种豆科和禾本科牧草，主要用于牲畜冬季防寒及小畜、幼畜、临产母畜放牧，是一种采用单一走向的带状造林方式，该模式便于抚育管理和机械化作业。

表 4-36　网带式草牧场防护林的设计

类型		林带规格	用途
网格型	大网格型	布设主带间距为 500 m，副带间距为 800~1000 m 的长方形网格	作为春、夏、秋季大型牲畜放牧场
	中网格型	布设主带间距为 400 m，副带间距为 600 m 的长方形网格，其形式设计主要参考农田防护林的设计方式	草场用于精饲料基地和青贮地
	小网格型	布设主带距为 300 m，副带间距为 500 m 的长方形网格	打草场的防护林
主带型		带与带之间的距离为 100~200 m，树带宽为 12~14 m	用于牲畜冬季防寒及小畜、幼畜、临产母畜放牧

4.6.2.2　疏林式草牧场防护林的设计

疏林式草牧场防护林规划设计可分为绿伞型、片林型、稀疏型和群团状防护林。绿伞型和片林型防护林面积较小，主要起到保护牲畜的作用；而稀疏型和群团状防护林进行了多层次利用与立体开发，起到了保护草场的作用，同时饲料树种的引进也增加了农牧民的经济收入。

（1）绿伞型

绿伞型防护林一般是在土壤水分环境较好的地段营建（章中等，1994），主要由乔木林和灌木林组成，呈正方形，面积较小。绿伞型防护林大体可分为定距规则式或不定距随机式，常配置在水池或牲畜休息的地方，起到一定的防护功能（段文标和陈立新，2002；李合昌等，2007）。定距规则式绿伞型防护林每块面积为 0.4~0.6 hm²，大伞由 3~5 个单树种的小伞组成，小伞间有通风廊 20 m 宽，大伞间距 50 m，可选树种有樟子松、云杉、糖槭、黄榆等，株行距 5 m×5 m；不定距随机式绿伞型防护林每块面积为 0.05~0.3 hm²，伞间距为 200~300 m，可选树种有樟子松、银中杨、糖槭、家榆、花曲柳、旱快柳等，种植苗木以大苗为主，株行距 5 m×5 m。

（2）片林型

为了防止牲畜在夏季受日晒，在炎热的夏季牲畜乘凉，在寒冷的冬季牲畜背风取暖，可在有水源、通风较好的固定沙丘地段及平缓沙地营造片林。这种片林型草牧场防护林可作为牲畜夏季放牧林，另外可以解决牧民用材和薪炭量缺少的问题。片林型草牧场防护林的树种一般选择樟子松、锦鸡儿、杨柴、银中杨等，若采用小苗栽植时，苗木的株行距为 1.5 m×4 m、1 m×3 m 或者 2 m×6 m；当采用大苗栽植时，苗木株行距可放大为 3 m×

4 m、4 m×4 m、4 m×6 m 或者 5 m×6 m。

（3）稀疏型

在割草场和严重退化的草场上营造稀疏型防护林，选用树种主要为樟子松、榆树等，株行距 3m×10m、3 m×20 m、3 m×30 m、3 m×40 m、3 m×60 m、3 m×80 m 或 3 m×100 m。稀疏型草牧场防护林可将林－草、林－牧、林－粮、林－药等相结合，进行多层次利用与立体开发（李成烈等，1991），不仅为草原动物提供避难所和栖息地，而且保护草地区域生态环境、维持生物多样性，增加农牧民的经济收入。

（4）群团状

一般在地形起伏的沙地草场营建群团状草牧场防护林，主要包括阔叶树混交林、乔灌木混交林和针阔叶混交林，起到防护草场的作用（表 4-37）。于洪军等（1999）根据科尔沁沙地沙质草地的地形特点，采用具有防风和饲料用途的树种，包括美国饲料杨、刺槐、河柳、新疆杨、榆树、山杏、旱柳、色树、糖槭、花曲柳、樟子松、暴马丁香 12 种，进行多树种混交配置。

表 4-37　群团状草牧场防护林构建模式

防护林植被类型	树种组成	小区交互配置方式	造林规格
阔叶树混交林	榆树、饲料杨、旱柳、河柳	按树种每区 0.33 hm² 群团状混交	分别为 1 m×3 m，1 m×2 m
乔灌木混交林	共采用 9 个树种	每树种按 300 m² 小区交互配置	乔木栽植规格为 1 m×3 m，亚乔、灌木为 1 m×2 m
针阔叶混交林	阔叶树种可为刺槐、花曲柳	采用行混方式	行距 2 m，株距 1 m。针叶树株距 4 m

综上所述，草牧场防护林设计和布局可采取网带型、疏林型，并应在草牧场防护林结构中采取乔、灌、草立体结合的方式，可有效实现草牧场的高产稳产。

4.6.3　草牧场防护林营建工程技术体系

半干旱区沙土不仅持水能力低而且养分贫瘠。在构建草牧场防护林时应根据半干旱区的土壤特性采取特殊的整地和造林技术，进一步改善土壤水分和养分状况，保证半干旱区草牧场防护林营造的成功。

4.6.3.1　整地技术

造林前整地，是保证林木正常生长的必要前提。多年的实践证明，提前整地可提高土壤含水量 2% 以上，甚至达到 4% ~5%。而未经整地的地段，不仅土壤坚硬，造林时难以施工，同时 1 m 以上土层的含水量，平均降低 2% 左右，造林后苗木是不可能成活的（韩天宝，1994）。整地时间应选在造林前一年的雨季前 6 月下旬至 7 月上旬，这样不仅能熟化土层，消灭杂草，而且利用雨季蓄水保墒。从干旱及土层厚度的实际情况出发，整地深度一般应为 30 cm 以上，另外，清除干沙层及杂草，将干湿土分开放，栽植用湿土回填对保证林木发芽率和成活率更有效（于洪军等，1999）。营造草牧场防护林可采用开沟整地、深穴整地、挖沟排水起台整地等技术（表4-38），而且均可获得较高的成活率和保存率。

表4-38　营造草牧场防护林的整地技术

技术名称	适宜对象	技术操作
开沟整地	适宜在生草沙土类型中使用	可采用人工或开沟机进行，开沟规格是深40 cm左右，上口宽60～100 cm，底宽40～50 cm，植苗于沟内，深30～50 cm
深穴整地	适宜在盐渍化程度较轻的土壤类型中使用	属局部整地方式，一般穴深60～100 cm，上口宽80～100 cm，采用大苗植于湿沙层中并回填湿沙
台状整地	适宜在盐渍化程度较轻的土壤类型中使用	一般在地下水位1 m左右的盐渍化土壤挖深1 m、上口宽1～2 m，底宽0.5～0.7 m的排水沟，两侧翻耕起台上宽2～3 m，底宽3～5 m，高出地面0.45～0.7 m，植树1～3行于台面

4.6.3.2　造林技术

我国西北部风沙干旱区，风蚀严重，土壤蓄水保土能力差，水分亏缺尤为突出，为了提高造林成活率可采取一些抗旱技术措施：首先应采取封育技术使原有植被得到一定的恢复，对于难以自然恢复的地区加以人工的平茬和补植。其次由于干旱和半干旱沙地无灌溉条件，造林时应采用开沟造林和石填造林等技术起到蓄水保墒的作用，最后应建立一整套抗旱保墒造林技术体系，规范造林，以保证造林的成活率。

（1）封育技术

目前，风沙草原区植被大部分已演变为以中旱生耐风沙植物为主的沙生植被，在防风固沙、维持生态系统功能等诸多方面起着极为重要的作用。在固定沙丘到半流动沙丘退化的过程中，萌蘖性植物小叶锦鸡儿、差巴嘎蒿等所占的比例往往较大。对这样的地段如果停止破坏，加以封育，不仅可有效地防止植被的进一步退化，还可以使植被在短时间内得到恢复。沙地草场封育当年，植被盖度、高度和地上生物量可分别提高20%～40%、5～10 cm和40%～45%，封育两年分别提高50%～70%、10～15 cm和100%～110%。经过3年封育，封育区各种植物分布面积占总面积的比例显著增加，裸地率明显下降（姜凤岐等，2002）。显然在无任何其他辅助措施的情况下，仅通过封育可使植被的盖度、高度和生物量等得到大幅度增加，是最有效最经济的方法，应该在植被建设中广泛推广使用。

（2）灌丛平茬、补植技术

半干旱区虽然有自然条件的限制，灌丛植被却有着广泛地分布，为了充分发挥灌丛的防护功能及多种效益，必须采取一定措施提高灌丛的覆盖面积和生物生产力。曹新孙（1984）在风沙干旱综合治理研究中，总结出了以下几种提高灌丛利用率的技术。

1）平茬。平茬既是灌丛复壮更新的有效措施，也是加速利用灌丛的最好收获方式。一般而言，灌丛随着萌条年龄的增加，生物量逐年累积。经过平茬的灌木其萌蘖、萌条数量普遍增加，并且萌条生长高度接近平茬前灌丛的高度。萌条的生长状态与平茬作用留茬高度有关，接近地面平茬时萌条主要从母株的根部发生，萌条粗壮而高大，留茬较高时，萌条往往从地面之上的残桩上萌出，萌条纤细而矮小。

2）补植。补植即用人工直播或扦插的办法扩大灌木的分布和覆盖面积。在沙地地区，小叶锦鸡儿、山竹子都可以用直播；山柳类灌木可以用扦插；差巴嘎蒿、蒿类可两法兼用。在流动沙丘上进行生物固沙的研究结果表明，在无植被的裸沙上或在草方格内补播灌木不仅累积了生物量，而且由于流沙逐步被固定，也使天然草本植物得到了恢复。而在固定沙丘灌丛之间的空地，利用灌丛本身的萌生力而进行更新复壮是最为理想的措施；直播最好在流沙上并辅以适当措施（如机械沙障等），为了保证成功，最好在雨季播种。

（3）开沟造林技术

在干旱和半干旱沙地无灌溉条件下，开沟造林是一种适宜的造林方式。①深开沟30～40 cm，翻开了含水量较低的干沙层，使树苗根系全部处于土壤含水量稳定的湿沙层。沟内便于蓄存雨雪，提高土壤含水量；②深开沟可把草根、草皮翻到沟的两侧，起到除草的作用，减少了杂草对水肥的争夺；③深开沟30～40 cm，穿透了距地表的间隔层，提高了土壤的通气性，使土壤深处的水能沿毛细管上升，补给苗木生长，减少了行内的水分蒸发，冬季减少苗木的冻害等；④用机械深开沟之后，沟底再挖20～30 cm进行人工植苗，使总植苗深度达到60～70 cm，这样可大幅度地提高造林发芽率及成活率；⑤开沟有利于沟内枯枝落叶的积累，提高土壤肥力。据靠山试验区调查（表4-39）（李成烈等，1991；韩天宝，1994），含水率和孔隙度沟内比沟外增大7.68%和6.96%，容重降低0.15 g/cm³。在沟内挖穴种植樟子松大苗，保存率92.7%，而采用不开沟的保存率为89.0%。开沟比不开沟保存率提高3.7%。开沟造林是干旱、半干旱沙地草原造林有效的技术措施。

表4-39　杜尔伯特蒙古族自治县靠山种畜场开沟造林后沟内外土壤物理性质比较

取土深度（cm）	沟内			沟外		
	含水率（%）	容重（g/cm³）	孔隙度（%）	含水率（%）	容重（g/cm³）	孔隙度（%）
0～10	2.09	1.64	3.27	12.53	1.47	18.41
10～30	15.06	1.55	23.38	14.43	1.57	21.43
30～50	11.44	1.69	30.73	24.68	1.46	38.42
平均	9.53	1.63	19.13	17.21	1.48	26.09

注：沟宽40～50 cm；沟深20～30 cm

资料来源：李成烈等，1991

（4）石田法造林

为了最大限度地提高天然降水的利用率，采用石田法造林成效显著。用径级3～5 cm的石块沿林木周围铺设1 m²范围，就能取得蓄水保墒的作用，保证林木正常生长发育（章中等，1994）。春季：40 cm以上土壤层，石田法土壤含水量30.4 mm/m³，分别比常规造林和自然植被高63.2%和80.3%，对林木成活和牧草返青十分有利；夏季：80 cm上层土壤含水量82.4 mm/m³，常规造林为51.5 mm，自然植被为58.2 mm，石田法分别比常规造林和自然植被高60.0%和41.6%，对林木吸收深层土壤水分和根系发育效果明显；秋季：80 cm以上土壤层土壤含水量77.5 mm/m³，比常规造林高20.1%，比自然植被60.8 mm高27.5%，为植物的开花结实繁衍提供保证。章中等（1994）比较发现白榆石田法造林各项生长发育指标均高于对照区（表4-40）。

表 4-40 石田法造林与常规造林对比

树种	测试因子	石田造林法	常规造林	增产率（%）
白榆	树高（cm）	89.5	60.0	47.7
	基径（cm）	1.19	0.74	60.8
	当年生枝长度（cm）	63.5	41.5	52.5
	树冠面积（m²）	0.51	0.14	252.9
	单株地上生物量（g）	80.0	40.0	100.0
	单株地下生物量（g）	49.0	28.0	75.0
	侧根条数	39	17.0	129.4
	根表面积（cm²）	817	227	260.0

资料来源：章中等，1994

（5）抗旱保墒造林技术

抗旱造林技术可显著地提高造林成活率和树木生长速度，造林成活率达95%以上。该技术主要从两个方面入手提高造林成活率。一方面是提高苗木质量，特别是防止苗木失水以保证成活；另一方面是从整地角度和栽植方面提高抗旱能力和造林质量。

1）良种壮苗：在采用优良品种同时培养壮苗，不合标准的苗木全部剔除，绝不允许进入造林地。

2）保障苗木不失水、苗根湿润：苗圃在起苗前几天灌足水，使苗木吸足水分，软化根区土壤；一律用机器起苗，保证苗木根系达20 cm以上；严格按标准分级，并在假植后适当浇水保证土壤湿润。苗木运输过程中不得暴露，造成风吹日晒，使苗木失水。

3）苗木浸泡吸水：造林前必须将苗木全株浸泡水中1~2 d，使苗木吸足水分。

4）整地时先用大犁开沟：拖拉机带动开沟器，按行距开大沟，深40~50 cm。

5）沟底挖穴：开沟后在沟底按株距挖植树穴。

6）适当深栽：栽植时苗木立于穴中心，扶正，根系舒展，根茎要在穴平面下5 cm处。

7）栽植时严格操作规程：认真做到"三埋两踩一提苗"。

8）培抗旱堆：苗木栽好后，在苗木茎周围培土厚20 cm，以延缓和减少土壤水分蒸发。

4.6.4　草牧场防护林构建的成功模式

经过多年的科学研究和生产实践，目前草牧场防护林构建的成功模式已逐步发展。这些模式都与当地的自然、社会、经济条件相适应，不但改善了局部的生态环境，而且都取得了较好的经济效益，具有较强的示范和推广价值。在以后的防护林建设中要充分利用这些已成熟的技术，不断充实和优化治理综合模式，加大模式推广的力度和范围，同时也要不断探索新的综合治理模式，以适应大范围开展生态恢复工程的迫切需求。

4.6.4.1　乔、灌、草立体结构的草牧场防护林林分结构优化模式

将草牧场防护林主要树种在生长季内蒸腾量、灌木和草本植物蒸腾量、土壤蒸发量、

人工牧草耗水量等指标,与植被生物量、水分利用效率和研究地区水生态承载力等指标结合,评价草牧场防护林的耗水特性,在此基础上构建乔、灌、草立体结构的草牧场防护林合理配置模式,包括小片斑块状集约型防护林经营模式、异龄复层针阔混交型防护林经营模式、疏林草地型草牧场防护林经营模式等。对于立体结构的草牧场防护林模式,应仿照天然疏林草地的结构。Zhao 等(2008)比较了天然榆树疏林草地、退化草地、樟子松/小叶杨人工混交林等不同植被类型土壤特性,研究结果表明榆树疏林草地土壤 pH,有机质、全氮、全磷含量均显著高于退化草地和人工林,这说明在草地上营造密度大的人工林导致土壤质量的整体下降,是一种不可持续的植被恢复方式,而疏林草地生态系统具有复层群落结构,乔木层、灌木层和草本层的配置保证了系统养分循环的高效性;在此机理研究的基础上,可确定半干旱地区疏林草地构建中不同层次植物种类、分布方式、盖度及密度,成功构建乔、灌、草立体结构的草牧场防护林林分结构优化模式。

基于水分/养分承载力及其对植被群落稳定性驱动机制分析,半干旱地区防护林建设方向是:控制大面积樟子松、杨树、油松纯林,控制较大密度沙地人工林的比例,使现有防护林纯林生态系统向着"疏林草地"植被模式方向发展。疏林草地中乔木或灌木树种的选择依据有两点:①耐瘠薄、耐风蚀、根系发达能有效利用土壤水分和养分的植物种;②选择枝叶茂密、冠幅大、防风固沙能力强的树种。据此,灌木和半灌木树种主要有小叶锦鸡儿、差巴嘎蒿、山竹子、胡枝子、沙棘、小黄柳等;乔木树种有樟子松、山杏、山里红、榆树等混交配置,树种总郁闭度应为 0.1 ~ 0.3,每公顷种植 15 ~ 20 株,树木配置以点状或簇状为主要形式。疏林草地中乔木或灌木树种散生于草场中,起到"绿伞"作用,可为牲畜提供庇荫,同时可以防止风对草地的侵蚀,提高草地生产力或载畜量,同时提高群落的稳定性和多样性。

4.6.4.2 疏林草地型草牧场防护林生态系统"以禽代畜"生产–生态–经济模式

针对干旱半干旱区草地生态系统退化和沙地荒漠化问题,寻求科学、合理、有效的草地资源管理与利用模式,已成为目前亟须解决的问题。近年来,草地牧鸡模式开始尝试,成为传统放牛养羊模式的有益补充。

国际上,已开展了各种模式的散养鸡研究工作。在对土壤养分循环特性和土壤动物类群影响方面,在澳大利亚,Miao 等(2005)进行了牧鸡和牧羊对比试验,结果表明养鸡可显著提高土壤中 $NO_3^- $-N 的含量和养分的有效性。在美国,Clark 和 Gage(1996)在果园中引入鸡、鸭、鹅等物种,结果表明与鸭、鹅这类单纯的食草动物相比,鸡对土壤中无脊椎动物的丰度产生影响。对草地食物链的影响方面,Lomu 等(2004)发现草地牧禽可减少害虫数量,如放养 5000 只鸡,灭蝗治虫 60d 可防治草原蝗灾面积 $2.64 \times 10^3 hm^2$,平均灭效为 94.6%。

在国内,为了充分发挥草地生产功能与生态服务功能,在浑善达克沙地和科尔沁沙地构建乔灌草疏林草地型草牧场防护林的基础上,建立了疏林草地型草牧场防护林生态系统"以禽代畜"养殖模式。该模式从生产–生态–经济模式入手,在原有的生态系统组分的基础上人工加入了次级消费者,即将杂食性的柴鸡引入草场,利用疏林草地中绿色植物为鸡群提供良好生长微环境，林下食草昆虫为鸡群提供绿色有机饲料，而鸡群在生长发育过程中的适度有效干扰促进了疏林草地生态系统的碳、氮、磷等养分循环过程，其粪便排放物增加了疏林草地土壤有机质含量和大量微量元素，提高了土壤肥力。这种绿色植物与林下鸡禽相互作用改变了原来的能量和物质流动方式，从源头上降低或消除放牧对草原生态系统的破坏力，使生态系统的结构与功能得到改善，同时提高社会经济效益。疏林草地生态养鸡可从根本上提高牧民经济收入，同时在维持生态系统初级生产力、固定大气中的二氧化碳方面发挥着重要作用。因此，大力推广疏林草地型草牧场防护林生态系统"以禽代畜"生产－生态－经济模式，将充分发挥半干旱地区的草牧场防护林的生产功能、增加农牧民收入，促进区域的低碳经济和循环经济迅速发展，利用样板示范带动作用，带动社会主义新农村建设。

4.6.4.3 农、林、牧、草型草牧场防护林小生物圈模式

"小生物圈"整治模式是以户为单位治理沙漠化、开发坨间低地发展农牧业生产的一种模式，它广泛适用于以牧为主的坨甸交错区。这种模式适用于分散居住的牧民，每个牧户规定一个生产保护区。生产保护区分为3个层次：中心区、保护区和缓冲区。

1）中心区：围封条件比较好的坨间低地，栏内外圈栽植乔灌林带，内圈种植牧草，中心建设塑料管机井和基本农田。

2）保护区：在中心区的外围建数十公顷的草库伦，进行流沙固定和草场补播改良，实行半封育，牲舍和牲口棚设在这一区内。

3）缓冲区：在保护区外围划定一定范围，只对其中流动沙丘进行封育，其余放牧。

中心区主要用于提供粮食和燃料，区内农田由于有林草的保护和水源的灌溉，不会发生风蚀；保护区的作用主要是提供冬季饲草和保护居住区和中心区环境；设立缓冲区主要是为了控制流沙向内部蔓延。由于这种小生物圈模式较好地解决了开发与保护、生产与生活的关系，因而生态效益和经济效益都很好。

4.6.5 草牧场防护林构建技术展望

草牧场防护林是一个具有特殊意义和功能的防护林林种。由于其独特的气象效益、土壤效益、生物效益以及强大的经济和社会效益，逐渐受到人们的重视。在环境条件极为恶劣的风沙草原地区，构建草牧场防护林，遏制风沙的继续蔓延（王涛，2000；王式功等，2003），恢复、重建和改善草原地区的生态环境，越来越成为人们关注的焦点。段文标和陈立新（2002）认为在风沙半干旱草原地区构建草牧场防护林是改善草原生态环境的有效途径和重要手段。构建草牧场防护林的过程实质上就是建立多样性和稳定性生态系统的过程，而成功地完成这一过程的关键是从该地区的客观自然条件出发，制订科学合理的草牧场防护林营造技术。由于半干旱地区在地理环境上有水分严重不足和钙质土钙积层对根系生长的阻碍两个方面的特殊性，其营造技术必然有别于其他地区。所以草牧场防护林构建技术的制订必须紧紧抓住这两个中心，并为这两个中心服务。

在树种选择上，要优先考虑其抗旱性和根系的穿透能力，所选的树种对水分的需求量

和消耗量低，能长期忍耐干旱的环境条件。同时要进行引种驯化和利用现代生物技术（菌根技术、组织培养技术、基因工程、林木快速繁殖技术等），积极选育新的抗旱抗病虫害的优良品种，不断扩大树种的选择范围，并对已获成功的适应能力强的树种进行推广。

在造林地的确定上，既要考虑到恶劣的自然条件，又要充分注意到草原生态系统内部的异质性，首先选择树种容易成活的立地进行造林，对于造林困难的地段，应采取以抗旱和破除栗钙土钙积层为中心的必要的技术手段（如爆破整地技术、蓄水保水技术、抑制蒸发技术和菌根造林技术等）。在草原地带造林，尽可能改造和回避对营造防护林有限制性的地段，掌握和充分利用草原地带内部的差异性，因地制宜，寻找土壤钙积层薄弱的地段或土壤有效水分较充裕的地区，成为草原地带造林成败的先决条件。不顾草原地区的自然条件和特点，笼统地认为不适宜于造林，是主观和片面的，不加选择的到处造林，也是不正确的。关键在于要进行周密的调查和细致的研究，摸清规律，视不同情况区别对待。

在整地技术方面，要根据不同造林地的特点，分别采取不同的整地方式、整地规格、整地时间与季节，但无论确定什么样的整地技术，都必须有利于蓄水保墒，有利于钙质土钙积层的破除。钙积层的破除不是一劳永逸的，因为土壤表层中的钙与有机质分解释放的钙，在雨季以重碳酸钙的形态向下淋溶，在土壤下层淀积形成新的钙积层（陈立新等，1998；陈立新等，1999）。因此，在钙积层尚未彻底恢复之前，采取新的破除方法，重新破除钙积层，保证草牧场防护林的成林成材，并稳定地发挥效益。重新破除钙积层的方法，可以采取爆破技术（陈立新等，1998；陈立新等，1999），也可以尝试利用菌根菌降解钙积层中的碳酸钙；在苗木栽植和生长的过程中，在栽植穴内放置高分子吸水剂、施用ABT 生根粉、使用配方施肥技术以及降水集流储水技术和地膜覆盖技术，促进林木快速生根，减少栽植穴表面水分蒸发，持续提高土壤的水分含量和养分供给能力，保证草牧场防护林的成活。

在草牧场防护林模式的选择上，应将其与农田防护林、防风固沙林等防护林林种作为一个整体，研究开发在"3S"（GIS、GPS 和 RS）技术支持下的防护林体系高效可持续发展的合理布局及其规划技术，在此基础上，结合草原生态系统的自然特点，具体确定草牧场防护林的配置模式。

因此，未来草牧场防护林建设应本着统一规划、合理布局、因地制宜、因害设防、趋利避害、乔灌草结合、网带伞疏片兼顾，先易后难、由近及远，以生态效益为主，生态效益与经济效益和社会效益相结合的原则，根据生态学、防护林学、森林培育学和生态经济学的原理，按照系统工程的科学方法，以生物工程技术为手段（章中等，2004），以解决水分匮乏、钙质土钙积层对林木根系生长的障碍和防风固沙等营造技术为核心，实现多学科和多专业的相互渗透、交叉、连接和融合，共同构建健康、稳定的半干旱风沙草原地区草牧场防护林体系（段文标和陈立新，2002）。

第 5 章　中国北方半干旱草地管理与恢复

随着气候变化、草地荒漠化的加剧，草地退化已经成为广为关注的环境和社会问题。遏制草地退化和逆转退化草地是保护草地资源、实现草地可持续利用的两条重要途径。遏制草地退化的途径主要体现在管理层面，逆转退化草地的途径主要体现在技术层面。

本章将在草地生产力、草地载畜量计算的基础上，阐述草地可持续管理和草地恢复的理论和技术方法。

5.1　半干旱草地初级生产力估算

草地净初级生产力（net primary productivity，NPP）是指单位面积的草地在单位时间所能累积的有机干物质，反映了草地植被在自然条件下的生产能力。草地 NPP 是草原生态系统中土、草、畜三个子系统之间及其与气候等外界环境因子之间综合作用的结果。自然条件下，光、热、水是形成草地 NPP 的关键环境因素。草地 NPP 的研究对于合理利用草地资源，充分发挥草地气候生产潜力，最大限度地提高草地产量以及对草地农业生态系统中的碳循环研究都具有重要的指导意义（林慧龙等，2007）。

5.1.1　草地生产力的研究方法

草地生态系统生产力的研究方法有很多，主要常用的有生物量调查、微气象学的涡度相关通量观测和模型模拟估算三种方法。前两种方法主要应用于研究生态系统生产力的形成机理和过程以及陆地生态系统生产力与气候、土壤、环境和干扰等影响因子之间的相互关系，并将这些可靠的相关关系用于模型的开发和应用。生态系统生产力的模型模拟估算法主要是应用于大区域尺度的生产力研究，以便于估算区域或全球尺度上的陆地生态系统生产力的总量，分析生态系统生产力的空间格局以及在未来气候变化情景下的响应模式。下面分别介绍这三种方法。

5.1.1.1　生物量调查法

生物量是生态系统最基本的数量特征之一，对生态系统结构的形成具有十分重要的影响。植被的生物量主要包括地上生物量和地下生物量。地上部分的植物量包括绿色活的现量，直立的死植物体和尚未从活植物体上脱落下来的立枯量，以及死亡并脱落到地面的凋落物量三部分。地下部分（或土壤中）的植物量包括活根和死根两部分，死根还可区分为未离根系的死根和脱离根系并处于不同分解阶段的死根（根的凋落物）。

生物量的测定在生态系统研究中具有重要意义，通过生物量的连续观测，可以了解生物量的积累动态，对人们认识生态系统生产力与气候、土壤等因素之间的关系以及群落光合产物在地上、地下分配等方面均有重要意义。

生物量调查法是研究生态系统生产力的一种传统的经典方法。在一定假设条件下，NPP、总初级生产力（GPP）和净生态系统生产力（NEP）都可以利用生态系统生物量变化动态监测数据进行估算。人们通常根据生物量（植物体干重）的变化来研究生态系统NPP，这种方法称为堆积法（summation method），是一种较为广泛使用的方法，堆积法又称为收获法（harvest method）或现存量法（standing crop method，biomass method）。宏观上 NPP 相当于生态系统植被生长量（growth），即单位时间内生态系统生物量的增长量。可利用生态系统生物量的时间变化数据来推算。

5.1.1.2　微气象学的涡度相关通量观测法

涡度相关技术是对大气与森林、草地或农田间进行非破坏性的 CO_2、H_2O 和热量通量测定的一种微气象技术（Baldocchi et al.，1988）。这种方法响应性与灵敏性高，可感应微量［小于 0.05 g C/$(hm^2 \cdot s)$］的湍流通量交换，并可获得日、季、年时间尺度的 CO_2 通量的过程信息，是通量测定最直接、有效的方法。涡度相关法最早被 Swinbank（1951）应用于草地的显热和潜热通量测定，开创了涡度相关法的应用先例。近年来涡度相关电子技术上的进步使得对涡度相关系统的长期观测成为可能（Wofsy et al.，1993；Berbigier et al.，2001）。目前，涡度相关技术已经广泛应用于陆地生态系统 CO_2 吸收与排放的测定中（Goulden et al.，1996；Black et al.，1996；Grace et al.，1995；Berbigier et al.，2001）。

（1）涡度相关法原理

在生态系统水平，涡度相关技术是评价植被/大气间 CO_2、H_2O 和热量通量的主要手段（Wofsy et al.，1993；Baldocchi et al.，2000），因此需要对涡度相关技术对植被/大气间 CO_2 通量观测的物理学原理和不确定性有深刻的认识和理解。

A. 大气边界层流场的基本假设

涡度相关技术要求仪器应安装在 CO_2 通量随高度不发生变化的内边界层即常通量层内。对于常通量层的明确理解，可以通过 CO_2 的标量守恒方程得到

$$\frac{\partial \overline{\rho_c}}{\partial t} + \frac{\partial \overline{u_i \rho_c}}{\partial x_i} - D \frac{\partial^2 \overline{\rho_c}}{\partial x_i^2} = S \tag{5-1}$$

式中，ρ_c 为 CO_2 密度；t 为时间；u_i 为正相交方向 x_i（$i = 1$，2，3 代表空间三维方向）上的风速分量；D 为 CO_2 在空气中的分子扩散系数；S 为标量守恒方程控制体积的源或汇强度；$\overline{}$ 表示时间平均。左边的第一项是单位体积内 CO_2 密度变化的平均速率，而第二、第三项是引起控制体积边缘发生净平流（net advection）和分子扩散的通量辐散（flux divergence）项。

常通量层通常要求满足三个条件：

稳态（$\partial \overline{\rho_c}/\partial t = 0$）；

测定下垫面与仪器之间没有任何源或汇（$S = 0$）；

具有水平均匀的下垫面和足够长的风浪区，因此，$\partial \overline{u_i \rho_c}/\partial x_i = 0$ 和 $D\partial^2 \overline{\rho_c}/\partial x_i^2 = 0$（$i = 1$，$2$）。

当这些假设条件都能满足时，可以得到

$$\frac{\partial \overline{w\rho_c}}{\partial z} - D\frac{\partial^2 \overline{\rho_c}}{\partial z^2} = 0 \tag{5-2}$$

这里 $w = u_3$ 是垂直风速；$z = x_3$ 是垂直坐标。贴近地面湍流受到抑制，但在测定高度 z 处湍流输送量要比分子扩散大几个数量级（Businger，1986）。于是，对方程（5-2）积分并运用雷诺变换（$w = w' + \overline{w}$，$\rho_c = \rho'_c + \overline{\rho}_c$）得出

$$F_0 = -D\left(\frac{\partial \overline{\rho}_c}{\partial z}\right)_0 = \overline{(w'\rho'_c)}_z = F_z \tag{5-3}$$

式中，F_0 为土壤和叶表层的分子扩散通量；F_z 为测定高度 z 处的湍流涡度通量。

B. 基本理论公式

利用涡度相关技术测定湍流涡度通量/净生态系统/大气间的 CO_2 交换是从雷诺经典定义出发推导得到的，忽略了平均垂直通量，CO_2 湍流涡度通量 F 可定义为

$$F = \overline{\rho}\,\overline{w's'} \cong \overline{w'\rho'_c} \tag{5-4}$$

式中，ρ 为干空气密度；s' 为 CO_2 混合比率的脉动；w' 为垂直风速脉动；ρ'_c 为 CO_2 密度脉动；$\bar{}$ 代表时间平均。通过超声风速仪坐标轴系统的旋转使 $\overline{w}$ 为 0，进而消除平均垂直通量项，同时利用 Webb 等（1980）提出的 WPL 项来校正水气和热量对密度脉动的效应。但大多数传感器不能直接测量 CO_2 混合比率，而是测定 CO_2 的密度（ρ_c）。

当大气热力层结构达到稳定或湍流混合作用较弱时，从土壤和叶片呼吸扩散的 CO_2 不能达到仪器测定高度（z_r）处，在这种条件下探头以下有 CO_2 积累，即储存项不为 0，CO_2 净生态系统交换 N_e 定义为

$$N_e = \overline{(w'\rho'_c)}_r + \int_0^{z_r}\frac{\partial \overline{\rho}_c}{\partial t}\mathrm{d}z \tag{5-5}$$

式（5-5）是目前大部分全球通量网（FLUXNET）内研究人员估算净生态系统 CO_2 交换的理论框架（Aubinet et al.，2000；Wofsy et al.，1993；Black et al.，1996）。

Lee（1998）从 CO_2 的标量守恒方程出发加入了平流项，将 CO_2 净生态系统交换定义为

$$N_e = \overline{(w'\rho'_c)}_r + \int_0^{z_r}\frac{\partial \overline{\rho}_c}{\partial t}\mathrm{d}z + \overline{w}_r\left[(\overline{\rho}_c)_r - \int_0^{z_r}\overline{\rho}_c\mathrm{d}z\right] \tag{5-6}$$

右边第一项是湍流涡度通量项，第二项是测定高度（z_r）下的储存项，第三项是水平气流辐合/辐散（convergence/divergence）或非零平均垂直速度（$\overline{w}$）引起的平流项（简称为水平平流项和垂直平流项）。但在复杂地形条件下，评价净生态系统 CO_2 交换时，仅仅利用一维的垂直平流校正是远远不够的，因为水平平流可能不为 0，在这种情况下将低估净生态系统 CO_2 交换（Baldcchi et al.，2000）。

C. 涡度相关技术的发展过程

涡度相关法是通过计算物理量的脉动与风速脉动的协方差计算湍流输送量（湍流通量）的方法，也称为湍流脉动法（turbulent fluctuation method）。涡度相关法最早被 Swinbank（1951）应用于草地的显热和潜热通量测定。那时，Swinbank 开发了利用 3 台热线风速计测定垂直风速及其脉动的装置，开拓了涡度相关法的应用先例。此后，超声波风速/温度计的开发取得长足的进步。1968 年在美国堪萨斯州的农田进行的著名的近地大气边界

层大规模观测中，超音波风速计正式投入使用（Kaimal and Finnigan，1994），在近地大气边界层构造和特性的解析方面发挥了重要作用（Kaimal et al.，1972）。

因探头无法测量通量谱的高频部分，CO_2 测量误差在 40% 左右。

把涡度相关法用于测定大气 – 群落间 CO_2 通量是 20 世纪 80 年代开始的。使水汽压变化的高速测定成为可能；Ohtaki 和 Matsui（1982）开发了红外线 CO_2/H_2O 分析仪，在高速地测定水汽压脉动的同时，测定 CO_2 浓度的脉动。当时开发的红外线 CO_2/H_2O 是将红外线光路暴露在外面的开路型（open-path），它能够快速地分析测定高度的 CO_2 和水汽压变化，被广泛地应用于各种农作物（Anderson et al.，1986）和森林（Anderson et al.，1986）等植被的 CO_2 和水汽压变化特征及其输送机理等研究。Raupach 和 Weng（1992），Wofsy 等（1993）从 1990 年开始应用涡度相关技术测量 CO_2 交换，并持续至今。到 1993 年应用涡度相关技术测量 CO_2 与水汽交换的实验开始在北美、欧洲及日本的森林开始运行。

（2）应用涡度相关法测量碳通量及生产力的研究进展

为了配合近年来一系列国际合作计划，美国、日本和欧洲等发达国家率先开展了森林生态系统水汽、热和 CO_2 通量的观测。1996 年美国和欧洲科学家发起建立全球通量网，得到了美国国家航空航天局的支持。到 2003 年年末，已有 251 个涡相关观测站点正式注册全球通量网，主要包括美国通量网（AmeriFlux）、欧洲通量网（EUROFLUX）、亚洲通量网（AsiaFlux）、澳纽通量网（OzFlux）、加拿大通量网（Fluxnet – Canada）、韩国通量网（KoFlux）及中国通量网（ChinaFLUX）。

AsiaFlux 建立于 2000 年 9 月，拥有 26 个日本的观测站点和其他 15 个站点。科学任务是开展在季风、复杂地形以及人类活动影响下的 CO_2、水汽与热通量的动态研究。其中草地生态系统与大气的 CO_2 和能量交换过程研究备受关注。2002 年我国陆地生态系统通量观测研究网络（ChinaFLUX）全面启动（于贵瑞和孙晓敏，2006），已拥有 23 个微气象通量观测站，涵盖了我国主要的农田、草地、森林等生态系统，为我国近长期陆地生态系统生产力研究提供了数据支持。

5.1.1.3　草地净初级生产力模型

生物量调查法和涡度相关观测法是获取某一点或某一生态系统小尺度生产力数据的手段，由于草原生态系统的地域辽阔、种类复杂多样，用这两种方法无法获得每个地区、每种草原类型的生产力数据，为了推算不同区域、不同草原类型的生产力，研究者建立适合不同条件下的生产力估算模型，下面分别介绍。

气候生产力模型主要是根据 NPP 对气候因子（温度、降水等）及营养元素（碳、氮、磷等）的依赖性原理而建立的。

A. 气候生产力统计模型

这类模型利用气候因子与实测 NPP 进行统计分析，建立回归模型进行外推。优点是建立在大范围上的观测数据基础上，适合于描述大尺度以至全球的情况，其不足之处是对特定的地区、特殊情况下的 NPP 估计值误差可能较大。因所需因子比较少，使用方便，统计模型在实际应用中得到广泛应用。常用的有 Miami 模型和 Chikugo 模型。

a. Miami 模型

Lieth（1972）分别拟合了 NPP 与年平均温度及降水之间的经验关系：

$$NPP_t = 3000/[1 + exp(1.315 - 0.1196t)] \tag{5-7}$$

$$NPP_r = 3000/[1 - exp(-0.000\,664r)] \tag{5-8}$$

式中，NPP_t 为根据年均温计算的 NPP [g/（m² · a）]；t 为年均温（℃）；NPP_r 为根据年降水量计算的 NPP；r 为降水量（mm）。根据 Liebig 最小因素定律，在选择温度和降水量计算所得的两个植被 NPP 中较低者即为某地的自然植被的 NPP。

该模型仅考虑了环境因子中的温度和降水量，实际上植物的 NPP 还受其他气候因子的影响，用该模型估计的结果可靠性仅为 66% ~ 75%。我国草原大多干旱，草地 NPP 远低于此模型计算值。

b. Thornthwaite Memorial 模型

Thornthwaite 和 Rosenzweig 都研究了蒸腾蒸发量（ET）与气温、降水量和植被之间的关系，并据此建立了 NPP 和 ET 之间的统计关系。Lieth 和 Box（1972）基于 Thornthwaite 发展的可能蒸散量模型及世界五大洲 50 个地点植被净生产力资料，于 1972 年提出了 Thornthwaite Memorial 模型：

$$NPP = 3000\{1 - exp[-0.000\,969\,5(E - 20)]\} \tag{5-9}$$

式中，E 为实际蒸散量（mm）。

该模型中的实际蒸散量受太阳辐射、温度、降水量等一系列气候因素的影响，包含的因子较全面，因而对植物的 NPP 的估算较 Miami 模型合理。但是，一方面 Thornthwaite Memoria 模型的最佳使用范围为实际蒸散量 200 ~ 270 mm 的地区，即超出此范围时误差加大。在一般情况下，蒸散量在比较干旱的地区不超过降水量的 50%，在比较湿润的地区不超过降水量的 75%。另一方面，Miami 模型和 Thornthwaite Memoria 模型仅仅考虑了植被生产力与环境因子的回归，都缺乏理论基础。

B. 半经验模型

这类模型以生理生态学模型为基础，在某些参数的选定上则采用经验方法，目前比较成熟的主要有 Chikugo 模型、周广胜模型等。

a. Chikugo 模型

内岛善兵卫和清野豁 1985 年以日本岛内十分繁茂的植被的二氧化碳通量方程与水汽通量方程之比确定植被对水的利用效率为基础，利用了国际生物计划（IBP）研究期间取得的世界各地自然植被 NPP 数据和相应的气候要素进行相关分析，建立了根据净辐射和辐射干燥度计算植被 NPP 的 Chikugo 模型：

$$NPP = 0.29R_n exp(-0.216RDI^2) \tag{5-10}$$

式中，RDI 为辐射干燥度（RDI = R_n/Lr）；R_n 为净辐射量 [kcal/（cm² · a）]；L 为蒸发潜热；r 为年降水量。该模型是植物生理生态学和统计相关方法相结合的产物，综合考虑了诸因子的作用，是估算自然植被 NPP 的较好方法。但是，该模型是在土壤水分供给充分，植物生长茂盛的条件下的蒸发量来计算植物 NPP 的，对于世界大多数地区该条件并不满足，因而在干旱、半干旱的草原地区应用时估算值偏高。

b. 朱志辉模型

朱志辉（1993）为弥补 Chikugo 模型对于草原及荒漠考虑的不足，以 Chikugo 模型为基础，建立了 Chikugo 改进模型：

$$NPP = 6.93R_n\exp(-0.224RDI^{1.82}) \tag{5-11}$$

式中，R_n 为陆地表面所获得的净辐射量；RDI 为辐射干燥度，RDI < 2.1。

c. 周广胜模型

周广胜和张新时（1996）根据植物的生理生态学特点及联系能量平衡方程和水量平衡方程的区域蒸散模式，建立了联系植物生理生态学特点和水热平衡关系的植物 NPP 模型：

$$NPP = RDI^2 \frac{r(1 + RDI + RDI^2)}{(1 + RDI)(1 + RDI^2)}\exp(-\sqrt{9.87 + 6.25RDI}) \tag{5-12}$$

朱志辉和周广胜模型比 Chikugo 模型更能准确地反映自然植被的 NPP，在干旱、半干旱草原区应用时效果要明显优于 Chikugo 模型，是对 Chikugo 模型的较好改进。

林慧龙等（2005）利用 ≥0℃年积温（$\sum\theta$）和湿润度（K）指标，在周广胜和张新时模型的基础上，推导出 $\sum\theta$ 和 K 指标与 NPP 之间的关系。热量状况和水分条件的组合是草原现象和过本质的因素，因此，用 K 指标和 $\sum\theta$ 的组合来表示草地 NPP，更能揭示草原类型与其 NPP 的内在联系，为进一步研究地带性草地类型的生产潜力、草地 NPP 的区域分布和全球分布提供了可能。

C. 过程模型

过程模型包括了光合作用、有机物分解及营养元素的循环等生理过程，可用于详细研究各种因素对 NPP 的影响。但过程模型的建立一般是基于有限范围的观测结果和实验室观测数据，因此对特定的植被类型或在有限区域范围内可以给出较精确的估计值，但外推到不同条件下其结果有一定的不确定性。由于过程模型所用到的环境因子较多，具体使用时受到很大限制，所采用的许多参数在外推到另外一个地区时需要做进一步检验和修正（Melillo et al.，1993）。

a. Logstic 生长模型

Logistic 模型原是比利时数学家 Verhulst 于 1839 年导出，但长久湮没，不为所闻，至 20 世纪 20 年代才被生物学家和统计学家重新发现，并引入生物学领域。50 年代在作物生产方面提出的最终产量稳定律（the law of constant final yield）就是根据 Logistic 模型，并为广泛的实践所证明。60 年代以来。该模型不仅在自然科学中，甚至在社会科学领域中都广泛地被人们所应用。Logistic 模型最开始是用来模拟简单种群在有限环境条件下的数量增长动态。Logistic 模型在草地生产中的广泛应用是近几十年的事，并为草地管理和利用提供科学依据。

Logistic 模型形成的生物学基础：

在无环境条件限制下，生物种群 N 随时间 t 增长可表示为 $dN/dt = rN$，即马尔萨斯（Malthus）生物总数增长定律。对其解微分方可确定 N 与 t 的指数关系式 $N = N_0\exp(rt)$。式中，N 为 t 时该种群数量；N_0 为种群初始值；r 为瞬时增长率。

事实上，种群增长是不可能按指数方式无限增长下去的，随着种群数量的增加，环境恶化、养分不足，种群的增长和繁殖减慢，死亡增加。VerhUlst 1838 年从马尔萨斯的生物总数定律出发，认为种群可利用的食物量总有一个最大值，它是种群增长的限制因素，种群的增长越接近这个上限，其增长越慢，直至停止增长。这个最大值，在生态学中称为"负荷量"或"环境容量"，记为 t，它取决于食物、空间、捕食者及其他生态因子的影响。为此，Verhu 认为种群瞬时增长速率 r 是变的，即随着密度的增加而下降，增长应是在生物总数增长定律 $dN/dt = rN$ 基础上再乘上阻尼因子 $(k-N)/k$。这样在有限环境条件下种群数量增长模型为 $dN/dt = rN(k-N)k$，解此微分方程可得 N 与 t 的数学关系式

$$N = k/[1 + \exp(a-t)]$$

这就是 Logistic 增长模型。式中，a 为待定常数。

模型的特点和基本性质如下所述。

约束条件：在运用增长模型时，要注意到如下约束条件，种群所有个体的繁殖潜力是相等的；种群具有稳定的年龄组配；种群的繁殖不受环境因子的干扰；增殖率对种群密度的反应是瞬时性的，不存在时滞效应；环境容量为常数；环境阻力是种群密度的线性函数。

模型曲线：增长模型的曲线是一种"S"形曲线，曲线在增长开始为平缓适应期，然后加快呈斜线直上，到一定高度又转为平缓，接近于一个平衡的极限饱和水平稳定期，如果不补充资源，曲线又逐渐降落衰退期。

模型中有关参数在草地管理中的应用：

模型中参数的生物生态学意义比较明显，并且由这些参数及其经过特定运算所获得的结果包含许多关于草地管理的特征信息。通过求特征值，可以得到草地植物生物量的绝对增长率达到最大值时所需要的天数，从而求得草地植物群体生长的特征值。另外还可以求得草地群落生物达到最大值时理论上所需要的生长天数，这些信息参数能很好地解释群落生物量的增长特点，并使之定量化在增长模型的信息参数中，如求得两个时间突变点，可以得出草地群落生物量在两个时间突变点之间的增长基本上呈直线上升，因此，对群落实施技术管理措施施肥、灌水，应在此期间进行，这样有助于提高草地群落的投入报酬，降低成本，使技术管理措施达到事半功倍的效果。

b. 生理生态仿真模型

随着 IGBP（international geography and biology program）研究计划的进展，以描述草地生态系统的功能为主的仿真模型成为研究热点。

CENTURY 草地生态系统模型：对牧草生长的机理以及能量的内在转换机制进行深入的研究。通过对太阳能转化为化学能的过程和植物冠层蒸散与光合作用相伴随的植物体及土壤水分散失的过程进行模拟，对评价初级生产力、模拟生长、研究草地与气候的相互作用和预测生态环境的变化等方面，起到了极大的促进作用。但由于尺度扩展而带来生理与环境的相互作用的反馈机制的变化，机理异常复杂，且研究涉及的领域广泛，很难得到推广。肖向明等将 CENTURY 草地生态系统模型应用到内蒙古典型草原生态系统，在利用实测资料检验该模型的基础上，模拟了未来气候变化对羊草草原和大针茅草原的生物量和土壤有机质含量的可能影响。

c. 光能利用率模型

光能利用率模型，即通过 NPP 与植物吸收的光合有效辐射（absorbed photosynthetically

active radiation，APAR）和植被将所吸收的光合有效辐射转化为有机物的转化率（α）的关系来实现的。用数学公式可表达为

$$NPP = APAR \times \alpha$$
$$= (FPAR \times PAR) \times [\varepsilon_m \times \sigma_T \times \sigma_E \times \sigma_S \times (1 - Y_m) \times (1 - Y_g)] \quad (5\text{-}13)$$

式中，FPAR 为植被对入射光合有效辐射的吸收比例；PAR 为光合有效辐射；ε_m 为植物最大光合利用率；σ_T 为空气温度对植物生长的影响系数；σ_E 为大气水汽对植物生长的影响系数；σ_S 为土壤水分对植物生长的影响系数；Y_m 为植物生活呼吸消耗系数；Y_g 为植物生长呼吸消耗系数。

光能利用率模型常被应用于遥感方法估算 NPP 的时空分布状况。

5.1.1.4 遥感技术在草原生产力研究中的应用

随着遥感和计算机技术的发展，利用遥感信息和 GIS 技术进行 NPP 的研究成为一种全新手段（郑凌云和张佳华，2007），它不仅免去了许多烦琐的实验工作，还实现了区域尺度 NPP 估算的可能。绿色植被对太阳可见光有很强的吸收能力，对近红外光有很强的反射能力。卫星遥感获得植被这两个通道的信息后，便获得绿色植被生长的差异与动态变化信息，由于植物叶的叶绿素含量、水分含量、组织结构、叶层构造等存在差异，使植物光合作用的能力、植物干物质积累和叶面积的大小均有不同，同时造成植被反射和吸收太阳光谱特征的差异。植被遥感信息中包含叶片及其生长状况等综合信息，这些信息直接指示植物干物质的积累以及生物量的多少。实践证明多个通道综合运算获得的遥感量比单个通道更好地反映植被生物量，通常使用所谓植被指数。

所谓植被指数是将多光谱（通道）数据，经线性和非线性组合构成的对植被有一定指示意义的各种数值。通常使用可见光波段和近红外波段。近红外波段是叶片健康状况最灵敏的标识，它对植被差异及植被长势反应灵敏，指示着植物光合作用能力是否正常；叶绿素吸收可见光的红光波段的能力很强，用它进行光合作用制造干物质，它是光合作用的代表性波段。这两个波段的组合是构成植被指数的关键。由于不同植被指数与叶面积指数、叶质量、种群数量、生物量、叶绿素含量等都有很好的相关关系。植被的长势、覆盖度、季相动态变化等直接对应着植被指数的数量变化，因而采用植被指数便于植被专题研究及生物量估算，并且应用植被指数在一定程度上减少了太阳高度角、大气状况、斜视观测带来的误差。

常用的有比值植被指数 VI（VI = NIR/VIS，NIR 表示近红外波段的反射率，VIS 表示可见光或红外波段的反射率）和归一化差值植被指数 NDVI [NDVI = （NIR − VIS）/（NIR − VIS）]。

随着遥感技术的发展，以卫星遥感数据作为信息源的植被 NPP 研究已显示出优越性。

（1）遥感估算草地 NPP 的统计回归方法

最初的草地 NPP 遥感估算是利用单波段进行研究。利用单通道来估算草地 NPP，其运算简便，但受大气、土壤、传感器性能、太阳角度等一系列因素的影响强烈，估算精度较差。传统上，大多数基于卫星数据的草地 NPP 研究都是把生长季的植被归一化植被指数（NDVI）和 NPP 或 ANPP（地上 NPP）建立经验回归关系。这些模型包含了一元线性回归模型、多元

回归模型、指数曲线模型等。NDVI 可以反映年内及年际间降水变化的特征，监测草地条件变化，确定草地初级生产力变化的区域。20 世纪 80 年代，新西兰学者开始采用 NOAA-AVHRR 数据计算 NDVI 来监测草地植被生产力的动态变化，发现牧草生长末期的地上生物量与 NDVI 密切相关，NDVI 和 RVI（比值植被指数）与绿色植物生物量有很好的相关性，并提供了在木本植物覆盖度小于 10% 的情况下，直接用 NDVI 监测草地总产草量的方法。

用植被指数和 NPP 的统计关系来估算草地生产力，其方法简便、精度较高而广为应用。Paruelo 等（1997）利用 NOAA-AVHRR 数据研究美国中部草原地区的草地生物量，建立了基于 NDVI 与草地上生物量的一元线性回归模型和幂函数回归模型，最终发现幂函数回归模型相对于一元线性回归模型，更适合该区草地生物量的预测。Todd 等（1998）利用 TM 图像提取的植被指数，如 GVI（绿度植被指数），NDVI 和 WI（温暖指数），研究了美国科罗拉多东部地区的牧草生物量，发现这些植被指数与牧区草地生物量呈线性关系，而对于非牧区，它们之间却没有很好的相关性。Weiss 等（2001）利用 NOAA-AVHRR-NDVI 时间序列数据，将月平均 NDVI 转换成生物量对沙特阿拉伯牧草进行评估。

中国研究者基于 NOAA-AVHRR-NDVI 数据也进行了大量研究，肖乾广等（1996）认为 NPP 和 NDVI 呈对数函数关系，对中国植被的 NPP 进行了模拟，并与气候模型计算的结果进行了比较。黄敬峰等（1999）利用 1992～1994 年的 NOAA-AVHRR 数据，不仅建立了基于光谱指数的 NDVI 和产量的一元线性回归模型和非线性模型，还建立了 RVI 和产量的模型，得出 NDVI 和 RVI 线形模型均可以反映产量动态变化，但对于低覆盖草地类型，模型还需要进一步检验。王兮之等（2001）利用 AVHRR 资料对甘南草地 NPP 估测模型进行构建，证实了 NDVI 和 NPP 的正相关关系；李建龙和蒋平（1998）利用"3S"技术对新疆北部地区不同草地类型进行遥感估产和预报分析，建立了地面光谱线性和产量预报模型。

从以上研究中可以发现，以往草地 NPP 和生物量遥感监测大多采用 NOAA-AVHRR-NDVI 数据，建立植被指数与草地植被生物量直接的一元线性回归模型、非线性模型等，结果表明卫星植被指数可以较好地反映草地产量及 NPP 的年际变化和不同类型草地的 NPP 差异。虽然 NDVI 与地上部分生产力存在很好的统计关系，但是由于 NDVI 本身的局限性，NDVI 对于高密度植被地区模拟较好，对于低覆盖草地，其受土壤背景和草地植被类型的影响较大，估测结果有较大误差；此外，每年的 NDVI 之间的关系和 ANPP 都是有很大变动的，经验关系可能会随着气候条件或者管理变化而变动。

（2）遥感估算草地 NPP 的参数模型和过程模型

在模型估算草地 NPP 研究中，将遥感数据引入模型已经成为一个重要的发展方向。很多 NPP 模型引入遥感数据，进行土地覆盖分类和植被分类，计算植被指数、LAI 等陆表参数和生物物理参数，或直接采用基于利用光能利用效率等原理来估算草地 NPP。

使用较多的参数模型有 CASA 模型、GLO-PEM 模型等。参数模型较 NDVI 和 NPP 的回归模型来说，考虑到了温度、水分、土壤质地等环境因子，模型简单实用。但是参数模型不能从机理上解释生产力的变化机制，有一定的局限性。遥感过程模型通过遥感手段获取土地覆被、土壤水分、LAI 及地表辐射温度等参数，促进了过程模型的研究，目前已有十多种生态过程模型可利用遥感数据推算 NPP，如 BEPS、BIOME-BGC、SiB2 模型等，但是这些模型在推算 NPP 的大小和空间分布上有很大的差异。

　　Cramer 针对 17 个 NPP 模型所涉及的机理进行了总结，主要以光能利用率模型和过程模型为主，每个模型都有其优势。与 Cramer 提到的模型相比，BEPS 模型成功地解决了利用遥感数据和生态过程模型中时空尺度转换的难题，以及不同数据源的不同类型数据的兼容问题。遥感过程模型可以适时、准确、多尺度模拟和获取草地 NPP 的空间分布状况和变化，这使得遥感过程模型成为当前草地 NPP 模型研究的主要方向。

　　遥感统计模型估算精度较低、参数模型相对简单，过程模型较为复杂，因此光能利用率模型更易于遥感数据的应用。过程模型应用的遥感数据比较少，需要更多地面辅助数据。另外，遥感参数与过程模型的耦合可以解决模型所需参数；测试、订正或验证模型的预测；更新、调整生态过程模型；反过来生态过程模型也可解释遥感数据。

　　使用遥感过程模型精确估测草地 NPP 面临两大问题，其一是模型必须能模拟和认识草地生态系统良好的机理过程。其二是模型需要高质量的输入数据。要解决第一个问题需要详细模拟草地生理生态的过程模型。同时，高质量的模型输入数据对准确模拟 NPP 的结果更重要，这样，要解决的第二个问题就可从提高输入的卫星数据质量入手。

　　（3）遥感估算草地 NPP 中不同卫星传感器数据的应用

　　1）陆地资源卫星传感器。SPOT 卫星、Landsat/MSS/TM 等资源卫星，具有多波段，便于水体及绿色植被的识别；另外其极高的分辨率，适于对分布复杂、较为典型的草地地段进行详细研究。但是陆地资源卫星数据由于其卫星覆盖周期较长，不利于对研究区域实施定量的动态监测。

　　2）气象卫星。气象卫星 NOAA/AVHRR 资料是目前世界各国普遍使用的，其相对于陆地资源卫星资料空间分辨率较低，但其时间分辨率高，时间序列较长，便于进行草地生物量和 NPP 的动态监测。

　　新一代卫星遥感数据 MODIS 与 AVHRR 相比较在波段和时空分辨率方面都有较大改进，使得其应用范围有所扩大。MODIS 在数据接收和数据格式方面也较 AVHRR 有很大的改进。因此，MODIS NDVI 比 AVHRR NDVI 对植被的响应更敏感，NDVI 值的范围也更宽。MODIS NDVI 与 AVHRR NDVI 反映植被的趋势大致相同，但是两者之间并无明显的线性关系。已有研究者开展利用 MODIS 的植被指数进行草地 NPP 的估测研究。NOAA/AVHRR 系列卫星已经有 20 年的全球 NDVI 数据，MODIS NDVI 的加入可以为业务监测研究提供更长的时间序列资料。

　　（4）遥感估算草地 NPP 存在的问题与展望

　　草地 NPP 的研究从经验回归、生理生态过程和能量平衡等不同角度进行了估算。近年来，草地 NPP 的研究在世界范围内无论是在理论上、测量方法上，或是在模型的发展和运用上都得到迅速发展，这些成果也从不同侧面增加了对草地碳循环过程的理解，为模型的改善提供了宝贵经验，但仍存在大量问题有待继续探索（郑凌云和张佳华，2007）。

　　1）遥感过程模型的精度检验和验证是一个很重要的问题，目前模型的验证多是不同模型结果之间的相互比较，由于不同模型的模拟步长和空间分辨率不同，结果相差很大。遥感过程模型作为草地 NPP 研究的发展趋势，今后的主要研究方向将是针对不同区域、不同尺度和不同气候、环境选用合适的参数和模型。

　　2）草地 NPP 模型的发展进步离不开现代科学技术。利用"3S"技术可以将卫星的光谱资料信息和数字化的环境资料应用到对植物识别、分析和分类中，使得在大尺度空间范围内对草地植被动态进行长期连续的监测成为可能。而且在 GIS 工作平台上，可以把草地植被的动态与瞬时的气候条件相结合来研究全球气候变化对草地植被的影响以及草地植被对气候的反馈作用。近年来，更方便快捷的空间数据采集，为建立跨尺度、多过程复杂模型提供更为强大的技术支持。因此，把这几项技术整合到草地生态模型中去，将是未来几年草地生态模型发展的强大动力。

5.1.2　草地生产力及其影响因子

5.1.2.1　基于遥感的草地生产力研究

(1) 草地 NDVI 与气象因子的关系

渠翠平等（2009）分析了科尔沁草甸草地 NDVI 与气象因子的关系，发现如下结果。

A. 科尔沁草甸草地 NDVI 的季节变化及其与气象因子的关系

2000～2006 年，研究区 NDVI 具有明显的季节变化，在草地生长季均呈单峰形（图 5-1）。可以看出，研究区草地在 4 月初进入生长季，7 月、8 月达到生长高峰期，从 8 月末开始植被长势衰减，10 月末到达生长季终点。在季节变化过程中，由于受到云、大气气溶胶等影响，研究区 NDVI 呈一定的波动性，非生长季的 NDVI 稳定在 0.2 左右，但 2000 年 12 月和 2001 年 1 月的 NDVI 出现极低值，是由于 2000 年 11 月中下旬出现大降雪，至翌年 1 月有数次降雪，最低气温达到 −29℃，导致地面大量积雪，长光谱反射率增大，NDVI 值偏低。

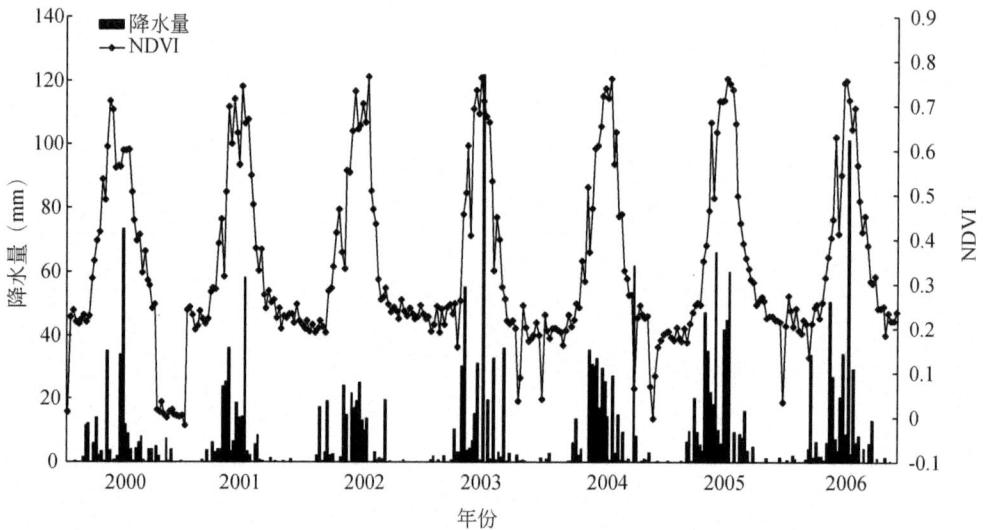

图 5-1　科尔沁草甸草地 NDVI 和 8d 累计的降水量

由表 5-1 可以看出，2000～2006 年，研究区 NDVI 与同期平均气温、地表温度、最低气温、最高气温及水汽压、相对湿度呈极显著的正相关关系（$P < 0.001$）。其中，水汽压与 NDVI 的相关性最高，可见其与植被生长关系密切，原因是水汽压越大，地表蒸发就越小，越有利于土壤保墒和牧草生长（毛飞等，2007）；另外，水汽压越大，空气饱和差

（VPD）越小，有利于植被的光合作用，这个规律可由 Michaelis-Menten 方程解释：

$$\text{NEE} = R_e - \frac{a_2\text{PAR}}{a_3 + \text{PAR}} \tag{5-14}$$

式中，NEE 为生态系统的 CO_2 净交换量 $[\text{mg } CO_2/(\text{m}^2 \cdot \text{s})]$；PAR 为光合有效辐射 $[\text{mmol}/(\text{m}^2 \cdot \text{s})]$；$R_e$ 为系统的暗呼吸强度 $[\text{mg } CO_2/(\text{m}^2 \cdot \text{s})]$；$a_2$ 为系统的最大光合强度 $[\text{mg } CO_2/(\text{m}^2 \cdot \text{s})]$；$a_3$ 为与系统特征有关的常数。生态系统的 CO_2 净交换量与系统的最大光合强度（a_2）成正比，Yukio 等（2003）、Guan 等（2005）的研究表明空气饱和差（VPD）越小（空气越湿润），a_2 越大，白天向下的 CO_2 通量越大，即植被光合作用越强，NDVI 的积累就越大，原因是空气湿度降低可引起气孔开度减小甚至关闭，使得光合作用下降甚至停滞，空气湿度高则有利于植物光合。由此可见，毛飞等（2007）认为水汽压与 NDVI 的密切相关性是藏北特有现象的结论是有待商榷的，可能具有普适性。

表 5-1　研究区生长季 NDVI 与同期气象因子的相关系数

年份	地表温度	最低气温	平均气温	最高气温	水汽压	相对湿度	风速	降水量
2000	0.816 ***	0.864 ***	0.843 ***	0.823 ***	0.903 ***	0.648 ***	-0.467 *	0.208
2001	0.731 ***	0.778 ***	0.756 ***	0.725 ***	0.892 ***	0.742 ***	-0.612 ***	0.514 **
2002	0.736 ***	0.797 ***	0.746 ***	0.699 ***	0.880 ***	0.577 **	-0.537 **	0.486 *
2003	0.716 ***	0.802 ***	0.742 ***	0.657 ***	0.892 ***	0.754 ***	-0.441 *	0.349
2004	0.685 ***	0.761 ***	0.746 ***	0.741 ***	0.852 ***	0.582 **	-0.595 **	0.147
2005	0.773 ***	0.847 ***	0.832 ***	0.809 ***	0.887 ***	0.803 ***	-0.679 **	0.479 **
2006	0.630 ***	0.731 ***	0.702 ***	0.675 ***	0.845 ***	0.808 ***	-0.590 **	0.418 *

$***\ P \leqslant 0.001$；$**\ P \leqslant 0.01$；$*\ P \leqslant 0.05$

科尔沁左翼后旗草地风速较大，对 NDVI 的影响也很大。由于风可增大空气的乱流交换能力，地面的水汽扩散过程加强、地表蒸发增大、土壤失水增多，对植被生长造成间接的负面影响，所以风速与 NDVI 的相关系数为负值。NDVI 与同期降水量的相关性较差，可能是因为降水量的时间系列波动剧烈，而 NDVI 的变化相对平稳，且降水对植被生长的影响存在一定的滞后效应。

B. 科尔沁草甸草地 NDVI 的年际变化及其与气象因子的关系

影响返青期 NDVI 增长速率的关键气象因子：研究期间，由于积温和降水量的不同，草地返青期即生长季初期（在 4 月 7 日至 6 月 10 日），研究区 NDVI 增长速率的年际变化十分明显（图 5-2）。其中，2002 年的 NDVI 增长最快，原因可能是降水量相对充足、积温也较高，但 5 月 25 日后降水量相对较少，导致其增速变慢；2003 年、2004 年的积温虽然很高，但降水量较低，满足不了植被生长需求，其 NDVI 增长较为缓慢；2006 年的降水量充足，但积温是 7 年中最低的，导致其 NDVI 增长较慢。由此表明，在生长季初期既要保证充足的水分，还要达到一定的积温，才能使草地迅速返青。

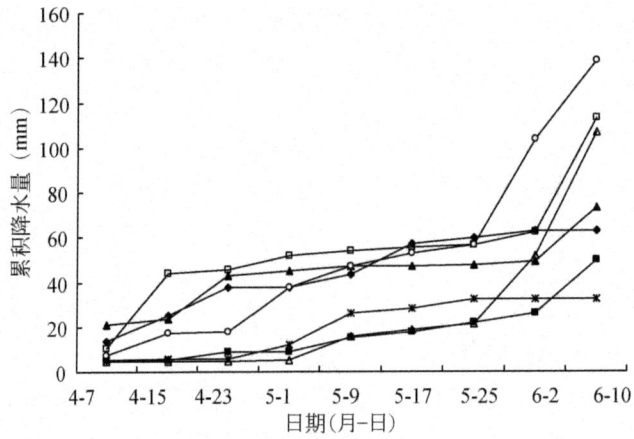

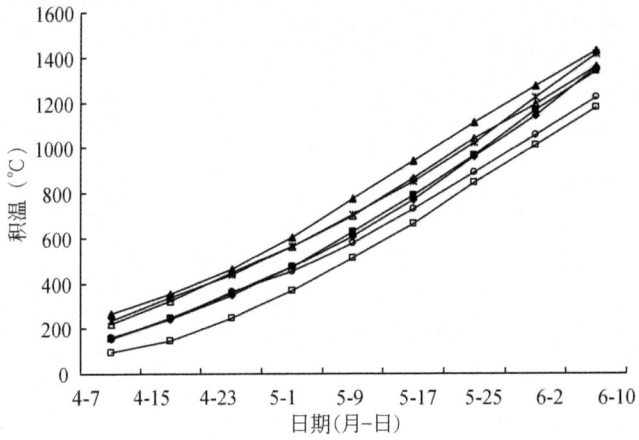

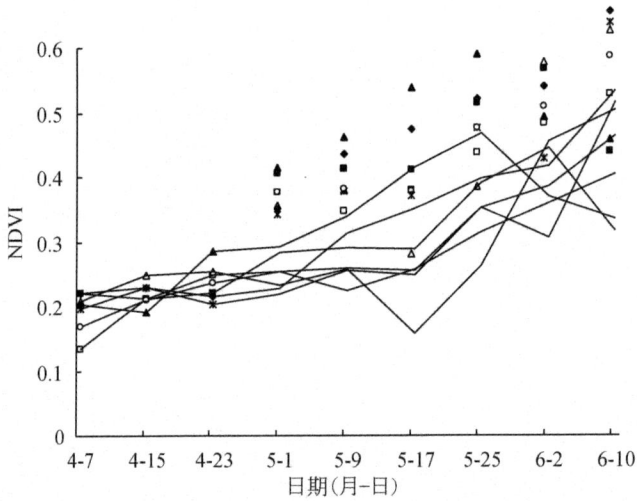

图5-2 生长季初期（4月7日至6月10日）研究区积温、累积降水量和 NDVI 的年际变化

影响年最大 NDVI 的关键气象因子：年最大 NDVI 是草地生产力的特征指标，虽然年总降水量对生长季 NDVI 有重要影响，但影响年最大 NDVI 的气象因子是草地增长期的降水量。全年来看，2003～2006 年雨水相对充沛，年总降水量高于多年平均值，其 NDVI 值比 2000～2002 年的值大。比较图 5-2 中 2000 年和 2001 年的降水量和 NDVI，2000 年总降水量高于 2001 年，但最大 NDVI 却远低于 2001 年，2000 年最大降水量在 8 月，草地进入停滞生长的时期，而生长高峰期（7 月）的降水量却偏低，且出现高温，致使土壤水分蒸发大，草地植被严重缺水，生产力偏低。2000～2006 年，NDVI 最大值出现在 2005 年，该年的总降水量最大（459.1 mm），且集中在 6 月，是草地植被快速增长的时期，加上不断升高的温度，为草地植被的生长提供了极其有利的条件；2006 年的总降水量也很高（387.7 mm），但降水集中在 8 月（8 月总降水量为 139.25 mm），该期植被已进入衰退期，降水过多不但不能促进草地植被生长，反而使土壤通气不良，对植物生长产生负面影响，导致 2006 年 NDVI 最大值偏低。由上述分析可见，影响年最大 NDVI 的直接因素不是年总降水量，而是草地增长期的降水量，尤其是 6 月、7 月的降水量。

C. 气象因子对 NDVI 影响的时滞性分析

a. 水汽压和温度的时滞性分析

气象条件除了影响植被当时的生长发育外，还存在一定的滞后性，可用时滞性表征气象条件对植被的影响（李晓兵和史培军，2000；李本纲和陶澍，2000；彭代亮等，2007）。为了研究气象要素变化对 NDVI 影响的滞后效应，分别计算生长季 8 d 合成的 NDVI 时间序列与向后移动不同日数的气象因子（8 d 滑动平均值）时间序列之间的相关系数，作为该气象因子对 NDVI 影响的滞后效应的度量，最大相关系数对应的移动日数为滞后日数。

由图 5-3 可以看出，随着水汽压序列移动日数的增加，NDVI 与气象因子的相关系数在 0～12 d 的移动日数范围内变化不大，当移动日数约 12 d 后其相关系数呈持续下降趋势，至 35 d 时，NDVI 与水汽压的相关系数已不显著，说明当时的水汽压对之后 12 d 的 NDVI 有明显的持续影响。但毛飞等（2007）对藏北地区的研究表明，水汽压的滞后时间约为 40 d，与本研究结果差别较大，原因可能在于不同地区中，气象因子对植被生长的影响有一定差别。目前，关于水汽压对 NDVI 影响时滞的研究尚未见其他报道，无法加以比较。

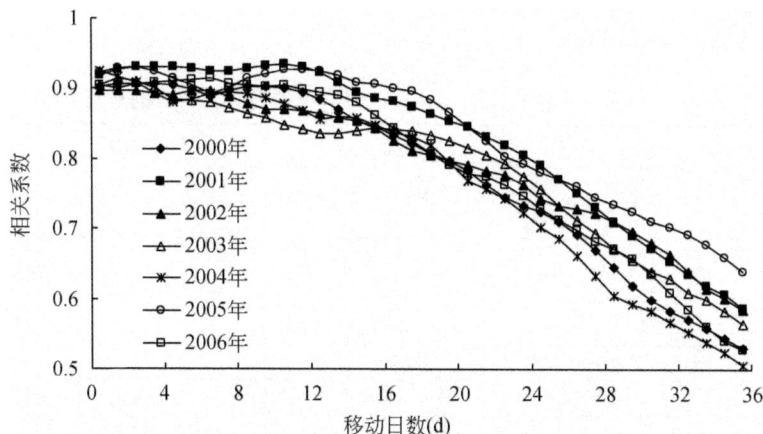

图 5-3　研究区生长季 NDVI 与水汽压的相关系数随移动日数的变化

　　研究区 NDVI 与地表温度和气温的相关系数随移动日数的变化呈单峰型曲线，当超过一定的日数之后，其相关系数呈下降趋势（图5-4）。由各年总体水平来看，55 d 之后的地表温度和气温与研究区 NDVI 的相关性已达不到显著水平，受年际间气象条件的影响，每年的时滞天数不尽相同，地表温度、最低气温、平均气温和最高气温的时滞一般分别为 13～23 d、12～21 d、11～15 d 和 11～14 d（表5-2）。研究区地表温度和最低气温的时滞天数年际间变幅较大，平均气温和最高气温的时滞天数则相对稳定。

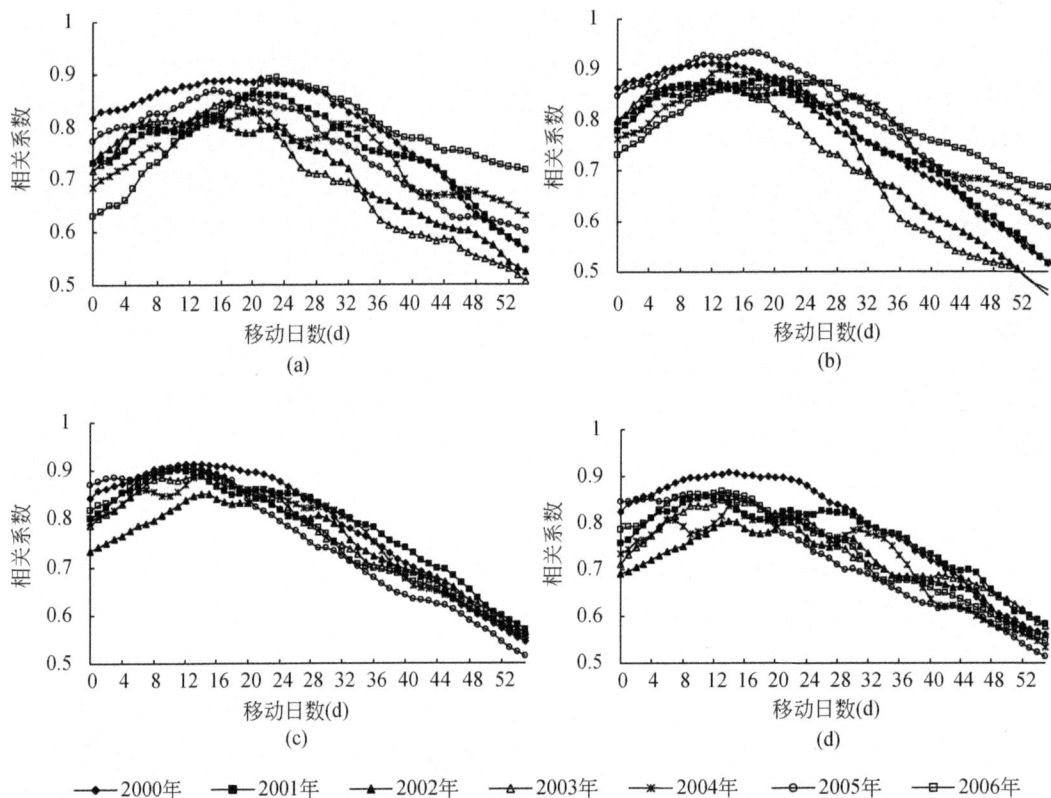

图 5-4　研究区生长季 NDVI 与温度的相关系数随移动日数的变化

（a）NDVI 与地表温度的相关系数；（b）NDVI 与最低气温的相关系数；

（c）NDVI 与平均气温的相关系数；（d）NDVI 与最高气温的相关系数

表 5-2　研究区 NDVI 与气象因子的最大相关系数及对应的时滞天数

项目	地表温度	最低气温	平均气温	最高气温
2000 年	0.891 (21)	0.914 (12)	0.914 (14)	0.909 (14)
2001 年	0.864 (20)	0.822 (19)	0.903 (11)	0.857 (11)
2002 年	0.823 (13)	0.875 (13)	0.852 (14)	0.804 (14)
2003 年	0.847 (16)	0.866 (15)	0.896 (15)	0.851 (14)
2004 年	0.829 (21)	0.900 (13)	0.899 (14)	0.838 (14)
2005 年	0.869 (15)	0.933 (17)	0.904 (13)	0.863 (12)
2006 年	0.894 (23)	0.881 (21)	0.905 (12)	0.868 (13)
平均值±方差	0.860±0.03 (18±4)	0.884±0.04 (16±3)	0.896±0.02 (13±1)	0.856±0.03 (13±1)

b. 降水的时滞性分析

从降水的发生到植物对水分的利用，存在水分循环的土壤入渗、根系吸收等一系列过程，因此，降水对植被 NDVI 的影响存在时滞效应。一次脉冲式的降水转化为土壤水分，可在一定的时间内影响植被生长，同时降水量存在累积效应，且同期降水量对 NDVI 的影响不显著，因而本节尝试研究某段时间内累积降水量对 NDVI 的影响，以 NDVI 对应的 8 d 的首日为基准，以 1d 的时间步长向后累积降水量，不同累计日数构成不同的降水时间系列，分别计算 NDVI 系列与这些降水系列的相关系数，相关系数最大值对应的累计日数即为降水响应时滞。

由图 5-5 可见，数天的累积降水量与研究区 NDVI 的相关性明显提高，其原因在于累积降水量和 NDVI 都是累积因子，但随着累积天数的增大，其相关性并没有一直增加，相关系数在 36 ~ 52 d 达到最大。2000 ~ 2006 年，研究区 NDVI 与降水量的相关系数年际间差别较大，2003 年总降水量比较充沛，水分不是植被生长的限制因子，NDVI 与降水量的相关系数较小；而 2001 年和 2002 年降水量偏低，水分条件成为草地植被生长最主要的限制因子，NDVI 与降水量的相关系数较高。

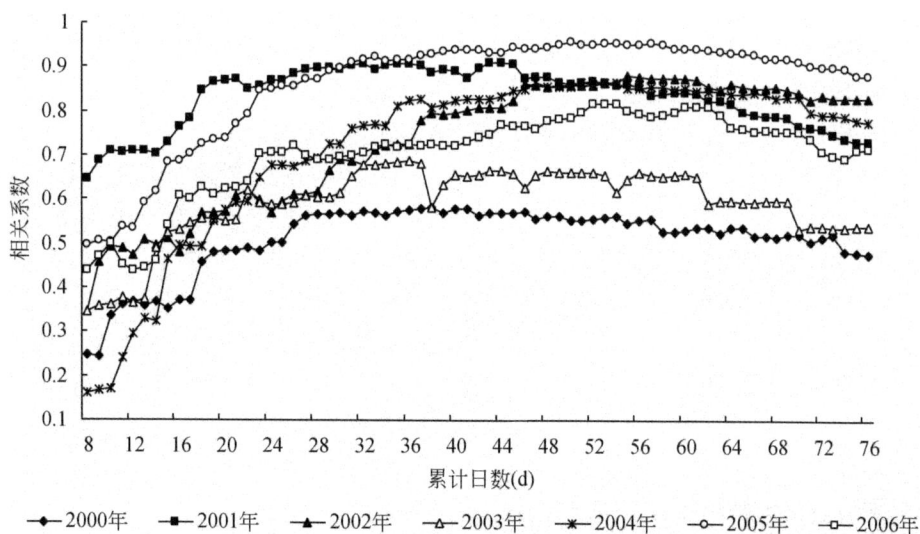

图 5-5　研究区生长季 NDVI 与累积降水量的相关系数随累计日数的变化

各气象因子以不同的时滞影响 NDVI 的变化。彭代亮等（2007）认为气温和降水对浙江大部分地区植被生长季节变化有显著影响的时效均约为 50 d，毛飞等（2007）对藏北地区草地的研究表明，最低气温、水汽压、平均气温、最高气温和降水量的滞后时间为 20 ~ 40 d。上述研究得到的气象因子，除了降水量之外其他因子的滞后时间都比本节研究结果长，一是由于地区和植被差异，另一重要原因是彭代亮等（2007）和毛飞等（2007）在时滞分析时采用的时间单位分别为 16 d、10 d，与本节相比（8 d），其分析精度较小、时滞分析的误差较大。

（2）光能利用率模型的应用

李刚等（2008）以内蒙古自治区为例，利用 MODIS 遥感影像和 TOMS 紫外波段反射率数据，在 GIS 和 RS 软件支持下，分别采用 Thomas 和 Dennis（1991）、Myneni 和 Knyazikhin（1999）的方法计算分析了内蒙古草地生长季的光合有效辐射（PAR）、光合有效辐射吸收系数（FPAR）、吸收性光合有效辐射（APAR）及其时空变化，并分析了气候因子对 FPAR、PAR 的影响。结果表明：内蒙古草地生长季的 PAR、FPAR、APAR 的估算方法可行，可为草地 NPP 估算及建模提供基础。

内蒙古草地生长季 PAR 的变化比较明显。从 4 月开始，PAR 不断增加，6 月达到最大，7 月开始降低，10 月 PAR 降到最低。地处高纬度的内蒙古地区太阳辐射丰富，且在 4~6 月多是晴朗无云的天气，故 PAR 值较高；进入 7 月，雨季来临，阴雨天气增多，PAR 开始下降，至 10 月 PAR 值最低。

内蒙古草地生长季 FPAR 空间分布规律总体上呈由东北向西南地区递减的趋势，与该地区水热分布规律基本一致。区域分布上，内蒙古草地生长季的 FPAR 分布也是极不均匀的。呼伦贝尔市、兴安盟、通辽市、赤峰市的大部分地区及锡林郭勒盟东北部地区的 FPAR 在 0.4 以上；锡林郭勒盟中部、呼伦贝尔市西部及乌兰察布市东部地区 FPAR 为 0.25~0.4；其他区域的 FPAR 均低于 0.25，阿拉善盟的 FPAR 甚至小于 0.1。

植被对太阳光合有效辐射的吸收比例取决于植被类型和植被覆盖状况。内蒙古地区自东北向西南依次分布着低地草甸类、温性山地草甸类、温性草甸草原类、温性草原类、温性荒漠草原类、温性草原化荒漠类、温性荒漠类等草地类型。内蒙古草地生长季，不同的草地类型的 FPAR 差异较大。草甸类草地的 FPAR 均大于 0.48，温性山地草甸类草地的 FPAR 最大，为 0.566，温性草甸草原类次之，为 0.517；荒漠类草地的 FPAR 均小于 0.15，温性荒漠类草地的 FPAR 甚至小于 0.05；内蒙古草地生长季 FPAR 的平均值为 0.275（所有草地类型均值）。植物生理参数 FPAR 是生态系统功能模型、净初级生产力模型、大气模型、生态模型等模型的重要的陆地特征参量，可以看出，不同草地类型的 FPAR 差异较大，因此，在草地 NPP 估算及建模时应予以重视。

内蒙古草地生长季的 FPAR 季节变化比较明显。4 月，草地植被处于返青期，植被覆盖度较低，FPAR 较低，平均为 0.169；5~6 月是草地的营养生长期，随着温度的升高和降雨量的增加，6 月植被覆盖度增长最快，FPAR 在 6 月增幅最大；7~8 月太阳辐射丰富、水热条件充分，草地植被生长达到最大，此时 FPAR 也相应达到最高，为 0.517；此后随着温度的降低、平均太阳辐射的减少，草地植被开始枯萎，草地 FPAR 也迅速下降，到 10 月 FPAR 降至 0.259。

植被所吸收的光合有效辐射量（APAR）取决于两个方面因素：光合有效辐射和植物本身特征。计算结果表明，整个内蒙古地区生长季草地吸收的 APAR 平均为 516.64 MJ/m^2，APAR 的空间差异比较大。内蒙古草地生长季 APAR 的空间分布规律与内蒙古草地类型及内蒙古地区的水热分布一致，整体上呈由东北向西南地区递减的趋势。从区域分布上看，内蒙古草地生长季 APAR 的分布规律与 FPAR 的分布规律基本一致。

不同草地类型的冠层结构、植被覆盖度不同，其 APAR 也有所不同。生长季不同草地类型的 APAR 差异比较明显，草甸类草地的 APAR 平均为 951.24 MJ/m^2，明显大于其他草地类型；荒漠类草地生长季的 APAR 较低，平均为 194.3 MJ/m^2，温性荒漠类草地生长季平均 APAR 甚至小于 100 MJ/m^2。

内蒙古草地生长季 APAR 的季节变化十分明显，4 月内蒙古草地的 APAR 较低，平均仅为 44.7 MJ/m²；随着温度的升高和降雨量的增加，太阳总辐射量和草地植被覆盖度也逐渐增加，草地吸收的 APAR 也逐渐升高，6 月草地的 APAR 增长速率最快，7 月达到最大，平均为 151.8 MJ/m²；此后，随着温度的降低，太阳总辐射量开始下降，草地吸收的 APAR 也开始减少，10 月内蒙古草地 APAR 降至生长季最低点，均值为 41.9 MJ/m²。

FPAR、APAR 的空间分布规律与该地区的降雨空间分布格局基本一致，而 PAR 的空间分布格局与温度基本一致。这说明降雨对 FPAR、APAR 的影响比较直接，而温度对 PAR 的分布影响明显。因 FPAR 与 APAR 的分布规律基本一致，故本节只分析气候因子与 PAR、FPAR 的关系。可以看出，8 月草地的 FPAR 与太阳有效辐射及温度呈明显的负相关（相关系数分别为 -0.520 和 -0.708），而与降雨量呈正相关（相关系数为 0.471）。这说明 8 月内蒙古地区太阳辐射及温度对草地的生长已足够，降雨量才是草地 FPAR 的主要限制因子。

陈世荣等（2008）在基于 MODIS 的 2001 年中国陆地生态系统土地覆盖类型产品和植被净初级生产力（NPP）产品，采用光能利用率模型，初步计算了 2001 年中国各草地生产力，作者首先基于 MODIS 资料对草地覆盖进行分类，将草地划分为高覆盖度草地、草甸草本沼泽以及低覆盖度草地三类，估算我国共有草地面积 224.71 万 km²，占全国土地面积的 25.47%。其中，高覆盖度草地面积为 31.60 万 km²，占全国草地面积的 14.06%；草甸草本沼泽面积为 44.80 万 km²，占全国草地面积的 19.94%；低覆盖度草地面积为 168.31 万 km²，占全国草地面积的 74.90%。

计算结果表明，由于中国草地分布地域广阔，自然条件复杂多样，单位面积干草产量的空间分布高度异质。其中，单位面积干草产量最高为 370 g/m²，其空间总体分布为东南地区高，西北地区低。这与水热条件、土壤、地形以及草地类型的分布有关。从区域分布看，东南沿海广大地区，受太平洋东南季风的影响，湿润多雨，草地类型以暖性草丛类、暖性灌草丛类、热性草丛类、热性灌草丛类为主，因此该地区草地单位面积干草产量在 150 g/m 以上；东北地区一般均大于 100 g/m²，这不仅与该地区湿润的气候类型有关，而且还与该地区主要分布着含有较高有机质的黑土有关；青海东南部、四川西部、甘肃南部，受来自孟加拉湾西南季风的影响，降水丰沛，且太阳辐射充足，土壤肥沃，因此该地区草地单位面积干草产量比同纬度地区要高，一般均大于 100 g/m²；新疆北部的伊犁地区及阿尔泰地区山地虽然处于温带干旱区，但是，因受大西洋气流影响，气候表现得比较湿润，显著高于周围地区；而西北其他干旱地区受强大陆性气候控制，降水稀少，因此单位干草产量多在 30 g/m² 以下，其中，青藏高原北部、准噶尔盆地以及内蒙古中部是中国草地单位面积干草产量最小的区域。

将各草地生产力指标数据与中国省级行政区划图进行叠加，可以得到 2001 年中国分省草地生产力状况（表 5-3）。由表 5-3 可知，2001 年中国干草总产量为 14 390.87 万 t，其中，超过 1000 万 t 的共有 5 个省（自治区、直辖市），按干草产量由大到小排序分别为内蒙古、西藏、青海、新疆、四川，分别占全国干草总产量的 20.82%、19.79%、14.63%、12.37%、9.43%。其中，干草产量密度最高的是四川，最低的是新疆，新疆干草产量密度偏低的原因在于该地区分布的草地类型主要是温性荒漠类和温性草原化荒漠类。

表 5-3　2001 年中国各省（自治区、直辖市）草地生产力状况

省（自治区、直辖市）	草地面积（万 km²）	干草（万 t）	理论载畜量（万个羊单位）	动物产品（羊肉）（万 t）	NPP 总和（碳）（万 t）	地下生物量（万 t）
北京	0.05	5.69	4.30	0.12	18.31	35.00
天津	0.08	7.60	5.77	0.16	24.99	47.93
河北	1.59	155.59	113.60	3.34	466.73	881.59
山西	1.08	93.20	70.20	2.00	286.31	543.03
内蒙古	41.58	2 996.00	2 156.40	64.31	8 409.41	15 691.58
辽宁	0.47	50.17	37.73	1.08	162.23	310.34
吉林	2.61	160.04	117.05	3.44	496.65	943.62
黑龙江	5.54	516.55	393.76	11.09	1 698.64	3 258.20
上海	0.01	1.12	0.84	0.02	3.83	7.39
江苏	0.05	5.36	4.04	0.12	17.57	33.69
浙江	0.19	30.96	23.33	0.66	100.58	192.56
安徽	0.02	1.98	1.49	0.04	6.33	12.09
福建	0.19	35.83	26.99	0.77	113.89	217.26
江西	0.02	2.55	1.93	0.05	7.90	14.99
山东	0.32	35.67	26.91	0.77	116.50	223.23
河南	0.20	22.70	17.10	0.49	70.70	134.41
湖北	0.09	12.40	9.36	0.27	37.64	71.24
湖南	0.02	4.05	3.05	0.09	11.35	21.19
广东	0.12	18.59	14.00	0.40	61.48	118.03
广西	0.07	10.91	8.22	0.23	34.59	65.96
海南	0.04	8.89	6.70	0.19	28.74	54.97
重庆	0.14	18.92	14.34	0.41	59.49	113.27
四川	12.09	1 357.53	1 086.67	29.14	4 905.78	9 544.21
贵州	0.20	26.39	19.91	0.57	85.19	162.93
云南	3.53	626.80	473.46	13.46	1 962.95	3 735.31
西藏	66.51	2 847.35	2 115.98	61.12	9 132.12	17 446.25
陕西	4.85	618.57	465.87	13.28	1 976.15	3 772.89
甘肃	10.65	761.30	582.15	16.34	2 536.46	4 875.28
青海	34.92	2 105.53	1 647.67	45.20	7 454.01	14 458.92
宁夏	1.31	59.12	42.13	1.27	187.34	357.18
新疆	55.70	1 779.60	1 277.17	38.20	5 695.42	10 876.88
台湾	0.09	13.94	10.61	0.30	45.86	87.98
总计	244.33	14 390.9	10 778.73	308.93	46 215.14	88 309.40

资料来源：陈世荣等，2008

2001 年草地理论载畜量总量为 10 778.73 万个羊单位。超过 1000 万个羊单位的共有 5 个省（自治区、直辖市），按数量由大到小排序分别为内蒙古、西藏、青海、新疆、四川，与干草产量比例排序一致，分别占全国理论载畜量的 20.01%、19.63%、15.29%、11.85% 和 10.08%。其比例与干草产量占全国比例相近。

草地动物产品可较好地解释草地的食物供给能力。经计算，2001 年中国草地动物产品总量为 308.93 万 t 羊肉，由于该指标直接根据干草产量计算，因此其分布类似于干草总产量在各省（自治区、直辖市）的分布。

陈世荣等（2008）将其草地生产力计算结果与其他相关研究比较，其数值明显偏小。其主要原因有：草地面积的差异，本节采用的遥感草地面积为 244 万 km²，和其他研究采用数据（300 km²、393 km²）有较大差距，这是基于遥感的植被类型覆盖分类方法所带来的；指标中实际产量和生产潜力的差异，本节计算结果为实际草地生产力，而其他方法中有的是计算生产潜力，结果远大于作者的结果；计算年份的差异，本节计算的是 2001 年的草地生产力，其他结果有的是得到之前年份的数值，而基于生产潜力的方法得到的估算结果都是未来年份的数值。因此，本节结果具有一定的说服力和借鉴意义，尤其为后续研究的方法与过程提供参考。

李刚等（2007）通过对光能利用率模型 CASA（carnegie-ames-stanford approach）模型参数（PAR、FPAR）的改进，使之成为适合草地 NPP 估算的模型。采用改进后的 CASA 模型计算了 2003 年内蒙古草地生长季的生产力，并利用 2003 年 7 月和 8 月的地面实测样方数据对改进后的模型进行验证。

原 CASA 模型中利用的太阳辐射数据都是历史数据，为了能够接近实时利用太阳辐射数据，实现草地生产力的动态实时监测，李刚等（2007）运用照射到地表的潜在光合有效辐射和云的反射率计算光合有效辐射（Eck and Dye，1991）。具体算法如下：

$$
\begin{aligned}
I_{ap} &= I_{pp} \times [1 - (R - 0.05)/0.90] & R &< 0.5 \\
I_{ap} &= I_{pp} \times (1 - R) & R &\geqslant 0.5
\end{aligned}
\tag{5-15}
$$

式中，I_{ap} 为实际照射到地表的光合有效辐射，也是 CASA 模型中需输入的 PAR；I_{pp} 为晴朗天气下照射到地表的光合有效辐射，即潜在光合有效辐射；R 为 TOMS 在 370 nm 处的紫外反射。

植物吸收的光合有效辐射（APAR）算法的改进：利用 NASA. MOD15 算法中设计的 NDVI. FPAR 查找表（Myneni et al.，1999）计算每月截取的光合有效辐射比率（FPAR）。

计算结果表明，2003 年内蒙古地区 NPP 的空间分布，总体上由东北向西南逐步递减，这与水热条件相一致。呼伦贝尔市西部以外地区、兴安盟、通辽市西北部、锡林郭勒盟南部、锡林郭勒盟与赤峰市接壤附近地区、赤峰市西南部、乌兰察布市西南部以及呼和浩特市中部草地生长季的 NPP 均大于 200 g C/m²。呼伦贝尔市部分地区草地生长季的 NPP 大于 300 g C/m²。阿拉善盟、巴彦淖尔盟大部分地区、乌海市、鄂尔多斯市的西北部、包头市北部、锡林郭勒盟的西北部地区草地生长季的 NPP 均小于 90 g C/m²。其他地区草地的 NPP 为 0~200 g C/m²。

根据内蒙古 2003 年草地生长盛期（7~8 月）不同草地类型的地上生物量（干物质）地面观测数据对模型计算结果进行了验证，地面实测样点包括草甸草原类、温性草原类、荒漠类草原、草原化荒漠类草原等草地类型。验证结果表明，不同退化程度的草甸草原、典型草原地上生物量与遥感图像获取的归一化植被指数（NDVI）一致性较好，通过遥感图像获取的 NDVI 能够正确地反映出地面生物量的实际情况。荒漠草原类、温性荒漠类草地退化度小于Ⅱ度，地上生物量与 NDVI 一致性较好，此时能够正确地反映地上生物量情况。退化程度大于Ⅲ度时，温性荒漠类草地的 NDVI 不能够正确地反映对应的生物量。这是因为退化程度大于Ⅲ度时，草地植被类型主要为一年生的植物（如葱属），此时虽然 NDVI 值较高，但是实际的生物量（干物质）却较低，这表明在模拟该类型草地 NPP 时，需进一步的调整模型参数，以提高模拟精度。

5.1.2.2　草地植物多样性与生产力的关系

物种多样性在生态系统功能中的作用一直是生态学家关注的焦点。多数关于物种多样性与生态系统功能相互关系的研究，均以不同的方式涉及生态系统中物种的生产量和生物量。许多学者从各种角度讨论多样性与生产力的关系，但由于生态学背景（如观察的时间和空间尺度）的不同，得出的结论也存在很大差异。相关格局主要表现为线性关系（单调上升或下降）、单峰关系（中等生产力水平多样性最大）与不相关 3 种形式（Huston，1979；Tilman et al.，1996；Guo and Berry，1998；杨利民等，2002；张全国和张大勇，2002；杜国桢等，2003）。但由于对 3 种关系的看法和解释存在很大争议，至今仍未得出一致的关于物种多样性与生产力之间关系的模式。我国物种多样性与群落生产力关系的研究大多集中于典型草原生态系统。东北典型草地研究结果支持单峰关系；高寒草地实验证实了对数线性关系；室内微宇宙实验证明多样性对生产力的正效应是取样效应和生态位互补作用的结果。

科尔沁沙地由于人为过度的放牧、开垦、樵柴，疏林草原植被遭到严重破坏，出现了不同程度的植被退化和土地沙漠化，生产力下降，但涉及该区群落物种多样性与生产力关系的文献还很少。因此郭轶瑞等（2007）在对科尔沁沙地 6 个典型生境类型的沙质草地（流动沙丘、半流动沙丘、半固定沙丘、固定沙丘、干草甸和湿草甸）的 17 个植物群落进行取样调查的基础上，分析了草地群落多样性与生产力的关系。结果表明：17 个草地群落物种丰富度、Simpson 指数、Shannon 指数和均匀度与生产力关系的趋势模拟均呈负二次函数关系，即单峰型函数关系。其拟合系数 r 值分别为 0.846、0.877、0.851 和 0.772，均大于 0.60，P 值均小于 0.005。拟合结果显著，说明单峰型函数关系是 17 个沙质草地群落物种丰富度、均匀度和多样性与生产力关系的较好表达形式。因此，可以得出研究区域内主要沙质草地群落在中等生产力水平时物种多样性最高的结论。湿草甸类型（CVL，CVC）具有较高的生产力和较低的物种多样性倾向；严重沙漠化类型（AS、IS、SO）具有低的生产力和低的物种多样性倾向，而轻度和中度沙漠化类型具有中等生产力水平和最高的物种多样性。

另外，17 个草地群落凋落物与生产力关系的趋势模拟均呈负二次函数关系，即单峰型函数关系。其拟合系数 r 为 0.709，大于 0.60，P 值小于 0.01，拟合结果显著，说明单峰型函数关系也是研究 17 个沙质草地群落凋落物与生产力关系的较好表达形式。这种关系与研究区域内物种多样性与生产力的关系相一致。由此表明，在沙质草地的环境梯度从贫瘠到丰富的生境变化时,并非是高的地上生物量导致高的凋落物量,而是具有中等生产力水平的轻度和中度沙漠化类型的群落仍具有较多凋落物。

5.1.2.3　草地生产力与降水的关系

半干旱草原区由于降水不足,降水量及其季节分配成为限制草地生产力的主要因子。另外,由于当前人类活动引起的大气中温室气体迅速增加,导致地球表面温度升高,区域的热力学平衡受到干扰,原有降水量分布模式不可避免地发生了变化。降水量与草原植被初级生产力之间相互关系的研究,对草原的合理载畜量的确定以及草原生态保护具有重要意义(何峰等,2008)。

(1) 降水对草原植物群落的影响过程

降水量是通过改变土壤含水量来影响整个草原生态系统的。降水量通过其在时间和空间上的变化,引起生态系统土壤含水量的变化,进而影响植物根系和根际微生物的活性,对植物的生长发育产生影响,造成地上植被的动态变化。许多研究表明,土壤含水量与地上生物量的相关性达到显著水平,尤其是在受水分限制地下决定型的草原上(Burke et al.,1998;Laporte et al.,2002)。相关研究也表明,降水量与植物生长之间关系非常复杂,首先由于降水量的多少对土壤蒸发、植物蒸腾、地表径流、渗透和土壤水分分配等有显著的影响,这些都会导致土壤可利用水分的变化(Weltzin et al.,2003),使降水量和土壤可利用水分之间的关系复杂化;其次,不同植物对水分需求的临界期存在差异,在植物水分生理临界期的降水对植物的重要性远远大于其他时期。同时,植物生长对降雨的反应还存在一定的滞后性,因此土壤水分和植物生长之间的关系无法用简单的线性关系来表达其机理,但在生物量、叶面积指数、植物盖度、叶片含水量和土壤含水量等一系列指标的测定过程中,土壤含水量依旧是干草原、割草地、放牧地、火烧地和未处理的不同草地间主要差异之所在(Volk et al.,2000;Griffith et al.,2001)。

草地植物在进化的过程中个体、种群、群落和生态系统形成了各自的水分利用类型,对降水量的增加或者减少的反应存在显著差异,进而影响群落的结构和功能。不同物种利用降水的策略存在明显差异,降水量变化将改变现有种间关系,引起群落物种组成结构波动。在鄂尔多斯高原上,利用氢同位素对夏季不同降水事件进行研究发现,本氏针茅(*Stipa bungeana*)和老瓜头(*Cynanchum komarovii*)善于利用小于 10 mm 的降水资源,而油蒿(*Artemisia ordosica*)在利用大于 65 mm 的降水资源时有优势(Chen et al.,2007)。在非洲半干旱草原上的研究发现,非洲狗尾草(*Setaria sphacelata*)、布尔爱草(*Eragrostis chlomelas*)和俯仰马唐(*Digitaria eriantha*)在干旱年份相对生物量增加,而黄背草(*Themeda triandra*)在湿润的年份相对生物量提高(O'onnor et al.,2001)。针对小降水事件的研究发现,不同地区物种存在截然相反的策略。在博茨瓦纳的萨旺那(Savanna)草原上 10 ~ 12 mm 的小降水事件不能促进当地种子的萌发,这种萌发生物气候学是干旱半干旱地区植物的干旱避让综合征(drought avoidance syndrome)的反应(Veenendaal et al.,1996)。然而,在科威特人工降水的试验中,4 mm 的降水量就会促成车前(*Plantago asiatica*)萌发(Sala and Lauenroth,1982),格兰马草(*Bouteloua gracilis*)可以利用5mm的降水量使其成为当地的优势种,小降水事件对半干旱地区的草原生态系统具有显著的生态作用，是一种重要的资源。这种物种对不同降水量的差异性，是群落和生态系统对不同降水量变化响应策略的基础。

不同种类植物利用降水存在策略上的明显差异。在对中国东北温带草原进行分析时发现，一般来说 C3 种、C4 种、禾草和非禾本草本植物的数量和降水量呈正相关，灌丛呈负相关，多汁植物不相关（Ni，2003）。研究也表明，夏季降水增加对 C4 植物比 C3 植物更为有利（Skinner et al.，2002）。不同种类植物对土壤水分变化响应策略不同，以及物种间水分竞争能力的差异，势必造成群落种间关系和种的组成发生变化，进而导致群落组成结构发生变化。试验表明，降水增加 20%，禾草类和莎草类地上生物量分别比对照提高 103.63 g/m² 和 77.12 g/m²。在 6 月降水增加 20% 及 40%，植物群落物种多样性指数（H）分别比对照提高 0.188 和 0.735；7 月降水增加 20%，物种多样性指数（H）和均匀度指数（J）分别提高 0.409 和 0.07，降水增加 20% 时，植物群落中禾草类的重要值较对照提高了 0.92（王长庭等，2003）。试验表明，多年生草种对年降水量敏感，而一年生草种和灌木则分别对生长期降水和关键期降水量敏感。由于不同种类植物在长期与自然环境协同进化过程中与降水量形成了不同的响应类型，在不同环境下植物形成了适合自己生存的机制，主要包括生活史、生长型、根冠比、光合途径等方面的变化（Burke et al.，1998）。因此，降水量变化势必影响利用降水策略不同的植物群落结构的变化，进而对生态系统的结构和功能产生深远的影响。

（2）降水量对草地初级生产力的影响

李新龙和董跃福（1991）研究了降水条件对呼伦贝尔干旱草原初级生产力的影响，研究地点在位于新巴尔虎左旗阿木古郎镇北部放牧场和新巴尔虎右旗莫能塔拉，每个样地面积为 1250 m²。通过对 5 年（1981~1985 年）观测资料进行回归分析，发现该类型草场牧草产量和降水量有密切关系，产草量与降水量、土壤含水量呈显著的正相关，回归方程分别为

最高产草量 Y 与 7 月降水量 p

$$Y = 353.25\exp(1.897 \times 10^{-4}p)，R = 0.912 \tag{5-16}$$

最高产草量 Y 与 8 月降水量 p

$$Y = 387.045\exp(1.516 \times 10^{-4}p)，R = 0.970 \tag{5-17}$$

6 月产草量 Y 与土壤含水量 w

$$Y = -1822.562 + 428.891w，R = 0.916 \tag{5-18}$$

自从牧草返青后，随着降水量和土壤含水量增加产量相应增加，尤其在干旱草原区这种效应更加明显。因此，降水量和土壤水分对牧草生物量积累起着主要作用。

韩国栋（2002）分析了内蒙古高原小针茅草原植物群落地上净生产量、生长季节地上平均生产量的长期变化与降水量和气温的相互关系，结果表明：小针茅草原地区最近 10 年气温明显升高，降水量的波动呈随机性。小针茅草原植物群落初级生产力与 4~8 月降水量有显著的直线回归关系，而与年平均气温、≥5℃ 的年积温没有明显相关关系。

常雪礼和杨持（2000）对科尔沁地区降水量变化影响沙地草场植物组成和生产力的研究表明，在湿润年份（大于平均降水量）沙地草场的植物种丰富度较高（18~23 个种）。降水量的变化对不同生活型植物重要值的影响比较大，其中降水量变化对一年生植物影响

最大,多年生草本次之,灌木类最小。降水量变化对沙地生产力的影响与降水的分布格局有关,总体来看,生长期降水量对草场生产力影响最大,两者的关联度为 0.927;年降水量次之,为 0.893;关键期降水最小,为 0.859。从不同生活型植物生产力对不同时期的降水响应来看,年降水量对多年生草影响最大,生长期降水量对一年生植物影响最大,关键期降水量对灌木类植物影响最大。

张铜会等 (2008) 在科尔沁沙地典型退化草地上开展了裂区组合设计的灌溉与施肥二因素试验。结果表明,科尔沁沙地退化草地土壤储水量受降水量的影响强烈。由于受到干旱气候和灌溉量的影响,灌溉水仅对地表 0~30 cm 的土壤含水量变化有作用,对深层土壤的含水量没有作用。灌溉和施肥对沙地退化草地的植物生物量有着明显的促进作用。灌溉处理中,灌溉 90 mm 试验区的植被生物量最高 (128.3 g/m²),施肥处理中,每公顷施 600 kg 氮肥试验区的植被生物量为最高 (147.3 g/m²)。灌溉 90 mm、60 mm、30 mm 和对照试验区的植被耗水量分别为 379.00 mm、349.90 mm、313.20 mm 和 293.50 mm。与其相应的水分利用率分别为 0.28 kg/(mm·hm²)、0.38 kg/(mm·hm²)、0.34 kg/(mm·hm²) 和 0.35 kg/(mm·hm²)。综合分析认为科尔沁沙地退化草地的基本耗水量为 294 mm。

李刚等 (2008a) 利用卫星遥感资料和地面气象观测资料,利用光能利用率模型估算了内蒙古地区 1982~2003 年 4~10 月草地 NPP,并计算了与 NPP 密切相关的几个气候因子,分析了 1982~2003 年内蒙古地区草地 NPP 年际变化规律、气候因子的年际变化规律,以及草地 NPP 对主要气候因子的响应关系。结果表明:1982~2003 年内蒙古草地生长季的 NPP 呈波动中增加趋势,NPP 的年平均递增率为 0.0036 g/(m²·Gr)(Gr, growing season, 生长季),草地 NPP 的空间分布与生物温度 (BT) 及可能蒸散率 (PER) 呈显著负相关,与降雨量 (RAIN)、湿润度 (K) 及实际蒸散 (AE) 呈极显著正相关。内蒙古地区,草地 NPP 受降雨量 (RAIN) 及生物温度 (BT) 的影响较大,但 NPP 的变化受 RAIN 的影响更为明显;内蒙古地区不同草地类型的 NPP 变化对气候因子的响应略有不同。

(3) 降水量季节分配对草地初级生产力的影响

白永飞 (1999) 研究降水量季节分配对克氏针茅草原群落初级生产力的影响。研究地点在内蒙古锡林郭勒盟正蓝旗境内,地处中国东北样带 (NECT) 南缘,样地面积为 250m×40m,地上生物量测定采用样方法,样方面积 1 m×1 m,重复 5 次,分种齐地剪割,称鲜重和风干重。测定时间为每年的 8 月 15 日和 9 月 15 日,取两次测定中的最高值作为该年的群落初级生产力。

数据处理和建模时采用了积分回归模型,设影响克氏针茅草原群落初级生产力的限制因子——降水量是随时间变化的函数。若将群落初级生产力的形成与积累时间分成无穷个小的时段,则群落初级生产力的多元线性回归方程可用积分回归形式表示。由于克氏针茅群落地上生物量的高峰值一般出现在每年的 8 月中旬至 9 月中旬,考虑到群落地上生物量对降水量的滞后效应,在建模时将对群落初级生产力形成有影响的时期规定为 1~8 月,并将其分为 24 个时段,每个时段为 1 个旬。

根据克氏针茅草原群落初级生产力以及 1~8 月旬降水量连续 14 年的观测资料,用计算机对积分回归模型求解,得出 1~8 月旬降水量对群落初级生产力的影响系数,并求出

复相关系数 $R = 0.9369$，$F = 16.1513$，模拟结果达到极显著水平。影响系数反映了从 1 月上旬至 8 月下旬，旬降水量每增加 1 mm 对当年群落初级生产力的影响数值。1 月上旬至 4 月上旬的降水量对群落初级生产力具有正效应。其中，1 月上旬的正效应最大，逐渐递减，到 4 月上旬降为零，表明这一时期降水偏多能显著地增加当年的群落初级生产力。而 4 月中旬至 6 月中旬的降水量则相反，表现为负效应。其变化趋势是，从 4 月中旬到 5 月中旬负效应逐渐增强，5 月中旬到 6 月中旬负效应逐渐减弱。进入 6 月下旬以后，降水对群落初级生产力的影响表现为正效应，从 6 月下旬到 8 月上旬正效应逐渐增大，8 月中旬以后逐渐降低。

1 月上旬至 4 月上旬的旬降水量对群落初级生产力影响为正效应，可能是由于这一时期降水偏多能够增加地表积雪厚度，地温升高，减少了植物越冬对其储藏营养物质的消耗，降低了休眠芽的越冬死亡率，同时，雪融后又增加了土壤的蓄水量，对牧草的返青和早期生长发育极为有利，从而可显著地提高当年的群落初级生产力；而 4 月中旬至 6 月中旬降水量的负效应，可能是植物个体发育同干旱环境长期协同进化的一种表现，因为这一时期植物地上部分生长缓慢，主要表现为地下部分的生长。一定程度的干旱胁迫，有利于提高地温和植物地下器官（主要是根系）的生长，并储藏足够的非结构性碳水化合物，为植物地上部分进入生长发育期做准备。6 月下旬以后降水对群落初级生产力的影响又表现为正效应，这是由于 6 月下旬以后至 8 月上旬，气温逐渐升高并达到高峰值，大部分植物开始拔节、抽穗进入生育盛期，植物地上生物量大量地积累，植物生长对水分的需求也逐渐进入了高峰期，因此充足的降水是生物量大量积累的必要条件，8 月中旬以后，气温开始回落，多年生植物开始将同化产物向地下器官转移，地上部分的生长逐渐减慢和停止，降水对群落初级生产力的正效应也逐渐减弱。将解出的旬降水量影响系数值回代模型，可计算出群落年初级生产力的模拟值。群落初级生产力观测值与模拟值比较的结果表明，模拟结果较理想，该积分回归模型基本能反映出降水量的季节分配对克氏针茅草原群落初级生产力影响的一般规律。

王玉辉等（2004a）利用 1981～1994 年的固定围栏样地植物群落调查数据及同期降水资料，分析了羊草草原群落地上初级生产力和降水的年际变化特征及植物群落地上初级生产力的时间动态与降水年际变化的相互关系。结果表明，羊草草原年降水以及月降水的年际波动明显；年内降水分配不均匀，降水集中分布于 6～8 月。月均降水以 7 月最高，基本呈对称分布。群落地上初级生产力年际间变化介于年降水与月降水的年际变化之间。影响群落地上初级生产力时间动态最显著的因子是植物生长周期内前一年 10 月至当年 8 月的累积降水，而与年降水和月降水无显著相关。群落地上初级生产力时间动态对累积降水波动的反应呈显著的二次曲线关系，与空间尺度上地上初级生产力与年降水呈线性相关关系不同。因此，降水波动对羊草草原地上初级生产力的影响是一个累积效应，确定对植物生长产生影响的有效降水时间对建立羊草草原生产力模型关系具有十分重要的意义。

袁文平和周广胜（2005）分析 3 种针茅草原群落初级生产力的年季动态，并利用积分回归模型探讨其对降水量季节性分配的响应，揭示水分有效性对植物初级生产力的影响。结果表明，制约 3 类针茅群落初级生产力年度变化的因素是水分，即前一年 11 月到当年 8 月的月降水量的年度变异是直接导致群落初级生产力年度变化的主要原因，降水的季节分配对于 3 类针茅群落初级生产力的形成有着不同的作用，前一年 11 月至当年 4 月降水对于植物群落的初级生产力具有正效应。从 5 月开始降水对植物初级生产力的促进作用有不同程度的降低。大针茅和克氏针茅群落的季节降水量格局较为相近，但是大针茅群落与克氏针茅群落相比对降水的利用效率较高；贝加尔针茅群落则表现出更高效的降水利用率。由此可见，降水量月季分配及其对针茅群落影响程度的不同是造成 3 种针茅草原地带性分布的原因。

5.1.3　半干旱草地的载畜量

5.1.3.1　载畜量定义

草原载畜量又称"载牧量"，《中国百科大辞典》中定义：载畜量是指放牧季节内，以放牧为基本利用方式而又放牧适度的情况下，单位草原面积上所放牧家畜头数与放牧时间。该定义包含了时间、家畜和面积 3 项因素，因此有 3 种表示方法，即时间单位法、面积单位法和家畜单位法（《中国百科大辞典》编委会，1990）。畜牧与草原专业名词术语汇编——《中国农业百科全书·畜牧业卷》也对载畜量作了类似的定义，载畜量有 3 种表示方法，即家畜单位法、时间单位法和面积单位法（《中国农业百科全书》编委会，1996）。

草地理论载畜量是指在一定时间和一定草地面积上，在适牧条件下，并保证家畜正常发育和生长的状态下，能饲养放牧家畜的头数。草地载畜量是评定草地生产能力的一项重要指标，也是影响草地家畜生产能力的一项临界指标。载畜量过低会造成牧草浪费，牧草利用率降低，减少单位草地面积上家畜的总增重。载畜量过高则导致牧草利用过度，草地基况恶化，家畜营养匮乏，单个家畜的增重降低。因而求算最适载畜量，经济合理地利用草地是提高草地生产能力的有效途径。

天然草地载畜量估算是草地资源生态研究中不可缺少的环节，是一项极其复杂而又重要的研究项目，同时也是畜牧业生产中进行扩大再生产的必需。1923 年世界上第 1 本大学草原科学教材——《草原和放牧地管理学》（Range and Pasture Management）问世。其中包含了草地面积单位（pasture area）和家畜数目（number of stock）两大要素，为载畜量定义的进一步发展奠定了基础。1942 年美国 Nevada 大学农业试验站用家畜单位月因子（animal unit month factor）来估测草原牧草的放牧利用价值。在估测草原牧草载畜量时，用两种方法：①平方英尺密度或点观测法；②目测法。1954 年英国草原学家 Dorothy Brown 在《植被调查和测量方法》一书中对草原载畜量作了系统的描述，提出定量描述草地载畜量应包括 3 个变量，即家畜数量、面积和时间。因而载畜量应以 3 种方法来表示：①一定时间内，单位面积草地能承载的家畜头数；②在单位时间内，放牧一头家畜所需的草地面积；③单位草地面积上，可供一头家畜放牧的天数或月数（绵羊日、牛月等）。1989 年，美国《草原管理名词术语汇编》第 3 版中规定，载畜量（carrying capacity）义同载牧量（grazing capacity），是指与维持和改进植被或资源并行不悖的条件下，可能的最大放牧率。由于饲料产量的波动，在同一草原面积上，年际载畜量可有差异；载牧量是指在一定的面积上，根据可利用饲草资源的总量（包括收获的粗饲料和精料）可能饲养的家畜头数。

1959 年由任继周主编的《草原学》出版，1961 年编著者对此书进行了修订。1973 年，任继周等在 1961 年载畜量定义的基础上，又做了一定修改。在我国最常用和最简便的方法是产草量和家畜日食量法。

5.1.3.2　载畜量的估算方法

（1）根据牧草产量估算

这是目前我国草原生产中广泛应用的一种方法，其具体步骤是，首先测定草原可利用牧草平均产量，然后根据每头家畜的实际放牧采食量或根据饲养标准来计算载畜量。基本计算公式如下：

$$载畜量 = \frac{草地牧草产量 \times 牧草有效利用率}{家畜日食量 \times 放牧天数} \tag{5-19}$$

饲草储量就是指草地的年产草量，它是依草场类型、测定时间和年份的不同而变化的，必须对不同类型草地进行多年、多次定位测定，以取得平均值。用可利用牧草产量计算载畜量时，不能过于简单地只计算全年的平均载率量，而要根据具体情况。例如，一般草原都是划分为季带来利用的，因此，最好按季带的实际利用时间和实际可利用产草量来计算各季带的载畜量。当前，各生产单位的一般情况是冬春牧草不足，夏秋通常有余，但夏秋草原多余的牧草由于各种条件的限制，并不能留待冬春再用，因此，冬春草原的可利用产草量实际上是限制总载畜量的关键所在。

（2）根据牧草可利用营养物质估测

这是国外草地生态学家所提倡的方法。这种计算方法，把草地植物所提供的营养与家畜的需要联系起来，把草地–家畜作为一个系统来看待，客观地反映了草地的生产能力，计算也很简单，各地、各季节都可应用。计算步骤：①测定草地最大生物量，根据利用率，计算可采干物质的量；②对植物群落可采食部分进行成分分析，主要分析蛋白质、粗脂肪、纤维、无氮浸出物等。然后按这些成分的可消化率求出可消化物质的百分比，计算消化营养物质的百分数（根据任继周等的试验，粗蛋白、粗脂肪、粗纤维和无氮浸出物的可消化率分别为 77.49%、51.85%、71.75% 和 47.29%）；③计算草地放牧期间单位面积可消化蛋白质（DCP）和可消化营养物质总量（TDN）；④根据家畜的饲养标准如美国的 NRC 饲养标准等，计算放牧季内家畜对 DCP 和 TDN 的需要量；⑤通过草地可提供的营养物质量和家畜所需的量，计算载畜量。这样会出现 DCP 载畜量和 TDN 载畜量两个值，一般以较低值为准。

（3）根据放牧试验法估测

这种方法是在一定草原面积上进行放牧试验，根据放牧日期、家畜头数、家畜体重及畜产品生产的数量，用家畜饲养学的原理，求其所得饲料的可利用营养物质产量，求出鲜草产量。

（4）根据草原面积估测

这种方法是根据上述 3 种方法估测的结果换算而得，即经多次的测定以后，确定各种草地型单位面积的载畜量，以后就可直接从草地面积的大小算出其载畜量。此法虽简便，但需较多的资料积累，而且在一定时期，还需重新用产量测定法校正。

（5）根据家畜的健康和生产状况估测

这是通过调整载畜率确定载畜量的方法。例如，一块草地，放入一定数量的家畜以后，经过一个时期观察家畜的健康状况，再按家畜健康和生产要求调整牲畜数量或草地面积。这种方法比较实际，也具有一定的灵活性。

（6）根据经验直接估计

我国牧民对于载畜量的估测多用此法。经验丰富的牧民，经对草原的初步调查和巡视，可直接估算出草原的载畜量，并可达到一定准确度。

5.1.3.3　载畜量的影响因素

草地生态系统是与多种自然因素和人为因素相关联的动态变化系统。因此，草地载畜量也在各种因素的影响下处于动态变化之中。不同生态类型的草地，起主导作用的影响因素不尽相同。例如，干旱和半干旱的美国中部草原，降水量是影响地上牧草净生物量的关键因素，而对高寒草甸而言，温度是限制牧草地上生物量的主要因素。但无论哪种类型草地，家畜放牧都是影响草地生态系统的主导因素之一。放牧可通过影响草地生物量、植被组成、土壤化学组成和气候等因素直接影响草地载畜能力，还可通过影响家畜摄取营养的质量和数量而间接改变草地载畜量。例如，不同放牧率会影响放牧家畜的采食方式、能量消耗和牧草营养价值等。

既然草地载畜量是受一定的自然条件与人为因素所影响的动态变化量，如果不充分考虑自然和管理因素，则对任一类型草地生态系统的载畜量估计都没有实践意义。Bell（1985）用植物生物量和动物生物量之间的关系描述了载畜量，并提出了生态载畜量和经济载畜量的概念。

生态载畜量是当动物采食量等于牧草生长量时的动物数量，此时，植物与动物之间达到供需平衡，草地载畜量达到饱和。经济载畜量是指动物出栏率达到最大，经济效益最佳时的动物数量，这时草地的可持续生产能力最强。目前，对草地载畜量的多数研究都是基于对生态载畜量的估算，即根据草产量和家畜采食量的比值来估算，虽然考虑了生态因素对载畜量的限制，但未将放牧率的反馈影响纳入评估指标体系，只能满足短期的放牧实践，缺乏可持续性。因此，载畜量的确定应该在充分研究放牧对草地生态系统平衡与动物采食行为的影响基础上进行。

5.1.3.4　载畜量估算中需要注意的问题

载畜量与草场植被种类、年度年际变化、草场恢复等多因素有关，所以计算载畜量时要注意以下几个问题（贾幼陵，2005）：

1）在确定载畜量时，首先要意识到草场的载畜量不是固定的，而是动态的，而且常常变化很大。例如，内蒙古的草原产草量在歉年和丰年之间可相差 2~4 倍，这就给载畜量的确定带来很大困难。因此，在实际工作中用 5 年的平均产草量来计算载畜量。即使用平均产草量计算，仍然不能很好地解决歉年牧草不足的问题。较为可行的办法是把丰年的剩余牧草割下来储备好，用于歉年缺草时候的补饲等。

2）另外一个重要的概念是草场利用率，就是要给草场再生的机会。为了适应牧草的再生能力，必须确定一个合理的利用率。利用率的确定与草原类型有关，如对于一个沼泽草地，利用率定为90%也不为过，但是对于一个荒漠化草地，利用率定为50%就很高。不同类型的草场有不同的利用率，在没有确定利用率的情况下，载畜量是无法确定的。

3）根据草场的地貌和植被类型确定合理的利用率。例如，以豆科牧草为主的草地，以禾本科草为主的草地，以上繁草为主的草地，以下繁草为主的草地，以种子繁殖为主的草地，或以根茎繁殖为主的草地，其再生能力是不一样的。所以在确定载畜量时，要考虑到不同年份、气候条件、时段、再生能力和不同地块、不同植被的草地产草量及其合理的利用率，而最重要的是要将载畜量的确定落实到每个牧户。

5.1.3.5 载畜量公式中各分量的估算

（1）草地牧草产量的确定

草地在一定时间内的净初级产量（P_n）是反映草地生产力的重要指标，包括单位时间内草地现存量的增量（ΔB）、死亡的植物量（L）和被动物采食的植物量（G）。

$$P_n = \Delta B + L + G \tag{5-20}$$

P_n测定的传统方法是建立样方，测定样方内的净初级产量。这种方法只能反映草地某段时间内的产量，难以宏观动态地描述牧草产量受气候、放牧等因素影响的长期变化规律。目前，对草地生物量的估测都趋向于将各影响因子整合到一起建立适当的生态模型来进行研究，这些生态模型已在前面做过详细论述。

（2）家畜采食量的确定

测定放牧家畜采食量的方法很多，诸如模拟采食法、群牧差额法、盐酸不溶灰分法或木质素比例内指示剂法、三结合法等，其中以吴天星（1989）将食道瘘管采样、三氧化二铬外源指示剂估测排粪量和两级离体消化率法测定牧草消化率相结合创立的"三结合法"比较完善、准确，也较符合我国国情。放牧家畜采食的牧草样品可由食道瘘管准确获得，而排粪量和采食量由以下公式计算：

$$动物日排粪量 = \frac{Cr_2O_3 投喂量（g/d）}{粪中 Cr_2O_3 浓度（\%绝干基础）} \times 0.97 \tag{5-21}$$

$$动物干物质采食量（g/d） = \frac{动物个体日排粪量（g/d）}{1 - 采食牧草的干物质离体消化率（\%）} \tag{5-22}$$

草地放牧生态系统是一个相互关联的整体，不同放牧率、放牧制度与自然因素等也会对家畜采食产生较大影响。因此，实际测得的家畜采食量应注明草地类型、测定季节、管理条件和研究方法等，以利于对资料准确判别和应用。

目前，我国载畜量估算体系一般以羊单位表示，即单位面积、单位时间内草地可放牧的羊头数，采食量的获得也多以羊为实验动物，其他家畜的载畜量则以羊单位的倍数表示。汪诗平（2006）指出，在研究草地牛的载畜量时，单纯以牛∶羊＝5∶1的比例来估算是造成载畜量估算偏差的重要因素之一，如对禾草的选择性采食而言，1头成年牛可能相当于10只羊的采食量，其换算比率应改为10∶1。因此，对于不同家畜和不同草地类型，应该特异性地测定动物采食量更准确一些。

(3) 牧草的可利用率

牧草有效利用率是指可被家畜采食的牧草储藏量与草地牧草总产量的比值。由于技术、工具、人为或家畜践踏等种种原因，牧草不可能百分之百地被家畜所利用。目前有关草地载畜量的研究对草地牧草可利用率的评估方法相对于牧草产量和家畜采食量的研究方法而言较为薄弱，牧草的利用率是三者中变异最大的因素，其变化程度将使"载畜量"发生成倍的变化。可见，牧草利用率是特定草地上引起载畜量变化的关键因素，准确评估草地牧草可利用率是确保放牧不会超载的又一关键所在。由于不同的草地类型牧草的可利用率随放牧家畜种类、牧草类型以及草地自身耐牧能力不同而变化，在考虑以上因素的同时，还要保证该利用率使得牧草得到了充分利用又不至于引起草地的退化，研究较为复杂。

不同类型草地牧草利用率差异较大，而不同文献报道相同类型草地之间也存在一定的差异，目前尚无确定草地牧草可利用率的标准方法。基于此，提出一种合理评判牧草利用率的标准是当前的研究热点之一。黄富祥等（2000）提出干旱半干旱草地牧草的利用率应该以保证植被有效覆盖率为标准，即可采食量就是超过有效覆盖度的部分，并提出了计算风蚀和水蚀地表条件下植被有效覆盖率的计算方法。此外，安渊等（2000）通过放牧试验，将牧草的可利用率评判标准设定为获得植物最大补偿生长时的采食率，综合得出内蒙古大针茅草原适宜利用率为45%～55%。

5.1.3.6　草地放牧率

(1) 草地放牧率及其影响因素

放牧率是反映草地实际载畜数量的指标，相比载畜量而言更具有实际意义。放牧率的大小将对草地生态系统产生直接影响。然而，放牧在一定程度上是一种人为活动，不但受到自然和动物因素的影响，更与人类社会活动密切相关。载畜量是放牧率的上限，随草地类型、季节变化、放牧家畜种类及人工管理等多种因素而变化，因此放牧率也应该随载畜量的变化不断地变化。人类的管理与决策的干预使放牧率变得更灵活，人类可以通过调整放牧率在放牧产生的经济效益与生态平衡之间找到最佳契合点。Bruce等（2006）提出了影响放牧率的五大因素，即环境的变化性及可预测性、生态退化及其临界点、财产权体系、投资贴现率以及市场与价格，其中有三项同社会和经济状况直接关联。可见，在确定载畜量的基础上，根据宏观经济背景制订合理的放牧策略，合理地调整放牧率才是实现草地畜牧业可持续发展的关键。Bruce对影响草地放牧率的因素进行分析，并将现有放牧策略大致分为保守放牧策略和机会放牧策略。保守放牧策略提倡草地放牧率应该是一个维持在载畜量范围内的稳定放牧率，以保证草地的可持续发展为主要目标。机会放牧策略认为放牧率虽然受到人的调控，但自然条件始终是放牧率的主要限制因素，因此，放牧率一般不会过多超过载畜量，可随牧草产量的变化而变化以获得更高的收益。保守放牧策略强调人为因素在放牧率决定中的重要性，而机会放牧策略则强调自然因素的重要性，到底选择何种放牧策略应该在细致分析影响放牧率因素的基础上进行（表5-4）。

表5-4　影响草地合理放牧率选择的因素分析

影响因素	保守放牧策略将是适合的,假如:	机会放牧策略将是适合的,假如:
1. 环境的变化性及可预测性		
a. 环境变化的可预测性	不可预测	可预测
b. 干旱对家畜死亡率的影响	显著	不显著
2. 生态退化和其临界点	生态易于退化	生态系统有弹性、不易到达临界点
3. 财产所有权体系		
a. 放牧空间的限制性	放牧空间限制了游牧	牧群具有空间自由性
b. 牧场的私有性	牧场具有严格的私有性	牧场私有性不强
4. 投资贴现率	初始家畜量多且贴现率很高	初始家畜量少且贴现率较低
		初始家畜量较多,但贴现率大于或等于零
5. 市场价格		
a. 畜产品的价格同时间的变化性	变化性较高	变化性较低
b. 供给和需求的冲击	价格变化主要受供给方影响	价格变化主要受需求方影响
	抛售会引起价格的巨大变化	抛售对价格变化的影响较小
c. 资本和劳力的机会成本	机会成本是周期性变化的	机会成本始终如一
d. 土地和牧草的机会成本	土地价值会受未放牧牧草的影响	未放牧的牧草被消费掉的时候

资料来源:宁宝英和何元庆,2006

　　由表5-4可见,选择何种放牧率策略应根据实际情况而定,在各种实际情况中,经济因素是不可忽略的主要因素之一。在多数情况下,由于经济利益相比于生态失衡危害的潜伏性和缓慢性更具明显性和时效性,经济因素往往成为最初影响放牧率的主要因素。在我国,农户是放牧的主体和实施者,宁宝英和何元庆(2006)研究发现农户追求更高的家庭经济收入与现实经济状况之间的矛盾是导致草地超载过牧的根源。Fernando 和 Tahir(2005)也指出农民的放牧目的过于利益化及其决策不合理是引起巴西中部草原过度放牧的重要原因。因此,政府放牧政策应在充分考虑农户利益、市场风险与草地所有权归属等社会经济因素的基础上进行综合决策,仅从生态平衡的角度制订放牧率是难以在实践中得到执行的。

(2)合理放牧率的确定方法

　　在确定合理放牧率之前,应该充分理解其意义和标准。草地合理放牧率是一个相对的指标,随着草地类型和参照标准的不同而变化。例如,合理放牧率可以以最大个体增重、最大公顷增重、最大经济效益、草地最大净初级生产力等作为标准,此外还有其他指标。而不同的草地类型所选取的标准不同,如退化的草地适于选择个体最大增重时的放牧率,因为该放牧率较低,可获得最大牧草现存量而使草地得以恢复。董世魁等(2002)认为草地合理放牧率应是低于生态载畜量但又可获得可持续最佳经济收益的放牧率,即经济载畜量。李永宏等(1999)、汪诗平等(2003a)认为经济最佳放牧率仅适用于管理良好的草地,对我国多数承包责任不完善、管理落后的草场则不太适用,而获得地上最大初级生产力时的放牧率,可实现牧草最大补偿生长效应,具有广泛的适用性。合理放牧率对于不同的草地、不同的牧区经济状况有不同的标准，选择哪个参照标准应该因地制宜。

目前确定放牧率的方法是通过放牧试验或建立模型来研究不同放牧率对生态因子的影响程度，从而确定最佳的草地放牧率。在放牧试验方面，汪诗平等（2003b）研究了同一群内蒙古细毛羊（母羊）连续 5 年（1994～1998 年）不同放牧率对其生长及繁殖性能的影响，结果表明内蒙古冷蒿（*Artemisia frigida*）小禾草草原暖季适宜的放牧率不应超过 2.0 个羊单位/hm²，如此，既有利于退化草地的恢复，又使牧民有较多的经济收入。韩国栋等（2007）通过两年的放牧试验，得出内蒙古高原荒漠草原短花针茅（*Stipa breviflora*）草原在 1.027 个羊单位/hm² 时植物多样性指数出现峰值且草地补偿性生长最高，是最理想的放牧率水平。在应用生态模型方面，赵新全等（1989）首先利用模糊评判的数学模型对青海海北高寒草甸草场轮牧制度的设计进行了综合评判，得到了较低放牧率（2.68 个羊单位/hm²）的轮牧是最优方案的结论。Chen 等（2007）将用于研究陆地碳循环的 Sim-CYCLE 模型同模拟暖季半干旱多年生草地落叶对草地初级生产力影响的 Defoliation Formulation 模型相结合，建立了一个新的模型来研究不同放牧率对蒙古草原地上和地下生物量的影响，得出可维持生态平衡的最大放牧率为 10.5 个羊单位/hm²。

以上对于放牧率的研究都蕴含一定的科学道理，但多是从生态角度来分析，对社会经济这一影响最终放牧率的重要因素考虑还不多。Campbell 等（2000）最先尝试以田间试验和文献报道的数据为来源，建立模型，比较在经济因素（如成本、价格、产量等）影响下，赞比亚草原保守放牧策略和机会放牧策略的优劣性，该模型首先是收集或估计出一系列与放牧和市场相关指标的值，然后在经验和经济理论的指导下对它们分析和计算，结论认为在赞比亚草原以基于保守放牧率的放牧策略具有更高的经济收益且不至于引起草地生态系统的严重退化。Campbell 等的理论提出后引起了广泛的争论和质疑，Stephen 和 Scoones（2006）在仔细分析 Campbell 等的模型后，认为其较多的参数和假设应用不合理，并通过重新设立与经济因素相关的一些假设、修订参数（如价格的变化率、贴现率、成本等）对原有模型进行完善，结果却得出与 Campbell 相悖的结论，其认为 Campbell 等提倡的保守放牧率理论存在较大缺陷。但 Sandford 等未给出赞比亚草原的合理放牧率数据，因为其认为模型仅从生态方面考虑就已经相当复杂，若引入经济因素的影响，在参数未经严格的灵敏性验证、假设没有丰富的经验基础和数据支持，且各参数和假设的关系尚不明晰的情况下通过建立模型来确定放牧率和放牧策略将会导致决策的严重失误。虽然在生态模型中引入经济因素会增加模型的复杂性，从而可能导致模型结果的失真，但在与草地放牧的生态模型中引入宏观经济因素已成为了发展趋势之一，国际上越来越多的模型开始对生态模型和经济模型的结合作进一步的探索。

5.1.3.7　载畜量研究实例

李银鹏和季劲钧（2004）在大气植被相互作用模式（AVIM）的基础上发展了一个区域评估模型 AVIMia。该模型包括陆面物理过程、植被生长过程和草地利用模式，用来评估放牧利用和气候变化对草地生产力和载畜量的影响。结果表明：内蒙古草地区域生产力剧烈的年际变化与降水量密切相关，而与温度没有明显相关关系。模型估计内蒙古草地总的地上生产力为 771.7 亿 kg/a，可食地上生物量为 498.1 亿 kg/a，典型草原和草甸草原占了大部分的生产力。据此推算的内蒙古地区总的载畜量为 45.51×10^6 个羊单位，与 1997 年实际载畜量比较，超载 100%。因而，提出过牧可能是内蒙古草地大面积退化沙化的主要原因，甚至超过气候变化的影响。

李永宏等（1994）应用除趋势对应分析方法（DCA）对内蒙古草原中东部草原植被 120 个群落样地的分析表明：该区六种主要的草原群落类型在生境干燥度梯度上的顺序依次为小针茅草原、短花针茅草原、克氏针茅草原、大针茅草原、贝加尔针茅草原、羊草草原。研究地区草原地上生物量与年降水量、年平均气温分别呈线性回归关系。在上述分析基础上，研究了每类草原的群落组成、地上生物量及其种群结构，以及各类草原的理论载畜量。六种草原群落的理论载畜量变化于 $0.10 \sim 1.57$ 个羊单位/hm^2。

刘爱军等（2003）在对内蒙古全区天然草原生产力进行监测的基础上，进行了 2003 年天然草原暖、冷季载畜能力测算，旨在为各级行政管理部门对草原生态及畜牧业生产进行宏观管理提供决策依据。

测算结果表明，呼伦贝尔草原 2003 年牧草生长发育期 3～7 月降水少于多年平均降水量，天然草原返青及生长发育以及打储草受到很大影响，牧业 4 旗天然牧草储量较平年减少 3～5 成，为歉年水平。天然草原冷季适宜载畜量在没有雪灾的情况下，为 232.2 万个羊单位，6 月末现实载畜量为 509.1 万个羊单位，必须加大出栏率并采取饲草储备工作，才能保证牲畜越冬度春及返青期休牧的饲草需求。

科尔沁草原的兴安盟、通辽市、赤峰市牧区 2003 年 1～7 月降水与多年平均降水持平，部分地区降水偏丰，天然草原平均生产力总体为偏丰水平，尤其是禁、休牧区牧草长势良好。冷季天然草原承载能力为 6 月末牲畜头数的 30%～40%，这 3 个盟市牧业旗（县）天然草原面积相对较小，但各旗（县）有较多的人工饲草料地及农业秸秆，在牲畜合理出栏的情况下，饲草基本满足过冬需要，但部分旗（县）缺少春季休牧的饲草。

锡林郭勒盟 2003 年全盟 3～7 月降水均比往年平均降水多，且禁牧、休牧、减牧、划区轮牧等措施落实得好，草原植被较前两年有很大改观。部分地区发生蝗灾，使草产量受一定影响，大部分地区草原生产力属于偏丰水平。降水分布各旗（县）不均衡，南部旗县及西部旗（县）降水距平年高 50%～100%，且人工饲草料地长势好，可提供舍饲需要的部分饲草。东乌旗旱情较严重，加之蝗灾及过牧使牧草生产能力降低，暖、冷季载畜量与现实载畜量相比差值较大；西乌旗暖、冷季也超载较多，这两个旗（县）需加大出栏率并采取调草措施。

乌兰察布草原（包括乌盟四子王旗、包头市达尔罕明安联合旗、巴盟乌拉特中旗、巴盟乌拉特后旗）和鄂尔多斯牧区 2003 年降水量为丰年，加上禁、休牧工作力度较大，天然草原牧草恢复较好，虽然 7 月蝗灾使牧草生产力受到一定影响，但总体属丰年水平。近两年这些旗县人工种植饲草料地种植面积较大，可以补充天然草原饲草缺口。

2003 年阿拉善地区总体降水较平年略少，但阿拉善左旗东部及南部降水较多，生产力较高，暖季适宜载畜量为 104.43 万个羊单位，冷季达 78.3 万个羊单位，但由于牲畜现存量多，饲草供需还有一定问题。阿拉善右旗降水为平年水平，额济纳旗属平偏歉年。这 3 个旗（县）需制订合理出栏率，进一步以草定畜，加大草原保护力度。

霍治国等（1995）根据天然草场的生物量资料和牧草生长期间的降水蒸散比资料，建立了内蒙古天然草场的气候生产力估算模式，对草甸草原区、干草原区、半荒漠草原区、荒漠草原区、典型荒漠天然草场的理论载畜量分别进行了估算，结果如下。

草甸草原区：该区包括满洲里—西乌珠穆沁旗—化德南—土默特左旗西—东胜西一线以南以东地区，与天然草场的气候生产力 3000 kg/hm² 线对应，并与其理论载畜量 1.5 kg/hm² 基本吻合。该区地形复杂，属大兴安岭和阴山山脉前冲积平原及高平原，气候条件较好，年降水量在 300 mm 以上，土壤以黑钙土和暗栗钙土为主，土质优良，植被呈林缘草甸和草甸草原景观，属高禾草区，代表种类有羊草、贝加尔针茅、披碱草、黄花苜蓿、无芒雀麦，草层高 60~80 cm，覆盖度 70% 左右，鲜草产量 3750~7500 kg/hm²，该区草质优良，适口性好，产草量高，适宜发展大家畜。

干草原区：该区包括呼伦贝尔盟西部，苏尼特左旗—满都拉图南—海流图—巴彦浩特一线对应的 1500 kg/hm² 线与 3000 kg/hm² 线之间的地区，该区西界基本对应于天然草场理论载畜量 1.0 kg/hm² 线。该区地势较平坦，年降水量 200~300 mm，属半干旱、干旱气候区；土壤以栗钙土和淡栗钙土为主，土质中等，植被呈典型的草原景观，以禾草为主，代表种类有大针茅、羊茅、羊草、冰草、黄芪、冷蒿，草层高度 30~60 cm，覆盖度 50% 左右，鲜草产量 2250~3750 kg/hm²，产草量亦较高。绵羊为该区的优势畜种，是当地良种乌珠穆沁羊和内蒙古细毛羊等的产地。

半荒漠草原区：该区包括海力素东部—陕坝—巴彦浩特西部一线所对应的 1000 kg/hm² 与 1500 kg/hm² 线之间的地区，其西界与天然草场理论载畜量 0.5 kg/hm² 基本对应。该区地势平坦，年降水量 150~200 mm，属干旱气候区。土壤以棕钙土、灰漠土和沙土为主，土质较差，植被呈荒漠化草原景观，主要以小禾草和半灌木为主，代表种类有戈壁针茅、膜果麻黄、霸王、泡泡刺，草层高度 30~50 cm，鲜草产量 750~1500 kg/hm²，草质一般，产草量较低。山羊为该区的优势畜种，是当地良种白绒山羊的产地。该区的发展方向应以山羊为主，建立绒毛、肉生产基地。

荒漠草原区：该区包括海力素—吉兰泰东—阿拉善右旗一线对应的 750 kg/hm² 与 1000 kg/hm² 线之间的地区，其西界基本对应于天然草场理论载畜量 0.4 kg/hm² 线。该区年降水量 100~150 mm，属干旱气候区，土壤以灰漠土为主，土质较差，植被呈草原荒漠景观，主要以半灌木和小禾草为主。代表种类有东方针茅、铁杆蒿、猫头刺、骆驼刺，草层高度 20~50 cm，鲜草产量 600~1200 kg/hm²，产草量较低，骆驼和山羊为该区优势畜种，该区的发展方向应以骆驼、山羊为主，建立绒毛、肉生产基地，注意恢复植被，控制沙漠扩展。

典型荒漠区：该区包括 750 kg/hm² 线以西的阿拉善盟大部和巴彦淖尔盟的一小部分，草场的理论载畜量小于 0.4 kg/hm²。该区年降水量 <100 mm，属极干旱气候区，水分条件差，土壤以灰棕漠土和风沙土为主，土质较差，植被呈典型荒漠景观，主要以灌木和一年生草本短命植物为主，产草量较低。骆驼为该区的优势畜种，该区的发展方向应以骆驼为主，建立绒毛、肉生产基地，在有水分条件时，抓紧植被的恢复，控制沙漠的扩大。

金晓明和韩国栋（2010）在贝加尔针茅-羊草-杂类草草甸草原，按放牧退化程度，将草地划分为轻度退化区、中度退化区及重度退化区，采用样方法对 3 个样地内植物种类及植物地上现存量进行了测定，并计算了其草地基况得分和载畜量。结果表明，随着放牧强度的增加，植物地上现存量明显降低；以贝加尔针茅和羊草为主的减少种的生物量呈递减趋势，以退化指示植物为主的增加种和侵入种呈递增趋势；轻度退化区、中度退化区及重度退化区草地基况等级分别处于良好、普通和低劣等级，平均载畜量（羊）分别为4.78 只/（hm^2·a）、3.46 只/（hm^2·a）、1.80 只/（hm^2·a）。因此，应重新调整放牧家畜数量以达到草畜平衡，恢复草地生产力，从而促进草地畜牧业的可持续发展。

乌仁曹等（2008）在鄂托克前旗自由放牧草地与不同恢复措施下的主要草地类型的产草量及载畜量进行对比研究。结果表明：封育措施下主要草地类型的产草量及载畜量都比自由放牧的高，平均高出 1964.04 kg/hm^2、0.70 只/（hm^2·a）。改良措施下的产草量及载畜量也比封育措施下的高，平均高出 3290.46 kg/hm^2、0.5 只/（hm^2·a），而且优势牧草产草量比例上升明显。由此得出封育和改良等恢复措施有利于退化草地进入正向演替，且改良措施恢复效果比封育措施好。

类似的研究还有高凤岐等（1991），刘东升等（1992），刘永宏等（2002），等等。

5.1.3.8 载畜量研究和实际应用中存在的问题与展望

（1）实际应用中存在的问题

虽然以草定畜的基本原则是人人共识的，但确定的标准各不相同，所以如何科学地以草定畜是目前草原管理中面临的迫切问题。杨理和侯向阳（2005）通过对以草定畜理论的若干问题研究认为：①通过产草量确定的每个牧户的载畜量只是一个大概的指导指标，存在较大的误差，很难说由官方颁布的载畜量标准就是十分准确科学的载畜量标准。这是因为：第一，北方干旱半干旱草原，空间上的异质性特点十分突出，甚至空间上的差异比时间上的差异还要大。这将导致在做测产样方时，由不同测量者导致的系统误差就会十分惊人。第二，遥感虽是十分有效可行的测产方式，在大尺度上的产草量计算能够相对准确，但是要细分到村甚至牧户，遥感的准确率就很难达到合理的程度。即使不考虑在样方测量上的误差，那么在由点及面的尺度转换中仍然会存在较大的误差。②畜产品没有建立相对完善的市场体系，即使能制定合理的载畜量标准也无法应对草原生态系统在时间上的波动性。巨大的产草量波动将导致如果严格按照载畜量标准调节牲畜数量会更加恶化牧民的市场地位，增加牧民的损失。所以，以草定畜应该采取以草质和草量综合的模式管理牲畜数目，而不应该仅仅以草的产量定畜，更不应该单凭产草量来处罚牧户。

（2）载畜量与生态经济的理论研究

放牧是与人类活动紧密相连的经济过程，将某些生态经济的理论与方法贯穿于放牧研究中具有一定的科学意义。生态系统服务功能评估是当今生态经济领域的关注焦点，生态系统服务功能从20世纪70年代开始成为一个科学术语及生态学与生态经济学研究的分支，直到1997年Costanza等在 *Nature* 上发表的"全球生态系统服务功能价值估算"的文章真正把生态系统服务功能及其价值研究推向生态学研究的前沿。近年来，我国学者纷纷应用Costanza的方法或改进方法分别对我国草地生态系统服务功能进行了评估，然而，很多的研究都只给出了一个评估结果，均未指出如何将评估结果应用于指导草地上最重要的经济活动——放牧，以及如何进一步发掘草地的生态服务价值。因此，未来的研究可在完善草地生态服务功能评估体系的基础上，深入探讨确定何种放牧率可最大限度地发掘草地经济服务价值，而此放牧率又会对其他生态服务功能造成何种影响（林波等，2008）。

（3）载畜量与管理政策

要实现草地生态系统的可持续发展，关键之一在于确定合理的放牧率后如何在实际生产中促使牧民贯彻执行放牧政策，对于理论上确定的放牧率和放牧策略需要在实践当中不断地校正完善。汪诗平等（2001）提出了实现草地可持续发展的三大生物经济原则：草场不退化原则、最大生物学效率原则和风险－利润权衡原则，并以这三大原则为基础对不同放牧率进行评判和制订放牧经营策略，结论认为内蒙古草原暖季期间 $1.33 \sim 2.67$ 个羊单位/hm^2 的放牧率下可使草场改良，而放牧率 4.0 个羊单位/hm^2 时利润最高，风险也较低，可认为是放牧率的上限。足见应用以上原则对放牧率进行评估和校正，通过调整放牧经营策略，可利于合理放牧率的顺利实施。探讨如何在一定的理论框架下调整放牧率和放牧策略，使其更贴近生态平衡和实际生产的需求是值得研究的课题。

5.2　草地可持续利用管理

可持续发展是指既满足当代人需要又不对后代人需要构成危害的发展。可持续发展要求既实现经济目标，又实现自然资源与环境和谐。草地可持续利用应受高度重视，是遏制草地退化的关键所在。

5.2.1　草地可持续利用管理基本理论

生态系统健康是环境管理的新目标。健康的生态系统是稳定的，能自我恢复（曾德慧等 1999）。资源管理应从传统的单一资源管理转向系统资源管理，融合生态学知识和社会科学技术，整合人类、社会价值。生态系统管理要求科学家与管理者定义生态系统退化的阈值，指导管理活动。生态系统管理要求发现生态系统退化的根源，并在其退化前采取措施（任海等，2000）。传统的经营方法花费的是自然的存款，而生态系统管理所要达到的目的是花费自然的利息，"是持续性而不是追悔为管理的前提"（Grumbine，1997）。

生态系统管理既关系到科学，又关系到文化和社会。因此，把经济、社会和政治体制与保持生物多样性和自然资源结合起来至为重要。规划、土地探测、环境教育、经济或社会鼓励等机制有助于把生态系统管理的想法变为现实。

草地生态系统的生命部分包括草地植物、草地动物和草地微生物，无生命部分包括太阳辐射能、无机物质、有机物质等（任继周，1995）。绿色植物是草地生态系统的主体。大型草食动物是草地生态系统中最主要的消费者。小型草食动物遍布草地地上与地下部分，以植物茎、叶、汁液、果实、根茎和根为食。草地分解者为微生物和腐食无脊椎动物，通过对生物尸体进行分解取得自身生活的能量与营养元素，同时消耗大气中的氧、释放二氧化碳，将分解释放的无机盐类归还土壤供绿色植物再次合成有机体之用。水在各种生态系统中作为溶剂、光合作用的基本材料、有机体的主要组成部分发挥作用。维持所有生态系统的能量是太阳能。投射到生态系统中的太阳辐射表现为两种能量形式，即热能和光能。热能投射到下垫面后，一部分又被反射到近下垫面的大气中，使下垫面和大气增温变暖，推动水分循环，进而形成大气和水的环流。光能输入生态系统后，通过第一性生产者的光合作用被固定为生物化学能，成为所有生物燃烧细胞炉的特殊燃料。在它以热能形式重新辐射进入太空以前，在生态系统中能短期保留。生物体中构成蛋白质的关键元素为C、H、O、N，生物体中的大量元素为P、K、Ca、Mg、S、Na、Cl、Fe，生物体中的微量元素为Cu、Zn、B、Mn、Mo、Co、Se、I、Ni、Cr、F、Sn、Si、V等，生物体中的超微量元素为Ag、Ba、Rb、U、Ra等。

草地生态系统的植被过程是草地生态系统过程的最基本方面，反映植物适应、植被格局和植被动态的机制，与草地植被发生、植物优势度、植物群落合成、植物的珍稀性与灭绝概率、植物的定居与侵入过程、植被演替、植物共生等相关，对草地能量积累和循环、物质积累和循环具有制约作用。

在草地生态系统中，能量流动主要有三个过程：第一个过程为生产过程，即牧草将太阳能转化为牧草本身的初级生产能。第二个能量流动的过程是还原过程，草地上死的动植物体，由顺序级别不同的分解者——腐食生物进行转化和分解，能量随之消散。第三个能量流动过程是储存过程。由牧草转化的化学能，有一部分转入储存。

草地生态系统中的草产品、畜产品或家畜运出改变了元素的循环途径，改变了养分因分解而释放的元素比率。草地生态系统或者通过长循环元素返回草地，或者把大量元素移出系统，与其他生态系统间存在一定差别。

草地管理在很早就得到专门论述（王栋，1955；哈罗德，1982）。草地农业生态系统理论为草地生态系统的持续发展奠定了理论框架（任继周，1995；任继周等，2000a，2002）。

任继周等认为草业系统存在3个主要界面，即草丛-地境界面，草地-动物界面和草畜-经营管理界面。

草丛-地境界面是草业系统中最基本的界面，受气候影响，受人类活动尤其是农业活动制约，能反映草地发生学机理如草地营养结构、营养元素、水盐动态、土壤微生物组分结构、功能、与植物的互作、碳素循环等。草地活力是草地植物利用环境资源实现自身生存与发展的潜力，用植物种群个体高度、个体大小、繁殖能力、年龄结构等度量。草地组织力是草地植物以不同生态位充分利用地境资源，通过种群互补抵御干扰、实现整体协同发展的能力，用植物群落目前状态与健康状况的差异度量。草地恢复力是草地在胁迫状态下保持系统结构、功能和行为稳定性或在压力下恢复并维持活力的能力，以草地偏离健康状态后的恢复速率度量。可以根据草地活力、草地组织力和草地恢复力建立指标体系，研究草地系统容量与有序度的相互关系，确定其健康阈值（图5-6）。

草地-动物界面是草地系统与动物之间的系统发生面。草地和动物间存在着系统固有的不协调性，牧草生长具有明显的季节性而动物营养则具有恒定性。此外，植物和动物种群内部和种群之间的具有畸形分布格局并表现拮抗作用。这些不协调性和对这些不协调性的克服程度反映草地健康水平。一般通过草地安全利用率、草地临界储草量、动物体重与产品率、畜群繁殖力等指标体系的关联及量化加以度量和监测。

草畜-经营管理界面反映系统投入产出通量与系统外延状况，是草业系统最高级界面。系统的外延路径与能量的通量密度和速度反映本界面的主要特征。草业加工、储备、供应、消费体系中能量转化效率、效益与环境效应、草业系统的资源配置与系统外延途

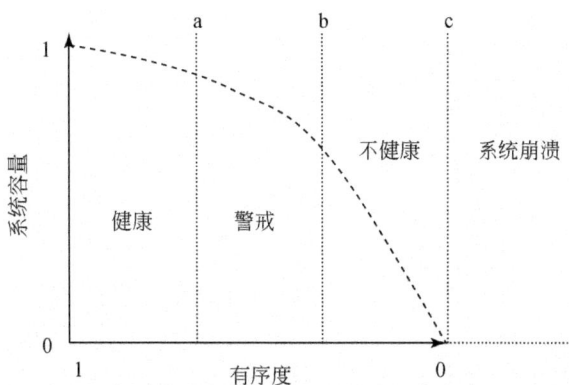

图 5-6　草地资源退化示意（任继周，2000a）
a. 警戒阈值；b. 不健康阈值；c. 崩溃阈值

径、草业系统运行规律与经营原则均涵盖其中。用科技贡献率、投入产出比、产品商品率、草业系统价值流等指标体系加以测度。

　　由于草地由植物种群、群落构成，具有自身的组成成分和组织关系，与一定的景观结构相依存，受人类活动和气候变化影响，因此，草地可持续利用与诸多的学科和领域相关联（图 5-7）。

学科范围	学科间的联结			
基础	植物生态学	生态系统	景观	全球
	→	→		→
	动物生态学	生态学	生态学	生态学
	↓	↓	↓	↓
应用基础	草地生态学	草地生态系统研究	草地资源生态区划	草地资源动态监测
	↓	↓	↓	↓
应用	草地生态工程 ⇌	草地技术管理 ⇌	区域开发生产规划法规管理 ⇌	草地信息管理
技术支持	观测、实验设计 分析农业技术	系统分析 生物工程农业技术	遥感 GIS 优化决策分析	遥感 GIS 地面监测

图 5-7　草地资源管理与相关生态学领域的关系（李博，1999c）

5.2.2　草地可持续利用的政策、法规和宣传

　　预防为主、有效控制人口增长、坚持"谁开发谁保护、谁破坏谁恢复、谁利用谁补偿"的政策有利于草地资源的可持续利用。通过项目扶贫、科技扶贫等形式提高草原牧区的自我发展能力，非常利于控制草地退化（中国荒漠化防治研究课题组，1998）。

　　生态移民是控制草地退化、维持草地可持续利用的措施之一。劳务输出是减轻草地压力、提高农牧民收入的做法之一。有关材料报道，通辽市的奈曼旗劳务输出总收入年均达

5000 万元，仅劳务输出一项，全旗农牧民人均增收 139 元。

自然资源的法规管理是指通过立法机构制定有关资源法规并通过相关渠道监督执行。一些畜牧业发达国家非常注意草地资源的法规管理，对天然草地的所有权、载畜量、监测制度等均有明确规定（李博，1999c）。我国自 1985 年 10 月 1 日实施《中华人民共和国草原法》，开始依法管理草原。在认真总结 17 年实践经验的基础上，2003 年 3 月 1 日公布了新《中华人民共和国草原法》，并制定了配套的法规，从而为改善草原生态环境、发展现代化畜牧业提供了法律保证。

提高公众爱护草原、建设草原的意识对维持草地可持续利用具有非常重要的意义。宣传教育包括多个层面、多种形式。首先，应加强对领导的宣传教育，旨在通过培训班、研讨班、讲座等形式让各级领导认识到实现草地资源可持续利用的重要性，促进各种管理措施的实施和各项法规的执行。其次，对广大农牧民进行培训、教育，通过研讨班、讲座等形式让土地使用者认识到草地退化的危害和实现草地资源可持续利用的重要性，增强草地保护意识。最后，对广大中小学生进行环境教育，通过教材、讲座等形式让孩子们从小掌握草地基本知识，培养草地保护观念。

5.2.3 草地可持续利用技术管理

5.2.3.1 植被管理

放牧指示植物的识别和放牧生态种组是监测草原动态和评价其质量的重要依据。可以根据指示植物的多寡判定草地退化程度，然后判定草地的放牧强度和植被管理手段。在草地的不同退化阶段，指示植物的优势性不相同（表 5-5）。

表 5-5 内蒙古草地退化指示植物在退化系列中的存在度

植物	典型草原				荒漠草原				草甸草原			
	I	II	III	IV	I	II	III	IV	I	II	III	IV
冷蒿	+	++	+++	++	+	++	++	+	+	+	++	+
星毛委陵菜	+	++	++	+++					+	++	+	
糙隐子草	+	++	++	+								
阿尔泰狗娃花	+	+	+						+	+	+	
百里香	+	++	+++	++								
狼毒	+	++	++	++								
小亚菊					+	++	+++	+++				
女蒿					+	++	+++	+++				
无芒隐子草					+	++	++	+				
多根葱					+	++	+++	++				

续表

植物	典型草原				荒漠草原				草甸草原			
	I	II	III	IV	I	II	III	IV	I	II	III	IV
银灰旋花			+	+	+	++	+++	+++				
骆驼蓬					+	+	++	+++				
寸草苔									+	++	+++	++

注：I，轻度退化；II，中度退化；III，强度退化；IV，严重退化。存在度表示为，优势，+++；亚优势，++；常见，+

资料来源：陈敏，1998

辨识植物功能类型可以了解植物群落和生态系统的合成，解释植物群落和生态系统对环境变化和管理方式的响应。Grime 介绍了进行植物功能分类的程序（图5-8）。通过划分植物功能类型确定植被管理依据的实例很多。樊江文（1996）根据植被与干扰、胁迫的关系将中国南方草地植被分为 7 个类型。

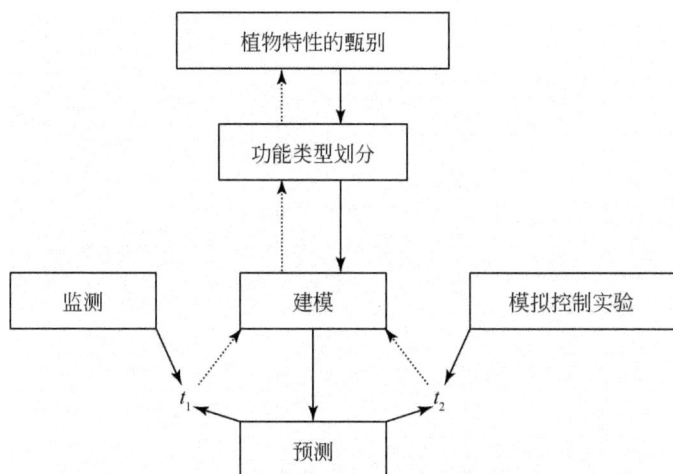

图 5-8　检测植物功能类型预测价值的草案（Grime，2001）
注：在检测点 t_1 和检测点 t_2 处的不妥当之处启动进一步的建模循环，每一循环都可能需要功能类型的提炼甚或额外的甄别

对草地属性和生产适宜性作出适宜评价是进行草地资源可持续管理的前提之一。李镇清和任继周（1997）通过构建草原生境指数和生境适宜度函数对生境适宜度进行了分级和界定（表5-6）。生境适宜度明确了生态阈值，使生物和环境在生存期间、生态需求上匹配。孟林等（1997）采用层次分析和模糊综合评判对新疆北疆草地进行了属性和生产适宜性评价，评价指标为土壤总含盐量、有机质含量、土壤质地、地下水埋深、土地平整度、土地连片性、草群质量、产草量和群落盖度（表5-7）。

表5-6　生境适宜度的分级和界定

分级	生境适宜度	发生学位置	生物生活表现
1	0.9～1.0	发生中心区	生长发育、繁殖正常、生机旺盛
2	0.7～0.9	自然外延区	生长发育、繁殖正常
3	0.5～0.7	偶见自然外延区	生长受阻、繁殖力有下降趋势
4	0.3～0.5	稀见自然外延区	生长发育不正常、繁殖力明显下降
5	<0.3	生存禁区	自然状态下难以生存

资料来源：李镇清和任继周，1997

表5-7　新疆北疆草地属性评价指标、等级划分与量化标准

评价指标	划分等级	量化标准	评价指标	划分等级	量化标准	评价指标	划分等级	量化标准
土壤总含盐量（g/kg）	<5.0	9	地下水埋深（m）	<1	1	草群质量	优	9
	5.0～10.0	7		1～2	5		良	7
	10.1～20.0	5		2.1～3	9		中	5
	20.1～40.0	3		3.1～5	7		低	3
	>40.0	1		>5	3		劣	1
土壤有机质含量（%）	3	9	土地平整度	平坦	9	产草量(干)（kg/hm²）	>1500	9
	2～3	7		稍起伏	5		1051～1500	7
	1.5～1.9	5		起伏	1		601～1050	5
	1～1.4	3					150～600	3
	<1	1					<150	1
土壤质地	壤土	9	土地连片性	>200	9	群落盖度（%）	>60	9
	重壤	5		50～200	5		41～60	7
	黏土	1		<50	1		21～40	5
							10～20	3
							<10	1

资料来源：孟林等，1997

植被的变化与天气和气候有关，干旱阶段和干旱次数是草地植被变化的主要影响因素（聂桂山和玉兰，1993）。草地生物量的时间动态值即为草原的时间均衡价，是生态系统在时间上的异质性的测度之一。实现草地生产季节均衡，必须对草地资源的季节均衡性作出评价。草地时间均衡指数是李镇清（1996）构建的用于评价草原时间均衡性的一个指标。

若某一类型草地的储草量的时间动态为 x_1，x_2，…，x_n，则称 $TB = \bar{x}/s$ 为草地生物量的时间均衡指数。其中，

$$\bar{x} = \frac{1}{n}\sum_{i=1}^{n} x_i \tag{5-23}$$

$$s = \sqrt{\frac{\sum_{i=1}^{n}(x_i - \bar{x})^2}{n-1}} \tag{5-24}$$

分别为序列 $\{x_i\}$ 的均值和标准差。

侯扶江等（2002）试图用生理指标（表5-8）诊断放牧草地的健康水平，采用的技术路线是比较放牧期和再生长期。放牧产生一个生理低限（physical low limit，PLL），它表征放牧期草地群落维持可持续功能与健康所能承受的最低生理阈值，对应草地最大放牧率或最低储草量。草地再生长产生一个生理上限（physical ultimate limit，PUL），即再生长期草地群落的生理活性能够恢复的最高阈值，对应草地最大现存量或储草量。可以利用 PLL 和 PUL 进行草地健康诊断（表5-9）。

表 5-8　草地生理参数及意义

生理参数	内涵	生产意义
叶面积指数	单位面积草地的叶量	
冠层	单位面积草地地上部分物质积累速率	产草量
ASC-C	单位面积草地地上部分有机碳量	
ASC-N	单位面积草地地上部分蛋白质含量	产草量，牧草营养价值、适口性
叶龄结构	幼嫩、成熟和老化叶片比例	牧草营养价值、适口性
碳水化合物分配模式	物质积累和消耗比例	产草量，放牧强度

资料来源：侯扶江等，2002

表 5-9　轮牧草地健康诊断与管理

生理参数	草地表现	诊断结果	管理对策
< PLL	绿色组织少，生理活动微弱，放牧期末草地现存量低	放牧期过长——放牧结束过晚，放牧过重	延长再生长期，推迟放牧，减轻放牧强度
> PLL	优良牧草采食相对过多，优质牧草/劣质牧草比例下降，放牧期末草地现存量高	放牧期过短——放牧结束过早，放牧过轻	缩短再生长期，提前放牧，增加放牧强度
< PUL	生长不充分，再生长期末再生草产量低	再生长期过短——放牧开始过早	缩短放牧期或减少家畜，减轻放牧强度
	生长过度，凋落物加速积累，营养物质向根系等储藏器官转移，再生长期末再生品质变坏	再生长期过长——放牧开始过晚	延长放牧期或增加家畜，增加放牧强度

资料来源：侯扶江等，2002

仇川（2000）构造了草地退化指数以表征草地退化面积与草地退化等级。为推算草地退化指数，先确定草地退化指标与分级标准，然后确定草地退化指数。

$$GDI = \sum_{i=1}^{3} w_i \cdot s_i \tag{5-25}$$

式中，GDI 为草地退化指数；$i=1$，2，3分别代表轻度、中度和重度退化草地；w_i 为 i 级退化草地退化权重因子值，轻度为1，中度为1.5，重度为2；s_i 为 i 级退化草地面积。

合理割草制度的确立是割草场可持续利用的前提。连年刈割造成了群落生物量和植物密度波动式下降、禾本科和豆科牧草在群落中的比例下降而菊科和藜科植物增加等后果。合理轮割对于植物营养元素的储藏和分配、对土壤种子库中种子数量的增加有利。在锡林河流域的研究表明：该地的最适割草时期为 8 月中旬，合理的轮割制度为割一年休一年或割两年休一年，利用率控制在 50% 左右，留茬高度为 12 cm 左右（仲延凯和包青海，1999）。

生物多样性，尤其生物组群的功能多样性，对生态系统的过程和功能具有重要作用。草地生物多样性是草地生态学研究的一个方面。放牧、割草等人类活动对生物多样性的影响，不同草地生态系统中关键种的研究与保护，不同类型草地生态系统生物多样性的比较研究，退化草地生态系统恢复过程中生物多样性的动态特征，草地珍稀濒危动植物的保护研究是草地生物多样性研究的主要内容（陈佐忠，1994）。现在有一些专门的草地生态多样性保护方面的研究成果，如祝廷成和孙刚（1996）根据中国东北草地的自然状况，生物多样性和现状以及已有的研究成果，从生态系统、物种和基因三个水平就如何保护中国东北的草地资源生物多样性提出一些建设性意见，包括保护的范围、原则、方法及指标等。

现在，有一些学者致力于构建草地利用系统可持续性评价指标体系。例如，刘黎明等（2002）构建了与生产性、稳定性、保护性、经济可行性和社会可承受性相关的草地利用系统可持续性评价指标体系（表 5-10）。

表 5-10 草地利用系统可持续性评价指标体系

评价目标	评价项目	评价因素层	评价指标层
草地利用系统可持续性指标	生产性	草地基础生产力	光温生产力、水分状况、土壤肥力、草地类型
		草地载畜能力	产草量、草地可利用率、地貌类型、青绿期长度
		草地现实生产水平	现实载畜量、出栏率、畜群结构
	稳定性	抗灾能力	旱（雪）灾发生频率、鼠（虫）害面积比例、人工草地比例、冬春草场比例、越冬设施
		草地生产波动性	牲畜死亡率、年际变化幅度
		草地改良投入	科技投入、补播投入、施肥量投入、灌溉投入
	保护性	草地退化程度	植被覆盖度、优势牧草种类比例、地上可食生物量所占比例、沙化程度、水土流失
		草地放牧（利用）方式	轮牧方式、超载率、饮水点分布、围栏封育比例
		生态保护性政策	保护性政策体系
	经济可行性	草地畜牧业生产效益	每公顷产值、每公顷纯收入、投入产出比
		草地牧业增产潜力	年收益增长率
	社会可承受性	社会需求满足程度	畜产品商品率、供求关系、品种结构、季节结构
		草地使用制度	产权状况、税收政策、草地管理政策
		放牧管理条件	距牧道距离、距定居点距离

资料来源：刘黎明等，2002

5.2.3.2　放牧管理

草地的放牧管理就是调整草畜关系。在草地畜牧业生产系统中，草地、牲畜生长同时处于动态变化中。牲畜依靠草地生长而生长，牲畜的生产生活又影响牧草生长，因此需要确定草地和牲畜生产生活的最佳平衡点，以草定畜，以畜促草。牧草的物候发育、高度生长、干物质积累是草地生命活动的 3 个重要方面。牧草物候分为返青、开花、籽实成熟、草枯 4 个阶段。春季消耗根部储存养分进行萌发，秋季结籽并进行根部养分储存，因此，牧草在这两个时期最不耐牧，为忌牧时期。

在返青及结籽期、不利牧草生长的干旱年份减轻放牧强度能实现对草地的可持续性利用。草甸草地是科尔沁地区的主要牧场类型，既能作为割草场，又能作为放牧场。在正常情况下，草甸草地以多年生草本植物为主（高耀山和魏绍成，1994）。与割草草地相比，始花期和果实始成熟期晚的植物在自由放牧草地中频度和多度减少的趋势更加明显（图 5-9），因此，过度放牧比连续割草更不利于始花期和果实始成熟期晚的植物的繁衍。将具有营养繁殖能力的植物排除后，与连续割草草地相比，始花期和果实始成熟期晚的植物在过度放牧草地中频度和多度减少的趋势更加明显（图 5-10），所以，如果不具备营养繁殖功能，在过度放牧草地，开花晚和结果晚的多年生草甸植物更容易消失。

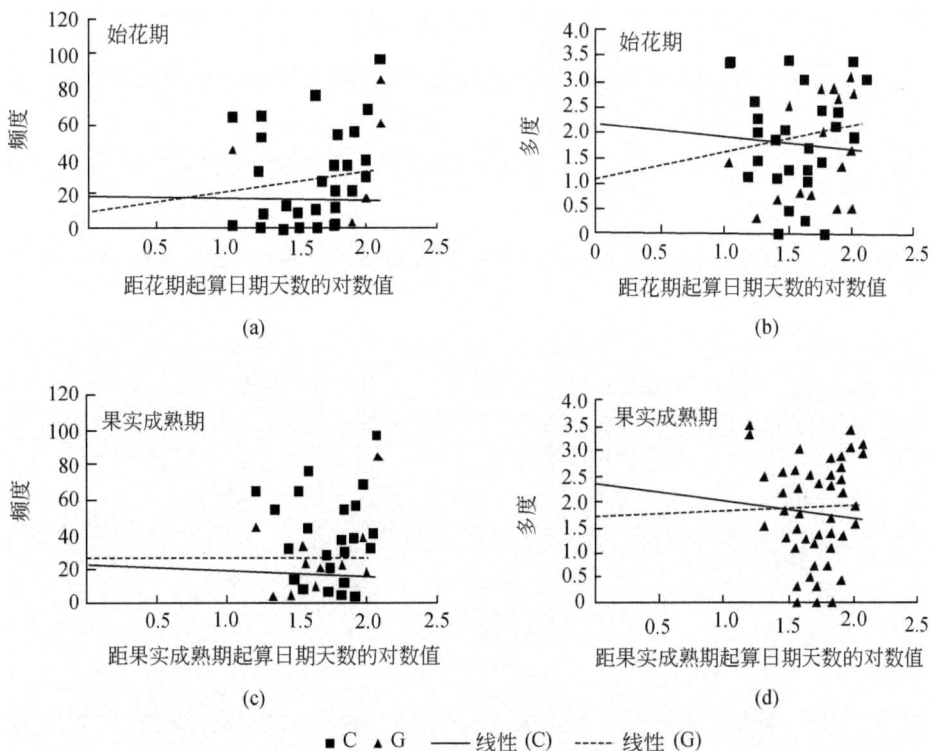

图 5-9　多年生植物始花期、果实始成熟期与割草地和放牧草地植物
频度和多度关系（$n = 34$）（刘志民等，2006）

C. 割草草地；G. 自由放牧草地。每个点代表一个植物种，植物多度、始花期距起算日期的天数进行了对数转换

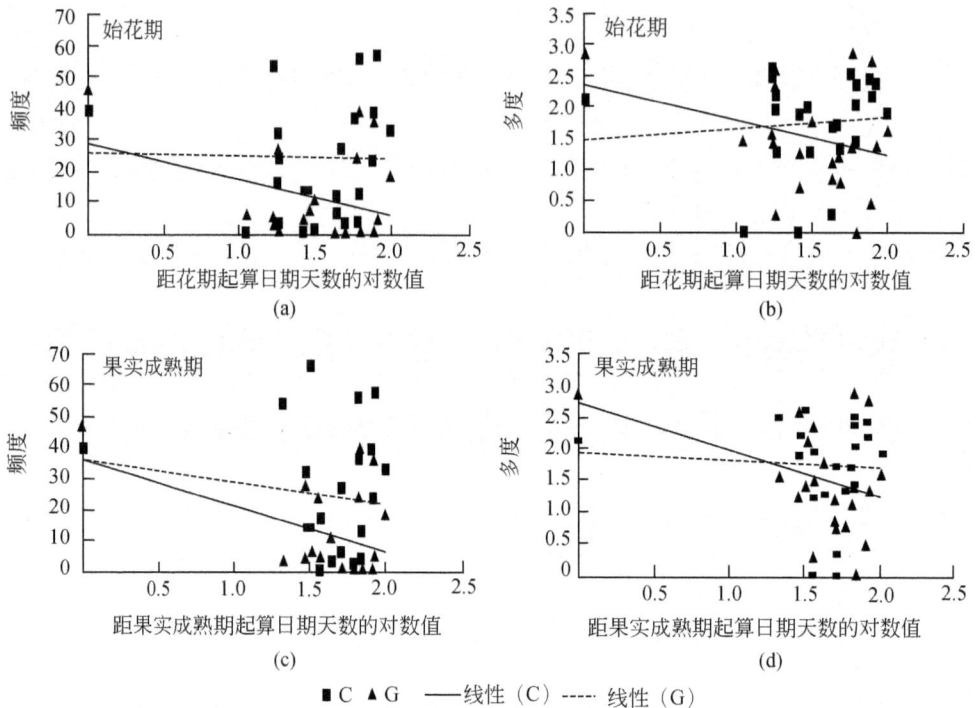

图 5-10　无营养繁殖多年生植物始花期、果实始成熟期与割草地和放牧草地植物
频度和多度关系（$n=23$）（刘志民等，2006）

C. 割草草地；G. 自由放牧草地。每个点代表一个植物种，植物多度、始花期距起算日期的天数进行了对数转换

放牧影响植物种群特征、演替进程和植物组合（李永宏和汪诗平，1999；李金花等，2002），影响牧草的光合作用、呼吸作用、碳和氮的吸收和转运（侯扶江，2001）。由于家畜种类和组成、放牧时间、放牧强度、放牧制度等的差异（李文建和韩国栋，2000），放牧对植物的影响过程不同。

"载畜量"是对草畜关系的度量（董世魁等，2002；黄富祥等，2000）。农业部对"载畜量"进行了详尽描述。"载畜量"是指在一定的草地面积、一定的利用时间内，所承载饲养家畜的头数和时间；"合理载畜量"是指在一定的草地面积和一定的利用时间内，在适度放牧（或割草）利用并维持草地可持续生产的条件下，满足承养家畜正常生长、繁殖、生产畜产品的需要所能承养的家畜头数和时间，合理载畜量又称为理论载畜量；"现存载畜量"是指一定面积的草地，在一定的利用时间段内，实际承养的标准家畜头数。

李建龙等（1993）在新疆荒漠草场的研究显示，牧草利用率达到50%的放牧率比较适宜，不仅增加了草地产量和改善了草地组成，而且有利于绵羊增重和羊毛生产。很多研究人员做了载畜量估算的尝试。例如，李胜功等（1999）根据不同放牧压力下草地微气象的变化与草地荒漠化过程，提出内蒙古科尔沁草原的安全载畜量为每公顷3～4个羊单位，赵新全等（1989）认为在划区轮牧的条件下，青海海北高寒草甸区放牧强度以每公顷2.68只绵羊较为合理。

　　由于草原生产力以及草 – 畜间的互作关系与气候年际波动紧密相关，生产与放牧率的关系及合理的放牧管理方式的确定应结合气候格局加以综合分析（李永宏等，1999）。内蒙古中东部地带性植被有 6 个主要类型，它们在生境干燥度梯度上的排序为小针茅草原→短花针茅草原→克氏针茅草原→大针茅草原→贝加尔针茅草原和羊草草原，地上生物量每公顷变化于 112～1620 kgDM/m^2，每公顷理论载畜量变化于 0.10～1.57 个羊单位。因草地地上生物量（B）与气候干燥度（a）的关系为 $B = 0.26 + 4.33\mathrm{e}^{\frac{8}{a}}$，理论载畜量（$C$）与草地地上生物量（$B$）的关系为 $C = 0.000\,91B$，可以间接求出理论载畜量与气候因子的关系（李永宏等，1994）。霍治国等（1995）利用天然草场的生物量和牧草生长期间的降水蒸散比资料，建立了内蒙古天然草场气候生产力估算模式，所得到的每公顷 3000 kg、1500 kg、1000 kg、750 kg 等值线分别与草甸草原区、干草原区、半荒漠草原区、荒漠草原区的西界基本吻合，而草甸草原区、干草原区、半荒漠草原区、荒漠草原区、典型荒漠区的天然草场每公顷理论载畜量分别为 1.5～4 个羊单位、1.0～1.5 个羊单位、0.5～1.0 个羊单位、0.4～0.5 个羊单位、<0.4 个羊单位。李英年等（2000）进行了一项估测：现实状况下高寒草甸地区每公顷理论载畜量约为 2.54 个羊单位，在未来气候变暖（假设气温升高 2℃，降水不变）的情形下，草场生产力将下降，草场每公顷理论载畜量将降至 1.04 个羊单位。

　　草地产草量与放牧率之间的关系理论上有 3 种模式：随放牧强度的增加草群产量降低；达到一定放牧强度水平时才随放牧强度的增加而降低；先随放牧强度的增加产量上升，达最适放牧强度时产量最高，而后再随放牧强度的增加而降低（李博，1999c）。

　　草与家畜之间的关系并不仅仅表现为超载，还表现为动物对植物的选择、放牧的空间分布、动物间选择性差异和生产特性。放牧是一个选择过程，它总是消除一些植物，特别是那些休眠后仍具有良好适口性的植物（聂桂山和玉兰，1993）。绵羊对柔嫩的阔叶草和小禾草极偏嗜，而对某些优势种不乐意采食（韩建国和贾慎修，1990）。家畜对牧草的偏嗜是影响所采食牧草营养价值的重要因素，也是合理利用不同类型的天然草场、防止草原退化的依据。

　　研究放牧条件下草原植物补偿生长的发生规律和发生条件，把放牧调控作为草地管理的手段，充分发挥和利用植物的超补偿生长潜力，提高植物的净生长能力和有效利用率，消除生长冗余，对于减少牧草资源的浪费，维持草地持续生产能力，实现草地可持续利用具有重要意义。绵羊对草群和大针茅的采食率与牧草的叶龄结构和生长速率密切相关；在降水量充沛的情况下，随着牧草采食率的提高，草群和大针茅净第一性生长量呈现单峰型增长动态，草群和大针茅的高峰值分别出现在 45%～55% 和 55%～60% 的采食率范围，并且分别在 30%～55% 和 35%～65% 的采食率范围内表现出超补偿生长，超出此范围则表现出欠补偿生长；依据草群和大针茅补偿生长规律，大针茅草原适宜采食率为 45%～55%，每公顷相应载畜率为 3.5 只羊（夏、秋季）。在此采食率范围内，草地可以获得长久的超补偿或等补偿生长，草地的生产能力增加，草地植物组成维持相对稳定，可保证草地的持续利用（安渊等，2001）。

　　开始放牧的适宜时期一般而言应在牧草开始返青后 15～20d，即大多数牧草分蘖 – 分枝之后。以禾草为主的草地在禾草开始抽茎时开始放牧为宜，以豆科和杂类草为主的草地在腋芽（侧枝）开始发生时开始放牧为宜，以莎草科为主的草地在分蘖停止或叶片长到成熟大小时开始放牧为宜。

放牧结束时间不宜过迟。过迟导致多年生牧草没有足够时间储藏养料，会严重影响第二年的产草量。应在入冬前植物停止生长的 25~40d 之前结束，以便植物有足够时间积累供越冬和翌年春天萌发所需的营养物质。

放牧后牧草应剩余（留茬）的高度对于草地利用具有重要影响。放牧留茬过低（2~3 cm）会影响牧草再生，甚至使根量减少，造成草地过早退化。留茬过高（10~15 cm）使草地利用不足，牧草大量荒弃。留茬 4~5 cm 时，采食率占总产的 90%~98%（高产草地）或 50%~70%（低产草地），留茬 7~8 cm 时分别降低到 85%~95% 和 40%~65%。

放牧次数过多会使牧草来不及生长或无法储存营养物质，而造成产量下降或草地迅速退化。放牧次数太少，又会使牧草粗老，形成大量枯枝落叶，影响采食，降低利用率。典型草原以 2 或 3 次为宜。

5.2.3.3 割草管理

牧草的刈割直接关系到当年收获干草的数量和质量，间接影响以后草场生产力水平的维持与提高。如何适当的利用刈割是充分发挥草地生态系统的再生性能、提高牧草品质及保证草地稳定的关键所在。

不同牧草的最佳刈割时间不同。确定适当刈割时间时应考虑以下因素：是否影响牧草再生；是否有利于种子形成和产量；是否利于牧草越冬；是否影响产草量。

刈割时间主要包括刈割时期和刈割间隔。刈割时期主要是根据牧草的生长阶段来划分，即分枝期、现蕾期、初花期（10% 植株开花）、中花期（50% 植株开花）、盛花期（80% 植株开花）和结实期。刈割间隔是指隔一定时间进行收割。

刈割次数即割草次数的多少，与牧草的产量与品质，以及对草地以后的产量都有密切关系。为保证草地长期高产稳产，必须要严格控制牧草的刈割次数。多次频繁刈割使牧草来不及制造和储存营养物质，使牧草变疏、茎秆变细、叶量变少、根系变差。割草次数过多往往是草地过早衰退的重要原因。在多刈利用时，必须加强对草地的培育与管理，如适量施肥，灌水，采取轮刈制等，否则草地的产量及利用年限会明显下降。

为了减少连年定期或早期割草对以后年份草场产量的影响，保证草场生产力水平的维持和不断提高，应推行割草场轮刈制，即按一定顺序逐年变更刈割时期、次数。

5.2.3.4 草地资源的信息管理

草地遥感分析就是建立地表景观模型与遥感信息之间的相关关系，从而识别草地资源及其环境条件。草地遥感系统一般包括信息源的收集、接收与预处理；遥感图像处理与专题解译、应用分析与计算机制图（陈全功等，1994；李博，1999c）。在中国，草地遥感大体经过了 4 个发展阶段：遥感知识引入、消化和在草地资源调查中的应用；利用遥感资料和技术进行草地资源动态监测、评价并进行草地土壤调查；利用遥感和 GIS 系统进行草地估产、产量预报和各类自然灾害的监测，并进行草地遥感信息科学研究；利用遥感技术、地理信息系统、全球定位系统和草地专家系统进行草地第一性、次级生产管理和监控（李建龙等，1998）。草地遥感已用于草地资源调查、分类与制图，草地资源动态监测与估产，草地资源管理与评估，草地自然灾害监测与预测预报（李建龙和王建华，1998；李建龙等，1996；李博，1999a，1999b；涂军等，1999）。

地理信息系统是借助计算机存储、分析运算、评价和展示资源和环境信息的计算机硬、软件系统，兼有资源与环境数据库、计算机数据处理分析系统与计算机制图系统三者的功能（李博，1999c）。地理信息系统已在草地资源评价和草地可持续性评估过程中发挥重要的作用（蒙荣等，2001；吴全等，2001；卫亚星等，2002；罗锡文等，2003；王利民等，2003）。邹亚荣等（2003）以遥感与 GIS 为支撑技术，以干燥度为干旱指标，分析了 1995～2000 年中国干旱区草地动态变化状况：草地面积减少 549 万 hm^2，主要表现在低覆盖度草地面积的大量减少，草地资源的变化主要是转变成耕地，城镇占用，及草地类型间的转换，并且有不同程度的退化。

5.2.4 草地畜牧业持续发展的优化模式

5.2.4.1 轮牧

划区轮牧是将草地划分成若干轮牧小区，按照一定次序逐区采食、轮回利用的一种放牧方式。很多学者研究了划区轮牧对草地的效果（韩国栋等，1990；2001；章祖同等，1991；李建龙等，1993；黄大明，1996；卫智军等，2000；李勤奋等，2003），并把这一研究集中在几个主要方面：轮牧与自由放牧比较；轮牧方式；轮牧强度。

放牧制度及围栏封育对退化草地植被影响的对比表明：在相同的载畜率条件下，划区轮牧制度通过对放牧利用时间与空间合理配置，使建群种短花针茅与优势种无芒隐子草在质量百分比、重要值、生产力等方面比连续放牧都有所提高，与围栏禁牧的对照小区有同样的恢复效果（李勤奋等，2003）。卫智军等（2000）的研究表明，划区轮牧植物群落盖度以及短花针茅盖度显著高于自由放牧盖度，无芒隐子草的盖度及在草群中的重量百分比显著高于自由放牧区。

韩国栋等（2001）利用绵羊进行了划区轮牧试验研究。划区轮牧有利于发挥绵羊的生产性能，在草地可利用牧草生物量供应短缺时，表现更为明显。在可利用牧草生物量供应十分充足的情况下，划区轮牧和季节连续放牧绵羊的生产性能比较接近。划区轮牧下绵羊发挥较高的生产性能是绵羊放牧行为、可利用牧草生物量、牧草营养物质含量、气象因子综合作用的结果，其中绵羊放牧行为格局的改变是最重要的。绵羊在轮牧小区内活动范围受到限制，游走时间大大减少，对牧草选择性采食明显降低，极大地提高了绵羊的采食效率和饲草的转化效率，并且绵羊消耗的能量也大为降低；当可利用牧草生物量每平方米低于 24 g 时，划区轮牧优于季节连续放牧，而且绵羊的采食量受到明显影响，它能作为牧场确定绵羊冬季补饲育肥日期的有效参考指标，草地植被、土壤对放牧制度的反应不很敏感。划区轮牧和季节连续放牧区植被、土壤状况很接近，或轮牧稍好一些，在短期内变化不明显。

5.2.4.2 草业产业化

草地的产业化是草地畜牧业可持续发展的核心和基础（任继周等，1993；许鹏，1997；徐柱，1998）。信息系统、草业生产中生态工业的开拓、草业生产中生态农业的开拓、草业生产系统中生物能源的开拓、草业生产中种质资源的研究是草业科学未来发展的方向。实现立草为业的关键在于把草业真正建成有产品、有市场、有经济效益的产业，同时生产过程能逐步实现产业化。草产业包括饲料生产、草地牧业、草地非牧开发三个子产业和管理功能系列。为实现主导子产业——草地牧业的产业化，必须把牧区、农区、城郊区草地牧业组合成一体化的系统，以扩大新的饲养能力为依托，提高养殖水平，大幅度增加商品畜产品，发展畜产品加工业和交易市场，提高经营效益。走产业化之路可以实现区域化布局、专业化生产、集约化经营、社会化服务、企业化管理，培养"龙头家庭牧场"，实现草地合理利用与改良相结合，提高科技含量和机械化程度，发展低消耗－高产出－稳定生产－环境改善的商品畜牧业，增加畜牧业的综合效益。

5.2.4.3 草地系统可持续利用优化模式

草地农业生态系统是草地发展的最终阶段。草地农业生态系统包括前植物生产层、植物生产层、动物生产层和外生物生产层。除天然草地外，人工草地也在草地农业系统中具有重大作用。人工草地建设代表一个国家草地农业的综合水平，高的生产水平通过系统偶合体现出来，而低的生产水平往往是系统相悖的结果。保持植物生产层与动物生产层的有机联系，并向前植物生产层和外生物生产层扩展，草地农业生态系统则趋向稳定发展，这是人类与自然和谐共处的持续发展模式（任继周等，2000b）。

根据草地景观有规律重复出现的复合体及其能流与物流运输途径，合理地配置土地类型与管理方式，以发挥其最大的和最佳的生态功能、生产潜力与经济效益即形成优化模式（张新时，2000）。"优化"是指农林草系统的科学合理、高效优质、持续稳定、协调有序。

张新时（2000）提出了中国西北草原建设的 5 种范式（范式是指生态管理系统、区域性景观格局与功能带组合配置的范例）：蒙古高原草原范式，围栏轮牧放牧场－刈草地－人工草地－育肥带；鄂尔多斯高原沙地"三圈"范式，第一圈为滩地绿洲高效复合农业圈，第二圈为软梁台地径流（集雨）林灌草圈，第三圈为硬梁/流沙地灌草防护圈；荒漠山地－盆地范式，山地草甸和草原作为放牧场，绿洲发展复合农林草业，绿洲－荒漠过渡带辟为草地畜牧业（舍饲）基地并兼做绿肥带、防护带，荒漠带促进恢复和天然的荒漠植被；黄土高原范式；农牧过渡带范式。

毛乌素沙地位于中国半干旱区，是典型的农牧交错带，具有很强的生态脆弱性。张新时（1994）在全面分析自然环境、植被的现状和历史的基础上，提出了该地区草地建设的原则：水分平衡原则，半固定沙丘持续发展原则，网带状种植原则，景观与生物多样性原则，灌木优势原则，防护、经营、利用并重原则，天然放牧草地、半人工草地与人工草地相结合原则，牧（草）林农工复合系统的原则。以这些原则为基础，张新时提出了沙地"三圈"优化模式。

黄土高原习用典型农业系统,适合建立农业系统草地畜牧业优化模式。马红彬和杨天平(2002)通过对以牧为主、半农半牧和以农为主三类农户的农业生产结构进行研究,提出了当地草地畜牧业的发展思路:在半农半牧区,由于没有灌溉条件,农户的生产方式应以牧为主或半农半牧,农田土地中人工草地的面积所占比例应趋向 50%,种植业在保证人口粮油需求的前提下,以饲料粮为主,家畜饲养应向规模化、集约化发展,并使种植业和养殖业有效地偶合。

松嫩平原的植被是典型的碱化草甸类型,控制草地盐渍化,维持草地质量和生产力是草地畜牧业持续发展的前提。李建东和郑慧莹(1995)通过对松嫩平原碱化草地植被及利用现状的分析,阐述了碱化草地恶性生态循环的内、外因素,提出了羊草草地生态恢复的技术措施与各种有效途径,建立了羊草草地良性生态循环的优化生产模式。

虽然已提出很多草地优化利用模型,但对草地可持续利用途径的探讨还方兴未艾。草地畜牧业优化发展模型受制于自然和社会条件,受制于经济发展水平和认识深度。应切实将可持续发展、生态系统健康等理念贯穿于草地生态系统管理的实践。应在草地生态学研究中借鉴恢复生态学、保护生物学、景观生态学、生态水文学、界面生态学等学科领域的研究成果以使草地畜牧业的可持续发展有坚实的科学基础。

5.2.5　草原优化管理的数字化模型

5.2.5.1　进展与现状

利用数字草业理论与技术对草原进行优化管理,这方面的研究与应用,从其产生到现在已有 50~60 年的历史。唐华俊等(2009)对这一进展作了全面分析,并概括出 3 个阶段:20 世纪五六十年代,以科学统计计算为主的计算机应用阶段;七八十年代开展的数据处理、模型模拟和知识处理的研究阶段;90 年代以来以 Internet、"3S" 技术、智能控制等应用为主的智能草业管理信息化阶段。许多研究者对国内外主要成果曾作过系统总结。

根据国际草业数字化管理技术发展趋势,针对中国草业发展对数字化信息、监测和管理技术的需求,中国农业科学院农业资源与农业区划研究所等单位从 1998 年开始了现代数字草业理论与技术的研究、推广与示范,研制出了现代数字草业理论与技术平台,完成了草地信息采集、更新、监测和决策服务等一套完整的理论和技术集成体系。"数字草业技术平台" 是在新兴学科背景下针对草业发展中若干科学问题的技术研究。在这以前,农业信息化研究往往是 "生产" 或 "现实" 问题驱动的研究,从而忽视了要面对的科学问题,在推广应用时缺乏理论指导。"数字草业理论与技术平台" 的学术思路是:在新兴信息技术及其理论指导下,紧密结合当前主流信息技术、草业管理专业理论的最新进展,将先进的理论和技术应用到我国草业产业化发展和生产实践中,探索草业数字化监测和管理的若干关键技术、相关科学问题与假设,提炼出我国现代数字草业理论与技术框架,该框架可归纳为草业数据与信息、核心理论与技术、应用与示范 3 个层面的内容(图 5-11)。

中国草业数字技术平台

数据与信息层面 | 理论与技术层面

草地基础数据库系统 ← → 草地监测管理理论与技术

数据库管理技术 → 数据标准规范

"3S"理论与技术 → 生态测量

系统模拟

草地科学数据中心

天然草地遥感监测 | 人工草地设计管理

网络技术 → 信息处理技术

网络技术 → 软件技术
移动存储技术

草地生产数据服务与技术产品 → 草地数字化监测管理软硬件技术平台

数据与技术集成 →

实用软硬件技术产品开发与示范应用 | 应用与示范层面

信息服务 生产监测 优化管理 决策支持

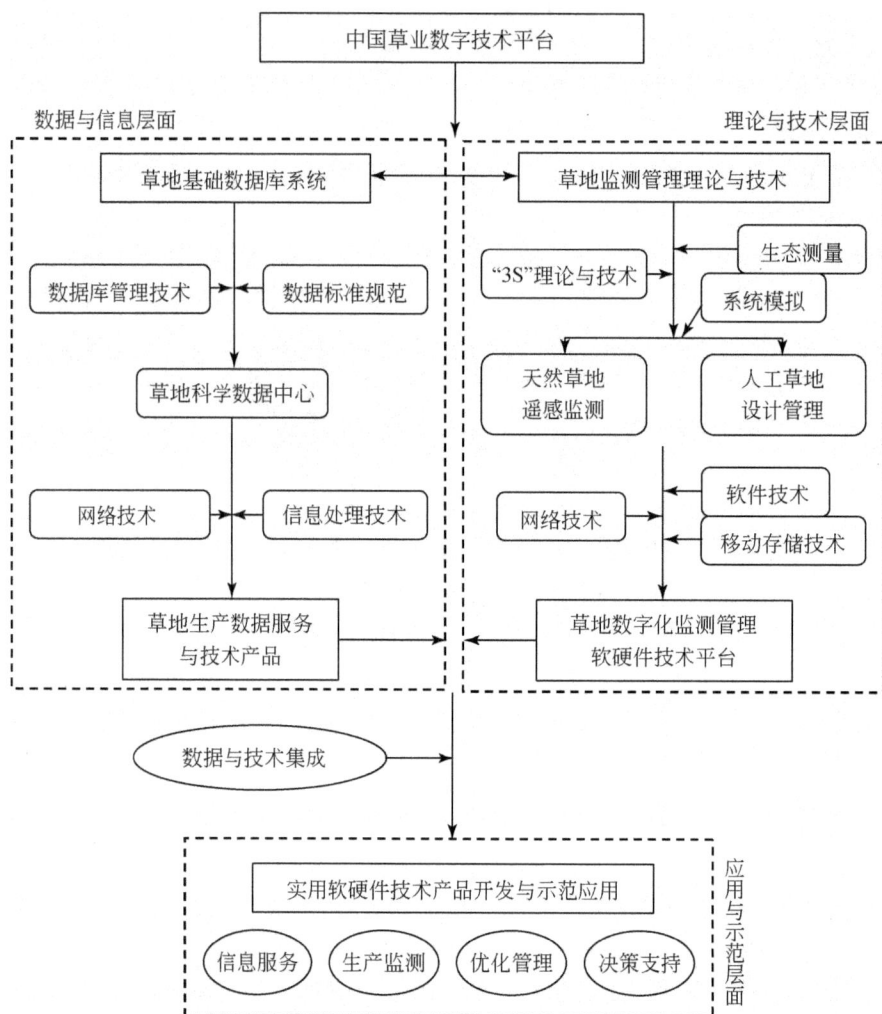

图 5-11　中国草业数字草业理论技术平台总体构架

　　启示主要有两点：一是"用系统工程来组织经营"，二是"根据全部科学技术成果"。实现这两个目标，并非易事，对于前者，实际上的组织经营与系统经营尚有很大的思想差距，这必然带来行动上的差距，为此，提高对经营管理的认识水平，以便将以往的感性认识融入现代管理行为之中。至于"全部科学技术成果"用于草原和草产业，距离更大，许多可作为根据的有关科学技术，事实上并未与草原措施相结合，这是长期以来在科技工作中"画地为牢"、"学科不犯"弊病干扰之后果。为此，下面，仅就草原管理中应多考虑的经济控制与现代预测，加以阐述。

5.2.5.2　经济控制方法应用于草原优化管理

　　对草业系统研究的以往发展趋势及现状的认识，有利于今后朝向更深和更广的方向发展，有利于深化和扩充。钱学森院士的意见，指出了草原管理科学的发展方向。钱学森曾经指出："对用系统工程的草产业，实是以草原为基地的草、牧、畜户加工、饲料加工、畜产制药，以至皮革制品，商贸的综合性产业体系，所以要用系统工程来组织经营"，"这样草业系统工程理论与应用研究在一起步就应考虑：根据全部科学技术成果，有什么可以为草业系统工程利用的？眼光放开，'种'如何改进？'养'如何改进？'加'如何改进？'产、供、销'如何改进？不要局限于当前的做法。例如，种草施肥、用化肥如何？只有这样才能考虑到下个世纪实现第六次产业革命的宏图"（刘恕和涂元季，2001）。钱学森院士的话，给我们的进一步工作指出了正确的路线。下面，只就可用于草业系统的几个经济控制模型，作初步分析。

（1）实域模型

一个最简单的草原经济控制模型，可概述如下：

$$Y = C + I \tag{5-26}$$

$$Y = f(K) \tag{5-27}$$

$$K = I \tag{5-28}$$

式中，Y 为收入；I 为投资；K 为资本。这个模型包含两个定义式（5-26）与式（5-28），行为方程为生产函数（5-27）。一般还假定行为方程具有特殊的数学性质，如生产函数的一阶导数为正，二阶导数为负，这表示边际产出永远有正值，但边际产出随着资本 K 的增加而递减。很容易知道，这个模型可以化为如下的状态方程

$$K = f(K) - C \tag{5-29}$$

式中，K 为状态变量；C 为控制变量。

方程式（5-29）称为连续模型，因为状态方程是微分方程。如果状态方程为差分方程，则称为离散模型。

如果模型中所有方程都是线性的，称为线性模型。如果至少有一个方程是非线性的，则称为非线性模型。

如果模型含有随机因素，称为随机模型，没有随机因素的模型称为确定性模型。

模型中的有关参数不随时间变化，称为时不变系统；参数随时间变化的系统称为时变系统。

在经济学中，模型化主要是对实域进行的。实域的状态方程的基本形式是

$$\text{连续模型：} \bar{X} = f(X, u, z) \qquad X(t_0) = X_0$$
$$\text{离散模型：} X_{t+1} = f_t(X_t, u_t, z_t) \qquad X(t_0) = X_0 \tag{5-30}$$

式中，X 为状态变量；u 为控制变量；z 为外生变量，它表示环境对系统的影响。

如果系统的状态不随时间变化而变化，称这样的系统为稳态系统，其模型称为静态模型。静态模型的一般形式是

$$f(X, u, z) = 0 \tag{5-31}$$

（2）最优控制问题的数学描述

控制的选择，常常是根据描述实域的模型、目标函数以及对控制本身的约束来确定的。

目标函数的一般形式如下。

对连续模型

$$J = \theta(X(t_1), t_1) + \int_{t_0}^{t_1} F(X, u, t) \, dt \tag{5-32}$$

式中，$X(t_1)$ 为期末目标；$F(X, u, t)$ 具有连续性的偏导数。

对离散模型，我们有

$$J = W(X_{t_0}, X_{t_0+1}, \cdots, X_{t_1}, u_{t_0}, u_{t_0+1}, \cdots, u_{t_1}) \tag{5-33}$$

为了保证控制的可行性，控制应满足一定的约束，记约束集为 Ω，则

$$u \in \Omega \tag{5-34}$$

满足式（5-34）的控制称为容许控制。

控制问题就是：在式（5-31）与式（5-34）的约束之下，选择 u，使目标函数达到最大（或最小）。

通常还假定状态方程中 f 及其一阶偏导数是连续的。在连续模型中还假定控制作用是逐段连续的，这样可保证对应于 $u(t)$，微分方程有唯一解。

由上述方法决定的控制作用自然满足控制系统的相容性、最优性。由于我们把目标函数取得最优值的状态作为系统的目标，所以控制作用也是充分的。控制作用连续性与稳定性可通过对 Ω 的限制来保证。最后我们指出，控制作用的可靠性蕴涵在模型的精确性概念里。

（3）Lagrange 乘数法：离散模型

为简单计，我们先考虑如下的离散模型

$$X_{t+1} = f_t(X_t, u_t) \qquad X_0 \text{ 已知} \tag{5-35}$$

目标函数为可加的，即

$$J = \psi(X_{t_1}) + \sum_{t=0}^{t_1} L_t(X_t, u_t) \tag{5-36}$$

设控制约束集为开集。

这个问题归纳为选择序列 $u_0, u_1, \cdots, u_{t_1}$，以便使 J 取得最大值。系统状态的转移可用图 5-12 说明。

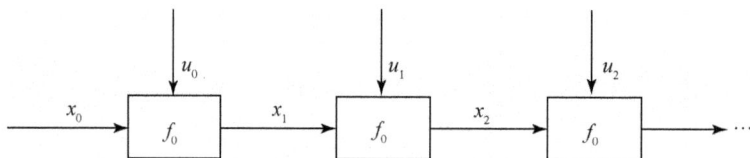

图 5-12　系统状态的转移示意图

Lagrange 乘数法的基本思路是把上述问题化成一个无约束控制问题。为此作拉格朗日函数

$$L = \psi(X_{t_1}) + \sum_{t=0}^{t_1} \left\{ L_t(X_t, u_t) + \lambda_{t+1}^{\mathrm{T}} [f_t(X_t, u_t) - X_{t+1}] \right\} \tag{5-37}$$

取得极值的必要条件是

$$\frac{\partial L}{\partial X_t} = \frac{\partial L_t}{\partial X_t} + \left(\frac{\partial f_t}{\partial X_t} \right)^{\mathrm{T}} \lambda_{t+1} - \lambda_t = 0 \tag{5-38}$$

$$\frac{\partial L}{\partial X_{t_1}} = \frac{\partial \psi}{\partial X_{t_1}} + \lambda_{t_1} = 0 \tag{5-39}$$

$$\frac{\partial L}{\partial u_t} = \frac{\partial L_t}{\partial u_t} + \left(\frac{\partial f_t}{\partial u_t}\right)^{\mathrm{T}} \lambda_{t+1} = 0 \tag{5-40}$$

$$\frac{\partial L}{\partial \lambda_{t_1}} = f_t(X_t, u_t) - X_{t_1} = 0 \tag{5-41}$$

$$t = 0, 1, 2, \cdots, t_1 - 1$$

上述条件仅是必要条件，不是充分条件。考虑到我们所分析的草原管理问题的实际意义，往往使得对问题的充分条件的考虑成为不必要的。

如果定义 Hamilton 函数

$$H_t = L_t(X_t, u_t) + \lambda_{t+1}^{\mathrm{T}} f_t(X_t, u_t) \tag{5-42}$$

那么方程（5-38）与方程（5-40）可以分别改写成

$$\lambda_t = \frac{\partial H_t}{\partial X_t} \tag{5-43}$$

和

$$\frac{\partial H_t}{\partial u_t} = 0 \tag{5-44}$$

式（5-44）称为最优控制方程，式（5-43）称为伴随方程。

在草原经济系统中，Hamilton 函数一般表示社会福利。所以最优控制方程表明，这一控制应在每一期福利函数的极值点上选择。λ 称为 Lagrange 乘子，在最优控制理论中也称为协态变量。式（5-43）表明 λ_t 表示状态变动对福利的边际贡献，所以它表示一种影子价格，这种影子价格随着时间变化而变动，所以是动态影子价格。

当控制约束受到闭集约束限制的时候，我们知道，此时最优控制不能根据上述最优控制方程和伴随方程加以确定。这正如闭区间上连续函数的最大值不能根据一阶导数等于零的条件来确定一样。这时，就需要从原苏联数学家 Pontriagin 证明的最大值原理所指出的最优控制的一般准则出发。按照最大值原理，得出最优控制应满足的充要条件是

$$H_t(X_t^*, u_t^*, \lambda_{t+1}^*) = \max H_t(X_t^*, u_t^*, \lambda_{t+1}^*)$$
$$u_t \in \Omega \tag{5-45}$$

该等式左边表示 t 期的最优值。

现在我们考察动态投入产出模型的控制问题。该模型是

$$AX_t + B(X_{t+1} - X_t) + C_t = X_t$$

式中，A 为投入系数矩阵；X 为总产出向量；B 为资本系数矩阵；C 为消费向量。在资本系数矩阵可逆时，可以得到状态方程

$$X_{t+1} = B^{-1}(I - A + B)X_t - B^{-1}C_t$$

这是时不变的线性确定性模型。记

$$D = B^{-1}(I - A + B)$$

则有

$$X_{t+1} = DX_t + B^{-1}C_t$$

视 C_t 为控制变量，它满足约束

$$b_1 \leqslant \boldsymbol{C}_t \leqslant b_2$$

设 X_0 已知，目标函数为 T 期末总产出最大，即

$$\max k^T X_T$$

影子价格应满足的方程是

$$p_T = k$$

$$p_t = \boldsymbol{D}^T p_{t+1} \quad (t = 0,1,\cdots,T-1)$$

设最优控制为 $\boldsymbol{C}_t^*$，最优轨迹为 $\boldsymbol{X}_t^*$，若有 $\boldsymbol{X}_T^* + \boldsymbol{X}'_T$，其中 $\boldsymbol{X}'_T$ 为任一向量，则最优轨迹的充要条件是

$$k^T(\boldsymbol{X}_T^* + \boldsymbol{X}'_T) \leqslant k^T \boldsymbol{X}_T^*$$

因而

$$k^T \boldsymbol{X}'_T \leqslant 0$$

对任一期 t，设有对最优控制与最优轨线的扰动。

$$\boldsymbol{X}'_{t+1} = \boldsymbol{D}\boldsymbol{X}'_t - \boldsymbol{B}^{-1}\boldsymbol{C}'_t$$

两边乘以 p_{t+1}^T 并对 t 求和，则有

$$\sum_{t=0}^{T-1} p_{t+1}^T \boldsymbol{X}'_{t+1} = \sum_{t=0}^{T-1} p_{t+1}^T \boldsymbol{D}\boldsymbol{X}'_t - \sum_{t=0}^{T-1} p_{t+1}^T \boldsymbol{B}^{-1}\boldsymbol{C}'_t$$

利用 $\boldsymbol{X}'_0 = 0$，$p_T = k$，$p_t = \boldsymbol{D}^T p_{t+1}$，上式可化为

$$k^T \boldsymbol{X}'_T = - \sum_{t=0}^{T-1} p_{t+1}^T \boldsymbol{B}^{-1}\boldsymbol{C}'_t$$

所以 $k^T \boldsymbol{X}'_T \leqslant 0$ 意味着

$$\sum_{t=0}^{T-1} p_{t+1}^T \boldsymbol{B}^{-1}\boldsymbol{C}'_t \geqslant 0$$

由于 $\boldsymbol{C}'_t$ 的任意性，所以我们假定 $\boldsymbol{C}'_t$ 仅发生在 t 期，而且除第 i 个分量之外其余分量都为零。在这一假定下，上式化为

$$(p_{t+1}^T \boldsymbol{B}^{-1})_i \boldsymbol{C}'_{ti} \geqslant 0$$

式中，下标表示第 i 个分量。考虑三种可能：

1）当 $(p_{t+1}^T \boldsymbol{B}^{-1})_i > 0$ 时，上式仅当 $\boldsymbol{C}'_{ti} \geqslant 0$ 时才成立，这表明只有正的扰动才是可能的，因而 u_t^* 必须取在它的约束的下限。

2）当 $(p_{t+1}^T \boldsymbol{B}^{-1})_i < 0$ 时，上式仅当 $\boldsymbol{C}'_{ti} \leqslant 0$ 时才成立，这时只有负的扰动才是可能的，因而 u_t^* 必须取在它的约束的上限。

3）当 $(p_{t+1}^T \boldsymbol{B}^{-1})_i = 0$ 时，这时最优解不是唯一的。

（4）极大值原理：连续模型

假定状态方程为

$$\dot{X} = f(X,u,t) \quad X(t_0) = X_0 \tag{5-46}$$

目标泛函为

$$J = \int_{t_0}^{t_1} F(X,u,t)\,\mathrm{d}t \tag{5-47}$$

并首先假定 u 受有开集约束。

上述控制问题作为条件极值，可以化为如下的变分问题，即求

$$J_0 = \int_{t_0}^{t_1} \{ F(X,u,t) + p_{(t)}^{P}[f(X,u,t) - X] \} \, \mathrm{d}t \qquad (5\text{-}48)$$

的极大值。被积函数记为 $H(X,u,p,t)$，则上式可简记为

$$J_0 \int_{t_0}^{t_1} H(X,u,p,t) \, \mathrm{d}t \qquad (5\text{-}49)$$

式中，H 为 Hamilton 函数；$p(t)$ 为协态变量。

J_0 取得极值的必要条件是 Euler 方程成立，即有

$$\frac{\partial H}{\partial X} - \frac{\mathrm{d}}{\mathrm{d}t} \frac{\partial H}{\partial \dot{X}} = 0$$

$$\frac{\partial H}{\partial u} = 0$$

$$\frac{\partial H}{\partial p} = 0 \qquad (5\text{-}50)$$

它们可以化为

$$\dot{p} = -\frac{\partial H}{\partial X} \qquad (5\text{-}51)$$

$$\frac{\partial H}{\partial u} = 0 \qquad (5\text{-}52)$$

$$\dot{X} = f(x,u,t) \qquad (5\text{-}53)$$

式（5-53）实际上就是状态方程。方程式（5-52）称为最优控制方程，式（5-51）称为伴随方程。

由数理方程知识，可以知道，要确定微分方程的解，必须明确边界条件。在草原经济系统中左端点条件即初始条件一般是确定的；右端点条件是可以指定终端时间和容许控制下的终端状态，或者仅仅指定终端时间而不指定终端状态，后者称为自由边界。在自由边界情形下，需要补充一个边界条件，这被称为终端条件或横截条件，这个条件是

$$p(t_1) = 0$$

关于这一条件我们可以这样理解：在最优控制下，系统应当终止在其边际贡献（影子价格）为零时的状态，否则可变动终端状态而使目标值增加。

假定目标泛函为

$$\max \int_0^T U(C(t)) \, \mathrm{d}t$$

式中，$U' > 0$，$U'' < 0$，它表示当消费增加时，社会效用增加，但边际效用递减。

状态方程为式（5-53），端点条件为

$$K(0) = K_0 \quad K(T) = K_T$$

假定控制是不受约束的。

这一问题的 Hamilton 函数是

$$H = U(C(t)) + p[f(K(t)) - C(t)]$$

这表明，p 表示单位净投资的增加使效用增加的值，或投资的边际效用。

伴随方程为

$$\dot{p} = -pf'(k)$$

即

$$\frac{\dot{p}}{p} = -f'(k)$$

最优控制方程为

$$\frac{\partial H}{\partial C} = 0$$

即

$$U' - p = 0$$

或

$$p = U'$$

边际效用递减，保证了上述极值条件的充分性。

最优控制方程表明了人们决定消费与投资的基本原则：如果投资的边际效用大于消费的边际效用，这时就应增加投资而减少消费。结果将使得投资的边际效用下降而消费的边际效用增加。如果投资的边际效用小于消费的边际效用，则应减少投资，增加消费。所以，只有当投资的边际效用等于消费的边际效用，即 $p = U'$ 时，才是最优决策。

联合伴随方程和最优控制方程，可得

$$\frac{U''}{U'} = -f'(K)$$

这一方程表明边际效用的变化率应等于边际生产率。

如果指定效用函数和生产函数的具体形式，我们就可以根据边界条件确定问题的解。通常只有对一些很特殊的函数，我们才能确定问题的严格解。

如果控制本身受到闭集约束，这时我们通常不能从求解微分方程得到最优解。此外，如果控制是不连续的，那么欧拉定理的条件不能满足，我们也不能应用上述方法求解。

最大值原理指出：当控制作用的大小限制在一定范围时，最优控制在整个作用范围内必使 Hamilton 函数取一最大值。也就是说，最优控制由下式决定：

$$H(X^*, u^{*+}, p^*, t) = \max H(X^*, u, p^*, t)$$
$$u \in \Omega \tag{5-54}$$

（5）Meta 分析模型

A. 有关定义

二分类变量资料可常被用于草原生态研究结果的试验之中。RR（relative risk）为相对风险度的度量，OR 为优势比，RD（risk difference）为风险度差值，P_e 为 e 组（experiment group）的风险度，P_c 为 c 组（control group）的风险度。根据以上定义，我们有

$$RR = \frac{P_e}{P_c}$$

$$OR = \frac{P_e(1 - P_c)}{P_c(1 - P_e)}$$

$$RD = P_e - P_c$$

为满足近似正态分布条件，RR 和 OR 一般都先取其自然对数，然后用 ln（OR）和 ln（RR）作为效应合并指标。用上述方法得出的合并统计量，需用假设检验方法进行检验，以便明确其是否有统计学意义，通常用 z 统计量（裴铁璠等，1999）检验其是否有统计学意义，并得到该统计量的概率 P 值。若 $P \leqslant 0.05$，则说明多个研究的合并统计量具有统计学意义；若 $P > 0.05$，则说明多个研究的合并统计量没有统计学意义。

B. 异质性检验

异质性检验（heterogeneity test）或同质性检验（homogeneity test）是进行 Meta 分析前必须要做的一项准备工作。异质性检验可以检验研究间效应量与样本含量等方面的差别是否具有统计学意义。

异质性检验一般采用 Q 统计量（Q statistic）。假设各个独立研究的效应为 y_i，它们的总体参数为 θ，即 $E(y_i) = \theta$，S_i^2 表示第 i 个研究的方差。

$$H_0 : \theta = \theta_1 = \theta_2 = \cdots = \theta_k$$

$H_0 : \theta_1, \theta_2, \cdots, \theta_k$ 中至少有两个不相同。

在 H_0 成立的条件下，对于大样本研究，有统计量

$$Q = \sum \omega_i (y_i - \hat{\theta})^2 \sim \chi_{k-1}^2$$

由极大似然估计或加权最小二乘估计，可得如下的 $\hat{\theta}$ 算式：

$$\hat{\theta} = \frac{\sum \omega_i y_i}{\sum \omega_i}, \quad \omega_1 = \frac{1}{S_1^2}$$

实际应用中，常用 $\bar{y}$ 代替 $\hat{\theta}$，所以，我们有

$$Q = \sum \omega_1 (y_i - \bar{y})^2$$
$$= \sum \omega_i y_i^2 - \frac{(\sum \omega_i y_i)^2}{\sum \omega_i}$$

如果 Q 不大于自由度为 $k-1$ 的 χ^2 分布的界值，则不拒绝 H_0，可以认为：纳入 Meta 分析的研究同质性较好，k 个研究来自同一总体。如果 Q 大于自由度为 $k-1$ 的 χ^2 分布的界值，则拒绝 H_0，可以认为：纳入 Meta 分析的研究不同质，即研究间存在异质性，这些研究来自两个或多个不同的总体。

（6）均匀设计模型

草原生态系统实际上是一个复杂系统，有一批输入参数，参数输入被给定后，需要作大量的复杂计算（如求解数以百计的微分方程），以求得输出参数来控制该系统。用以往的计算机试验设计（design of computer experiment）会使问题更为复杂。而将均匀设计用于该系统之中，则使问题求解被简化。在实施时，完全可以将输入生态参数分成较多水平，用均匀设计来设计出 n 组不同输入生态参数。按系统模型精确算出输出生态参数。利用多元分析建立输入与输出生态参数间的关系。试验足够多次，可以给出输出的决策结果。方开泰和王元提出的均匀设计方法，已在多领域应用，借助于以往在不同学科中应用的经验，完全可使其在草原系统工程中发挥更大作用。

（7）Boole 代数模型

Boole 代数是在 19 世纪中期被提出来的。该学科作为数学的一个专门分支，是在

Boole 发表的《关于用代数方法研究推理证明等逻辑问题》的几篇论文的基础上形成和发展起来的。Boole 代数原来是以代数方法对逻辑学中的归纳、命题、关系等进行演算的一门学科，所以人们又称之为逻辑代数；这门学科，到 20 世纪发展成为"数学的逻辑"，所以人们又把它改称为数理逻辑。由于逻辑学是哲学的一个重要分支学科，而数理逻辑又是逻辑学的一个分支学科，所以数理逻辑也应是哲学的一个进一步分支学科。这样说来，逻辑代数既是哲学的一个支脉，也是数学的一个支脉。Boole 代数在今天被公认为数理逻辑学的最基础部分。

Boole 代数在逻辑学中的应用，始于 20 世纪 30 年代，但在其后几十年时间内它的应用领域不算广阔，主要用于电话线路的设计。在地球科学领域，60~70 年代开始被某些研究者和实际工作者所应用。例如，在天气预报中的应用，往往与统计资料相结合。有些农林环卫等行业技术人员和管理人员，在思维上实际上已把 Boole 代数的某些知识用于有关分析、预测和决策之中，但他们的应用是不自觉的推理，他们并不知道 Boole 代数却用了一些 Boole 代数，这犹如在现代系统工程形成前，一些决策者的运筹帷幄一样。草原研究和应用者，若能自觉地用 Boole 代数于自身思维之中，则会在应对较复杂预测决策问题的过程中，从必然王国走向自由王国，以提高自身逻辑思维能力，处理那些用感性逻辑知识无法处理的草原学中的逻辑推理问题。

（8）量化专家知识挖掘模型

该模型由顾基发提出，在生态学中，裴铁璠等（2010）进行过分析。

分类及其与数据挖掘关联：

设 $E = \{e_1, e_2, \cdots, e_i, \cdots, e_n\}$ 为 n 专家集合。$K(e_i) = \{k_{i1}, k_{i2}, \cdots, k_{ij}, \cdots, k_{im}\}$ 表示专家 e_i 对某一问题所具有知识的集合。$K(C) = \{kc_1, kc_2, \cdots, kc_l\}$ 表示专家组对某一问题所达成共识的 l 条知识集合。$G(E) = \{g_1, g_2, \cdots, g_i\}$ 表示具有相似知识的专家集体所组成的集合。一个专家可以属于一个组，也可以同时属于多个组。这样，专家挖掘所获知识，可以包括下述五个类别。

第一，$K(E)$：专家的共识知识；

第二，$K(e_i)$ 专家 i 所拥有的知识；

第三，$K : e_i \leftrightarrow K(E), 1 \leqslant i \leqslant n$：专家 i 与共识知识之间对应关系的知识；

第四，$K : g_x \leftrightarrow g_y, \forall x, y \in j$：专家之间（亦称专家小组）聚类、分类知识；

第五，$K : g_x \leftrightarrow k(E)$：专家小组与共识知识之间关联关系的知识。

专家挖掘与数据挖掘有关联，但有差异。在生态量化方面，差异不太显著，联系颇为密切。差异主要是：量级上，前者少，后者多；领域知识上前者要求高，后者要求低；计算机应用上，前者侧重智能，人机结合；后者侧重科学计算，以机器为主。

用集合论原理，可作如下表达。

设 $K_e = \{K_{e1}, K_{e2}, \cdots, K_{en}, n \in O\}$ 为经由专家挖掘所获取的知识，$K_d = \{K_{d1}, K_{d2}, \cdots, K_{dm}, m \in \mathbf{N}\}$ 为经由数据挖掘所获取的知识，则 K_e 与 K_d 关系存在以下 3 种情形：

第一，$K_e \cap K_d = \phi$，表示二者之间没有相同知识；

第二，$K_e \cap K_d \neq \phi$ 且 $K_d \not\subset K_e$，表示二者之间有相同知识；

第三，$K_d \subseteq K_e$，表示数据挖掘所获取的知识包括在专家挖掘所获取的知识之中。

（9）知识约简分类模型

依据数据挖掘和专家挖掘，得到知识是不太困难的，但是知识的可用程度不一，为最终采纳造成了障碍。为解决这一问题在知识约简基础上分类是必需的。

波兰 Pawlak（1982）提出的粗糙集理论（rough set theory），是我们现阶段可用于知识约简的理论基础。我们建议在生态知识研究中多加应用。

专家挖掘在生态量化专家研究中应用的作用是容易理解的，其应用将使管理者取得可供抉择的有效指标。草原管理者在草原预测、草原建设和草原经济实践中，会经常考虑如何接受各个不同专家群体建议问题。通常，各专家群体的建议不可能一致。所以管理者就有一个如何考虑不同意见的权重问题。面对不同意见作出选择并非轻而易举。由于专家群类别的复杂性，参与咨询专家群的有限性，还有定量方法的局限性以及管理者数学建模知识的限制，要求生态量化研究者研究决策分类新技术，是十分必要的。

为应对上述复杂局面，引进新的数学方法，以指导专家群体分类，是一种可行的途径。粗糙集理论，近年来引起信息研究者的注意，因为这一理论是刻画不完全性和不确定事物特征的一种数学工具，能够有效地分析、处理各种不够完备的信息，从中发现隐含知识，揭示潜在规律。由于上述生态方面的复杂问题所面临的正是不完备信息，故可考虑应用它。粗糙集的核心内容之一是知识约简。下面我们在介绍有关数学基础知识的基础上，讨论知识约简在草原生态经济专家群（expert group）分类中的应用。

5.2.5.3　用于优化管理的几种预测模型前景及展望

预测是草原优化管理的重要基础之一，与此有关的方法和实践多散布于相应文献（期刊、会议文集等）之中。考虑今后的研究需求，并服务于草原预报科技发展，仅就粗浅认识，归类叙述之。

（1）基于全球变化下草原形势的宏观预测

以气候变化为主线的全球变化，是科学界乃至社会各界普遍关注的热点问题。关于气候变化给社会各方面带来的影响，预测项目很多。对于草原的未来，实质上也是一个超长期预测问题。草原预测的基本方法是先预测出未来温度、降水等要素的变化，再假定其中某一要素（如降水）不变，所造成的生物变化，一般用地图表示出来。

在秦大河院士主编的《全球变化热门话题丛书》中，王馥棠等（2003）阐述了气候变化对草原牧业的影响，指出：不同地带牧场的产草能力相差较大（表5-11）。

表 5-11　不同草原地带的草群变化

草原地带	草群盖度草层高度		鲜草产量	草群组成			
	（%）	（cm）	（kg/hm²）	禾本科	豆科	杂类草	灌木及半灌木
森林草原*	65～80	50～60	3000～4500	13.6	5.3	81.1	—
干草原	35～45	30～40	1500～3000	67.9	1.1	22.2	8.8
荒漠草原**	15～25	10～25	750～1500	31.8	—	12.4	55.8
荒漠**	<10	3～10	300～750	1.0		2.0	97.0

*　森林草原十分近似于草甸草原，属同一类型草原；　**荒漠草原与荒漠，在简化分析中常归类为荒漠草原

资料来源：樊锦治等，1993

气候变化对草场产草量和载畜量的可能影响如下所述。

我国牧区主要分布在东北、华北、西北地区及青藏高原区。到目前为止，各种 GCM 模式模拟的未来气候变化情景比较一致的是全球气候将明显趋于变暖，降水也将有所增加，但增加幅度不大，有可能不能抵消因温度升高而增加的蒸气消耗量，从而造成出现土壤变干的趋势。当然，各 GCM 模式的模拟结果彼此间不尽一致，尤其是降水量模拟的波动幅度更大，说明这些模拟科学上还存在许多不确定性。但即使如此，由于牧区草场的形成、牧草的生长发育及其产草能力在很大程度上受制于气候环境的水热条件，因此未来气候变化暖干化的趋向，有可能会对我国主要牧区的产草能力产生明显的影响。据研究，历史上每一个暖湿气候期都伴随着畜牧业的大发展，而每一个干冷气候期则对畜牧业生产产生极为不利的影响。

由于北方牧区的气候将变得更加暖干，因此各半干旱、干旱区的典型草原将会向半湿润、湿润区推进，即目前的各类草原界限将会东移。对青藏高原、天山、祁连山等高山（原）草场来说，如果温度升高，各类草原的界限也会相应上移。山地温度垂直递减率为 $0.5 \sim 0.8℃/100m$，若按温度上升 $3℃$ 计算，各类草原界限相应就会上移 $300 \sim 600$ m；加之冰雪融化，这对牧业生产有积极意义。

在未来温度升高、降水量不增加或增加不多的气候变化情景下，各类草场的水分限制区域会向东北扩大，而温度限制区域则相应缩小。只有当降水的增加能够补偿温度效应（蒸发量的增加）时，这一区域才会保持相对稳定。

由表 5-12 看出，对于东北的寒冷牧区和青藏高寒牧区来说，水分供应相对充足，温度是草场生产力的限制因子。温度升高可延长牧草生长期，增加生长季积温，提高光合作用效率，从而提高草场的生产力，这对寒冷牧区牧业生产的发展显然是有利的。但对广大的半干旱和干旱牧区来说，水分是牧草生长发育的限制因子。温度升高对牧草生长的作用并不明显；且在水分严重不足的地区，温度升高会加剧蒸发，使土壤变干反而更加重了对牧草生长需水的胁迫，不利于牧草的正常生长。但这些地区降水的少量增加，也会对提高草场的生产力有比较明显的作用。

表 5-12   几种气候变化情况下我国牧区几种典型草原草场的生产力* 变化

草原类型	代表站	$T = T_0^{**}$ $R = R_0^{**}$	$T = T_0 + 3℃$ $R = R_0$			$T = T_0 + 3℃$ $R = R_0 + 50$ mm			$T = T_0 + 3℃$ $R = R_0 + 100$ mm		
		生产力（kg/hm²）	生产力（kg/hm²）	增量（kg/hm²）	增加（%）	生产力（kg/hm²）	增量（kg/hm²）	增加（%）	生产力（kg/hm²）	增量（kg/hm²）	增加（%）
草甸草原	海拉尔	3870	4575	705	18.2	5145	1275	32.9	5145	1275	32.9
	昭苏	7245	7590	345	4.8	8205	960	13.3	8798	1553	21.4
干草原	肃南	3300	3300	0	0	3960	660	20.0	4590	1290	39.1
	固原	7275	7275	0	0	7913	638	8.8	8531	1256	17.3

草原类型	代表站	$T = T_0^{**}$ $R = R_0^{**}$	$T = T_0 + 3℃$ $R = R_0$			$T = T_0 + 3℃$ $R = R_0 + 50\ mm$			$T = T_0 + 3℃$ $R = R_0 + 100\ mm$		
		生产力 （kg/hm²）	生产力 （kg/hm²）	增量 （kg/hm²）	增加 （%）	生产力 （kg/hm²）	增量 （kg/hm²）	增加 （%）	生产力 （kg/hm²）	增量 （kg/hm²）	增加 （%）
荒漠草原	海流图	3900	3900	0 *	0	4764	864	22.2	5583	1683	43.2
	莎车	1095	1095	0	0	2355	1260	115.1	3573	2478	226.3

　*生产力量按 Miami 模型计算的；**T_0、R_0 分别为目前的年平均气温和年降水量，下同

　资料来源：樊锦治等，1993

　　不言而喻，草场生产力的提高将使草场的载畜量增加，从而间接地促进了牧区牧业生产的发展。表 5-13 是根据表 5-12 的结果，估算的未来气候变化情景下各类草场载畜量的可能变化。其计算标准为每一标准羊单位 1 d 约需干草 1.5 kg。由表 5-13 可见，在温度升高，降水增加的情况下，草场载畜量均将随牧草生产力的提高而提高，特别是荒漠草原草场有随降水的增加而明显提高的趋势。

表 5-13　几种气候变化情况下不同类型草场载畜量的变化

草原类型	代表站	$T = T_0$ $R = R_0$	$T = T_0 + 3℃$ $R = R_0$			$T = T_0 + 3℃$ $R = R_0 + 50mm$			$T = T_0 + 3℃$ $R = R_0 + 100mm$		
		载畜量 （羊/hm²）	载畜量 （羊/hm²）	增量 （羊/hm²）	增加 （%）	载畜量 （羊/hm²）	增量 （羊/hm²）	增加 （%）	载畜量 （羊/hm²）	增量 （羊/hm²）	增加 （%）
草甸草原	海拉尔	7.1	8.4	1.3	18.3	9.4	2.3	32.4	9.4	2.3	32.9
	昭苏	13.2	13.9	0.7	5.3	15.0	1.8	13.6	16.1	2.9	22.0
干草原	肃南	6.0	6.0	0	0	7.2	1.2	20.0	8.4	2.4	40.0
	固原	13.3	13.0	−0.3	−2.3	14.5	1.2	9.0	15.6	2.3	17.3
荒漠草原	海流图	7.1	7.1	0	0	8.7	1.6	22.5	10.2	3.1	43.7
	莎车	2.0	2.0	0	0	4.3	2.3	115.0	6.5	4.5	225.0

　资料来源：樊锦治等，1993

（2）长期（月以上）预报的数理统计学方法

　　综观统计学所包含的全部内容和方法，其基本原理可概括为从随机变量特征出发，借助大数定律和最小二乘原则，将具有相关关系的某个随机变量与其他随机变量或某个随机变量本身的前后期样本值，经过具体的分析、计算、处理，求出它们之间平均的相关关系，相对应的统计关系式，用来进行具体分析和预报。以回归分析为例：假定预报对象 Y（草原方面的某一要素）与 P 个相关因子（亦称预报因子）$X_k (k = 1,2,\cdots,p)$，即某个随机变量与其他随机变量的关系是线性的。为了研究它们之间的联系，作 n 次抽样，每一次抽样可能发生的预报对象值为 Y_1、Y_2，$\cdots$，Y_n，这些预报对象值是在相关因子值已经发生的条件下随机发生的，是 n 个随机变量。而第 i 次观测的相关因子值记为

$$X_{11}, X_{12}, \cdots, X_{iP}, \quad i = 1,2,\cdots,n$$

在线性假定下有如下结构表达式：

$$\begin{cases} Y_1 = \beta_0 + \beta_1 X_{11} + \beta_2 X_{12} + \cdots + \beta_P X_{1P} + e_1 \\ Y_2 = \beta_0 + \beta_1 X_{21} + \beta_2 X_{22} + \cdots + \beta_P X_{2P} + e_2 \\ \cdots\cdots \\ Y_n = \beta_0 + \beta_1 X_{n1} + \beta_2 X_{n2} + \cdots + \beta_P X_{nP} + e_n \end{cases}$$

式中，β_0，β_1，β_2，$\cdots$，β_P 为 $P+1$ 个待估计参数；X_1，X_2，$\cdots$，X_P 为 P 个一般变量；设 e_1，e_2，$\cdots$，e_n 为 n 个相互独立且遵从同一正态分布（O，σ）的随机变量，则上述结构表达式可概括抽象为回归模型

$$Y = \beta_0 + \beta_1 X_1 + \beta_2 X_2 + \cdots + \beta_P X_P + e \tag{5-55}$$

为书写简明起见，上述回归模型也可写成矩阵形式

$$Y = X\beta + e$$

式中，Y、β、e 为向量，分别为

$$Y = \begin{bmatrix} Y_1 \\ Y_2 \\ \vdots \\ Y_n \end{bmatrix} \quad \beta = \begin{bmatrix} \beta_0 \\ \beta_1 \\ \vdots \\ \beta_P \end{bmatrix} \quad e = \begin{bmatrix} e_1 \\ e_2 \\ \vdots \\ e_n \end{bmatrix}$$

X 为因子矩阵

$$X = \begin{bmatrix} 1 & X_{11} & X_{12} & \cdots & X_{1P} \\ 1 & X_{21} & X_{22} & \cdots & X_{2P} \\ \vdots & \vdots & \vdots & & \vdots \\ 1 & X_{n1} & X_{n2} & \cdots & X_{nP} \end{bmatrix}$$

这样，我们得到的是一组实测 n 个容量的样本，利用这组样本对上述回归模型式（5-55）进行估计，得到的估计方程称为多元线性回归方程，记为

$$\hat{y} = b_0 + b_1 X_1 + b_2 X_2 + \cdots + b_P X_P$$

式中，b_0，b_1，b_2，$\cdots$，b_P 分别为 β_0，β_1，β_2，$\cdots$，β_P 的估计。这里关键是如何求出 b_0，b_1，b_2，$\cdots$，b_P，如果求出了 b_0，b_1，b_2，$\cdots$，b_P，则回归方程（5-55）即可确定。

求解 b_0，b_1，b_2，$\cdots$，b_P 的原则为最小二乘原则，即在 n 个样本容量的预报对象 Y 和因子变量 X_k（$k=1$，2，$\cdots$，P）的实测值中，满足线性回归方程：

$$\hat{Y}_i = b_0 + b_1 X_{i1} + b_2 X_{i2} + \cdots + b_P X_{iP}, \quad i = 1,2,\cdots,n$$

要求的回归系数 b_0，b_1，b_2，$\cdots$，b_P 应是使全部预报对象的观测值 Y_1，Y_2，$\cdots$，Y_n 与回归估计值 $\hat{Y}_1$，$\hat{Y}_2$，$\cdots$，$\hat{Y}_n$ 的离差平方和达到最小，即满足：

$$Q = \sum_{i=1}^{n}(Y_i - \hat{Y}_i)^2 \rightarrow 最小$$

对一组样本资料，预报对象的估计值 $\hat{Y}$ 可看成为一个向量，记为

$$\hat{Y} = \begin{bmatrix} \hat{Y}_1 \\ \hat{Y}_2 \\ \vdots \\ \hat{Y}_n \end{bmatrix}$$

亦可写为矩阵形式

$$\hat{Y} = Xb$$

式中，X 为上面定义的因子矩阵，b 为回归系数向量

$$b = \begin{bmatrix} b_0 \\ b_1 \\ \vdots \\ b_P \end{bmatrix}$$

所以预报对象观测向量 Y 与回归估计向量之差的内积就是它们的分量的离差平方和，即

$$\begin{aligned} Q &= (Y - \hat{Y})(Y - \hat{Y}) \\ &= (Y - Xb)'(Y - Xb) \\ &= Y'Y - b'X'Y - Y'Xb + b'X'Xb \end{aligned}$$

由于 Q 实际是 b_0，b_1，$\cdots$，b_P 的非负二次式，所以最小值一定存在。根据微分学中的极值原理，有

$$\begin{cases} \dfrac{\partial Q}{\partial b_0} = 0 \\ \dfrac{\partial Q}{\partial b_1} = 0 \\ \vdots \\ \dfrac{\partial Q}{\partial b_P} = 0 \end{cases}$$

或写成向量微分形式

$$\frac{\partial Q}{\partial b} = \frac{\partial(Y'Y)}{\partial b} - \frac{\partial(b'X'Y)}{\partial b} - \frac{\partial(Y'Xb)}{\partial b} + \frac{\partial(b'X'Xb)}{\partial b}$$

根据向量微分性质，上式中的第一项因 $Y'Y$ 不是 b 的函数，故偏微分为 0 向量，第二、第三项由于 $X'Y$ 是 $(P+1)$ X_1 的向量，故有

$$\frac{\partial(b'X'Yb)}{\partial b} = X'Y$$

或

$$\frac{\partial(Y'Xb)}{\partial b} = X'Y$$

第四项

$$\frac{\partial(b'X'Xb)}{\partial b} = 2X'Xb$$

所以

$$\frac{\partial Q}{\partial b} = 2X'Xb - 2X'Y = 0$$

即得

$$X'Xb = X'Y \tag{5-56}$$

式（5-56）称为求解回归系数的标准方程组的矩阵形式，按矩阵乘法展开可得一般形式的

标准方程组。矩阵 $X'X$ 称为标准方程组系数矩阵。展开得

$$\begin{cases} nb_0 + b_1 \sum_{i=1}^{n} X_{i1} + b_2 \sum_{i=1}^{n} X_{i2} + \cdots + b_P \sum_{i=1}^{n} X_{iP} = \sum_{i=1}^{n} Y_1 \\ b_0 \sum_{i=1}^{n} X_{i1} + b_1 \sum_{i=1}^{n} X_{i1}^2 + b_2 \sum_{i=1}^{n} X_{i1} X_{i2} + \cdots + b_P \sum_{i=1}^{n} X_{i1} X_{iP} = \sum_{i=1}^{n} X_{i1} Y_1 \\ b_0 \sum_{i=1}^{n} X_{i2} + b_1 \sum_{i=1}^{n} X_{i2} X_{i1} + b_2 \sum_{i=1}^{n} X_{i2}^2 + \cdots + b_P \sum_{i=1}^{n} X_{i2} X_{iP} = \sum_{i=1}^{n} X_{i2} Y_{i1} \\ \vdots \\ b_0 \sum_{i=1}^{n} X_{iP} + b_1 \sum_{i=1}^{n} X_{iP} X_{i1} + b_2 \sum_{i=1}^{n} X_{iP} X_{i2} + \cdots + b_P \sum_{i=1}^{n} X_{iP}^2 = \sum_{i=1}^{n} X_{iP} Y_1 \end{cases}$$

由于标准方程组中各求和号内的 X_{ik}、Y_i 均为已知样本值，故可按一般线性代数求解方程组的方法解出回归系数 b_0，b_1，b_2，$\cdots$，b_P，于是回归方程（5-55）即可建立。

数理统计方法有很多，原则上都可用于关于草原的预报之中。要正确运用之，并非易事。因为客观存在着许多限制条件，而在统计分析时，对条件需取舍，故不可避免有误，这正是预报准确率不够理想的根源之所在。如何运用，有以下几点作为经验之谈，供读者参考。

首先，选择用具体数学方法，要切合所论问题的实际。例如，预报未来一个月的草场生态产量，可以多方收集历史和现状资料，再看样本容量大小，选取模型方法，如样本量大，宜用参数方法，样本量小，宜用非参数方法等。

其次，因子的确定要根据生物物理意义。有些生物意义显然不成立，事先从机理上予以淘汰，比如说第 n 年某月的产草量与第（$n-1$）年该月的温度 T_{n-1} 并无关系，所以不考虑将 T_{n-1} 列入备选因子之中。另外，可能有关，但在目前认识水平下尚不能确定关系的，宜考虑列入备选因子，如草产量与西北太平洋副热带高压位置可能有关。

再次，充分利用已有数学软件，避免编制软件包中已有软件的程序，避免重复劳动。最好学习"数学软件"之类课程，需要时从中找出有关程序并应用之，可收到事半功倍效果。

最后，对统计得出的经验模型作必要检验，检验不合格者及时淘汰出局，避免鱼目混珠。

（3）中期预报的数值模拟与预报方法

草原生态的模拟是草原生态数值预报的基础。在水文、气象、天文等有关领域的数值方法，可被借鉴于草原并依据草原自身的机理，通过近似计算得出方程，再据此作预报，这样的设想，在近期内不易实现，但将来有可能逐步实施。其难点之一是基本方程组的构建。用一系列微分方程表示出草原动态本质。这样的方程，由于很复杂，是不可能存在数值解的，必须用近似分析即数值分析求解。现在的计算条件，事实上已具备了求一系列微分方程组近似值的能力，数值方法求解也易完成，所以努力方向是建方程组。

（4）遥感等新技术用于预报之中

遥感是指在距离被测物体几十米、几百米、几百千米甚至上千千米等遥远的地方，借助电磁波辐射感应原理，使用光学、电子学或电子光学等遥感仪器，感应记录被测物体所

发射或反射的电磁波特征，以便分析判读被测物体所属种类、性质和变化情况的一种专门技术，是 20 世纪 60 年代以来蓬勃发展起来的一门年轻而又综合的空间科学分支。按照遥感距离的远近或遥感平台为使用卫星、飞机或地区等不同情况，可将遥感分为卫星遥感（亦称航天遥感）、飞机遥感（亦称航空遥感）和地面遥感 3 种类型。其中卫星遥感由于具有不受高山、沙漠、海洋、国界等地面条件限制，可以对大范围地区感应成像，系统收集地球表面及其周围环境的各种辐射信息，便于宏观研究各种自然景观的动态变化等优点，因而广泛应用于国防、海洋、地质、农业、气象等许多部门，目前已普遍引起各国政府的重视。其中用于农业，包括用于草业。运用的关键，是从遥感资料中获取有益因子，法国在多年前所创建的卫星农业气象学，开拓了卫星遥感用于农业的先河，在现阶段，用于草原预报，仍有借鉴意义。

（5）物候预报的新课题

我国物候预报开展得早，用得广泛，但在草原和草业物候方面，研究较少。在过去多年，积累了许多物候资料。关于草地的物候记录也有很多数据。应用时，草的物候可作为预报对象，而其他动植物物候数据可作为备选预报因子。

各种预报方法，都有着内在的必然联系，所以在运用时注意关联是很重要的。

预报在决策中的应用，也是一个大问题。因为预报不可能很准，有的问题甚至是很难解决的。所以在考虑利用预报结论作决策时，既要相信它们的科学性，又要注意它们的不准确性，运用于决策时，要一分为二，积累经验。

5.2.6　草原生态经济可持续发展的因子筛选与逻辑数学评估方法

随着草原经济的迅速发展，草原、草产业和草原文化，都面临着可持续发展的诸多问题。应对这些发展可能遇到的多方面挑战，尤其是应对气候变化乃至全球变化所导致的生态形势变化，是草原发展面临的大问题。尽管从微观上，应对相应变化挑战的研究很多，但是草地、草产业、草原经济生态的宏观管理方案，尚待进一步努力探索，才能得出有效的可供决策者参考的建议。而要最终能提出中肯的、有针对性的建议，需从基本方法入手，加以探索。

在全球生态、农业决策和城市生态控制等方面的研究与应用，已取得的许多成果表明，运用基础学科的某些新方法，运用钱学森等的综合集成技术，是公认的有效方法。

在草原管理评估的研究中，如果能根据涉及草原的众多要素指标值，寻求一种综合的、有代表性的数值，在评估千头万绪的微观成果的基础上，经由综合集成而得出在一定时空范围内经济、生态与社会协调发展的优化模型，是尤其必要的。

现有的数学模型（姜启源等，2004）中，被列为十多个类别。姜启源等指出：近几十年来，数学的应用不仅在它的传统领域——工程技术、经济建设——发挥着越来越重要的作用，而且不断地向一些新的领域渗透，形成了许多交叉学科——计量经济学、人口控制论、生物数学、地质数学等，数学与计算机技术相结合，形成了一种普遍的、可以实现的关键技术——数学技术，成为当代高新技术的重要组成部分，"高技术本质上是数学技术"的观点已被越来越多的人所接受。

针对本书所论主题，草原发展所涉及的方面千头万绪，是个典型的复杂系统。如何用数学工具对其中诸因素加以科学评估进而作综合评价呢？依据作者调查和一些地方草原现场观察评估，并走访有关专家，认为：可在筛选因子的基础上，再作逻辑评估。

对于这一问题，我们首先论述所研究区域内的相关因子，基础依据是近30年对所在区域进行的多学科多人研究成果，然后在定性分析基础上，初步提出备选因子。其次，考察有关数学方法，再依作者的分析和经验，初步考虑适宜于本试验研究的可能最佳方法。

5.2.6.1 考察区域概述及有关备选因子的初步确认

本研究所考察区域，按行政区划为内蒙古自治区东部的大部分区域，含呼伦贝尔市、兴安盟、通辽市（原哲里木盟）、赤峰市（原昭乌达盟）和锡林郭勒盟，位于41°~53°N，111°~130°E。

（1）来自呼伦贝尔草原的成果

作为我国农业自然资源中面积最大、最重要的国土资源，草地资源不仅是发展草地畜牧业的基础，也是我国北方地区的生态屏障。但近年来，在全球变化（增暖、干旱、气候不稳定性等）影响与不当的草地管理措施的共同作用下，我国草地普遍发生退化，草地生态经济系统结构改变、功能降低、稳定性下降，草地资源的可持续性受到严重威胁，我国北方草地已成为或即将成为一个不能自我维持和不可持续发展的系统（侯向阳，2005）。只有正确理解了草地生态系统的演化机制并用以指导草地管理政策的发展，草地生态系统才有可能成为一个可持续的系统。人们对草地动态演化的驱动力认识的变化，促使草地生态学范式经历了从均衡草地生态学向非均衡草地生态学的转变。均衡草地生态学强调草食动物与植物之间的消费者－资源关系，认为在生态系统中生物因素是草地退化的主要驱动力，而非均衡草地生态学强调草地所在的干旱与半干旱地区的强烈的环境波动性（主要是降水的高度波动性）控制着草地的动态演化。

在草地生态与管理方面，许多人作过研究（Ellis and Swift，1988；Vetter，2005；Herrmann and Hutchinson，2005；Stringham et al.，2003；Lockwood and Lockwood，1993；Milton et al.，1994；George et al.，1992）。

该区域的最新研究是周尧治等（2008）给出的呼伦贝尔草原沙漠化影响因素的定量结果（表5-14）。

表5-14　呼伦贝尔草地沙漠化指数与其影响因素间的相关系数

影响因素	相关系数	影响因素	相关系数
人口密度（pd）	0.8937	年均气温（avtem）	0.8791
耕地指数（ci）	0.9594	年均降水量（avrain）	−0.3755
牲畜密度（ld）	0.9707	综合驱动因素（F1）	0.8899
牲畜结构（propc）	−0.7191	综合抑制因素（F2）	−0.403
		综合作用力（F）	0.6005

周尧治等（2008）研究了对草地影响的自然因子，尤其是气象因子，给出如下主要结果。呼伦贝尔草地地处高纬度，冬季严寒漫长、春季多风干旱，年平均气温较低，为 −2.5 ~ 0℃，绝对最低气温可达 −49℃。年大于等于 10℃积温为 1800 ~ 2200℃。年日照时数为 2900 ~ 3200 h，无霜期为 90 ~ 100 d。年降水为 280 ~ 400 mm，多集中于夏秋季；年蒸发量为 1400 ~ 2900 mm，干燥度为 1.2 ~ 1.5，相对湿度为 60% ~ 70%。年大风日数为 20 ~ 40 d，年平均风速为 3 ~ 4 m/s。

各气象要素的年变化动态存在很多对草地生态系统不利的因素：①生长季节短，只有 4 月中旬至 10 月中旬才具有高于 0℃的气温；②在每年的 4 ~ 5 月呼伦贝尔草地干旱少雨，同时大风频繁。脆弱的生态系统遇到干旱、大风的 4 ~ 5 月气候是造成呼伦贝尔草地沙漠化发生发展的重要原因。

呼伦贝尔草地年降水量在 350 mm 上下波动，近年来降水量的波动幅度有增大的趋势。干旱半干旱地植被生物量主要受降水量的影响，年降水量的波动和分布不均势必造成植被生物量的波动，如果人类对草地植被生物量的利用程度不能相应调整，就会影响草地植被的恢复能力。

在最近 50 年内，每十年的降水量看不出明显的变化趋势。但是呼伦贝尔草地沙漠化较快的 20 世纪 60 年代（1961 ~ 1970 年）和 90 年代至 21 世纪初（1991 ~ 2005 年）对应着较低的年降水量。最近 10 年呼伦贝尔草地年降水量偏少而年气温有较大幅度的上升，从而增加了草地干旱的程度，这些环境因素都促进了呼伦贝尔草地荒漠化的发生和发展。

在呼伦贝尔草地畜牧业生产实践中，低温雪灾与干旱常常造成草地家畜数量的大规模减少。同时，在呼伦贝尔草地，代表草地管理中突发事件的草地耕地指数与草地沙漠化指数之间的相关系数达到 0.9594（表 5-14），因此自然与人为的突发事件是决定草地生态系统状态的重要因素。

（2）来自科尔沁沙地—草地的成果

科尔沁地区的荒漠化对草原物业发展有重要影响。在近 30 多年，中国科学院沈阳应用生态研究所以乌兰敖都为基点，作过多方面研究。蒋德明等作了较全面的概括总结，对该地沙地荒漠化成因作了综合分析，指出科尔沁沙地荒漠化的发生是自然因素和人为因素协同作用的结果。自然因素是荒漠化发生发展的内在原因。科尔沁水域地除北部石质山地外，大部分为西辽河平原和大兴安岭山前洪积冲积平原。在冲积平原上自第四纪以来堆积了最深约 200 m 的松散沙质沉积物，这些黏性很差的松散沙物质是沙漠化发生发展的物质基础。其物质组成主要以物理性沙粒（大于 0.01 mm）为主，结构松散，内聚力差，在干旱和强风作用下容易发生风蚀风积，形成风沙地貌。以沙粒成分为主的表层沉积物和沙性土壤在该区的广泛分布，构成了该地区地表物质的主体和风沙环境的物质基础。科尔沁沙地恶化环境的形成与该地区的气候条件及其变化有很大的关系，近年来出现的气候暖干化趋势亦增加了荒漠化发生和扩展的可能性。由于前述不利的自然因素，生态系统实际上十分脆弱，存在着破坏的巨大潜在危险。从该区发展历史来看，要把这一潜在的危险变为现实，每次都离不开人类以大面积掠夺式的旱作种植业为主要特征的经济活动的强烈干扰。实际上，人为因素引起的土地退化仍然是依靠自然力来完成的，其实质是人为的不适当的生产活动破坏了地表保护层，使风得以直接作用于下伏沙基，加速了土地沙漠化的自然进程。可以说人为破坏活动是该地区土地沙漠化自然过程的强催化剂，如果没有这一催化剂的存在，沙漠化的自然进程将十分缓慢，表现不明显。当人为破坏力和自然破坏力相偶合时，沙漠化急剧发展，甚至导致整个生态系统的破坏。生态系统对外界干扰都具有一定限度的自我恢复能力，当人类活动以草地畜牧业生产为主的时候，对草地生态系统的破坏进程比较缓慢，而发育良好的并具有深厚生草层的草地植被的自我恢复能力足以抵消人为因素对其产生的不利影响，生态系统整体上不表现为退化状态。例如，在元明到清初时期，由于该地区人烟稀少，人类的经济活动由旱作种植业转向以游牧为主的草地畜牧业，使辽宋时期遭到较大破坏的生态系统逐渐得到恢复。这一事实说明，该地区作为草地畜牧业生态系统要比沙地旱地农业生态系统稳定。当人类的生产经营活动转变为以滥垦、滥牧、滥樵等为主要特征的种植业时，情况就不同了。"三滥"的破坏力极其严重，对植被地被的破坏是极其迅速和毁灭性的，其破坏的程度和速度远远超过了生态系统的自我恢复能力和速度。地被一旦被大面积破坏，风的自然破坏作用立即增强，巨大的风蚀力不仅剥蚀地面，而且搬运流沙造成了更大范围的沙漠化，这时即使消除人为的不良影响，沙漠化也会自然发生。近百年来，尤其是最近 50 年，由于该地区的生产方式主要是以"三滥"为主要特征的种植业，因而造成了荒漠化，特别是沙漠化的迅速发展，使生态系统遭到彻底的破坏，生态系统的结构和功能也发生了明显变化，已由过去典型的森林草地生态系统演变为现在的沙地生态系统。这时完全依靠生态系统自身的能力已经很难恢复到原来的状态，必须要借助于人类的各种有力措施，才能逐渐恢复生态系统的结构和功能。除了上述因素外，系统结构配置不合理和生产投入太少也是导致荒漠化的主要原因之一。目前，该区土地利用结构、种植业结构、畜种畜群结构及经济结构等都不尽合理，如农地比例偏高，林地比例低，种植业基本全部为粮食，经济作物和绿肥（饲草）作物很少，畜群中良种畜少。这些都不利于系统的稳定及其多元结构功能的发挥。另外，该地区的农业生产投入很少，一些农地除了必须投入的种子和耕地需要的人力畜力外，基本上在没有其他投入，几乎完全依靠挖掘土地原有潜力进行生产。由于它违背了生态系统投入产出应保持平衡的基本原理，不仅使生产很难维持，还对土地资源破坏很大，一般新开垦的土地种植 1~2 年后产量就会大幅度下降，3~4 年后生产力就基本丧失殆尽。当然，由于人口的压力，科尔沁沙地生态系统已不可能再恢复到原有的草地畜牧业状态，而只能向新的平衡稳定状态发展。实际上，目前该地区已变成包括种植业、畜牧业、林业和其他行业在内的沙地农业生态系统。应改进现在的生产经营方式，严禁"三滥"，调整农林牧关系，增加投入并加强对天然植被的保护和沙漠化土地的综合治理，使人类的经济活动符合自然界的基本发展规律，只有这样才能使该地区退化的生态系统逐渐得到恢复。

左小安等（2009）在奈曼旗研究了科尔沁沙地封育 0 年的流动沙丘、封育 11 年的沙丘（流动、半流动和固定沙丘）和封育 20 年的沙丘（流动、半流动、半固定和固定沙丘）的群落组成及其物种多样性变化。结果表明，随着沙丘的固定和封育年限的增加，植被丰富度、盖度和物种多样性逐渐增加，优势度逐渐减小。沙地退化植被复演替模式是：先锋植物沙蓬为主的一年生植物群落（流动沙丘阶段）→灌木差巴嘎蒿和一、二年生草本植物为主的群落（半流动和半固定沙丘阶段）→一、二年生草本和多年生草本为主的杂草群落（固定沙丘阶段）。在沙地退化植被恢复过程中，群落物种组成结构存在递进性和渐变性；禾本科植物和多年生草本逐渐增加，植物群落结构趋于复杂、草本质量明显改善。

张铜会等（2008）在科尔沁沙地典型退化草地上开展了裂区组合设计的灌溉与施肥二因素试验。结果表明，科尔沁沙地退化草地土壤储水量受降水量的影响强烈。由于受到干旱气候和灌溉量的影响，灌水仅对地表 0 ~ 30 cm 的土壤含水量变化有作用。对深层土壤的含水量没有作用。灌溉和施肥对沙地退化草地的植物生物量有着明显的促进作用。灌溉处理中，灌溉 90 mm 试验区的植被生物量为最高（128.3 g/m²），施肥处理中，每公顷施 600 kg 氮肥试验区的植被生物量为最高（1473 g/m²）。灌溉 90 mm、60 mm、30 mm 和对照试验区的植被耗水量分别为 379.00 mm、349.90 mm、313.20 mm 和 293.50 mm。与其相应的水分利用率分别为 0.28 kg/（mm·hm²）、0.38 kg/（mm·hm²）、0.34 kg/（mm·hm²）和 0.35 kg/（mm·hm²）。综合分析认为科尔沁沙地退化草地的基本耗水量为 294 mm。

（3）在锡林郭勒盟的研究

刘岩等（2006）在内蒙古锡林郭勒盟研制了半干旱草地初级净生产力遥感模型，其结论如下。

1）从资源平衡理论和植物生长的生理过程出发，根据半干旱草场生态环境特征，提出了一种区域尺度下 NPP（net primary productivity）遥感模型和方法，利用美国 NASA 发射的 Terra 极轨卫星搭载的中分辨率成像光谱仪数据和气象数据来获取半干旱草地的净第一性生产力，模型以月为时间尺度，包含以光能利用率模型为基础的总第一性生产力子模型和以植物生理过程为基础的呼吸子模型，模型中的关键参数叶面积指数 LAI、光合有效吸收辐射率 FPAR、植物的活生物量和土壤水 W 等均可通过遥感手段获取，遥感参数的驱动使模型更具有实时性、区域性和有效性，通过内蒙古草场 MODIS 数据、实测数据、相关模型对这一模型进行验证的结果表明，估算精度能满足实际应用需求。

2）模型考虑到气温、植物水胁迫和呼吸的影响，以及时空尺度的差异，与其他光能利用率模型相比，本节的两个子模型更好地诠释了草场植物的生态生理过程和区域环境特点，特别是在计算植物水分胁迫和呼吸影响，更合理地反映了研究区的区域环境特点。

3）通过草场植物生长过程中从光合与呼吸作用出发的本节 NPP 遥感模型，与从植物生物量和衰败量变化出发的 GNPP 模型的估算值之间构建函数，有效地对模型参数进行估算和校正。

4）模型以月为时间尺度，而遥感手段所获取的是瞬时数据，尽管模型中引用一个"时空因子"，但时间尺度问题特别是遥感反演获取瞬时地表土壤水对月土壤水状况的表征程度等尚待进一步工作。

前人针对内蒙古东部所开展的研究工作，至今成果很多。上面这些，只是就区域（呼伦贝尔草原、科尔沁沙地草原、锡林郭勒草原）和方法手段（野外试验，统计分析与遥感应用）举出一些例子，含有微观和宏观的实例，选一些有优化代表性的成果，加以介绍。尽管这些成果对于草地合理化管理，分别有着重要的意义，但大多针对小范围试验，以点代面推而广之。对于全局性的可持续发展，只有各自具体的研究，尚为不足。因为要从全局上管理好草地，有必要重温并深入理解已故著名科学家钱学森院士的草产业理论，因为"钱学森院士的草产业理论是做好草产业大文章、践行科学发展观的指导性理论"（郝诚之，2009）。而在钱学森的这一理论中，以系统工程眼光看问题，是其核心内涵之一。

关于钱学森院士的处理复杂巨系统的综合集成理论在生态学中的应用，《生态动力学》与《生态控制原理》及 *Ecological Dynamics and Cybernetic Principle* 中，有多处论述，并指出其是继经典控制论、现代控制理论、大系统理论之后的控制论的第四个里程碑。就我们这里面临的生态经济可持续发展问题，应如何运筹，加以应对呢？即应如何对前人一系列有关成果加以科学综合集成并给出有参考价值的结论呢？

我们在原有生态动力源概念基础上，提出生态经济动力源（ecological-economics dynamic resource）的概念。就以草地为例，草地的生态经济动力源，不仅考虑自然生态动力源而且充分考虑人工生态动力源。从生态动力学与生态控制的基本原理可知，太阳辐射是作为一级生态动力源，它是地貌、土壤、气象、生物这些二级生态动力源的基础，同时也是能源与环境的本源所在。而生态经济动力源将生态动力与经济密切结合，不仅充分认识太阳能的作用，同时通过经济运筹及有关实践，充分利用太阳能。钱学森的草产业理论中，一项重要的核心内容是最有效多层次、多环节地转化太阳能：以系统工程的眼光，变生物循环链为产业增值链；靠科学技术变沙化草场为绿色家园。技术路线是"多采光、少用水，新技术，高效益"。目标是人和自然双赢，促进"四过转化"，富民强边，"绿起来"、"富起来"结合。生态经济动力源的概念，不仅包括了生态动力源固有的科学规律，也把生态与经济有机结合，提供新的科学依据和方法手段。可为"知识密集型草产业"服务。1992年，钱学森院士指出："知识密集型的草产业可否用一句话来概括？即这个草产业要最有效地把草原、草地上的太阳光能，首先通过植物，然后动物的转化，再加水资源、能源及其他工业材料的投入，最后产出的是直接上市场零售的商品。所以是草业加深度加工业。"（钱学森给李毓堂的回信）在本研究中，草原生态经济可持续发展的定性评估中，将从生态动力经济视觉进行因子初选。

5.2.6.2 依生态经济动力源备选因子类别初步认识

大体上来说，基本原则是：既考虑自然因子，又考虑人为因子；既考虑有利因子，又考虑不利因子；既考虑长远利益，考虑草原发展所依赖因子，又考虑草原发展可派生的其他产业及其效益。

在参阅以往大量成果和专家调查的基础上，归并为如下几个方面。

（1）自然生态经济动力源因子（简称因子）类别

A. 生物类因子

草地生态系统的生命部分包括草地植物、草地动物和草地微生物。

天然草地的大部分或全部没有乔木覆盖，植被连续分布，低矮，以禾本科植物占优势。一般说来，草地植物在地上有两个层次：地上最高层由一些禾本科植物的茎所组成，但还包括一些半灌木状的双子叶植物；地上部分的第二层主要由占优势的丛生禾本科植物组成，其中混生根状茎植物、鳞茎植物等（表5-15）。

表 5-15　锡林河流域典型草原不同群落类型地下地上生物量的比例

（单位：t/hm²）

层次 （cm）	羊草草原	大针茅草原	贝加尔针茅 草原	克氏针茅草原	线叶菊杂类草 草原
0~10	4.53	5.40	5.89	5.54	6.72
0~20	6.42	7.33	8.00	7.63	9.06
0~30	7.54	8.70	9.48	9.08	10.31
0~100	—	—	12.61	12.54	13.76

资料来源：陈佐忠和汪诗平，2000

草地动物包括大型草食性动物、小型草食性动物和肉食性动物。草食性动物是指以植物有机物为食料维持生命并形成动物有机物的动物。在生态系统中称为次级生产者或初级消费者，包括脊椎动物和无脊椎动物两大类。大型草食性动物包括反刍动物和非反刍动物两大类。一般以羊作为大草食性动物体型下限。世界范围内的大型草食性动物主要归属 6 个目的近 20 个科。小草食性动物包括两类：昆虫类和啮齿类。昆虫类动物包括草丛小草食性昆虫和土栖小草食性昆虫。啮齿类动物包括鼠类、兔类动物。肉食性动物包括肉食性无脊椎动物、肉食性脊椎动物两大类。肉食性无脊椎动物即指肉食昆虫，包括草栖肉食性昆虫、土栖肉食昆虫。调查表明，代表中国典型草原的锡林河流域草原共有兽类 33 种。

B. 非生物类因子

非生物类因子涉及地貌、气象、土壤等多方面自然因子及其交叉产生的水文、水土保持、天然林、风等相互作用。值得注意的是，关于这些因子的研究，不限于原始资料的汇集，而充分考虑自然的非生物因子与草的结合。多年的研究表明（何兴元和曾德慧，2004）：锡林郭勒典型草原，草原植物的地上生物量和地下生物量（干重或鲜重）与降水或土壤水之间均存在明显的相关关系（表 5-16 ~ 表 5-18）。

表 5-16　锡林郭勒典型草原植物地上生物量与水分相关系数

植物	生物量 - 降水		土物量 - 土水	
	鲜重 - 土水	干重 - 降水	鲜重 - 土水	干重 - 土水
羊草	0.793	0.958	0.963	0.973
大针茅	0.887	0.910	0.950	0.932
西伯利亚羽茅	0.573	0.809	0.846	0.995
冰草	-0.020	0.360	0.326	0.696
麻花头	0.910	0.817	0.878	0.690
小叶锦鸡儿	0.978	0.974	0.750	0.888
群落	0.741	0.945	0.965	0.994

注：$r_{0.01(2)} = 0.990$；$r_{0.05(2)} = 0.950$；$r_{0.10(2)} = 0.900$。
资料来源：杨特等，1985

表5-17 锡林郭勒典型草原年度降水量与地下生物量回归关系

类型	深度（cm）	r	a	b
羊草草原	0~10	0.90	−285.4910	3.618
	0~20	0.91	−350.2326	4.924
	0~30	0.90	−327.9549	5.462
大针茅草原	0~10	0.64	−34.9004	1.9256
	0~20	0.70	−4.9561	2.4859
	0~30	0.71	46.7819	2.8324

资料来源：陈佐忠和汪诗平，2000

表5-18 锡林郭勒典型草原秋冬（头年8月至翌年4月）降水量与地下生物量回归关系

类型	深度（cm）	r	a	b
羊草草原	0~10	0.90	−84.4378	6.2365
	0~20	0.90	−64.9627	8.4024
	0~30	0.91	−31.5782	9.4666
大针茅草原	0~10	0.83	−64.1859	4.3040
	0~20	0.85	13.2572	5.1514
	0~30	0.85	47.1976	6.0162

资料来源：陈佐忠和汪诗平，2000

（2）人工生态经济动力源因子类别

A. 正效应因子

包括使草产业优化发展的一切有意识人类活动促成的生态环境增优，从而提高经济效益的因子。包括植树造林，草地改良等多项措施。例如，关于草场林带对基本打草场和牧草产量的影响，孔繁智（1991）等的调查表明：牧草是畜牧业发展的根本和保障，科尔沁沙地由于沙化草场严重退化，生态失调，从而制约了畜牧业的发展。中国科学院沈阳应用生态研究所科研人员与翁牛特旗白音他拉草原站共同于1977年起在白音他拉地区营造了草场防护林网格13个（1000 m×1000 m），防护面积1300 hm²，同时在网格内进行了土壤改良，建立人工草场，种植了玉米、大豆、高粱及豆科牧草紫花苜蓿、沙打旺等精储饲料，于20世纪80年代中后期开始引幸福河水进行引洪淤灌，从而使天然草场羊草群落和其他禾本科群落又得到了恢复，退化的草场又展现了风吹草低见牛羊的草原景观。产草量由0.5~0.75 t/hm²（营林前三年的调查数）提高了10~15倍（表5-19）。

表5-19 白音他拉草原站各类型区产草量调查

网格号	1			2			11			12		
	样方数	草高（cm）	产草量（干草重kg/hm²）	样方数	草高（cm）	产草量（干草重kg/hm²）	样方数	草高（cm）	产草量（干草重kg/hm²）	样方数	草高（cm）	产草量（干草重kg/hm²）
1991	15	39	2993	15	36	2348	15	42	2393	15	34	1793
1993	20	61	4845	20	44	2940	15	45	3647	21	54	4136
1994	20	73	1746	20	62	3134	19	72	4651	18	70	4571

B. 负效应因子

包括使生态经济动力系统功能减退的一切有关因子。

现以土地荒漠化形成中，垦荒使草地向耕地转化的负效应加以简述。关于垦荒，在生态意义没有被社会广泛关注的时代，尤其是在粮食紧张时，一些管理者只注重多开荒多种地多产粮，应对旱涝风雹给人们带来的灾害，度过粮食紧张这一难关，而不太考虑长远生态效益。也可以说，在当时管理部门是以利润最大化为单一目标的。许多研究者在荒漠化研究中注意到盲目垦荒及滥垦所致严重生态后果。蒋德明等在研究"科尔沁沙地荒漠化过程与生态恢复"的问题时，积累许多有用史料。谢丽（2008）总结"清代至民国初期农业开发对塔里木盆地南缘生态环境的影响"这一研究成果时，明确指出："通过对民国后期和阗农业开发的相关历史状况研究，可以确定过度垦荒会给社会生产与自然生态环境带来负面影响"。在环境方面，"垦荒过度引起农业生态环境的严重恶化，旱、涝、盐碱等自然灾害频发造成农作物生境条件恶化。"那么，什么是非过度或适度垦荒呢？这是一个依诸多条件作出优化决策的系统工程问题。随着生态意识深入人心和管理向着科学化、现代化方向的迈进，在处理从"草地"向"耕地"转移这样的垦荒问题时，管理部门并非以利润最大化为单一目标。科学的管理在"草地"向"耕地"转移这一垦荒决策中，既要考虑经济效益、社会效益，又要考虑生态效益，既要考虑当前的效益，又要考虑长远的效益，既要考虑农业经济发展，又要注意生态安全。

数学建模过程及所用模型的选择针对不同因子，可用多种用于生态学、经济学的数学方法，分别加以分析。但在涉及很多因子领域的如此繁杂的系统中，若不进行筛选，则无法理出头绪。

为解决此问题，我们用回归分析对于可能起作用的 100 个因子加以筛选。

进行因子分析，找出变量中的主要因子、次要因子，这些因子之间又有什么关系等。

对所得回归公式的精度进行统计检验（方差分析）。

对多元线性回归可表述为，根据因变量 Y 与自变量 X_1，X_2，$\cdots$，X_m 的 N 组（通常 $N \gg m$）试验数据

$$\begin{bmatrix} Y(1) \\ \vdots \\ \vdots \\ Y(N) \end{bmatrix} \quad \begin{bmatrix} X_1(1), X_2(1), \cdots, X_m(1) \\ X_1(2), X_2(2), \cdots, X_m(2) \\ \vdots \\ X_1(N), X_2(N), \cdots, X_m(N) \end{bmatrix} \tag{5-57}$$

对 Y 与 X_1，$\cdots$，X_m 的关系做线性拟合：

$$Y = \beta^{\mathrm{T}} X \tag{5-58}$$

其中

$$\beta^{\mathrm{T}} = (b_0, b_1, \cdots, b_m) \tag{5-59}$$

$$X = (1, X_1, \cdots, X_m)^{\mathrm{T}} \tag{5-60}$$

式中，β^{T} 为待系数，又称为回归系数，它们由已知数据（5-57）确定。

所谓最佳线性拟合，乃是基于 Gauss 最小二乘法的基本思想，回归系数 β 的选定应使拟合式（5-58）在所有数据结点处的偏差平方和

$$Q = \sum_{k=1}^{N} \left[Y_K - \left(\sum_{i=1}^{m} b_i X_i(k) + b_0 \right) \right]^2 \qquad (5\text{-}61)$$

最小。若记

$$\Phi_N = \begin{bmatrix} 1, X_1(1), \cdots, X_m(1) \\ 1, X_1(2), \cdots, X_m(2) \\ \vdots \qquad\qquad \vdots \\ 1, X_1(N), \cdots, X_m(N) \end{bmatrix} \qquad (5\text{-}62)$$

$$Y_N = \begin{bmatrix} Y(1) \\ Y(2) \\ \vdots \\ Y(N) \end{bmatrix} \qquad (5\text{-}63)$$

则

$$Q = (Y_N - \Phi_N\beta)^{\mathrm{T}}(Y_N - \Phi_N\beta) \qquad (5\text{-}64)$$

令

$$\frac{\partial Q}{\partial \beta} = 0 \qquad (5\text{-}65)$$

即

$$\frac{\partial}{\partial \beta}\left[(Y_N - \Phi_N\beta)^{\mathrm{T}}(Y_N - \Phi_N\beta) \right] = 0$$
$$-2\Phi_N^{\mathrm{T}}(Y_N - \Phi_N\beta) = 0 \qquad (5\text{-}66)$$

由此，得正规方程组：

$$(\Phi_N^{\mathrm{T}}\Phi_N)\beta = \Phi_N^{\mathrm{T}}Y_N \qquad (5\text{-}67)$$

利用线性代数的消去法，解此正规方程组，得回归系数

$$\beta = (b_0, b_1, \cdots, b_m)^{\mathrm{T}} \qquad (5\text{-}68)$$

从而得到指标 Y 与诸因素 X 之间的多元线性回归方程（5-58）。

显然，当只有一个自变量时，就给出了一元线性回归方程式；有两个自变量时，就给出了一个回归平面；有多个自变量时，就给出了一个回归超平面。

顺便指出，多元线性回归分析也可以在特定情况下拟合非线性方程，只需对其中的非线性部分做一个线性变换即可。这对拟合非线性方程还没有一般方法的情况下是很有意义的，人们正是充分地利用这一点，给出了一些问题的满意结果。

在实际问题中，事先并不能断定变量之间是否确有怎样的线性关系，对回归方程的可信程度便成为人们极为关心的事。为此，下面给出了进行统计检验的一些结论，有兴趣者可参阅有关专著。

记 S_{YY} 为总的离差平方和：

$$S_{YY} = \sum_{i=1}^{N} (Y_o - \bar{y})^2 \qquad (5\text{-}69)$$

U 为回归平方和：

$$U = \sum_{i=1}^{N} (\hat{y}_i - \bar{y})^2 \qquad (5\text{-}70)$$

Q 为剩余（残差）平方和：

$$Q = \sum_{i=1}^{N} (y_i - \hat{y}_i)^2 \qquad (5\text{-}71)$$

于是有

$$
\begin{aligned}
S_{YY} &= \sum_{i=1}^{N} (Y_i - \bar{y})^2 \\
&= \sum_{i=1}^{N} (\hat{y}_i - \bar{y})^2 + \sum_{i=1}^{N} (Y_i - \hat{y}_i)^2 \\
&= U + Q
\end{aligned}
\qquad (5\text{-}72)
$$

对 N 次观测值 $(X_{1k}, X_{2k}, \cdots, X_{mk}, Y_k)$，$k=1,2,\cdots,N$。经回归得出拟合值 $\hat{y}_k$，$k=1,2,\cdots,N$，通常 Y 的值一般是未知的，一般就将 Y_k 作为"真值"来定义残差和总残差。

$$\delta_k = Y_k - \hat{y}_k, \quad k = 1,\cdots,N \qquad (5\text{-}73)$$

$$\sum_{k=1}^{N} \delta_k = \sum_{k=1}^{N} (Y_k - \hat{y}_k) \qquad (5\text{-}74)$$

因残差有正、负，一般总残差不能用来表示拟合的好坏，而残差的绝对值之和 $\sum_{i=1}^{N} |\delta_i|$ 可以作为拟合的一个标准，由于处理麻烦，一般则采用残差平方和 Q 作为拟合的一个标准。至于回归平方和 U，它在离差平方和中由于自变量的变化而引起 $\hat{y}$ 的变化，可视为 X_i 与 $\hat{y}$ 的线性关系而引起 $\hat{y}$ 的变化部分，所考虑的因素（自变量）越多，回归平方和就越大（显然，与 $\hat{y}$ 关系很小的因素使 U 增加很小），反之，当去掉一个因素，U 只会减小，不会增加，减小得越大，说明该因素在回归方程中所起的作用越大。从总的离差可以看出，残差平方和 Q 是自变量对 Y 的"线性"影响之外的"非线性"影响及随机误差等对 Y 的变差作用。

记

$$R^2 = \frac{U}{S_{YY}} = \frac{S_{YY} - Q}{S_{YY}} = 1 - Q/S_{YY}$$

$$R = \sqrt{1 - Q/S_{YY}} \qquad (5\text{-}75)$$

R 称为复（全）相关系数，当 $R=0$ 时，说明 Y 的变化与 X 无关，当视 (X_i, Y) 为 $M+1$ 维空间变量时，说明 Y 与所有 X_i 互相垂直。当 $R = \pm 1$ 时，说明 Y 与 X_i 之间存在着确定的线性关系，称为完全正（负）相关。通常 $0 < R < 1$，R 越接近于 1，说明 Y 与 X_i 之间线性关系好，此时线性拟合出的回归方程就好，R 越接近 0，说明 Y 与 X_i 之间弱相关，说明与 Y 相关的因素有遗漏，还需设法引出一些量才可能对 Y 拟合得理想。

回归方程稳定性：一般的是指对不同的、有代表性的几次观测，分别进行回归计算，当所得的几次回归系数 b_i 及常数 b_0 的波动小则表示方程稳定，反之则不稳定。实际计算时，回归系数 b 的波动大小，即稳定性，常常通过"标准差" S_b 来衡量。S_b 大，b 的波动就大，S_b 小，b 的波动就小。

这里，

$$S_{bi} = S / \left(\sum_{k=1}^{N} (X_{ki} - \bar{X}_i)^2 \right)^{1/2} \tag{5-76}$$

式中，S 为剩余标准差 $[S = (Q/N - M - 1)^{1/2}]$。剩余标准差 S^2 是在排除了各个变量 X_i 对 Y 的 "线性" 影响后，衡量 Y 波动大小的一个估计量，因此，S、S^2 可用来衡量所有随机因素对 Y 的观测值的平均变差（离差）的大小。一个回归方程的结果是否可用，只要比较 S、S^2 与允许的偏差就可以了，所以它是检验一个回归结果是否有效的显著标志。

类似地，b_0 波动大小也可用标准差 S_{b0} 来表示：

$$S_{b0} = S \left(\frac{1}{N} + \sum_{i=1}^{N} \frac{\bar{X}_i^2}{\sum\limits_{k=1}^{N} (X_{ki} - \bar{X}_i)^2} \right)^{1/2} \tag{5-77}$$

显然 S_{b0} 不仅与 S、因素的个数 M 有关，而且还和观测次数 N 有关，N 越大，求得 b_0 的精度越高。

一般地，观测误差越大，只能使 Q 及 S^2 增大，从 S_{bi}、S_{b0} 的表达式可知，因素离散程度大，则 S_{bi}、S_{b0} 就小，即 b_i、b_0 波动就小，因此，一般观测点越多，回归方程的精度越高，自变量离散程度大，回归效果也好。

考虑到 n，m 的作用，给出如下指标：

$$F = U/M/Q/(N - M - 1) = U/(M \cdot S^2) \tag{5-78}$$

可以证明比值 F 服从 $F(M, N - M - 1)$ 分布，根据置信度 α，查 F 分布表，即可获得 Y 与 X_i 之间的相关关系是否显著。当 $F > F_\alpha (M, N - M - 1)$ 时，认为所得回归方程有显著意义，反之不然。

对上面的讨论，列出如下主差分析表（表5-20）。

表 5-20　主差分析表

内容	平方和	自由度	均方和	F 比
回归	$U = \sum\limits_{i=1}^{N} (\hat{y}_i - \bar{y})^2$	M	U/M	—
剩余	$Q = \sum\limits_{i=1}^{N} (y_i - \bar{y}_i)^2$	$N - M - 1$	$Q/(N - M - 1)$	—
总	$S_{YY} = \sum\limits_{i=1}^{N} (y_i - y)^2$	M	—	—

通过回归筛选（其过程将备选因子输入数学软件程序）计算得出有关一系列主导因子。

由于各因子对可持续发展作用，需综合考察，而有关总体关系不可能用数据一一拟合。故考虑用数理逻辑模型。为了克服经典数学无法解决矛盾问题的缺陷，在定量计算方面，必须在数学基础的三个方面进行扩充：对数学的研究对象进行扩充；建立新的集合论；对实变函数的基本概念进行改进。

综上所述，可拓学利用可拓模型形式化地描述矛盾问题，首先把问题分为目标和条件两部分，并用基元加以表示，然后利用可拓集合来描述问题矛盾或不矛盾的程度。在可拓集合理论中，建立了物元可拓集合、事元可拓集合和关系元可拓集合，用表示事物的基元在可拓集合中的负域或正域来描述矛盾问题或不矛盾问题，用关联函数值的大小来描述矛盾的程度或相容的程度。而关联函数值的改变就表示了事物的量变或质变。

问题的矛盾性是可变的，随着环境、条件和时间的变化而变化，特别是随人们采取不同的变换而改变。这些变换包括可拓集合中论域的变换、关联函数的变换和元素的变换。它们使基元在可拓集合中的位置产生改变，从而使矛盾的程度（关联函数值）产生改变，使矛盾问题转化为不矛盾问题，这些变换或者是可拓变换，或者是共轭变换。可拓变换和共轭变换是解决矛盾问题的定性手段，关联函数则是其定量化工具。

根据物元分析理论（蔡文，1994；蔡文等，2003）可知：基元理论提出了描述事物基本元的"物元"、"事元"和"关系式"，讨论了基元的可拓性和可拓变换规律，研究了定性与定量相结合的可拓模型。提供了描述事物变化与矛盾转化的形式化语言。基元理论为知识表示提供了新的形式化工具。

首先，针对所研究草地所在区域，要探讨生态经济可持续发展问题，首先要分析筛选出来的各因子，依据草原草产业等有关成果，经综合集成，给出各因素因子的量值，建立生态经济可持续发展水平状况物元模型：

$$R=(N,C,X)=\begin{bmatrix} N,C_1,X_1 \\ C_2,X_2 \\ \vdots \\ C_n,X_n \end{bmatrix} \tag{5-79}$$

式中，N 为城市经济可持续发展水平；C_i（$i=1,2,\cdots,n$）表示影响城市经济可持续发展水平的特征因子；X_i（$i=1,2,\cdots,n$）分别为城市经济可持续发展水平状况 N 关于 C_i 所确定的量值范围。

其次，确定经典域待评物元。

1）经典域

$$R_j=(N,C,X)=\begin{bmatrix} N,C_1,X_1 \\ C_2,X_2 \\ \vdots \\ C_n,X_n \end{bmatrix}=\begin{bmatrix} N,C_1,\langle a_1,b_1 \rangle \\ C_2,\langle a_2,b_2 \rangle \\ \vdots \\ C_n,\langle a_n,b_n \rangle \end{bmatrix} \tag{5-80}$$

式中，N 为生态经济可持续发展水平状况；C_i（$i=1,2,\cdots,n$）表示影响生态经济可持续发展水平的特征因子；X_i（$i=1,2,\cdots,n$）分别为生态经济可持续发展水平状况 N 关于 C_i 所确定的量值范围，即经典域 $\langle a_i,b_i \rangle$。

2）待评物元。将待评城市经济可持续发展水平的作用分值的相应数据用物元表示：

$$R_0=(P_0,C,X)=\begin{bmatrix} P_0,C_1,x_1 \\ C_2,x_2 \\ \vdots \\ C_n,x_n \end{bmatrix} \tag{5-81}$$

称为生态经济可持续发展水平状况待评物元。式中，P_0 表示待评生态经济可持续发展状况水平；C_i 为 P_0 的特征参数；X_i（$i = 1，2，\cdots，n$）表示特征参数 C_i 的具体取值，即该生态经济发展状况的实际数据。

再次，构造关联函数。

为反映城市经济可持续发展水平状况，根据物元理论和实际需要，结合上面的物元模型，我们建立相应的关联函数，在本节涉及的问题中，由于各因子量纲不尽相同，且有的因子期望值越大越好，而有的因子期望值越小越好，因而关联函数也应不一样，如假设关联函数是线性的：$k(x_i) = \dfrac{x_i - a_i}{b_i - a_i}$ 表示有利因子，而 $k(x_i) = \dfrac{a_i - x_i}{a_i - b_i}$ 表示无利因子。

最后，评价方法。

由于要考虑多个因素，应采用综合关联度来评价：

$\alpha = \displaystyle\sum_{i=1}^{n} \omega k(x_i)$，其中 ω 为权系数，且 $\displaystyle\sum_{i=1}^{n} \omega \leqslant 1$；并联函数 $k(x_i)$ 表示待评物元 R_0 关于 C_i 的具体值 x_i 属于 N 的程度，由于 $k(x_i)$ 为分段线性函数，故 α 为非线性函数，结合评价为非线性分析。

将所研究区域有关定量数据，评估结果及数量化处理结果输入既定模型，其输出结果表明，在生态经济可持续发展中，自然因子中的气候变化因子（全球变暖）和地貌因子中的沙漠化因子是左右草原可持续发展的两大非生物因子，人工动力方面的最重要因子是保持草地面积稳定和采用一系列防止沙漠化措施。这样的分析集成结果，可作草原生态经济管理的一种参考。

尽管遵循钱学森院士的草产业理论和处理复杂大系统的综合集成方法论，可将已有草原管理中的大量具体成果加以概括，并用逻辑数学加以处理，但我们觉得，这样的集成只是初步的。存在的第一个问题是对于以往 30 年或更早的成果，收集得不够全，现在只能收集到已发表的文章或专著，但在实际上，有相当多的内容并未形成文字，而我们的调查力量又非常有限；第二个问题是对于已完成的工作，需进一步从生态经济建模方面，作合理的处理，使最终被输入的备选因子，更有代表性，针对性和客观性；第三个问题是尚未建立数据信息的动态加工系统；第四个问题是今后应将建议用于典型实验基地。

5.3　退化草地恢复

退化生态系统一般表现了种类组成、群落或系统结构改变、生物多样性减小、生物生产力降低、土壤和微环境恶化、生物间相互关系改变等特点（任海和彭少麟，2001）。生态恢复是促进生态完整性复原和管理的过程。生态完整性包括了生物多样性、生态过程和结构、区域和历史背景以及可持续的文化行为等一系列关键问题（van Diggelen et al.，2001）。退化草地生态系统的恢复已经成为恢复生态学的重要议题。

5.3.1　退化草地恢复原理

根据生态恢复学会（society for ecological restoration）的概念，生态恢复是促进生态完整性复原的管理过程。生态完整性包括了生物多样性、生态过程和结构、区域和历史背景以及可持续的文化行为等一系列关键问题（van Diggelen et al.，2001）。

　　退化生态系统是指生态系统在自然或人为干扰下所形成的偏离了自然状态的系统。与自然系统相比，退化生态系统一般表现了种类组成、群落或系统结构改变、生物多样性减小、生物生产力降低、土壤和微环境恶化、生物间相互关系改变等特点（任海和彭少麟，2001）。

　　生态恢复的目标、原则、方法、程序、标准、时间等是从事恢复生态学研究的生态学家关注的问题（任海和彭少麟，2001；van Diggelen et al.，2001；赵晓英等，2001）。

　　van Diggelen 等（2001）认为有 3 个层面的恢复目标：第一个目标有时被称为"改造"（reclamation），其意旨是提高生物多样性，尤其是提高受高度干扰生境的生物多样性。实施改造对整体景观有利，但并不一定对濒危种的保护有利。第二个目标常被称为"整治"（rehabilitation），意味着再引进一些生态系统功能，如通过建立水保系统减少洪水危害。"整治"可能使景观作为一个整体更为"自然"，但它不一定使生物的多样性明显提高。第三个更为深远的目标是真正意义上的"恢复"（restoration），它不仅具有重建以往功能的内涵，还具有对特有种、群落和结构予以重建的内涵。由于各种原因，真正的"恢复"在景观尺度上几乎不可能。在景观尺度，只有"改造"最为现实。"整治"适合于中等尺度。显而易见，van Diggelen 等（2001）的目标具有很强的技术烙印。与此相对应，任海和彭少麟（2001）等确定了宽泛的"恢复生态学"目标和具体的"生态恢复"目标。他们首先认为"恢复生态学"的目标包括保护自然的生态系统、恢复现有的退化生态系统、保持区域文化的可持续发展等。其后，他们将生态恢复目标确定为：实现生态系统的地表基底稳定性；恢复植被和土壤肥力；增加种类组成和生物多样性；通过恢复生物群落提高生态系统的生产力和自我维持能力；减少或控制环境污染；增加视觉和美学享受。

　　生态恢复的原则包纳了技术原则和社会经济原则。除了技术可行性和有效的科学目标外，生态恢复的衡量尺度还包括恢复目标是否为公众所接受（Cairns，2000）。任海和彭少麟（2001）认为退化生态系统恢复与重建的基本原则为自然法则、社会经济技术原则、美学原则。赵晓英等（2001）认为生态恢复的原则为哲学原则、生态学原则、经济学原则，其中哲学原则包括历史原则、文化原则、社会原则、政治原则、美学原则、道德原则，生态学原则包括目标生态系统设计与建立原则、相关物种选择与配置原则、相关生态系统管理原则。

　　van Diggelen 等（2001）总结的恢复工程技术程序包括：第一步，与预期状态相关的现有非优化状况的分析，其中包括与参照区比较以评估退化程度并对导致退化的过程进行辨析；第二步，可行的恢复策略的审鉴，所采用的基本标准为"可持续性"和"发展的可预测性"。这一基本思想得到了其他学者的诠释。任海和彭少麟（2001）阐述的生态恢复过程是：接受恢复项目→明确被恢复对象、确定系统边界→生态系统退化的诊断→退化生态系统的健康评估→结合恢复目标和原则进行决策→生态恢复与重建的实地试验、示范与推广→生态恢复与重建过程中的调整与改进→生态恢复与重建的后续监测、预测与评价。赵晓英等（2001）论述的生态恢复过程是：本底调查→区域自然、社会经济条件综合分析→恢复目标的制定→恢复规划→恢复技术体系组配→生态恢复实施→生态管理→生态系统的综合利用→自然－社会－经济复合系统的形成。

不同学者根据不同标准对生态恢复技术进行了分类。根据恢复对象差异，生态恢复技术被任海和彭少麟（2001）概括为3个方面：非生物或环境要素（包括土壤、水体、大气）的恢复技术；生物因素（包括物种、种群和群落）的恢复技术；生态系统（包括结构和功能）的总体规划、设计与组装技术。依据恢复技术性质，赵晓英等（2001）把生态恢复技术归结为工程技术——包括退化土地及土壤恢复方面的主要工程技术、水分利用与节水工程技术、生态工程；农业技术；生物技术。

衡量生态恢复是否成功的标准曾被很多学者论述，但不统一。所使用的指标要么为生物多样性、群落结构、生态系统功能、干扰体系、非生物体的生态服务功能等相对直接的指标，要么为持续性、不可入侵性、生产力、营养保持力、生物间相互作用等相对间接的指标（任海和彭少麟，2001）。

生态系统在承受干扰时表现抵抗力和恢复力。恢复时间尽管很重要，但却很难把握。生态恢复时间不仅取决于被干扰对象本身的特性，而且取决于干扰的尺度和强度。生态系统受干扰的尺度与其恢复所用时间大致呈幂函数关系（丁运华，2000）。非生物因素的变迁和物种的周转常常很缓慢（Dobson et al.，1997），在描述这些过程时，常常用"年代"而不是用"年"（van Diggelen et al.，2001）。

生态恢复由多方面的基础和技术研究所构成，基础研究包括：生态系统结构（包括生物空间组成结构、不同地理单元与要素的空间组成结构及营养结构等）、功能（包括生物功能，地理单元与要素的组成结构对生态系统的影响与作用，能流、物流与信息流的循环过程与平衡机制等）以及生态系统内在的生态学过程与相互作用机制；生态系统的稳定性、多样性、抗逆性、生产力、恢复力与可持续性；先锋与顶极生态系统发生、发展机理与演替规律；不同干扰条件下生态系统的受损过程及其响应机制；生态系统退化的景观诊断及其评价指标体系；生态系统退化的动态监测、模拟、预警与预测；生态系统健康。应用技术研究包括：退化生态系统的恢复与重建的关键技术体系；生态系统结构与功能的优化配置与重构及其调控；物种与生物多样性的恢复与维持；生态工程设计与实施；环境规划与景观生态规划；典型退化生态系统恢复的优化模式试验示范与推广（章家恩和徐琪，1999）。

自我设计与人为设计理论是从恢复生态学中产生的理论。自我设计理论认为：只要有足够的时间，随着时间推移，退化生态系统将根据环境条件合理地组织自己并会最终改变其组分。人为设计理论认为：通过工程方法和植物重建可直接恢复退化生态系统，但恢复的类型可能是多样的。这两个理论的不同点在于：自我设计理论把恢复放在生态系统层次考虑，未考虑到缺乏种子库的情况，恢复的只能是环境决定的群落；人为设计理论把恢复放在个体或种群层次上考虑，可能会达到多种恢复结果（任海和彭少麟，2001）。

恢复生态学整合了限制性因子原理、热力学定律、种群密度制约及分布格局原理、生态适应性理论、生态位原理、演替理论、植物入侵理论、生物多样性原理、缀块－廊道－基底理论（任海和彭少麟，2001）。恢复生态学的基本原理包括核心原理（整体性原理、协调与平衡原理、自生原理、循环再生原理）、生物学原理（边缘效应原理、物种共生原理、生态位原理、物种多样性原理）、生物生境原理（主导生态因子原理、物种耐性原理）、综合性原理（自然控制论、社会－经济－自然复合生态系统）（赵晓英等，2001）。被普遍认同的恢复生态学理论基础是干扰理论和演替理论（舒俭民和刘晓春，1998，赵晓英等，2001）。

干扰是偶然发生的自然或人为事件，它明显改变了生境中的资源环境，扭转了原有的生态过程，重建了生态格局（刘志民等，2002）。干扰分为自然干扰体系和人类干扰体系。自然干扰因子主要包括火干扰、气候性干扰、土壤性干扰、地因性干扰、动物性干扰、植物性干扰、污染性干扰，人类干扰包括森林的采伐、过度放牧、樵采、垦荒、采矿、污染等（赵晓英等，2001）。种植业的扩展和集约化改变了生态系统的生物关系和可利用资源的格局。将自然生境转化成农业和工业景观并最终导致土地退化是人类施加给自然环境的主要影响，是对生物多样性的极大威胁。改变了种的功能多样性和功能组成的生境变迁和管理行为可能对生态系统过程有大的影响（Dobson et al.，1997；Matson et al.，1997, Vitousek et al.，1997）。土壤表面的干扰和已定居植物的破坏为新成员提供了小生境，从而允许新植物侵入群落，并提高植物丰富度。但是，在受强度干扰时，能适应的植物很少，植物丰富度低（Crawley，1986）。放牧是一种高度复杂的干扰方式，对植物群落既具有直接作用又具有间接作用（McIntyre et al.，1999）。半干旱草地的长期放牧导致了水、氮和其他土壤营养物质在时间和空间上的异质性的增强，进而促进荒漠灌木的侵入和荒漠化的发生（Schlesinger et al.，1990）。风沙流以风蚀、沙埋和沙割等形式影响植物的生存和生长。风蚀使埋藏在沙中的植物种子和根系裸露，从而使植物的种子萌发、生长发育、繁殖生存，即整个定居过程受到影响。过度沙埋影响植物的种子萌发和生长（刘新民等，1996）。风沙流除了对草本和灌木造成机械损伤外，还影响它们的光合作用和水分利用（于云江等，1998）。

有效的退化生态系统的恢复与重建将依赖于对演替规律的顺应。从自然界的原生演替可以发现，即使在冰川后退所形成的冰碛物和通过积累湖岸沙所形成的沙丘上，通过自然的原生演替过程仍然产生了具有正常生态功能的生态系统。原生演替是指在没有预先发育土壤的地块上的生态系统发育。它大体涉及两类过程：生物过程和物理过程。生物过程尤其是营养积累过程对能支撑健全生态功能的生境的发育至为重要。在原生演替中，群落发育伴随生境发育，种的定居依赖于机遇、生境状态和新老物种间的作用（Dobson et al.，1997）。自然干扰作用总是使生态系统返还到生态演替的早期阶段，一些周期性的自然干扰使生态系统呈周期性演替（赵晓英等，2001）。恢复生态学是在生态建设服从于自然规律和社会需求的前提下，在群落演替理论指导下，通过物理、化学、生物的技术手段，控制待恢复的生态系统的演替过程和发展方向，恢复或重建生态系统的结构和功能，并使系统达到自维持状态（舒俭民和刘晓春，1998）。

恢复生态学与生态系统健康、保护生物学、景观生态学、生态系统生态学、环境生态学、胁迫生态学、干扰生态学、生态系统管理学、生态工程学、生态经济学等生态学的分支学科关系密切（任海和彭少麟，2001）。

在进行科尔沁草原乌兰敖都地区退化生态恢复时，曹新孙（1990）指出，顶极群落应该是达到生态平衡的植被类型。虽然该区的顶极群落是松栎混交林。但基于人们不能放弃农牧业返回森林中去生活这一理念，应从生态平衡的概念出发，对以草本植物群落为基础的牧业生态系统进行改造，使之成为草本与木本植物共同组成的林牧生态系统。鉴于乌兰敖都土地退化具体表现在：小气候的改变，引起风蚀，造成流沙；水文条件改变，地下水位上升，引起土壤盐渍化；草场缩小，初级生产力衰退。科研人员开展了生物群落改造和生境改善试验。生物群落改造内容包括：建立综合防护林体系、发展饲料林、种植高产饲料作物和调控牲畜头数等措施；生境改善内容包括：小气候条件的改善、土壤条件的改善和恢复生态系统物质循环等措施。实施治理对策不仅制止土地退化，还通过改造生态系统结构进一步提高生产力。两点问题得到了充分强调：第一，现在的土地利用方式是对于历史发展到现在社会经济条件的适应，因此除了必须研究自然条件以外，还必须很好地了解社会经济条件。科学实验主要是研究技术上解决问题的方法，但是施行起来还要靠决策人在两方面做全面的考虑，就是说必须对环境条件、经济条件、人力资源、可行技术进行通盘的考虑。第二，持续发展必须建立在生态良好的牧场管理的基础之上，即不超过牧场长期的载畜能力。因此，制止不合理的牧业经营方式是最迫切的。

在进行松嫩草原羊草草地生态恢复时，祝廷成（2004）指出，退化羊草草地恢复的目标是再现或重建一个稳定、持续的羊草群落。主导思想是排除干扰、加速生物组分变化、促动退化生态系统恢复。具体过程为，首先建立生产者（主要指植被）借以固定能量制造有机物，并驱动水分和营养物质循环；其后建立消费者、分解者亚系统或微生态环境。生态恢复包括植被和土壤两个方面。由于植被和土壤恢复不同步，土壤多滞后于植被，具体恢复程序框架如下：明确被恢复对象、确定系统边界（生态系统层次与级别、时空尺度与规模、结构与功能）→羊草草地生态系统退化的诊断（退化原因、退化类型、退化过程、退化阶段、退化强度）→退化生态系统的健康评估（历史上原生类型与现状评估）→结合恢复目标和原则进行决策（恢复、重建或改建，可行性分析，生态经济风险评估，优化方案）→生态恢复与重建的试验、示范与推广→生态恢复与重建过程中的调整与改进→生态恢复与重建的后续监测、预测与评估等。

（1）景观过程与退化草地恢复

景观生态学是研究在一个相当大的区域内，由许多不同生态系统所组成的整体（景观）的空间结构、相互作用、协调功能及动态变化的一门生态学新分支（伍业钢和李哈滨，1992）。其概念框架包括景观系统的整体性和景观要素的异质性，景观研究的尺度性，景观结构的镶嵌性，生态流的空间聚集与扩散，景观的自然性和文化性，景观演化的不可逆性与人类主导性，景观价值的多重性（肖笃宁，1999）。其理论框架为土地镶嵌与景观异质性原理、尺度制约与景观层序性原理、景观结构和功能的联系和反馈原理、能量和养分空间流动原理、物种迁移与生态演替原理、景观稳定性与景观变化原理、人类主导性与生物控制共生原理、景观规划的空间配置原理、景观的视觉多样性与生态美学原理（肖笃宁，1999）。

景观生态学有助于生态恢复，表现在：①为选择参考点和确定项目目标提供较好的指导；②建立适宜恢复要素的空间构造体系以便于动植物区系的新成员加入（Bell et al.，1997）。

土地退化表征环境演变过程。由于不同尺度土地退化态势和危害不一样、不同尺度景观格局和土地退化过程不一样以及不同尺度和格局下土地退化驱动力不一样，所以尺度和格局与土地退化密切相关。土地退化研究从一开始就与尺度和格局建立了联系。但是，受需要或研究兴趣的驱动，单尺度研究在过去相当长时段居主导地位。大尺度研究主要是为了评估土地退化形势，小尺度研究主要是为了揭示土地退化过程和机制。

　　草地退化往往伴随裸斑的发育。裸斑指数已被视为主要的草地退化预警指征（de Soyza et al.，1998）。裸斑出现有时伴随"肥岛"产生。伴随草地退化和灌木侵入，土壤养分在灌木周围富集形成所谓的"肥岛"（Schlesinger et al.，1990）。"肥岛效应"是近些年草地退化机制研究的一个主要内容（Stocklin et al.，1999；Su et al.，2004）。

　　生态学家已经开始构建概念等级系统以建立尺度、格局和草地退化过程的联系。Peters 和 Havstad（2006）在美国新墨西哥研究了与草地转化成灌木地相联系的干旱、半干旱系统的植被变化原因，从非线性相互作用和跨尺度关系上论述了景观格局和动态。等级系统概念框架由五个尺度构成：单株植物及其株间裸地－斑块（一组相互关联的植物及其株间裸地）－斑块镶嵌体（由不同物种或不同生活型构成的斑块组群及其株间裸地）－景观（彼此相关但土壤类型表现差异的斑块镶嵌体组群）－地貌型（由一系列相关的景观组成，由母质和景观位置界定）。他们认为 5 个主要组分联系了等级系统的各个尺度并造成临界阈现象，这些组分是：①包含气候、干扰和管理强度的历史因素；②生态变量和空间联系的格局动态；③流水、风和动物承担的水平和垂直搬运过程；④高资源区和低资源区之间资源再分配的速率、方向和数量；⑤植物、动物和土壤间的反馈作用。

　　Okin 等（2006）按植物－株间地、斑块－景观和区域－全球尺度评述了风沙过程及其后果。指出：植物和风之间存在反馈，沙粒跃移损害下风向植物，植被影响风沙的搬运和土壤的侵蚀；植被间空地存在风蚀临界尺寸，当空地面积小于临界尺寸时，不发生风蚀现象；如果水平气流随着风区长度增加，斑块结构就发生作用；强度活动如放牧造成的植被镶嵌结构相比于对植被盖度求均值获得的均质结构更易受风蚀影响；在短时间跨度，跃移过程在植物和斑块尺度最为重要，在长时间跨度，跃移过程在景观尺度也很重要；扬尘在植株和斑块尺度很重要，但降尘在区域和全球尺度更为重要。

　　Bestelmeyer 等（2006）以在美国 Chihuahuan 荒漠的研究结果为基础，基于多尺度的植被和土壤格局及跨尺度相互作用，提出了 6 类促使植被变化的机制：①稳定性，指植物的大小、位置和组成的微小变化；②植物大小波动，草本植物植冠和基部盖度大幅度波动；③植物功能组群内部植物的消失和重建；④一种植物功能组群的消失和被其他功能组群的替代，发生在小尺度，存在土壤退化和明显的侵蚀现象；⑤植被斑块的空间重组，发生在较大尺度，出现不同的禾草和灌木斑块；⑥从小尺度向大尺度扩散的级联变化，裸地扩展，风蚀沙埋加强，风沙流造成植物沙埋、沙割，裸地甚至可扩大到上百平方公里范围。

　　Oba 等（2003）通过多尺度研究发现平衡放牧假说（该假说认为植物丰富度、盖度和生物量在大尺度上沿牧压梯度变化）不成立，而非平衡放牧假说（该假说认为季节性与牧压梯度结合起来在小尺度上对植物种丰富度、盖度和生物量具有明显影响）成立。

　　张乐和刘志民（2008）选择位于科尔沁沙地西部的乌兰敖都村，借助多层线性模型分析方法，从田块、单户和村庄 3 个尺度上剖析了农牧交错带典型偏牧区的农田扩张机制，发现：①住户在选择优质土地用于发展农业上没有显著差异，以草甸土为主的甸子地是当地农业发展的基础；②家庭劳动力数量多、户主文化程度高和收入依赖农牧业的住户更倾向开地种粮，而牲畜数量多对住户开地种粮表现为抑制作用，这与农牧交错带典型偏农区的研究结果相反；③经济效益和国家政策对玉米种植面积影响较大，而水稻的种植受限于当地的自然状况。

沙化草地沙丘区的丘间低地是破碎化生境中的"生命岛"（Bossuyt et al.，2003）。因为丘间低地植物群落在逆转破碎化生境，抑制盐碱化的发生及促进土壤发育等方面具有重要意义，所以丘间低地植被与环境的相互作用关系在近些年研究较多（Lammerts and Grootjans 1998；Adema and Grootjans 2003；Sykora et al.，2004）。

Liu 等（2007a）在科尔沁沙地乌兰敖都西南流动沙丘，选择 25 个丘间低地（面积从 0.06～9.5 hm²）分析了丘间低地面积与植物组成和植被格局的关系。发现：①随着丘间低地面积增大，总物种数呈幂函数增长（图 5-13）；②随着丘间低地面积增大，沙生植物（物种数）占总物种数的比率呈幂函数减小；③当丘间低地的面积在 2 hm² 左右时，沙生植物的频度和非沙生植物的频度相等（图 5-14）。

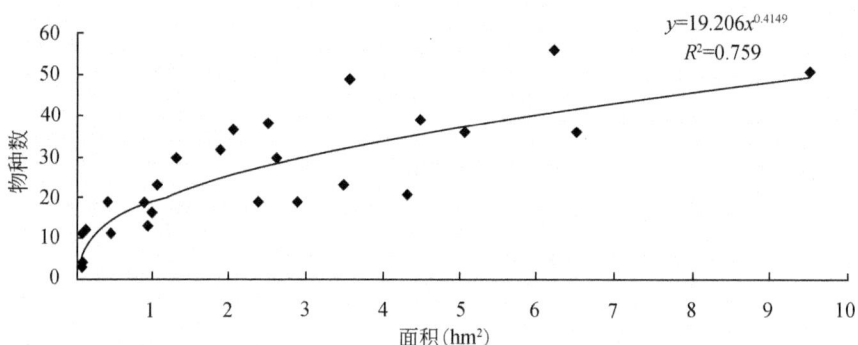

图 5-13 丘间低地面积与物种丰富度呈幂函数关系（$P<0.05$）（Liu et al，2007a）

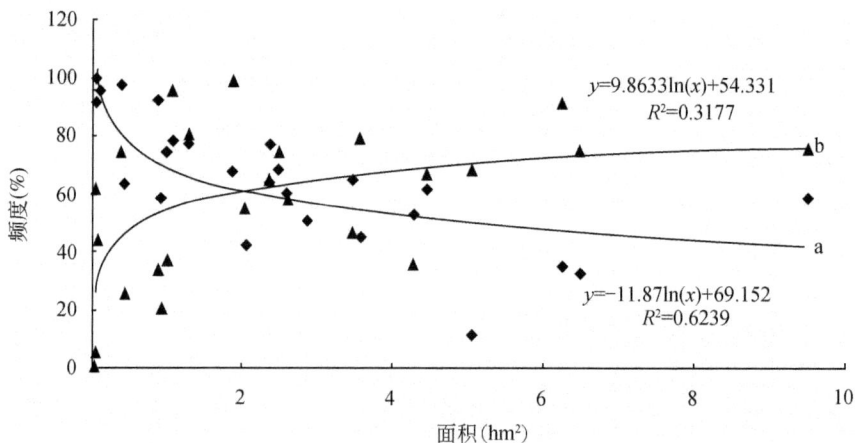

图 5-14 丘间低地与沙生（a）和非沙生（b）植物频度呈对
数函数关系（$P<0.05$）（Yan and Liu，2010）

王秀梅等（2010）将科尔沁沙地丘间低地植被划分为沙生植物、沼泽—草甸植物与草原植物三种生态组群，通过 χ^2 检验和 AC 关联系数对流动沙丘区和固定沙丘区丘间低地植物种间关联进行了比较分析。发现，当面积小于 0.5 hm^2 时，沙丘固定未引起丘间低地植物种间关系发生明显变化，当面积大于 0.5 hm^2 时，沙丘固定导致丘间低地植物种间关系更加紧密。

Yan 和 Liu（2010）在科尔沁沙地比较了不同面积流动沙丘丘间低地和固定沙丘丘间低地的物种丰富度，发现：①流动沙丘丘间低地和固定沙丘丘间低地的物种丰富度随低地面积的增加而呈对数增加；②当面积相等时，固定沙丘丘间低地的物种数比流动沙丘丘间低地的多 15 个左右（图 5-15）。

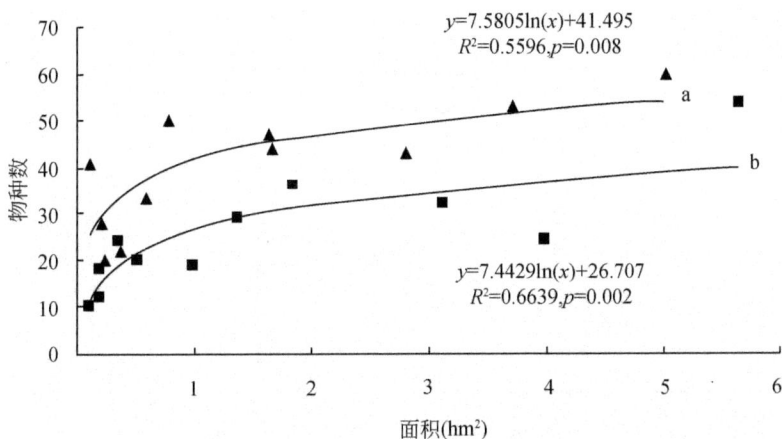

图 5-15　固定沙丘（a）和流动沙丘（b）丘间低地面积与物种
总数呈对数函数关系（Yan and Liu，2010）

（2）生态水文过程与退化草地恢复

生态水文学涉及水文学和生态学两方面的研究。生态水文学偏向于水文学而不是生态学，侧重于研究水文过程，考虑这些过程与植物生长的关系。生态水文关系在湿地、森林和旱地生态系统中都很重要。干旱区以降水稀少为特征。因为：①在大多数情况下，干旱区的干旱性表明水分供应是制约植物生长和生存的一个主导因素；②大多数干旱区表现了可用水分的极端变化，植物必须适应水资源的多变性；③暴雨期间强烈的土壤侵蚀使相对肥沃、具有蓄水性的表土层流失，可用水分因而成为制约干旱区植被的决定性因素，所以，生态水文过程对干旱区至关重要。干旱区的生态水文过程涉及干旱区气候、干旱区大尺度生态水文过程、干旱区植物–土壤–水分相互关系、植物结构和植物分布格局、植物对径流和泥沙移动的控制等。

一些干旱区植物具有水分补偿能力，能利用冬季降水补偿夏季干旱用水，冬季干旱就以夏季降水来补偿。干旱区植物可通过茎枝流由主根系直接将雨水储存于深处。植物种的多样性与雨量有关，而且植物种的最大丰富度出现在荒漠生态系统与森林生态系统之间的半荒漠带（Baird and Wilby，2002）。

在科尔沁沙地，石质残丘、流动沙丘、固定沙丘的植被受地下水影响较小，丘间低地、甸子地植被受地下水影响较大。

在科尔沁地区,裸露土壤在生长季节(5~10 月)的蒸发量为 331.8 mm,年内季节性变化呈现单峰型,以高温多雨的 7 月、8 月为最大,10 月最小。小青杨(*Populus pseudo-simonii*)的蒸腾量为 410.4 mm,而蒸散发量 666.0 mm。樟子松幼树的蒸腾量为 591.4 mm,蒸发散量为 763.3 mm。在数量上要比小青杨高。即使在停止生长的 10 月,樟子松的蒸发散量也有 25 mm 以上,最大可达 75 mm。小叶锦鸡儿灌丛生长季节的蒸发散量为 480 mm 左右。小叶锦鸡儿灌丛生长季节的蒸发散量为 480 mm 左右。羊草蒸发散量平均 500 mm 左右(表 5-21)。

表 5-21 科尔沁沙地羊草蒸发散量生长季节各月变化

(蒸发散量单位:mm)

年份	5 月	6 月	7 月	8 月	9 月	10 月	合计	草产量(kg/hm²)
1983	41.2	39.3	131.1	135.6	79.1	12.3	438.6	3026
1984	39.7	138.6	120.7	112.1	59.8	42.0	512.9	2870
1985	96.3	108.8	148.3	95.2	58.0	12.5	519.1	2627
1986	56.4	124.6	103.2	128.5	128.9	37.5	579.1	3450
1987	54.0	113.2	114.4	114.3	99.8	28.8	524.5	2535
1988	37.6	81.1	99.0	85.3	54.0	6.4	363.2	2132
平均	54.2	100.9	119.5	111.8	79.9	23.3	489.6	2637

资料来源:蒋德明等,2003

在 1983~1987 年的生长季节(5~10 月),科尔沁沙地乌兰敖都地区区域蒸发散量为 432 mm,同期平均年降水量为 375.5 mm,略高于常年,蒸发散量高于降水量 56.5 mm,这是导致该地区干旱的重要因素之一(孔繁智,1991)。

樟子松林冠截留量随大气降水量的增加而增加,而截留率是随大气降水量的增加而减小。当降水量在 1 mm 以下时截留率最大,为 94.7%;当降水量为 1~20 mm 时,截留率开始迅速下降;当降水量大于 20 mm 以上时,截留率下降缓慢,并且也相对稳定(表 5-22)。

表 5-22 樟子松林不同降水量级下的林冠截留量

降水量级(mm)	降水次数	降水量(mm)	截留量(mm)	截留率(%)
<1	7	3.8	3.6	94.7
1~2	11	15.9	14.1	88.7
2~5	16	53.0	34.2	64.5
5~10	19	139.0	56.4	40.6
10~20	11	153.6	56.8	37.0
20~30	3	68.8	15.3	22.2
40~50	2	84.4	18.1	21.5
>50	4	344.2	66.3	19.2

资料来源:蒋德明等,2003

科尔沁沙地樟子松人工林地的生长状况是丘间低地 > 迎风坡上部 > 迎风坡中部 > 沙丘顶部，与土壤水分状况有很好的对应性。焦树仁（1987）对樟子松人工林水分动态的研究表明，水分亏缺对林木生长影响很大。山竹岩黄耆（*Hedysarum fruticosum*）的萌发枝、地上部分生物量明显不同，随土壤水分的减少而下降，其中植被总盖度在丘间低地为 80% ~ 90%，在迎风坡中部为 30% ~ 50%，丘顶为 25% ~ 40%（赵文智等，1992）。

科尔沁沙地奈曼地区，樟子松、小叶锦鸡儿、差巴嘎蒿、山竹岩黄耆和小叶杨（*Populus simonii*）、油松等植被类型都造成了土壤水势变化。樟子松、小叶杨、小叶锦鸡儿和山竹岩黄耆等下层土壤的基质势均在它们生长季节的某一时段低于 −15 bar。由于在一般情况下水势低于 −15 bar 的土壤水分对植物来说是无效的。因此，这些植物只能通过向下延伸根系来扩大吸收面积以保证生存（李进等，1994）。在科尔沁沙地乌兰敖都地区，小叶锦鸡儿植被建立使沙层土壤水分含量发生了明显的变化，表现为深层含水量明显降低，沙地水分状况恶化（阿拉木萨等，2002）。

5.3.2　退化草地恢复技术

草地改良具有一定的实效性和地域性，而且在其有效期内对草地生态系统的影响是多方面的，表现是动态的；对于所追求的目标，改良措施的优化不仅是相对的，而且容易受到其他因素的影响，包含一定的不确定性和风险性。在系统尺度上改良草地要根据具体的目标，在一定时间尺度上合理配置各种措施（李文建和韩国栋，1999）。

5.3.2.1　主要草地的恢复途径

（1）呼伦贝尔草原

呼伦贝尔草原管理的方向应以保护为重点，遵循保护为主、治理为辅的原则。在呼伦贝尔草原，需重点开展如下几个工程。

1）未退化草地的生态管理工程。未退化草地的管理是呼伦贝尔草原目前最需考虑的，这符合保护未退化草地、治理已退化草地的基本思路，符合植被建设和草原生态系统管理的基本要求，符合呼伦贝尔草原区人民的当前和长远利益。在实施这一工程时，需要把持续的经济、社会体制与保持生物多样性和自然资源的持续性结合起来。要通过规划，土地调查、环境教育、经济或社会鼓励等机制，杜绝破坏。科学家的责任是通过研究和实验，帮助决策者把基于草地生态和放牧生态研究得出的观点转变为现实。草原生态环境建设最重要的一点是实现理念的转变：即从破坏后再治理向预防破坏转变，从"退化草地改良技术研究"转向"草地生态系统持续利用管理研究"。

2）退化天然草地植被恢复工程。对产量下降、质量变劣的草地进行植被恢复，避免进一步退化，是呼伦贝尔草原草地管理需强调的。让轻度退化草地得到最大限度的恢复，让中度退化草地恢复到轻度退化草地的水平，逐渐实现草地的"健康状态"是目前呼伦贝尔草地建设应该追求的目标之一。

3）退耕还草工程。当初在林草过渡带和典型草原地带的大量开荒既减少了草原面积，又造成了沙化、水土流失等生态环境问题。现在呼伦贝尔市需要退耕及呈沙化趋势的耕地有 266 600 hm²，其中有水土流失现象的约 133 300 hm²。在耕地粮食产量低且不稳定、农场亏损经营的情况下，退耕还草，并依据条件差异分别退成人工草地或天然草地，是呼伦贝尔草原建设的一项重要内容。

4）沙带区草地退牧工程。呼伦贝尔地区有 3 条沙带，由于管理和气候的原因，近些年沙带中的固定沙丘开始活化，而这种活化现象现在若不能得到遏制，其后果不堪设想。将 3 条沙带予以封育保护、减轻放牧压力、使天然植被得以恢复，对呼伦贝尔草原的可持续利用意义重要。

5）已沙化草地阻沙固沙工程。位于海拉尔河流域的陈巴尔虎旗的完工镇、新巴尔虎左旗的甘珠尔庙目前都已出现非常明显的流沙斑片和流动沙丘。流沙斑片和流动沙丘的形成和蔓延对周边草场形成重大威胁，也形成了局地沙尘源。如不对这些流沙斑块和流动沙丘予以阻截和固定，沙漠化对草原和周边环境的影响将很巨大。因此，利用国内已成熟的技术，依循"因地制宜、因害设防"的原则，就近收集沙障材料，采用乡土沙生植物，建立阻沙、固沙体系，实现流沙的逆转在当前很有必要（刘志民，2005a，2005b）。

（2）科尔沁草原

科尔沁沙地原生植被属于森林向草原过渡类型。原生植被已被破坏殆尽，现存植被表现出强烈的次生性，大部分已演变为半隐域性的沙生植被和隐域性的草甸植被。

鉴于科尔沁草原强度沙化的现状，草原管理的方向应保护和治理并重，保护残存的草甸植被，控制草地盐渍化，治理流沙，恢复干草原植被，维持草地质量和生产力。科尔沁草原宜实施如下保护、治理工程。

1）现存的榆树疏林草原保护工程。榆树疏林草原是科尔沁地区的原始植被，是长期自然选择的结果，最适应当地环境，应重点保护。

2）现有大块甸子地保护工程。科尔沁的地理景观表现为坨甸交错，大块甸子地中保留了丰富的物种。需防治草地次生盐渍化和沙化。

3）丘间甸子地保护工程。丘间甸子地面积较小，多为沙丘埋压大块甸子地后所残留，在密集沙丘群中保留的物种丰富的植被孤岛对沙丘和甸子地植被的保存和恢复有积极意义。

4）坐落在沙地内及沙地周围的山地植被保护工程。在沙化草地中，多年生耐旱优质禾草濒于灭绝，但在坐落于沙地和沙地周围的山地上尚保留较多，如果不妥善加以保护，将来草地恢复到原始干草原植被的可能性将非常小。

5）盐渍化草地改造工程。采取各种措施改造已碱化草地。

6）沙化草地改造工程。采取各种措施改造已沙化草地（刘志民，2005a，2005b）。

（3）锡林郭勒草原

在锡林郭勒草原不同的地理区域内，由于自然条件与人为利用程度的差别，草原退化程度也存在着显著差异。针对这种情况，结合当地的自然条件和经济发展水平，在草甸草原地区，对退化草原的治理应该以恢复与改良以及人工草地建设为主，大力建设牧草基地，促进绿色产业的发展。而在气候干旱的荒漠草原及相邻的典型草原区，应该坚决执行轮牧与禁牧，加大草原的保护力度，促进草原植被的恢复（李政海等，2008）。需采用的主要技术措施如下。

1) 草地改良技术。包括退化草地的恢复与重建技术。重点研究开发增草增肉及加速退化草地恢复的技术措施;沙化土地生物治理技术及维持沙地人工群落稳定的理论与技术措施;用于草地改良的新植物材料的筛选与引进;放牧型及割草型人工草地建植技术与优化利用技术;

2) 牲畜改良与优化管理技术。包括肉牛、肉羊改良技术的引进;杂交优势的利用;改进牲畜营养状况及冬春营养平衡方案的制订及增加个体生产性能的优化管理模式。

(4) 鄂尔多斯草原

需采用的主要措施如下。

1) 在农区和半农半牧区实行全年禁牧政策,发展舍饲养畜,在牧区实行 4~6 月牧草生态季节休牧,其他放牧季划区轮牧、以草定畜。

2) 改良和人工草地建设。普遍运用"玉米 + 秸秆"的饲喂模式,普及长草短喂,大力推行当家植物柠条锦鸡儿等灌木的改良草场工作。

3) 草地补播改良,推广灌木移栽种植,对于已基本失去生产、生存条件的恶劣草地实行生态移民。

5.3.2.2　退化草地恢复技术

(1) 退化草地改良

根据草场类型和退化程度的不同,可实行不同的改良措施。草地改良措施主要有围栏封育、松土、灌溉、施肥、补播、刈割、鼠害的防治、毒草的防治。

1) 围栏封育。对退化的草场进行围栏封育,可使天然牧场的植被自然恢复。经过 8 年封育,锡林河中游退化草地植被恢复良好,冷蒿 + 小禾草群落逐步向适应当地气候条件的羊草 + 大针茅 + 杂类草群落方向演进(陈敏,1998)。草地植被在恢复过程中,植物种可被分成 3 个类群:增长种、衰退种和恒有伴生种。增长种在退化群落中数量稀少、重要值低,在恢复过程中群落学作用逐年增大,包括羊草、大针茅、冰草、西伯利亚羽茅、山韭(*A. senescens*)等。衰退种随着群落恢复演替的进展,逐渐在群落中趋于减少,包括冷蒿、变蒿(*Artemisia commutata*)、木地肤、糙隐子草、细叶韭(*A. tenuissium*)、星毛委陵菜、阿尔泰狗娃花等。恒有伴生种在恢复演替过程中存在一定的波动,重要值都在 5% 以下,大多属于群落的伴生成分,包括二裂委陵菜、防风等。在退化草原群落的恢复演替进程中,草群的高度和群落结构发生了相应改变。灌木层片的小叶锦鸡儿和绣线菊封育后的作用降低,重要值由原来的 8.24% 下降到 6.87% 左右。半灌木层片由冷蒿和木地肤构成,围封五六年以后,相对作用下降,相对生物量从封育开始的 40.21% 下降到封育结束时的 8.69%。高丛生禾草层片由大针茅、西伯利亚羽茅组成,在围封的前四年作用稳步上升,后四年一跃成为群落的优势层片。小丛生禾草层片由糙隐子草、落草、早熟禾构成,这一层片总重要值没有明显的变化。根茎禾草层片由羊草构成,5 年以后,该层片取代了冷蒿、木地肤半灌木层片而成为群落的建群层片。鳞茎植物层片由具鳞茎的几种葱属植物组成,是恒有伴生种层片。直根型杂类草层片主要由菊科、豆科、蔷薇科、伞形科、毛茛科的植物组成,大部分属于伴生成分。一、二年生植物层片主要由黄蒿、猪毛菜等构成,在群落恢复演替过程中作用逐渐降低。伴随封育过程,草地生产力逐步提高,尤其高大禾草羊草、大针茅、冰草等种群生物量的提高明显（表5-23）。

表5-23 退化草地封育8年后主要植物种群数量特征的比较

植物种	未封育			封育1年			封育8年		
	高度 （cm）	密度 （株/m²）	干重 （g/m²）	高度 （cm）	密度 （株/m²）	干重 （g/m²）	高度 （cm）	密度 （株/m²）	干重 （g/m²）
羊草 Leymus chinensis	14	33	2.3	25	47	6.34	38	78	27.36
冰草 Agropyron michnoi	23	51	2.69	31	36	7.47	30	42	20.4
落草 Koeleria cristata	15	29	2.59	20	20	4.34	18	7	7.12
大针茅 Stipa grandis	20	15	4.27	30	18	12.86	32	4	6.79
糙隐子草 Cleistogenes squarrosa	6	15	5.44	7	14	5.03	16	6	2.62
早熟禾 Poa annua				21	2	0.19	40	1	0.33
冷蒿 Artemisia frigida	12	28	12.93	15	29	27.34	14	6	6.37
变蒿 A. commutata	18	39	6.11	25	37	19.53	14	16	6.17
黄蒿 A. scoparia							22	5	3.64
阿尔泰狗娃花 Heteropapus alticus	15	10	0.79	15	7	1.92	15	2	2.13
小叶锦鸡儿 Caragana microphylla	18		3.64	21	3	4.13	30	2	7.31
乳白黄耆 Astragalus galactites	4	4	0.5	10	1	0.04	6	1	0.01
扁蓿豆 Malissitus ruthenica	8	16	2.5	14	7	2.56	22	1	4.12
双齿葱 Allium bidentatum	10	52	2.48	17	54	9.64	17	15	2.9
野韭 A. ramosum				15	1	0.22	23	1	0.19
山韭 A. senescens							55	1	0.98
细叶韭 A. tenuissimum	19	1	0.03	20	5	0.52	22	1	0.55
黄囊薹草 Carex korshinskyi	10	10	0.5	7	12	0.37	22	2	0.89
星毛委陵菜 Potentilla acaulis	3	6	0.9	2.7	7	1.04	3	1	0.64
菊叶萎陵菜 P. tanacetifolia	10	1	0.46	9	3	1.5	19	1	3.00
二裂委陵菜 P. bifurca	9	1	0.14	10	0.5	0.1	17	3	5.35
木地肤 Kochia prostrata	6	1	0.41	22	1	1.45	41	3	4.08
灰绿藜 Chenopodium glaucum	3	1	0.04	5	1	0.03	2.5	0.3	0.01
刺藜 C. aristatum				3	12	0.06			
猪毛菜 Salsola callina	4	4	0.09	7	7	0.85	2.6	1.6	0.16
瓣蕊唐松草 Thalictrum petaloideum	5	1	0.04	15	3	0.81	19	1	0.44
防风 Saposhnikovia divaricata	5	1	0.03	16	2	0.65	21	1	0.45
钝叶瓦松 Orostachys malacophyllus							3	1	0.05
鹤虱 Lappula myosotis				10	1	0.01			
花旗杆 Dontostemon micranthus	10	11		8	1	0.61	22	5.3	1.11
群落			50.49			101.61			126.73

资料来源：陈敏，1998

2）轻耙松土。轻耙松土，可增加土壤孔隙度、增加土壤持水能力。耙地松土后草地的群落特征发生了改变。在科尔沁草原的实验表明，不论草地植被类型如何，每平方米草地中只要有 10 株以上的长根茎性禾草，如羊草、拂子茅和白草等，翻耙后 2~3 年可以成为优质而高产的禾草草地，翻耙后第 3 年，其生物量可达原草地的 1.5 倍，第 4 年则可达 4 倍。在锡林郭勒草原，退化草地经过耙地松土后，群落组成和结构也发生了明显变化（表 5-24）。耙地松土宜在低地实施，在易引起风蚀和二次风化的地段不宜实施。

表 5-24　退化草地轻耙松土 8 年后主要植物种群数量特征的比较

植物种	对照			处理		
	高度（cm）	密度（株/m²）	干重（g/m²）	高度（cm）	密度（株/m²）	干重（g/m²）
羊草	31	49	42.23	53	185	60.47
冰草	33	10	33.55	39	21	48.37
糙隐子草	8	2	4.08	11	8	1.54
落草	17	8	10.80	12	6	2.27
大针茅	30	6	11.8	68	6	28.30
变蒿	44	2	0.92	34	8	7.47
黄蒿	30	3.5	3.66	4	9	9.63
冷蒿	17	3	4.81	11	4	4.22
阿尔泰狗娃花	23	6.33	6.60	16	3	0.8
双齿葱	25	3.75	0.80	21	12	5.53
野韭	26	2	0.67			
细叶韭	25	1.67	0.87			
小叶锦鸡儿	28.5	10.5	23.46	34	1	1.47
扁蓿豆	32.2	20	9.37	20	5	5.66
乳白黄耆	6	1	0.11	13	3	9.23
星毛委陵菜	4	1	4.02	3	1	1.50
菊叶委陵菜	23	1.33	4.42	30	3	5.75
二裂委陵菜	14.5	5.5	2.54	19	3	2.10
其他	33.2	2.4	5.95	27	9	3.05

资料来源：陈敏，1998

3）翻耕改良。翻耕改良可以使退化草地土壤疏松，改善土壤通气性、保墒性。浅翻松土比轻耙松土效果好，退化草地经过松土改良后生物量结构发生明显的变化，在内蒙古典型的羊草草原，经翻耕后，羊草、冰草、大针茅等优质草群大幅度增长（表 5-25）。翻耕必须选择以根茎禾草为主的草地，耕翻深度以 15~20 cm 为宜。

表 5-25　退化草地耕翻松土八年后主要植物数量特征比较

植物种	对照			处理		
	高度（cm）	密度（株/m²）	干重（g/m²）	高度（cm）	密度（株/m²）	干重（g/m²）
羊草	31	49	42.23	41	430	120.3
冰草	33	10	33.55	30	17	66.18
糙隐子草	8	2	4.08	10	1.8	0.17
落草	17	8	10.80	6	1	1.01
大针茅	30	6	11.8	90	1	40.87
变蒿	44	2	0.92	41	12	5.39
黄蒿	30	3.5	3.66	38	504	6.1
冷蒿	17	3	4.81	34	1.5	11.01
阿尔泰狗娃花	23	6.33	6.60	21	3.43	44.11
双齿葱	25	3.75	0.90	29	1.67	0.95
野韭	26	2	0.67	38	1.5	0.66
细叶韭	25	1.67	0.87	86	5	2.84
小叶锦鸡儿	28.5	10.5	23.46			
扁蓿豆	32.2	20	9.37	0.17	1.33	0.91
乳白黄芪	6	1	0.11			
星毛委陵菜	4	1	4.02	3.67	2.83	10.31
菊叶委陵菜	23	1.33	4.42	46	3	16.13
二裂委陵菜	14.5	5.5	2.54	25	4	4.67
其他	33.2	2.4	5.95	19	16	4.0

资料来源：陈敏，1998

4）补播。补播就是在植被盖度低、种类单纯、肥力较差、严重退化的草地上通过用特制的牧草补播机直接播种优良牧草种子，增加植被盖度，提高天然草地生产力的手段。补播方式分 3 种：条播、穴播和撒播。补播改良退化草地成败关键在于：① 适宜补播草种的选择，补播改良草种必须具有快速发芽能力，强的抗旱性和与杂草的竞争能力；② 适宜播种时间的选择，根据中短期的天气预报，选在连续阴雨 4～5d 之内进行；③ 出苗保苗技术的应用。就产草量效果而言：条播＞撒播＞穴播。杂草产量：撒播＞条播＞穴播。比较而言，应该以条播为宜。除了上述的三种补播方式外，还有飞播。适于科尔沁沙地的飞播植物为山竹子（*Hedysarum fruticosum*）、差巴嘎蒿、小叶锦鸡儿、沙打旺（*Astragalus adsurgens*）、草木犀（蒋德明等，2003）。刈割＋施肥＋补播措施不仅控制退化草地上蒿属、香青属、火绒草属杂草的效果明显，而且提高优良牧草产量、调整混播组分、提高群落稳定性的效果明显（蒋文兰和任继周，1991）。

5）施肥。退化草地土壤有机质含量低，土壤瘠薄，缺氮少磷，植被稀疏，牧草产量低，草地施肥可以改善土壤营养状况，利于草地改良快速进行。在科尔沁沙地，使用氮肥对草地的增产效果为每公顷施硫酸铵 150～300 kg，可增产干草 1500～4200 kg，提高 40%～60%，平均 1 kg 氮肥可增产 13.1 kg 干草（魏均和南寅镐，1990b）。不论是氮、磷、钾混合施肥还是单施氮和磷都对低产沙地草地有增产效果，但混合施肥比单一施肥效果显著，增产幅度达 253.3%～306.7%，比单施氮肥多增产 1.20～2.27 倍（齐凤林和王文成，1997）。混合施用氮、磷、钾比例以 1.00:0.64:0.60 较为适宜，尿素施肥量以每公顷 225～375 kg 为宜，增产效果均为 1 倍以上，尿素施入量过多，会造成氮、磷、钾比例失调，增产效果反而降低。不同种的群落和不同数量的肥料的应用会有很大的变化（表 5-26）。

表 5-26 科尔沁沙地不同施肥量对干草产量的影响

群落	增加的氮肥（kg/hm²）	干草产量（kg/hm²）	增加（%）
Leymus chinensis + forbs	对照	2764.5	N/A
羊草	150	4301.3	55.6
	225	5325.3	92.6
	300	6758.3	144.5
Arundinella hirta + forbs	对照	3862.5	N/A
野古草	150	6460.5	67.3
	225	6493.5	68.1
	300	7492.5	94.0
Hemarthria altissima	对照	4395.8	N/A
牛鞭草	150	6493.5	47.7
	225	7792.5	77.3
	300	7492.5	70.4

资料来源：蒋德明等，2003

6）火烧。火对不同生活型植物的影响不同，因而对种群的生长发育起到促进或抑制作用，并改变草场质量和利用价值。在内蒙古典型的羊草草原，火烧并未提高羊草草原的总产量，但是对不同植物的作用不同，使不同种群的产量表现出不同的增减规律，影响草群质量和利用效率。火烧可以提高羊草在草群中的比例，豆科草的产量也可能略有提高，葱属植物的产量基本保持稳定，菊科、蔷薇科等杂类草的产量降低。由于火烧可使羊草的产量大幅度增加，冰草、落草等产量基本上保持稳定，大针茅的产量明显减少（陈敏，1998）。适时及适当频次的火烧增加了返青后一定时期内土壤氮的总矿化与硝化速率，并使一些固定在凋落物中的养分以无机态的形式补充到土壤中，这是火烧有时有助于牧草生长的原因之一（李玉中等，2003）。虽然火烧能改变群落组成甚至能提高草群质量，但慎用火烧为宜。火烧后，凋落物中的绝大多数氮以气体形式损失掉（李玉中等，2003）。祝廷成等（1966）认为，低洼地段草地土壤湿润，枯枝落叶多，火烧有益；岗地枯草遮风阻沙，随意烧荒易引起风蚀，不烧为宜；清明过后烧荒较好，如果火烧施用太晚，烧坏萌芽，则影响牧草返青，并使草质变硬，植被盖度下降。

（2）沙化草地改良（流沙治理）

治理流沙措施大体上可分成生物措施和非生物的机械措施两大类。生物措施就是植物措施，流沙可成为植物的生长载体，植物在生长过程中可以固定流沙。非生物的机械固沙措施包括用树木枝条、麦秸、稻草、黏土、碎石等材料做成的沙障以及利用化学胶结物制作的覆盖层。通常条件下，生物措施与非生物措施结合固定流沙效果最佳。

1）封沙育林育草。封沙育草是指对具有天然下种或萌蘗能力的沙地进行封禁并借助人工辅助措施促进植被恢复和生长的技术（蒋德明等，2003）。包括全封育、半封育和轮封等。全封育是指在封育期间，禁止采伐、放牧、割草等一切不利于植物生长繁衍的人为活动。半封育是指在植被主要生长季节实施严格的封禁，在其他季节开展有计划的樵采和割草等利用活动。轮封是指将封育地区划分成若干地段，有计划地进行轮流封育。封育成本低，为人工造林的3%～5%，是飞播造林成本的1/3（蒋德明等，2003）。封育是有效的沙地植被恢复措施（朱震达等，1998），对恢复半干旱沙区植被非常有效（杨根生和吕荣，1998）。在科尔沁沙区东部沙地，围封三年后，植被逐渐恢复，覆盖度和生物量都有提高（表5-27）。封育时间的确定视植被恢复情况。封育区需有种子传播和萌蘗发生条件。封育不仅可固定部分流动沙地，还可恢复因过牧而沙化退化的草地。

表5-27　科尔沁左翼后旗潮海庙附近封育后对植被覆盖度及生物生产量的变化

植物群落	未封育（对照）		围封1年		围封2年		围封3年	
	盖度（%）	产量（g/m²）	盖度（%）	产量（g/m²）	盖度（%）	产量（g/m²）	盖度（%）	产量（g/m²）
冷蒿	30	130	45	228	50	225	65	271
差巴嘎蒿	30	483	40	642	45	755	45	733
杂类草	40	219	55	310	60	321	70	386
羊草	35	183	40	304	60	392	65	364

资料来源：蒋德明等，2003

2）飞播固沙。利用植物治理流动和半固定沙地，恢复和建立植被，其作用原理主要有两点：一是植物群丛可对风形成阻力，削弱近地面层的风力，使风不能直接冲击沙质地表，沙粒不易产生移动；二是植物成活生长后，植物群丛的根系紧密固结沙粒，植物与沙形成联结体。流沙上植物生长以后，不仅改善生态环境，还扩大牧区草牧场资源。飞机播种是用飞机装载种子在高空上进行大面积播种的方法。我国从20世纪50年代开始进行了飞播固沙植物固沙试验，探索适宜飞播的沙区，可用于飞播的植物种和飞播技术，在毛乌素沙地及腾格里沙漠东南缘取得了突破性进展（杨根生等，1994；杨根生和吕荣，1998；朱震达等，1998）。毛乌素沙地适宜飞播固沙植物为沙米、籽蒿、羊柴（*Hedysarum laeve*）及花棒（*Hedysarum scoparium*）。沙米生长在流动沙丘的风影地段（丘间缓平地段和迎风坡的中下部），对1龄飞播植物幼苗起防护作用。籽蒿是毛乌素沙地先锋固沙植物。遇雨发芽迅速，沙埋后生长更旺。羊柴串根萌蘗性很强，几年后可通过自行繁衍形成密集灌丛。花棒流沙先锋植物，作为飞播植物表现良好，但在毛乌素沙地不能自行繁衍。籽蒿与羊柴或花棒混播，成效最好。花棒种子呈圆球形，表面具绒毛，粒大，遇风易于滚动，用黏土制成药片状的泥丸对遏制种子位移颇有成效。在毛乌素沙地最适宜的飞播时期为 5 月中、下旬至 6 月上、中旬。此时，西北风为主的大风季节趋于终止，而风势很弱的东南季风时有出现。由于迎风坡风蚀弱，种子大都可以保存。丘顶部位所形成的风沙流在沙丘迎风坡中、下部沉降可使种子覆沙。由于正值雨季，一场中雨或连续 2 或 3 场小雨即可使种子发芽出土。飞播当年成苗部位多在沙丘迎风坡中下部和丘间低地，幼苗生长高度一般不足 10 cm。飞播 2 ~ 3 年后，固沙植物迅速生长。飞播 5 ~ 6 年之后，流动沙丘区即变成固定、半固定沙丘（朱震达等，1998）。

3）人工植物固沙。我国北方半干旱地由于长期旱作、过牧、樵采沙化。由于年降水量一般 300 ~ 400 mm，流动沙丘沙层含水量通常达 3% ~ 4%，丘间低地地下水位埋深为 1 ~ 2 m，雨季甚至有积水现象，在流动沙丘上重建植被是比较容易的。半干旱地区植物固沙多不设置机械沙障，而是直接在沙丘迎风坡上成行密植固沙植物，兼起人工沙障的防护作用和生物固沙作用。在毛乌素沙地，可在晚秋和早春在流动沙丘中下部顺坡垂直于主风向成行密植油蒿和沙柳。在科尔沁沙地，可在晚秋或早春在流动沙丘迎风坡中下部横对主风向成行密植差巴嘎蒿野生带根苗条或黄柳枝条。无论在毛乌素沙地或科尔沁沙地，在流动沙丘中下部进行植物固沙之后，经过 1 ~ 2 年，丘顶部位即被风力削低。可在这一部位继续栽植固沙植物。油蒿和差巴嘎蒿分别是毛乌素沙地和科尔沁沙地半固定、固定沙丘天然植被中最具优势的半灌木，用以固定流动沙丘，一般经过 3 ~ 4 年时间，沙丘就能趋于完全固定并开始自然生草。沙柳和黄柳是毛乌素沙地和科尔沁沙地湿润丘间低地灌木，耐沙埋，往往丛生于沙丘背风坡甚至丘顶之上。但用沙柳和黄柳固沙，沙面不易稳定，沙丘遭风蚀变形。半干旱地区铁路和公路两侧、河岸、渠道两侧以及居民点附近进行植物固沙可辅以高立、低立或平铺式沙障。在毛乌素沙区，优良固沙灌木还有柠条锦鸡儿、中间锦鸡儿、花棒及羊柴。在科尔沁沙地，优良固沙灌木还有小叶锦鸡儿、山竹子及胡枝子等（表5-28）。半干旱地区植物固沙一般在流动沙丘栽植半灌木和灌木固沙，在丘间低地营造乔木或乔灌结合的团块林。毛乌素沙地丘间低地造林广为选用的乔木树种为旱柳（*Salix matsudana*）、小叶杨、加拿大杨（*Populus canadensis*）、河北杨（*Populus hopeiensis*）、刺槐（*Robinia pseudoacacia*）等乔木以及柠条锦鸡儿、中间锦鸡儿、沙柳、紫穗槐（*Amorpha fruticosa*）等灌木。科尔沁沙地丘间低地造林多用小叶杨及小青杨等。杨树、旱柳等中、湿生乔木苛求土壤水分和养分难以成林，樟子松和油松更适合丘间低地造林。在流动沙丘靠近丘间低地的下风向裸沙段设置沙障，能截留来自丘间低地的种子进而增加流动沙丘的土壤种子库种类和密度，改变土壤种子库的空间格局，但只提高沙生植物幼苗的出土和物种定居水平，不显著提高非沙生植物幼苗的萌发和建植（表 5-29）。

表 5-28 章古台固沙植物生长情况

植物种	栽植方法	栽植部位	成活生长	备注
差巴嘎蒿	带状扦插 带状直播	高 3 m 以下的沙丘，全面呈带状扦插；3 m 以上的沙丘在迎风坡 1/2 ~ 2/3 以下扦插	秋、春、夏扦插，以秋季成活率较为稳定。夏季阴雨天扦插成活率可达 90%。扦插 1 年后，沙埋植株枝长 63 cm，未沙埋枝长 40 cm	可与其他灌木带混植以加强防风固沙作用

植物种	栽植方法	栽植部位	成活生长	备注
黄柳	带状扦插 带状植苗	落沙坡脚或沙埋处生长特旺，迎风坡生长不旺	秋、春、夏扦插，以秋季成活率最高，达80%。沙埋当年新枝长139 cm，枝径10 mm；未沙埋新枝长30 cm，枝径2~3 mm	2~3年后平茬可促进复壮
小叶锦鸡儿	带状植苗或带状直播均可，但需在第一年设置机械或其他固沙措施	在沙丘任何部位都能生长良好，在迎风坡和风蚀坑也能成活和生长	播种后一般6~7d发芽出土，遇雨3~4d即可出土，当年生长缓慢，高约15 cm，3年后平均高30 cm，最高可达150 cm	
胡枝子	植苗和直播均可，但需加固沙措施	在沙丘各部位都能生长良好	植苗成活率可达80%，定植当年高生长约为45 cm。5年后株高平均145 cm。播种当年平均高5.5 cm，主根长16 cm，2年平均高28 cm，主根长约60 cm	2~3年后平茬一次，生长旺盛；在人工固沙区能天然下种
山竹子	植苗和直播均可，但需加固沙措施	沙埋处生长特旺	播后当年高约10 cm，主根深入沙层20~30 cm，3年高约100 cm	
紫穗槐	植苗和直播均可，但需加固沙措施	在丘间低地、低矮和平坦沙地生长良好	当年平均高35~45 cm，4年高1.5~2.7 m	2~3年后平茬一次生长旺盛

资料来源：刘媖心等，1982

表5-29　沙障和对照地植物种子库、出土和定居幼苗密度

植物种	生态类群	土壤种子库密度（粒/m²）		出土幼苗密度（株/m²）		建植幼苗密度（株/m²）	
		沙障处	对照处	沙障处	对照处	沙障处	对照处
沙蓬 Agriophyllum squarrosum	p[1,2]	94.99 ± 7.63	58.90 ± 8.65	38.28 ± 2.37	9.89 ± 1.34	10.14 ± 0.80	1.98 ± 0.38
乌丹蒿 Artemisia wudanica	p[1,2]	86.04 ± 14.96	17.03 ± 3.73	13.10 ± 2.43	11.09 ± 1.19	0.63 ± 0.12	3.24 ± 0.47
黄柳 Salix gordejevii	P	2.60 ± 0.95	1.15 ± 0.58	0.06 ± 0.03	0	0	0
烛台虫实 Corispermum candelabrum	P	0.58 ± 0.41	0	0	0	0	0
白草 Pennisetum centrasiaticum	P	0.58 ± 0.41	0	0	0	0	0

续表

植物种	生态类群	土壤种子库密度（粒/m²）		出土幼苗密度（株/m²）		建植幼苗密度（株/m²）	
		沙障处	对照处	沙障处	对照处	沙障处	对照处
芦苇 *Phragmites communis*	P[1]	1.44 ± 0.96	0	0	0	0	0
狗尾草 *Setaria viridis*	NP	4.33 ± 1.44	1.44 ± 0.76	0.57 ± 0.14	0.05 ± 0.02	0.14 ± 0.03	0.04 ± 0.02
虎尾草 *Chloris virgata*	NP[1]	2.02 ± 0.86	3.18 ± 1.11	0.01 ± 0.01	0	0	0
画眉草 *Eragrostis pilosa*	NP	0	0	0	0	0.02 ± 0.01	0.01 ± 0.01
升马唐 *Digitaria ciliaris*	NP	0.58 ± 0.58	0	0	0	0	0
飞蓬 *Erigeron acer*	NP[1,2]	0.29 ± 0.29	0	0	0	0	0
头状穗莎草 *Cyperus glomeratus*	NP	0.58 ± 0.41	0	0	0	0	0
拂子茅 *Calamagrostis epigejos*	NP	1.73 ± 0.71	0.87 ± 0.50	0	0	0	0
欧亚旋覆花 *Inula britannica*	NP	0.58 ± 0.41	0.58 ± 0.41	0	0	0	0
苦荬菜 *Sonchus brachyotus*	NP	0.29 ± 0.29	0	0	0	0	0
野大豆 *Glycine soja*	NP	0.29 ± 0.29	0	0	0	0	0
合计		197 ± 18	84 ± 10	52 ± 3	21 ± 2	11 ± 1	5 ± 1

注：P. 沙生植物；NP. 非沙生植物；P[1]、NP[1]. 具有持久性超过 1 年的种子的植物种；P[2]、NP[2]. 具有持久性超过 2 年的种子的植物种（闫巧玲等，2007）

资料来源：灌杉杉等，2009

（3）盐渍化草地改良

1）引洪淤灌。引洪淤灌大幅度地促进了天然草场牧草的生长，改变了土壤的理化性质，提高了土壤肥力。淤灌后土壤腐殖质含量提高 8 倍，全氮量提高 5 倍。引洪淤灌对土壤中盐分变化的影响主要取决于灌区的排、灌工程设施与田间工程是否配套。淤灌形成新的质地较黏的土壤层次，该层含盐分较低，抑制土壤中水盐运动能力强。随着土壤水分、养分等条件的变化，牧草生长繁茂，地面覆盖度加大，减少地面蒸发并能防止盐分上升。经过 6～7 年淤灌的土壤，整个土壤剖面的盐分动态状况良好，趋于平衡或降低的趋势，特别是灌溉层土壤盐分组成有显著的变化。未经淤灌的土壤表层盐分组成以 $HCO_3^- - Na^+$ 为主，pH 为 9.7。淤灌后当淤土层超过 15～20 cm 时，形成以 $HCO_3^- - Ca^{2+}$ 为主的土壤，pH 降为 8.4～8.7（蒋德明等，2003）。从淤灌改良强碱化草场的实践来看，淤泥层 <10 cm 对盐碱土改良作用较小，淤泥层 >15 cm 的淤泥层改良盐碱土的作用较为明显（王汝楠和王春裕，1990）。

2）翻耙及补播。在科尔沁沙地，在盐渍化草地翻耙补播 1 年生及多年生豆科及禾本科牧草，增产效果明显（蒋德明等，2003）。

3）施用土壤改良剂。在采取翻地、精细翻耙和补播牧草的基础上，施用土壤改良剂石膏，增产效果更为明显（表 5-30）。种植第 1 年对照区鲜草产量为 5400 kg/hm²，每公顷施用改良剂 6000 kg，其产量可达 16 950 kg/hm²。每公顷分别施用石膏 4500 kg、3000 kg 及 1500 kg，增产率分别为 1.7 倍、0.9 倍及 0.8 倍。种植第 3 年对照区的鲜草产量 6450 kg/hm²，而增施石膏 6000 kg/hm² 的处理区鲜草产量为 24 750 kg/hm²，增产 2.8 倍。每公顷施用石膏 4500 kg、3000 kg 及 1500 kg 的处理，增产率分别为 2.5 倍、2.6 倍及 1.8 倍。采取翻耙及补播牧草而未施石膏的地段，鲜草产量仅为 14 250 kg/hm²，增产 1.2 倍。

表 5-30　强度碱化草场采取翻耙及补播及石膏的牧草产量状况

试验处理	鲜草产量（kg/hm²）			优势高度（cm）		
	1982 年	1983 年	1984 年	1982 年	1983 年	1984 年
翻耙补播及施石膏 6000 kg/hm²	16 950	24 525	24 750	870	1 440	1 500
翻耙补播及施石膏 4500 kg/hm²	15 000	23 100	22 500	705	1 320	1 440
翻耙补播及施石膏 3000 kg/hm²	10 500	18 675	22 900	660	1 215	1 380
翻耙补播及施石膏 1500 kg/hm²	9 450	16 800	17 850	645	1 035	1 245
翻耙补播	7 050	13 950	14 250	600	1 020	1 125
对照（荒地）	5 400	6 390	6 450	555	870	852

资料来源：蒋德明等，2003

4）用地下水漫灌与喷灌。在 5~6 月干返盐季节，或者在 7 月干旱条件下，抽提地下水漫灌和喷灌轻度碱化沙土实行冲洗压碱和抗旱灌溉对牧草增产效果十分显著。漫灌区平均灌水为 219 cm，鲜草产量平均每公顷达 10 080 kg；喷灌区平均灌水量 214 cm，鲜草产量平均每公顷达 10 500 kg，较当地未封育的严重退化草场增产为 4~5 倍，而较附近已经处于封育条件下的地段增产 1 倍多（蒋德明等，2003）。

5.4　人工草地建设

传统草原畜牧业受天然草原季节性变化的影响。建立人工草地，可以提高牧草产量，解决冬春冷季天然草地缺草，保证饲草的供需平衡。在草原地带播种优质牧草，在灌溉条件下产草量可能提高 7~8 倍，在非灌溉条件下产草量可能提高 1~3 倍。建立人工草地可以提高饲草质量，为科学养畜创造良好条件，寒季枯草期长达 6~7 个月，这时天然草地的牧草枯存量日趋下降，满足不了放牧牲畜对饲料质和量的营养需要。紫花苜蓿、野豌豆、沙打旺、紫云英（Astragalus sinicus）、草木樨等豆科牧草粗蛋白质含量高，能满足家畜的营养需要。建立人工草地可以提高土壤肥力。豆科牧草与禾本科牧草混播能够增加土壤有机质，改善土壤结构，提高土壤含氮量（陈敏，1998）。

5.4.1　牧草选择

陈佐忠和汪诗平（2000）认为优良牧草具有如下性状：生命力强，有强大的根系，繁茂的茎叶，生长快，再生强；适应性广，具有抗寒性、耐旱性和抗风沙的能力；产草量高，耐刈牧；叶量丰富，营养成分高，适口性好；产籽量高，繁殖系数大，有利于扩大再生产；无有毒物质，便于调制，如作干草、青饲料和直接放牧等。戚秋慧和盛修武（1998）认为应根据适应性、丰产性和持久性选择牧草。披碱草、狗尾草、沙打旺、草木犀、紫花苜蓿、虫实等植物适合作为科尔沁人工草地建设植物（魏均和南寅镐，1990a）。

5.4.2　草地建设

人工草地可分为一年生和多年生两类。前者播种一年生牧草，利用时间为一年；后者播种二年生和多年生牧草，利用时间为两年或两年以上。人工割草地是指在水分条件较好，地势比较平坦的地段上，播种一年生或多年生牧草用来割草的草地。人工放牧草地是指在放牧点周围，栽培多年生牧草供应放牧的草地。播种期主要根据自然条件（如土壤水分、温度）来确定，也应考虑栽培制度、品种、劳力及机具等情况。一般说，当春季土壤温度上升到种子发芽所需要的最低温度时，即可播种。一年生牧草宜采用春播，多年生牧草在土壤墒情良好、风蚀不严重时亦采用春播。多年生牧草宜采用夏播，时间从 6 月中旬开始到 7 月末为止。人工草地播种方法一般分为三种，即单播、混播和保护播种。多年生牧草单播多采用条播方式，行距 15～30 cm。多年生牧草的保护播种是常采用的播种方法。多年生牧草播种时，常与一年生禾谷类作物或一年生牧草混播。禾谷类作物对多年生牧草起保护作用，这种方法称为保护播种（又称为覆盖播种）。播种量因牧草的生物学特性、种子质量（千粒重、发芽率、纯净度）以及土壤肥力、整地质量和利用方式不同而有差异。播种深度与牧草种类、种子大小、土壤含水量、土壤类型有关。一般来说，豆科牧草播种深度比禾本科牧草浅些。少数小粒种子如早熟禾可播于土壤表面。大粒种子如箭筈豌豆播深应在 4～6 cm。混合牧草是几种牧草混合播种在一块土地的同行或间行内。混合牧草通常采用豆科 – 禾本科牧草混播。混合牧草必须由不同生物学类群的牧草组成。生物学类群包括分蘖类型（如禾本科牧草的根茎型、疏丛型等）、枝条特性（如上繁草、下繁草等）以及寿命长短等方面。应根据利用目的、利用年限、利用制度等不同，考虑不同组合。可分为刈草型混合草地、放牧型混合草地、刈草 – 放牧兼用草地。主根型的豆科牧草包括紫花苜蓿、红豆草（*Onobrychis viciaefolia*）、沙打旺、红三叶等。疏丛型禾本科牧草包括猫尾草（*Uraria crinita*）、黑麦草、羊草、披碱草、老芒麦等。下繁禾本科和豆科牧草包括早熟禾、红顶草、羊茅、冰草、白三叶、黄花苜蓿、天蓝苜蓿等。多种牧草混播时，必须适当增加播种量。当 3 或 4 种牧草混播时，播种量增加 25%，5 或 6 种牧草混播时，播种量增加 50%，6 种以上时，播种量增加 75%。禾本科与豆科牧草混播应在早春或夏末、秋初进行播种。在有保护作物播种时，播种期应按作物保护要求来确定。人工草地的轮作即是饲料轮作。正确的轮作要充分培养地力、用地和养地相结合、实现持续高产（陈敏，1998）。

　　在科尔沁沙地，可以建设沙打旺、草种和灌木草地。沙打旺是多年生草本植物，根系发达、抗旱、耐寒、耐贫瘠，固沙能力强，不但有很好的饲用价值，还有良好的防风固沙功能。羊草广泛分布，具有耐旱、耐寒、耐瘠薄、耐盐碱、耐践踏的能力，适应性强，生态幅广，具有很强的繁殖更新能力。羊草是优等饲用牧草，其蛋白质含量高，营养价值高，适口性好。人工灌草地以草为主、辅以灌乔，具有抗逆性强、生态幅宽的特点。灌草带状结合刈牧兼用型、半灌木刈草型、以灌育草放牧型、乔灌草结合综合效益型、单一灌木防风固沙型在半干旱草原比较适用（田桂香等，1996）。

参 考 文 献

阿拉木萨，蒋德明，范士香等.2002.人工小叶锦鸡儿灌丛土壤水分动态研究.应用生态学报，13（12）：1537-1540.

安渊，李博，杨持等.2000.内蒙古大针茅草原植物生产力及其可持续利用研究（Ⅲ）：植物补偿性生长研究.内蒙古大学学报（自然科学版），31（6）：608-602.

安渊，李博，杨持等.2001.植物补偿性生长与草地可持续利用研究.中国草地，23（6）：1-5.

白静仁，傅林谦.1994.退化人工草地补播改良研究初报.中国草地，（3）：47-49.

白永飞.1999.降水量季节分配对克氏针茅草原群落初级生产力的影响.植物生态学报，23（2）：155-160.

白永飞，张丽霞，张焱.2002.内蒙古锡林河流域草原群落植物功能群组成沿水热梯度变化的样带研究.植物生态学报，26：308-316.

包利民.2006.我国退牧还草政策研究综述.农业经济问题，（8）：62.

宝音陶格涛，陈敏.1997.退化草原封育改良过程中植物种的多样性变化的研究.内蒙古大学学报，28（1）：87-91.

蔡文.1994.物元模型及其应用.北京：科学技术文献出版社.

蔡文，杨春燕，何斌.2003.可拓逻辑初步.北京：科学出版社.

蔡艳，丁维新，蔡祖聪.2006.土壤－玉米系统中土壤呼吸强度及各组分贡献.生态学报，26（12）：4273-4280.

曹成有，寇振武，蒋德明.2000.科尔沁沙丘间地植被演变的研究.植物生态学报，24：262-267.

曹全意.1997.砒砂岩地区林草植被建设途径的研究.水土保持通报，17（7）：1-4.

曹世雄，陈军，高旺盛.2006.生态政策学及其评价主法.生态学杂志，25（12）：1535-1539.

曹新孙.1984.内蒙古东部地区风沙干旱综合治理研究.第一集.呼和浩特：内蒙古人民出版社.

曹新孙.1990.内蒙古东部地区风沙干旱综合治理研究.第二集.北京：科学出版社.

曹新孙，陶玉英.1981.农田防护林国外研究概况（一、二）//中国科学院林业土壤研究所.中国科学院林业土壤研究所集刊（第五集）.北京：科学出版社.

柴凤久.2008.草原治理与开发利用技术.哈尔滨：黑龙江科学技术出版社.

常建国，刘世荣，史作民等.2007.北亚热带、南暖温带过渡区典型森林生态系统土壤呼吸及其组分分离.生态学报，27（5）：1791-1892.

常学礼，杨持.2000.科尔沁沙地降水量波动对草场植被组成和初级生产力影响的研究.中国草地，3：7-16.

朝克图，那亚，那松乌力吉等.2010.载畜量的研究进展概述.内蒙古草业，22（1）：12-14.

陈德辉，胡志晋，徐大海等.2004.CAMS大气数值预报模式系统研究.北京：气象出版社.

陈坤荣，王永义.1997.加勒比松抗旱生理研究.西南林学院学报，17（4）：9-15.

陈敏.1998.改良退化草地与建立人工草地的研究.呼和浩特：内蒙古人民出版社.

陈全功.2007.江河源区草地退化与生态环境的综合治理.草业学报，16（1）：10-15.

陈全功，卫亚星，梁天刚等.1994.遥感技术在草地资源管理上的应用进展.国外畜牧学－草原与牧草，（1）：1-12.

陈全胜.2004.典型温带草原群落土壤呼吸温度敏感性与土壤水分的关系.生态学报,24(4):831-836.

陈少裕.1991.膜脂过氧化对植物细胞的伤害.植物生理学通讯,27(2):84-90.

陈世荣,王世新,周艺.2008.基于遥感的中国草地生产力初步计算.农业工程学报,24(1):208-212.

陈素华,乌兰巴特尔,曹艳芳.2006.气候变化对内蒙古草原蝗虫消长的影响.草业科学,23(8):78-82.

陈佐忠.1994.略论草地生态学研究面临的几个热点.草业科学,11(1):42-45.

陈佐忠,汪诗平.2000.中国典型草原生态系统.北京:科学出版社.

程积民,贾恒义,彭祥林.1997.施肥草地生物量结构的研究.草业学报,6(2):22-27.

崔骁勇,陈佐忠,陈四清.2001a.草地土壤呼吸研究进展.生态学报,21(2):315-325.

崔骁勇,陈佐忠,杜占池.2001b.半干旱草原主要植物光能和水分利用特征的研究.草业学报,10(2):14-21.

道尔吉帕拉木.1996.集约化草原畜牧业.北京:中国农业科学技术出版社.

德永军,安慧君,赵翠平等.2009.内蒙古四子王旗带状柠条林根系体积空间分布特征.内蒙古大学学报,40(5):589-594.

邓斌.2006.沙地樟子松幼苗对水肥添加的生理生态响应.沈阳:中国科学院.

邓东周.2009.降雨量变化对科尔沁沙地东南部樟子松人工林主要生态过程的影响.沈阳:中国科学院.

刁鸣军.1985.放牧场疏林的营造形式及其效益浅析.内蒙古林业科技,1:34-37,50.

丁连生.2008.甘肃草业可持续发展战略研究.北京:科学出版社.

丁运华.2000.关于生态恢复几个问题的讨论.中国沙漠,20(3):341-343.

董恒宇.2010.重视草原碳汇实现可持续发展.群言,2:4-5.

董世魁,江源,黄晓霞.2002.草地放牧适宜度理论及牧场管理策略.资源科学,24(6):35-41.

杜国举,杜骁平.2001.铁瓦河典型小流域综合治理效益分析.水土保持通报,21(3):67-69.

杜国桢,覃光莲,李白珍.2003.高寒草甸植物群落中物种丰富度与生产力的关系研究.植物生态学报,27(1):125-132.

杜菁昀,杜占池,崔骁勇.2003.内蒙古典型草原地区常见植物光合、蒸腾速率和水分利用效率的比较研究.草业科学,20(6):11-16.

杜睿,陈冠雄,吕达仁等.1997.内蒙古草原生态系统-大气间N_2O和CH_4排放通量研究的初步结果.气候与环境研究,2(3):264-272.

杜睿,王庚辰,吕达仁等.2002.静态箱法原位观测草原CO_2通量的探讨.生态学报,(12):2167-2174.

段文标,陈立新.2002.草牧场防护林营造技术的研究.中国沙漠,22(3):214-219.

段文标,石家琛,任青山.1995.杨树人工林生长及其与立地条件关系的研究——草牧场防护林主要树种适地适树初步研究(II).东北林业大学学报,23(1):10-14.

段文标,赵雨森,陈立新.2002.草牧场防护林综合效益研究综述.山地学报,20(1):90-96.

段旭,许美玲,王曼等.2009.云南省精细化大气预报技术研究与应用.北京:气象出版社.

多立安,罗新义.1997.Logistic模型及其在草地生物量动态模拟中的应用与局限性.黑龙江畜牧科技,3:29-31.

樊江文.1996.南方山区草地植被理论类型及演替导向的研究.草业学报,5(3):1-6.

樊锦治,张传道,张银锁等.1993.气候变化对牧区畜牧业生产的影响//邓根云.气候变化对中国农业的影响.北京:中国科学技术出版社.

樊巍,高喜荣.2004.林草牧复合系统研究进展.林业科学研究,17(4):519-524.

樊巍,李芳东,孟平.2000.河南平原复合农林业研究.郑州:黄河水利出版社.

费孝通.2002.文化论中人与自然关系的再认识.社会学丛刊,(1):14-17.

冯浩，吴普特．1998．黄土高原国家攻关试区农业科技进步贡献率的分析与评价．水土保持通报，18（6）：54-57．

符淙斌，马柱国．2008．全球变化与区域干旱化．大气科学，32（4）：752-760．

复旦大学．1981．概率论（三）．北京：人民教育出版社．

傅伯杰，邱扬．2000．黄土丘陵小流域土壤水分的时空变异特征（半变函数）．地理学报，55（4）：428-438．

傅泽强．2001．内蒙干草原火险气候区划及火管理对策研究．灾害学，16（3）：19-22．

高凤岐，宋学钰，郭桐林．1991．松辽草原初级生产力青干草产量与载畜量分析及预测．气象，17（9）：49-52．

高喜荣．2005．太行山干旱低山丘陵区林草复合系统能量环境特征研究．河南林业科技，25（2）：1-3．

高秀芳，余奕东．2008．鄂尔多斯市草原生态现状及治理措施的探讨．内蒙古草业，20（4）：22-25．

高耀山，魏绍成．1994．中国科尔沁草原．长春：吉林科学技术出版社．

耿宽宏．1986．中国沙区的气候．北京：科学出版社．

耿元波，董云社，齐玉春．2004．草地生态系统碳循环研究评述．地理科学进展，23（3）：74-81．

宫伟光．1989．防风效应研究——沙地草牧场防护林效益研究（Ⅰ）（Ａ）//向开馥．东北西部内蒙古东部防护林研究（第一集）．哈尔滨：东北林业大学出版社．

关君蔚．2000．运筹帷幄，决胜千里——从生态控制系统工程谈起．广州：暨南大学出版社．

关秀琦，邹厚远，鲁王瑜等．1994．黄土高原丘陵区林草混作研究．水土保持研究，1（3）：77-81．

管继有．2003．松嫩平原西部区草牧场防护林主要树种适地适树的筛选．东北林业大学学报，31（3）：14-15．

郭克贞，史海滨，苏佩凤等．2004．锡林郭勒草原生态需水初步研究．中国农村水利，8：82-85．

郭平，孙刚，周道伟．2001．草地火行为研究．应用生态学报，12（5）：746-748．

郭卫东，沈向，李嘉瑞等．1999．植物抗旱分子机理．西北农业大学学报，27：102-108．

郭轶瑞，赵哈林，赵学勇等．2007．科尔沁沙质草地物种多样性与生产力的关系．干旱区研究，24（2）：198-203．

郭颖，韩蕊莲，梁宗锁．2010．土壤干旱对黄土高原4个乡土禾草生长及水分利用特性的影响．草业学报，（4）：21-30．

哈罗德·Ｆ．黑迪．1982．草原管理．章景瑞译．北京：农业出版社．

韩大勇，杨允菲，李建东．2007．1981—2005年松嫩平原羊草草地植被生态对比分析．草业学报，16（3）：9-14．

韩国栋．2002．降水量和气温对小针茅（*Stipa klemenzii* Roshev.）草原植物群落初级生产力的影响．内蒙古大学学报（自然科学版），33（1）：83-88．

韩国栋，卫智军，许志信．2001．短花针茅草原划区轮牧试验研究．内蒙古农业大学学报，22（1）：60-67．

韩国栋，许志信，章祖同．1990．划区轮牧和季节连续放牧的比较研究．干旱区资源与环境，4（4）：85-93．

韩国栋，焦树英，毕力格图．2007．短花针茅草原不同载畜率对植物多样性和草地生产力的影响．生态学报，27（1）：182-188．

韩建国，贾慎修．1990．放牧绵羊采食植物成分的研究．中国草地，（4）：49-52．

韩启定，熊德配．1989．林草药牧人工生态系统的研究．林业科技通讯，5：17-21．

韩蕊莲，梁宗锁．2003．干旱胁迫下沙棘叶片细胞膜透性与渗透调节物质研究．西北植物学报，23（1）：23-27．

韩天宝.1994.草牧场防护林设计与营造技术的探讨.内蒙古林业科技,1:26-29.

韩天虎,赵忠,王安禄等.2007.青藏高原东缘异针茅草地群落组成及生产力研究.草业学报,16(6):62-66.

郝诚之.2009.做好草业大文章 践行科学发展观——学习钱学森知识密集型草产业理论的几点体会.中国草地学报,31(5):7-12.

郝彦宾,王艳芬,孙晓敏等.2006.内蒙古羊草草原碳交换季节变异及其生态学解析.中国科学(D辑),36(S1):174-182.

何翠屏,王慧先.1998.论草地退化与草地有毒有害植物.青海草业,7(3):27-30.

何峰,李向林,万里强.2008.降水量对草原初级生产力影响的研究进展.中国草地学报,30(2):119-125.

何其华,何永华,包维楷.2003.干旱半干旱山地土壤水分动态变化.山地学报,21(2):149-156.

侯嫦英,方升佐,薛建辉等.2003.干旱胁迫对青檀等树种苗木生长及生理特性的影响.南京林业大学学报(自然科学版),27(6):103-106.

侯扶江.2001.放牧对牧草光合作用、呼吸作用和氮、碳吸收与转运的影响.应用生态学报,12(6):938-942.

侯扶江,李广,常生华.2002.放牧草地健康管理的生理指标.应用生态学报,13(8):1049-1053.

侯向阳.2005.中国草地生态环境战略研究.北京:中国农业出版社.

侯学煜.1982.中国植被地理及优势植物化学成分.北京:科学出版社.

胡嘉良.1992.林带对东北西部风沙草原区开垦后的防风蚀连续效应//向开馥.东北西部内蒙古东部防护林研究(第二集).哈尔滨:东北林业大学出版社.

胡自治.1995.世界人工草地及其分类现状.国外畜牧学—草原与牧草,2:1-8.

黄大明.1996.高寒草甸放牧生态系统夏秋草场轮牧制度的模拟研究.生态学报,16(6):607-611.

黄得林,王济民.2004.我国牧区退牧还草政策实施效用分析.中国农业通报,20(1):106-107.

黄富祥,高琼,赵世勇.2000.生态学视角下的草地载畜量的概念.草业学报,9(3):48-57.

黄敬峰,王秀珍,胡新博.1999.新疆北部不同类型天然草地产草量遥感监测模型.中国草地,7(1):11-18.

黄立华,梁正伟,马红媛.2009.苏打盐碱胁迫对羊草光合、蒸腾速率及水分利用效率的影响.草业学报,18(5):25-30.

黄祥忠,郝彦宾,王艳芬等.2006.极端干旱条件下锡林河流域羊草草原净生态系统碳交换特征.植物生态学报,30(6):894-900.

黄旭.1992.坡林地间种红豆草技术措施试验研究.水土保持通报,12(5):50-54.

霍治国,李世奎,杨柏.1995.内蒙古天然草场的气候生产力及其载畜量研究.应用气象学报,6(增刊):89-95.

贾洪久.1988.黑龙江省松嫩平原草牧场防护体系建设的技术调查报告//中国林学会森林经理文集编辑委员会.安徽省亳州市森林经理学术交流会森林经理文集.北京:中国林业出版社.

贾幼陵.2005.关于草畜平衡的几个理论和实践问题.草地学报,13(4):265-268.

姜凤岐,曹成有,曾德慧等.2002.科尔沁沙地生态系统退化与恢复.北京:中国林业出版社.

姜启源,谢金星,叶俊.2004.数学模型.北京:高等教育出版社.

蒋成花.2000.东川水土流失严重地区林草措施实施对策.水土保持研究,7(4):130-134.

蒋德明,刘志民,曹成有等.2003.科尔沁沙地荒漠化过程与生态恢复.北京:中国环境科学出版社.

蒋明义,杨文英.1994.渗透胁迫下水稻幼苗中叶绿素降解的活性氧损伤作用.植物学报(英文版),36(4):289-295.

蒋文兰, 任继周. 1991. 退化草地上菊科杂草的控制研究. 草业科学, 8 (1): 5-8.

焦菊英, 王万中, 李靖. 2000. 黄土高原林草水土保持有效盖度分析. 植物生态学报, 24 (5): 608-612.

焦树仁. 1987. 辽宁章古台人工林水分动态的研究. 植物生态学与地植物学学报, 11 (4): 296-307.

金晓明, 韩国栋. 2010. 贝加尔针茅草地基况评价及载畜量估算. 东北师大学报 (自然科学版), 42 (1): 117-122.

康俊梅, 杨青川, 樊奋成. 2005. 干旱对苜蓿叶片可溶性蛋白的影响. 草地学报, 13 (3): 199-202.

孔繁智. 1991. 乌兰敖都地区人工樟子林树冠截留与大气降雨的特征. 东北林业大学学报, 19 (3): 90-94.

黎华寿, 骆世明. 2001. 草类在生态环境保护中的地位和作用. 生态科学, (1, 2): 121-126.

李本纲, 陶澍. 2000. AVHRR NDVI 与气候因子的相关分析. 生态学报, (5): 898-902.

李博. 1999a. 内蒙古草场资源遥感分析//李博文集编辑委员会. 李博文集. 北京: 科学出版社.

李博. 1999b. 兴安盟植被遥感考察报告//李博文集编辑委员会. 李博文集. 北京: 科学出版社.

李博. 1999c. 生态学与草地管理//李博文集编辑委员会. 李博文集. 北京: 科学出版社.

李博. 1999d. 中国北方草地退化及其防治对策//李博文集编辑委员会. 李博文集. 北京: 科学出版社.

李博. 1999e. 中国植被的一般特征//李博文集编辑委员会. 李博文集. 北京: 科学出版社.

李博, 雍世鹏, 李忠厚. 1988. 锡林河流域植被及其利用//中国科学院内蒙古草原生态系统定位站. 草原生态系统研究 (第三集). 北京: 科学出版社.

李成烈, 苑增武, 姜永范等. 1991. 草牧场防护林营造技术和试验示范区建立的研究. 防护林科技, 1: 21-28.

李成烈, 苑增武, 姜永范等. 1992. 靠山草牧场防护林营造技术和试验示范区建立的研究. 防护林科技, 2: 6-13.

李代琼, 梁一民, 从心海等. 1986. 飞播沙棘林特性及效益的研究. 林业科技通讯, 6: 1-3.

李德全, 邹琦. 1992. 土壤干旱下不同抗旱性小麦品种的渗透调节和渗透调节物质. 植物生理学报, 18 (1): 37-44.

李阜憬, 董卫民, 王增法等. 1995. 低山丘陵地区林草结合立体开发模式调查浅析. 草业科学, 12 (6): 68-70.

李刚, 辛晓平, 王道龙等. 2007. 改进 CASA 模型在内蒙古草地生产力估算中的应用. 生态学杂志, 26 (12): 2100-2106.

李刚, 周磊, 王道龙等. 2008a. 内蒙古草地 NPP 变化及其对气候的响应. 生态环境, 17 (5): 1948-1955.

李刚, 辛晓平, 王道龙等. 2008b. 基于 MODIS 数据的草地植被光合过程参数估算——以内蒙古自治区为例. 中国草地学报, 30 (2): 1-7.

李钢铁, 姚云峰, 邹受益等. 2004. 科尔沁沙地榆树疏林草原植被研究. 干旱区资源与环境, 18 (6): 132-138.

李根前, 唐德瑞, 何景峰等. 1996. 杜仲三叶草间作系统基本特征研究. 西北林学院学报, 11 (1): 24-29.

李光晨, 王炳义, 王茂兴. 1996. 生草对灌溉果园土壤水分及其蒸散的影响. 中国果树, 1: 18-19.

李海平, 朱美云, 段立清. 2002. 科尔沁沙地榆树疏林草地的调查及评价. 内蒙古科技与经济, (9): 62-73.

李海燕, 杨允菲. 2004. 松嫩草原水淹恢复演替过程中羊草无性系种群构件的年龄结构. 生态学报, 24 (10): 2171-2177.

李合昌, 王宝洪, 林凡华. 2007. 嫩江沙地草牧场防护林主要模式类型及效益比较分析. 防护林科技, 4: 127-128.

李会科，王忠林．2000．榆林风沙区牧场防护林生态经济效益调查．陕西林业科技，2：3-6，45．

李建东，郑慧莹．1995．松嫩平原碱化草地的生态恢复及其优化模式．东北师大学报（自然科学版），（3）：67-71．

李建东，郑慧莹．1997．松嫩平原盐碱化草地治理及其生物生态机理．北京：科学出版社．

李建龙，蒋平．1998．遥感技术在大面积天然草地估产和预报中的应用探讨．武汉测绘科技大学学报，23（2）：153-157．

李建龙，王建华．1998．我国草地遥感技术应用研究进展与前景展望．遥感技术与应用，13（2）：64-67．

李建龙，蒋平，梁天刚．1998．我国草地遥感科学发展的轨迹、内涵及展望．中国草地，（3）：53-56．

李建龙，任继周，胡自治等．1996．草地遥感应用动态与研究进展．草业科学，13（1）：55-60．

李建龙，许鹏，孟林等．1993．不同轮牧强度对天山北坡低山带蒿属荒漠春秋场土草畜影响的研究．草业学报，2（2）：60-65．

李金花，李镇清，任继周．2002．放牧对草原植物的影响．草业学报，11（1）：4-11．

李进，刘志民，李胜功等．1994．科尔沁沙地人工植被建立模式的探讨．应用生态学报，5（1）：46-51．

李凌浩，王斯，白永飞等．2000．锡林河流域羊草草原群落土壤呼吸及其影响因子的研究．植物生态学报，24（6）：680-686．

李禄军，于占源，曾德慧等．2010．施肥对科尔沁沙质草地群落物种组成和多样性的影响．草业学报，19（2）：109-115．

李明峰，董云社，齐玉春等．2005．温带草原土地利用变化对土壤碳氮含量的影响．中国草地，27（1）：1-6．

李鸣冈．1980．腾格里沙漠沙坡头地区流沙治理．银川：宁夏人民出版社．

李品芳，李保国．2000．毛乌素沙地水分蒸发和草地蒸散特征的比较研究．水利学报，3：24-28．

李勤奋，韩国栋，敖特根．2003．划区轮牧制度在草地资源可持续利用中的作用研究．农业工程学报，19（3）：224-227．

李青丰，胡春元，王明玖．2003．锡林郭勒草原生态环境劣化原因诊断及治理对策．内蒙古大学学报（自然科学版），34（2）：166-172．

李青丰，李福生，乌兰．2002．气候变化与内蒙古草地退化初探．干旱地区农业研究，20（2）：98-102．

李荣平，刘志民，闫巧玲．2006．科尔沁沙地西部草甸植物萌发特征．草业学报，15：22-28．

李绍良，陈有君，关世英等．2002．土壤退化与草地退化关系的研究．干旱区资源与环境，16（1）：92-95．

李胜功，赵哈林，何宗颖等．1999．不同放牧压力下草地微气象的变化与草地荒漠化的发生．生态学报，19（5）：697-704．

李文华，赖世登．1994．中国农林复合经营．北京：科学出版社．

李文华，赵景柱．2004．生态学研究与回顾展望．北京：科学出版社．

李文华，欧阳志云，赵景柱．2002．生态系统服务功能研究．北京：气象出版社．

李文建，韩国栋．1999．草地改良的生态学研究．内蒙古农业大学学报，20（4）：58-62．

李文建，韩国栋．2000．放牧家畜研究进展．内蒙古畜牧科学，21（3）：24-27．

李文龙，李自珍．2000．荒漠化针茅草原退化机制与可持续利用放牧对策研究．兰州大学学报（自然科学版），363：161-169．

李晓兵，史培军．2000．中国典型植被类型NDVI动态变化与气温–降水变化的敏感性分析．植物生态学报，24（3）：379-382．

李新龙，董跃福．1991．降水条件对呼伦贝尔干旱草原初级生产力及其经济类群组成的影响．内蒙古草业，2：57-60．

李艳花，赵景波．2006．西安南郊不同深度土壤 CO_2 浓度变化研究．干旱区资源与环境，20（2）：124-128.

李银鹏，季劲钧．2004．内蒙古草地生产力资源和载畜量的区域尺度模式评估．自然资源学报，19（5）：610-616.

李英年，古松，赵新全等．2007．三种高寒草甸植被分布及与湍流交换通量关系的比较．山地学报，25（1）：39-44.

李英年，王启基，赵新全等．2000．气候变暖对高寒草甸气候生产潜力的影响．草地学报，8（1）：23-29.

李永宏，汪诗平．1999．放牧对草原植物的影响．中国草地，（3）：11-19.

李永宏，陈佐忠，汪诗平等．1999．草原放牧系统持续管理试验研究：试验设计及放牧率对草－畜系统影响分析．草地学报，7（3）：173-182.

李永宏，莫文红，杨持等．1994．内蒙古主要草原植物群落地上生物量和理论载畜量及其与气候的关系．干旱区资源与环境，8（4）：43-50.

李永华，杨文斌，卢琦等．2008．草牧场防护林对草地地上生产力和地下生物量的影响．中国草地学报，30（5）：85-89.

李玉中，祝廷成，李建东等．2003．火烧对草地土壤氮总矿化、硝化及无机氮消耗速率的影响．应用生态学报，14（2）：223-226.

李镇清．1996．草原时间均衡价指标——时间均衡指数．草业科学，13（1）：22-23.

李镇清，任继周．1997．草原生物适宜度模型及其应用．生态学杂志，16（3）：71-75.

李政海，鲍雅静，王海梅等．2008．锡林郭勒草原荒漠化状况及原因分析．生态学报，17（6）：2312-2318.

李志华，沈益新，倪建华等．2002．豆科牧草化感作用初探．草业科学，19（8）：28-31.

廖国藩，贾幼陵．1996．中国草地资源．北京：中国科学技术出版社．

林波，谭支良，汤少勋等．2008．草地生态系统载畜量与合理放牧率研究方法进展．草业科学，25（8）：91-99.

林慧龙，常生华，李飞．2007．草地净初级生产力模型研究进展．草业科学，24（12）：26-29.

林慧龙，王军，徐震．2005．草地农业生态系统中的碳循环研究动态．草业科学，22（4）：59-62.

刘爱军，邢旗，高娃等．2003．内蒙古2003年天然草原生产力监测及载畜能力测算．内蒙古草业，15（4）：1-3.

刘博．2009．植物适应风沙活动的营养繁殖对策．北京：中国科学院．

刘大勇．2006．水肥添加对半干旱沙质草地植被生长和养分吸收的影响．沈阳：中国科学院．

刘东升，邢琦，刘永志等．1992．1991—1992年内蒙古锡林郭勒盟、伊克昭盟等地冬、春载畜量预报．内蒙古草业，1：36-38.

刘东霞，卢欣石．2008．呼伦贝尔草原生态环境脆弱性评价．中国农业大学学报，13（5）：48-54.

刘广菊，胡光，曲海红．2000．半干旱风沙区疏林式草牧场防护林气象效应．东北林业大学学报，28（5）：83-86.

刘黎明，赵英伟，郑建宗．2002．草地利用系统可持续性评价方法研究．中国草地，24（6）：1-6.

刘慎谔．1985．章古台的天然固沙与人工植被固沙造林//刘慎谔．刘慎谔文集．北京：科学出版社．

刘淑玲，吴德东，周景荣等．1997．草牧场防护林放牧功能．东北林业大学学报，25（3）：38-44.

刘恕，涂元季．2001．钱学森论第六次产业革命通信集．北京：中国环境科学出版社．

刘伟，王启基，王溪等．1999．高寒草甸"黑土型"退化草甸的成因及生态过程．草地学报，7（4）：300-307.

刘伟玲，谢双喜，喻理飞．2003. 几种喀斯特森林树种幼苗对水分胁迫的生理响应．贵州科学，21：51-55.

刘新民，赵哈林，徐斌．1992. 科尔沁沙地破坏起因及恢复途径．生态学杂志，11（5）：38-41.

刘新民，赵哈林，赵爱芬．1996. 科尔沁沙地风沙环境与植被．北京：科学出版社．

刘岩，赵英时，冯晓明等．2006. 半干旱草地净第一性生产力遥感模型研究．中国科学院研究生院学报，23（5）：620-627.

刘媖心，杨喜林，张强．1982. 我国不同地带固沙植物种的选择//中国科学院兰州沙漠研究所．中国科学院兰州沙漠研究所集刊．第一号．北京：科学出版社．

刘永宏，贾福平，刘永军等．2002. 大青山山地草场理论载畜量的研究．内蒙古林业科技（supplement）：44-47.

刘玉燕，王艳荣，赵利清．2004. 羊草群落不同优势植物光能和水分利用特征比较的研究．内蒙古大学学报（自然科学版），35（2）：191-196.

刘志民．1992. 木岩黄芪的繁殖特点及其与沙生适应性的关系．植物生态学与地植物学学报，16（2）：136-142.

刘志民．2010. 科尔沁沙地植物繁殖对策．北京：气象出版社．

刘志民，蒋德明．2007. 植物生殖物候研究进展．生态学报，27（3）：1233-1241.

刘志民，赵晓英，刘新民．2002. 干扰与植被的关系．草业学报，11（4）：1-9.

刘志民，李雪华，李荣平等．2003a. 科尔沁沙地 15 种禾本科植物种子萌发特性比较研究．应用生态学报，14（9）：1416-1420.

刘志民，蒋德明，高红瑛等．2003b. 植物生活史繁殖对策与干扰关系的研究．应用生态学报，14（3）：418-422.

刘志民，李雪华，李荣平等．2004. 科尔沁沙地 31 种 1 年生植物萌发特性比较研究．生态学报，24：648-653.

刘志民，闫巧玲，骆永明等．2005a. 黄柳在沙丘区的发生发展研究//中国生态系统研究网络，中国地理学会沙漠分会，中国科学院寒区旱区环境与工程研究所沙坡头沙漠试验研究站．中国沙漠研究与治理 50 年．北京：海洋出版社．

刘志民，蒋德明，闫巧玲等．2005b. 科尔沁草原主要草地植物传播生物学简析．草业学报，14：23-33.

刘志民，闫巧玲，骆永明等．2005c. 不同降水量处理时 5 种蒿属植物瘦果粘液溶出．生态学报，25（6）：1497-1501.

刘志民，闫巧玲，马君玲等．2006. 生殖物候与草甸草地多年生植物的消长．生态学报，26（3）：773-779.

刘钟龄，王炜，郝敦元等．2002. 内蒙古草原退化与恢复演替机理的探讨．干旱区资源与环境，16（1）：84-91.

刘钟龄，王炜，梁存柱等．1998. 内蒙古草原植被在持续牧压下退化演替的模式与诊断．草地学报，6（4）：244-251.

卢玲，李新，黄春林．2007. 中国西部植被水分利用效率的时空特征分析．冰川冻土，29（5）：777-784.

陆娟，芦艳．2007. 间断性服务业顾客忠诚维度及其影响因素．数量经济技术经济研究，3：91-101.

吕达仁，陈佐忠，王庚辰等．2002. 内蒙古半干旱草原气候生态相互作用问题 IIMGRASS 计划初步结果．地学前缘，9（2）：307-320.

吕达仁，陈佐忠，陈家宜等．2005. 内蒙古半干旱草原土壤 – 植被 – 大气相互作用综合研究．气象学报，63：571-593.

吕世海，卢欣石，曹帮华．2005. 呼伦贝尔草地风蚀沙化地土壤种子库多样性研究．中国草地，27：5-10.

吕文．1991. 试论草牧场防护林的结构效益和发展．林业科技通讯，（7）：13-15.

吕晓英，吕晓蓉．2002. 青藏高原东北部牧区气候暖干化趋势及对环境和牧草生长的影响．四川草原，（3）：5-13.

罗天琼，龙忠富，莫本田等．2001. 梨园秋冬季种草及利用试验．草业科学，18（5）：11-15.

罗锡文，赵新，麻硕士等．2003. GPS 和 GIS 在草地资源调查中的应用．农业机械学报，34（1）：79-82.

马红彬，杨天平．2002. 黄土高原典型草原农业系统生产结构优化模式研究（Ⅰ）：三类农户生产结构优化模式研究．宁夏农学院学报，23（3）：20-23.

马君玲，刘志民．2005. 植冠种子库及其生态意义研究．生态学杂志，24（11）：1329-1333.

马君玲，刘志民．2006. 黏液繁殖体及其生态功能研究．生态学杂志，25（11）：1400-1404.

马君玲，刘志民．2008. 沙丘区植物植冠储藏种子的活力和萌发特征．应用生态学报，19：252-256.

马秀枝，王艳芬，汪诗平等．2005. 放牧对内蒙古锡林河流域草原土壤碳组分的影响．植物生态学报，29（4）：569-576.

马毓泉．1990. 内蒙古植物志．呼和浩特：内蒙古人民出版社．

毛飞，卢志光，张佳华．2007. 近 20 年藏北地区 AVHRR NDVI 与气候因子的关系．生态学报，（8）：3198-3205.

毛凯，任伯文．1995. 桤柏混交幼林间种草木樨生态经济效益分析．草业科学，12（1）：49-50.

蒙荣，袁清，杨劼．2001. 退化草地植被生态恢复系统工程设计．中国草地，23（2）：7-11.

孟林，许鹏，安沙舟等．1997. 新疆北疆绿洲 – 荒漠过渡带草地属性和生产适宜性评价的研究．草业学报，6（1）：27-37.

闵庆文，刘寿东，杨霞．2004. 内蒙古典型草原生态系统服务功能价值评估研究．草地学报，12（3）：165-171.

牟新待．1986. 利用水热生态优势发展疏林人工草地．中国草原与牧草，3（1）：14-18.

南寅镐，魏均．1984. 乌兰敖都地区植被//曹新孙．内蒙古东部地区风沙干旱综合治理研究．第一集．呼和浩特：内蒙古人民出版社．

倪攀．2009. 科尔沁草地水分利用效率与环境因子的关系．沈阳：中国科学院沈阳应用生态研究所．

倪攀，金昌杰，王安志等．2008. 半干旱风沙草原区草地潜热通量的特征，中国农业气象，29（4）：427-431.

聂桂山，玉兰．1993. 放牧生态研究的若干进展．中国草地，（6）：64-69.

宁宝英，何元庆．2006. 农户过度放牧行为产生原因分析．经济地理，26（1）：128-132.

牛海山，旭日，宋炳煜．2000. 羊草种群的水分利用动态，草地学报，8（3）：226-232.

潘瑞炽．2001. 植物生理学．北京：高等教育出版社．

潘学清，高耀山．1992. 中国呼伦贝尔草地．长春：吉林科学技术出版社．

裴铁璠，金昌杰．2005. 物候模式识别在生态动力预报中的应用．应用生态学报，16（9）：1661-1666.

裴铁璠，梁文举，于系民．1999. 自然灾害非参数统计方法．北京：科学出版社．

裴铁璠，于系民，金昌杰等．2001. 生态动力学．北京：科学出版社．

裴铁璠，金昌杰，关德新．2003. 生态控制原理．北京：科学出版社．

裴铁璠，金昌杰，关德新等．2010. 生态模型案例．北京：科学出版社．

彭代亮，黄敬峰，王秀珍．2007. 基于 MODIS-EVI 区域植被季节变化与气象因子的关系．应用生态学报，（5）：983-989.

朴世龙，方精云．2002. 1982—1999 年青藏高原净第一性生产力及其时空变化．自然资源学报，17（3）：373-379.

戚培同，古松，唐艳鸿等．2008. 三种方法测定高寒草甸生态系统蒸散比较．生态学报，28（1）：202-211.

戚秋慧，盛修武．1998．优良牧草的引种驯化与栽培技术//陈佐忠，汪诗平．典型草原草地畜牧业优化生产模式的研究．北京：气象出版社．

齐凤林，王文成．1997．低产沙地草地施肥研究．草业科学，14（2）：65-67．

杞明辉，许关玲，程建刚．2006．天气预报集成技术和方法研究．北京：气象出版社．

秦大河．2002．中国西部环境演变评估综合卷．北京：科学出版社．

渠翠平，关德新，王安志等．2009．科尔沁甸草地归一化植被指数与气象因子的关系．应用生态学报，20（1）：58-64．

任海，彭少麟．2001．恢复生态学导论．北京：科学出版社．

任海，邬建国，彭少麟等．2000．生态系统管理的概念及其要素．应用生态学报，11（3）：455-458．

任继周．1995．草地农业生态学．北京：中国农业出版社．

任继周，朱兴运．1995．中国河西走廊草地农业的基本格局和它的系统相悖——草原退化的机理初探．草业学报，4（1）：69-79．

任继周，胡自治，张自和．1993．草业科学研究的现状与展望．国外畜牧学–草原与牧草，（2）：1-8．

任继周，南志标，郝敦元．2000a．草业系统中的界面论．草业学报，9（1）：1-8．

任继周，侯扶江，张自和．2000b．发展草地农业推进我国西部可持续发展．地球科学进展，15（1）：19-24．

任继周，李向林，侯扶江．2002．草地农业生态学研究进展与趋势．应用生态学报，13（8）：1017-1021．

单贵莲，徐柱，宁发等．2008．围封年限对典型草原群落结构及物种多样性的影响．草业学报，17（6）：1-7．

单贵莲，徐柱，宁发等．2009．围封年限对典型草原植被与土壤特征的影响．草业学报，18（2）：3-10．

山仑，徐萌．1991．节水农业及其生理生态基础．应用生态学报，2（1）：70-76．

世界资源研究所．1989．世界资源报告（1987）．北京：中国环境科学出版社．

舒俭民，刘晓春．1998．恢复生态学的理论基础、关键技术与应用前景．中国环境科学，18（6）：540-543．

宋炳煜．1993．内蒙古典型草原中的 C4 植物．植物杂志，（4）：8-9．

宋炳煜．1995．草原区不同植物群落蒸发蒸腾的研究．植物生态学报，19（4）：319-328．

宋兆民，孟平．1993．中国农林业的结构与模式．世界林业研究，6（5）：77-81．

苏波，韩兴国，李凌浩等．2000．中国东北样带草原区植物 $\delta^{13}C$ 值及水分利用效率对环境梯度的响应．植物生态学报，24（6）：648-655．

苏培玺，陈怀顺，李启森．2003．河西走廊中部沙漠植物 $\delta^{13}C$ 值的特点及其对水分利用效率的指示．冰川冻土，25（5）：597-602．

苏炜．2010．集对分析在建筑完损状况评价中的应用．数学的实践与认识，40（11）：68-71．

苏智先，张素兰，钟章成．1998．植物生殖生态学研究进展．生态学杂志，17：39-46．

孙睿，朱启疆．2000．中国陆地植被第一性生产力及季节变化研究．地理学报，55（I）：36-45．

孙海群，周禾，王培．1999．草地退化演替研究进展．中国草地，（1）：51-56．

孙启忠，韩建国，卫智军．2006．沙地植被恢复与利用技术．北京：化学工业出版社．

孙铁军，朴顺姬，潮洛蒙等．2000．羊草草原退化系列上群落蒸发蒸腾日进程的分析．内蒙古农业大学学报，21（2）：53-57．

孙曦．1988．植物营养与肥料．北京：农业出版社．

孙祥．1985．关于林草间作的研究．林业科技通讯，1：20-23．

孙雪峰，张撅万．1991．内蒙古锡林郭勒草原植被区划．西北植物学报，11（1）：86-93．

唐华俊，辛晓平，杨桂霞等．2009．现代数字草业理论与技术研究进展及展望．中国草地学报，31（4）：

1-6.

陶大立.1984.牧场防护林、疏林草场和三度林业（文献述评）//曹新孙.内蒙古东部地区风沙干旱综合治理研究.第一集.呼和浩特：内蒙古人民出版社.

田桂香,山薇,杨珍.1996.草灌结合建立人工灌木草地的技术及效益.中国草地,2：11-16.

田有亮,郭连生.2005.樟子松小枝不同水分状况下蒸腾速率变化特征研究.干旱区资源与环境,19（5）：174-178.

仝川.2000.草地退化指数的研究.内蒙古大学学报（自然科学版）,31（5）：507-512.

涂军,熊燕,石德军.1999.青海高寒草甸草地退化的遥感技术调查分析.应用与环境生物学报,5（2）：131-135.

汪诗平.2006.天然草原持续利用理论和实践的困惑.草地学报,14（2）：188-192.

汪诗平,李永宏.1999.内蒙古典型草原退化机理的研究.应用生态学报,10（4）：437-441.

汪诗平,王艳芬.2001.不同放牧率下糙隐子草种群补偿性生长的研究.植物学报,43（4）：413-418.

汪诗平,王艳芬,陈佐忠.2001.内蒙古草地畜牧业可持续发展的生物经济原则研究.生态学报,21（4）:617-623.

汪诗平,王艳芬,陈佐忠.2003a.放牧生态系统管理.北京：科学出版社.

汪诗平,王艳芬,陈佐忠.2003b.不同放牧率对内蒙古细毛羊生长和繁殖性能的影响.中国农业科学,6（12）:1545-1553.

王斌瑞,孙立达.1987.西吉黄土丘陵区落叶松沙打旺间作试验研究.林业科技通讯,1：4-8.

王长庭,王启基,沈振西等.2003.高寒矮嵩草草甸群落植物多样性和初级生产力对模拟降水的响应.西北植物学报,23（10）：1713-1718.

王传美,童恒庆,鲁耀斌.2009.顾客满意心理对企业利润的贡献率研究.应用数学,22：144-147.

王栋.1955.草原管理学.南京：畜牧兽医图书出版社.

王烽,汤达祯,刘洪林等.2009.利用 CO_2 – ECBM 技术在沁水盆地开采煤层气和埋藏 CO_2 的潜力.天然气工业,（4）：117-120.

王馥棠,赵宗慈,王石立等.2003.气候变化对农业生态的影响.北京：气象出版社.

王刚,梁学功.1995.沙坡头人工固沙区的种子库动态.植物学报,37：231-237.

王海明.2003.三种林草模式邻体干扰和养分时间动态研究.雅安：四川农业大学.

王海明,李贤伟,李守剑等.2003.林草复合经营模式研究.四川林勘设计,1：5-9,50.

王晗生.1995.黄土丘陵区解史农村"三料"短缺的模式——林草间作.水土保持通报,15（2）：53-57.

王洪义,王正文,李凌浩等.2005.不同生境中克隆植物的繁殖倾向.生态学杂志,24（6）：670-676.

王静,宝音陶格涛.2007.羊草草原不同退化阶段群落蒸散量比较.生态学杂志,26（8）：1148-1152.

王九龄.1986.我国混交林营造的研究现状.林业科技通讯,11：1-5.

王娟,李德全.2002.水分胁迫下植物体内的抗氧化剂及其作用.生物学通报,37：22-23.

王兰州,任继周,胡自治等.1998.高山草地植物种群生态适应对策系列研究（I）：天祝高山草地植物种群生态适应对策组成.草业学报,7（3）：1-7.

王雷,刘辉志,Ketzer Bettina 等.2009.放牧强度对内蒙古半干旱草原地气间能量和物质交换的影响.大气科学,33（6）：1201-1211.

王礼先.1988.印度干旱地区牧场防护林.林业文摘,4：65.

王利民,杨劼,罗菊春.2003.中国南北样带（北部）草地资源特征分析.北京林业大学学报,25（1）：36-42.

王明玖,张英俊.2001.退耕还草科学与技术.北京：化学工业出版社.

王启基,景增春,王文颖.1997.青藏高原高寒草甸草地资源环境及可持续发展研究.青海草业,6（3）：

1-11.

王汝楣, 王春裕. 1990. 白音他拉草原站引洪淤灌改良强度碱化草场试验初步报告. 第2集. 沈阳: 辽宁科学出版社.

王式功, 王金艳, 周自江等. 2003. 中国沙尘天气的区域特征. 地理学报, 58 (2): 193-200.

王素香. 1991. 甘肃中部种草养畜农牧结合研究. 北京: 气象出版社.

王涛. 2000. 西部大开发中的沙漠化研究及其灾害防治. 中国沙漠, 20 (4): 345-348.

王炜, 刘钟龄, 郝敦元等. 1996. 内蒙古草原退化群落恢复演替的研究 (I): 退化草原的基本特征与恢复演替动力. 植物生态学报, 20 (5): 449-459.

王兮之, 杜国桢, 梁天刚. 2001. 基于 RS 和 GIS 的甘南草地生产力估测模型的构建及其降水量空间分布模式的确立. 草业学报, (2): 95-102.

王晓江. 1996. 试论牧用林业在草地畜牧业持续发展中的作用. 草业科学, 13 (5): 30-34.

王新建, 何威, 杨淑红等. 2008. 干旱胁迫下 4 种楸树嫁接苗叶绿素含量的变化. 经济林研究, 26 (1): 20-24.

王修信. 2006. 半干旱地区草地与裸地水热通量的研究. 广西师范大学学报 (自然科学版), 24 (2): 24-27.

王秀红, 郑度. 1999. 青藏高原高寒草甸资源的可持续利用. 资源科学, 21 (6): 38-42.

王秀梅, 刘志民, 刘博. 2010. 流动沙丘区和固定沙丘区丘间低地植物种间关联关系. 生态学杂志, 29 (1): 16-21.

王艳芬, 陈佐忠, 周涌. 1997. 内蒙古典型草原 N_2O 研究争议. 气候与环境研究, 2 (3): 280-285.

王义东, 王辉民, 马泽清等. 2010. 土壤呼吸对降雨响应的研究进展. 植物生态学报, 34 (5): 601-610.

王永芬, 莫兴国, 郝彦宾等. 2008. 基于 VIP 模型对内蒙古草原蒸散季节和年际变化的模拟. 植物生态学报, 32 (5): 1052-1060.

王玉辉, 周广胜. 2004a. 内蒙古羊草草原植物群落地上初级生产力时间动态对降水变化的响应. 生态学报, 24 (6): 1140-1145.

王玉辉, 周广胜. 2004b. 内蒙古地区羊草草原植被对温度变化的动态响应. 植物生态学报, 28 (4): 507-514.

王跃思, 纪宝明. 2000. 半干旱草原地-气温室气体交换速率测定. 环境科学, 21 (3): 6-10.

王跃思, 胡玉琼, 纪宝明等. 2002. 半干旱草原温室气体排放/吸收与环境因子的关系研究. 气候与环境研究, 7 (3): 295-310.

王跃思, 胡玉琼, 纪宝明等. 2003. 半干旱草原温室气体排放/吸收与环境因子的关系研究. 大气科学进展 (英文版), 20 (1): 119-127.

王梓坤, 杨向群. 2005. 生灭过程与马尔可夫链. 北京: 科学出版社.

王宗灵, 徐雨清, 王刚. 1998. 沙区有限降水制约下一年生植物种子萌发与生存对策研究. 兰州大学学报 (自然科学版), 34: 98-103.

卫亚星, 陈全功, 梁天刚. 2002. 利用 VB 建立草地畜牧业管理系统. 草业科学, 19 (1): 49-51.

卫智军, 韩国栋, 邢旗. 2000. 短花针茅草原划区轮牧与自由放牧比较研究. 内蒙古农业大学学报, 21 (4): 46-49.

魏均, 南寅镐. 1990a. 科尔沁草场沙地草场氮肥效益的初步研究. 呼和浩特: 内蒙古人民出版社.

魏均, 南寅镐. 1990b. 科尔沁草场沙地草场氮肥效益的初步研究//曹新孙. 内蒙古东部地区风沙干旱综合治理研究. 第二集. 北京: 科学出版社.

魏良民. 1991. 几种旱生植物碳水化合物和蛋白质变化的研究. 干旱区研究, 8 (4): 38-41.

魏良明, 贾了然. 1997. 玉米抗旱性生理生化研究进展. 干旱地区农业研究, 15 (4): 66-71.

乌仁曹，布仁吉雅，斯琴毕力格等.2008. 鄂托克前旗退化草地恢复过程中的主要草地型产草量及载畜量的变化. 内蒙古草业，20（2）：47-49.

吴德东，袁春良，吕明海等.2000. 草牧场防护林对积雪厚度的影响. 林业科学研究，13（3）：328-332.

吴发启，刘秉正.2003. 黄土高原流域农林复合配置. 郑州：黄河水利出版社.

吴锦奎，丁永建.2005. 黑河中游地区湿草地蒸散量试验研究. 冰川冻土，27（4）：258-590.

吴锦奎，丁永建，王根绪等.2007. 干旱区内陆河流域中游低湿草地蒸散特征. 中国生态农业学报，15（4）:18-21.

吴全，杨邦杰，张松岭等.2001. 基于 3S 技术的中国西部草地资源信息系统. 农业工程学报，17（5）：142-145.

吴天星.1989. 应用食道瘘管采样，两级离体消化试验及体外指示剂三结合法测定放牧羊采食量研究. 北京：中国农业科学院.

吴薇.2003. 近 50a 来科尔沁地区沙漠化土地的动态监测结果与分析. 中国沙漠，23（6）：646-651.

吴征镒.1979. 论中国植物区系的分区问题. 云南植物研究，1（1）：1-22.

伍业钢，李哈滨.1992. 景观生态学的理论发展. 北京：中国科学技术出版社.

武高林，杜国祯.2008. 植物种子大小与幼苗生长策略研究进展. 应用生态学报，19：191-197.

武高林，杜国祯，尚占环.2006. 种子大小及其命运对植被更新贡献研究进展. 应用生态学报，17：1969-1972.

武维华.2003. 植物细胞跨膜离子运输//武维华. 植物生理学. 北京：科学出版社.

夏日.2008. 鄂尔多斯草原畜牧业的一场革命. 西部大开发，10：32-34.

向开馥，石家琛.1980. 东北西部半干旱地区牧区防护林若干问题的探讨. 东北林学院学报，8（1）：18-25.

向开馥，周新华.1989a. 林带空气动力效应分析——草牧场防护林效益研究之一//向开馥. 东北西部内蒙古东部防护林研究（第一集）. 哈尔滨：东北林业大学出版社.

向开馥，周新华.1989b. 林带水文效益分析——草牧场防护林效益研究之二//向开馥. 东北西部内蒙古东部防护林研究（第一集）. 哈尔滨：东北林业大学出版社.

肖笃宁.1999. 景观生态学研究进展. 长沙：湖南科学技术出版社.

肖龙山，刘新华.1994. 草原区造林学——干旱原造林理论与实践. 北京：中国林业出版社.

肖乾广，陈维英，盛永伟等.1996. 用 NOAA 气象卫星的 AVHRR 遥感资料估算中国的净第一性生产力. 植物学报，38（1）：35-39.

肖向明，王义凤，陈佐忠.1996. 内蒙古锡林河流域典型草原初级生产力和土壤有机质的动态及其对气候变化的反应. 植物学报，38（1）：45-52.

谢丽.2008. 清代至民国初期农业开发对塔里木盆地南缘生态环境的影响. 上海：上海人民出版社.

邢福，宋日，祁宝林等.2002. 糙隐子草草原狼毒种群与其他主要植物的种间联结分析. 草业学报，11（4）:46-51.

熊伟，王彦辉，程积民等.2003. 三种草本植物蒸散量的对比试验研究. 水土保持学报，17（1）：170-172.

熊文愈.1991. 生态系统工程与现代混农林业生产体系. 生态学杂志，10（1）：21-26.

徐海量，宋豫东，陈亚宁.2003. 从土地覆盖变化看塔里木河中下游天然草地的退化. 中国草地，25（4）:21-24.

徐莲珍.2008. 三个树种抗旱生理生态特性的研究. 咸阳：西北农林科技大学.

徐柱.1998. 面向 21 世纪的中国草地资源. 中国草地，（5）：1-8.

许德生，赵翠平，德永军等.2008. 不同带间距柠条林林地土壤水分变化特征. 内蒙古农业大学学报，

29（4）:55-57.

许鹏. 1997. 论草业产业化. 中国草地，（2）：63-66.

闫巧玲. 2007. 有性繁殖在沙丘植被恢复中的作用. 北京：中国科学院.

闫巧玲，刘志民，骆永明等. 2004. 科尔沁沙地 78 种植物繁殖体重量和形状比较. 生态学报，24：
2422-2429.

闫巧玲，刘志民，李荣平等. 2005. 科尔沁沙地 75 种植物结种量、种子形态和植物生活型关系研究. 草
业学报，14（4）：21-28.

闫巧玲，刘志民，李雪华等. 2007. 埋藏对 65 种半干旱草地植物种子萌发特性的影响. 应用生态学报，
18：777-782.

闫玉春，唐海萍，常瑞英等. 2008. 长期开垦与放牧对内蒙古典型草原地下碳截存的影响. 环境科学，29
（5）：1388-1392.

阎恩荣，王希华，周武. 2008. 天童常绿阔叶林演替系列植物群落的 N:P 化学计量特征. 植物生态学报，
32（1）：13-22.

阎秀峰，李晶. 1999. 干旱胁迫对红松幼苗保护酶活性及脂质过氧化作用的影响. 生态学报，19（6）：
850-854.

杨殿林，贾树杰，张延荣. 2003. 内蒙古呼伦贝尔市草业发展对策. 中国草地，25（4）：72-75.

杨根生，吕荣. 1998. 内蒙古伊克昭盟地区沙质荒漠化与综合治理技术. 北京：中国环境科学出版社.

杨根生，王一谋，赵兴梁. 1994. 我国西北地区"5.5"沙暴的危害与对策. 灾害学，9（4）：50-54.

杨建伟，梁宗锁，韩蕊莲等. 2004. 不同土壤水分含量对 4 个树种 WUE 的影响. 西北林学院学报，
19（1）:9-13.

杨金艳，王传宽. 2006. 东北东部森林生态系统土壤呼吸组分的分离量化. 生态学报，26（6）：
1640-1647.

杨娟，周广胜，王云龙等. 2006. 基于变分方法的内蒙古典型草原水热通量估算. 应用生态学报，
17（11）:2046-2051.

杨理，侯向阳. 2005. 以草定畜的若干理论问题研究. 中国农学通报，21（3）：346-349.

杨丽娜，宝音陶格涛. 2010. 不同改良措施下羊草群落生物量的研究. 中国草地学报，32（1）：86-91.

杨利民，韩梅，王丽君. 1996. 榆树疏林对维持草地生态区域生物多样性意义的初探. 吉林农业大学学报，
18（增刊）：46-49.

杨利民，韩梅，周广胜等. 2007. 中国东北样带关键种羊草水分利用效率与气孔密度. 生态学报，
27（1）:16-24.

杨利民，周广胜，李建东. 2002. 松嫩平原草地群落物种多样性与生产力关系的研究. 植物生态学报，
26（5）:589-593.

杨敏生，朱之悌. 1999. 水分胁迫下白杨派双交无性系主要生理过程研究. 生态学报，19（3）：312-317.

杨睦忠，董晓宁，江玲等. 1986. 福建省山丘建设立体农业——果林草结合四季常青永久草地试验初报.
草业科学，4：23-26.

杨特，李永宏，燕玲. 1985. 羊草草原主要种群地上生物量与水热条件定量关系初探//中国科学院内蒙古
草原生态系统定位站. 草原生态系统研究. 第 1 集. 北京：科学出版社.

杨暹. 1998. 干旱胁迫与菜心叶片活性氧代谢的研究. 华南农业大学学报，19（2）：81-85.

杨晓青，张岁岐，梁宗锁等. 2004. 水分胁迫对不同抗旱类型冬小麦幼苗叶绿素荧光参数的影响. 西北植
物学报，24：812-816.

杨新民. 2001. 黄土高原灌木林地水分环境特性研究. 干旱区研究，18（1）：8-13.

杨玉盛，陈光永，董彬等. 2004. 格氏栲天然林和人工林土壤呼吸对干湿交替的响应. 生态学报，

24（5）:953-958.

杨允菲, 祝廷成. 1991. 松嫩平原大针茅群落种子雨动态的研究. 植物生态学与地植物学学报, 15（1）:
49-54.

杨政礼, 杨改河. 2000. 中国高寒草地生产潜力与载畜量研究. 资源科学, 22（4）: 72-77.

杨志勇, 盖志毅. 2008. 论草原文化建设对草原生态系统可持续发展的作用. 中国草地学报, 30（4）:
113-117.

野崎健, 杨迷. 1992. 海洋生态系统与 CO_2 固定: 察明自然界机理开发新型固定技术. 日本的科学与技术, （6）: 20-24.

叶冬梅, 德永军, 赵翠平等. 2009. 带状柠条林灌草根系质量空间分布格局. 内蒙古农业大学学报,
30（1）:101-104.

叶居新, 供瑞川, 聂义如. 1987. 芒萁植株浸出液对几种植物生长的影响. 植物生态学与地植物学学报,
11（3）: 203-211.

于贵瑞, 孙晓敏. 2006. 陆地生态系统通量观测的原理与方法. 北京: 高等教育出版社.

于洪军, 张学丽, 徐贵军. 1999. 团块状阔叶树草牧场防护林营建技术试验. 防护林科技, 2: 11-23.

于建权, 肖映秋, 陈新等. 2001. 半干旱风沙区疏林式草牧场防护林的土壤改良效应. 东北林业大学学报,
29（2）: 55-58.

于建权, 庄凯勋, 郑文超等. 2000. 半干旱风沙区疏林式草牧场防护林的生物效益. 东北林业大学学报,
28（6）: 20-23.

于顺利, 陈宏伟. 2007. 内蒙古高原温带稀树草原生态系统特征与成因. 生态学杂志, 26（4）: 549-554.

于顺利, 陈宏伟, 李晖. 2007. 种子重量的生态学研究进展. 植物生态学报, 31: 989-997.

于顺利, Sternberg M, 蒋高明等. 2005. 地中海沿岸沙丘种子大小对植物及其种子多度的影响. 生态学报,
25: 749-755.

于云江, 辛越勇, 刘家琼. 1998. 风和风沙流对不同固沙植物生理状况的影响. 植物学报, 40（10）:
962-968.

余世孝. 1995. 数学生态学导论. 北京: 科学技术文献出版社.

余叔文, 刘存德, 陈景治. 1958. 小麦（中大2419）的抗旱锻炼. 植物学报, 7: 171-186.

袁文平, 周广胜. 2005. 中国东北样带三种针茅草原群落初级生产力对降水季节分配的响应. 应用生态学报, 16（4）: 605-609.

云锦凤. 2010. 碳汇草业的本土化发展与低碳经济. 群言, 2: 10-11.

曾德慧, 陈广生. 2005. 生态化学计量学: 复杂生命系统奥秘的探索. 植物生态学报, 29（6）:
1007-1019.

曾德慧, 姜凤岐, 范志平等. 1999. 生态系统健康与人类可持续发展. 应用生态学报, 10（6）: 751-756.

曾艳琼, 卢欣石. 2008. 林草复合生态系统的研究现状及效益分析. 草业科学, 25（3）: 33-36.

翟杉杉, 刘志民, 闫巧玲. 2009. 近丘间低地沙障促进沙丘植被恢复的效应. 生态学杂志, 28（12）:
2403-2409.

张国胜, 李希来, 李林等. 1998. 青南高寒草甸秃斑地形成的气象条件分析. 中国草地, （6）: 12-26.

张河辉, 赵宗哲. 1990. 美国防护林发展概况. 国外林业, 1: 1-4.

张宏思. 1988. 风沙干旱地区营林效益的试验研究. 干旱地区农业研究, 3: 76-82.

张继双, 李宁. 2007. 主要气象灾害风险评价与管理的数量化方法及其应用. 北京: 北京师范大学出版社.

张家城, 陈力, 郭泉水. 1999. 演替顶极阶段森林群落优势树种分布的变动趋势研究. 植物生态学报,
23（3）:256-268.

张金屯 . 1998. 植物种群空间分布的点格局分析 . 植物生态学报, 22 (4): 344-349.

张久海, 安树青, 李国旗等 . 1999. 林牧复合生态系统研究评述 . 中国草地, 4: 52-60.

张乐, 刘志民 . 2008. 半干旱草原牧区村庄的农田扩张机制 . 应用生态学报, (5): 1077-1083.

张连义, 宝路如, 尔敦扎玛等 . 2008. 锡林郭勒盟草地植被生物量遥感监测模型的研究 . 中国草地学报, 30 (1): 6-14.

张明生, 谈锋 . 2001. 水分胁迫下甘薯叶绿素 a/b 比值的变化及其与抗旱性的关系 . 种子, 116 (4): 23-25.

张启昌, 郝广明, 宋广智等 . 1994. 沙地草牧场防护林效益的综合研究 . 吉林林学院学报, 10 (4): 234-241.

张强, 王振先 . 1986. 伊克昭盟植被演替与土地沙漠化的关系//中国科学院兰州沙漠研究所 . 中国科学院兰州沙漠研究所集刊 . 第三号 . 北京: 科学出版社 .

张全国, 张大勇 . 2002. 生物多样性与生态系统功能: 进展与争论 . 生物多样性, 10 (1): 49-60. .

张世挺, 杜国祯, 陈家宽 . 2003. 种子大小变异的进化生态学研究现状与展望 . 生态学报, 23: 353-364.

张铜会, 赵哈林, 李玉霖 . 2008. 科尔沁沙地灌溉与施肥对退化草地生产力的影响 . 草业学报, 17 (1), 36-42.

张卫东, 焦树仁, 刘玉军等 . 2002. 内蒙古流动沙丘恢复疏林草地植被治理技术研究 . 防护林科技, 2: 1-4.

张晓煜, 王连喜, 袁海燕 . 2005. 宁南半干旱地区农田和草地生态系统能量通量的季节变化 . 生态学报, 25 (9): 2333-2340.

张新厚 . 2009. 半干旱区土地利用方式的变化对生态系统碳储量的影响 . 生态学杂志, 28 (12): 2424-2430.

张新时 . 1994. 毛乌素沙地的生态背景及其草地建设的原则与优化模式 . 植物生态学报, 18 (1): 1-16.

张新时 . 2000. 草地的生态经济功能及其范式 . 科技导报, (8): 3-7.

张运春, 苏智先, 高贤明 . 2001. 克隆植物的特性及研究进展 . 四川师范学院学报, 22 (4): 338-342.

张治 . 2010. 合理利用草地碳汇是减少碳排放量的最好方法 . 群言, 2: 11-12.

张智才, 刘峻杉, 朱锴等 . 2008. 内蒙古典型草原土壤不同剖面深度 CO_2 通量格局及其驱动因子 . 生态环境, 17 (5): 2024-2030.

章家恩, 徐琪 . 1999. 恢复生态学的一些基本问题探讨 . 应用生态学报, 10 (1): 109-113.

章中, 王晓江, 赵文义等 . 1994. 荒漠草原草牧场防护林营造及提高草场生产力的研究 . 内蒙古林业科技, 3: 1-9.

章祖同, 许志信, 韩国栋 . 1991. 划区轮牧和季节连牧的比较试验 . 草地学报, 1 (1): 71-77.

赵成章, 贾亮红 . 2008. 退牧还草工程综合效益评价指标体系及实证研究 . 中国草地学报, 30 (4): 83-87.

赵粉侠, 李根前 . 1996. 林草复合系统研究现状 . 西北林学院学报, 11 (4): 81-86.

赵广东, 刘世荣, 马全林 . 2003. 沙木蓼和沙枣对地下水位变化的生理生态响应 (I): 叶片养分、叶绿素、可溶性糖和淀粉的变化 . 植物生态学报, 27: 228-234.

赵哈林, 大黑俊哉, 李玉霖等 . 2008. 人类放牧活动与气候变化对科尔沁沙质草地植物多样性的影响 . 草业学报, 17 (5): 1-8.

赵哈林, 赵学勇, 张铜会等 . 2009. 恢复生态学通论 . 北京: 科学出版社 .

赵会杰, 邹畸, 于振文 . 2000. 叶绿素荧光分析技术及其在植物光合机理研究中的应用 . 河南农业大学学报, 34: 248-251.

赵瑾, 白金, 潘青华 . 2007. 干旱胁迫下圆柏不同品种 (系) 叶绿素含量变化规律 . 中国农学通报,

23（3）：236-239.

赵克勤．2000．集对分析及其初步应用．杭州：浙江科学技术出版社．

赵黎芳，张金政，张启翔等．2003．水分胁迫下扶芳藤幼苗保护酶活性和渗透调节物质的变化．植物研究，23：337-442.

赵丽娅，李锋瑞．2003．沙漠化过程土壤种子库特征的研究．干旱区研究，20：317-321.

赵岷阳，贝珠潮．1997．林草复合经营试验示范初报．草业科学，14（4）：65-69.

赵双喜，张耀生，赵新全等．2008．祁连山北坡草地蒸散量及其与影响因子的关系．西北农林科技大学学报（自然科学版），36（1）：109-115.

赵文智，刘志民，常学礼．1992．奈曼沙区植被土壤水分状况的研究．干旱地区研究，9（3）：40-44.

赵献英，姚彦臣，杨汝荣．1988．锡林河流域天然草场资源的生态地理特征及其展望//中国科学院内蒙古草原生态系统定位站．草原生态系统研究．第3集．北京：科学出版社．

赵晓英，陈怀顺，孙成权．2001．恢复生态学–生态恢复的原理与方法．北京：中国环境科学出版社．

赵新全，王启基，皮南林．1989．青海高寒草甸草场优化放牧方案的综合评价．中国农业科学，22（2）：68-75.

郑凌云，张佳华．2007．草地净第一性生产力估算的研究进展．农业工程学报，23（1）：279-285.

郑元润．1998．大青沟森林植物群落主要木本植物种群分布格局及动态的研究．植物学通报，15（6）：52-58.

《中国百科大辞典》编委会．1990．中国百科大辞典．北京：华夏出版社．

中国荒漠化防治研究课题组．1998．中国荒漠化防治研究．北京：中国环境科学出版社．

中国科学院内蒙古宁夏综合考察队．1985．内蒙古植被．北京：科学出版社．

《中国农业百科全书》编委会．1996．中国农业百科全书．北京：农业出版社．

钟文勤，樊乃昌．2002．我国草原鼠害的发生原因及其生态治理对策．生物学通报，37（7）：1-5.

仲延凯，包青海．1999．锡林河流域合理割草制度的研究．中国草地（3）：29-41.

周凤艳，雷泽勇，周景荣等．1998．科尔沁沙地草牧场防护林效益分析．林业科学，34（3）：125-130.

周广胜．2003．全球生态学．北京：气象出版社．

周广胜，张新时．1996．全球气候变化的中国自然植被的净初级生产力研究．植物生态学报，20（1）：11-19.

周广胜，张新时，高素华等．1997．中国植被对全球变化反应的研究．植物生态学报，39（9）：879-888.

周华坤，周兴民，赵新全．2000．模拟增温效应对矮嵩草草甸影响的初步研究．植物生态学报，（5）：547-553.

周景荣，曾祥超，吴德东．1989．白音花沙地草牧场防护林效益研究初报．辽宁林业科技，3：46-52.

周麟．1998．那曲地区草地退化过程及原因剖析．山地研究，16（3）：239-243.

周瑞莲，王刚．1997．水分胁迫下豌豆保护酶活力变化及脯氨酸积累在其抗旱中的作用．草业学报，6（4）：39-43.

周兴民，张松林．1986．矮嵩草草甸在封育条件下群落结构和生物量变化的初步观察．高原生物学，（5）：1-6.

周尧治，陈秋红，辛小平等．2008．中国北方干旱半干旱草地管理政策的理论基础分析——以呼伦贝尔草地为例．http://www.paper.edu.cn/index.php/default/releasepaper/content/25732［2010-03-02］.

周志翔，李国怀，徐永荣．1997．果园生态栽培及其生理生态效应研究进展．生态学杂志，16（1）：45-52.

周志勇．2006．土地利用方式对内蒙古农牧交错区草地生态系统的影响．北京：中国科学院植物研究所．

周志宇，付华，陈亚明．2003．阿拉善荒漠草地恢复演替过程中物种多样性与生产力的变化．草业学报，12（1）：34-40.

朱清科，朱金兆.2003.黄土区退耕还林可持续经营技术.北京：中国林业出版社.

朱震达.1991.中国脆弱带与土地荒漠化.中国沙漠，11（4）：11-22.

朱震达，陈广庭.1994.中国土地沙质荒漠化.北京：科学出版社.

朱震达，赵兴梁，凌裕泉等.1998.治沙工程学.北京：中国环境科学出版社.

朱志辉.1993.自然植被净初级生产力估计模型.科学通报，38（15）：1422-1426.

朱宗元，马毓泉，刘钟龄.1999.阿拉善－鄂尔多斯生物多样性中心的特有植物和植物区系的性质.干旱区资源与环境，13（2）：1-16.

祝廷成.1966.蹲点总结群众打草、烧荒经验的几点体会.植物生态学与地植物学丛刊，4（1）：159-160.

祝廷成.2004.羊草生物生态学.长春：吉林科学技术出版社.

祝廷成，孙刚.1996.如何保护中国东北的草地资源生物多样性.东北师大学报（自然科学版），（6）：71-76.

祝廷成，李建东，王振堂等.1965.羊草割草场和针茅放牧场种子含量的测定.吉林农业科学，2（2）：14-20.

邹亚荣，张增祥，赵晓丽等.2003.GIS支持下我国干旱区草地资源动态分析.环境科学研究，16（1）：19-22.

左万庆，王玉辉，王风玉等.2009.围栏封育措施对退化羊草草原植物群落特征影响研究.草业学报，18（3）：12-19.

左小安，赵哈林，赵学勇等.2009.科尔沁沙地不同恢复年限退化植被的物种多样性.草业学报，18（4）：9-16.

Baird A J，Wilby R L.2002.生态水文学——陆生环境和水生环境植物与水分关系.赵文智，王根绪译.北京：海洋出版社.

Larcher W.1997.植物生态生理学（第五版）.李博，张陆德，岳绍先等译.北京：中国农业大学出版社.

Adema E B，Grootjans A P.2003.Possible positive-feedback mechanisms：plants change abiotic soil parameters in wet calcareous dune slacks.Plant Ecology，167（1）：141-149.

Aerts R，Chapin F S III.2000.The mineral nutrition of wild plants revisited：a re-evaluation of processes and patterns.Advances in Ecological Research，30：1-67.

Aguilar R，Kelly E F，Heil R D.1988.Effects of cultivation on soils in northern Great Plains rangeland.Soil Science Society of America Journal，52：1081-1085.

Ain-Lhout F，Zunzunegui M，Diaz Barradas M C，et al.2001.Comparison of proline accumulation in two mediterranean shrubs subjected to natural and experimental water deficit.Plant and Soil，230：175-183.

Akinremi O O.1996.Simulation of soil moisture and other components of the hydrological cycle using a water budget approach.Canadian Journal of Soil Science，75：133-142.

Alice A，Qesterheld M，Leoni E，et al.2005.Effect of grazing on community structure and productivity of a Uruguayan grassland.Plant Ecology，179：83-91.

Alward R D，Detling J K，Milchunas D G.1999.Grassland vegetation changes and nocturnal global warning.Science，283：229-231.

Anderson D E，Verma S B，Clement R J，et al.1986.Turbulence spectra of CO_2，water vapor，temperature and velocity over a deciduous forest.Agric For Meteorol，38：81-99.

Archer S.1989.Have southern Texas savannas been converted to woodlands in recent history？The American Naturalist，134：545-561.

Archer S. 1996. Assessing and interpreting grass-woody plant dynamics//Hodgson J, Illius A. The Ecology and Management of Grazing Systems. Wallingford: CAB Int.

Ares A, Fowness J H. 1999. Water supply regulates structure, productivity, and water use efficiency of Acacia koa in Hawaii. Oecologia, 121: 458-466.

Atjay G L, Ketner P, Duvigneaud P. 1979. Terrestrial primary production and phytomass//Bolin B, Degens E T, Kempe S, et al. The Global Carbon Cycle. Chichester: John Wiley & Sons.

Bai Y F, Han X G, Wu J G, et al. 2004. Ecosystem stability and compensatory effects in the Inner Mongolia grassland. Nature, 431: 181-184.

Baier W, Robertson G W. 1966. A New versatile soil moisture budget. Canadian Journal of Plant Science, 46: 299-315.

Baisan C H, Swetnam T W. 1990. Fire history on a desert mountain range: Rincon Mountain Wilderness, Arizona, USA. Canadian Journal of Forest Research, 20: 1559-1569.

Bakker J P, Poschlod P, Strykstra R J. 1996. Seed banks and seed dispersal: important topics in restoration ecology. Acta Botanica Neerlandica, 45: 461-490.

Baldocchi D, Falge E, Gu L. 2001. Fluxnet: a new tool to study the temporal and spatial variability of ecosystem-scale carbon dioxide, water vapor, and energy flux densities. Bulletin of the American Meteorological Society, 82 (11): 2415-2434.

Baldocchi D, Finnigan J, Wilson K. 2000. On measuring net ecosystem carbon exchange over tall vegetation on complex terrain. Boundary-Layer Meteorology, 1-2: 257-291.

Baldocchi D D, Hicks B B, Meyers T P. 1988. Measuring biosphere-atmosphere exchange of biologically related gases with micrometeorological methods. Ecology, 5: 1331-1340.

Baptista T L, Shumway S W. 1998. A comparison of the seed banks of sand dunes with different disturbance histories on Cape Cod National Seashore. Rhodora, 100: 298-313.

Beatty S W. 1984. Influence of microtopography and canopy species on spatial patterns of forest understory plants. Ecology, 65: 1406-1419.

Bell R H V. 1986. Carrying capacity and offtake quotas//Bell R H V, Mcshane-Caluzi E. Conservation and Wildlife Management in Africa. Washington D. C.: US Peace Corps.

Bell S S, Fonseca M S, Motten L B. 1997. Linking restoration and landscape ecology. Restoration Ecology, 5: 318-323.

Belsky A J. 1990. Tree/grass ratios in East African savannas: a comparison of existing models. Journal of Biogeography, 17: 483-489.

Belsky A J. 1992. Effects of trees on nutritional quality of understorey gramineous forage in tropical savannas. Tropical Grasslands, 26: 12-20.

Belsky A J, Amundson R G, Duxbury J M. 1989. The effects of trees on their physical, chemical and biological environments in a semi-arid savanna in Kenya. Journal of Applied Ecology, 26: 1004-1024.

Bender E A. 1978. An Introduction to Mathematical Modeling. New York: Wiley.

Berbigier P, Bonnefond J M, Mellmann P. 2001. CO_2 and water vapor fluxes for 2 years above Euroflux forest site. Agricultural and Forest Meteorology, 3: 183-197.

Bernhard-Reversat F. 1982. Biogeochemical cycle of nitrogen in a semi-arid savanna. Oikos, 38: 321-332.

Besag J, Diggle P J. 1977. Simple Monte Carlo tests for spatial pattern. Applied Statistics, 26: 327-333.

Bestelmeyer B T, Trujillo D A, Tugel A J, et al. 2006. A multi-scale classification of vegetation dynamics in arid lands: what is the right scale for models, monitoring, and restoration. Journal of Arid Environments, 65 (2):

296-318.

Bhaskar C. 1983. Simulationg the effects of weather variables and soil water potential on a com canopy temperature. Agricultural and Forest Meteorology, 29 (3): 169-183.

Black T A, Hartog G, Neumann H H. 1996. Annual cycles of water vapor and carbon dioxide fluxes in and above a boreal aspen forest. Global Change Biology, 3: 219-229.

Bossuyt B, Honnay O, Hermy M. 2003. An island biogeographical view of the successional pathway in wet dune slacks. Journal of Vegetation Science, 14 (6): 781-788.

Braakhekke W G, Hooftman D A P. 1999. The resource balance hypothesis of plant species diversity in grassland. Journal of Vegetation Science, 10: 187-200.

Brain C K, Sillent A. 1988. Evidence from the Swartkrans cave for the earliest use of fire. Nature, 336: 464-466.

Bridge B J, Mott J J, Hartigan R J. 1983. The formation of degraded areas in the dry savanna woodlands of northern Australia. Australian Journal of Soil Research, 21: 91-104.

Brown G. 2002. Community com position and population dynamics in response to artificial rainfall in an undisturbed desert annual community in Kuwait. Basic and Applied Ecology, 3 (2): 145-156.

Bruce M C, Lain J G, Martin K L. 2006. In search of optimal stocking regimes in semi-arid grazing lands: one size does not fit all. Ecological Economics, 60: 75-85.

Burgess T L. 1995. Desert grassland, mixed shrub savanna, shrub steppe, or semidesert scrub? The dilemma of coexisting growth forms//McClaran M P, van Devender T R. The Desert Grassland. Teague. Tucson: University of Arizona Press.

Burke I C, Lauenroth W K, Vinton M A. 1998. Plant-soil interactions in temperate grasslands. Biogeochemistry, 42: 121-143.

Burke I C, Lauenroth W K, Vinton M A, et al. 1998. Plant-soil interactions in temperate grasslands. Biogeochemistr, 42 (1-2): 121-143.

Cairns J. 2000. Setting ecological restoration goals for technical feasibility and scientific validity. Ecological Engineering, 15: 171-180.

Campbell B M, Dore D, Luckert M. 2000. Economic comparisons of livestock production in communal grazing lands in Zimbabwe. Ecological Economics, 33: 413-438.

Carter K K. 1996. Provenance tests as indicators of growth response to climate change in 10 north temperate tree species. Canadian Journal of Forest Research, 26: 1089-1095.

Casals P. 2000. CO_2 efflux from a Mediterranean semi-arid forest soil (I): seasonality and effects of stoniness. Biogeochemistry, 48: 261-281.

Casper B B, Forseth I N, Wait D A. 2005. Variation in carbon isotope discrimination in relation to plant performance in a natural population of Cryptantha flava. Oecologia, 145 (4): 541-548.

Castro F X, Tudela A, Sebastia M T. 2003. Modelling moisture content in shrubs to predict fire risk in Catalonia (Spain). Agricultural and Forest Meteorology, 116: 49-56.

Chen G S, Zeng D H, Chen F S. 2004. Concentrations of foliar and surface soil in nutrients Pinus spp. plantations in relation to species and stand age in Zhanggutai sandy land, northeast China. Journal of Forestry Research, 15 (1):11-18.

Chen Y X, Lee G, Lee P. 2007. Model analysis of grazing effect on above-ground biomass and above-ground net primary production of a Mongolian grassland ecosystem. Journal of Hydrology, 333 (1): 155-164.

Cheng X, An S, Li B, et al. 2005. Summer rain pulse size and rainwater uptake by three dominant desert plants in a desertified grassland ecosystem in northwestern China. Plant Ecology, 180 (2): 1-12.

Clark M S, Gage S H. 1996. The effects of domestic chickens and geese on insect pests and weeds in an agroeco-system. American Journal of Alternative Agriculture, 11: 39-47.

Clark M S, Gage S H. 1997. The effects of free-range domestic birds on the abundance of epigeic predators and earthworms. Applied Soil Ecology, 5 (3): 255-260.

Costanza R. 1997. The value of the world's ecosystem service and natural capital. Nature, 387: 253-260.

Cramer W, Kicklighter D W, Bondeau A. 1999. Comparing global models of terrestrial net primary productivity (NPP): overview and key results. Global Change Biology, 5 (Suppl. 1): 1-15.

Crawley M J. 1986. Plant Ecology. Oxford: Blackwell Scientific Publications.

Dale V H, Brown S, Haeuber R A. 2000. Ecological principles and guidelines for managing the use of land. Ecological Applications, 10 (3): 639-670.

de Soyza A G, Whitford W G, Herrick J E. 1998. Early warning indicators of desertification: examples of tests in the Chihuahuan Desert. Journal of Arid Environments, 39: 101-112.

Dobson A P, Bradshaw A D, Baker A J M. 1997. Hopes for the future: restoration ecology and conservation biology. Science, 277: 515-522.

Donovan L A, Dudley S A, Rosenthal D M. 2007. Phenotypic selection on leaf water use efficiency and related ecophysiological traits for natural populations of desert sunflowers. Oecologia, 152 (1): 13-25.

Druckenbrod D L, Shugart H H, Davies I. 2005. Spatial pattern and process in forest stands within the Virginia piedmont. Journal of Vegetation Science, 16: 37-48.

Dublin H T, Sinclair A R E, McGlade J. 1990. Elephants and fire as causes of multiple stable states in the Serengeti-Mara woodlands. The Journal of Animal Ecology, 49: 1147-1164.

Eck T F, Dye D G. 1991. Satellite estimation of incident photosynthetically active radiation using ultraviolet reflectance. Remote Sensing of Environment, 38: 1, 35-46.

Ellis J E, Swift D M. 1988. Stability of African pastoral ecosystems: alternate paradigms and implications for development. Journal of Range Management, 41 (6): 450-459.

Eriksson O, Jerling L. 1990. Hierarchical selection and risk spreading in clonal plants//van Groenendael J, de Kroon H. Clonal Growth in Plants: Regulation and Function. The Hague: SPB Academic Publishing.

Fenner M, Thompson K. 2005. The Ecology of Seeds. Cambridge: Cambridge University Press.

Fernando P C, Tahir R. 2005. Unravelling the rationale of 'overgrazing' and stocking rates in the beef production systems of Central Brazil using a bi-criteria compromise programming model. Agricultural Systems, 83: 277-295.

Fisher F M, Zak J C, Cunningham G L. 1988. Water and nitrogen effects on growth and allocation patterns of creosotebush in the northern Chihuahuan Desert. Journal of Range Management, 41: 387-391.

Fitter A. 1996. Characteristics and function of root systems//Waisel Y, Eshel A, Kafkafi U. Plant Roots: The Hidden Half. 2nd ed. New York: Marcel Dekker, Inc.

Franklin J, Michaelsen J, Strahler A H. 1985. Spatial analysis of density dependent pattern in coniferous forest stands. Plant Ecology, 64: 29-36.

Fridley J D. 2002. Resource availability dominates and alters the relationship between species diversity and ecosystem productivity in experimental plant communities. Oecologia, 132: 217-277.

Fu Y L, Yu G R, Sun X M, et al. 2006. Depression of net ecosystem CO_2 exchange in semi-arid Leymus chinensis steppe and alpine shrub. Agricultural and Forest Meteorology, 137: 234-244.

Gadgill M, Meher-Homji V M. 1985. Land use and productive potential of Indian savannas//Tothill J C, Mott J J. Ecology and Management of the World's Savannas. Canberra: Austrilian Academy Science.

Garten C T, Taylor G E. 1992. Foliar 13C within a temperate deciduous forest: spatial, temperoal, and species of variation. Oecologia, 90: 1-7.

Geman S, Geman D. 1984. Stochastical relaxation, gibbs distributions and the Beyesian restoration of images. IEEE Trans Pattn Anal Mach Intel, 6: 721-741.

George M R, Brown J R, Clawson W J. 1992. Application of non-equilibrium ecology to management of Mediterranean grassland. Journal of Range Management, 45: 436-440.

Gough L, Osenberg C W, Gross K L, et al. 2000. Fertilization effects on species density and primary productivity in herbaceous plant communities. Oikos, 89: 428-439.

Goulden M L, Munger J W, Fan S M. 1996. Measurements of carbon sequestration by long-term eddy covariance: methods and a critical evaluation of accuracy. Global Change Biology, 2: 169-182.

Grace J, Lloyd J, Mclntyre J. 1995. Carbon dioxide uptake by an undisturbed tropical rain in southwest Amazonia, 1992-1993. Science, 270: 778-780.

Graetz D G, Meyer W B, Turner B L. 1994. Changes in Landuse and Landcover: A Global Perspective. London: Cambridge University Press.

Greig-Smith P. 1983. Quantitative Plant Ecology. London: Blackwell.

Gressman G P. 1959. An operational objective analysis system. Monthly Weather Review, 87: 367-374.

Griffith J A, Price K P, Martinko E A. 2001. A multivariate analysis of biophysical parameters of tallgrass prairie among land management practices and years. Environ Monit Assess, 68 (3): 249-271.

Grime J P. 2001. Plant Strategies, Vegetation Processes, and Ecosystem Properties. Chichester: John Willey & Sons.

Grime J P. 1993. Stress, competition, resource dynamics and vegetation processes//Fowden L, Mansfield T, Stoddart J. Plant Adaptation to Environmental Stress. London: Chapman & Hall.

Grime J P, Mason G, Curtis A V. 1981. A comparative study of germination characteristics in a local flora. Journal of Ecology, 69: 1017-1059.

Grumbine R E. 1997. Reflections on 'what is ecosystem management'. Conservation Biology, 11: 41-47.

Guan D X, Wu J B, Yu G R. 2005. Metrological control on CO_2 flux above broad-leaved Korean pine mixed forest in Changbai Mountains. Science in China Ser. D Earth Sciences, (Supp. 1): 116-122.

Guo Q F, Berry W. 1998. Species richness and biomass: dissection of the hump-shaped relationships. Ecology, 79: 2555-2559.

Guo Q, Brown J H, Valone T J. 2000. Constrains of seed size on plant distribution and abundance. Ecology, 81: 2149-2155.

Gupta S R, Singh J S. 1981. Soil respiration in a tropical grassland. Soil Biology Biochemistry, 13: 261-268.

Güsewell S. 2004. N: P ratios in terrestrial plants: variation and functional significance. New Phytologist, 164: 243-266.

Hadar L, Noy-Meir I, Perevolotsky A. 1999. The effect of shrub clearing and grazing on the composition of a Mediterranean plant community: functional groups versus species. Journal of Vegetation Science, 10: 673-682.

Hao Y, Wang Y F, Huang X Z, et al. 2007. Seasonal and interannual variation in water vapor and energy exchange over a typical steppe in Inner Mongolia China. Agricultural and Forest Meteorology, 146: 57-69.

He F L, Legendre P, LaFrankie J V. 1997. Distribution patterns of tree species in a Malaysian tropical rain forest. Journal of Vegetation Science, 8: 105-114.

Hendry G A E, Grime J P. 1993. Methods in Comparative Plant Ecology—A Laboratory Manual. London: Chapman & Hall.

Herik S, Melin G R C, George V. 2001. Tree and forest functioning in response to global warming. New Phytologist, 149: 369-400.

Herrmann S M, Hutchinson C F. 2005. The changing contexts of the desertification debate. Journal of Arid Environments, 63: 538-555.

Hochberg M E, Menaut J C, Gignoux J. 1994. The influences of tree biology and fire in the spatial structure of the West African savannah. Journal of Ecology, 82: 217-226.

Holt J A, Hodgen M J, Lamb D. 1990. Soil respiration in the seasonally dry tropics near Townsville, North Queensland. Australian Journal of Soil Research, 28: 737-745.

Huntley B J, Walker B H. 1982. Ecology of Tropical Savannas. New York: Springer-Verlag.

Huston M A. 1979. A general hypothesis of species diversity. American Naturalist, 113: 81-101.

IPCC. 1995. Climate Change: Summary for Policymakers: The Science of Climate Change. IPCC second assessment report. Cambridge: Cambridge University Press.

IPCC. 1996. Climate Change: The Science of Climate Change. Cambridge: Cambridge University Press.

IPCC. 2001. Climate Change: The Scientific Basis. Summary for policymakers and technical summary of the working group I report. Cambridge: Cambridge University Press.

Jaindll R G, Eddleman L E, Doescher P S. 2000. Influence of an environmental gradient on physiology of single-leaf pinyon. Journal of Range Management, 48: 224-231.

Jiang J, Yan X, Huang Y. 2007. Simulation of CO_2 and sensible/latent heat fluxes exchange between land surface and atmosphere over cropland and grassland in semi-arid region, China. Journal of Forestry Research, 18 (2): 114-118.

Kaimal J C, Finnigan J J. 1994. Atmospheric Boundary Layer Flows: Their Structure and Measurement. New York: Oxford University Press.

Kaimal J C, Wyngaard J C, Izumi Y. 1972. Spectral characteristics of surface-layer turbulence. Quarterly Journal Royal Meteorological Society, 417: 563-589.

Kauffman J B, Cummings D L, Ward D E. 1994. Relationships of fire, biomass and nutrient dynamics along a vegetation gradient in the Brazilian cerrado. Journal of Ecology, 82: 519-531.

Kaur B, Gupta S R, Singh G. 2002a. Bioamelioration of a sodic soil by silvopastoral systems in northwestern India. Agroforestry Systems, 54: 13-20.

Kaur B, Gupta S R, Singh G. 2002b. Carbon storage and nitrogen cycling in silvopastoral systems on a sodic soil in northwestern India. Agroforestry Systems, 54: 21-29.

Kemp P R. 1989. Seed bank and vegetation processes in deserts//Leck M A, Parker V T, Simpson R L. Ecology of Soil Seed Bank. San Diego: Academic Press.

Kessler J J. 1994. Usage of the human currying capacity concept in assessing ecological sustainability of land-use in semi-arid region. Agricultural Ecosystems and Environment, 48: 273-284.

Kirschbaum M U F. 1995. The temperature dependence of soil organic matter decomposition and the effect of global warming on soil organic C storage. Soil Biology and Biochemistry, 27: 753-760.

Klein D A. 1981. Seasonal carbon flow and decomposer parameter relationships in a semiarid grassland soil. Ecology, 58: 184-190.

Knoop W T, Walker B H. 1985. Interactions of woody and herbaceous vegetation in a southern African savanna. Journal of Ecology, 73: 235-253.

Kucera C, Kirkham D. 1971. Soil respiration studies in tall grass prairie in Missouri. Ecology, 52: 912-915.

Kuchenbuch R, Claassen N, Jungk A. 1986. Potassium availability in relation to soil moisture (I): effect of soil

407

moisture on potassium diffusion, root growth and potassium uptake of onion plants. Plant and Soil, 95: 221-231.

Kutiel P, Kutiel H, Lavee H. 2000. Vegetation response to possible scenarios of rainfall variations along a Mediterranean-extreme arid climatic transect. Journal of Arid Environments, 44: 277-290.

Lammerts E J, Grootjans A P. 1998. Key environmental variables determining the occurrence and life span of basiphilous dune slack vegetation. Acta Botanica Neerlandica, 47 (3): 369-392.

Lamont B B. 1991. Canopy seed storage and release—what's in a name? Oikos, 60 (2): 266-268.

Lamont B B, Le Maitre D C, Cowling R M. 1991. Canopy seed storage in woody plants. Botanical Review, 57: 277-317.

Landis A G, Bailey J D. 2005. Reconstruction of age structure and spatial arrangement of pinon – juniper woodlands and savannas of Anderson Mesa, northern Arizona. Forest Ecology and Management, 204: 221-236.

Landsberg J, Lavorel S, Stol J. 1999. Grazing response groups among understorey plants in arid rangelands. Journal of Vegetation Sciences, 10: 683-696.

Laporte M F, Duchesne L C, Wetzel S. 2002. Effect of rainfall patterns on soil surface CO_2 efflux, soil moisture, soil temperature and plant growth in a grassland ecosystem of northern Ontario, Canada: implications for climate change. BMC Ecol, 2 (1): 10.

Lavorel S, McIntyre S, Grigulis K. 1999. Plant response to disturbance in a Mediterranean grassland: how many functional groups. Journal of Vegetation Science, 10: 661-672.

Li F R, Zhang A S, Duan S S. 2005. Patterns of reproductive allocation in Artemisia halodendron in habiting two contrasting habitats. Acta Oecologica, 28: 57-64.

Li S G, Harazono Y, Oikawa T, et al. 2000. Grassland desertification by grazing and the resulting micrometeorological changes in Inner Mongolia. Agricultural and Forest Meteorology, 102: 125-137.

Li S G, Eugster W, Asanuma J, et al. 2006. Energy partitioning and its biophysical controls above a grazing steppe in central Mongolia. Agricultural and Forest Meteorology, 137: 89-106.

Liao J D, Boutton T W, Jastrow J D. 2006. Storage and dynamics of carbon and nitrogen in soil physical fractions following woody plant invasion of grassland. Soil Biology and Biochemistry, 38: 3184-3196.

Lieth H. 1972. Modeling the primary productivity of the world. Nature and Resources, 8 (2): 5-10.

Lieth H, Box E O. 1972. Evapotranspiration and primary production: C W Thornthwaite Memorial Model. Publications in Climatology, 25 (2): 37-46.

Liu B, Liu Z M, Guan D X. 2008. Seedling growth variation in response to sand burial in four Artemisia species from different habitats in the semi-arid dune field. Trees-Structure and Function, 22: 41-47.

Liu X Z, Kang S Z, Shao M A. 2000. Effect of shading on gas exchange of cotton leaves under conditions of different soil water contents. Pedosphere, 10 (1): 77-80.

Liu Z M, Li X L, Yan Q L. 2007a. Species richness and vegetation pattern in inter-dune lowlands of an active dune field in Inner Mongolia, China. Biological Conservation, 140: 29-39.

Liu Z M, Yan Q L, Li X H. 2007b. Seed mass and shape, germination and plant abundance in a desertified grassland in northeastern Inner Mongolia, China. Journal of Arid Environments, 69: 198-211.

Lockwood J A, Lockwood D R. 1993. Catastrophe theory: a unified paradigm for rangeland ecosystem dynamics. Journal of Arid Environments, 46: 282-288.

Lomu M A, Glatz P C, Ru Y J. 2004. Metabolizable energy of crop contents in free-range hens. International Journal of Poultry Science, 3 (11): 728-732.

Lorenz E N. 1963. Deterministic nonperiodic flow. Journal of the Atmospheric Sciences, (20): 130-141.

Lynch J, Nielsen K L. 1996. Simulation of root system architecture//Waisel Y, Eshel A, Kafkafi U. Plant Roots: The Hidden Half. 2nd ed. NewYork: Marcel Dekker, Inc.

Ma J L, Liu Z M, Zeng D H. 2010. Aerial seed bank in Artemisia species: how it responds to sand mobility. Trees-Structure and Function, 24 (3): 435-441.

Manning A D, Fischer J, Lindenmayer D B. 2006. Scattered trees are keystone structures—implications for conservation. Biological Conservation, 132: 311-321.

Marshall C, Price E A C. 1999. Clonal plant and environmental heterogeneity—space, time and scale. Plant Ecology, 141: 1-199.

Martin K, Rall C. 1995. Effect of CH_4 concentrations and soil conditions on the induction of CH_4 oxidation activity. Soil Biol Biochem, 27: 1517-1527.

Matson P A, Parton W J, Power A G. 1997. Agricultural intensification and ecosystem properties. Science, 277: 504-508.

McIntyre S, Lavorel S, Landsberg J. 1999. Disturbance response in vegetation- towards a global perspective on functional traits. Journal of Vegetation Science, 10: 621-630.

McPherson G R. 1997. Ecology and Management of North American Savannas. Tucson: University of Arizona Press.

Melillo J M, Mcguire A D, Kicklighter D W. 1993. Global climate change and terrestrial net primary production. Nature, 363: 234-240.

Miao Z H, Glatz P C, Ru Y J. 2005. Integrating free- range hens into a wheat stubble. International Journal of Poultry Science, 4 (8): 526-530.

Miller R F, Wigand P E. 1994. Holocene changes in semiarid pinyon- juniper woodlands. BioScience, 44: 465-474.

Milton S J, Dean W R J, Duplessis M A, et al. 1994. A conceptual model of arid rangeland degradation. BioScience, 44 (2): 70-76.

Moeur M. 1993. Characterizing spatial patterns of trees using stem- mapped data. Forest Science, 39: 756-775.

Monteith J L. 1963. Gas exchange in plant communities//Evans L T. Environmental Control of Plant Growth. ed. New York: Academic Press.

Morgan J M. 1984. Osmoregulation and water stress in higher plants. Annual Review of Plant Physiology, 35 (1): 299-319.

Myneni R B, Knyazikhin Y, Zhang Y. 1999. MODIS leaf area index (LAI) and fraction of photosynthetically active radiation absorbed by vegetation (FPAR) product (MOD15). Algorithm Theoretical Basis Document. http:/ eospso. Gsfc. nasa. gov/at-bd/modistables. html [2007-07-20].

Nair P K R. 1985. Classification of agroforestry systems. Agroforestry Systems, 3: 97-128.

Navari-Izzo F, Quartacci M F, Izzo R. 1989. Lipid changes in maize seedlings in response to field water deficits. J Exp Bot, 40: 675-680.

Ni J. 2002. Carbon storage in grasslands of China. Journal of Arid Environments, 50 (2): 205-218.

Ni J. 2003. Plant functional types and climate along a precipitation gradient in temperate grasslands, northeast China and southeast Mongolia. Journal of Arid Environments, 53 (4): 501-516.

Noble J C. 1997. The Delicate and Noxious Scrub: CSIRO Studies on Native Tree and Shrub Proliferation in the Semi-arid Woodlands of Eastern Australia. Canberra: CSIRO Div. Wildlife Ecol.

Norman W B. 1989. Shelterbelts and windbreaks in the Great Plains. J For, 87 (4): 32-36.

Noy-Meir I. 1973. Desert ecosystems: environment and producers. Ann Rev Ecol Syst, 5: 25-51.

O'onnor T G, Haines L M, Snyman H A. 2001. Influence of precipitation and species com position on phytomass of a semi-arid African grassland. Journal of Ecology, 89 (5): 850-860.

Oba G, Weladji R B, Lusigi W J. 2003. Scale-dependent effects of grazing on rangeland degradation in northern Kenya: a test of equilibrium and non-equilibrium hypotheses. Land Degradation & Development, 14 (1): 83-94.

Oechel W C, Vourlitis G L, Hastings S J, et al. 2000. Acclimation of ecosystem CO_2 exchange in the Alaskan Arctic in response to decadal climate warming. Nature, 406: 978-981.

Ohtaki E, Matsui D. 1982. Infrared device for simultaneous measurement of fluctuations of atmospheric carbon dioxide and water vapor. Boundary-Layer Meteorology, 24: 109-119.

Ojima D S, Parton W J, Schimel D S, et al. 1993. Modeling the effects of climatic and CO_2 change on grassland storage of soil C. Water, Air, and Soil Pollution, 70: 643-657.

Okin G S, Gillette D A, Herrick J E. 2006. Multi-scale controls on and consequences of aeolian processes in landscape change in arid and semi-arid environments. Journal of Arid Environments, 65 (2): 253-275.

Oleksyn J, Tjoelker M G, Reich P B. 1998. Adaptation to changing environment in Scots pine populations across a latitudinal gradient. Silva Fennica, 32: 129-140.

Oliver C D, Larson B C. 1990. Forest Stand Dynamic. New York: McGraw-Hill.

Parton W J, Schimel D S, Cole C V, et al. 1987. Analysis of factors controlling sil organic mater levels in Great Plains grasslands. Soil Science Society of America Journal, 51: 1173-1179.

Paruelo J M, Epsten H E, Lauenroth W K. 1997. ANPP estimates from NDVI for the central grassland region of the United States. Ecology, 78: 953-958.

Pawlak Z. 1982. Rough sets. International Journal of Information and Computer Sciences, 11 (5): 341-356.

Pei T F, Jin C J, Guan D X. 2004. Ecological Dynamics and Cybernetic Principle. Beijing: Science Press, Monmouth Junction, NJ: Science Press USA Inc.

Peng C H, Apps M J. 1998. Simulating carbon dynamics along the Boreal Forest Transect Case Study (BFTCS) in central Canada (I): sensitivity to climate change. Global Biogeochemical Cycles, 12: 393-402.

Penman H L. 1948. Natural evaporation from open water. bare soil and grass. Proc R Soc Ser A, 193: 454-465.

Peters D P C, Havstad K M. 2006 . Nonlinear dynamics in arid and semi-arid systems: interactions among drivers and processes across scales. Journal of Arid Environments, 65 (2): 196-206.

Phillips D L, MacMahon J A. 1981. Competition and spacing patterns in desert shrubs. Journal of Ecology, 69: 97-115.

Polley W H, Frank A B, Sanabria J, et al. 2008. Interannual variability in carbon dioxide fluxes and flux-climate relationships on grazed and ungrazed northern mixed-grass prairie. Global Change Biology, 14: 1620-1632.

Ponton S, Flanagan L B, Alstad K P. 2006. Comparison of ecosystem water-use efficiency among Dougla-fir forest, aspen forest and grassland using eddy covariance and carbon isotope techniques. Global Change Biology, 12: 294-310.

Rajaniemi T K. 2002. Why does fertilization reduce plant species diversity? Testing three competition-based hypotheses. Journal of Ecology, 90: 310-324.

Raupach M R, Weng W S. 1992. Temperature and humidity fields and fluxes over low hills. The Quarterly Journal Royal Meteorological Society, 504: 191-225.

Reiners W A. 1968. Carbon dioxide evolution from the floor of three Minnesota forests. Ecology, 49: 471-483.

Renne I J, Tracy B F. 2007. Disturbance persistence in managed grasslands: shifts in aboveground community structure and the weed seed bank. Plant Ecology, 190: 71-80.

Ripley B D. 1977. Modelling spatial patterns. Journal of the Royal Statistical Society Series B (Methodological),

39: 172-212.

Ripley B D. 1981. Spatial Statistics. Hoboken, New Jersey: John Wiley & Sons, Inc.

Ripley B D. 2004. Spatial Statistics. revised edition. Hoboken, New Jersey: John Wiley & Sons, Inc.

Rogiers N, Eugster W, Furger M, et al. 2005. Effect of land management on ecosystem carbon fluxes at a subalpine grassland site in the Swiss Alps. Theoretical and Applied Climatology, 80: 187-203.

Sala O E, Lauenroth W K. 1982. Small rainfall events: an ecological role in semiarid regions. Oecologia, 53 (3): 301-304.

Sala O E, Golluscio R A, Lauenroth W K. 1989. Resource partitioning between shrubs and grasses in the Patagonian steppe. Oecologia, 81: 501-505.

Sampson A W. 1923. Range and Pasture Management. New York: John Wiley & Sons, Inc.

Scanlan J C, Archer S. 1991. Simulated dynamics of succession in a North American subtropical Prosopis savanna. Journal of Vegetation Science, 2: 625-634.

Schlesinger W H, Reynolds J F, Cunningham G L. 1990. Biological feedbacks in global desertification. Science, 247: 1043-1047.

Scholes R J, Archer S R. 1997. Tree- grass interactions in savannas. Annual Review of Ecology and Systematics, 28: 517-544.

Scholes R J, Hall D O. 1996. The carbon budget of tropical savannas, woodlands, and grasslands//Breymeyer A, Hall D, Melillo J, et al. Modelling Terrestrial Ecosystems. Chichester: Wiley.

Scholes R J, Walker B H. 1993. An African Savanna: Synthesis of the Nylsvley Study. Cambridge: Cambridge University Press.

Schulze E-D, Mooney H A, Sala O E. 1996. Rooting depth, water availability, and vegetation cover along an aridity gradient in Patagonia. Oecologia, 108: 503-511.

Sherman F. 1990. Windbreaks in the united states- past and present//Xiang K F, Shi J C. Protective Plantation Technology. Harbin: Northeast Forestry University Publishing House.

Sierra J, Dulormne M, Desfontaines L. 2002. Soil nitrogen as affected by Gliricidia sepium in a silvopastoral system in Guadeloupe, French Antilles. Agroforestry Systems, 54: 87-97.

Silber A, Xu G, Levkovitch I. 2003. High fertigation frequency: the effect on uptake of nutrients, water and plant growth. Plant Soil, 253: 467-477.

Sinclair A R E. 1979. Dynamics of the Serengeti ecosystem: process and pattern//Sinclair A R E, Norton-Griffiths M. Serengeti: Dynamics of An Ecosystem. Chicago: University of Chicago Press.

Sinclair A R E, Fryxell J M. 1985. The Sahel of Africa: ecology of a disaster. Canadian Journal of Zoology, 63: 987-994.

Singh J S, Milchunas D G, Lauenroth W K. 1998. Soil water dynamics and vegetation patterns in a semiarid grassland. Plant Ecology, 134: 77-89.

Skarpe C. 1990. Shrub layer dynamics under different herbivore densities in an arid savanna, Botswana. Journal of Applied Ecology, 27: 873-885.

Skarpe C. 1992. Dynamics of savanna ecosystems. Journal of Vegetation Science, 3: 293-300.

Skinner R H, Hanson J D, Hutchinson G L, et al. 2002. Response of C3 and C4 grasses to supplemental summer precipitation. Journal of Range Management, 55 (5): 517-512.

Smith T M, Shugart H H. 1993. The transient response of terrestrial carbon storage to a perturbed climate. Nature, 361: 523-526.

Stephen S, Scoones I. 2006. Opportunistic and conservative pastoral strategies: some economic arguments. Ecological Economics, 58: 1-16.

Stocklin J. 1999. Differences in life history traits of related Epilobium species: clonality, seed size and seed number. Folia Geobotanica, 34: 7-18.

Strand E K, Robinson A P. Bunting S C. 2007. Spatial patterns on the sagebrush steppe//western juniper ecotone. plant Ecology, 190: 159-173.

Stringham T K, Krueger W C, Shaver P L. 2003. State and transition modeling: an ecological process approach. Journal of Range Management, 56 (2): 106-113.

Su Y Z, Zhao H L, Li Y L. 2004. Influencing mechanisms of several shrubs on soil chemical properties in semiarid Horqin Sandy Land, China. Arid Land Research and Management, 18: 251-263.

Swinbank W C. 1968. A comparison between prediction of the dimensional analysis for the constant-flux layer and observations in unstable conditions. Quarterly Journal of The Royal Meteorological Society, 94: 460-467.

Sykora K V, van den Bogert J C J M, Berendse F. 2004. Changes in soil and vegetation during dune slack succession. Journal of Vegetation Science, 15 (2): 209-218.

Taylor B F. 1985. Determination of seasonal and inter annual variation in New Zealand pasture growth from NOAA data. Remote Sensing of Environment, 18: 177-192.

Thomas F E, Dennis G D. 1991. Satellite estimation of incident photosynthetically active radiation using ultraviolet reflectance. Remote Sensing of Environment, 38: 135-146.

Thompson K, Band S R, Hodgson J G. 1993. Seed size and shape predict persistence in soil. Functional Ecology, 7: 236-241.

Tiedemann A R, Klemmedson J O. 1977. Effect of mesquite trees on vegetation and soils in the desert grassland. Journal of Range Management, 30: 361-367.

Tiessen H J, Steward W B, Bettany J R. 1982. Cultivation effects on the amount and concentration of carbon, nitrogen and phosphorus in grassland soil. Agronomy Journal, 74: 831.

Tilman D, Wedin D, Knops J. 1996. Productivity and sustainability influenced by biodiversity in grassland ecosystems. Nature, 379: 718-720.

Todd S W, Hoffer R M, Milchunas D G. 1998. Biomass estimation on grazed and ungrazed rangelands using spectral indices. International Journal of Remote Sensing, 19 (3): 427-438.

Tomás M A, Carrera A D, Poverene M. 2000. Is there any genetic differentiation among populations of *Piptochaetium napostaense* (Speg.) Hack (Poaceae) with different grazing histories? Plant Ecology, 147: 227-235.

Tothill J C, Mott J J. 1985. Ecology and Management of the World's Savannas Canberra: Austrilian Academy Science.

van Diggelen R, Grootjans A B P, Harris J A. 2001. Ecological restoration: state of the art or state of the science. Restoration Ecology, 9 (2): 115-118.

van Rheede van Oudtshoorn K, Van Rooyen M W. 1999. Dispersal Biology of Desert Plants. Berlin: Springer-Verlag.

Veenendaal E M, Ernst W H O, Modise G S. 1996. Effect of seasonal rainfall pattern on seedling emergence and establishment of grasses in a savanna in south-eastern Botswana. Journal of Arid Environments, 32 (3): 305-317.

Vetter S. 2005. Rangelands at equilibrium and non-equilibrium: recent developments in the debate. Journal of Arid Environments, 62: 321-341.

Vitousek P M, Gosz J R, Grier C C. 1982. A comparative analysis of potential nitrification and nitrate mobility in forest ecosystems. Ecological Monographs, 52: 155-177.

Vitousek P M, Mooney H A, Lubchenco J. 1997. Human domination of earth's ecosystems. Science, 277: 494-499.

Volk M, Niklaus P A, Korner C. 2000. Soil moisture effects determine CO_2 responses of grassland species. Oecologia, 125 (3): 380-388.

Walker B H, Ludwig D, Holling C S. 1981. Stability of semi- arid savanna grazing systems. Journal of Ecology, 69: 473-498.

Walter H. 1971. Ecology of Tropical and Subtropical Vegetation. Edinburgh: Oliver and Boyd.

Weiher E, van der Werf A, Thompson K. 1999. Challenging theophrastus: a common core list of plant traits for functional ecology. Journal of Vegetation Science, 10: 609-620.

Weiss E, Marsh E, Pfirman E S. 2001. Application of NOAA/AVHRR NDVI time-series data to assess changes in Saudi Arabia's rangelands. International Journal of Remote Sensing, 22 (6): 1005-1027.

Weltzin J F, Lolk M E, Schwinning S W, et al. 2003. Assessing the response of terrestrial ecosystem s to potential changes in precipitation. Bioscience, 53: 941-952.

Werner P A. 1991. Savanna Ecology and Management: Australian Perspectives and Intercontinental Comparisons. London: Blackwell.

White T A, Campbell B D, Kemp P D, et al. 2000. Sensitivity of three grassland comunities to simulated extreme temperature and rainfall events. Global Change Biology, 6: 671-684.

Whittaker R H, Likens G E. 1973. Carbon in the biota//Pecan E V, Woodwell G M. Carbon and the Biosphere. Springfield, Virginia: National Technical Information Service (CONF-720510).

Whittaker R H, Likens G E. 1975. The biosphere and man//Lieth H, Whittaker R H. Primary Productivity of the Biosphere. New York: Springer- Verlag.

Willby N J, Pulford I D, Flowers T H. 2001. Tissue nutrient signatures predict herbaceous-wetland community responses to nutrient availability. New Phytologist, 152: 463-481.

Wilson A M, Thompson K. 1989. A comparative study of reproductive allocation in 40 British grasses. Functional Ecology, 3: 297-302.

Wofsy S C, Goulden M L, Munger J W. 1993. Net exchange of CO_2 in a midlatitude forest. Science, 260: 1314-1317.

Xiong L M, Schumaker K S, Zhu J K. 2002. Cell signaling during cold, drought, and salt stress. The Plant Cell Online, 14: 165-183.

Xu H L, Gauthier L. 1999. Tomato leaf photosynthetic responses to humidity and temperature under salinity and water deficit. Pedosphere, 9 (2): 105-112.

Xue Y. 1996. The impact of desertification in the Mongolian and the Inner Mongolian grassland on the regional climate. Journal of Climate, 9: 2173-2189.

Yagil O, Avi P, Jaime K. 2002. Grazing effect on diversity of annual plant communities in a semi-arid rangeland: interactions with small-scale spatial and temporal variation in primary productivity. Journal of Ecology, 90: 936-946.

Yan Q L, Liu Z M, Ma J L. 2007. The role of reproductive phenology, seedling emergence and establishment of perennial Salix gordejevii in active sand dune fields. Annals of Botany, 99: 19-28.

Yan Q L, Liu Z M, Zhu J J. 2005. Structure, pattern and mechanisms of formation of seed banks in sand dune systems in northeastern Inner Mongolia, China. Plant and Soil, 277: 175-184.

Yan Q L, Liu Z M, Zhu J J. 2009. Temporal variation of soil seed banks in two different dune systems in northeastern Inner Mongolia, China. Environmental Geology, 58: 615-624.

413

Yan S G, Liu Z M. 2010. Effects of dune stabilization on the plant diversity of interdune wetlands in northeastern Inner Mongolia, China. Land Degradation & Development, 21: 40-47.

Yan S J, Peng Y Q, Wang J Z. 1991. Determination of Kolmog-orov entropy of chaotic attractor included in 1-D time series of meteorological data. AAS, 8 (2): 243-251.

Young M D, Solbrig O T. 1993. The World's Savannas: Economic Driving Forces, Ecological Constraints and Policy Options for Sustainable Land Use. Carnforth, UK: Parthenon.

Yu S L, Sternberg M, Jiang G M. 2003. Heterogeneity in soil seed banks in a Mediterranean coastal sand dune. Acta Botanica Sinica, 45: 536-543.

Yukio Y, Yoshikazu O, Tsutomu W. 2003. Measurement of CO_2 flux above a tropical rain forest at Pasoh in Peninsular Malaysia. Agricultural and Forest Meteorology, 114: 235-244.

Zhang J H, Maun M A. 1994. Potential for seed bank formation in 7 Great-lakes sand dune species. American Journal of Botany, 81: 387-394.

Zhang L X, Bai Y F, Han X G. 2004. Differential responses of N: P stoichiometry of Leymus chinensis and Carex korshinskyi to N additions in a steppe ecosystem in Nei Mongol. Acta Botanica Sinica, 46 (3): 259-270.

Zhang Q, Zak J C. 1998. Effects of water and nitrogen amendment on soil microbial biomass and fine root production in a semi-arid environment in west Texas. Soil Biology and Biochemistry, 30: 39-45.

Zhao Q, Zeng D H, Fan Z P. 2008. Effect of land cover change on soil phosphorus fractions in southeastern Horqin Sandy Land, Northern China. Pedosphere, 18 (6): 741-748.

Zhao Q, Zeng D H, Fan Z P. 2009. Seasonal variations in phosphorus fractions in semiarid sandy soils under different vegetation types. Forest Ecology and Management, 258 (7): 1376-1382.